1000MW超超临界火电机组技术丛书

2015年版

GUOLU SHEBEI JI XITONG

锅炉设备及系统

广东电网公司电力科学研究院 ● 编

中国电力出版社
CHINA ELECTRIC POWER PRESS

内　容　提　要

为促进我国电源建设的快速发展，帮助广大工程技术人员、现场生产人员了解、掌握超超临界发电技术，积累超超临界机组建设、运行、管理经验，满足广大新建电厂、改扩建电厂培训、考核需要，特组织专家编写了本套《1000MW 超超临界火电机组技术丛书》。

本丛书包括《汽轮机设备及系统》、《锅炉设备及系统》、《电气设备及系统》、《热工自动化》、《电厂化学》与《环境保护》六个分册。全套丛书由广东电网公司电力科学研究院组织编写。本丛书在编写过程中，内容力求反映我国超超临界1000MW 等级机组的发展状况和最新技术，重点突出 1000MW 超超临界火电机组的工作原理、结构、启动、正常运行、异常运行、运行中的监视与调整、机组停运、事故处理等方面内容。

本书为《锅炉设备及系统》分册，全书共分四篇 15 章，主要内容有：第一篇锅炉本体设备，介绍 1000MW 超超临界锅炉类型和发展概况，1000MW 超超临界锅炉蒸发设备及水冷壁、锅炉受热面及启动系统；第二篇锅炉燃烧设备，介绍磨煤机及其制粉系统，炉膛、燃烧器及点火器，燃烧管理及燃烧中的问题；第三篇锅炉辅助设备，介绍空气预热器的部件及结构、运行维护，送引风机及一次风机的结构特性、调整和运行，锅炉各种阀门的结构、调节控制、运行维护和调整试验，吹灰装置系统的结构原理、运行维护，干式除渣和湿式除渣的结构原理、运行维护；第四篇锅炉运行，介绍 1000MW 超超临界锅炉启动必备条件、锅炉启动、运行调节、停炉及保养，1000MW 超超临界锅炉调试及调试中遇到的问题。

本书可作为从事 1000MW 等级超超临界火电机组锅炉专业安装调试、运行维护和检修技术等岗位生产人员、工人、技术人员和管理干部工作的重要参考，是上岗培训、在岗培训、转岗培训、技能鉴定和继续教育等的理想培训教材，也可作为大专院校有关师生的参考教材。

图书在版编目(CIP)数据

锅炉设备及系统/广东电网公司电力科学研究院编. —北京：中国电力出版社，2011.1（2018.10 重印）
（1000MW 超超临界火电机组技术丛书）
ISBN 978-7-5123-1054-4

Ⅰ.①锅…　Ⅱ.①广…　Ⅲ.①火电厂-锅炉　Ⅳ.①TM621.2

中国版本图书馆 CIP 数据核字(2010)第 215069 号

中国电力出版社出版、发行
（北京市东城区北京站西街 19 号　100005　http://www.cepp.com.cn）
三河市百盛印装有限公司印刷
各地新华书店经售

*

2011 年 1 月第一版　2018 年 10 月北京第四次印刷
787 毫米×1092 毫米　16 开本　27.25 印张　665 千字
印数 6501—7500 册　定价 82.00 元

序

电力工业是关系国民经济全局的重要基础产业，电力的发展和国民经济的整体发展息息相关。电力行业贯彻落实科学发展观，就要依靠技术进步和科技创新，满足国民经济发展及人民生活水平提高对电力的需求。

回顾我国火电建设发展历程，我们走过了一条不平凡的道路，在设计、制造、施工、调试、运行和建设管理等方面，都留下了令人难忘的篇章。这些年来，我国火电建设坚持走科技含量高、经济效益好、资源消耗低、环境污染小的可持续发展道路。从我国国情出发，从满足国民生产对电力的需求出发，发展大容量、高参数、高效率的机组，是我国电力工业发展水平跻身世界前列的重要保证，是推动经济社会发展、促进能源优化利用、提高资源利用效率的重要保证。

超超临界发电技术是一项先进、成熟、高效和洁净环保的发电技术，已经在许多国家得到了广泛应用，并取得了显著成效。目前，我国火电机组已进入大容量、高参数、系列化发展阶段，自主研制、开发的超超临界机组取得了可喜成绩并成为主要发展机型。因此，掌握世界一流发电技术，为筹建、在建和投运机组提供建设、管理、优化运行和检修经验，对于实现设计制造国产化、创建高水平节能环保火电厂、保证电力工业可持续健康发展，意义重大。

广东电网公司电力科学研究院是我国一所综合性的科研研究机构，一直秉承"科技兴院"的战略方针，多年来取得了丰硕的科研成果，出版过多部优秀科技著作。这次他们组织专家编写的《1000MW 超超临界火电机组技术丛书》，能把他们掌握的百万机组的第一手资料和经验系统总结，有利于提高 1000MW 超超临界机组的设备制造、建设与调试、运行与管理水平，有利于促进引进技术的消化与吸收，有利于推进超超临界机组的国产化进程并为更高温度等级的先进超超临界机组研发提供经验。而他们丰富的理论和实际经验，是完成这个任务的保证。

《1000MW 超超临界火电机组技术丛书》不仅总结了国外超超临界技术的先进成果和经验，还反映了我国在这方面的研究成果和特点；不仅有理论上的论述，还有实际经验的阐述和总结。我相信，本套丛书的出版，对提高我国电力技术发展水平、积累超超临界机组的发展经验、加速发电设备的国产化、实现电源结构调整、实现能源利用率的持续提高，具有重要意义。祝本套丛书出版成功！

中国工程院院士

2010 年 8 月

前　言

　　超超临界技术的发展至今已有近半个世纪的历史。经过几十年不断发展和完善，超临界和超超临界发电机组目前已经在世界上许多国家得到了广泛的商业化规模应用，并在高效、节能和环保等方面取得了显著成效。与此同时，在环保及节约能源方面的需要以及在材料技术不断发展的支持下，国际上超超临界发电技术正在向着更高参数的方向进一步发展。

　　进入 21 世纪以来，随着我国经济的飞速发展，电力需求急速增长，促使电力工业进入了快速发展的新时期。我国电力工业的电源建设和技术装备水平有了较大提高，大型火力发电机组有了较快增长，超临界、超超临界机组未来将成为我国各大电网的主力机组。但是，超超临界发电技术在我国尚处于刚刚起步和迅速发展阶段，在设计、制造、安装、运行维护、检修等方面的经验还不足，国内现在只有少量机组投运，运行时间也较短。根据电力需求和发展的需要，在近几年内，我国还将有许多台大容量、高参数的超超临界机组相继投入生产运行。因此，有关工程技术人员、现场生产人员对技术上的需求都很大，很需要一些有关超超临界发电技术方面的图书作为技术上的支持，并对电力生产和技术发展提供帮助和指导作用，为此，我们组织专家编写了本套《1000MW 超超临界火电机组技术丛书》。

　　本丛书包括《汽轮机设备及系统》、《锅炉设备及系统》、《电气设备及系统》、《热工自动化》、《电厂化学》与《环境保护》六个分册。全套丛书由广东电网公司电力科学研究院组织编写。本丛书在编写过程中，内容力求反映我国超超临界1000MW 等级机组的发展状况和最新技术，重点突出 1000MW 超超临界火电机组的工作原理、结构、启动、正常运行、异常运行、运行中的监视与调整、机组停运、事故处理等方面内容。

　　本套丛书的出版，对提高我国电力装备制造水平；积累超超临界机组的建设、运行、管理经验，加速发电设备的国产化，降低机组造价；实现火电结构调整，实现能源效率的持续提高具有重要意义。

　　本丛书可作为从事 1000MW 等级超超临界火电机组安装调试、运行维护和检修技术等岗位生产人员、工人、技术人员和管理干部工作的重要参考，是上岗培训、在岗培训、转岗培训、技能鉴定和继续教育等的理想培训教材，也可作为大专院校有关师生的参考教材。

　　本书为《锅炉设备及系统》分册，全书由徐齐胜主编。其中，第一、六章由徐齐胜编写，第二、九章由刘庆鑫编写，第三、十三、十五章由殷立宝编写，第四、十四章由徐程宏编写，第五、十二章由湛志钢编写，第七、八章由余岳溪编写，第十、第十一章由崔振东编写，全书由徐程宏统稿。

本书在编写过程中，得到了很多电厂、科研院所及相关技术人员的支持和帮助，在此表示感谢。

由于编者的水平和所收集的资料有限，书中的缺点和谬误在所难免，恳请读者批评指正。

编 者

2010 年 8 月

目　录

第四篇 锅炉运行

1000MW超超临界火电机组技术丛书

第一篇

锅炉本体设备

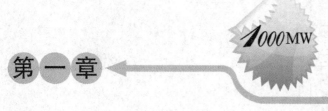
第一章

锅炉设备整体介绍

第一节 1000MW 超超临界锅炉类型和发展概况

随着国民经济的快速发展，我国电力工业也取得了高速增长。根据中国电力工业统计数据，2009 年底我国发电总装机容量 8.74 亿 kW，全年总发电量达到 36 812 亿 kWh，按照国民经济和社会发展"十一五"计划和 2020 年远景目标的要求，到 2020 年全国装机容量将达到 11 亿 kW。

煤炭在我国的一次能源消费构成中占据主导地位，因此电力工业的发展也以煤电为主。在 2009 年 8.74 亿 kW 的总装机容量中，其中水电装机 1.96 亿 kW，占总容量的 22.46%，火电装机 6.51 亿 kW，占总容量的 74.49%；到了 2020 年，煤电在总装机容量中的比例仍将达到 55% 左右。

2009 年，全国 6000kW 及以上火电供电标准煤耗 340g/kWh，比上年降低 5g/kWh，相当于节约标准煤约 1400 万 t，相应减排二氧化硫约 30 万 t。

2009 年，全国二氧化硫排放 2214 万 t，比上年下降 4.6%，比 2005 年降低 13.1%，提前一年完成国家"十一五"二氧化硫减排目标。根据中电联统计分析，2009 年全国电力二氧化硫排放量约 948 万 t，比上年下降 9.7%，降幅超过二氧化硫排放总量降幅 5.1%，且提前一年达到"十一五"电力二氧化硫减排目标（年排放二氧化硫 951.7 万 t）。

大力发展高参数、大容量、低污染的超临界和超超临界锅炉能够在一定程度上解决火力发电机组供电煤耗高、污染物排放高的问题。

超临界机组（SC）发电技术于 20 世纪 50 年代初在美国问世，已经有了几十年的发展历史。相比于超临界机组，超超临界机组（USC）的蒸汽参数更高，机组热效率也得以进一步提升，单机容量可达百万千瓦级。近十几年来，世界上许多发达国家都在积极开发和应用超超临界发电技术。目前，超临界和超超临界机组在国际上都已是商业化的成熟发电技术，在可用率、可靠性和机组寿命等方面可以与亚临界机组媲美。超临界和超超临界机组不仅可以显著提高机组热效率，还具有低污染物排放的特点。通过加装尾部烟气脱硫装置，采用先进的低 NO_x 技术等措施，超临界和超超临界机组可以满足日益严格的污染物排放标准。此外，超超临界燃煤发电技术还有很大的发展潜力，随着新材料的开发、设计技术和生产工艺的进步及系统的不断优化，机组的参数等级和运行水平还可进一步提高，机组热效率也会更高。

发展超临界和超超临界机组发电技术有利于提高燃煤机组的平均热效率、降低整体发电煤耗，进一步改善我国的电源结构、增强电网调峰的稳定性和经济性，同时还能大幅度减少

CO_2 和其他污染物的排放，保护生态环境，提高环保水平。因此，在国家能源政策的调整和环境保护法律法规不断颁布实施的推动下，我国高参数、大容量超临界、超超临界燃煤发电机组将得到蓬勃发展，以高效超临界、超超临界机组取代常规燃煤机组是我国电力行业一项刻不容缓的重要任务。

近几年来我国新装了一批 600MW 超临界、660MW 超超临界、1000MW 超超临界机组，截至 2009 年底，全国 600～1000MW（不含 1000MW）等级火电机组供电标准煤耗为 321g/kWh，比上年下降 4g/kWh，比全国平均供电标准煤耗低 19g/kWh；全国 1000MW 等级火电机组供电标准煤耗为 293g/kWh，比上年下降 3g/kWh，比全国平均供电标准煤耗低 47g/kWh。

一、锅炉的基本概念和要求

（一）基本概念

锅炉是指利用燃料的燃烧热能或其他热能加热给水（或其他工质）以生产规定参数和品质的蒸汽、热水（或其他工质、其他工质蒸汽）的机械设备。用以发电的锅炉称为电站锅炉或电厂锅炉，又泛称为蒸汽发生器。在电站锅炉中，通常将化石燃料（煤、石油、天然气等）燃烧释放出来的热能，通过受热面的金属壁面传给其中的工质——水，把水加热成具有一定压力和温度的蒸汽。蒸汽驱动汽轮机，把热能转变为机械能；汽轮机再带动发电机，将机械能转变为电能供给用户。

电站锅炉中的"锅"指的是工质流经的各个受热面，一般包括省煤器、水冷壁、过热器、再热器等以及通流分离器件，如联箱、汽包（汽水分离器）等；"炉"一般指的是燃料的燃烧场所以及烟气通道，如炉膛、水平烟道及尾部烟道等。

锅炉参数是表示锅炉性能的主要指标，包括锅炉容量、蒸汽压力、蒸汽温度、给水温度等。锅炉容量可用额定蒸发量或最大连续蒸发量表示。额定蒸发量是在规定的出口压力、温度和效率下，单位时间内连续生产的蒸汽量。最大连续蒸发量是在规定的出口压力、温度下，单位时间内能最大连续生产的蒸汽量。蒸汽参数包括锅炉的蒸汽压力和温度，通常指过热器、再热器出口过热蒸汽的压力和温度；如没有过热器和再热器，则指锅炉出口处的饱和蒸汽压力和温度。给水温度是指省煤器的进水温度；无省煤器时，则指汽包进水温度。

锅炉整体结构包括锅炉本体和辅助设备两大部分。锅炉由炉膛、汽包、燃烧器、水冷壁、过热器、省煤器、空气预热器、构架和炉墙等主要部件构成生产蒸汽的核心部分，称为锅炉本体。锅炉本体中两个最主要的部件是炉膛和汽包（汽包炉）。炉膛又称燃烧室，是供燃料燃烧的空间。炉膛的横截面一般为正方形或矩形。燃料在炉膛内燃烧形成火焰和高温烟气，所以炉膛四周的炉墙由耐高温材料和保温材料构成。在炉墙的内表面上常敷设水冷壁管，它既保护炉墙不致烧坏，又吸收火焰和高温烟气的大量辐射热。炉膛设计需要充分考虑使用燃料的特性，每台锅炉应尽量燃用原设计的燃料，如燃用特性差别较大的燃料，锅炉运行的经济性和可靠性都可能降低。

（二）要求

电能一般不能大规模储存，所以对于电站锅炉来说，它的出力要随外界的负荷需要而变化，这是发电厂生产的一个重要特点。电站锅炉要达到这一要求，就必须按照外界负荷需要及时调整燃料量、送风量及给水量。尤其是现在趋向于大电网运行，电力需求的峰谷差可以达到电网容量的 50% 左右，所以要求电站锅炉具有很大变负荷运行能力。

概括说来，对电站锅炉总的要求是既要安全稳发又要经济，为此，对电站锅炉的基本要求有以下几点：

（1）锅炉的蒸发量要满足汽轮发电机组的要求，能够在铭牌参数下长期运行，并具有较强的调峰能力。

（2）在宽负荷范围内运行时，能够保持正常的汽温和汽压。

（3）锅炉要具有较高的经济性。

（4）耗用钢材量要少，以减少初投资，降低成本。

（5）锅炉在运行中要具有较强的自稳定能力。

（三）锅炉的分类

锅炉的分类可以按循环方式、燃烧方式、排渣方式、运行方式以及燃料、蒸汽参数、炉型、通风方式等进行分类，其中按循环方式和蒸汽参数的分类最为常见。

1. 按循环方式分类

锅炉按照循环方式可分为自然循环锅炉、控制循环锅炉和直流锅炉。

（1）自然循环锅炉。给水经给水泵升压后进入省煤器，受热后进入蒸发系统。蒸发系统包括汽包、不受热的下降管、受热的水冷壁以及相应的联箱等。当给水在水冷壁中受热时，部分水会变为蒸汽，所以水冷壁中的工质为汽水混合物，而在不受热的下降管中工质则全部为水。由于水的密度要大于汽水混合物的密度，所以在下降管和水冷壁之间就会产生压力差，在这种压力推动下，给水和汽水混合物在蒸发系统中循环流动。这种循环流动是由于水冷壁的受热面形成的，没有借助其他的能量消耗，所以称为自然循环。在自然循环中，每千克水每循环一次只有一部分转变为蒸汽，或者说每千克水要循环几次才能完全汽化，循环水量大于生成的蒸汽量。单位时间内的循环水量同生成蒸汽量之比称为循环倍率。自然循环锅炉的循环倍率约为4～30。

（2）控制循环锅炉。在循环回路中加装循环水泵，就可以增加工质的流动推动力，形成控制循环锅炉。在控制循环锅炉中，循环流动压头要比自然循环时增强很多，可以比较自由地布置水冷壁蒸发面，蒸发面可以垂直布置也可以水平布置，其中的汽水混合物既可以向上也可以向下流动，所以可以更好地适应锅炉结构的要求。控制循环锅炉的循环倍率约为3～10。

自然循环锅炉和控制循环锅炉的共同特点是都有汽包。汽包将省煤器、蒸发部分和过热器分隔开，并使蒸发部分形成密闭的循环回路。汽包内的大容积能保证汽和水的良好分离。但是汽包锅炉只适用于临界压力以下的锅炉。

（3）直流锅炉。直流锅炉没有汽包，工质一次通过蒸发，其循环倍率为1。直流锅炉的另一特点是在省煤器、蒸发部分和过热器之间没有明显不变的分界点，水在受热蒸发面中全部转变为蒸汽，工质行程的流动阻力均由给水泵来克服。如果在直流锅炉的启动回路中加入循环泵，则可以形成复合循环锅炉。即在低负荷或者本生负荷以下运行时，由于经过蒸发面的工质不能全部转变为蒸汽，所以在锅炉的汽水分离器中会有饱和水分离出来，分离出来的水经过循环泵再输送至省煤器的入口，这时流经蒸发部分的工质流量超过流出的蒸汽量，即循环倍率大于1。锅炉负荷超过本生点以上或在高负荷运行时，由蒸发部分出来的是微过热蒸汽，这时循环泵停运，锅炉按照纯直流方式工作。

直流炉可以适用于任何压力，但如果压力太低，则不如自然循环锅炉。所以一般应用在

$p \geqslant 16MPa$ 的锅炉上。当然，超（超）临界参数锅炉只能采用直流形式，世界上最大的直流炉是美国配 1380MW 机组的 4400t/h 锅炉。

2. 按蒸汽参数分类

锅炉按照蒸汽参数分为低压锅炉（出口蒸汽压力 $p \leqslant 2.45MPa$）、中压锅炉（$p = 2.94 \sim 4.90MPa$）、高压锅炉（$p = 7.8 \sim 10.8MPa$）、超高压锅炉（$p = 11.8 \sim 14.7MPa$）、亚临界压力锅炉（$p = 15.7 \sim 19.6MPa$）、超临界压力锅炉（$p \geqslant 22.1MPa$）和超超临界压力锅炉（$p \geqslant 27MPa$）。

3. 按锅炉技术派系分类

20 世纪，美国、日本和一些欧洲国家已经形成了各具特色的三个技术派系，即承袭美国 B&W 公司特色、承袭原美国 CE 公司特色和承袭美国 FW 公司特色的三大派系。三大派系锅炉技术的主要特点如下：

（1）B&W 派系。

1）亚临界压力下的锅炉采用自然循环锅炉，锅炉汽包内采用旋风分离器。

2）采用前墙、后墙或者对冲布置的旋流式燃烧器。

3）过热汽温和再热汽温多采用烟道挡板或烟气再循环调温。

4）对于超临界压力的锅炉采用欧洲本生式直流锅炉和通用压力锅炉。

（2）CE 派系。

1）蒸汽压力在 13.7MPa 表压以下的采用自然循环，亚临界压力采用控制循环汽包锅炉，汽包内采用轴流式汽水分离器。

2）采用角置切向燃烧摆动直流燃烧器。

3）过热汽温采用喷水调节，再热汽温采用摆动式燃烧器加微量喷水调节。

4）超临界压力采用苏尔寿直流锅炉和复合循环锅炉。

（3）FW 派系。

1）亚临界压力下采用自然循环，汽包内部常用水平式分离器。

2）采用前、后墙或对冲布置旋流式燃烧器。

3）广泛采用辐射过热器，甚至炉膛内布置全高的墙式过热器或双面曝光的过热器隔墙，用烟气挡板调温。

4）超临界压力采用 FW—容克式直流锅炉。

另外，德国因为自身的煤炭资源较丰富，煤种以褐煤居多，所以德国的锅炉技术发展相对较独立，对于 100MW 以上机组均采用本生式直流锅炉，而且都考虑变压运行。

苏联的锅炉技术发展道路也很具特色。他们不发展亚临界参数，超高压及以下均为自然循环锅炉，从 300MW 起均为超临界压力直流锅炉，且以拉姆辛锅炉为主。

4. 其他分类

锅炉按燃烧方式可分为层式燃烧锅炉、悬浮燃烧锅炉、旋风燃烧锅炉和循环流化床锅炉。其中，悬浮燃烧锅炉常见的火焰型式有切向、墙式及对冲、U 形、W 形等几种。

锅炉按使用燃料可分为燃煤锅炉、燃油锅炉、燃气锅炉及燃用其他燃料（如油页岩、垃圾、沼气等）锅炉。锅炉按照排渣方式可分为固态排渣和液态排渣两种。固态排渣是指炉膛下部排出的灰渣呈均热的固态，落入排渣装置经冷却水或者风冷的冷却方式粒化后排出。液态排渣指炉膛内的灰渣以熔融状态从炉膛底部排出。20 世纪五六十年代，为强化燃烧和解决燃用低挥发分、低灰熔点燃煤的困难，液态排渣炉发展较快。但因燃烧温度高、排出NO_x较多对环境保护不利、对煤种变化敏感、运行可靠性易受影响等因素限制，现在发展基本停滞，大部分锅炉采用固态排渣方式。

锅炉按通风方式可分为平衡通风锅炉、微正压锅炉（2～4kPa）和增压锅炉。所谓平衡通风锅炉指的是进入锅炉的供风由风机提供，燃烧后的烟气经风机抽吸出去，炉膛燃烧室呈负压状态（−50～−200Pa），现在大型电站锅炉基本采用平衡通风方式。微正压锅炉炉壳密封要求高，多用于燃油、燃气锅炉。增压锅炉炉内烟气压力高达1～1.5MPa，多用于燃气—蒸汽联合循环锅炉。

按锅炉类型分类，有Π形锅炉、箱形锅炉、塔形锅炉以及D形锅炉等。Π形锅炉是电站锅炉最常见的一种炉型，几乎适用于各种容量和不同燃料。箱形锅炉和D形锅炉主要燃用重油和天然气。塔形锅炉更适用于多灰分烟煤和褐煤，德国此种炉型较多。

锅炉按用途可分为工业锅炉、电站锅炉、船用锅炉和机车锅炉等。

（四）锅炉的安全性和经济性指标

在火力发电厂中，锅炉是重要设备之一，它的安全性和经济性对于发电生产是非常重要的。锅炉本身是高温高压的设备，一旦发生爆炸式破裂，将导致人员伤亡和重大设备损坏事故，后果十分严重。锅炉的构件繁多，尤其是锅炉受热面工作条件恶劣，在运行中会发生爆管等众多事故。锅炉的附属设备也会发生故障，影响到锅炉的安全运行。另外，锅炉又是耗费一次能源的大户，故必须注意节约能源，提高锅炉运行的经济性。所有这些问题都需要有一些指标来进行考核，以利于总结经验，为锅炉的设计、制造、安装、运行和检修人员提供可靠性参考。

1. 锅炉的安全性指标

锅炉运行的安全性指标不能进行专门的测量，而用下述几种指标来衡量：

（1）连续运行小时数＝两次检修之间运行的小时数

（2）事故率＝$\dfrac{\text{事故停运小时数}}{\text{总运行小时数}＋\text{事故停运小时数}}×100\%$

（3）可用率＝$\dfrac{\text{运行总小时数}＋\text{备用总小时数}}{\text{统计期间总小时数}}×100\%$

在锅炉事故率和可用率的统计期间，可以用一个适当长的周期来计算。原来我们国家大型电站锅炉在正常情况下，一般两年安排一次大修和若干次小修。因此，在统计时可以以一年或两年作为一个统计期。随着锅炉设计、制造、安装、运行以及检修水平的提高，现在大型电站锅炉，尤其是600MW及以上容量的锅炉，大修周期都有不同程度的延长，达到三年或更长，所以相应的事故率下降而可用率上升。

2. 锅炉的经济性指标

锅炉在运行中要耗用一定的燃料，每千克燃料具有一定的热值。但是所耗用的热量未能完全被利用，有些燃料未能完全燃烧，排出的烟气也带走热量等等，锅炉的经济性可用锅炉效率和锅炉的投资来说明。

锅炉效率指锅炉每小时的有效利用热量与耗用燃料输入热量的百分比。

只用锅炉效率来说明锅炉运行的经济性是不够的，因为锅炉效率只反映了燃烧和传热过程的完善程度，但从火力发电厂的作用看，只有供出的蒸汽和热量才是锅炉的有效产品，自用蒸汽消耗及排污水的吸热量并不向外供出，而是自身消耗或损失了，而且要使锅炉能正常运行，生产蒸汽，除使用燃料外，还要使其所有的辅助系统和附属设备正常运行，这也需要消耗能源。因此，锅炉运行的经济指标，除锅炉效率外，还有锅炉净效率。

锅炉净效率是指扣除了锅炉机组运行时的自用能耗（热耗和电耗）以后的锅炉效率。

二、超临界和超超临界机组的定义及特点

（一）超临界、超超临界机组的蒸汽参数

从水的物性来讲，只有超临界和亚临界之分，当机组的工质参数超过水的临界点时，都可以称为超临界状态。超超临界是人为的一种区分，也称为优化的或高效的超临界参数。目前超超临界与超临界的划分界限尚无国际统一的标准，现在常规的超临界机组采用的蒸汽参数为 24.1MPa、538℃/566℃。国际上通常把汽轮机进口汽压高于 27MPa 或蒸汽温度高于 580℃ 的机组定义为超超临界机组。随着科技的进步，新材料的开发，预计到 2015 年火电机组的蒸汽参数可达 40MPa、700℃/720℃/720℃。

超超临界定义：汽轮机的参数传统上都是以压力高低分挡的，如低压（1.27MPa）、中压（3.43MPa）、高压（8.83MPa）、亚临界（16.67MPa）。如果是非再热机组，初温与初压要求匹配，使排汽湿度控制在允许的范围内，如 535℃ 对 8.83MPa。再热机组则无此要求，只要材料性能允许，初温越高越好。进入超临界（$p > 22.12$MPa）压力之后，水蒸气变成了热力学意义上的"气体"，在等压加热下，液体达到饱和温度后，直接全部变为蒸汽，不存在汽液两相区。进入超临界（super critical，缩写 SC）之后参数如何分挡，目前世界上没有定论。但多数国家把常规超临界参数的技术平台定在 24.2MPa/566℃/566℃（3500Psig/1050 ℉/1050 ℉）上，而把高于此参数（不论压力升高还是温度升高，或者两者都升高）的超临界参数定义为超超临界（ultra-super critical，缩写 USC）参数。我国又将此参数称为"高效超临界"参数。从术语规范化及与国际接轨而言，还是采用"超超临界"为宜。究竟超出多少才算超超临界？对此，也无定论，但多数倾向于至少提高一个标准系列档次。仅以温度为例，美国为 50℉（～28℃），为此 593℃（1100 ℉）才算 USC 参数。因各国标准不同，可以把初压不小于 28MPa 或/和温度（初温或/和再热温度）不小于 580℃ 的汽轮机参数称为 USC 参数，例如：

24.2MPa/566℃/593℃

25MPa/580℃/600℃

28MPa/566℃/566℃

31MPa/600℃/600℃/600℃

从结构复杂性、热效率等方面看，31MPa/538℃/538℃/538℃ 也不排除在 USC 之外，28MPa/538℃/538℃ 也有理由收入 USC 之列。

（二）超临界和超超临界机组的优点

1. 热效率高

机组的蒸汽参数是决定机组热经济性的重要因素。一般压力为 16.6～31.0MPa、温度在 535～600℃ 的范围内，压力每提高 1MPa，机组的热效率上升 0.18%～0.29%；新蒸汽温度或再热蒸汽温度每提高 10℃，机组的热效率就提高 0.25%～0.3%。

超临界、超超临界压力参数火力发电是有效利用能源的一项新技术，其工质的压力、温度均超过以往任何参数的机组，可大幅度提高机组热效率，从而降低发电煤耗和发电耗水

量。根据实际运行燃煤机组的经验，亚临界机组（17MPa，538℃/538℃）的净效率约为37%～38%，超临界机组（24MPa，538℃/538℃）的净效率约为40%～41%，超超临界机组（28MPa，600℃/600℃）的净效率约为44%～45%。另据有关资料显示，在欧盟和美国的超超临界发展计划中，在进一步提高机组蒸汽参数后，机组的热效率可以达到50%以上。

2. 能够符合较高的环保要求

由于提高了机组热效率，减少了单位发电量的燃料消耗，超临界机组可以大大降低CO_2的排放，特别是参数更高的超超临界机组，其CO_2排放量可以比亚临界机组降低近20%。

此外，由于采取了脱硫脱硝等减排措施，超临界和超超临界机组在降低SO_2和NO_x排放等方面也具有比较明显的优势。以国内建成运行的玉环电厂1000MW超超临界机组为例，通过设置烟气脱硫装置，SO_2排放浓度可以控制在$82～130mg/m^3$（标况下）；采用低氮燃烧技术，NO_x排放浓度在$400mg/m^3$（标况下）以下，并预留SCR脱氮装置的位置，必要时可进一步降低NO_x排放浓度；设有高效电除尘装置，粉尘排放浓度为$20～35mg/m^3$（标况下）。上述数据都低于国家对新建燃煤电厂的大气污染物排放标准，玉环电厂已建成了一座具有世界水平的高效、洁净燃煤电厂。

3. 超临界和超超临界机组的单机容量大

超临界机组蒸汽压力高、比体积小，汽轮机高压缸叶片短，且级间压差大，为保证内效率，适宜采用大容量设计。国际上，超临界机组的容量一般都在600MW以上，超超临界机组的单机容量则达到了百万千瓦级的水平。单机容量大，这使得超临界、超超临界发电技术与当前的其他洁净煤技术（包括循环流化床燃烧发电技术和整体煤气化联合循环发电技术等）相比，可以很大程度上降低机组的单位造价。

（三）超临界、超超临界机组的技术特点

1. 工质热物性特点

水的临界压力为22.115MPa，临界温度为347.12℃。在超过这一临界点后，将看不见汽液共存的蒸发现象，水将从液态直接变成汽态，而且在超临界状态下，水和蒸汽的物性参数完全相同，也不存在密度差。所以超临界、超超临界机组只能采用直流循环方式，水在锅炉管中加热、蒸发和过热后直接向汽轮机供汽，不存在汽包。由于工质在锅炉各受热段内流动时的阻力损失都由给水泵来克服的，故超临界和超超临界机组需要较高的水泵压头，给水泵功率消耗大。

2. 采用新型高温耐热钢

超临界机组的高参数对材料提出了很高的要求，所用材料除应具有足够的持久强度、蠕变极限及屈服极限，还应具有较好的抗氧化性、耐腐蚀性及良好的焊接性能和加工性能，并具有合适的热膨胀、导热及弹性系数。对于538℃级的汽温，一般采用1%～2%CrMo钢，566℃级的汽温采用9%Cr钢。对于600℃级的超超临界锅炉，其高温段的受热面应采用奥氏体不锈钢，主蒸汽管道及集箱采用9%Cr钢。对于650℃以上的汽温则应采用高温合金材料。对于水冷壁管，由于其温度水平较低，对超临界锅炉可应用0.5%CrMo钢，对超超临界锅炉应用1%CrMo钢。

3. 锅炉启动系统

超临界及超超临界机组采用直流锅炉。直流锅炉在启动前必须建立一定的启动流量和启动压力，强迫工质流经受热面，使其得到冷却。超超临界直流锅炉的启动流量一般选取为额定流量的 30% ～35%。丹麦超超临界锅炉的启动流量为 30%MCR。我国引进苏联超临界锅炉的启动流量为 30%MCR。石洞口二厂 ABB 超临界锅炉的启动流量为 35%MCR。日本超临界锅炉启动流量选取较小，一般为 25%～30%MCR。

由于没有汽包作为汽水固定的分界点，直流锅炉是水在锅炉管中加热、蒸发和过热后直接向汽轮机供汽，在启停或低负荷运行过程中从水冷壁和过热器出来的只是热水或汽水混合物，不允许进入汽轮机。因此，直流锅炉必须配套特有的启动系统，以保证锅炉启停和低负荷运行期间水冷壁的安全和正常供汽。启动旁路系统主要是指启动分离器及与之相连和并联的汽水管道、阀门等，根据运行方式，可分为外置式和内置式两种。

相比于外置式启动系统，内置式系统无需分离器解列或投运操作，从根本上消除了汽温波动问题，更适合于机组调峰，因而在世界各国超临界及超超临界锅炉上得到了广泛应用。

4. 变压运行

现代超临界和超超临界机组采用复合变压运行的方式，即在高负荷时保持额定的蒸汽压力，在低负荷时保持最低允许的供汽压力，在中间负荷时采用变压运行。也即在高负荷及低负荷区，负荷调节采用改变汽轮机调节阀开度的方式，而蒸汽压力保持不变；在中间负荷范围，采用变压运行，用改变锅炉主蒸汽压力的方式调节负荷。这种复合变压运行方式可使机组在高负荷运行时保持额定压力，具有最佳的循环效率和良好的负荷调节性能；在中间负荷，采用变压运行，使汽轮机通流部分的容积流量基本不变，保持较高的内效率，并使汽轮机高压缸的蒸汽温度保持稳定，因而热应力较小，具有快速变负荷的能力；在低负荷时，定压运行可防止压力过低出现流动不稳定等问题，因而具有最佳的综合性能。这样，采用变压运行可使机组具有夜间停机、快速启动以及频繁启停和变负荷的能力，并使机组在高负荷及低负荷时均保持高的效率，以及具有更低的最小负荷，从而满足中间负荷和调峰的要求，因而是现代超临界、超超临界机组的主要运行方式。

5. 水冷壁结构形式

对超超临界变压运行锅炉，水冷壁结构形式主要集中在螺旋管圈水冷壁和由内螺纹管组成的垂直管水冷壁两种形式。其他的结构形式如多次垂直上升、垂直上升下降和多组水平回绕上升等管圈形式，由于在变压运行时，两相流分配困难，因而仅适用于定压运行锅炉。

螺旋管圈是围绕炉膛上升的，对每根管子在炉膛中的吸热量基本上是均等的，炉膛内热负荷沿宽度、深度和高度的分布不均匀基本上对它没有影响，所以它最大的优点是水冷壁出口的温度十分均匀，其温差可以做到 10℃ 以内。螺旋管圈水冷壁进口无需设立节流圈，比较简单。螺旋管圈需要较高的质量流速，一般要比垂直管圈高 40%～50%，因而它的流动阻力较大，比垂直管圈高 0.5～1.0MPa。另外，它的设计、制造、安装和支吊均比较复杂，现场的焊口相应也多些。此外，它对防止低灰熔点煤的结渣比垂直管圈稍差。

垂直管圈是一次上升，结构十分简单，质量流速比螺旋管圈低，阻力小，且在低负荷下有一定的自补偿能力，它的设计、制造、安装和支吊均比较简单。其水冷壁的水动力是按 75%负荷设计，100%和 30%负荷进行壁温校核，一般垂直管圈的锅炉大多采用四角切圆燃烧方式。由于炉膛内存在热负荷不均匀，引起的水冷壁出口温度偏差要比螺旋管圈大得多，一般要达 30～50℃，所以水冷壁进口要设置节流圈，并且首次启动中往往还需对节流圈进行局部调整。由于其水冷壁出口壁温和偏差要高于螺旋管圈，所以水冷壁出口的材质要好于螺旋管圈，如采用 T23 材料。在垂直管圈中还有一种是在水冷壁中间设置混合集箱，如近年来日本三菱公司新设计投运的就有中间混合集箱，它可以做到水冷壁出口温度偏差小于25℃，但是其结构十分复杂，质量和焊口增加不少。

螺旋管圈和垂直管圈各有特点，都能适应超临界和超超临界锅炉运行的需要。

6. 锅炉本体结构形式

大容量超临界电站锅炉的本体结构形式主要有两种，即Π形和塔形。采用Π形结构形式时，烟气由炉膛经水平烟道进入尾部烟道，再在尾部烟道通过各受热面后排出。其主要优点是锅炉高度较低，尾部烟道烟气向下流动有自生吹灰作用，各受热面易于布置成逆流形式对传热有利等。其主要缺点是①烟气流经水平烟道和转弯烟室，引起灰分的浓缩集中，使尾部受热面的局部磨损加重；②燃烧器布置比较困难，烟气分布的不均匀性较大；③水平烟道中的受热面垂直布置不能疏水；④炉膛前后墙结构差别大，后墙水冷壁的布置比较复杂等。

而塔形结构是将所有承压对流受热面布置在炉膛上部，烟气一路向上流经所有受热面后再折向后部烟道，流经空气预热器后排出。这种布置方式的最大优点是烟气温度比较均匀，对流受热面的磨损较轻，对流受热面水平布置易于疏水，水冷壁布置比较方便，穿墙管大大减少等，因而在大型锅炉中采用更为优越，在欧洲得到广泛的采用，积累了丰富的经验。上海外高桥电厂引进的900MW锅炉采用了这种布置形式。

Π形结构是国内外大容量锅炉用的最广泛的结构形式。对于超临界和超超临界锅炉，国外除德国、丹麦等欧洲国家因多燃用褐煤而多采用塔形结构外，大多数采用Π形布置。我国现役及在建的超临界和超超临界锅炉中，Π形锅炉也占绝大多数。

7. 采用先进的低 NO_x 燃烧系统

现代超临界、超超临界锅炉一般都配备先进的燃烧系统，以降低 NO_x 的排放和飞灰中可燃物的含量。

在采用直流燃烧器切圆燃烧方式的超临界和超超临界锅炉中，主要通过一二次风偏置、加设燃尽风喷口来实施炉内的径向和轴向空气分级，从而实现低 NO_x 排放。美国 CE 公司设计的低 NO_x 同轴燃烧系统（LNCFS）就是典型的代表。

而美国的 B&W 和日本的巴布科克—日立等公司生产的锅炉则都采用旋流燃烧器前后墙对冲布置燃烧方式，主要通过旋流燃烧器自身先进的分级送风和浓淡燃烧技术实现高效燃烧和火焰内脱氮的目的，同时结合燃尽风喷口来实施炉内整体空气分级，以进一步降低 NO_x 排放。

8. 汽温调节

过热汽温由煤水比作为粗调，同时装有三级喷水减温器进行细调。再热汽温一般由尾部烟道的烟气挡板及烟气再循环进行调节，同时装有事故喷水，在必要时应用。由于高压给水喷水调节再热汽温将使机组的热效率降低，因此在一般情况下不能用喷水调节再热汽温。

三、国外 1000MW 超超临界锅炉的发展和现状

（一）超超临界压力锅炉的关键

超超临界压力锅炉的关键技术是多方面的，在设计和制造上都有较难技术，如材料的选择、水冷壁温差系统及其水动力安全性、受热面布置、二次再热系统汽温的调控等，其中热强度性能高、工艺性好、价格低廉的材料的开发是最关键的问题。

1. 材料

早期的超超临界锅炉使用了大量的奥氏体钢，而奥氏体钢与铁素体钢相比只有高的热强性，但其热膨胀系数大、导热性差、抗应力腐蚀能力低、工艺性差，热疲劳和低周疲劳性能（特别是厚壁件）也比不上铁素体钢，且成本高许多，出现许多奥氏体钢制部件损伤事故。世界各国一直致力于开发新材料和新工艺，改进和开发新型铁素体钢和改进奥氏体耐热钢。欧洲开发出用于 625℃ 的新型铁素体钢 Eg；美、日等国协作研究了如 9％～12％Cr 钢 NF616、H℃M12A 和 TB12M 等新材料；最近 15％～20％新型铁素体—马氏体的 9％～12％Cr 钢研制开发成功，其允许主蒸汽温度提高了 61℃，压力达到 30MPa，再热蒸汽温度达 625℃。特别是 550～625℃ 铁素体耐热钢的开发成功，大大降低了超超临界机组造价。由于蒸汽参数的提高，高温部件的工作环境更为恶劣，因此也必须采用更高级的材料来满足要求。

2. 水冷壁

超超临界压力锅炉的水冷壁系统，主要集中在螺旋管圈水冷壁和由内螺纹管组成的垂直管圈两种。螺旋管圈水冷壁可以自由地选择管子的尺寸和数量，因而能选择较大的管径并保证水冷壁安全的质量流速。管圈中的每根管子均同样地绕过炉膛和各个壁面，因而每根管子的吸热相同，管间的热偏差最小，适用于变压运行。其缺点是螺旋管圈的制造安装支承等工艺较为复杂且流动阻力大。内螺纹垂直水冷壁受炉膛沿周界热负荷偏差的影响较大，除了需要采取一定的结构措施，如加装节流装置，使管内工质流量的分配与管外热负荷分布相适应外，还要求较高的运行操作水平和自动控制水平。在开发超超临界压力机组时，有必要在现有的超临界压力水冷壁内沸腾传热研究的基础上，扩展试验研究的压力范围，进一步进行试验研究，防止膜态沸腾现象，以确保水冷壁系统工作的安全性。

3. 二次再热系统

在设计二次再热锅炉时，必须考虑到高效率在基本负荷下运行，决定最佳的再热器受热面布置和再热蒸汽温度控制方法。超超临界压力锅炉采用了二次中间再热系统，蒸汽温度的控制要比一次再热机组复杂得多。原则上各种高温手段都可以进行再热温度调节，但考虑到在部分负荷时再热蒸汽温度必须具备设计值蒸汽温度的特性，故负荷变化时，再热蒸汽温度对设计变化率必须稳定。

再热蒸汽温度的控制还应考虑以下两点：

（1）为了不降低机组的效率，在正常运行时不用再热器喷水减温。

（2）采用再循环风机来控制再热蒸汽温度会增加电厂的动力消耗。

（二）国外超超临界锅炉技术的发展和现状

1. 国外超超临界锅炉的发展特点

超临界机组并不是按部就班地由 22.2MPa、538℃/538℃ 向上发展的，超临界和超超临界机组的开发几乎不分先后。但根据蒸汽压力和温度以及机组容量的不同，世界上超超临界技术的发展分为 3 个层次，即：

（1）压力仍在 25MPa 左右，仅采用高温度参数。温度参数有 566℃（1050°F）、593℃（1100°F）及以上。高温、高强度材料的研制成功使近期一系列投入商业运行的超超临界机组的温度参数不断提高，欧洲及日本新定购的机组温度均在 580～600℃。

（2）采用高温的同时，压力也提高到 27MPa 以上。目前正在应用和研制的超超临界压力有 27.6、31、34.5MPa 三挡。压力参数不仅涉及受压件的材料与强度结构设计，而且由于汽轮机排汽湿度的原因，在提高压力的同时，如仍采用一次再热，则必须采用更高的再热温度（如 600℃ 以上）或二次再热。采用二次再热可使机组的热效率提高 1%～2%，但也造成了调温方式和受热面布置上的复杂性，成本明显提高。因此，超超临界机组的再热方式除早期投运的及丹麦的少数机组外，无论是日本还是欧洲都趋向于采用一次再热，以降低成本。

（3）开发高压力、高温度参数的 1000MW 等级超超临界机组。由于汽轮机方面的原因，近期世界上 1000MW 机组只有压力低于 27MPa 的一次再热机组，尚没有压力高于 27MPa、超高温的 1000MW 机组投运。在已投运的超超临界机组中，除少数机组为 400～500MW 等级外，其余都在 700～1000MW 之间。

国外投运的主要超临界、超超临界机组锅炉情况（见表 1-1）表明：20 世纪 90 年代开始，超超临界技术在美国、日本和欧洲得到迅速发展，并已批量投运，取得了良好的运行业绩，表现出良好的可靠性、经济性和灵活性。这表明超超临界技术已代表了当代火力发电技术的国际先进水平和发展潮流。

表 1-1　　　　　　　国外主要超临界和超超临界机组锅炉概况

国家	电　站	容量（MW）	参数（MPa/℃/℃/℃）	布置形式	燃烧方式	水冷壁形式	投运时间	制造商
美国	Philo6 号机组	125	31/621/566/538	Π形	对冲	垂直管屏	1957	B&W
美国	Eddystone1、2 号机组	325	36.5/654/566/566	Π形	四角切圆	垂直管屏	1958/1960	CE
德国	Bexbach11	750	30/583/600	塔形	对冲	螺旋管圈	2001	德国 Babcock
德国	Frimmersdorf	950	29.0/580/600	塔形	八角双切圆	螺旋管圈	2001	Alstom
德国	Schwarze. pumpe（A，B）	800	28.5/552/570	塔形	八角双切圆	螺旋管圈	1997	Alstom
德国	Niederaussemk	950	26/580/600	塔形	八角双切圆	螺旋管圈	2002.11	Alstom
日本	川越 1、2 号机组	700	32.9/571/569/569	Π形	八角双切圆	垂直管屏	1989.6/1990.6	三菱—CE
日本	原町 1 号机组	1000	25.4/566/593	Π形	八角双切圆	垂直管屏	1997.7	三菱—CE
日本	三隅 1 号机组	1000	25.4/604/602	Π形	八角双切圆	垂直管屏	1998.7	三菱—CE
日本	敦贺 2 号机组	700	24.1/593/593	Π形	八角双切圆	垂直管屏	2000.10	三菱—CE
日本	苓北 2 号机组	700	24.1/593/593	Π形	八角双切圆	垂直管屏	2001	三菱—CE
日本	Maizuru1 号机组	900	24.5/595/595	Π形	八角双切圆	垂直管屏	2003	三菱—CE
日本	広野 5 号机组	600	24.5/600/600	Π形	八角双切圆	垂直管屏	2004	三菱—CE
日本	七尾大田 2 号机组	700	25.01/597/595	Π形	对冲	螺旋管圈	1998.7	IHI
日本	橘湾 1 号机组	1050	25.8/605/613	Π形	对冲	螺旋管圈	2000.6	IHI
日本	碧南 4、5 号机组	1000	24.1/593/593	Π形	对冲	螺旋管圈	2001.11/2002.11	IHI
日本	松蒲 2 号机组	1000	25.0/598/596	Π形	对冲	螺旋管圈	1997.7	日立 BHK
日本	原町 2 号机组	1000	25.4/604/602	Π形	对冲	螺旋管圈	1998.7	日立 BHK

续表

国家	电　站	容量 (MW)	参数 (MPa/℃/℃/℃)	布置形式	燃烧 方式	水冷壁形式	投运时间	制造商
日 本	橘湾	700	25.0/570/595	Π形	对冲	螺旋管圈	2000.7	日立 BHK
	橘湾 2 号机组	1050	25.9/605/613	Π形	对冲	螺旋管圈	2000.12	日立 BHK
	Hitachinaka 1 号机组	1000	25.4/604/602	Π形	对冲	螺旋管圈	2002.7	日立 BHK
丹 麦	Skaerbaekvaerket 3 号机组	415	29/582/580/580	塔形	四角切圆	螺旋管圈	1997	FLSmilj Ψ/BWE
	Nordjyllandsvaerket 3 号机组（NVV3）	415	29/582/580/580	塔形	四角切圆	螺旋管圈	1998.10	FLSmilj Ψ/BWE
	Avedore 2 号机组（AVV 2）	415	30.5/580/600	塔形	四角切圆	螺旋管圈	2001	FLSmilj Ψ/BWE

2. SC 和 USC 在美国的发展情况

美国是发展超临界发电技术最早的国家。早在 20 世纪 50 年初就开始从事超临界和超超临界技术的研究。鉴于超临界机组的热效率明显高于亚临界机组，在 20 世纪 60 年代中期，新建机组容量中有一半以上是超临界机组。1967～1976 年的 10 年期间，共投运 118 台超临界机组，其中最大单机容量为 1300MW。从 20 世纪 70 年代开始，超临界机组订货减少。1980～1989 年间，仅有 7 台超临界机组投运。其主要原因在于：①机组容量增大过快，蒸汽参数选择过高，超越了当时的金属材料技术水平，并采用热负荷偏高的大型正压锅炉，导致早期的超临界锅炉事故偏多，可用率低及维修费用高；②由于美国煤价较低，机组运行经济性不显著；③适宜带基本负荷的大量核电机组迅速投产，而当时的超临界机组调峰能力较差，不能适应调峰需要。

为了提高机组可用率，后来发展的超临界机组多采用 24.1MPa/538℃/538℃（个别采用 541～543℃），二次再热时用 552℃/566℃，并不断完善。这种蒸汽参数保持了 20 余年。到 20 世纪 80 年代，针对燃料价格上涨，环境保护要求日益严峻的现状，美国电力研究所（EPRI）在总结了前期超临界机组运行经验和教训后，根据当时的技术水平，对超临界机组蒸汽参数和容量等进行了可行性优化研究，认为在技术方面不需要作突破的条件下，机组采用 31MPa/566～593℃/566～593℃蒸汽参数、二次再热、容量 700～800MW 为最佳；并重新开发了蒸汽参数为 31MPa/593℃/593℃/593℃的二次再热超超临界机组。但是，由于美国电力工业大力发展高效的燃气蒸汽联合循环，上述研究成果未能得到实施，却在亚洲和欧洲某些国家得到了应用。

到 1992 年，美国在役的 107 台 800MW 及以上火电机组均为超临界机组，最大单机容量为 1300MW。1999 年，美国能源部提出了发展先进发电技术的 Vision21 计划。其中，对于超超临界技术，主要是开发 35MPa/760℃/760℃/760℃的超超临界火电机组，使其热效率高于 55%，污染物排放比亚临界机组减少 30%。

美国首台 1000MW 以上发电机组于 1965 年投运，装于 Consolidate Edison 电力公司的 Ravens Wood 火电厂，其锅炉由 CE 公司设计制造。CE、B&W 和 FW 公司是美国的三大锅炉制造商。下面分别介绍这三家公司发展大容量电站锅炉的情况。

（1）美国燃烧工程公司。美国燃烧工程公司（以下简称 CE 公司）曾经是美国最大的锅炉制造商，在电站锅炉的发展史上占有很重要的一席之地。CE 公司在发展大容量电站锅炉方面有其独特的成就。表 1-2 为 CE 公司制造的部分已投运的 900MW 以上锅炉。由表 1-2 可见，CE 公司生产的大容量锅炉大多为超临界压力一次再热锅炉，参数为 24.1MPa/539℃/539℃。CE 公司生产的大容量机组锅炉主要采用控制循环和复合循环。在超临界参数时采用复合循环，亚临界参数时采用控制循环。CE 的大容量锅炉大多为双炉结构，炉膛中间用双面曝光水冷壁隔开，采用四角切圆燃烧。再热器出口蒸汽温度一般用摆动式燃烧器来调节，过热器蒸汽温度用喷水来调节。

表 1-2　　　　　　　　　　　　　**CE 公司的 900MW 以上锅炉**

设计年份	锅炉容量（t/h）	参数（MPa/℃/℃）	所配机组容量（MW）	燃料	发电厂	投运日期
1961	2880	24.1/539/539	900	煤	BullRun Station 1 号	1965.7
1963	2950	16.53/538/538	1000	油	Ravens Wood 3 号	1965.6
1964	2885	24.1/539/539	900	煤	Keystone 1、2 号	1967，1968
1966	2880	24.1/539/539	900	煤	Conemaugh 1、2 号	1970，1971

（2）B&W 公司。B&W 公司是美国仅次于 CE 公司的第二大锅炉制造商。B&W 公司是美国掌握单机容量超过 1000MW 机组的设计、制造、运行经验的唯一锅炉制造厂。表 1-3 为 B&W 公司生产的部分已投运的 1000MW 以上机组锅炉。

B&W 公司 1000MW 以上机组锅炉在炉膛和燃烧器设计上的共同特点为：炉膛宽度大，在炉膛前后墙上布置了数目众多的燃烧器，这样可使炉内的热量输入均匀，减少了炉内结渣的可能性。炉膛设计中均采用了烟气再循环和烟温调节两种蒸汽温度调节手段。在低负荷运行时，用烟气再循环来增加再热器的吸热量，并降低炉膛下部的烟气温度，从而保护了炉膛下部回路。而烟温调节是减少过热器和再热器的外部腐蚀、脆化和表面积灰的有效手段。

表 1-3　　　　　　　　　　　　**B&W 公司的 1000MW 以上机组锅炉**

发电厂	机组容量（MW）	蒸发量（t/h）	主蒸汽压力（MPa）	蒸汽温度（℃/℃）	投运年份
Comberland 1、2 号	1300	4434	24.1	538/538	1973
Amos 3 号	1300	4434	26.5	543/538	1973
Gavin 1 号	1300	4434	26.5	543/538	1974
Gavin 2 号	1300	4434	26.5	543/538	1975
Belows Creek 1 号	1140	3311	25.2	542/538	1974
Belows Creek 2 号	1140	3311	25.2	542/538	1975
Zimmer 1 号	1300	4434	26.5	554/538	1991

（3）FW 公司。福斯特·惠勒公司（以下简称 FW 公司）是美国仅次于 CE、B&W 公司的第三大锅炉制造商。它生产的锅炉有自然循环锅炉和直流炉两种。FW 公司生产的自然循环锅炉中，燃煤锅炉的最大容量为 840MW，燃油、燃气锅炉最大容量为 930MW。在直流锅炉中，燃煤的最大容量为 900MW，燃油、燃气锅炉最大容量为 750MW。

3. SC 和 USC 在日本的发展

日本国内缺乏燃料资源,要依赖进口。为节约燃料,必须大力提高火电设备的经济性,而提高蒸汽参数、采用大容量机组是提高发电效率、减少基建投资(每千瓦装机容量的投资)的最有效措施。因此,自 20 世纪 60 年代开始,日本积极开发超临界压力机组。由于不断增大单机容量和提高蒸汽参数,大容量、高参数机组不断涌现,单机容量迅速达到百万千瓦级水平。日本的首台 1000MW 火电机组于 1974 年在鹿岛电站投运。锅炉由三菱重工业公司制造。表 1-4 为日本部分已投运的 1000MW 及以上火电机组的锅炉情况。1989 年 6 月,日本还在川越电站投运了世界上首台超超临界变压运行直流锅炉,配 700MW 发电机组,锅炉蒸汽参数为 31.0MPa,566℃/566℃/566℃。

日本的锅炉制造厂日立公司、三菱重工业公司和石川岛播磨公司是日本国内的三大锅炉制造商。这三大公司的大容量、超临界参数锅炉均分别按美国有关厂家的许可证进行制造。日本的锅炉制造公司在注意不断引进吸收国外先进技术的同时,还能将引进技术和本公司原有技术特点相结合。如为适应变压运行的要求,日本从西欧引进了螺旋管圈变压运行机组技术,但三菱重工业公司仍采用四角切向燃烧,日立及石川岛播磨公司仍采用旋流燃烧器。正是由于这一特点,使得日本的锅炉制造业迅速跻身于世界先进之列。

表 1-4 日本的 1000MW 级电站锅炉

发电厂	机组容量(MW)	锅炉制造商	蒸发量(t/h)	主蒸汽压力(MPa)	蒸汽温度(℃/℃)	投运年份
鹿岛 5 号	1000	三菱重工业公司	3180	24.1	538/566	1974
鹿岛 6 号	1000	日立公司	3180	24.1	538/566	1975
袖浦 2 号	1000	三菱重工业公司	3180	24.1	538/566	1975
袖浦 3 号	1000	日立公司	3110	24.1	538/566	1977
袖浦 4 号	1000	三菱重工业公司	3170	24.1	538/566	1979
东扇 1 号	1000	日立公司	3060	24.1	538/566	1987
广野 3 号	1000	三菱重工业公司	3190	24.1	538/566	1989
松浦 1 号	1000	日立公司	3170	24.1	538/566	1990
东扇 2 号	1000	石川岛播磨	3120	24.1	538/566	1991
广野 4 号	1000	石川岛播磨	3190	24.1	538/566	1993
新地 1 号	1000	日立公司	3080	24.1	538/566	1994
新地 2 号	1000	三菱重工业公司	3080	24.1	538/566	1995
松浦 2 号	1000	日立公司	2950	24.1	593/593	1997
三隅 1 号	1000	三菱重工业公司	2900	24.5	600/600	1998
碧南 4 号	1000	石川岛播磨	3050	24.1	593/593	2001

早期的日本大容量锅炉技术源自美国,各大公司均按美国有关厂家的制造许可证进行生产制造,且以燃油、燃气锅炉为主。但自 1975 年以后,受世界石油危机的影响,大容量电站锅炉开始向新的方向发展。

(1) 开展了对大容量燃煤电站锅炉的研制。日本在 20 世纪 80 年代前以燃油锅炉为主,

1000MW锅炉多为燃油、燃气锅炉，以后发展了1000MW燃煤机组。20世纪90年代，燃煤锅炉在日本得到迅速发展。

（2）开发变压运行机组。由于电源构成的变化，即核电容量的增长和昼夜电力需求变化的加剧，火电机组承担调峰负荷已成必然之势。大容量火电机组也需承担调峰负荷。因此，日本的锅炉制造商开始了对变压运行机组的开发，从西欧引进了螺旋管圈变压运行机组技术，即采用了螺旋管圈型的模式水冷壁结构。

（3）重视高温材料的开发和实用化。开发了许多耐高温高压的新材料，并及时应用于新建锅炉。目前已开发出超超临界锅炉用高强度奥氏体钢；TEMPALOYAA 21，可用于30MPa以上630℃的蒸汽参数。

总体来说，日本的大容量火电机组锅炉具有以下几个主要技术特点：

（1）锅炉类型和燃烧方式为单炉膛，采用四角燃烧或八角燃烧方式，如三菱重工业公司采用的是无分隔墙的八角燃烧单炉膛，它由2个四角燃烧炉膛组合而成。

（2）高蒸汽参数。日本的锅炉设计自1959年开始采用563℃的蒸汽参数，沿用至1993年，以后采用593℃的蒸汽参数。目前，常用的超临界压力机组的蒸汽参数为24.1MPa/593℃/593℃或24.1MPa/593℃/593℃/593℃。

（3）采用变压运行技术，由再循环烟气量控制炉膛吸热量，由后烟道挡板控制再热蒸汽温度。

目前，日本蒸汽温度参数最高的机组是2000年在橘湾电厂投运的2台由IHI设计的1050MW、25.5MPa/600℃/610℃超临界机组。日本正在酝酿开发参数为34.5MPa/620℃/650℃的超超临界机组。

4. 欧盟的SC和USC技术发展情况

德国是研究、制造超临界机组最早的国家之一，1956年就投运了一台88MW、34MPa/610℃/570℃/570℃的超超临界机组。目前，德国已投运和在建的超临界机组近20台。

1998年和2001年丹麦投运了两台由丹麦FLSmilj /BWE设计制造的蒸汽参数分别为29MPa/582℃/580℃/580℃和30.5MPa/582℃/600℃的415MW超超临界机组，分别安装于Nordjyllandsvaerket（NVV 3）和Avedore（AVV 2）电厂，前者燃煤，后者燃气。在海水冷却的情况下（凝汽器背压2.3kPa），其热效率分别达到47%和49%，是迄今为止世界上热效率最高的火电机组。

欧盟超超临界机组的再热方式的发展与日本类似，除丹麦两台超超临界机组采用二次再热外，其他超超临界机组也都采用一次再热。与日本不同的是主蒸汽压力和温度都进一步提高（30.5MPa/580℃/600℃），其热效率与29MPa、580℃二次再热机组基本相同。根据欧盟的高参数燃煤电站发展计划，预计到2005年将投运热效率为50%以上的33.5MPa/610℃/630℃机组，到2015年将投运热效率达52%～55%的40.0MPa/700℃/720℃机组。

5. 俄罗斯的SC和USC技术发展概况

1963年，苏联第一台300MW超临界机组投入运行，参数为23.5MPa/580℃/565℃。由于蒸汽参数偏高，超过大量可使用的材料水平，加上设计、制造质量等原因，投运初期出现了高温腐蚀等问题。后经改进和不断完善，并将蒸汽温度降为540℃/540℃，才使机组达到较好的水平，其可靠性与超高压参数机组相当。但是，在超临界蒸汽参数下，300MW机组容量偏小，汽轮机通流部分气动损失大、效率低，其总体经济水平仍偏低。其后投运的 500、800 和 1200MW 机组基本上也采用了上述参数（300MW 与 500MW 机组也有采用 565℃/570℃的）。不过，500MW 燃煤机组由于可用率低及热耗高而没有大量应用；800MW 和 1200MW 机组只有燃油和燃气，而且 1200MW 机组的可用率也较低。

苏联所有 300MW 及以上容量机组全部采用超临界参数，因此，其超临界机组达 200 余台，占总装机容量 50% 以上，且大多数为 300MW 机组。经长期试验研究，俄罗斯现已拥有一套比较完整的超临界技术。目前，俄罗斯新一代大型超超临界机组采用参数为 28～30MPa、580～600℃。

四、1000MW 超超临界锅炉技术在国内的发展和现状

我国从 20 世纪 80 年代后期开始重视发展超临界机组，在近十几年中，我国三大锅炉厂通过技术引进和大量的研究工作，已完全掌握了超临界锅炉的制造技术，具备了批量生产超临界锅炉的能力，因此我国加快发展超临界机组的条件已经成熟。目前我国超临界机组的订货已超过 100 套，在近几年内将会陆续投运。

在此基础上，我国超超临界机组也开始发展，除 600MW 机组外，将重点发展 1000MW 的机组。由原国家电力公司和中国华能集团公司牵头的国家 863 计划"超超临界燃煤发电技术"研究课题，围绕我国超超临界机组的关键技术开展专题研究，攻克了超超临界机组的技术选型、锅炉关键技术、汽轮机关键技术、烟气净化技术、电站设计与运行技术，为我国超超临界机组的设计、制造、建设、运行奠定了良好的基础，玉环电厂作为该课题的依托项目，已率先在国内建设和运行 1000MW 超超临界机组。

（一）超超临界火电机组技术国产化的关键

由于采用超超临界参数，对机组的设计、制造和运行技术等方面都提出了更高的要求和标准。因此带来了一些新的问题。

（1）超超临界机组本身特有的技术问题，如超超临界参数下部件的材料特性，锅炉传热、水动力、热偏差和动态特性，汽轮机关键部件的结构设计与转子的冷却技术、汽流激振、面体颗粒侵蚀等。

（2）火电技术在持续发展和技术进步过程中的一些共性问题，如机组的轴系稳定性及汽轮机末级长叶片的开发设计技术等。

（3）在国产化的条件下需要解决的一些技术问题。

（4）对于更大容量的超超临界机组，比如 700～1300MW 等级的机组，还需要解决因机组大型化而带来的技术问题。

（5）在发电机的设计、制造和大件运输等方面会遇到相应的技术问题。

（二）我国发展超超临界火电机组的必要性和基础条件

（1）由于煤炭在我国一次能源结构中的主导地位，决定了电力生产中以煤电为主的格局。但是我国煤炭可采量及开采能力受到一定的限制，我国煤炭供需矛盾仍很突出，并随着火电的发展进一步扩大。另外，煤炭产地与高用电负荷地区相分隔，致使煤炭生产和运输一直是制约电力工业发展的重要因素。

（2）为扭转我国火电机组煤耗高居不下的局面，缩短我国火电技术与国外先进技术水平的差距，采用先进的超超临界火电技术对我国的现有火电结构进行改造，势在必行。发展国产大容量的超超临界火电机组十分必要。

（3）超超临界技术是我国电力工业升级换代、缩小与发达国家技术与装备差距的新一代技术，超超临界发电机组将是未来 20～30 年我国电力工业生产的主要机组形式。发展超超临界发电技术是目前在较短时间内形成我国电力工业提供新一代主体装备的能力，规范化地实现洁净煤发展的最现实、最快捷的途径。随着我国国民经济的迅速发展，对电力市场的需求越来越大，同时对环保和控制污染排放的要求越来越高。因此，积极发展高效、节能、环保的超超临界火力发电机组势在必行。

（4）我国已经具备了发展国产化超超临界机组的基础条件。我国已经具有设计、制造和运行大型亚临界火电机组的能力和经验。

总地说来，国产化大型超超临界机组，是提高机组热效率、改善环境状况和优化我国火电装机结构最现实、最有效的途径，具有显著的社会和经济效益。因此，超超临界机组是我国目前发展洁净煤技术的必然选择。

目前，我国超超临界机组的发展实行国内制造企业牵头，引进国外合作方技术制造的模式。主要的制造厂商包括：东方锅炉厂（国外技术支持方日立公司）、哈尔滨锅炉厂（国外技术支持方 600MW 超超临界锅炉三井巴布柯科公司、1000MW 超超临界锅炉三菱重工业公司）、上海锅炉厂（国外技术支持方阿尔斯通公司），东方汽轮机厂（国外技术支持方日立公司）、哈尔滨汽轮机厂（国外技术支持方 600MW 超超临界汽轮机三菱重工业公司、1000MW 超超临界汽轮机东芝公司）、上海汽轮机厂（国外技术支持方西门子公司）。

国内制造的 1000MW 超超临界机组的蒸汽参数为上汽 26.25～27MPa/600℃/600℃，哈汽、东汽 25MPa/600℃/600℃，保证热耗率小于 7360kJ/kWh，居国际先进水平；600MW 超超临界汽轮机的蒸汽参数为 25MPa/600℃/600℃，保证热耗率不高于 7424 kJ/kWh，同样为国际先进水平。

至 2006 年底，国内 1000MW 超超临界机组的订单已达 28 台，600MW 级机组的订单总共 12 台。浙江玉环 1000MW 超超临界机组是我国首台引进国外技术制造的超超临界机组。第一期两台 1000MW 机组已分别于 2006 年 11 月和 12 月投入运行。机组保证热耗率 7316kJ/kWh，运行发电煤耗 284g/kWh，运行厂用电率（含脱硫装置）5.2%，供电煤耗 300g/kWh。山东邹县 1000MW 超超临界机组锅炉设备为引进日本日立公司技术，由东方锅炉有限公司和东方汽轮机有限公司成套供货，并于 2006 年 12 月投入运行。此外，由上海锅炉厂承担的上海外高桥三厂两台 1000MW 机组、哈尔滨锅炉厂承担的两台 1000MW 机组也于 2008 年起陆续投运。

第二节　国内典型 1000MW 超超临界压力直流锅炉

一、华能海门电厂 1000MW 超超临界压力直流锅炉

华能海门电厂 2×1000MW 超超临界锅炉采用日本 BHK 公司技术，由 BHK 进行性能设计并提供锅炉的性能保证，东方锅炉集团股份有限公司（以下简称东锅）和东方—日立锅炉有限公司共同进行锅炉的基本设计、技术设计、施工设计和锅炉制造供货，日本 BHK 完成高温过热器、高温再热器、屏式过热器和过渡段水冷壁的施工、设计和制造，东锅仅进行图纸转换，以便于工地安装。东方—日立锅炉有限公司完成尾部竖井省煤器蛇形管、低温过热器蛇形管、低温再热器蛇形管、后竖井省煤器吊挂管的设计和制造，煤粉燃烧器由日本

BHK 公司完成详细设计，由东方—日立锅炉有限公司进行制造。东锅独立完成锅炉的其余受热面、钢架、烟风道、锅炉范围内系统管道及阀门附件选型和设计，空气预热器由东锅和日方合作完成设计，东锅制造。

华能海门电厂一期工程设计的 DG300026.15—Ⅲ型 2×1000MW 超超临界锅炉具有如下特点：

（1）根据工程燃用煤种的特点，在锅炉设计中充分考虑低负荷稳燃和高效燃烧、炉内结渣、水冷壁高温腐蚀、低 NO_x 排放、尾部对流受热面磨损等方面问题，同时在扩大对煤种变化和煤质变差趋势的适应能力、负荷调节能力等方面也采取了切实有效的措施。在炉膛设计时采用合理的炉膛断面，较高的炉膛高度和较大的炉膛容积，以获得较低的炉膛容积热负荷和适宜的炉膛断面热负荷等指标。

（2）满足机组变压运行的要求，采用成熟、安全可靠的超临界本生型直流水循环系统，水冷壁采用下部螺旋盘绕上升和上部垂直上升膜式壁结构，有效地补偿沿炉膛周界上的热偏差；螺旋盘绕区布置内螺纹管，在确保水循环系统安全可靠的前提下，可减小管内质量流速，降低流动阻力。

（3）采用带再循环泵的启动系统，锅炉具有快速启动能力，缩短机组启动时间。启动系统设置了足够容量的疏水扩容器和凝结水箱，在启动过程中可有效回收热量和工质。

（4）采用 BHK 成熟的启动分离器和储水器结构，较薄的壁厚有利于锅炉快速启动。

（5）采用后墙对冲燃烧方式，48 支 HT—NR3 低 NO_x 燃烧器分三层布置在炉膛后墙上，相邻的燃烧器之间不需要相互支持，沿炉膛宽度方向热负荷及烟气温度分布更加均匀。

（6）过热器为辐射对流型，低温过热器布置于尾部竖井烟道，屏式过热器和高温过热器布置于炉膛上部。过热蒸汽温度采用水煤比和两级喷水调温控制。采用横向节距较宽的屏式受热面，有效防止管屏挂渣。

（7）高温再热器布置于水平烟道，低温再热器布置于尾部竖井前烟道，再热汽温采用尾部烟气挡板调节，在低再出口和高再进口管道上设置事故喷水调节器。

（8）省煤器采用较低的烟气流速并装设防磨盖板等措施有效地减少受热面的磨损。

（一）锅炉的基本性能

1. 锅炉型号

DG3000/26.15—Ⅱ1 型锅炉。

2. 锅炉形式

华能海门电厂一期工程装设两台 1000MW 燃煤汽轮发电机组，锅炉为高效超超临界参数变压直流炉，采用单炉膛、一次中间再热、平衡通风、运转层以上露天布置、固态排渣、全钢构架、全悬吊结构 Π 形锅炉。设计煤种、校核煤种为神府东胜烟煤，校核煤种 1 为 50％神府东胜烟煤＋50％澳大利亚蒙托煤，校核煤种 2 为山西晋北烟煤，锅炉除了燃烧设计煤种和校核煤种以外，还能单独燃烧蒙托煤以及蒙托煤与晋北煤各 50％的混煤。

3. 锅炉设计参数

锅炉出口蒸汽参数按 26.25MPa/605℃/603℃，汽轮机的入口参数为 25.0MPa/600℃/600℃，对应汽轮机 VWO 工况锅炉的最大连续蒸发量为 3033t/h。锅炉的主要设计参数如表 1-5 所示。

表1-5		锅炉主要设计参数		
锅炉技术参数		单 位	数 据	备 注
过热蒸汽	最大连续蒸发量（B—MCR）	t/h	3033	
	额定蒸发量（BRL）	t/h	2944.66	
	额定蒸汽压力（过热器出口）	MPa（a）	26.25	
	额定蒸汽压力（汽轮机入口）	MPa（a）	25.00	
	额定蒸汽温度（过热器出口）	℃	605	
再热蒸汽	蒸汽流量（B—MCR）	t/h	2470.332	
	进口/出口蒸汽压力（B—MCR）	MPa（a）	5.01/4.81	
	进口/出口蒸汽温度（B—MCR）	℃	350/603	
	蒸汽流量（BRL）	t/h	2393.705	
	进口/出口蒸汽压力（BRL）	MPa（a）	4.85/4.65	
	进口/出口蒸汽温度（BRL）	℃	347/603	
	给水温度（B—MCR）	℃	302.9	
	给水温度（BRL）	℃	300.6	

4. 设计条件

（1）煤质资料。设计煤种为神府东胜烟煤，校核煤种1为50%神府东胜烟煤＋50%澳大利亚蒙托煤，校核煤种2为山西晋北烟煤，锅炉除了燃烧设计煤种和校核煤种以外，还能单独燃烧蒙托煤以及蒙托煤与晋北煤各50%的混煤。具体数据见表1-6。

表1-6			煤 质 资 料 表		
项 目	符 号	单 位	神府煤	蒙托煤	晋北煤
收到基固定碳	FC_{ar}	%	47.67	—	47.8
收到基碳分	C_{ar}	%	60.33	62.76	58.60
收到基氢分	H_{ar}	%	3.62	4.65	3.36
收到基氧分	O_{ar}	%	9.95	10.23	7.28
收到基氮分	N_{ar}	%	0.69	0.82	0.79
收到基硫分	S_{ar}	%	0.41	0.45	0.63
全水分	M_{ar}	%	14.00	9.3	9.61
空气干燥基水分	M_{ad}	%	8.49	8.24	—
收到基灰分	A_{ar}	%	11.00	11.79	19.77
干燥无灰基挥发分	V_{daf}	%	36.44	50.63	32.31
哈氏可磨性指数	HGI	—	56	35	54.81
冲刷磨损指数	K_e	—	0.77	1.67	
低位发热值	$Q_{net,ar}$	MJ/kg	22.76	24.61	22.44

（2）灰渣成分资料见表1-7。

（3）燃油资料见表1-8。

表 1-7　　　　　　　　　　　　　灰渣成分数据表

项　目	符　号	单　位	神府煤	蒙托煤	晋北煤
二氧化硅	SiO_2	%	36.71	59.42	50.41
三氧化二铝	Al_2O_3	%	13.99	28.28	15.73
三氧化二铁	Fe_2O_3	%	13.85	3.75	23.46
氧化钙	CaO	%	22.92	2.77	3.93
氧化镁	MgO	%	1.28	0.81	1.27
五氧化二磷	P_2O_5	%	—	—	2.05
三氧化硫	SO_3	%	9.3	1.67	1.23
氧化钠	Na_2O	%	1.23	0.32	1.1
氧化钾	K_2O	%	0.72	0.83	—
二氧化钛	TiO_2	%	—	1.31	—
二氧化锰	MnO_2	%	—	0.08	—
变形温度	DT	℃	1130	1420	1110
软化温度	ST	℃	1160	1440	1190
流动温度	FT	℃	1210	>1500	1270

表 1-8　　　　　　　　　　　　　燃油资料数据表

项　目	单　位	数　据
水　分	%	痕量
灰　分	%	≤0.01
硫　分	%	≤0.5
机械杂质	%	无
实际胶质	mg/L	无
十六烷值	—	>45
闭口闪点	℃	≥55
凝点	℃	≤0
运动黏度（20℃时）	mm^2/s	3.0～8.0
恩氏黏度（20℃时）	°E	1.20～1.67
10%蒸发物残碳	%	≤0.3
酸度	mgKOH/L	70
20℃密度	kg/m^3	820～850
低位发热量	kJ/kg	42 000

（4）锅炉给水及蒸汽品质。

1）锅炉给水品质。

总硬度：～$0\mu mol/L$。

溶解氧（化水处理后）：≤$7\mu g/L$（挥发处理）。

　　　　　　　　　　30～$150\mu g/L$（加氧处理）。

铁：≤$10\mu g/L$。

铜：≤3μg/L。

联氨：10～50μg/L（挥发处理）。

二氧化硅：≤10μg/L。

pH 值：加氧处理为 8.0～9.0（无铜系统）。

挥发处理为 9.0～9.6（无铜系统）。

氢电导率（25℃）：＜0.15μS/cm（加氧处理）。

　　　　　　　　　 ＜0.20μS/cm（挥发处理）。

钠：≤5μg/L。

TOC：≤200μg/L。

氯离子：≤5μg/L。

2）锅炉蒸汽品质。

钠：≤5μg/kg。

二氧化硅：≤10μg/kg。

氢电导率（25℃）：≤0.15μS/cm。

铁：≤10μg/kg。

铜：≤2μg/kg。

（5）锅炉运行条件。

1）锅炉运行方式，带基本负荷并参与调峰。

2）本工程采用等离子点火，由锅炉厂配供等离子点火装置，并保证锅炉整体性能、等离子点火起点火及助燃作用，保留点火油系统。

3）制粉系统，采用中速磨煤机冷一次风机正压直吹式制粉系统。每台锅炉配置 6 台磨煤机，每台磨煤机配 1 台电子称重皮带式给煤机。煤粉细度为 $R_{90}=16\%\sim20\%$，均匀性指数 $n=1.0\sim1.1$。

4）给水系统，每台机组配置 2×50%B—MCR 容量汽动给水泵和一台 30%B—MCR 容量的电动给水集。

5）汽轮机旁路系统，采用高压缸启动方式，配置 35%B—MCR 一级电动大旁路。

6）除渣方式，固态连续排渣，采用刮板捞渣机。

7）锅炉在投入商业运行后，年利用小时数不小于 6500h，年可用小时数不小于 7800h。

（6）锅炉基本性能。

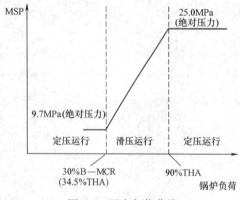

图 1-1　压力负荷曲线

1）锅炉运行方式。锅炉变压运行，采用定一滑一定运行方式，在 30% B—MCR ～90% THA 负荷下滑压运行。压力负荷曲线如图 1-1 所示。

锅炉负荷变化率应达到下述要求：

在 50%～100%B—MCR 时，不低于 ±5% B—MCR/min。

在 30%～50%B—MCR 时，不低于 ±3% B—MCR/min。

在 30%B—MCR 以下时，不低于 ±2%B—

MCR/min。

负荷阶跃：大于10％汽轮机额定功率/min。

2）过热器和再热器温度控制范围。燃用设计煤种和两种校核煤种时，过热器和再热器温度控制范围，过热汽温在30％～100％B—MCR、再热汽温在50％～100％B—MCR负荷范围时，应保持稳定在额定值，偏差不超过±5℃。

燃用设计煤种和两种校核煤种时，过热蒸汽温度保持额定值的条件下，锅炉所能达到的最低负荷为30％B—MCR；再热蒸汽温度保持额定值的条件下，锅炉所能达到的最低负荷为50％B—MCR。

单烧蒙托煤和蒙托煤与晋北煤各50％混煤时，锅炉能达到铭牌出力，并且在铭牌出力下过热、再热汽温能达到额定值。

3）炉膛燃烧室承压能力。锅炉燃烧室的设计承压能力大于±5800Pa，当燃烧室突然灭火内爆，瞬时不变形承载能力不低于±9800Pa。

4）过热器和再热器两侧出口的汽温偏差。过热器和再热器采用两端引出方式，两侧出口的汽温偏差分别小于5℃和10℃。在过热器和再热器系统设计中，对金属温度最高的受热面管子留有足够的安全裕度，材料强度计算允许温度与最高计算壁温之差应大于15℃。

5）锅炉汽、水、烟、风阻力。在设计煤种，B—MCR工况的阻力情况如下。

省煤器进口至过热器出口总压降：4.2MPa。

过热器蒸汽侧阻力：2.06MPa。

启动分离器压降：0.4MPa。

水冷壁压降阻力：1.52MPa。

省煤器水侧阻力：0.22MPa。

再热器蒸汽侧阻力：0.2MPa。

空气预热器一次风阻力：250Pa。

空气预热器二次风阻力：980Pa。

空气预热器烟气侧阻力：1180Pa。

锅炉本体烟气阻力（考虑自生通风，不包括脱硝装置阻力）：2920Pa。

锅炉本体烟气阻力（考虑自生通风，包括脱硝装置阻力）：31 870Pa。

燃烧器一次风阻力：1250Pa。

燃烧器二次风阻力：1870Pa。

6）锅炉效率。锅炉燃用设计煤种、校核煤种时，锅炉保证热效率应不小于93.84 ％（按低位发热值，BRL工况），锅炉脱硝装置前 NO_x 排放量不大于 $300mg/m^3$（标况下），负荷及效率曲线见图1-2。

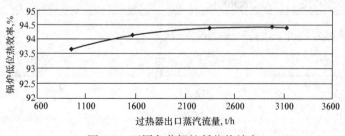

图1-2　不同负荷锅炉低位热效率

7）锅炉启动时间。采用高压缸启动方式，锅炉的启动时间（从点火到机组带满负荷）与汽轮机相匹配。

冷态启动（停机超过72h）：9～10h。

温态启动（停机32h内）：2～3h。

热态启动（停机8h内）：1～1.5h。

极热态启动（停机小于1h）：<3h。

8）锅炉寿命。锅炉主要承压部件设计使用寿命为30年，在寿命期间允许的启停次数不少于下值。

冷态启动（停机超过72h）：>200次。

温态启动（停机72h内）：>1200次。

热态启动（停机10h内）：>5000次。

极热态启动（停机小于1h）>400次。

负荷阶跃：>12 000次。

9）锅炉最低不投油稳燃负荷。锅炉在燃用设计煤种时，不投油最低稳燃负荷不大于锅炉的30%B—MCR，并在最低稳燃负荷及以上范围内满足自动化投入率100%的要求。

10）锅炉热力特性（B—MCR），见表1-9。

表1-9 锅炉热力特性表

项目	单位	数值
锅炉保证热效率（低位发热值，BRL工况）	%	93.8
炉膛容积热负荷（B—MCR）	kW/m³	80
炉膛截面热负荷（B—MCR）	MW/m²	4.5
炉膛有效投影辐射受热面（EPRS）热负荷	kW/m²	244
燃烧器区壁面热负荷（B—MCR）	MW/m²	1.7
空气预热器出口一次风	℃	338
空气预热器出口二次风	℃	344
炉膛出口过剩空气系数	—	1.14
省煤器出口过剩空气系数	—	1.15
省煤器出口烟气温度	℃	352
空气预热器出口（修正前）烟气温度	℃	126
空气预热器出口（修正后）烟气温度	℃	120
空气预热器进口一次风空气温度	℃	31.7
空气预热器进口二次风空气温度	℃	26.7

11）锅炉主要界限尺寸，见表1-10。

表1-10 锅炉主要界限尺寸表

名称	单位	数据
锅炉深度（从K1排柱中心至K8排柱中心）	mm	74 800（预留脱硝）
锅炉宽度（外排柱中心距）	mm	70 000

续表

名　称	单　位	数　据
顶板支承面标高	mm	84 400
炉膛宽度	mm	33 973.4
炉膛深度	mm	15 558.4
顶棚标高	mm	64 000
水平烟道深	mm	5486.4
尾部竖井前烟道深	mm	5486.4
尾部竖井后烟道深	mm	9144
水冷壁下集箱标高	mm	5700

（二）锅炉的总体布置

1. 总体简介（见图1-3）

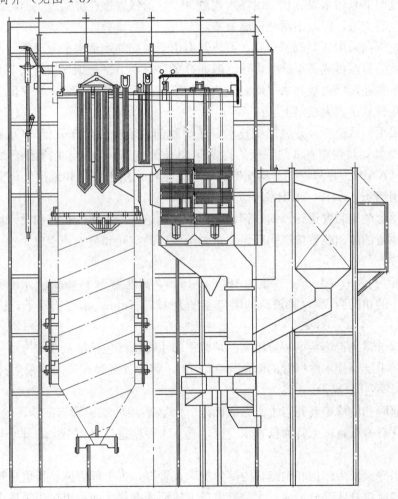

图1-3　锅炉总图

炉膛水冷壁分上下两部分，下部水冷壁采用金焊接的螺旋上升膜式管屏，螺旋水冷壁管采用内螺纹管，上部水冷壁采用全焊接的垂直上升膜式管屏，螺旋水冷壁与上部垂直水冷壁的过渡方式采用中间混合集箱形式。

螺旋管圈水冷壁部分，刚性梁由垂直刚性梁和水平刚性梁构成网格结构，刚性梁体系及炉墙等的自重荷载完全由垂直塔接板支吊，采用了可膨胀的带张力板的垂直刚性梁支承系统，下部炉膛和冷灰斗的荷载能传递给上部垂直水冷壁。刚性梁和水冷壁之间相互不直接焊接，可以相对滑动，炉膛水冷壁采用悬挂结构，整个水冷壁和承压件向下膨胀，由于水冷壁的四周壁温比较均匀，因此水冷壁与垂直搭接板之间相对膨胀较小，刚性梁与水冷壁相对滑动。

过热器受热面采用辐射—对流型布置。过热器受热面由四部分组成，第一部分为顶棚后竖井烟道四壁及后竖井分隔墙；第二部分是布置在尾部竖井后烟道内的水平对流过热器；第三部分是位于炉膛上部的屏式过热器；第四部分是位于折焰角上方的末级过热器。

过热器系统按蒸汽流程分为顶棚过热器、包墙过热器、分隔墙过热器、低温过热器、屏式过热器及高温过热器。按烟气流程依次分为屏式过热器、高温过热器和低温过热器。

过热汽温调节采用水煤比和二级喷水调温，过热蒸汽管道在屏式过热器与高温过热器之间进行一次左右交叉，以减小两侧汽温偏差。

再热器受热面采用纯对流型布置，再热器由位于尾部的烟道水平对流低温再热器及位于高温过热器后的高温再热器组成。再热汽温通过尾部双烟道平行烟气挡板调节。

省煤器布置在尾部后竖井水平低温过热器的下方。后竖井省煤器、水平低温过热器均通过省煤器吊挂管悬吊到大板梁上。

燃烧器采用前后墙对冲分级燃烧技术。在炉膛前后墙分三层布置低 NO_x 旋流式 HT—NR3 煤粉燃烧器，每层布置 8 只，全炉共设有 48 支燃烧器。在最上层燃烧器的上部布置了燃尽风喷口（AAP）。每只燃烧器均配有机械雾化油枪，用于启动和维持低负荷燃烧。油枪总输入热量相当于 30%B—MCR 锅炉负荷。

锅炉按预留脱硝装置设计，锅炉钢构架、烟风通道、预热器的布置和设计均满足未来上脱硝装置，预留的脱硝装置按东锅环保公司脱硝设计的空间和荷重等考虑。

2. 水冷壁

炉膛宽度为 33 973.4mm，深度为 15 558.4mm，高度为 64 000mm。水冷壁中介质向上流动，冷灰斗的角度为 55°，除渣口的喉口宽度为 1289.7mm。水冷壁管子规格和材料见表 1-11。

从水冷壁进口到折焰角下一定距离的炉膛下部水冷壁（包括冷灰斗水冷壁）采用螺旋盘绕膜式管圈，中部螺旋水冷壁管的倾角为 23.578°，螺旋盘绕膜式管圈均采用材料 15CrMo、厚度 6.4mm、不开口扁钢。

水冷壁前墙和侧墙螺旋管与垂直管数比为 1：2。后墙的螺旋管与前墙、侧墙有所不同，每两根螺旋管有一根直接上升为垂直水冷壁，垂直水冷壁进口集箱引出的管子与螺旋管数比为 1：1。

上炉膛水冷壁采用结构和制造较为简单的垂直管屏，由上部管屏、折焰角管屏、水平烟道包墙管屏和凝渣管四部分组成。水冷壁出口工质汇入上部水冷壁出口集箱后由连接管引入水冷壁出口汇集集箱和分离器进口汇集集箱，再由连接管引入启动分离器。上炉膛垂直段及折焰角水冷壁膜式壁均采用国产 12Cr1MoV、9mm 厚度、双面坡口扁钢。水平烟道底部及水平烟道垂直段水冷壁膜式壁采用国产 15CrMo、6.4mm 厚度、不开坡口扁钢。

后水冷壁折焰角水冷壁处设计有临时检修，吊篮用绳孔，临时检修吊篮用绳孔布置在靠近后墙水冷壁。

表 1-11　　　　　　　　　　　　　　水冷壁管子规格和材料表

序　号	规　格	材　料	管子名称
1	$\phi138.1\times7.5$	SA—213T2	内螺纹管
2	$\phi31.8\times6.4$	SA—213T12/SA—213T2	光管
3	$\phi31.8\times7.5$	SA—213T2	光管
4	$\phi76.2\times20$	SA—213T22	凝渣管

3. 锅炉启动系统

锅炉采用带再循环泵内置式启动循环系统，由启动分离器、储水罐、再循环泵（BCP）、再循环泵流量调节阀（360 阀）、储水罐水位控制阀（361 阀）等组成。

（1）启动分离器和储水罐。启动分离器布置在炉前，垂直水冷壁出口，采用旋风分离形式。分离器规格为直径 1060mm×122mm，总高度为 4.7m，数量为两个。经水冷壁加热以后的工质分别由 6 根连接管沿切向逆时针向下倾斜 15°进入两个分离器，分离出的水通过连接管进入分离器下方的储水罐。分离器内设有阻水装置和消旋器。储水罐的规格为直径 1102mm×126mm，总高度为 24m，数量为一个。启动分离器和储水罐端部均采用锥形封头结构，封头均开孔与连接管相连。

启动分离器和储水罐由连接管连接，分开布置，启动分离器做成两只，减小直径，即可减小壁厚，在频繁启停和滑压运行、温度变化时，其热应力可控制在较小的范围内，可缩短启停时间，提高负荷变化率。储水罐设置一个，以控制水位的稳定性。储水罐内设有三个水位控制值，即高水位、正常水位和低水位。储水罐内水位由再循环泵流量调节阀（360 阀）、储水罐水位控制阀（361 阀）调节。

（2）再循环管路系统和再循环泵（BCP）。为保证锅炉在启动和低负荷时水冷壁管内流速，设置了再循环管路。管路从储水罐出口引出，通过气动闸阀、再循环泵（BCP）、止回阀、电动闸阀、流量调节阀（360 阀）和流量计后引至省煤器入口的给水管路。

4. 顶棚过热器及后竖井区域

（1）来自启动分离器的蒸汽由连接管进入顶棚过热器入口集箱。顶棚管及膜式壁扁钢的材料和规格根据所处的烟温水平确定。顶棚过热器设有专供检修炉腔内部的炉内检修平台用绳孔及临时检修吊篮用绳孔，临时检修吊篮用绳孔布置在靠近前墙和两侧墙水冷壁上。顶棚过热器管子规格和材料见表 1-12。

表 1-12　　　　　　　　　　　　　　顶棚过热器管子规格和材料表

序号	规格	材料	数量	扁钢厚度
1	$\phi63.5\times10.7$	SA—213T12	296	12/9mm
2	$\phi57\times9.3$	SA—213T2	296	9/6.4mm

（2）包墙进口连接管采用三通结构形式，将单根进口连接管分成两路引入包墙进口集箱。前包墙、后包墙、中隔墙与侧包墙出口集箱相互独立，通过包墙出口连接管引入位于锅炉两侧的包墙出口汇合集箱，再从汇合集箱上部出口连接管引入低温过热器进口集箱。后竖

井前烟道深度为 5486.4mm，布置在前烟道中的低温再热器蛇形管采用支撑结构，由前包墙、中隔墙支撑。

省煤器出口蛇行管采用裤衩管的形式引入吊挂管，用于支吊低温过热器蛇形管，荷载传递至顶棚上的省煤器出口集箱，再从集箱两侧引出集中下水管到锅炉两侧的集中下降管分配集箱。低温过热器出口集箱上方 I 象限引出 14 根低温过热器进口集箱吊挂管至顶棚之上的低温过热器出口集箱。后竖井包墙过热器管子规格和材料见表 1-13。

表 1-13 **后竖井包墙过热器管子规格和材料表**

序号	区域、规格	材质	数量	节距
1	水平烟道侧包墙 $\phi31.8\times6.4$	SA—213T2	43	63.5
2	后竖井前、中、后包墙 $\phi38.1\times16.5$	SA—213T2	891	114.3
3	前墙拉希管 $\phi57\times16.5$	SA—213T12		228.6
4	中隔墙拉希管 $\phi45\times8.9$	SA—213T2		228.6
5	后竖井侧包墙 $\phi38.1\times6.5$	SA—213T2	129	114.3

5. 屏式过热器

屏式过热器布置在上炉膛区，为全辐射受热面，在炉深方向布置了 2 排，每一排管屏沿炉宽方向布置 19 片屏，共 38 片。管屏由外径为 45mm（外圈管为 50.8mm）的管子绕成。屏式过热器管屏的横向节距 $S_1=1714.5$mm，纵向节距 $S_2=57$mm，炉内受热面管子采用 Super304H 和 HR3C（外三圈）。每片屏式过热器出口分配集箱与出口汇集集箱相连，蒸汽在汇集集箱中混合。屏式过热器管屏进口段带 SA—2133T22 过渡段、出口段带 SA—2133T92 过渡段，工地无异种钢焊口。每片管屏均带单独的进、出口分配集箱，屏式过热器蛇形管均由集箱承重并由集箱吊杆传至大板梁上。屏式过热器进、出口混合集箱均分为两段、工地焊接。屏式过热器管子规格和材料见表 1-14。

表 1-14 **屏式过热器管子规格和材料表**

序号	规 格	材 料	序号	规 格	材 料
1	$\phi48.6\times7.7$	SA—213T22（工地对接焊口）	8	$\phi45\times7.3$	HR3C
2	$\phi48\times7.1$	SA—213T22（工地对接焊口）	9	$\phi45\times9.2$	HR3C
3	$\phi48.6\times7.9$	HR3C	10	$\phi45\times7.1$	SUPER304H
4	$\phi50.8\times8.2$	HR3C	11	$\phi45\times8.3$	SUPER304H
5	$\phi50.8\times9$	HR3C	12	$\phi45\times6.7$	SUPER304H
6	$\phi50.8\times10.3$	HR3C	13	$\phi48.6\times8.6$	SA—213T92（工地对接焊口）
7	$\phi50.8\times11$	HR3C	14	$\phi45\times8$	SA—213T92（工地对接焊口）

6. 高温过热器

高温过热器是由位于折焰角上的一组悬吊受热管组成，沿炉宽方向布置 36 片，管排横向节距 $S_1=914.4$mm，管子纵向节距 $S_2=57$mm，每片管屏由 24 根管子并联绕制而成，炉内受热面管子的材质为 Super304H 和 HR3C（外三圈）。高温过热器管屏进口段带 SA—2133T91 过渡段、出口段带 SA—2133T92 过渡段，工地无异种钢焊口。相邻两片管屏引入同一个高温过热器进、出口分配集箱，高温过热器进、出口分配集各 18 个。高温过热器管子规格和材料见表 1-15。

表 1-15　　　　　　　　　　　　　　高温过热器管子规格和材料表

序号	规　格	材　料	序号	规　格	材　料
1	$\phi48.6\times6.2$	SA—213T91（工地对接焊口）	9	$\phi48.6\times9.5$	HR3C
2	$\phi45\times5.7$	SA—213T91（工地对接焊口）	10	$\phi50.8\times7.6$	HR3C
3	$\phi45\times8.2$	SA—213T92（工地对接焊口）	11	$\phi50.8\times6.8$	HR3C
4	$\phi48.6\times8.9$	SA—213T92（工地对接焊口）	12	$\phi50.8\times10$	HR3C
5	$\phi45\times6$	HR3C	13	$\phi45\times5.6$	SUPER304H
6	$\phi45\times8.8$	HR3C	14	$\phi45\times5.7$	SUPER304H
7	$\phi48.6\times6.5$	HR3C	15	$\phi45\times8$	SUPER304H
8	$\phi48.6\times8.8$	HR3C	16	$\phi45\times8.2$	SUPER304H

7. 高温再热器

高温再热器共 92 片管屏，由 12 根管子组成并绕成 U 形，横向节距 342.9mm，纵向节距 70mm。炉内受热面管子采用 Super304H 和 HR3C（外三圈）。高温再热器管屏进口段带 SA—2133T22 过渡段、出口段带 SA—2133T91 过渡段，工地无异种钢焊口。高温再热器管子规格和材料见表 1-16。

表 1-16　　　　　　　　　　　　　高温再热器管子规格和材料表

序号	规　格	材　料	序号	规　格	材　料
1	$\phi50.8\times4$	SA—213T22（工地对接焊口）	4	$\phi50.8\times3.2$	HR3C
2	$\phi50.8\times4$	SA—213T91（工地对接焊口）	5	$\phi50.8\times4$	HR3C
3	$\phi50.8\times3.2$	SUPER304H	6	$\phi50.8\times4$	SUPER304H

8. 低温再热器

低温再热器由水平段和垂直段两部分构成。水平段分四组水平布置于后竖井烟道内，由 6 根管子绕制而成，每组之间留有足够的空间便于检修，沿炉宽方向共布置 296 排，横向节距 $S_1=114.3$mm。低温再热器垂直管子与水平段出口管相连，由两排水平段合成一排垂直段，横向节距离为 228.6mm，横向排数为 148 排。低温再热器水平段由包墙过热器支撑，垂直出口段通过低温再热器出口集箱悬吊在大扳梁上。低温再热器管子规格和材料见表 1-17。

表 1-17　　　　　　　　　　　　　低温再热器管子规格和材料

序号	规　格	材　料	序号	规　格	材　料
1	$\phi57\times4.2$	SA—209T1a(低温再热器一、二、三、四)	3	$\phi57\times5.7$	SA—213T22(低温再热器四段)
2	$\phi57\times5$	SA—209T1a(低温再热器一、二、三、四)	4	$\phi50.8\times6$	SA—213T22(低温再热器四段)

9. 低温过热器

低温过热器布置在后竖井厂侧烟道内，由下向上分为水平管组和垂直管组两段。水平段由 3 管绕制而成，沿炉宽方向共布置 296 片，管间横向节距为 114.3mm。垂直段管由水平段的两排管合成一排管，共 148 片，管间横向节距为 228.6mm。低温过热器管子规格和材料见表 1-18。

表 1-18　　　　　　　　　　　　低温过热器管子规格和材料表

序号	规　格	材　料	序号	规　格	材　料
1	$\phi57\times9.5$	SA—213T12（低温过热器下组）	4	$\phi50.8\times11$	SA—213T22（低温过热垂直组）
2	$\phi57\times10$	SA—213T12（过热过热器上组）	5	$\phi50.8\times11.4$	SA—213T22（进口集箱吊挂管）
3	$\phi57\times12$	SA—213T22（低温过热器上组）	6	$\phi57\times18.3$	SA—213T22（进口集箱吊挂管）

10. 省煤器

省煤器管子规格和材料见表 1-19。

表 1-19　　　　　　　　　　　　省煤器管子规格和材料表

序号	规　格	材　料
1	$\phi57\times8$	SA—210C（省煤器上、下组）

11. 空气预热器

空气预热器采用 A1ST0M.K.K 作为技术支持方，由 A1ST0M.K.K 负责空气预热器的方案设计、性能设计和整套施工图纸设计，并向东方锅炉提供空气预热器的性能担保。A1ST0M.K.K 提供关键部件的制造检查和安装技术指导服务。东方锅炉负责空气预热器施工图纸的转换设计和产品制造，以及空气预热器的安装技术服务。空气预热器采用东方锅炉与 A1ST0M.K.K 的双铭牌。

空气预热器设计考虑将来上脱硝装置后烟气对其换热元件的影响，冷段换热元件采用耐腐蚀低合金钢材料，以防止发生预热器的低温腐蚀，板型为 IIF6（大波纹板型），换热元件厚度为 1.2mm，换热元件高度为 300mm；中温段换热元件采用耐腐蚀低合金钢材料，板型为 DU，元件厚度为 0.6mm，换热元件高度为 1150mm；高温段换热元件采用优质碳钢材料，板型为 DU，元件厚度为 0.6mm，换热元件高度为 1150mm。换热元件的材质和板型选择能满足在各工况下烟气露点对壁温的要求，防止空气预热器冷段发生低温腐蚀和堵灰。空气预热器中温段和低温段采用考登钢，可满足装设脱硝装置、空气预热器防腐等特殊要求。

12. 燃烧器

锅炉采用前后墙对冲燃烧，燃烧器采用新制的 HT 型低 NO_x 燃烧器。燃烧系统共布置 48 只 HT—NR3 燃烧器。燃烧器分 3 层，每层共 8 只，前后墙布置 24 只。在前后墙距最上层燃烧器喷口一定距离布置燃烬风喷口，每层 10 只。每个煤粉燃烧器均设有点火油枪，点火燃料为 0 号轻柴油，可用于点火、稳燃。点火油枪采用机械雾化。油燃烧器前均设有快关阀，可在控制室中进行远操，阀门装设位置靠近燃烧器。

二、大唐潮州电厂 1000MW 超超临界压力直流锅炉

（一）锅炉总体简介

大唐潮州电厂 3、4 号机组 2×1000MW 超超临界燃煤锅炉是由哈尔滨锅炉厂在日本三菱重工的技术支持下，设计、制造的 HG—3110/26.15—YM3 型超超临界变压运行直流锅炉，采用 II 形布置、单炉膛、一次中间再热、低 NO_x 的 PM 型（Pollution Minimum）主燃烧器、高位燃尽风分级燃烧技术和反向双切圆燃烧方式。锅炉设备规范见表 1-20，锅炉热力特性见表 1-21。

表 1-20 锅炉设备规范

项　目	单　位	B—MCR	BRL	THA
过热蒸汽流量	t/h	3110	2956	2747
过热蒸汽出口压力	MPa（g）	26.15	26.06	25.88
过热蒸汽出口温度	℃	605	605	605
再热蒸汽流量	t/h	2469	2339	2203
再热器进口蒸汽压力	MPa（g）	5.41	5.12	4.73
再热器出口蒸汽压力	MPa（g）	5.21	4.96	4.68
再热器进口蒸汽温度	℃	357	351	345
再热器出口蒸汽温度	℃	603	603	603
省煤器进口给水温度	℃	303	294	295

表 1-21 锅炉热力特性表

项　目	单　位	数　据
干烟气热损失 LG	%	4.43
炉膛容积热负荷	kW/m³	75.4
炉膛断面热负荷	MW/m²	4.236
燃烧器区壁面热负荷	MW/m²	1.561
空气预热器进风温度（一/二次风）	℃	26/23
一次风出口热风温度	℃	316.9
二次风出口热风温度	℃	338.8
省煤器出口空气过剩系数 α	—	1.15
炉膛出口过剩空气系数 α	—	1.15
空气预热器出口烟气修正后温度	℃	123.7

　　燃用设计煤种为神府东胜煤，校核煤种为晋北烟煤，煤质分析数据见表 1-22。锅炉炉膛的尺寸为 34 220mm×15 670mm，炉膛的容积为 30 138m³。在 B—MCR 工况下，炉膛的容积热负荷为 75.4kW/m³，炉膛截面热负荷为 4.236MW/m²，燃烧器区域壁面热负荷为 1.561MW/m²，炉膛有效投影辐射受热面热负荷为 182.1kW/m²，炉膛的出口烟气温度为 982℃，屏式过热器底部烟气温度为 1298℃。

表 1-22 煤质分析数据

	项　目	单位	设计煤种	校核煤种
工业分析	收到基全水分 M_{ar}	%	12	10.45
	分析基水分 M_{ad}	%	8.49	2.85
	干燥无灰基挥发分 V_{daf}	%	36.44	28.00
	收到基灰分 A_{ar}	%	13	25.09
	收到基低位发热值 $Q_{net.ar}$	kJ/kg	22 760	20 348
元素分析	收到基氢 H_{ar}	%	3.62	3.06
	收到基碳 C_{ar}	%	60.33	53.41
	收到基硫 S_{ar}	%	0.41	0.63
	收到基氮 N_{ar}	%	0.70	0.72
	收到基氧 O_{ar}	%	9.94	6.64

续表

项 目		单位	设计煤种	校核煤种
可磨系数 HGI			56	57
灰熔点	变形温度 DT	℃	1130	1110
	软化温度 ST	℃	1160	1190
	流动温度 FT	℃	1210	1270
灰成分分析	SiO_2	%	36.71	50.41
	Al_2O_3	%	13.99	15.73
	Fe_2O_3	%	11.36	23.46
	CaO	%	22.92	3.93
	MgO	%	1.28	1.27
	K_2O	%	1.23	
	Na_2O	%	0.73	2.33
	SO_3	%	9.30	

锅炉燃烧方式为无分隔墙的八角反向双火焰切圆燃烧，共设有48只直流燃烧器。燃烧器共分6层，每层设8只燃烧器，每层燃烧器由同一台磨煤机供给煤粉，采用PM型主燃烧器、上部燃烬风（OFA）及AA分级风的MACT燃烧系统。每台锅炉共设有24只油枪，用于点火和助燃。最下层8只燃烧器配置等离子点火装置。

锅炉炉膛水冷壁采用内螺纹管垂直上升膜式水冷壁，上下部水冷壁之间设有混合集箱，水冷壁系统还包括水冷壁悬吊管、水平烟道、后包墙、顶棚等受热面。启动系统为带炉水循环泵的启动系统，汽水分离器为内置式。

锅炉省煤器为单级非沸腾式，分前后两部分布置于尾部烟道的下部。

锅炉过热器由低温过热器、前屏式过热器、后屏过热器和末级过热器组成。一级（低温）过热器布置于尾部双烟道的后部烟道中，炉膛上部布置屏式过热器，沿烟气流程方向分别设置二级过热器（前屏）和三级过热器（后屏），折焰角上方布置有四级过热器（末过）。二、三级屏式过热器前后各布置一、二、三级喷水减温器，每级喷水减温器均为2只。

锅炉再热器由低温再热器和高温再热器两部分组成。低温再热器布置于尾部双烟道的前部烟道中，高温再热器布置于水平烟道中。高温再热器入口配2只事故喷水减温器。

过热器采用煤/水比作为主要汽温调节手段，并配合三级喷水减温作为主汽温度的细调节，喷水减温每级左、右两点布置以消除各级过热器的左右吸热和汽温偏差。再热器调温以烟气挡板调温为主，燃烧器摆动调温为辅，同时在高温再热器入口布置有事故喷水装置。

风烟系统配有2台动叶调节轴流式送风机，2台静叶调节轴流式引风机，2台三分仓回转式空气预热器。配置了2台双室5电场静电除尘器，一套石灰石—石膏湿法脱硫装置，一套脱硝装置。

锅炉布置有116只炉膛吹灰器、46只长伸缩式吹灰器、10只半伸缩式吹灰器，每台空气预热器也配有2只伸缩式吹灰器。

（二）锅炉整体布置

锅炉的汽水流程以内置式汽水分离器为分界点，从水冷壁入口集箱到汽水分离器为水冷壁系统，从分离器出口到过热器出口集箱为过热器系统。锅炉总体布置见图1-4。

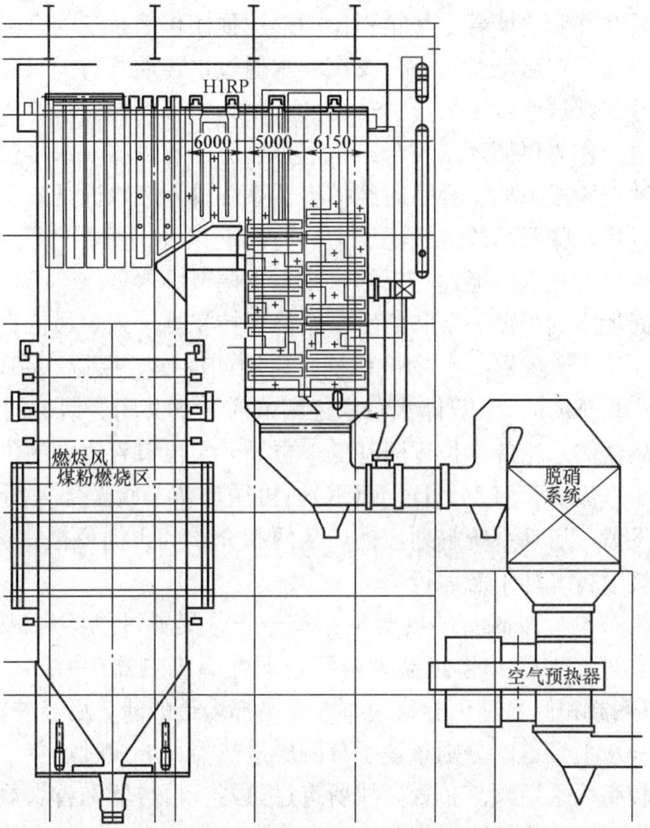

图 1-4　锅炉总体布置

由省煤器出口的工质通过两根大直径供水管送到两只水冷壁进水汇集装置，再用较多的分散供水管送到各水冷壁下集箱，再分别流经下炉膛前、后及两侧水冷壁，然后进入中间混合集箱进行混合以消除工质吸热偏差，然后进入上炉膛前、后及两侧墙水冷壁。其中，前墙水冷壁上集箱和两侧水冷壁上集箱出来的工质引往顶棚管入口集箱，经顶棚管进入布置于后竖井外的顶棚管出口集箱。至于进入上炉膛后水冷壁的工质，先后流经折焰角和水平烟道斜面坡进入后水冷壁出口集箱，再通过两汇集装置分别送往后水冷壁吊挂管和水平烟道两侧包墙管。由后水冷壁吊挂管出口集箱和水平烟道两侧包墙出口集箱引出的工质也均送往顶棚管出口集箱，由顶棚管出口集箱引出两根大直径连接管将工质送往两只后竖井工质汇集集箱，通过连接管将大部分工质送往后竖井的前、后及两侧包墙管及中间分隔墙。所有包墙管上集箱出来的工质全部用连接管引至后包墙管出口集箱，然后用连接管引至布置于锅炉后部的两只汽水分离器，由分离器顶部引出的蒸汽送往低温过热器进口集箱，进入过热器系统。

为了降低顶棚包墙系统阻力以及保证复杂的后水冷壁回路的可靠性，采用了二次旁路。第一次旁路是后水冷壁的工质不经顶棚而流经折焰角、水平烟道斜坡、水平烟道两侧墙和后水吊挂管后再用连接管送往顶棚出口集箱。第二次旁路则是由顶棚出口集箱引出的工质并非全部送往后烟道包墙管，而是有一部分通过旁通管直接送往后包墙管出口集箱与后烟道包墙系统工质汇合后全部引入一级过热器入口集箱，二次旁路管上装有电动闸阀，锅炉在超临界区运行时应打开此旁路阀。

启动系统设计为带启动再循环泵的复合循环系统，两只立式内置式汽水分离器布置于锅炉的后部上方，由后竖井后包墙管上集箱引出的锅炉顶棚包墙系统的全部工质通过 4 根连接管送入两只汽水分离器。在启动阶段，分离出的水通过水连通管与一只立式分离器储水箱相连，而分离出来的蒸汽则送往水平低温过热器的下集箱。分离器储水箱中的水经疏水管排入再循环泵的入口管道，作为再循环工质与给水混合后流经省煤器—水冷壁系统，进行工质回收。除启动前的水冲洗阶段水质不合格时经扩容器系统排入废水池外，在锅炉启动期间的汽水膨胀阶段、在渡过汽水膨胀阶段的最低压力运行时期以及锅炉在产汽量达到 5％B—MCR以前由储水箱底部引出的疏水均通过三只储水箱水位调节阀（WDC 阀），进疏水扩容器。

在锅炉启动期间考虑到再循环泵和给水泵始终保持相当于锅炉最低直流负荷流量（25％B—MCR）流经给水管—省煤器—水冷壁系统，启动初期锅炉保持 5％B—MCR 给水流量，随锅炉出力达到 5％B—MCR，三只储水箱水位调节阀全部关闭。锅炉的蒸发量随着给水量的增加而增加，分离器储水箱的水位逐渐降低，再循环泵出口管道上的再循环调节阀逐步关小，当锅炉达到最小直流负荷（25％B—MCR），再循环调节阀全部关闭。此时，锅炉的给水量等于锅炉的蒸发量，启动系统解列，锅炉从两相介质的再循环模式运行（即湿态运行）转为单相介质的直流运行（即干态运行）。

过热器采用四级布置，即低温过热器（一级）──→分隔屏过热器（二级）──→屏式过热器（三级）──→末级过热器（四级）；再热器为两级，即低温再热器（一级）──→末级再热器（二级）。其中，低温再热器和低温过热器分别布置于尾部烟道的前、后竖井中，均为逆流布置。在上炉膛、折焰角和水平烟道内分别布置了分隔屏过热器、屏式过热器、末级过热器和末级再热器，由于烟温较高均采用顺流布置，故所有过热器、再热器和省煤器部件均采用顺列布置，以便于检修和密封，防止结渣和积灰。

锅炉按预留脱硝进行设计布置，当锅炉增设脱硝装置时，流经省煤器出口烟气分配挡板的烟气由连接烟道送往布置于回转式空气预热器上方的脱硝反应器后再送往回转式空气预热器。为了在低负荷时保持脱硝装置一定的烟气温度，需从低温过热器中部引出一部分旁路烟气送往脱硝装置前的入口烟道，以提高进入脱硝装置前的烟温，此旁路烟道上装有烟气调节挡板，以调节旁通烟气量。

从一次风机来的空气分成两路，一路经空气预热器的一次风仓加热成一次热风，另一路是不经过加热的冷一次风，作为磨煤机的调温风。两路风经过各自的调节挡板后混合成一定温度的一次风后，分别进入六台磨煤机，用来干燥煤粉并把煤粉从磨煤机输送到燃烧器。

从送风机来的二次风经空气预热器的二次风仓加热成二次热风，二次热风经燃烧器的各风门后进入炉膛，与煤粉/一次风混合物进一步混合，在炉膛内燃烧。由于燃烧所产生的烟气中含有硫等酸性成分，为了防止空气预热器冷端的腐蚀，在空气预热器出口和送风机进口之间装有热风再循环风道，以提高进入空气预热器的空气温度，从而提高空气预热器的冷端温度，避免空气预热器的堵塞和低温腐蚀。

制粉系统采用中速磨正压直吹式系统，每炉配 6 台由北京电力设备总厂生产的型号为ZGM133G 中速磨煤机和六台由上海发电设备成套设计研究院提供的型号为 CS2024HP 的电子称重式给煤机，给煤机的转速控制采用变频器控制。每台磨煤机供一层共 2×4＝8 只燃烧器，燃烧器为低 NO_x 的 PM 型并配有 MACT 型分级送风系统，以进一步降低 NO_x 生成量。

燃烧设计煤种时，在B—MCR工况下，5台磨煤机运行，1台备用。

每台锅炉配置了两台密封风机，密封风机将一次风机出口的冷一次风增压后，作为磨煤机的密封风，用来密封磨煤机和磨煤机的出口快关门。

（三）锅炉技术性能

锅炉带基本负荷并参与调峰，且能满足锅炉RB运行及50％和100％甩负荷试验的要求。锅炉变压运行，采用定—滑—定运行的方式。锅炉厂家给出了压力—负荷曲线如图1-5（主蒸汽压力为汽轮机入口参数）所示。

锅炉能适应设计煤种和校核煤种。在考核工况的条件下，锅炉保证热效率不小于93.82％（按低位发热值）。

锅炉在燃用设计煤种或校核煤种时，不投油最低稳燃负荷不大于锅炉的30％B—MCR，并在最低稳燃负荷及以上范围内满足自动化投入率100％的要求。

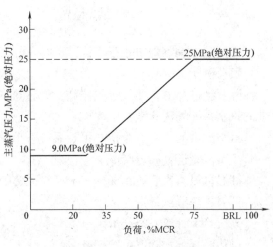

图1-5　压力—负荷曲线

锅炉负荷变化率达到下述要求：在75％～100％B—MCR时，不低于±5％B—MCR/min（5台磨运行）。在50％～75％B—MCR时，不低于±5％B—MCR/min（3～4台磨煤机运行）。在30％～50％B—MCR时，不低于±3％B—MCR/min。在30％B—MCR以下时，不低于±2％B—MCR/min。锅炉负荷阶跃大于10％汽轮机额定功率/min。

过热汽温在30％～100％B—MCR、再热汽温在50％～100％B—MCR负荷范围时，能够保持稳定在额定值，偏差不超过±5℃。过热器和再热器两侧出口的汽温偏差分别小于5℃和10℃。

在B—MCR工况下，过热器蒸汽侧的压降小于1.5MPa，再热器蒸汽侧的压降小于再热蒸汽系统压降的50％，省煤器水侧的压降不大于0.2MPa，水冷壁压降包括水冷壁和汽水分离器小于1.9MPa。

锅炉的启动时间（从点火到机组带满负荷），与汽轮机相匹配，并满足以下要求：

冷态启动：5～6h。

温态启动：2～3h。

热态启动：1～1.5h。

极热态启动：<1h。

从锅炉点火至汽轮机冲转应满足以下要求：

冷态启动：3h。

温态启动：85min。

热态启动：40min。

极热态启动：30min。

燃烧器防磨件等使用寿命大于60 000h，省煤器及其防磨板的使用寿命不少于100 000h，喷水减温器的喷嘴使用寿命大于100 000h，锅炉各主要承压部件的使用寿命大于30年，受烟气磨损的低温对流受热面的使用寿命达到100 000h，空气预热器的冷段蓄热组件的使用寿命不低于 50 000h。

锅炉机组在 30 年的寿命期间，允许的启停次数不少于下值：

冷态启动（停机超过 72h）：＞200 次。

温态启动（停机 72h 内）：＞1200 次。

热态启动（停机 10h 内）：＞5000 次。

极热态启动（停机小于 1h）：＞300 次。

负荷阶跃：＞12 000 次。

除三级过热器、四级过热器和二级再热器部分蛇形管采用含铜的超级 304H 管材外，锅炉的汽水系统均为无铜系统。

锅炉配供的主蒸汽管道、再热系统管道、高压给水管道及减温水管道的工质流速如下：

主蒸汽管道：40～60m/s。

高温再热蒸汽管道：50～65m/s。

低温再热蒸汽管道：30～45m/s。

高压给水管道：2～6m/s。

过热器减温水管道：2～6m/s。

再热器减温水管道：2～4m/s。

（四）锅炉性能保证

（1）锅炉最大连续出力（B—MCR）3110t/h（燃用设计煤种和校核煤种；额定给水温度；过热蒸汽温度和压力为额定值；再热蒸汽进、出口温度和压力为额定值；蒸汽品质合格）。

（2）锅炉保证热效率 93.82%（按低位发热量；燃用设计煤种；大气温度 15.3℃；大气相对湿度 79%；锅炉带额定负荷 BRL 工况下；补水率 0%；过剩空气系数 1.15；按 ASME PTC4.1《蒸汽发生组件运行测试规程》计算和修正；煤粉细度在设计规定的范围内；NO_x 排放浓度达到保证值）。负荷与锅炉热效率的关系如图 1-6 所示。

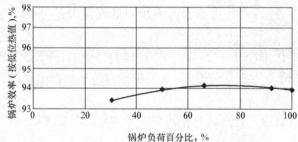

图 1-6　锅炉负荷与热效率关系

（3）空气预热器的漏风率（单台）在投产第一年内不高于 6%，运行 1 年后不高于 8%。一次风漏风率不高于 32%（燃用设计煤种；锅炉负荷在额定蒸发量）。

（4）不投油最低稳燃负荷不大于 30%B—MCR（燃用设计煤种；煤粉细度在设计规定的范围内；至少经过 4h 的验收试验；投运磨煤机数量为两台）。

（5）烟、风压降实际值与设计值的偏差不大于 10%（燃用设计煤种；B—MCR 工况）。

（6）锅炉 NO_x 的排放浓度不超过 350mg/m³ 标况下（$O_2=6\%$；燃用设计煤种；B—MCR 工况），锅炉效率不小于 93.82%，在脱硝装置前测试。

（五）锅炉设备的主要技术特点

（1）采用改进型的内螺纹垂直水冷壁。多年的运行经验表明，垂直水冷壁也适合于变压运行，且具有阻力小、结构简单、安装工作量较小、水冷壁在各种工况下的热应力较小等一系列优点。采用内螺纹垂直水冷壁并采用较高的质量流速，能保证在变压运行的四阶段即超临界直流、近临界直流、亚临界直流和启动阶段中控制金属壁温、控制高干度蒸干、防止低干度热负荷区的膜态沸腾以及水动力的稳定性等。

锅炉在上下炉膛之间加装水冷壁中间混合集箱，以减少水冷壁沿墙宽的工质温度和管子壁温的偏差。由于采用节流较大的装于集箱外面的较粗的水冷壁入口管段的节流孔圈，故对控制水冷壁的温度偏差和流量偏差均非常有利。此外，还在下炉膛出口处加装独特的带二级混合器的中间混合集箱，其主要作用不单是平衡各水冷壁管的工质温度，更重要的是强化两相流的汽水混合，防止出现汽水分离，其原理见图 1-7。

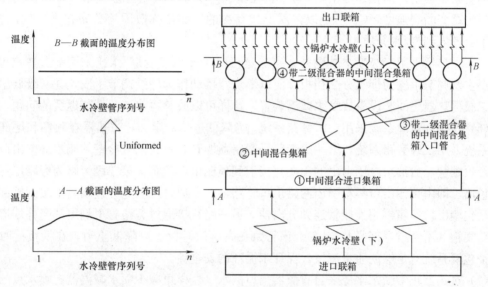

图 1-7　二级混合器的中间混合集箱原理

启动系统采用再循环泵，可以增加启动速度，保证启动阶段运行的可靠性、经济性。但此种带有大量节流孔圈结构的设计，对基建安装提出了较高的质量要求，否则运行后会出现因节流孔圈堵塞发生水冷壁爆管。

在保证水冷壁出口工质必需的过热度的前提下，采用较低的水冷壁出口温度，并把汽水分离器布置于顶棚、包墙系统的出口，这种设计的布置可以使整个水冷壁系统包括顶棚包墙管系统和分离器系统采用低合金钢（P12），所有膜式壁不需作焊后整屏热处理，也使工地安装焊接更为方便。

（2）采用反向双切圆燃烧方式。此燃烧方式能保证沿炉膛水平方向均匀的热负荷分配和燃烧稳定性。由于采用双切圆提高了燃烧器的数量，从而降低了单只燃烧器的热功率，这些对燃用结焦性较强的神华煤是有利的。

（3）采用低氮主燃烧器和高位燃尽风分级燃烧方式。此燃烧器的分级配风方式对降低锅炉氮氧化物的生成量有明显的效果，正常运行可以控制在 $350mg/m^3$（标况下）以下。

（4）采用适合高蒸汽参数的超超临界锅炉用钢。由于锅炉主蒸汽和再热汽温均在 600℃以上，高温级的过热器和高温级再热器管子某些管段的外壁和内壁温度处于极易发生烟气高温腐蚀和蒸汽氧化的范围内，因此在后屏过热器、末级过热器和末级再热器中大量采用高铬热强钢（25Cr20NiNb）和超级 TP304H 钢。

试验和运行经验表明含 Cr 越多,抵抗高温腐蚀和蒸汽氧化的特性越好。另外,在过热器和再热器的布置上也采取了措施,即将末级过热器布置于后屏过热器之后的折焰角之上,而末级再热器则布置于末级过热器之后的水平烟道,使它尽可能布置在烟温稍低的区域。由于在后屏过热器和末级过热器采用了 25Cr 和改进型 18Cr 钢,高温时许用应力显著提高,因此与一般超临界锅炉过热器采用小口径管不同,可以采用较粗的过热器管,而壁厚又在工艺许可的范围内,因而也显著降低了过热器系统阻力。

在汽水系统中采用的含铜材料只有 super304H,super304H 中加入 3% 左右的铜是为了提高蠕变断裂强度,即在蠕变中 Cu 富集相在奥氏体基体中微细分散共格析出,大幅度提高了材料的蠕变断裂强度,Cu 不是以单质形式存在的,而是弥散固溶分布在金属的晶格内,因此不会进入到汽/水介质中。

(5)过热器采用三级喷水减温外,直流运行时主要靠改变煤/水比来调节过热汽温。再热汽温主要调节手段为烟气分配挡板,而以燃烧器摆动作为辅助调节手段,在一级低温再热器和二级再热器之间装设事故喷水减温装置,这样可以改善再热汽温调节迟缓的问题。

(6)顶棚和包墙系统采用二级旁路系统。为降低过热器阻力,过热器在顶棚和尾部烟道包墙系统采用二级旁路系统,第一级旁路是旁路顶棚管,只有前水冷壁和侧水冷壁出口的工质流经顶棚管,后部水冷壁引出的工质直接引到顶棚出口集箱;第二级旁路为旁路尾部竖井烟道包墙,即由顶棚出口集箱引出两路出口管路,一路通过尾部竖井包墙后汇集到尾部竖井包墙后包墙出口集箱再用连接管连到分离器;另一路直接通过旁路管道到尾部竖井烟道后包墙出口集箱(不经过尾部竖井包墙)。该管路在高负荷时投运以降低阻力,在低负荷时关闭以保证包墙系统有足够的质量流量,保证水循环的安全性。

(7)过热器正常喷水水源来自省煤器出口的水,这样可减少喷水减温器在喷水点的温度差和热应力;再热器喷水水源来自给水泵中间抽头。

三、平海电厂 1000MW 超超临界压力直流锅炉

(一)锅炉性能介绍

广东惠州平海发电有限公司位于广东省惠东县平海镇碧甲村,规划容量为 6×1000MW 等级国产高效超超临界燃煤机组,一期工程按 4 台先上 2 台机组。本期工程的两台 1000MW 超超临界机组的锅炉是上海锅炉厂有限公司引进美国 ALSTOM 技术设计制造的,锅炉为超超临界参数、直流炉、切圆燃烧方式、固态排渣、单炉膛、一次再热、平衡通风、露天布置、全钢构架、全悬吊结构、Ⅱ形锅炉,炉后尾部布置两台转子直径为 $\phi16\,370$ 的三分仓容克式空气预热器。锅炉型号 SG—3093/27.56—M533,额定蒸发量 2946t/h,锅炉出口蒸汽参数为 27.46MPa(a)/605℃/603℃,对应汽轮机的入口参数为 26.25MPa(a)/600℃/600℃,锅炉主要设计容量和参数见表 1-23。

表 1-23　　　　　　　　　锅炉设计容量和参数

名　称	单　位	B—MCR	BRL
过热蒸汽流量	t/h	3093	2946
过热器出口蒸汽压力	MPa(g)	27.46	27.34
过热器出口蒸汽温度	℃	605	605
再热蒸汽流量	t/h	2582	2467

续表

名　称	单　位	B—MCR	BRL
再热器进口蒸汽压力	MPa（表压）	6.05	5.77
再热器出口蒸汽压力	MPa（表压）	5.85	5.58
再热器进口蒸汽温度	℃	376	368
再热器出口蒸汽温度	℃	603	603
省煤器进口给水温度	℃	299	295

锅炉的设计煤种为内蒙准格尔煤和印尼煤按 1∶1 配比的混煤，校核煤种为印尼煤。锅炉设计考虑纯烧内蒙准格尔煤的工况，煤质分析数据见表 1-24。点火采用等离子点火，保留点火助燃油系统，燃油采用 0 号轻柴油。淡水水源在电厂以北约 11km 处建黄京坑水库以及海水淡化作为电厂淡水供应水源。采用海水作为循环冷却水水源，采用直流冷却水系统。锅炉出渣采用钢带输送机的干除渣装置。

表 1-24　　　　　　　　　　　　　平海电厂的设计煤种

项目	设计煤种（1∶1 混煤）	校核煤种（印尼煤）	内蒙准格尔煤
收到基水分	18.1	25.8	10.3
空气干燥基水分	9.57	14.21	5.41
收到基灰分	8.75	1.54	16.24
干燥无灰基挥发分	43.65	50.32	37.54
收到基碳	56.26	53.90	57.87
收到基氢	3.79	3.94	3.62
收到基氧	12.11	13.96	10.73
收到基氮	0.82	0.72	1.00
收到基全硫	0.17	0.14	0.24
收到基低位发热量	21.13	20.01	22.13
哈氏可磨系数	58	55	63

（二）锅炉整体布置

平海电厂锅炉整体布置见图 1-8。炉膛宽度 34 290mm，炉膛深度 15 544.8mm，水冷壁下集箱标高为 7500mm，炉顶管中心标高为 74 860mm，大板梁底标高 83 960mm，炉膛由膜式壁组成。炉底冷灰斗角度为 55°，从炉膛冷灰斗进口（标高 7500mm）到标高 51 966.5mm 处炉膛四周采用螺旋管圈，管子规格为 $\phi 38.1$，节距为 54mm，倾角为 20.752 4°。在此上方为垂直管圈，管子规格为 $\phi 31.8$，节距为 50.8mm。螺旋管与垂直管的过渡采用中间混合集箱。水平烟道深度为 7010mm，由后烟井延伸部分组成，其中布置有末级再热器。后烟井总深度为 12 880mm，分成前后两个分隔烟道，前烟道深度为 6560mm，布置有低温再热器和省煤器，后烟道深度为 6320mm，布置有低温过热器和省煤器。在前后烟道中，省煤器下部布置调温挡板，用于调节再热器汽温。锅炉主要界限尺寸见表 1-25。

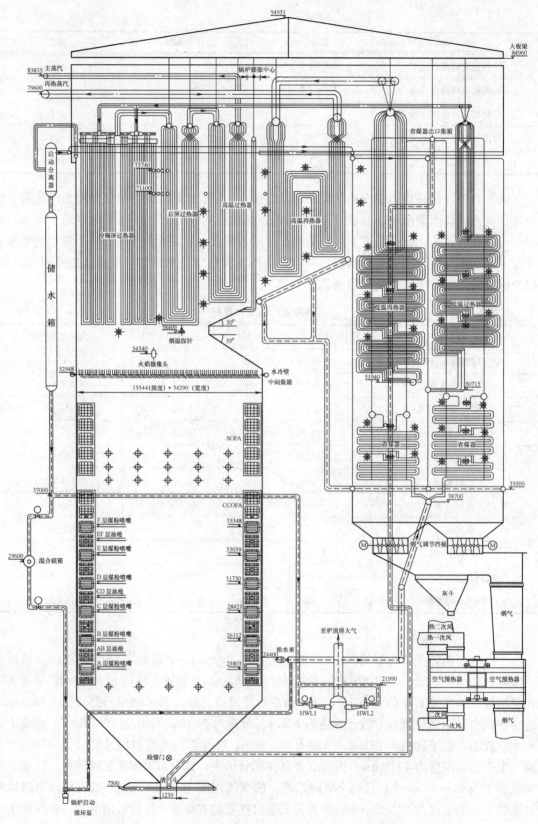

图 1-8　平海电厂锅炉总体布置

表 1-25   锅炉主要界限尺寸

项　目	设计值	单　位
炉膛宽度×深度	34 290×15 545	mm
上排燃烧器至屏底距离	22 500	mm
下排燃烧器至冷灰斗上沿距离	5790	mm
上下一次风喷口距离	11 540	mm
相邻层燃烧器喷口间距离	2308	mm
水冷壁下集箱标高	7500	mm
炉顶管标高	74 860	mm
水平烟道深度	7010	mm
尾部烟道深度	12 880	mm
大板梁底标高	83 960	mm
锅炉宽度（锅炉构架范围）	71 900	mm
锅炉深度（锅炉构架范围）	71 300	mm

炉膛上部布置有 12 片分隔屏过热器和 55 片后屏过热器。分隔屏过热器和后屏过热器沿深度方向采用蒸汽冷却定位管固定，蒸汽冷却定位管从分隔屏过热器进口集箱引出，进入分隔屏过热器出口集箱。后屏过热器、末级过热器和末级再热器沿炉膛宽度方向采用流体冷却定位管固定，流体冷却定位管（共 6 根，$\phi 50.8$）从后烟井延伸侧墙进口集箱引出，进入后屏过热器出口集箱。

锅炉燃烧系统按配中速磨冷一次风直吹式制粉系统设计。48 只直流式燃烧器分 6 层布置于炉膛下部，煤粉和空气从两个面四个角送入，在炉膛中呈双切圆方式燃烧。最上排燃烧器喷口中心标高为 35 377mm，距分隔屏底部距离为 21 962mm。最下排燃烧器喷口中心标高为 23 832mm，至冷灰斗转角距离为 5188mm。在主燃烧器和炉膛出口之间标高 44 558mm 处布置有一组 SOFA 燃烧器喷嘴（距上排燃烧器喷口中心约 9181mm）。炉膛热负荷数据见表 1-26。

表 1-26   炉膛热负荷数据

序　号	项　目	数值（单位）
1	炉膛容积热负荷	$74.47 kW/m^3$
2	炉膛断面热负荷	$4.468 MW/m^2$
3	燃烧器区域热负荷	$1.643 MW/m^2$

锅炉本体设有两个膨胀中心，分别在水冷壁后墙前后各 914mm 的位置。运行时炉膛部分以第一个膨胀中心为原点进行膨胀，水平烟道及后烟井以第二个膨胀中心为原点进行膨胀。炉膛及后烟井四周设有绕带式刚性梁，以承受正、负两个方向的压力，螺旋段水冷壁还设有垂直绷带，螺旋段的支承和悬吊是通过垂直绷带上方的"张力板"与垂直段连接来实现的。在高度方向设有导向装置，以控制锅炉受热面的膨胀方向和传递锅炉水平荷载。

由于本锅炉的宽度非常大，为了防止锅炉在事故情况下炉膛压力超过运行压力时不至于损坏以及产生永久变形，这就对刚性梁的设计提出了更高的要求。

本锅炉的刚性梁采用网格式布置，它既有水平布置的刚性梁又有垂直布置的刚性梁，且在垂直刚性梁跨度大的地方布置有水平桁架结构，通过这样的布置来达到刚性的设计要求，起到保护受热面的作用。

炉膛部分设有 96 只墙式吹灰器，分四层布置，一层位于燃烧器的下方，其余三层位于主燃烧器与 SOFA 之间，由于墙式吹灰器均布置在水冷壁的螺旋段，为了保证吹灰器的横向对称布置且开孔中心位于扁钢中心,各吹灰器的标高均不相同。在炉膛上部辐射区域、水平烟道部分及尾部烟道的低温再热器、低温过热器区域布置有 56 只长伸缩式吹灰器。尾部烟道的省煤器区域布置有 20 只半伸缩式吹灰器。每台空气预热器布置有 2 只伸缩式双介质吹灰器(冷、热端各 1 只)。在炉膛出口左右侧均装有烟温探针,启动时用来控制炉膛出口烟温。在炉膛出口处还装有 16 个负压测点(左右侧各 8 点)。

锅炉启动系统采用带再循环泵的内置式启动系统。锅炉炉前沿宽度方向垂直布置 4 只外径为 $\phi711$ 的汽水分离器,其进出口分别与水冷壁和炉顶过热器相连接。每个分离器筒身上方切向布置 2 根出口管接头、将蒸汽引至炉顶过热器,每个分离器筒身中部切向布置 6 根进口管接头引入来自水冷系统的介质,分离器筒身下方设有一个内径为 $\phi356$ 的疏水管接头。两个分离器疏水通过管道引至储水箱,当机组启动,锅炉负荷低于最低直流负荷 30%B—MCR 时,蒸发受热面出口的介质流经分离器进行汽水分离,蒸汽通过分离器上部管接头进入炉顶过热器,而水则通过两根外径为 $\phi356$ 的疏水管道引至储水箱,两个储水箱的二个疏水管汇合至一个连接球体,连接球体下方 1 根外径为 $\phi559$ 的疏水管道引至一个三通,一路疏水通过布置在炉前下部 6930mm 处的启动循环泵被送至省煤器进口,另一路接至大气式扩容器中。在锅炉启动早期,水质不合格及汽水膨胀阶段排水到扩容器中汽化的蒸汽通过排汽管道通向炉顶上方排入大气;凝结水则进入集水箱,并由凝结水泵将合格的疏水送往冷凝器或水处理系统。大气式扩容器和集水箱布置在 K3、K4 柱之间的钢架副跨中,支座标高分别为 14m 和 6.79m。凝结水泵布置在集水箱下部。

在启动系统管道上设有锅炉启动循环泵系统及大气扩容式系统,在启动初期水质不合格以及为了防止启动初期汽水膨胀阶段分离器水位过高,避免发生饱和水进入过热器现象,通过在扩容器进口设置的两个高水位调节阀(HWL),将分离器中大量的疏水排入大气式扩容器。为保持启动系统处于热备用状态,启动系统还设有暖管管路,暖管水源取自省煤器出口,经启动系统管道、阀门后进入过热器Ⅰ级减温水管道,再随喷水进入过热器Ⅰ级减温器。暖管系统在启动结束后约 70%负荷投入运行。

锅炉共设置 18 层平台,其中 7 层为刚性平台,为便于操作,个别地方还设置了局部平台。锅炉运行层标高为 17 000mm。运行层平台为水泥大平台,预热器支承平面标高为12 700mm。布置在后烟井后部专用的钢结构中,锅炉构架全部采用钢结构,高强度螺栓连接。钢结构顶部设有大屋顶。

锅炉除渣设备采用机械干式除渣系统。

过热器汽温通过煤水比调节和三级喷水来控制,第一级喷水布置在低温过热器出口管道上,第二级喷水布置在分隔屏过热器出口管道上,第三级喷水布置在后屏过热器出口管道上,过热器喷水取自省煤器进口给水管道。再热器汽温采用尾部烟道调节挡板及燃烧器摆动调节,低温再热器与末级再热器进口连接管道上设置微量事故喷水,微量事故喷水取自给水泵中间抽头。

锅炉旁路系统采用 60%B—MCR 高低压串联旁路系统,过热器系统、再热器系统进出口管道上设有安全阀。过热器进口处有 8 台弹簧安全阀,出口有 4 台弹簧安全阀和 4 台PCV 阀,再热器进、出口各有 4 台弹簧安全阀。

锅炉的过热器系统共布置了 16 台美国 Crosby 公司生产的超压泄放安全阀,屏式过热器入口布置了 8 台安全阀,排放量是 2000t/h,末级过热器出口布置了 4 台排放量是 768t/h 的全启式弹簧安全阀和 4 台排放量是 660t/h 电磁泄放阀，安全阀总排放量是锅炉 B—MCR 工况蒸汽流量的 110%，能够确保锅炉在事故状态下不会超压。锅炉的再热器系统共布置了 10 台美国 Crosby 公司生产的超压泄放安全阀，再热器入口布置的 8 台全启式弹簧安全阀的排放量是 3120t/h，再热器出口布置的 2 台全启式弹簧安全阀的排放量是 520t/h，总排放量是锅炉 B—MCR 工况下再热器蒸汽流量的 140%。安全阀详细规格见表 1-27。

表 1-27　　　　　　　　　　　　　锅炉布置的安全阀规格

过热器系统安全阀形式		全启式弹簧安全阀
屏式过热器进口安全阀台数	台	8
屏式过热器进口安全阀公称直径	mm	50.8
屏式过热器进口安全阀排汽量（每台）	kg/h	250 000
屏式过热器进口安全阀起座压力	MPa	33.80
屏式过热器进口安全阀回座压力	MPa	32.79
过热器出口安全阀台数	台	4
过热器出口安全阀公称直径	mm	76.2
过热器出口安全阀排汽量（每台）	kg/h	192 000
过热器出口安全阀起座压力	MPa	33.66
过热器出口安全阀回座压力	MPa	32.65
过热器系统安全阀制造厂家		美国 Crosby
过热器系统安全阀设计制造技术标准		ASME 锅炉和压力容器规范
过热器系统电磁泄放阀（PCV）台数	台	4
过热器系统电磁泄放阀（PCV）公称直径	mm	63.5
过热器系统电磁泄放阀（PCV）排汽量（每台）	kg/h	165 000
过热器系统电磁泄放阀（PCV）起座压力	MPa	28.89
过热器系统电磁泄放阀（PCV）回座压力	MPa	28.02
过热器系统电磁泄放阀（PCV）制造厂家		美国 Crosby
过热器系统电磁泄放阀（PCV）设计制造技术标准		ASME 锅炉和压力容器规范
再热器入口安全阀形式		全启式弹簧安全阀
再热器入口安全阀台数	台	4
再热器入口安全阀公称直径	mm	152.4
再热器入口安全阀排汽量（每台）	kg/h	390 000
再热器入口安全阀起座压力	MPa	6.78
再热器入口安全阀回座压力	MPa	6.58
再热器入口安全阀制造厂家		美国 Crosby
再热器入口安全阀设计制造技术标准		ASME 锅炉和压力容器规范
再热器出口安全阀形式		全启式弹簧安全阀
再热器出口安全阀台数	台	4
再热器出口安全阀公称直径	mm	152.4
再热器出口安全阀排汽量（每台）	kg/h	260 000
再热器出口安全阀起座压力	MPa	6.44
再热器出口安全阀回座压力	MPa	6.25
再热器出口安全阀制造厂家		美国 Crosby，Dresser
再热器出口安全阀设计制造技术标准		ASME 锅炉和压力容器规范

（三）锅炉性能值

锅炉的主要性能参数如下：

（1）最大连续蒸发量（B—MCR）3093t/h。

（2）按照 ASME PTC4（98）的验收标准，在 BRL 工况下，锅炉保证热效率不小于 93.80%（按低位发热量）。

（3）锅炉最低不投油稳燃负荷不大于 25%B—MCR。

（4）烟、风压降实际值与设计值的偏差不大于 10%。

(5) 锅炉出口 NO_x 的排放浓度：SCR 不投运,不超过 $300mg/m^3$ 标况下($O_2＝6\%$干燥基)。

(6) 锅炉变压运行,可采用定—滑—定运行或定—滑运行的方式。

(7) 滑压运行在 $30\%～100\%$ B—MCR 范围过热蒸汽能维持其额定汽温;在 $50\%～100\%$ B—MCR 时,再热蒸汽能维持额定汽温,偏差不超过 $±5℃$。

(8) 锅炉负荷变化率应达到下述要求。

在 $50\%～100\%$ B—MCR 时,不低于 $±5\%$ B—MCR/min;

在 $30\%～50\%$ B—MCR 时,不低于 $±3\%$ B—MCR/min;

在 30% B—MCR 以下时,不低于 $±2\%$ B—MCR/min;

负荷阶跃:大于 10% 汽轮机额定功率/min。

(9) 锅炉的启动时间(从点火到机组带满负荷),满足以下要求。

冷态启动:5～6h。

温态启动:2～3h。

热态启动:1～1.5h。

极热态启动:<1h。

从锅炉点火至汽轮机冲转应满足以下要求。

冷态启动:3.5h。

温态启动:2h。

热态启动:1h。

极热态启动:0.5h。

(10) 锅炉两次大修间隔不少于 6 年。

(11) 燃烧器防磨件等使用寿命大于 50 000h。

(12) 省煤器及其防磨板的使用寿命不少于 100 000h。

(13) 喷水减温器的喷嘴使用寿命应大于 80 000h。

(14) 锅炉各主要承压部件的使用寿命应大于 30 年,受烟气磨损的低温对流受热面的使用寿命应达到 100 000h,空气预热器的冷段蓄热组件的使用寿命不低于 50 000h。

(15) 锅炉配供的主蒸汽管道、再热系统管道、高压给水管道及减温水管道的工质流速如下。

主蒸汽管道:40～60m/s。

高温再热蒸汽管道:50～65m/s。

低温再热蒸汽管道:30～45m/s。

高压给水管道:2～6m/s。

过热器减温水管道:2～6m/s。

再热器减温水管道:2～4m/s。

(16) 主蒸汽管材采用 A335P92,再热热段管材采用 A335P92,再热冷段管材采用 A672B70CL32 电熔焊钢管,高压给水管材采用 15NiCuMoNb5,主蒸汽和再热热段均采用内径管。

(四) 锅炉特点

(1) 采用螺旋管水冷壁布置的设计,满足机组变压运行的要求。

(2) 采用较大的炉膛断面和容积,较低的炉膛断面热负荷和炉膛出口烟气温度,保证燃烧的稳定和安全。

（3）燃烧方式采用从美国阿尔斯通能源公司引进的低 NO_x 切向同轴燃烧系统（LNTFS），并采用单炉膛双切圆燃烧。

（4）采用带有再循环泵的启动系统，能有效回收启动阶段的工质和热量，并增加运行的灵活性。

（5）过热器蒸汽温度采用煤水比加三级喷水调节，再热器蒸汽温度采用以烟气挡板调节为主，辅助燃烧器摆动和过量空气系数调节，低温再热器进口管道上设置事故喷水。

（6）过热器、再热器受热面材料选取留有大的裕度。

（7）为了降低超超临界锅炉因过热器和再热器出口汽温的提高所导致的高温段管子烟气侧高温腐蚀和管内高温氧化，采用大量的高档次奥氏体钢管。

（五）锅炉启动曲线

锅炉变压运行，采用定—滑—定的运行方式。压力—负荷曲线见图1-9，锅炉的冷态、温态、热态及极热态启动曲线见图1-10～图1-13。

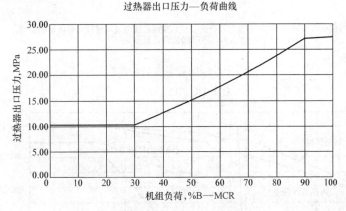

图 1-9　锅炉压力—负荷曲线

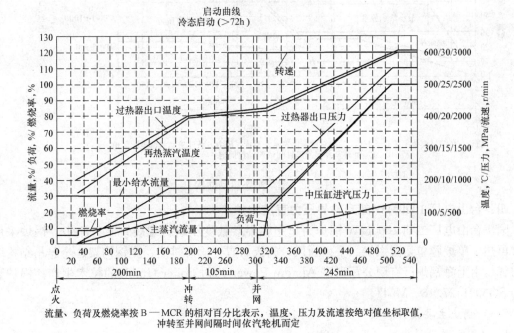

图 1-10　锅炉冷态启动曲线

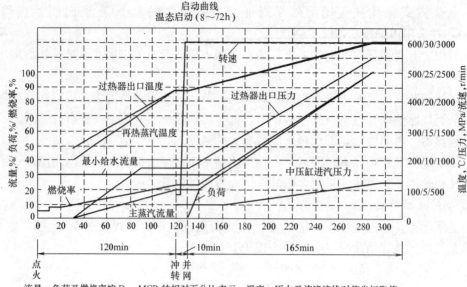

图 1-11　锅炉温态启动曲线

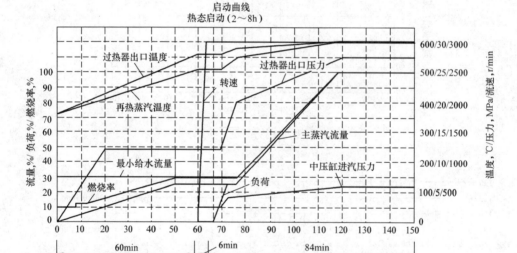

图 1-12　锅炉热态启动曲线

四、台山电厂 1000MW 超超临界压力直流锅炉

国华台山电厂二期 1000MW 锅炉为超超临界参数变压运行螺旋管圈直流炉,锅炉采用一次再热、单炉膛单切圆燃烧、平衡通风、露天布置、固态排渣、全钢构架、全悬吊结构塔式布置。由上海锅炉厂有限公司引进 Alstom-Power 公司 Boiler Gmbh 的技术生产。锅炉型号为 SG3091/27.46—M541。

(一)锅炉主要设计参数

1. 锅炉主要设计参数(见表 1-28)

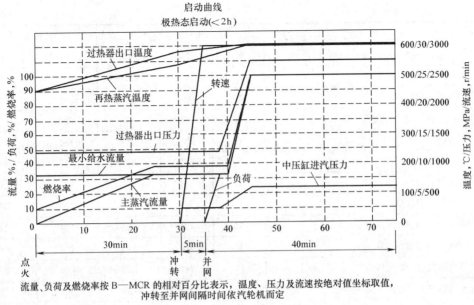

图 1-13　锅炉极热态启动曲线

表 1-28　　　　　　　　　　**锅炉主要设计参数（设计煤种）**

	项　　　目	单 位	B—MCR	75%B—MCR	50%B—MCR	30%B—MCR
蒸汽及水流量	过热器出口	t/h	3091	2318	1545	927
	再热器出口	t/h	2581	1974	1349	828
	省煤器进口	t/h	2906	2179	1452	899
	过热器一级喷水	t/h	92.7	69.5	46.4	13.9
	过热器二级喷水	t/h	92.7	69.5	46.4	13.9
	过热器三级喷水	t/h	—	—	—	—
	再热器喷水	t/h	0	0	0	0
蒸汽及水压力/压降	过热器出口压力	MPa	27.46	23.45	15.91	10.24
	过热器总压降	MPa	1.9	1.37	1.00	0.55
	再热器进口压力	MPa	6.03	4.61	3.14	1.90
	再热器出口压力	MPa	5.83	4.47	3.05	1.84
	启动分离器压力	MPa	29.36	24.82	16.91	10.79
	水冷壁压降	MPa	1.9			
	省煤器压降（不含位差）	MPa	0.08			
	省煤器重位压降	MPa	0.05			
	省煤器进口压力	MPa	31.46	25.50	16.60	9.74
	启动循环泵入口压力（极热态启动时）	MPa	16.23			
	启动循环泵出口压力（极热态启动时）	MPa	16.96			
蒸汽和水温度	过热器出口	℃	605	605	605	605
	再热器进口	℃	375	355	361	366
	再热器出口	℃	603	603	603	567
	省煤器进口	℃	298	280	256	229
	省煤器出口	℃	334	320	305	283
	启动分离器	℃	459	438	387	381

项　目		单　位	B—MCR	75%B—MCR	50%B—MCR	30%B—MCR
空气温度	空气预热器进口一次风	℃	27.0	27.0	27.0	27.0
	空气预热器进口二次风	℃	24.0	24.0	35.1	44.3
	空气预热器出口一次风	℃	340	324	302	280
	空气预热器出口二次风	℃	350	332	308	283
烟气温度	炉膛出口	℃	1003	955	884	752
	省煤器进口	℃	502	476	455	430
	脱硝装置进口	℃	381	359	335	305
	空气预热器进口	℃	381	359	335	305
	空气预热器出口（未修正）	℃	131	123	114	106
	空气预热器出口（修正）	℃	125	118	108	99
空气压降	空气预热器一次风压降	Pa	714	556	364	206
	空气预热器二次风压降	Pa	918	763	537	233
烟气压力及压降	炉膛设计压力	kPa	±5.98			
	炉膛可承受压力	kPa	±9.98			
	炉膛出口压力	Pa	−250	−250	−250	−250
	省煤器出口压力	Pa	−492	−361	−233	−135
	脱硝装置压降	Pa	~1200			
	空气预热器压降	Pa	1445	1138	738	328
	炉膛到空气预热器出口压降（不包括脱硝装置的压降）	Pa	2510	1981	1361	765
燃料消耗量（实际）		t/h	361.7	285.9	202.1	124.6
锅炉热效率						
计算热效率（按 ASME PTC4.1 计算）		%	89.56	89.58	89.90	90.42
计算热效率（按低位发热量计算）		%	94.04	94.05	94.39	94.95

2. 锅炉煤质数据（见表1-29）

表1-29　　　　　　　　　　　煤　质　数　据

项　目	符　号	单　位	设计煤种	校核煤种
收到基全水分	M_{ar}	%	14.5	16.0
空气干燥基水分	M_{ad}	%	8.06	9.92
收到基灰分	A_{ar}	%	7.70	12.6
干燥无灰基挥发分	V_{daf}	%	37.89	38.98
收到基碳成分	C_{ar}	%	62.58	57.05
收到基氢成分	H_{ar}	%	3.70	3.68
收到基氧成分	O_{ar}	%	10.05	9.23
收到基氮成分	N_{ar}	%	1.07	0.95
收到基硫成分	S_{ar}	%	0.40	0.49

项　目	符　号	单　位	设计煤种	校核煤种
哈氏可磨指数	HGI		61	50
冲刷磨损指数	K_e		2.15	1.1
收到基低位发热量	$Q_{net,ar}$	MJ/kg	24.00	22.33
煤灰熔融性　变形温度	DT	℃	1120	1090
软化温度	ST	℃	1160	1120
流动温度	FT	℃	1180	1160

灰渣成分

项　目	符　号	单　位	设计煤种	校核煤种
二氧化硅	SiO_2	%	35.43	22.64
三氧化二铝	Al_2O_3	%	11.72	11.52
三氧化二铁	Fe_2O_3	%	9.59	25.48
氧化钙	CaO	%	28.93	28.73
氧化镁	MgO	%	2.14	1.04
三氧化硫	SO_3	%	6.62	4.64
氧化钾	K_2O	%	1.05	0.4
氧化钠	Na_2O	%	0.88	1.3
二氧化钛	TiO_2	%	0.57	0.28
二氧化锰	MnO_2	%	0.38	0.66
其他		%	2.79	3.31

3. 锅炉给水和蒸汽质量标准（采用联合处理方式CWT）

（1）给水质量标准。

总硬度：～0μmol/L。

溶解氧：30～300μg/L（加氧处理）。

铁：≤10μg/kg。

铜：≤3μg/kg。

二氧化硅：≤15μg/kg。

pH值（CWT工况）：8.0～9.0（加氧处理）。

电导率（25℃）：≤0.15μS/cm。

钠：≤5μg/kg。

补给水量：正常时 ～31t/h。

启动或事故时 ～248t/h。

补给水制备方式：一级除盐加混床系统。

（2）蒸汽品质要求。

钠：≤5μg/kg。

二氧化硅：≤15μg/kg。

电导率（25℃）：≤0.15μS/cm。

铁：≤10μg/kg。

铜：≤3μg/kg。

（二）锅炉整体布置

上海锅炉厂生产的1000MW塔式锅炉的结构形式和受力体系不同于国内常规的Ⅱ形布置的300MW、600MW和1000MW锅炉钢结构炉架。常规Ⅱ形布置的锅炉钢架和平台框架以及空气预热器框架是一个整体，塔式将钢结构分成主体钢架和辅助钢架。1000MW塔式锅炉钢结构主要由筒式框架、大板梁和炉顶桁架、锅炉两侧辅钢架、炉前辅钢架、钢平台和空气预热器钢架组成。如图1-14所示。

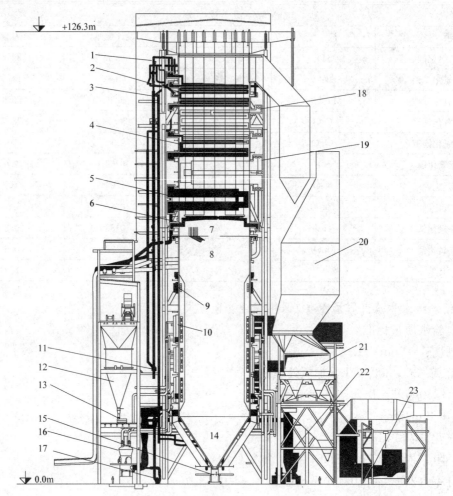

图1-14　锅炉总体布置

1—汽水分离器；2—省煤器；3—汽水分离器疏水箱；4—二级过热器；5—三级过热器；6—一级过热器；7—垂直水冷壁；8—螺旋水冷壁；9—燃尽风；10—燃烧器；11—炉水循环泵；12—原煤斗；13—给煤机；14—冷灰斗；15—捞渣机；16—磨煤机；17—磨煤机密封风机；18—低温再热器；19—高温再热器；20—脱硝装置；21—空气预热器；22—一次风机；23—送风机

1000MW塔式锅炉钢结构主要特点为：筒式框架是锅炉的主要受力结构，它不但承受垂直力，还是传递水平力的主要结构。筒式框架自己组成一个稳定结构，两侧辅钢架、炉前辅钢架和钢平台依附在筒式框架上。这就给安装带来一个好处，只要将筒式框架、炉顶平台、大板梁及其桁架安装完毕后就可以吊受热面，安装钢结构和受热面可以同时进行，对缩短安装周期带来益处。

锅炉炉膛宽度 24.18m，深度 24.18m，水冷壁下集箱标高为 4.2m，上端面标高为 127.78m。

锅炉炉前沿宽度方向垂直布置 6 只汽水分离器，汽水分离器外径 0.61m，壁厚 0.08m，每个分离器筒身上方布置 1 根内径为 0.24m 和 4 根外径为 0.2191m 的管接头，其进出口分别与汽水分离器和一级过热器相连。当机组启动，锅炉负荷小于最低直流负荷 30%B—MCR 时，蒸发受热面出口的介质经分离器前的分配器后进入分离器进行汽水分离，蒸汽通过分离器上部管接头进入两个分配器后进入一级过热器，而不饱和水则通过每个分离器筒身下方 1 根内径 0.24m 的连接管进入下方 1 只疏水箱中，疏水箱直径 0.61m，壁厚 0.08m，疏水箱设有水位控制。疏水箱下方 1 根外径为 0.57m 的疏水管引至一个连接件。通过连接件一路疏水至炉水再循环系统，另一路接至大气扩容器中。

炉膛由膜式水冷壁组成，水冷壁采用螺旋管加垂直管的布置方式。从炉膛冷灰斗进口到标高 72.98m 处炉膛四周采用螺旋水冷壁，管子规格为 $\phi38.1$，节距为 53mm。在螺旋水冷壁上方为垂直水冷壁，螺旋水冷壁与垂直水冷壁采用中间联箱连接过渡，垂直水冷壁分两部分，首先选用管子规格为 $\phi38.1$，节距为 60mm，在标高 88.88m 处，两根垂直管合并成一根垂直管，管子规格为 $\phi44.5$，节距为 120mm。

炉膛上部依次分别布置有一级过热器、三级过热器、二级再热器、二级过热器、一级再热器和省煤器。

锅炉燃烧系统按照中速磨正压直吹系统设计，配备 6 台磨煤机，正常运行中运行 5 台磨煤机可以带到 B—MCR，每台磨煤机引出 4 根煤粉管道到炉膛四角，炉外安装煤粉分配装置，每根管道分配成两根管道分别与两个一次风喷嘴相连，共计 48 个直流式燃烧器分 12 层布置于炉膛下部四角（每两个煤粉喷嘴为一层），在炉膛中呈四角切圆方式燃烧。

紧挨顶层燃烧器设置有 CCOFA，在燃烧器组上部设置有 SOFA，每个角 6 个喷嘴，采用 TFS 分级燃烧技术，减少 NO_x 的排放。

在每层燃烧器的两个喷嘴之间设置有油枪，燃用 0 号柴油，设计容量为 25%B—MCR，在启动阶段和低负荷稳燃时使用。

锅炉设置有膨胀中心及零位保证系统，炉墙为轻型结构带梯形金属外护板，屋顶为轻型金属屋顶。

B 磨对应的燃烧器采取微油点火，在启动阶段和低负荷稳燃时，也可以投入微油点火系统，减少燃油的耗量。

过热器采用三级布置，在每两级过热器之间设置喷水减温，主蒸汽温度主要靠煤水比和减温水控制。再热器两级布置，再热蒸汽温度主要采用燃烧器摆角调节，在再热器入口和两级再热器布置危急减温水。

在 ECO 出口设置脱硝装置，脱硝采用选择性触媒 SCR 脱硝技术，反应剂采用液氨汽化后的氨气，反应后生成对大气无害的氮气和水气。

尾部烟道下方设置两台三分仓回转容克式空气预热器，两台空气预热器转向相反，转子直径 16.421m，空气预热器采用 2 段设计，没有中间段，低温段采用抗腐蚀大波纹 SPCC 搪瓷板，可以防止脱硝生成的 NH_4HSO_4 的黏结。

锅炉排渣系统采用机械出渣方式，底渣直接进入捞渣机水封内，水封可以冷却、裂化底渣，同时可以保证炉膛的负压。

（三）锅炉特点

本锅炉由 APBG 提供技术、上锅制造，在设计和制造上继承了 ALSTOM 公司先进的经验，该锅炉具有以下特点：

（1）锅炉系统简单。

（2）锅炉省煤器、过热器和再热器采用卧式结构，具有很强的自疏水能力；锅炉启动疏水系统设计的炉水循环泵，锅炉启动能量损失小，同时具备优异的备用和快速启动特点。

（3）采用单炉膛单切圆燃烧技术，并对烟气进行了消旋处理，在所有工况下，水冷壁出口温度、过热器再热器烟气温度分布均匀。

（4）针对神华煤易结焦特点加大了炉膛尺寸，降低炉膛截面热负荷和燃烧器区域壁面热负荷，同时降低了烟气流速，减少烟气的转折，受热面磨损小。

（5）采用低 NO_x 同轴燃烧技术（LNTFSTM），ECO 出口 NO_x 可控制在 $300mg/m^3$（标况下）以下。

（6）过热蒸汽温度采用煤水比粗调，两级八点喷水减温细调；再热器温度采用燃烧器摆角调节，在再热器进口和两级再热器中间装有微量喷水，作危急喷水，在低负荷时，可以通过调节过量空气系数调节再热器温度。

（7）水冷壁设置有中间混合联箱，再热器、过热器无水力侧偏差，蒸汽温度分布均匀。

（8）在不同受热面之间采用联箱连接方式，不存在管子直接连接的现象，不会因为安装引起偏差（携带偏差）。

（9）受热面间距布置合理，下部宽松，不会堵灰。

（10）锅炉采用全悬吊结构，悬吊结构规则，支撑结构简单，锅炉受热后能够自由膨胀，同时塔式锅炉结构占地面积小。

（11）锅炉高温受热面采用先进材料，受热面金属温度有较大的裕度。

（四）汽水流程

（1）一次系统。

给水──→省煤器进口联箱──→省煤器──→省煤器出口联箱──→下降管──→水冷壁前、后进口联箱──→冷灰斗──→螺旋管水冷壁──→水冷壁中间联箱──→垂直管水冷壁──→水冷壁出口联箱──→分配联箱──→汽水分离器

　　　┌→汽水分离器疏水箱──→锅炉疏水扩容器──→集水箱──→凝汽器

　　　│　　　　　　　　　└→混合器──→炉水循环泵──→省煤器入口给水管道

　　　└→一级过热器进口联箱──→一级过热器──→一级过热器出口联箱──→一级过热减温器──→二级过热器进口联箱──→二级过热器──→二级过热器出口联箱──→二级过热减温器──→三级过热器进口联箱──→三级过热器──→三级过热器出口联箱──→主蒸汽管──→汽轮机高压缸。

（2）二次系统。

冷再管──→事故减温器──→一级再热器进口联箱──→一级再热器──→一级再热器出口联箱──→再热减温器──→二级再热器进口联箱──→二级再热器──→二级再热器出口联箱──→热再热蒸汽管──→汽轮机中压缸。

（五）烟气流程

烟气流向顺次为一级过热器（屏管）、三级过热器、二级再热器、二级过热器、一级再热器、省煤器和一级过热器（悬吊管）、脱硝装置、空气预热器。在各受热面中，除三级过热器、二级再热器和省煤器为顺流布置外，都是逆流布置。围绕炉膛四周的炉管组成蒸发受热面（水冷壁）并兼具炉墙作用。

（六）启动系统

采用带炉水循环泵的启动系统，其中炉水循环管路以及疏水到锅炉大气式扩容器之间管道都按照锅炉全压设计，采用高等级材料，其余按照低压力等级设计。

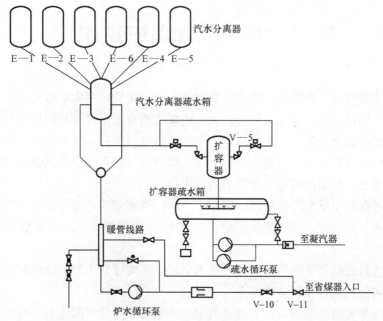

图 1-15　启动系统简图

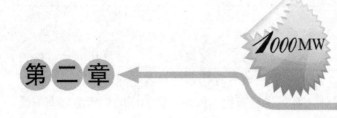

第二章

锅 炉 受 热 面

第一节　1000MW 超超临界锅炉省煤器

一、概述

省煤器位于后竖井后烟道内，沿烟道宽度方向顺列布置，由水平段蛇形管和垂直段吊挂管两部分组成，两部分之间通过叉形管过渡，省煤器垂直段吊挂管对布置在后烟道上部的低温过热器蛇形管屏起吊挂作用。给水从炉侧和省煤器进口集箱中部两接口处引入，经省煤器水平段蛇形管和垂直段吊挂管，进入顶棚上的省煤器出口集箱，然后从炉两侧通过集中下降管、若干根下水连接管引入螺旋水冷壁前后墙进口集箱。

省煤器水平段蛇形管由光管组成，采用上下两组逆流布置。省煤器垂直段吊挂管沿烟道深度方向布置前、后两排。省煤器叉型管由支管和 U 形管焊接而成，支管规格与垂直段吊挂管规格一致。

省煤器垂直段吊挂管除悬吊省煤器系统自重外，还支撑其上部的低温过热器，吊挂管吊杆将荷载直接传递到锅炉顶部的钢架上。

为防止省煤器管排的磨损，在省煤器管束与四周墙壁间设有阻流板，在每组上两排迎流面及边排和弯头区域设置防磨盖板。

省煤器进口集箱位于后竖井环形集箱下护板区域，穿护板处集箱上设置有防旋装置，进口集箱由生根于烟气调节挡板处的支撑梁支撑。给水管道在省煤器进口集箱正下方从锅炉右侧穿过护板后从集箱左右侧的中间位置引入，穿护板处给水进口管道上设置有防旋装置，给水进口管道悬吊在上方的烟道内桁架上。

省煤器的作用是利用锅炉尾部烟气的余热加热锅炉给水。省煤器是现代锅炉中不可缺少的受热面，给锅炉带来以下好处：

1. 节省燃料

在锅炉尾部装设省煤器，可降低烟气温度，减少排烟热损失，提高锅炉效率，节省燃料。

2. 改善汽水分离器的工作条件

由于采用省煤器后，提高了进入汽水分离器的给水温度，使汽水分离器与给水之间的温度差及热应力减少，改善了汽水分离器的工作条件，延长了使用寿命。

3. 降低锅炉造价

由于水的加热是在省煤器中进行的，用省煤器这样的低温部件代替部分价格较高的高温水冷壁，可降低锅炉造价。

省煤器按使用材料可分为钢管式省煤器和铸铁式省煤器，目前大容量锅炉广泛采用钢管式省煤器。省煤器按出口水温可分为沸腾式省煤器和非沸腾式省煤器，高压以上锅炉多采用非沸腾式省煤器。省煤器位于锅炉尾部烟道内，是一组位于近锅炉烟气出口处的受热面。省煤器吸收锅炉低温烟气的热量、降低锅炉的排烟温度提高锅炉的效率，同时由于给水进入蒸发受热面之前经过省煤器加热，减少了在蒸发受热面内的吸热量，也就是说以造价低的省煤器代替了部分造价高的蒸发受热面，降低了锅炉的制造成本。另外，省煤器提高了进入锅炉水冷壁的给水温度，减少了给水与水冷壁之间的温差，降低了水系统各受热面和联箱的热应力，对提高锅炉的使用寿命起到了一定的作用。

钢管式省煤器的结构如图 2-1 所示，它由进、出口联箱和许多并列的蛇形管组成。蛇形管与联箱的连接一般采用焊接。联箱一般布置在锅炉烟道外面。如果省煤器的受热面较多，总体高度较高，可把它分为几段，在图 2-1 中分为两段，每段高度为 1～1.5m，段与段之间留出 0.6～0.8m 的检修空间。此外，省煤器与其相邻的空气预热器之间应留出 0.8～1m 高的空间，以便进行检修和清除受热面上的积灰。

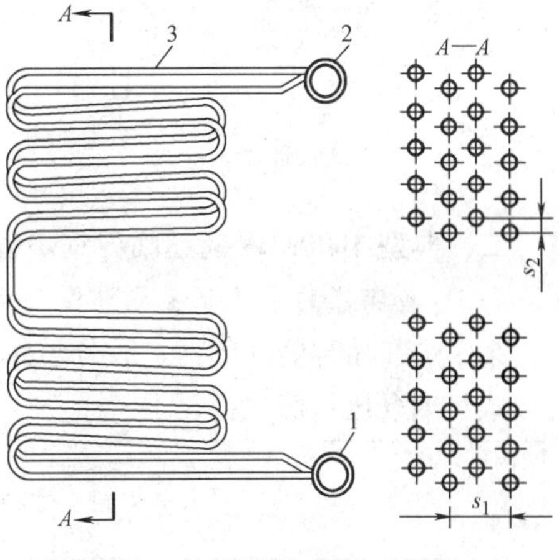

省煤器一般多卧式布置在尾部烟道中，这样既有利于停炉排除积水，减轻停炉期间的腐蚀，又有利于改善传热，节约金属。

图 2-1　钢管式省煤器的结构

1—进口联箱；2—出口联箱；3—蛇形管

为了增强传热并提高结构的紧凑性，可在省煤器钢制蛇形管上焊接矩形鳍片，见图 2-2（a）。在金属耗量和通风电耗相等的情况下，焊有矩形鳍片的受热面体积要比光管受热面的体积小 25％～30％；用低价的扁钢代替部分高价钢管，从而降低设备成本。

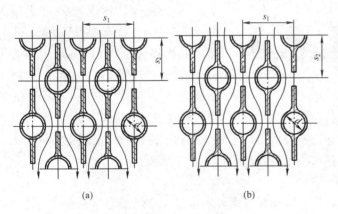

图 2-2　钢管式省煤器

（a）焊接鳍片；（b）鳍片异形管

近年来还出现了由鳍片异形管（梯形鳍片）制成的省煤器，见图 2-2（b）。鳍片异形管可使省煤器的外形尺寸缩小 40％～50％。

膜式省煤器目前应用较多，膜式省煤器是由在蛇形管直段部分焊有连续的扁钢条制作而成，扁钢条的厚度为 2～3mm。膜式省煤器的传热效果比光管省煤器好，且在同样传热条件下，前者的金属耗量要少、成本低，外形尺寸缩小 40％～50％，磨损减轻，运行中可靠性提高。

此外，还出现了带横向肋片（环状或螺旋状）的管子制成的省煤器，如图 2-3 和图 2-4 所示，这类省煤器可用于灰分不黏结的燃料，否则积灰严重。

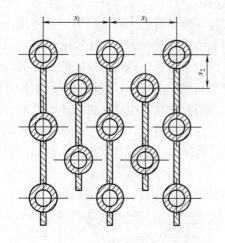

图 2-3　膜式省煤器

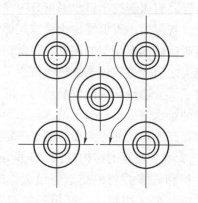

图 2-4　螺旋鳍片管省煤器（错列布置）

二、典型 1000MW 超超临界锅炉省煤器介绍

（一）省煤器的系统布置（见图 2-5）

某锅炉在尾部竖井的前、后分竖井的下部各装有一级省煤器，省煤器为顺列布置，以逆流方式与烟气进行热交换。

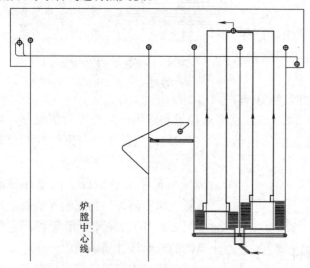

图 2-5　省煤器系统

给水由 $\phi610\times75$mm（SA106C）的导管送往省煤器入口集箱，省煤器为光管式，顺列布置，每级省煤器各有 354 片，采用 $\phi44.5\times6.5$mm 管子，横向节距为 90mm，材质为 SA210C。前后级省煤器向上各形成两排吊挂管，悬挂前后竖井中所有对流受热面，悬挂管材质为 SA210C，节距为 267mm，省煤器入口集箱为 $\phi324\times55$mm，材质为 SA106C；省煤器中间集箱为 $\phi219\times39$mm，材质为 SA106C；省煤器出口集箱置于锅炉顶棚之上，采用 $\phi508\times84$mm 的管子，材质为 SA106C。由省煤器出口集箱引出 2 根 $\phi508\times72$mm 的连接管将省煤器出口水向下引到水冷壁入口集箱上方两只汇合集箱，再用连接管分别将工质送入各水冷壁的入口集箱。

（二）结构特点

省煤器管束采用无缝光管顺列布置，为连续管圈可疏水型。省煤器为自疏水式，进口联箱上装有疏水、锅炉充水和酸洗的接管座和阀门，在最高点处设置排放空气的接管座和阀门，入口设有取样点，并有其相应的接管座及一次门、二次门和排污门。

省煤器设计中考虑灰粒磨损保护措施，省煤器管束与四周墙壁（包括中隔墙）间装设 2～3 层防止烟气偏流的阻流板；管束上设有防磨装置。在吹灰器有效范围内，省煤器及悬吊管设有防磨护板，以防止吹坏管子。锅炉后部烟道内布置的省煤器等受热面管组之间，留有足够高度的空间，供进入检修、清扫。

省煤器入口联箱（包括该联箱）至过热器出口的工质总压降小于 3.6MPa（B—MCR）。

在 B—MCR 时，通过省煤器的烟气设计平均流速小于 10 m/s（平均流速指进、出口流速的平均值）。

（三）省煤器积灰与磨损

1. 省煤器积灰

某炉省煤器采用顺列布置，与错列布置相比，顺列布置对省煤器的积灰不利，工质与烟气的换热减弱，但可以减少省煤器管的磨损。错列管束管子纵向节距小，气流扰动越大，气流冲刷管子背风面的作用越强，管子积灰越少。而顺列管束，除了第一排管子外，烟气冲刷不到其余管子的正面和背面，只能冲刷管子的两侧，不论管子正面和背面均可能发生严重积灰，但顺列布置有助于吹灰，对积灰的清除有利。

进入省煤器区域的烟气温度已经比较低，按照厂家的设计，前后烟道的温度分别为 403℃和 462℃（B—MCR 工况下），已经没有熔化的飞灰，碱金属（钠、钾）氧化物蒸汽的凝结也已结束，所以省煤器的积灰，容易用吹灰方法消除。

进入省煤器区域的飞灰，具有不同的颗粒尺寸，属于宽筛分组成，一般都小于 200μm，大多数为 10～20μm。当携带飞灰的烟气横向冲刷蛇形管时，在管子的背风面形成涡流区，较大颗粒飞灰由于惯性大不易被卷进去，而小于 30μm 的小颗粒跟随气流卷入涡流区，在管壁上沉积下来，形成楔形积灰。

省煤器管壁上积灰后，使省煤器管的传热系数降低，传热恶化，提高了空气预热器进口的烟气温度，严重时会使空气预热器的运行工况恶劣，造成空气预热器内受热面的损坏，同时也会引起空气预热器出口排烟温度升高，排烟热损失提高，降低锅炉效率；积灰可能使烟道堵塞，轻则使烟气的流动阻力增加、提高引风机的功耗，从而增加厂用电，严重时可能被迫停炉清灰。省煤器管壁积灰也增加了省煤器管低温腐蚀的可能性。

锅炉运行时，为防止或减轻积灰的影响，首先我们应及时对省煤器区域的受热面进行吹灰，锅炉省煤器采用了顺列布置，吹灰对消除省煤器的积灰是非常有效的，尤其在锅炉负荷较低的情况下，流经省煤器的烟气流速较低，更应及时进行吹灰，但频繁的吹灰也有可能造成省煤器管壁的吹损。因此，我们还必须确定一个合理吹灰间隔时间和吹灰的持续时间，一般情况下，每天吹灰一次或两次。

其次，还应防止省煤器的泄漏，泄漏后的水和饱和蒸汽会使省煤器外表面形成黏结性灰而无法清除。

另外，尾部烟道的调温挡板的开度直接影响到前后烟道内的烟气流量和流速，对受热面的积灰和磨损的影响也比较大，在锅炉的运行中，要尽量保持前后烟道挡板开度的平衡。

2. 省煤器磨损

锅炉尾部受热面在烟气侧的冲刷磨损是一个错综复杂的技术问题，影响的因素也很多。对燃煤锅炉来说，进入尾部烟道的飞灰由于温度较低，特别是省煤器，进口烟温已降到 460℃左右，其中含有坚硬的未熔化的矿物质，如石英和铁矿石等，它们的硬度很高，其硬度值达 6～7。对这些形状不规则、坚硬的大于 50μm 的大颗粒矿物质，随烟灰气流高速冲刷、撞击管子表面，动能做功、克服分子力，磨掉受热面管子外壁的氧化皮及金属微观颗粒，即发生了磨损。

含有硬粒飞灰的烟气相对于管壁流动，对管壁产生磨损称为冲击磨损，亦称冲蚀。冲蚀有撞击磨损和冲刷磨损两种。

飞灰颗粒冲击到金属壁面任一点时，灰粒的运行方向与该切点平面的夹角一般称为灰粒对此点的冲击角。灰粒作用到该点的力 F 可以分解为法向力 F_a 和切向力 F_b。法向力（冲击力）F_a 引起撞击磨损，使管壁表面产生微小的塑性变形或显微裂纹，在大量灰粒长期反复的撞击下，逐渐使塑性变形层整片脱落而形成磨损。切向力（斜向力）F_b 可引起冲刷磨损，如果管壁经受不起灰粒揳入冲击和表面摩擦的综合切削作用，就会使金属颗粒脱离母体而流失。对大多数管子而言，对金属管壁磨损起主要作用的是切削力。当冲击角减小时，由于切向力的增大，磨损情况逐渐严重。当冲击角为 30°～50°时，由于冲击力和切向力的双重作用达到最大，所以磨损也最严重。当冲击角再增大，由于切削磨损作用减弱而使磨损减轻。因而省煤器的最大磨损区发生在与烟气流呈对称的 45°范围内。

影响省煤器磨损的因素主要有烟气流速、飞灰浓度、灰的物理化学性质、受热面的布置与结构特性和运行工况等。

受热面金属表面的磨损正比于飞灰颗粒的动能和撞击次数。飞灰颗粒的动能和速度的平方成正比，而撞击次数同速度的一次方成正比。这样，管子金属面的磨损就同烟气速度的三次方呈正比例。由此可见，烟气流速对受热面的磨损起决定性的作用。

在管束四周与烟道的间隙中，形成烟气走廊，由于阻力较小，局部烟速可达到平均流速的两倍而形成严重的局部磨损。当烟气经水平烟道转入尾部烟道时，由于气流转弯，飞灰被抛向后墙附近，使这里的飞灰度增高，靠后墙的管子就会受到更大的磨损。

飞灰中那些大的颗粒更容易引起管壁的磨损，具有足够硬度和锐利棱角的颗粒要比球形颗粒磨损更严重些。灰粒磨损性能主要决定于灰中 SiO_2 的含量，还与总灰量有关，而总灰量决定于燃料灰分和燃料的发热量。

管子的布置方式，如错列、顺列、横向、纵向、斜向节距等均对磨损有影响。

除上述因素外，燃料灰分、炉型、燃烧方式、烟道形状、局部飞灰浓度、管径等对磨损均有影响。

锅炉运行时，随着锅炉负荷的增加，烟气流速亦相应增加，飞灰磨损亦加快。烟道漏风量增大时，因烟气容积增大流速相应增高，磨损也将加快。锅炉燃烧时，因燃烧不良而使飞灰含碳量增高时，由于焦炭颗粒的硬度比飞灰的硬度高，因此磨损亦会增大。此外，当省煤器受热面发生局部烟道堵塞时，烟气偏流向未堵塞侧烟速提高，造成单侧局部磨损。

由上述省煤器管壁磨损的机理和原因，我们应采取下列措施：首先应消除烟气走廊的形成，安装和维修时，应尽量减小省煤器管子与包覆墙之间的距离，同时使各蛇形管间距离要尽量均等，对于局部烟气流速过高的地方，装设防止烟气偏流的阻流板，管束上装设防磨装置。其次，降低局部的烟气流速，如尽量维持尾部烟道调温挡板开度的平衡，防止单侧烟道的烟气流速过快，减少锅炉的漏风率等。

三、省煤器检查、检修标准

（一）省煤器清灰验收标准

（1）管子表面和管排间的烟气通道无积灰。

（2）电气设备绝缘良好，触电和漏电保护可靠。

（二）省煤器外观检查验收标准

1. 检查管子磨损验收标准

（1）管子表面光洁，无异常或严重的磨损痕迹。

（2）管子磨损量大于管子壁厚30％的，应予以更换。

2. 管排横向节距检查和管排整形验收标准

（1）管排横向节距一致。

（2）管排平整，无出列管和变形管。

（3）管夹焊接良好，无脱落。

（4）管排内无杂物。

（三）监视管切割和检查验收标准

（1）管子切割部位正确。

（2）监视管切割时，管子内外壁应保持原样，无损伤。

（四）管子更换验收标准

（1）管子的切割点位置应符合 DL 612—1996《电力工业锅炉压力容器监察规程》5.29的要求。

（2）切割点开口应平整，且与管子轴线垂直。

（3）悬吊管承重侧管子不发生下坠。

（4）悬吊管更换后保持垂直。

（5）对于采用割炬切割的管子，在管子割开后应无熔渣掉进管内。

（五）防磨装置检查和整理验收标准

（1）防磨罩应完整。

（2）防磨罩无严重磨损，磨损量超过壁厚50％的应更换。

（3）防磨罩无移位、脱焊和变形。

（4）防磨罩能与管子做相对自由膨胀。

第二节　1000MW超超临界锅炉水冷壁

一、概述

水冷壁布置在炉膛四周，紧贴炉墙形成炉膛周壁，接受吸收炉膛火焰和高温烟气的辐射热，使水冷壁管内的水受热产生蒸汽。大容量锅炉有的将部分水冷壁布置在炉膛中间，两面分别吸收高温烟气的辐射热，形成所谓两面曝光水冷壁。

锅炉水冷壁具有如下作用：

（1）吸收炉膛中高温火焰的辐射热，使水冷壁内工质吸收热量后由水逐步转变成汽水混合物。

（2）由于辐射传热量与火焰热力学温度的四次方成正比，而对流传热量只与温度的一次方成正比，水冷壁是以辐射传热为主的蒸发受热面，且炉内火焰温度又很高，故采用水冷壁比采用对流蒸发管束节省金属，使锅炉受热面的造价降低。

（3）在炉膛内敷设一定面积的水冷壁，大量吸收了高温烟气的热量，可使炉墙附近和炉膛出口处的烟温降低到软化温度ST以下，防止炉墙和受热面结渣，提高锅炉运行的安全性和可靠性。

（4）敷设水冷壁后，炉墙的内壁温度可大大降低，保护了炉墙且炉墙的厚度可以减小，质量减轻，简化了炉墙结构，为采用轻型炉墙创造了条件。

水冷壁主要是由水冷壁管、上下联箱、下降管、汽水混合物上升管及刚性梁等组成。锅炉水冷壁主要有光管式、膜式和销钉式三种类型，其结构如图 2-6 所示。为了消除膜态沸腾，现代大型锅炉广泛采用膜式内螺纹管式水冷壁。

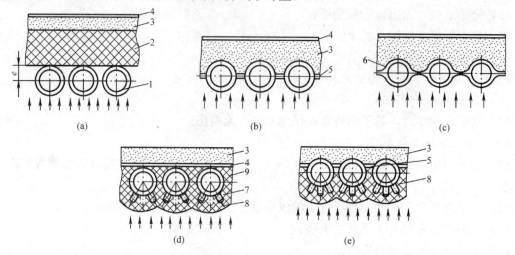

图 2-6 水冷壁结构

（a）光管水冷壁；（b）焊接鳍片管的膜式水冷壁；（c）轧制鳍片管的膜式水冷壁；
（d）带销钉的水冷壁；（e）带销钉的膜式水冷壁

1—管子；2—耐火材料；3—绝热材料；4—炉皮；5—扁钢；6—轧制鳍片管；7—销钉；
8—耐火填料；9—铬矿砂材料

几种形式水冷壁结构特点对比如下。

（一）光管水冷壁

光管水冷壁由普通无缝钢管连续排列并按炉膛形状弯制而成，现代大型锅炉的光管水冷壁的结构有如下两个特点。

（1）水冷壁管紧密排列，相对节距 $s/d=1\sim1.1$。这是因为随着锅炉容量的增大，炉壁面积的增长速度小于锅炉容量的增长速度。为了充分冷却烟气，防止受热面结渣，水冷壁应密排，以力求增加单位炉壁面积的辐射传热量。

（2）广泛采用敷管式炉墙，这时水冷壁一半埋入炉墙中。这种布置的管子相对节距 s/d 较小，一般为 $1.0\sim1.05$。这种优点是炉墙温度较低，可做成薄而轻的炉墙；节省了高温耐火材料和保温材料；锅炉质量轻，并简化了水冷壁炉墙的悬吊结构。

（二）销钉式水冷壁

销钉式水冷壁是在光管水冷壁的外侧焊接上很多圆柱形长度为 $20\sim25mm$、直径为 $6\sim12mm$ 的销钉，并在有销钉的水冷壁上敷盖一层铬矿砂耐火材料，形成卫燃带。卫燃带的作用是在燃烧无烟煤、贫煤等着火困难的煤时减少着火区域水冷壁吸热量，提高着火区域炉内温度，稳定着火和燃烧。销钉可使铬矿砂与水冷壁牢固的连接，并可把铬矿砂外表面的热量通过销钉传给水冷壁内的工质，降低铬矿砂的温度，防止其温度过高而烧坏。

（三）膜式水冷壁

现代大中型锅炉普遍采用膜式水冷壁，膜式水冷壁是由鳍片管焊接而成。鳍片管有两种类型，一种是在钢厂直接轧制而成，称轧制鳍片管；另一种是在光管之间焊接扁钢制成，称焊接鳍片管。

目前，国产亚临界压力自然循环锅炉采用焊接鳍片管膜式水冷壁。焊接鳍片管的结构简单，而轧制钢鳍片管的制作工艺较为复杂，但是每条扁钢有两条焊缝，焊接工作量大，焊接工艺要求也较高。

膜式水冷壁管间节距与锅炉压力、炉膛热负荷等因素有关，一般 s/d 为 1.2～1.5。膜式水冷壁按一定组件大小整焊成片，安装时组件与组件间焊接密封，使整个炉室形成一个长方形的箱壳结构。

膜式水冷壁有如下优点：

（1）膜式水冷壁使炉膛具有良好的气密性，适用于正压或负压的炉膛，对于负压炉膛还能减少漏风，降低锅炉的排烟热损失。

（2）对炉墙具有良好的保护作用。膜式水冷壁将炉墙与炉膛完全隔开，炉墙接受不到炉膛高温火焰的直接辐射，因而炉墙不用高温耐火材料，只需轻质的保温材料，使炉墙质量减轻很多，便于采用全悬吊结构。炉墙蓄热量明显减少，只需采用耐火材料的光管水冷壁结构的炉墙蓄热量的 1/5～1/4，燃烧室升温和冷却快，使锅炉的启动和停运过程缩短。

（3）在相同的炉墙面积下，膜式水冷壁的辐射传热面积比一般光管水冷壁大，且角系数 $x=1$，并用鳍片代替部分管材，因而节约高价管材。

（4）膜式水冷壁可在现场成片吊装，使安装工作量大大减少，加快了锅炉安装进度。

（5）膜式水冷壁能承受较大的侧向力，增加了抗炉膛爆炸的能力。

存在的缺点：

（1）制造、检修工作量大且工艺要求高。

（2）运行过程中要求相邻管间温差小。为了防止管间产生过大的热应力，使管壁受到损坏，在锅炉运行过程中相邻管间温差一般不应大于50℃。

（3）设计膜式水冷壁时必须有足够的膨胀延伸自由，还应保证人孔、检查孔、观火孔等处的密封性。

（4）采用敷管式炉墙的膜式水冷壁，由于炉墙外无护板和框架梁，因此刚性差。为了能承受炉膛爆燃产生的压力及炉内气压的波动，防止水冷壁产生过大的结构变形或损坏，在水冷壁外侧，沿炉膛高度每隔一定距离布置一层围绕炉膛周界的腰带横梁，即刚性梁。

二、典型 1000MW 超超临界锅炉水冷壁介绍

（一）大唐潮州电厂 1000MW 超超临界锅炉水冷壁

大唐潮州电厂 1000MW 超超临界锅炉炉膛总高度（自水冷壁入口集箱到顶棚）为 66 400mm，宽为 34 220mm，深度为 15 670mm。水冷壁分成上、下两部分，下部水冷壁包括冷灰斗，上、下部水冷壁之间装设一圈中间混合集箱过渡，上、下部水冷壁均采用焊接膜式壁、内螺纹管垂直上升式，渣斗底部有足够的加强型厚壁管，允许的磨蚀厚度不小于 1mm。钢结构足以防止渣落下造成的损害。渣斗喉部开口约为 1.4m 宽。

水冷壁管共有 2240 根，前后墙各 768 根，两侧墙各 352 根，均为 ϕ28.6×5.8mm（最小壁厚）四头螺纹管，管材均为 15CrMoG，节距为 44.5mm，管子间加焊的扁钢宽为

15.9mm，厚度 6mm，材质 15CrMo，在上下炉膛之间装设了一圈中间混合集箱并配以二级混合器以消除下炉膛工质吸热与温度的偏差。内螺纹管的结构特性如下：

材质	15CrMoG
管子外径及公差	28.6mm±0.15mm
最小壁厚及公差	$5.8^{+10\%}_{-0\%}$mm
螺纹头数	4
螺纹导角	30°
鳍片（扁钢）材质	15CrMo
鳍片宽	15.9mm
鳍片厚	6mm

本锅炉水冷壁采用内螺纹管的区域，如图 2-7 所示，为进一步提高水冷壁的安全性，现将内螺纹管布置区域上升到上炉膛的折焰角并包括折焰角斜坡，以降低亚临界区运行时高干度区出现"干涸"（DRO）现象时壁温升高的幅度。

在炉膛折焰角下方装设了一圈水冷壁中间混合集箱，使下炉膛出来的工质在中间混合集箱和所配的二级混合器进行混合，消除沿集箱轴向工质温度的偏差，这样也在很大程度上减少了上部水冷壁工质温度的偏差。另外，由于将阻力较大的上部水冷壁分出去，增强了下部水冷壁的水动力稳定性；取消了早期垂直水冷壁和控制循环锅炉在大直径的水冷壁下集箱中的各水冷壁管入口装设定位销对号的节流孔圈，而将节流孔圈装于水冷壁下集箱外面的水冷壁入口管段上（如图 2-8 所示）。由于小直径水冷壁管直接装设节流孔圈调节流量的能力有限，因此通过三叉管过渡的方式，将水冷壁入口管段直径加大、根数减少的方法，使装设节流孔圈的管段直径达到 $\phi44.5$，使其内径达到 30mm 以上，因此可以通过采用不同的孔圈内径，大大提高孔圈的节流度和节流调节的能力。这种装于炉外的节流孔圈便于调试和检修，而且可以采用较细的水冷壁下集箱，简化了结构。当然，在水冷壁入口装设节流孔圈，提供附加阻力也是国际上常用的提高水动力稳定性，防止在低负荷出现多值性和二相区工作时出现脉动的常用手段之一。

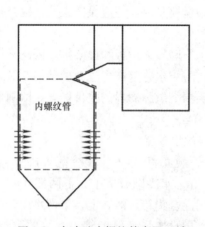

图 2-7　水冷壁内螺纹管布置区域

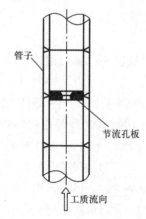

图 2-8　水冷壁节流圈

本垂直水冷壁 B—MCR 工况采用的质量流速为 1790kg/m²s。这样高的质量流速即使在所采用的最低直流负荷为 25%B—MCR 时，水冷壁的质量流速仍为 448kg/m²s，远高于启动低负荷阶段保持水动力稳定性和控制水冷壁出口温度偏差在许可范围内的临界质量流速（～300kg/m²s），因此仍有足够的安全裕度。较小的最低直流负荷，可减少再循环泵的电耗，也减少启动期间工质和热量的损失，提高了经济性。这样高的质量流速可以保证水冷壁在所有四个运行阶段的安全性。

为监视蒸发受热面出口金属温度，在水冷壁管上装有足够数量的测温装置，具体数量如下。

水冷壁：内外各 34 个测点。

水冷壁中间混合集箱：100 个测点。

水冷壁出口集箱：97 个测点。

共计：265 个测点。

由前水冷壁和两侧水冷壁上集箱出口的工质经顶棚管流入顶棚出口集箱，前部顶棚管 $\phi44.5\times8.0mm$，节距为 66.75mm，管子材质 15CrMoG，后部顶棚管的管子为 $\phi54\times9.5mm$，节距为 133.5mm，所有顶棚管均为膜式壁。对于回路结构复杂的后水冷壁上部则作单独处理，后水冷壁上部管经折焰角斜坡至后水出口集箱，然后进入汇集管再用连接管将后水冷壁工质送往水平烟道两侧包墙和后水冷壁吊挂管。水平烟道量侧包墙管共 136 根，为 $\phi38.1\times8.5mm$，节距为 89mm，采用 15CrMoG 的光管，后水冷壁吊挂管光管，管子为 $\phi51\times11.5mm$，节距为 267mm，材料 15CrMoG，这两个平行回路出口的工质直接用连接管送往顶棚管出口集箱，起到顶棚管旁路的作用，降低了顶棚管的阻力。这样的布置方式在避免后水冷壁回路在低负荷时发生水动力的不稳定性和减少温度偏差方面较为合理和有利。

所有从炉膛水冷壁出口来的全部工质均集中到顶棚出口集箱，然后由此集箱一部分用连接管送往后竖井包墙管进口集箱再分别流经后竖井的前、后两侧包墙及分隔墙，这些包墙管出口的工质全部集中到后包墙出口集箱，然后用四根大直径连接管送到布置于锅炉上方的汽水分离器，顶棚管出口集箱的工质有一部分通过旁通管直接进入包墙出口集箱，这样可以减少包墙系统的阻力，此旁通管上装有电动闸阀，只有当锅炉在超临界区运行时开启此阀，以减少阻力。包墙系统的管子数据如下：前包墙管采用 $\phi38.1\times10mm$，节距为 133.5mm，材质 15CrMoG；后包墙管采用 $\phi42\times13mm$，节距为 133.5mm，材质为 15CrMoG；两侧包墙采用 $\phi38.1\times10mm$，节距为 123mm，材质为 15CrMoG；分隔墙为 $\phi32\times7.5mm$，节距为 100.13mm。所有包墙管均采用膜式壁结构，管间扁钢厚为 6mm，材质均为 15CrMo，所有包墙管均采用上升流动，因此对防止低负荷和启动时水动力不稳定性有利。

水冷壁下集箱采用小直径集箱，并将节流孔圈移到水冷壁集箱外面的水冷壁管入口段，入口短管采用 $\phi44.5\times9.5mm$ 的较粗管子，再嵌焊入节流孔圈，再通过两次三叉管过渡的方法，与 $\phi28.6$ 的水冷壁管相接，这样节流孔圈的孔径允许采用较大的节流范围，可以保证孔圈有足够的节流能力，按照水平方向各墙的热负荷分配和结构特点，调节各回路水冷壁管中的流量，以保证水冷壁出口工质温度的均匀性，并防止个别受热强烈和结构复杂的回路与管段产生膜态沸腾（DNB）和出现壁温不可控制的干涸（DRO）现象。

超超临界锅炉的汽水特性决定了直流锅炉是超临界锅炉的唯一形式，因此采用哪种水冷壁形式成为引进超临界火电技术的一个重要课题。而现代直流锅炉受热面形式主要有一次垂直上升管屏、多次垂直上升和下降管屏、螺旋围绕上升管屏和垂直内螺纹管管屏 4 种形式。实践证明，一次垂直上升管屏和多次垂直上升和下降管屏两种形式大多应用于带基本负荷的机组。

　　螺旋围绕上升管屏式水冷壁是德国、瑞士等国为适应变负荷运行的需要发展的。这种水冷壁形式是比较流行的一种形式，也是超临界压力锅炉发展的一个方向，国内超临界机组采用的较多。

　　超临界锅炉水冷壁采用一次上升垂直内螺纹管管屏形式是日本三菱公司和美国 CE 公司合作研究的一种炉型。与螺旋管水冷壁相比，内螺纹垂直管圈具有以下特点：

　　1. 锅炉性能

　　由于内螺纹管具有破坏膜态沸腾生成的能力，且增强了从管壁向管内工质的传热能力，因此即使一旦出现传热恶化，即膜态沸腾（DNB）和干涸（DRO）现象，管壁温度的升高也远远低于光管。MHI 在大型两相流热态试验台的试验结果表明，对一般燃煤的超临界锅炉在亚临界区（17～22MPa）直流运行时，当管内质量流速达到 $1500kg/m^2s$，已有足够的裕量来防止处于低干度局部高热负荷区的燃烧器区域管子产生膜态沸腾。而在炉膛上部的高干度低热负荷区出现干涸现象（DRO）时，能有效控制管子壁温的升高，而且在锅炉的启动阶段（≤最小直流负荷），由于此阶段锅炉按再循环模式运行，压力为 8～9MPa，必须保证水动力的稳定性和控制管间温差，启动阶段的临界质量流速对垂直型内螺纹管水冷壁按 MHI 的试验数据为 $300kg/m^2s$ 左右，当 MCR 时水冷壁的设计质量流速高于 $1500kg/m^2s$，其最低直流负荷 MHI 设计值为 25%BCR 时，水冷壁的质量流速也高于启动阶段的临界质量流速，因此可以保证水冷壁管不会超温和出现水动力不稳定性。

　　垂直水冷壁和普通的自然循环锅炉一样，由于摩擦阻力在系统总阻力中所占的比例相对较小，因此具有保持正向流动的特性，即个别管子吸热量骤增时，管内流量也会自动增加，具有部分自补偿的能力，不仅能保持水动力的稳定性，而且也增加了水冷壁管运行的可靠性。由于在水冷壁入口加装了节流孔圈提供了附加阻力以及加设中间混合集箱，将阻力较大的上部水冷壁分出去，均进一步提高了水冷壁水动力的稳定性，故不会发生多值性和脉动问题。

　　垂直水冷壁管相对来说不易结渣，而且局部结渣有时也能自行脱落，也易于被吹灰器吹掉。

　　2. 运行动力

　　由于内螺纹管垂直水冷壁的质量流速只有螺旋管圈水冷壁的 1/2～2/3 左右，而且水冷壁管总长度只有螺旋管圈展开长度的 2/3 左右，因此水冷壁的阻力较低，同样炉膛尺寸，内螺纹管垂直水冷壁的阻力也只有螺旋管圈光管水冷壁的 2/3 左右，节省了给水泵的电耗。

　　3. 锅炉结构

　　由于垂直水冷壁管安装焊缝对接时只需在轴向调整，且水冷壁垂直荷载靠水冷壁管本身承受，不需要螺旋管圈水冷壁那样较复杂的荷载传递结构，也不需要在螺旋管圈与上炉膛垂直管屏之间焊上形状复杂的张力板，因此水冷壁管之间以及管子与承力焊件之间的温差很小，无论是正常运行或负荷震荡期间的热应力均较小，因此延长了使用寿命。

　　4. 现场安装和维护

　　垂直水冷壁安装对接焊口数目仅为螺旋管圈水冷壁的 1/2～2/3，管屏数目也只有螺旋水冷壁的 1/2，水冷壁上焊件总数也仅为 1/3，因此大大地减少了水冷壁的安装工作量。

　　无论是在焊口对接还是事故管的拆除方面，垂直水冷壁均比螺旋管圈水冷壁简单，水冷壁的维修工作量较小。

（二）华能海门电厂 1000MW 超超临界锅炉水冷壁

华能海门电厂 1000MW 超超临界机组锅炉采用单炉膛，倒 U 形布置，平衡通风，一次中间再热，前后墙对冲燃烧，尾部双烟道，复合变压运行。锅炉出口蒸汽参数为 26.25MPa（a）/605/603℃，锅炉最大连续蒸发量（B—MCR）为 3033t/h。锅炉炉膛总高度（水冷壁进口集箱至顶棚）为 64m，炉膛由下部内螺纹管螺旋水冷壁和上部垂直上升水冷壁组成，两者间由中间混合集箱转换连接，螺旋水冷壁的高度约为 43m。超超临界机组锅炉水冷壁的这种下部螺旋管圈，上部普通垂直管圈的形式非常适合于变压运行。其结构特点是：由多管平行管组成管带，从炉底下集箱平行引出，盘旋上升，沿炉膛绕 1~2 圈。在炉膛出口折焰角下面通过中间混合集箱过渡成垂直上升管。在传统螺旋管圈水冷壁的基础上进行了大量改进，包括在下部炉膛高热负荷区采用内螺纹管螺旋绕制的水冷壁结构，优化支吊结构和推广典型设计等，形成了独具特色的适应变压运行的超超临界直流锅炉螺旋管圈结构形式。水冷壁系统总体结构如图 2-9 所示，分为下部螺旋水冷壁、过渡段水冷壁、上部垂直水冷壁等三部分。

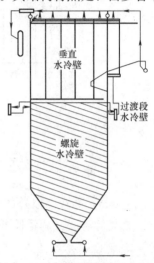

图 2-9 水冷壁系统总体
结构示意

螺旋管圈水冷壁管屏是德国、瑞士等国家为适应变负荷运行的需要首先发展起来的。德国本生型锅炉于 1967 年开始使用螺旋管圈结构，由于螺旋管圈水冷壁允许整台锅炉变压运行，欧洲发展了这种设计思想，并且成为欧洲高参数电站锅炉设计最普遍的形式。由于螺旋管圈水冷壁运行性能方面的优越性，日本的 BHK、IHI 等公司相继在直流锅炉上发展螺旋管圈以取代垂直管圈。螺旋水冷壁结构可使其在各种工况特别是启动和低负荷工况下让各水冷壁管内有足够的质量流速，管间吸热均匀，防止亚临界压力下出现偏离核态沸腾（DNB），超临界压力下出现类膜态沸腾，减小炉膛出口工质温度偏差，以及水动力不稳定等传热恶化工况，图 2-10 是两种结构水冷壁管时出口工质的热偏差比较。水冷壁具有足够的动压头，可避免如停滞、倒流、流动多值性等水循环不稳定问题的发生。这种布置结构简单，维护工作量小，即不需要变径的节流圈或阀门，同时也不必在水冷壁进口设专门给水流量平衡调节分配装置。

螺旋管圈与垂直管圈之间采用了中间混合集箱的过渡形式，与早期的 Y 形分叉管形式相比，中间混合集箱更能保证汽水两相分配的均匀性，进一步减少了水冷壁出口的温度偏差，保证了水冷壁工作的安全性，并且结构上处理比较灵活，不受螺旋管与垂直管转换比的限制。中间混合集箱通常布置在低负荷时螺旋管圈出口蒸汽干度在 0.8 以上的位置，在此干度下，中间混合集箱的汽水分配的均匀性已完全可以保证。同时，在这个位置上炉膛热负荷已降低到较低的水平，垂直管圈在较低的质量流速下也可以保证有稳定的流动。

1. 下部水冷壁

炉膛下部水冷壁（包括冷灰斗水冷壁、中部螺旋水冷壁）都采用螺旋盘绕膜式管圈，从水冷壁进口到折焰角下约 3m 处。螺旋水冷壁管全部采用六头、上升角 60°的内螺纹管，共 778 根，管子规格 38.1mm×7.5mm，材料为 SA—213T2。冷灰斗处管子节距为 50.8mm 及

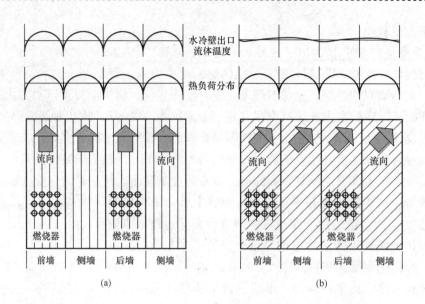

图 2-10　垂直式和螺旋式水冷壁管出口工质偏差比较

(a) 垂直上升水冷壁；(b) 螺旋上升水冷壁

47.984mm，冷灰斗以外的中部螺旋盘绕管圈倾角为 23.578°，管子节距 50.8mm。冷灰斗管屏、螺旋管屏膜式扁钢厚 66.4mm，材料为 15CrMo，采用双面坡口形式。

2. 过渡段水冷壁

过渡段水冷壁螺旋水冷壁出口管子引出炉外，进入螺旋水冷壁出口集箱（ϕ190.7×47mm，SA—335P12）由 34 根连接管（ϕ141.3×26mm/ϕ114.3×21mm/ϕ127×23mm，SA—335P12）引入炉两侧的两个混合集箱（ϕ558.8×130mm，SA—335P12）混合后，再由 34 根连接管（ϕ141.3×26mm/ϕ114.3×21mm/ϕ127×23mm/ϕ101.6×18mm，SA—335P12）引入到垂直水冷壁进口集箱（ϕ190.7×43mm，SA—335P12）。前墙和侧墙水冷壁螺旋管与垂直管的管数比为 1:2，后墙水冷壁的布置与前墙、侧墙有所不同，每四根螺旋管有一根直接上升为垂直水冷壁，其余三根螺旋管引进螺旋水冷壁出口集箱，并对应引出七根垂直水冷壁管。这种结构的过渡段水冷壁可以把螺旋水冷壁的荷载平稳地传递到上部水冷壁。过渡段水冷壁两侧和前墙管子规格为：内螺纹管 ϕ38.1×7.5mm，SA—213T2；垂直管 ϕ31.8×7.5mm，SA—213T12。后墙管子规格为：内螺纹管 ϕ38.1×7.5mm；垂直管 ϕ31.8×6.4mm，SA—213T12。

3. 上部水冷壁

上炉膛水冷壁采用结构较为简单的垂直管屏，前墙和两侧墙管子规格为 ϕ31.8×7.5，材料为 SA—213T12，节距 63.5mm；膜式扁钢厚 69mm，材料为 12Cr1MoV，采用双面坡 E1 形式。后墙管子规格为 ϕ31.8×5.4mm，节距 63.5mm，水平烟道底部材质为 SA—213T12，以下的部分材质为 SA—213T2；后墙水平烟道底部膜式扁钢厚 66.4mm，材料为 15Cr1Mo，后墙以下部分膜式扁钢厚 69mm，材料为 12Cr1MoV，采用双面坡口形式。垂直水冷壁管子根数：前墙 534，两侧墙各 244，凝渣管 66，后墙折焰角和水平烟道底部水冷壁共 534。凝渣管规格为 ϕ76.2×20mm，材料为 SA—213T2。

水平烟道侧墙前部分为膜式水冷壁管屏，管子规格为 $\phi 31.8 \times 5.7mm$，材料为 SA213T2，节距 63.5mm，数量 43 根；膜式扁钢厚 66.4mm，材料为 15CrMo，采用直条式且不开坡口。

为充分保证水冷壁各回路的流量分配，垂直水冷壁进口集箱上每根水冷壁管进 E1 处均设有节流孔，其中上炉膛前墙和侧墙节流孔直径为 $\phi 9.5$，后墙节流孔直径为 $\phi 10.5$，水平烟道侧墙节流孔直径为 $\phi 8.0$。

前墙和两侧墙水冷壁及后墙水冷壁凝渣管出口工质汇入上部水冷壁出口集箱（$\phi 190 \times 47mm/\phi 190.7 \times 44mm/\phi 190.7 \times 42mm$，SA—335P12）后，由 34 根连接管（$\phi 141.3 \times 24mm/\phi 88.9 \times 16mm/\phi 127 \times 22mm$，SA—335P12）引入水冷壁出口混合集箱（$\phi 558.8 \times 114mm$，SA—335P12），在炉前方向通过三通接入汽水分离器进口混合集箱（$\phi 711.2 \times 142mm$，SA—335P12），再由连接管引入水分离器。后墙折焰角水冷壁流经水平烟道底部进入水平烟道底部出口集箱（$\phi 426 \times 92mm$，SA—335P12），再由集箱两端引出大口径连接管（$\phi 339.7 \times 63mm$，SA—335P12）从锅炉两侧上行到顶棚之上，在锅炉中心处用三通汇集成单根管道（$\phi 431.8 \times 69mm$，SA—335P12），然后向炉前方向用过渡管与水冷壁出口混合集箱端部相接。

4. 水冷壁的支撑体系

水冷壁的支撑体系包括垂直膜式壁和螺旋膜式壁的整个炉膛荷载由生根在水冷壁出口集箱上的吊杆悬吊到锅炉顶板梁上，炉膛可向下自由膨胀。

（1）螺旋管圈水冷壁的支撑。螺旋水冷壁水平倾角较小，几乎呈水平管布置，螺旋水冷壁支撑的载荷仅局限于管子的自重和炉膛压力载荷。螺旋水冷壁采用了垂直搭接板的新型支撑结构，任何其他附加载荷，如燃烧器、护板、刚性梁等均由垂直搭接板支撑，不作用到螺旋水冷壁上，垂直搭接板的最上末端焊接并固定到上部垂直水冷壁上。其结构如图 2-11 所示。

垂直搭接板滑道耳板与螺旋膜式壁焊接，双耳板间穿过销杆，从而既可固定垂直搭接板，又可使其上下滑动，保证垂直搭接板和螺旋水冷壁间

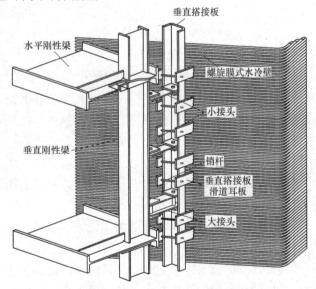

图 2-11　螺旋水冷壁刚性梁结构

相对滑动，不发生附加温差热应力。垂直搭接板与垂直刚性梁之间用大、小接头连接，大、小接头分别同焊在垂直搭接板和垂直刚性梁上的耳板用销轴连接，大、小接头与连接耳板间通过热膨胀计算预留有间隙，大接头预留间隙较小，作为上下固定导向端，小接头预留间隙较大，作为上下自由滑动端，保证了垂直刚性梁与垂直搭接板间的相对滑动。在大接头附近端的垂直刚性梁与该附近的水平刚性梁焊接固定，而垂直刚性梁另一端与远离大接头的那层水平刚性梁之间，通过焊接在该远离层水平刚性梁上的滑动导向槽连接，垂直刚性梁可在此

槽内滑动，保证了垂直刚性梁与水平刚性梁间的相对滑动。图 2-11 中的中间垂直刚性梁下端与下层水平刚性梁焊接，上端与上层水平刚性梁用滑槽连接。垂直搭接板与垂直刚性梁相匹配，螺旋水冷壁、垂直搭接板和垂直刚性梁紧密连接，垂直搭接板与螺旋水冷壁间可在垂直方向上自由滑动。垂直搭接板最上端与上部垂直水冷壁焊接固定，从而把下部全部荷载传递到上部水冷壁。作用在水冷壁上的炉膛压力被传递到垂直搭接板上，反作用力通过大、小接头传递给垂直刚性梁，最后从垂直刚性梁的顶端和底端传到水平刚性梁上。此外，刚性梁的自重通过大接头传递给垂直搭接板。灰斗水冷壁及其他相关部件的载荷通常由垂直搭接板支撑。垂直搭接板和螺旋水冷壁之间相互不焊接，可以相对滑动，这样可防止附加热应力的产生，保证炉膛安全可靠运行。

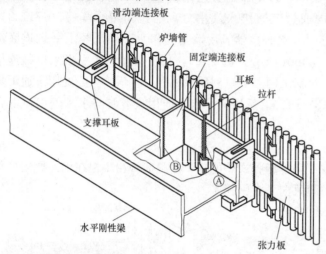

图 2-12　水平刚性梁结构

（2）垂直管圈水冷壁的支撑。垂直管圈壁区域主要由水平刚性梁支撑，垂直膜式水冷壁区域的刚性梁结构如图 2-12 所示。刚性梁水平布置，由耳板、拉杆、张力扳、连接板、支撑耳板把刚性梁和膜式壁连接在一起，水平刚性梁的自重由垂直膜式壁管支撑。拉杆穿过焊在水冷壁上的耳板，从而固定不与水冷壁焊接的张力板，只有刚性梁膨胀中心处的拉杆与张力板焊接固定，其余拉杆与张力板之间均可滑动，保证了张力板与水冷壁间的相对滑动。张力板与连接板（包括固定端连接板和滑动端连接板）相焊，膨胀中心附近的固定端连接板与水平刚性梁焊接固定，此点起膨胀导向作用，其余滑动端连接板通过焊在其上的支撑耳板与水平刚性梁连接，支撑耳板承载水平刚性梁自重，同时支撑耳板形成膨胀导向滑槽，保证了水平刚性梁与张力板之间的相对滑动。由于水冷壁与张力板、张力板与水平刚性梁之间均存在温差，上述结构设计可以保证两者之间除膨胀中心点外的各点向规定方向自由滑动，不会产生额外热应力。

三、对锅炉水冷壁的设计要求

在变压运行超超临界本生型直流锅炉的设计中，与其他炉型差异最大之处就在于炉膛水冷壁的设计。炉膛水冷壁实际吸热量份额的大小往往受煤种、炉膛结渣程度、燃烧器投入层数、变压运行负荷以及切高压加热器等因素的影响。水冷壁设计最关键的设计参数在于水冷壁管内质量流速的选取。选取较高的质量流速，可保证在任何工况下其质量流速都大于相应热负荷下的最低界限质量流速，保证水冷壁管有足够的冷却能力，推迟或防止传热恶化。水冷壁设计中充分考虑管内质量流速的选取，设计的平均质量流速与临界质量流速间留有足够的安全裕度，特别是临界点负荷区域。

（一）设计要点

变压运行超临界本生型直流锅炉的运行分为三个阶段，启动初期循环运行、亚临界直流运行和超临界直流运行。这种变压运行方式使水冷壁的工作条件变得极为复杂。锅炉从额定负荷变化至最低直流负荷，锅炉运行压力从超临界压力降至亚临界、超高压和高压，水冷壁内的工质由单相流体变为双相流体，工质的温度也发生很大的变化。这就要求在各种工况，特别是启动和低负荷工况下让各水冷壁管内具有足够的质量流速。合理的水循环系统设计，使锅炉在正常的运行条件和允许的负荷变化范围内，水循环完全安全、可靠，水循环设计的重点是要特别注意防止出现亚临界压力下的偏离核态沸腾和超临界压力下的类膜态沸腾现象，以及水动力不稳定等传热恶化工况。

对于变压运行的超临界直流锅炉，水冷壁的设计必须考虑不同负荷下的传热特性。在超临界压力下，单相介质的传热系数比亚临界两相流体低，流体温度高，因此，在超临界参数下水冷壁的壁温高；在接近临界的区域，即相变点附近存在一个最大比热容区，由于工质的物性急剧变化，容易引起水动力不稳定，因此必须控制在高热负荷区不发生类膜态沸腾。

在亚临界区域，必须重视水冷壁管内两相流的传热和流动。对下炉膛高热负荷区域的水冷壁，要防止膜态沸腾的发生；在上炉膛区域，重点要控制水冷壁蒸干区域壁温的升高幅度。

在启动和低负荷运行时，由于压力降低导致汽水密度差较大，应避免发生过大的热偏差和流动的不稳定，包括水冷壁管间工质流动的多值性和脉动。

在整个变压运行中，蒸发点的变化，使单相和两相区水冷壁金属温度发生变化，需注意水冷壁及其刚性梁体系的热膨胀设计，并防止频繁变化引起承压件出现疲劳破坏。

由于降低负荷后，省煤器段的吸热量减少，按 B—MCR 工况设计布置的省煤器在低负荷时有可能出现出口处汽化，它将影响水冷壁流量分配，导致流动工况恶化。因此变压运行锅炉水冷壁系统设计的关键是要防止传热恶化和水动力不稳定。

（二）水冷壁的水动力稳定性分析

超临界直流锅炉在直流负荷以下和启动过程中，炉膛水冷壁进口为未饱和水，出口为汽水混合物，由于两相介质密度的差异，故可能出现水动力不稳定问题，主要表现为多值性和脉动。

1. 多值性

在亚临界压力下，在汽水双相蒸发区内，同一片管组的各管子在相同的压差下运行。管组中的管子结构和受热情况均相同，不同管子内的介质流量的大小和流动方向可能表现出很大的差异，在同一压差下会出现 3 种不同的流量，并联蒸发管发生多值性流动时，部分流量小的管子出口工质温度过高会引起管壁超温。因此在设计时，将根据管组的结构参数和热负荷进行阻力计算，然后作出流动特性曲线来判断是否具有多值性。

解决水动力不稳定性问题的方法：

（1）减少工质进口欠焓。控制管圈的工质进口欠焓在稳定的区域，保证水动力的单值性。

（2）提高压力。发生水动力多值性的根本原因是汽水密度不同，压力增加时，汽水密度差减小，水动力特性区域稳定。

2. 脉动

脉动是直流锅炉蒸发受热面中另一种水动力不稳定现象。分为整体脉动、管屏脉动和管间脉动。经常发生的是管组内管间的水力脉动。脉动引起金属壁温波动，使管子产生疲劳破坏；脉动还使并联各管出现较大的热偏差，可能造成部分管子超温。

消除管间水力脉动的方法是提高工质质量流速和提高加热段与蒸发段的阻力比。

3. 热偏差

水冷壁并联管组中个别管圈内工质焓增 Δi 与整个管组工质平均焓增 Δi_{pj} 之比值 Δr 称为

热偏差。热力不均匀、水力不均匀、结构设计布置不均匀及加工和安装不均匀，均可影响水冷壁热偏差。

直流锅炉水冷壁中，因蒸汽含量高，在高热负荷条件下，亚临界压力运行时可能发生膜态沸腾，在超临界压力可能发生类膜态沸腾。因此，应尽可能减少热偏差。

减少热偏差的措施有：①在设计上尽量使各管的长度和结构保持均匀；②燃烧器的布置尽量分散，运行时考虑炉内热负荷的均匀；③在水冷壁入口装节流圈或节流阀；④对于螺旋水冷壁管圈，由于各管工质在炉膛中的吸热量相差较小，其热偏差较小。

（三）超临界压力下的传热恶化

由于超临界压力下工质的物性如比体积、比热容、焓等在相变点附近有明显变化，当热负荷大，且管内流速较低时，在紧贴壁面的地方，会发生放热恶化，与亚临界压力下出现的膜态沸腾（第一类传热恶化）导致壁温急剧上升的情况类似，称为类膜态沸腾。其壁温飞升值取决于热负荷和管内质量流速的大小。

对于直流锅炉，避免传热恶化是不可能的，主要的办法是推迟和抑制。主要手段有：

（1）在传热恶化出现的区域采用性能优良的材料，使管壁温度小于材料允许温度。

（2）提高工质质量流速。工质质量流速增大可以提高临界热负荷，无论是亚临界压力还是超临界压力，提高工质质量流速是改善传热工况，降低管壁温度，防止膜态沸腾发生的有效方法。

（3）采用内螺纹管。内螺纹管增加了管内流体的扰动，使传热恶化大大推迟。

四、变压运行超临界压力水冷壁的主要设计参数

（一）水冷壁管的工质质量流速

对超超临界锅炉来说，变压运行的方式使其工作条件变得更为复杂，从额定负荷至最低直流负荷，锅炉运行压力将从超临界压力降为亚临界再降为超高压，当低于最低直流负荷，则又进入依靠循环泵控制循环方式运行，水冷壁内工质也由超临界时的单相变为亚临界、超高压以至高压运行时的汽水双相，工质的温度和干度也有很大的变化。因此，水冷壁系统设计的关键是要防止传热恶化的发生和出现流动不稳定。

对于变压运行的超临界和超超临界直流炉，水冷壁设计必须考虑不同负荷参数下的传热特性。

（1）在超临界区，管内单相介质的传热系数比亚临界区介质低，工质温度也高，因此水冷壁壁温最高。

（2）在近临界区，由于二相介质的干度（含汽率）大，特别在上部水冷壁中，高干度的工质将产生干涸（DRO）现象，因此需将干涸点控制在较低的热负荷区，避免"干涸"时的壁温骤升。

（3）在亚临界区，对下炉膛高热负荷区水冷壁，要防止膜态沸腾（DNB）的产生，也要控制上炉膛高干度区壁温的升高幅度。

（4）在启动和低负荷区（≤最低直流负荷），由于压力的降低，使汽水密度差增大，容易产生较大的热偏差和流动的不稳定。

根据 MHI 的经验，采用内螺纹管不仅可以避免在高热负荷的燃烧器区在干度达到 0.5 的情况下出现膜态沸腾（DNB），而且在近临界区干度达到 0.9 时，出现干涸（DRO）时，也可控制壁温的上升。由于垂直上升水冷壁具有正向流动特性，有利于低负荷保持水动力的稳定性，但选用较高的质量流速也是主要的措施，质量流速的选取必须要大于变压运行超超

临界锅炉在下述四个运行区内的水冷壁管壁温度不超过管材的许可壁温时的临界质量流速，即要分别高于超临界区不发生类膜态沸腾、近临界区控制干涸、亚临界区不发生膜态沸腾、启动阶段保持水动力的稳定性等四个运行区的临界质量流速。

华能海门电厂的螺旋水冷壁采用了内螺纹管，图 2-13 为内螺纹管和光管的临界质量流速与设计质量流速的对比。

该锅炉选取在 B—MCR 工况下螺旋水冷壁的工质质量流速为 2520kg/m²s，在最低直流负荷（本生点）的质量流速为 710kg/m²s，远高于临界质量流速。本工程选取的设计质量流速与临界质量流速相比留有较大的裕量，已充分考虑了锅炉运行条件变化（如管内结垢，局部热负荷波动等）的影响，因此不会出现低负荷时的流动不稳定引起的较大的温度偏差，

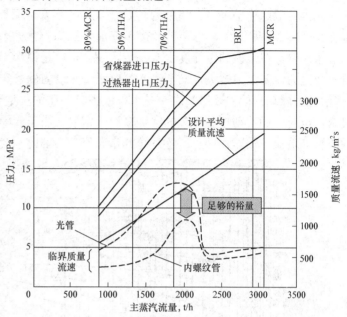

图 2-13 内螺纹管和光管的临界质量流速与设计质量流速的对比

保证水冷壁的水动力安全可靠。上部垂直管圈水冷壁在 B—MCR 工况下的质量流速为 1840kg/m²s，最低直流负荷工况下的质量流速为 520kg/m²s，较高的质量流速可以避免在超临界压力下可能在热负荷较低区域出现的类膜态沸腾。

大唐潮州电厂锅炉垂直水冷壁 B—MCR 工况采用的质量流速为 1830kg/m²s，水冷壁管材采用 SA213—T12 合金钢。这样高的质量流速即使在所采用的最低直流负荷为 25％B—MCR 时，水冷壁的质量流速仍为 459kg/m²s，远高于启动低负荷阶段保持水动力稳定性和控制水冷壁出口温度偏差在许可范围内的临界质量流速（约 300kg/m²s），因此仍有足够的安全裕度。较小的最低直流负荷，可减少再循环泵的电耗，也减少启动期间工质和热量的损失，提高了经济性。这样高的质量流速可以保证水冷壁在所有四个运行阶段的安全性。

（二）水冷壁出口过热度和入口欠焓

对于直流锅炉，由于蒸发受热面和过热受热面之间没有固定的分界，因此，确定合理的水冷壁出口工质过热度非常重要。通常在额定负荷下，水冷壁出口温度的选取取决于汽水分离器的设计温度和水冷壁管材的使用温度。

水冷壁出口温度选取过高将导致分离器材质和壁厚增加。由于在最低直流负荷下，水冷壁出口工质仍需要有一定的过热度，水冷壁出口温度过低则会造成本生点提高及过热器带水。在额定负荷下，水冷壁出口温度的选取主要取决于内置式汽水分离器材质的允许使用温度。按设计惯例，分离器的钢材为 SA—335P12，水冷壁管为 15CrMoG，均属于 1 1/2Cr1/4Mo 的低合金钢，其许可使用温度为 550℃。在 B—MCR 工况，炉膛水冷壁的出口温度采用 424℃，汽水分离器入口温度为 429℃，因此有足够的安全裕度，稍低的水冷壁出口温度也有利于减少水冷壁的温度偏差。水冷壁出口温度过低也是不可取的，应保证在最低直流负荷

时水冷壁出口工质仍有一定的过热度，如果水冷壁出口温度过低，将造成低负荷时本生点提高，甚至造成过热器带水，这种运行工况是不允许出现的。

水冷壁进口工质的温度要有一定的过冷度和欠焓，以防止在较低的压力下水冷壁入口出现汽化，一般水冷壁进口工质的过冷度不得小于 5℃。某锅炉 B—MCR 工况下水冷壁入口温度为 320℃，即使在 30% 最低稳燃负荷时，入口温度也只有 266℃，过冷度在 50℃ 以上。当然水冷壁进口工质的过冷度也有一定限制，也就是说水冷壁入口工质应有一定欠焓，但欠焓不能过大，若欠焓过大，又会给水冷壁系统水动力的稳定性带来问题。避免水动力不稳定（多值性、脉动）的主要措施之一是水冷壁进口工质的欠焓要小于产生水动力不稳定的界限欠焓，但对采用启动再循环泵的锅炉来说，即使在小于或等于最低直流负荷运行时，由于泵的压头和节流孔圈能保证水冷壁系统的正向流动，因此不会产生水动力的不稳定。

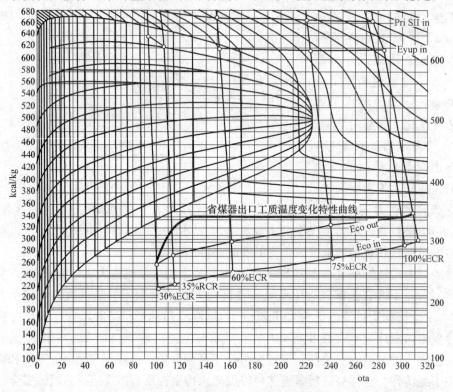

图 2-14　变工况省煤器出口工质温度变化

在变负荷运行时，负荷发生大的变化而没有任何的负荷维持，由于延迟效应的影响，到低负荷时，省煤器出口温度几乎仍将会保持在一个常数，即高负荷状态下的高出口温度，这就可能发生汽化现象。为防止这一现象的发生，在总体布置时采取调整省煤器的受热面，控制额定负荷下省煤器出口温度等措施。另一种方法是在连续低负荷运行时，提高主蒸汽的压力，使在最低压力下连续运行时饱和水的焓值高出在额定负荷下省煤器出口给水的焓值。图 2-14 为省煤器在锅炉负荷发生大的变化而没有任何的负荷维持情况下省煤器出口工质温度变化特性曲线。

五、螺旋管圈水冷壁与一次垂直上升水冷壁的比较

目前，超超临界锅炉通常采用下部螺旋管圈加上部一次垂直上升管屏和一次垂直上升管屏，表 2-1 为两者的比较。

表 2-1　　　　　　　　　　　　　　　　　两种管圈水冷壁比较

特　性	螺 旋 管 圈	垂 直 管 圈
水冷壁出口温度的均匀性	每根管子都通过炉膛的四角及燃烧器部位，因此能保持整个水冷壁管的吸热均匀	四角部位及燃烧器部位管子的吸热量有很大差异，因此管子的入口需要装节流圈，进行流量的调整
水冷壁的安全性	螺旋水冷壁炉膛出口温度均匀； 在热负荷高的区域工质具有较高的质量流速。 螺旋水冷壁采用内螺纹管，进一步提高了水循环的可靠性和水冷壁的安全性	依靠节流圈保证水冷壁出口工质温度均匀
煤种变化和负荷变化的适应性	由于质量流速选取有较大的裕量，且由于不需要在管子的入口加装节流圈，因此水冷壁的传热和流量分配、工质出口温度等不会受到燃烧器和磨煤机切换等工况的影响，对于煤种变化、炉膛结渣以及机组负荷变化所引起的吸热量的变化适应性好	由于变压直流锅炉压力损失的特性，对于所有的负荷进行流量分配调整是很困难的；长时间运行使节流圈结垢等引起的流量分配特性发生变化，需对节流圈等元件进行定期的维护
水冷壁管质量流速选择的灵活性	螺旋管的倾角可以改变，可以任意选择水冷壁管子根数，因此水冷壁管质量流速的选择范围比较广	由于管子的根数与炉膛尺寸的关系，质量流速通过改变管径的办法来调节
制造、安装	制造时间和难度比垂直管圈长	需在现场通过节流圈进行流量分配调整
锅炉运行的灵活性	磨煤机、燃烧器的停投模式适应性强	对磨煤机、燃烧器的停投模式适应性一般

从表 2-1 可以看出，螺旋管圈水冷壁从解决超临界锅炉的炉膛吸热偏差、适应变压运行以及机组负荷变化的适应性、燃料变化的适应性等方面具有明显的优势。

六、水冷壁检查、检修标准

（一）水冷壁清灰质量标准

（1）锅炉给水泵停电禁止启动送风机。

（2）无积灰、结焦现象。

（二）水冷壁管检查质量标准

（1）管子胀粗不超过原管直径的 2.5%，管排不平整度不大于 5mm，管子局部损伤深度不大于壁厚的 10%，最深不大于 1/3 壁厚。

（2）焊缝无裂纹、咬边、气孔及腐蚀等现象。

（三）水冷壁割管质量标准

（1）切割点距弯头起点联箱外壁及支架边缘均大于 70mm，且两焊口间距大于 150mm；割鳍片时，勿割伤管子，防止溶渣掉入管内。

（2）管子坡口为 30°～35°，钝边为 1～1.5mm，对口间隙为 1.5～2.5mm，且管子焊端面倾斜应小于 0.55mm。

（四）水冷壁焊接质量标准

（1）新管应用 90% 管子内径钢球通过对接管口内壁应平齐，错口不应超过壁厚的 1% 且不大于 0.5mm，焊接角变形不应超过 1mm。

（2）焊缝应圆滑过渡到母材，不得有裂纹、未焊透、气孔、夹渣现象。

（3）焊缝两侧咬边不得超过焊缝全长的 10%，且不大于 40mm。焊缝加强高度 1.5～2.5mm，焊缝宽度比坡口宽 2～6mm，一侧增宽 1～4mm。

第三节　1000MW 超超临界锅炉启动系统

启动系统是为解决直流锅炉启动和低负荷运行而设置的功能组合单元，它包括启动分离器、炉水循环泵及其他汽侧和水侧连接管、阀门等。其作用是在水冷壁中建立足够高的质量流量，实现点火前循环清洗，保护蒸发受热面，保持水动力稳定，还能回收热量，减少工质损失。

启动系统按正常运行时须切除和不切除分为两类，即内置式分离器启动系统和外置式分离器启动系统。内置式分离器在启动完毕后，并不从系统中切除而是串联在锅炉汽水流程内。因此它的工作参数（压力和温度）要求比较高，但控制阀门可以简化；外置式分离器在锅炉启动完毕后与系统分开，工作参数（压力和温度）的要求可以比较低，但控制阀门要求较高，百万超超临界机组很少采用。

一、内置式分离器启动系统的分类及技术特点

内置式分离器启动系统是指在正常运行时，从水冷壁出来的微过热的蒸汽经过分离器，进入过热器，此时分离器仅起连接通道作用。内置式分离器启动系统可分为：①带扩容器（大气式、非大气式 2 种）；②启动疏水热交换器式；③再循环泵式（并联和串联 2 种）。对于百万超超临界锅炉来说，一般采用第三种方式带再循环泵的低负荷启动系统。

启动分离器的疏水经再循环泵送入给水管路的启动系统。按循环水泵在系统中与给水泵的连接方式分串联和并联 2 种形式。部分给水经混合器进入循环泵的称为串联系统，给水不经循环泵的称为并联系统。带再循环泵的两种布置方式见图 2-15。

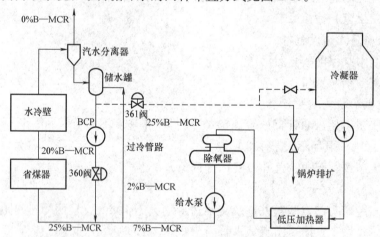

图 2-15　带再循环泵启动系统的布置

该系统适用于带中间负荷、滑压运行或两班制运行；一般使用再循环泵与锅炉给水泵并联的方式，这样可以不必使用特殊的混合器，当循环泵故障时无需首先采用隔绝水泵，也不致对给水系统造成危害。缺点是再循环泵充满饱和水，一旦压力降低有汽化的危险。再循环泵与锅炉给水泵的并联布置方式可用于变压运行的超临界机组启动系统，也可应用于亚临界压力机组部分负荷或全负荷复合循环（又称低倍率直流锅炉）的启动系统中。采用带再循环泵的启动系统，可减少启动工质及热量的损失。泵的参数选择及运行方式是该系统应考虑的

主要问题。

带循环泵启动系统的优点：

（1）在启动过程中回收热量。在启动过程中水冷壁的最低流量为 25％B—MCR，因此锅炉的燃烧率为加热 25％B—MCR 的流量到饱和温度和产生相应负荷下的过热蒸汽，如采用简易系统，则再循环流量部分的饱和水要进入凝汽器，在负荷率极低时，这部分流量接近 25％B—MCR 流量，凝汽器不可能接收如此多的工质及热量，只有排入大气扩容器，造成大量热量及工质的损失。

（2）在启动过程中回收工质。与简易启动系统相比，带循环泵的启动系统可以回收工质，采用再循环泵，可以将再循环流量与给水混合后进入省煤器，从而可以节省由于此部分流量进入扩容器后膨胀、蒸发而损失的工质。

（3）开启循环泵进行水冲洗。采用再循环泵系统，可以用较少的冲洗水量与再循环流量之和获得较高的水速，达到冲洗的目的。

（4）在锅炉启动初期，渡过汽水膨胀期后，锅炉不排水，节省工质与热量。

（5）汽水分离器采用较小壁厚，热应力低，可使锅炉启动、停炉灵活。

二、直流锅炉启动与汽包锅炉启动的区别

自然循环锅炉在点火前锅炉上水至汽包低水位，锅炉点火后，水冷壁吸收炉膛辐射热，水温升高后水循环开始建立，随着燃料量的增加，蒸发量增大，水循环加快，因此启动过程中水冷壁冷却充分，运行安全。强制循环锅炉在锅炉上水后点火前，循环泵已开始工作，水冷壁系统建立了循环流动，保证水冷壁在启动过程中的安全。

超超临界直流锅炉在启动前必须由锅炉给水泵建立一定的启动流量和启动压力，强迫工质流经受热面。由于直流锅炉没有汽包作为汽水分离的分界点，水在锅炉管中加热、蒸发和过热后直接向汽轮机供汽。因此，直流锅炉必须设置一套特有的启动系统，以保证锅炉启停或低负荷运行过程中水冷壁的安全和正常供汽。

三、本生锅炉启动特点

本生锅炉的启动应考虑以下方面

（一）启动压力

启动压力指启动前在锅炉水冷壁系统中建立的初始压力，它的选取与下列因素有关：

（1）受热面的水动力特性。随着压力的提高，能改善或避免水动力不稳定，减轻或消除管间脉动。

（2）工质膨胀现象。启动压力越高，汽水比体积差越小，工质膨胀量越小，可以缩小启动分离器的容量。

（3）给水泵的电耗。启动压力越高，启动过程中给水泵的电耗越大。

为了水动力稳定，避免脉动，希望启动压力高，但从减少给水泵电耗考虑又不宜过高。启动系统采用了足够容量的排放阀，可满足汽水膨胀时水的排量控制。

（二）启动流量

锅炉启动流量直接影响启动的安全性和经济性。启动流量越大，工质流经受热面的质量流速也大，对受热面的冷却，改善水动力特性有利，但工质损失及热量损失也相应增加，同时启动旁路系统的设计容量也要加大。但启动流量过小，受热面冷却和水动力稳定就得不到保证。因此，选用启动流量的原则是在保证受热面得到可靠冷却和工质流动稳定的条件下，启动流量尽可能选择小一些。某锅炉的启动流量选取为 25%，由于该锅炉带有启动循环泵（BCP），启动流量可由 BCP 提供 20%流量，给水泵仅提供 5%的流量，因此，带 BCP 的锅炉在启停或低负荷运行过程中，工质和热量损失较小。

（三）工质膨胀现象

直流锅炉在启动过程中工质加热、蒸发和过热三个区段是逐步形成的。启动初期，分离器前的受热面都起加热水的作用，水温逐渐升高，而工质相态没有发生变化，锅炉出来的是加热水，其体积流量基本等于给水流量。随着燃料量的增加，炉膛温度提高，换热增强，当水冷壁内某点工质温度达到饱和温度时开始产生蒸汽，但在开始蒸发点到水冷壁出口的受热面中的工质仍然是水，由于蒸汽比体积比水大很多，引起局部压力升高，将这一段水冷壁管中的水向出口挤出去，使出口工质流量大大超过给水流量。这种现象称为工质膨胀现象。当这段水冷壁中的水被汽水混合物替代后，出口工质流量才回复到和给水流量一致。

启动过程中工质膨胀量的影响因素有：

（1）与分离器的位置有关，分离器前受热面越多，膨胀量越大；

（2）与启动压力有关，较高的启动压力可减少膨胀量；

（3）与启动流量有关，随着启动流量的增加，膨胀流出量的绝对值增加；

（4）与给水温度有关，给水温度降低，蒸发点后移，膨胀量减弱；

（5）与燃料投入速度有关，燃料投入速度越快，膨胀量越大；

（6）与锅炉型式有关，螺旋上升型比一次上升型（UP）相比膨胀量大。

（四）启动过程中的相变过程

变压运行锅炉启动过程中，锅炉压力经历了从低压、高压、超高压到亚临界，再到超临界的过程，工质从水、汽水混合物、饱和蒸汽到过热蒸汽。从启动开始到临界点，工质经过加热、蒸发和过热三个阶段；机组进入超临界范围内运行，工质只经过加热和过热两个阶段，呈单相流体变化。工质在临界点附近，存在着相变点（最大比热容区），汽水性质发生剧变，比体积和热焓急剧增加，比定压热容达到最大值。

（五）启动速度

本生锅炉没有汽包，受热部件厚壁元件少，因此，启停过程中元件受热、冷却容易达到均匀，升温和冷却速度加快，大大缩短启动时间。

四、启动系统的功能

采用内置式启动分离器系统，系统简单，运行操作方便，适合于机组调峰要求。在锅炉启停及正常运行过程中，汽水分离器均投入运行，在锅炉启停及低负荷运行期间，汽水分离器湿态运行，起汽水分离作用；在锅炉正常运行期间，汽水分离器只作为蒸汽通道。

考虑了炉膛水冷壁的最低质量流量等因素后，一般启动系统的设计容量确定为 25%B—MCR。超超临界本生直流锅炉的启动系统主要功能是：

（1）完成机组启动时锅炉省煤器和水冷壁的冷态和热态循环清洗，清洗水量为 25%B—MCR，清洗水通过大气扩容器和凝结水箱排入凝汽器（水质合格时）或水处理系统（水质不合格时）。

（2）建立启动压力和启动流量，以确保水冷壁安全运行；尽可能回收启动过程中的工质和热量，提高机组的运行经济性。

（3）对蒸汽管道系统暖管。

五、启动系统的组成

某锅炉带循环泵的启动系统的示意如图 2-16 所示。

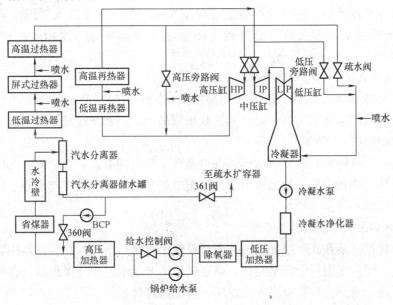

图 2-16　启动系统

在锅炉启动处于循环运行方式时，饱和蒸汽经汽水分离器分离后进入顶棚过热器，疏水进入储水罐。来自储水罐的饱和水通过锅炉再循环泵（BCP）和再循环流量调节阀（360阀）回流到省煤器入口，锅炉循环流体在省煤器进口混合。来自储水罐另一部分饱和水通过储水罐水位控制阀（361阀）至疏水扩容器。锅炉再循环流量调节阀（360阀）控制再循环流量，储水罐水位控制阀（361阀）控制储水罐的水位。启动系统主要由以下几个部分组成：

（一）再循环泵（BCP）及其辅助系统

锅炉再循环泵采用潜水式，如图 2-17 所示。

再循环泵需设置高压冷却水管路以防止高温的炉水进入 BCP 的电动机，高压冷却水取自给水加热器进口，包括热交换器和过滤器等装置。热交换器由外部冷却水（低压冷却水）冷却。

（二）再循环管路

为保证锅炉在启动和低负荷运行时水冷壁管内流速，设置了再循环管路。管路从储水罐出口引出，通过再循环泵、止回阀、截止阀、流量调节阀（360阀）和流量计后引至省煤器入口的给水管路。

（三）储水罐疏水管路

为了排放锅炉冷态启动清洗阶段水质不合格的清洗水以及控制机组启动初期于水冷壁的汽水膨胀现象引起的储水罐水位的急剧上升，设置了

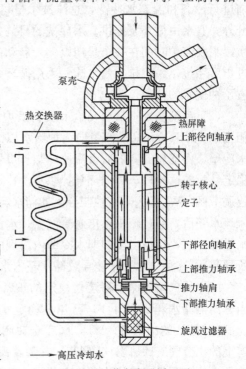

图 2-17　潜水式再循环泵

储水罐疏水管路，该管路还用于防止异常情况引起储水罐水位过高，避免过热器带水。该管路从储水罐出口引出，通过储水罐水位调节阀（361 阀）后引至疏水扩容器（Flash Tank），在疏水扩容器中，蒸汽通过管道在炉顶排向大气，水则进入凝结水箱。凝结水箱的水位由调节阀控制，多余的水通过两台疏水泵排往凝汽器（水质合格时）或系统外（水质不合格时）。

（四）再循环泵最小流量回流管路

为了改善 BCP 的调节特性，维持循环泵的最小安全流量，设置了再循环泵最小流量回流管路。该管路从再循环泵出口引出经流量孔板和最小流量调节阀后至储水罐出口。

（五）再循环泵过冷管路

为了防止在快速降负荷时，再循环泵进口循环水发生闪蒸引起循环泵的汽蚀，设置了再循环泵过冷管路。该管路从主给水管引出，经调节阀和截止阀后引至储水罐出口，管路容量约为 2%B—MCR。

（六）再循环泵和 361 阀加热管路

为了防止再循环泵和 361 阀受到热冲击，设置了再循环泵的加热管路，该管路从省煤器出口引出热水，经截止阀后分成两路，一路经针形调节阀送至循环泵出口，在泵停运时暖泵水经过循环泵后，从泵入口管道进入储水罐；另一路经针形调节阀送至 361 阀出口，在 361 阀停运时，暖阀水经过 361 阀后，从阀入口的疏水管道进入储水罐。为了防止进入储水罐的暖泵热水和暖阀热水过量后流入过热器和回收热能，在储水罐上设置了加热水排水管路，将加热水通过止回阀引至过热器二级减温水管道。

六、启动系统的各种主要运行模式

（1）初次启动或长期停炉后启动前进行冷态和温态水冲洗。初次启动或长期停炉后启动前进行冷态和温态水冲洗，总清洗水量可达 25%～30%B—MCR，除由给水泵提供一小部分外，其余由循环泵提供。水冲洗的目的是清除给水系统、省煤器系统和水冷壁系统中的杂质，只要停炉时间在一个星期以上，启动前必须进行水冲洗。在冲洗水的水质不合格时，通过扩容系统，最终排入废水池。采用循环泵后，由于再循环水也可利用作为冲洗水，因此节省了冲洗水的耗量。

（2）启动初期（从启动给水泵到锅炉出力达到 5%B—MCR）。锅炉点火前，给水泵以相当于 5%B—MCR 的流量向锅炉给水以维持启动系统 25%B—MCR 的流量流过省煤器和水冷壁，保证有必要的质量流速冷却省煤器和水冷壁不致超温，并保证水冷壁系统的水动力稳定性。在这阶段，再循环泵提供了 20%B—MCR 的流量，在此期间利用分离器储水箱水位调节阀（WDC 阀）来控制分离器储水箱内的水位并将多余的水通过疏水扩容器减压和进入疏水箱后，通过疏水泵排入凝汽器。水位调节阀的管道设计容量除考虑 5%B—MCR 的疏水量外，还要考虑启动初期水冷壁内出现的汽水膨胀（它由于蒸发过程中比体积的突然增大所导致），这种汽水膨胀能导致储水箱内水位的波动。

（3）从分离器储水箱建立稳定的正常水位到锅炉达到 25%B—MCR 的最小直流负荷。当分离器储水箱（WSDT）已建立稳定水位后，WDC 阀开始逐步关小，当锅炉出力达到 5%B—MCR 的出力时，WDC 阀完全关闭。此后，分离器储水箱水位由装于循环泵出口管道上的调节阀（BR 阀）来调节，并随着锅炉蒸发量的逐渐增加而关小。锅炉水冷壁的循环流量由循环泵的出口流量和给水共同来维持。

主蒸汽的压力与温度由燃料量来控制，并采用过热器喷水作为主蒸汽温度的辅助调节手段。对于冷态启动，一旦主蒸汽压力达到汽轮机冲转压力，主蒸汽压力将由汽轮机旁路系统（TB）来控制以便与汽轮机进汽要求相匹配。对于温态和热态启动，也可以利用汽轮机旁路来控制主汽与汽轮机进汽要求相匹配。

当锅炉出力达到25%B—MCR后，BR阀完全关闭，此时通过汽水分离器的工质已达到完全过热的单相汽态。因此，锅炉的运行模式从原来汽水两相的湿态运行（也即再循环模式）转为干态运行即直流运行模式，此时锅炉达到最小直流负荷25%B—MCR。从此，主蒸汽的压力与温度分别由给水泵和煤水比来控制，锅炉的出力也逐步提高。

七、启动系统的热备用

当锅炉达到25%B—MCR最低直流负荷后，应将启动系统解列，启动系统转入热备用状态，此时通往疏水扩容器的分离器疏水支管上的三只水位调节阀（WDC阀）和电动截止阀全部关闭。随着直流工况运行时间的增加，为使管道保持在热备用状态，省煤器出口到WDC阀的加热管道上的截止阀开启，用来加热WDC阀并有一路进入泵出口管道以加热循环泵及其管道和泵出口调节阀（BR阀）。另外，在锅炉转入直流运行时，分离器及储水箱已转入干态运行，分离器和储水箱因冷凝作用和暖管水的进入可能积聚少量冷凝水，此时可通过分离疏水管道上的支管上的热备用泄放阀将少量的冷凝水送往过热器喷水减温器。

八、启动循环泵事故解列时的锅炉启动

启动系统的设计也考虑了循环泵解列后的锅炉启动，由于通往疏水扩容器的分离器疏水管道尺寸和管道上三只水位调节阀（WDC阀）的设计通流能力可以满足汽水膨胀阶段以及锅炉无循环泵启动。因此，当循环泵解列时，锅炉仍可正常启动，包括极热态、热态、温态和冷态启动直到锅炉达到25%B—MCR最低直流负荷，完成锅炉由湿态运行模式转换成干态运行模式。除在锅炉的冷态冲洗阶段，给水泵的给水量等于疏水管道排入扩容器的水量，而在汽水膨胀和膨胀后

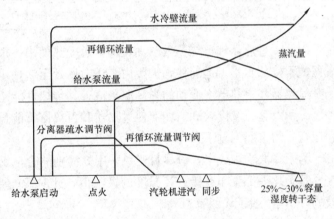

图2-18 启动过程简图

的阶段以及热态冲洗阶段，其给水量和蒸汽流量与排入扩容器水量之和基本相等。另外，在整个启动过程中，由于循环泵的解列，水冷壁系统的水循环动力（循环压头）改由给水泵提供所需的压头。锅炉启动系统的启动过程简图如图2-18所示。

第四节　1000MW超超临界锅炉过热器与再热器

一、过热器和再热器系统

过热器和再热器是锅炉重要的受热面部件。它的作用是将饱和蒸汽加热到具有一定过热度的合格蒸汽，并要求在锅炉变工况运行时，保证过热蒸汽温度在允许范围内变动。

79

提高蒸汽初压和初温可提高电厂循环热效率，但蒸汽初温的进一步提高受到金属材料耐热性能的限制，目前大多数电厂的过热蒸汽温度被限制在540~550℃。少数国家为了提高循环热效率采用较好的合金钢材，过热蒸汽温度达到568~571℃。蒸汽初压的提高虽可提高循环热效率，但过热蒸汽压力的进一步提高受到汽轮机排汽湿度的限制，因此为了提高循环热效率及减少排汽湿度，可采用再热器。通常，再热蒸汽压力为过热蒸汽压力的20%左右，再热蒸汽温度与过热蒸汽温度相近。我国125MW及以上容量机组都采用了中间再热系统。机组采用一次再热可使循环热效率提高4%~6%，采用二次再热可使循环热效率进一步提高2%。

随着蒸汽参数的提高，过热蒸汽和再热蒸汽的吸热量占工质总吸热量的比例越来越高。在亚临界机组中，过热器和再热器的吸热量占工质总吸热量的50%以上，如表2-2所示。

表 2-2　　　　　　　　　　　　　　　工质吸热分配份额表

过热蒸汽压力（MPa）	给水温度（℃）	过热蒸汽温度（℃）	再热蒸汽温度（℃）	工质吸热分配份额			
				加热份额	蒸发份额	过热份额	再热份额
3.83	150	450		0.163	0.640	0.197	
9.82	215	540		0.193	0.536	0.272	
13.74	240	555	550	0.213	0.314	0.299	0.174
16.69	260	555	555	0.229	0.264	0.349	0.158

因此，过热器和再热器受热面在锅炉总受热面中占很大比例。为此，过热器和再热器布置区域不仅从水平烟道前伸到炉膛内，还向后延至锅炉尾部烟道。

过热器和再热器内流动的为高温蒸汽，其传热性能差，而且过热器和再热器又位于高温烟区，所以管壁温度较高。如何使过热器和再热器管能长期安全工作是过热器和再热器设计和运行中的重要问题。

为了降低锅炉成本，应尽量避免采用高级别的合金钢，设计过热器和再热器时，选用的金属管子几乎都工作在接近其温度的极限值，此时10~50℃的超温也会使过热器和再热器管的许用应力下降很多。

在过热器和再热器的设计及运行中，应注意下列问题：

(1) 运行中应保持汽温的稳定，汽温波动不应超过±(5~10)℃。

(2) 过热器和再热器要有可靠的调温手段，使运行工况在一定范围内变化时能维持额定的汽温。

(3) 尽量防止或减少平行管子之间的热偏差。

锅炉过热器及再热器常用材料的允许温度见表2-3，由表2-3可知，过热器及再热器所用材料取决于其工作温度。当金属管壁温度不超过500℃时，可采用碳素钢；当金属温度更高时，必须采用合金钢或奥氏体合金钢。

(一) 过热器

现代大型锅炉的过热器和再热器系统比较复杂，大都采用辐射—对流多级布置系统。受热面管子则根据各级管内工质温度和所处区域热负荷大小分别采用不同的材料和壁厚。

表 2-3　　　　　　　　　　　　过热器和再热器常用钢材的允许温度

钢　号	受热面管子允许温度（℃）	联箱及导管允许温度（℃）	钢　号	受热面管子允许温度（℃）	联箱及导管允许温度（℃）
20 号碳钢	500	450	X20CrMoWVl21（F11）	650	600
10CrM0910	540	540	X20CrMoVl21（F12）	650	600
12CrMo，15MnV	540	510	Cr6SiMo		800
15CrMo，12MnMoV	550	510	4Cr9Si2		800
X12CrM091（HI）	560		25Mn18A15SiMoTi		800
12Cr1MoV	580	540	Cr18Mnl 1Si2N		900
12MoVWBSiRe	580	540	Cr20Ni14Si2	700	1100
12Cr2MoWVB（钢 102）	600～620	600	Cr20M _ n9Ni2Si2N	700	1100
12Cr3MoVSiTLB	600～620	600	TP—347H	720	700
Mnl7CrMoVbBZr	620～680	620～680	TP—304H	720	704
Cr5Mo		650	T91	700	700

1. 过热器结构

按结构分，过热器可分为蛇形管式、屏式、壁式和包墙管式四种。按传热方式分，过热器可分为对流式、辐射式、半辐射式三种形式。

（1）对流过热器。对流过热器是指布置在对流烟道内主要吸收烟气对流放热的过热器。对流过热器由蛇形管受热面和进、出口联箱组成。蛇形管一般采用外径为 32～57mm 的无缝钢管弯制而成，管壁厚度由强度计算决定，管子材料根据其工作条件确定。

根据烟气与蒸汽的流动方向，对流过热器可分为顺流、逆流及混合流布置三种方式。对于逆流布置的过热器，蒸汽温度高的那一段处于烟气高温区，金属壁温高，但由于平均传热温差大，受热面可少些，较经济，该布置方式常用于过热器的低温级（进口级）。对于顺流布置的过热器，蒸汽温度高的那一段处于烟气低温区，金属壁温较低，安全性较好，但由于平均传热温差最小，需要较大的受热面，金属耗量大，不经济，故顺流布置方式多用于蒸汽温度较高的最末级（高温级）。对于混流布置的过热器，低温段为逆流布置，高温段为顺流布置，低温段具有较大的平均传热温差，高温段管壁温度也不致过高，混流布置方式广泛用于中压锅炉。高压和超高压锅炉过热器的最后一级也常采用这种布置方式。

根据管子的布置方式，对流过热器可分为立式和卧式两种。蛇形管垂直放置的立式过热器的优点是支吊结构比较简单，可用吊钩把蛇形管的上弯头吊挂在锅炉的钢架上，并且不易积灰，立式过热器通常布置在炉膛出口的水平烟道中；它的缺点是停炉时，管内存水不易排出。蛇形管水平放置的卧式过热器在停炉时管内存水容易排出，但它的支吊结构比较复杂且易积灰，常以有工质冷却的受热面管子（如省煤器管子）作为它的悬吊管。

过热器的蛇形管可做成单管圈、双管圈及多管圈，这与锅炉的容量和管内必须维持的蒸汽流速有关。大容量锅炉通常采用多管圈结构。

根据管子的排列方式，对流过热器可分为顺列和错列布置两种方式。在烟气流速和管子排列特性等相同的条件下，错列横向冲刷受热面的传热系数比顺列大，但由于错列管束的吹灰通道小，错列管束的外表积灰难于吹扫干净，或者为了增大吹灰通道，不得不把横向节距过分地增大，从而降低了烟道的利用率；而顺列管束的外表积灰很容易被吹灰器所清除。国内绝大多数锅炉，在高温水平烟道中采用立式顺列布置的受热面（可以避免燃烧多灰分燃料时产生结渣和减轻积灰的程度）。当受热面顺列布置时，相对横向节距 $s_1/d=2\sim3$，相对纵向节距在管子半径允许的条件下应尽量小，使结构紧凑。通常，相对纵向节距 $s_2/d=1.6\sim2.5$；当过热器的进口烟气温度较高并接近 $1000℃$ 以上时，为了防止结渣，常把过热器管束的前几排拉稀，相对横向节距 $s_1/d=4.5$，相对纵向节距 $s_2/d\geqslant3.5$。通常，在尾部竖井烟道中采用卧式错列布置的受热面。近年来，为了提高锅炉运行的可用率和可靠性，大型电站锅炉在尾部竖井烟道中也有采用卧式顺列布置的受热面。

为了保证对流过热器管子金属得到足够的冷却，管内工质必须保证一定的质量流速，流速越高，管子的冷却效果越好，但工质的压降也越大，通常过热器系统允许的压降不宜超过过热器工作压力的 $8\%\sim10\%$。对流过热器低温级的质量流速建议采用 $\rho_w=400\sim700kg/(m^2\cdot s)$，高温级建议采用 $\rho_w=700\sim1100kg/(m^2\cdot s)$。

流经过热器和再热器受热面的烟气流速的选取受多种因素的相互制约。高烟气流速可提高传热系数，但管子的磨损也较严重；相反，过低的烟气流速不仅会降低传热系数，而且还导致管子的严重积灰。在额定负荷时，对流受热面的烟气流速一般不宜低于 $6m/s$。在炉膛出口之后的水平烟道中，烟温较高，灰粒较软，对受热面的磨损较小，常采用 $10\sim12m/s$ 以上的烟气流速。在烟温小于 $600\sim700℃$ 的区域中，由于灰粒变硬，磨损加剧，烟气流速一般不宜高于 $9m/s$。

（2）辐射式过热器。辐射式过热器是指布置在炉膛中直接吸收炉膛辐射热的过热器。辐射式过热器有多种布置方式，若辐射式过热器设置在炉膛内壁上，称为墙式过热器；若辐射式过热器布置在炉顶，称为顶棚过热器；若辐射式过热器悬挂在炉膛上部，称为前屏过热器。

高参数大容量锅炉中，过热吸热占很大比例，蒸发吸热的比例减小，从布置足够的炉膛受热面来冷却烟气及从减小过热器金属耗量来看，布置辐射式过热器具有一定的好处；同时由于辐射式过热器与对流式过热器具有相反的温度特性，可达到改善锅炉汽温调节特性的目的。

由于炉内热负荷很高，辐射式过热器的工作条件恶劣，运行经验表明，管壁金属与管内工质的温差可达 $100\sim120℃$。为了改善工作条件，通常在辐射式受热面的设计、布置及运行时采用下列措施：

1）使辐射式受热面远离热负荷最高的火焰中心，过热器只布置在远离火焰中心的炉膛上部。墙式受热面会使水冷壁高度减少，对水循环的安全性不利，设计时应特别注意水循环计算。

2）将辐射式过热器作为低温级受热面，以较低温度的蒸汽流过这些受热面，来达到冷却金属的目的。

3）过热器内采用较高的蒸汽质量流速，以提高管内工质的放热系数。一般 $\rho_w=1000\sim1500kg/(m^2\cdot s)$，为此，需尽量减少受热面并列管子的数目，将受热面分组布置，增加工质的流动速度。

（3）半辐射式过热器。半辐射式过热器是指布置在炉膛上部或炉膛出口烟道处，既吸收炉内的直接辐射热又吸收烟气的对流放热的过热器，通常又称为屏式过热器。对同时具有前屏过热器的锅炉，则称为后屏过热器。

屏式过热器由进出口联箱及焊在联箱上的许多 U 形管紧密排列成管屏组成，它像"屏风"一样把炉膛上部隔成若干个空间，管屏通常悬挂在炉顶构架上，可以自由向下膨胀，为了增强屏的刚性，相邻两屏用它们本身的管子相互连接，有时在屏的下部用中间的管子把其余的管子包扎起来。

屏式过热器中并列管子的根数约为 15～30 根。屏间距离（横向节距）s_1 较大，通常 $s_1 = 600～1200mm$，相对纵向节距 s_2/d 很小，通常 $s_2/d = 1.1～1.25$。

烟气在屏与屏之间的空间流过，烟气在屏间的流速通常为 6m/s。屏式过热器热负荷较高，为了降低管壁温度以提高受热面工作的安全性，屏式受热面管内蒸汽的流速应比同样压力的对流过热器高，通常质量流速 $\rho_w = 700～1200kg/(m^2 \cdot s)$。

屏式过热器具有以下优点：

1) 屏式过热器吸收部分炉内辐射热，能有效地降低炉膛出口烟温，防止对流过热器结渣。

2) 出口烟道处后屏的屏间距离 s_1 大，稀疏布置的管屏起了凝结熔渣的作用。流经管屏的烟气流速大，所以后屏也吸收了相当部分的对流换热量，能有效降低进入水平烟道的烟气温度，防止布置密集的对流过热器或再热器的结渣。

3) 屏式过热器能在 1000～1300℃ 烟温区内可靠地工作，与对流过热器相比，烟温提高，传热温差增大，传热强度高，受热面积可减少。

4) 屏式过热器以辐射为主，与对流过热器联合使用，可改善汽温变化特性。

屏式过热器中紧密排列的各 U 形管受到的辐射热及所接触的烟气温度有明显差别，并且内外管圈长度不同会导致蒸汽流量的差别，因此平行工作的各 U 形管的吸热偏差较大，有时管与管之间的壁温差可达 80～90℃。运行时，应注意屏式过热器出口端金属壁温的监视和控制。屏最外圈 U 形管工质行程长、阻力大、流量小，又受到高温烟气的直接冲刷，接受炉膛辐射热的表面积较其他管子大许多，其工质焓增比屏的平均焓增大 40%～50%，极容易超温烧坏。为了防止外管圈超温，有许多改进结构，如将外管圈的长度缩短，将外管圈和内管圈在中间交换位置，也可用加大外管圈管径及采用高一级材质的钢材等方法来提高其工作的可靠性。

（4）包覆过热器。在大型锅炉中，为了采用悬吊结构和敷管式炉墙，在水平烟道或尾部烟道内壁布置了过热器管，此种过热器称为包覆过热器。

包覆过热器作为炉壁，主要用于悬吊炉墙。由于包覆过热器仅受烟气的单面冲刷，贴壁处烟气流速又低，对流传热效果差；又由于包覆过热器较紧密地布置在烟温较低的尾部烟道内，辐射吸热量很小，因此包覆过热器不能作为主受热面。

炉墙敷设在管子上，可以减轻炉墙质量，简化炉墙结构。由于包覆过热器内蒸汽来自焓增很小的炉顶过热器或直接来自汽包，蒸汽温度较低，因此，包覆过热器具有较低的管壁温度，有利于减少锅炉的散热损失。此外，包覆过热器还具有将蒸汽输送入布置在尾部烟道的低温过热器进口的作用。

包覆过热器的直径与对流过热器的直径相同。当包覆过热器采用光管结构时，管子间的相对节距 $s/d = 1.1～1.2$；当包覆过热器采用膜式结构时，管子间的相对节距 $s/d = 2～3$。为了保证锅炉对流烟道的严密性，并且为了减少金属消耗量，一般在管间焊上扁钢或圆钢成

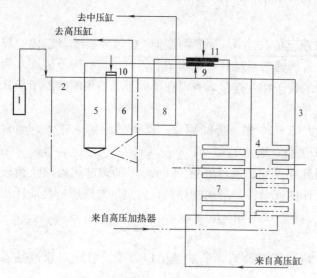

图 2-19　华能海门电厂锅炉过热器系统

1—汽水分离器；2—顶棚过热器；3—包墙过热器；
4—低温过热器；5—屏式过热器；6—末级过热器；
7—低温再热器；8—高温再热器；9—过热器一级减温器；
10—过热器二级减温器；11—再热器减温器

为膜式结构。

2. 华能海门电厂锅炉过热器系统

本锅炉过热器系统（如图 2-19 所示）受热面由四部分组成，第一部分为顶棚及后竖井烟道四壁及后竖井分隔墙；第二部分是布置在尾部竖井后烟道内的低温过热器；第三部分是位于炉膛上部的屏式过热器；第四部分是位于折焰角上方的末级过热器。

过热器系统按蒸汽流程分为顶棚过热器、包墙过热器/分隔墙过热器、低温过热器、屏式过热器及末级过热器。按烟气流程依次为屏式过热器、高温过热器、低温过热器。

整个过热器系统布置了一次左右交叉，即屏式过热器出口至末级过热器进口进行一次左右交叉，有效地减

少了锅炉宽度上的烟气侧不均匀的影响。锅炉设有两级四点喷水减温，每级喷水分两侧喷入，每侧喷水均可单独地控制，通过喷水减温可有效减小左右两侧蒸汽温度偏差。

(1) 顶棚过热器及后竖井区域包墙过热器。来自启动分离器的蒸汽由连接管进入顶棚过热器入口集箱（ϕ495.3×118mm，SA—335P12）。顶棚管数量为 296 根，节距为 114.3mm，分为前、中、后三段。炉膛上部屏式过热器区域为顶棚过热器前段，管子规格 ϕ63.5×10.7mm，材质 SA—213T12，扁钢厚度 12mm，材质 15CrMo；炉膛折焰角高温过热器和水平烟道高温再热器区域为顶棚过热器中段，以后墙凝渣管后 300mm 处为界，前部分管子规格为 ϕ63.5×10.7mm，材质 SA—213T12，后部分管子规格变为 ϕ57×9.3mm，材质 SA—213T2，顶棚中段扁钢厚度 9mm，材质 15CrMo；后竖井区域为顶棚过热器后段，管子规格 ϕ57×9.3mm，材质 SA-213T2，扁钢厚度 6.4mm，材质 15CrMo。顶棚过热器前段上设有专供检修炉膛内部的炉内检修平台用绳孔共 18 个，密封管规格为 ϕ89×4.5mm（12Cr1MoVG），此外前段顶棚靠近前墙和两侧墙还设有方便炉内抢修屏式受热面及水冷壁的吊篮孔共 17 个，密封管规格为 ϕ51×3.5mm（12Cr1MoVG）。

蒸汽从顶棚出口集箱（ϕ355.6×84mm，SA—335P12）通过 48 根连接管（ϕ141.3×26mm/30 根，ϕ114.3×21mm/6 根，ϕ127×23mm/12 根，材质均为 SA—335P12）分别引入中隔墙和前、后包墙入口集箱（均为 ϕ190.7×42mm，SA—335P12），通过包墙管加热后分别到包墙出口集箱（后包墙出口集箱为 ϕ190.7×44mm，前、中、侧包墙出口集箱为 ϕ190.7×42mm，材质均为 SA—335P12）。各包墙出口集箱之间互相不连通，由 46 根包墙过热器出口连接管（ϕ141.3×26mm/21 根，ϕ101.6×18mm/2 根，ϕ127×23mm/23 根，材质均为 SA—335P12）引入锅炉两侧的包墙出口混合集箱（ϕ571.5×115mm，SA—335P12），再由包墙出口混合集箱顶部引出连接管（ϕ508×83mm，SA—335P12）至低温过热器进口集箱。包墙出口连接管吊在构架梁上，包墙出口混合集箱通过上面的低温过热器进

口连接管吊在构架梁上。

包墙过热器均为全焊接膜式壁结构，扁钢材质均为 15CrMo。水平烟道左右侧包墙分别由 43 根规格 $\phi31.8×6.4mm$、SA—213T2 管子组成，节距 63.5mm。后竖井前包墙、中隔墙下部由 297 根 $\phi38.1×6.5mm$、SA—213T2 管子组成管屏，节距 114.3mm，上部烟气进口段前包墙均拉稀成三排（节距 228.6mm），中隔墙拉稀两排（节距 342.9mm），均为光管布置，最后排管子承载，承重管规格为 $\phi57×16.5mm$（前墙，SA—213T12）/$\phi45×8.9mm$（中隔墙，SA—213T2），其余前排管子均为 $\phi38.1×6.5mm$、SA—213T2。后竖井左右侧包墙分别由 129 根 $\phi38.1×6.5mm$、SA—213T2 管子组成管屏，节距 114.3mm。后竖井后包墙由 297 根 $\phi38.1×6.5mm$、SA—213T2 管子组成管屏，节距 114.3mm。

（2）低温过热器。低温过热器进口连接管从两端送入低温过热器进口集箱（$\phi635×143mm$，SA—335P12）。低温过热器布置在后竖井后烟道内，分为水平段和垂直出口段。整个低温过热器为顺列布置，蒸汽与烟气逆流换热。

水平段共 2 组，由 4 根管子绕成，共 296 排，管排横向节距 114.3mm，下组管子为 $\phi57×9.4mm$、SA—213T12，上组管子下段为 $\phi57×10.4mm$、SA—213T12，上段为 $\phi57×12.2mm$、SA—213T22；水平段的两排管合成垂直段的一排管，起降低烟速、减小磨损作用，管子 $\phi50.8×11.3mm$、SA213T22，横向节距 228.6mm，共 148 排。

低温过热器水平段管组通过省煤器吊挂管悬吊在大板梁上，垂直出口段通过与低温过热器出口集箱（$\phi711.2×155mm$，SA—335P12）相连而由集箱吊架悬吊在大板梁上，低温过热器进口集箱从第一象限垂直引出了 14 根吊挂管（$\phi57×18.3mm$，SA—213T22/$\phi50.8×11.4mm$，SA—213T22）向上穿出顶棚后引至低温过热器出口集箱，通过吊挂管垂直段上方处的吊点将荷载传至锅炉顶板上。

（3）屏式过热器。经过低温过热器加热后，蒸汽经低温过热器出口连接管（$\phi660.4×129mm$，SA—335P12）、一级减温器（$\phi660.4×129mm$，SA—335P12）及屏式过热器进口连接管（$\phi533.4×95mm$，SA—335P12）后引入屏式过热器进口混合集箱（$\phi571.5×109mm$，SA—335P12），混合集箱与每个分配集箱（$\phi325×71mm$，SA—335P12）相连。

辐射式屏式过热器布置在炉膛上部区域，在炉深方向布置了两排，两排屏之间紧挨着布置，每一排管屏沿炉宽方向布置 19 片屏，共 38 片。屏式过热器管屏的横向节距 $s_1=1714.5mm$，纵向节距 $s_2=57mm$，每片屏由 21 根管绕成，炉内受热面管子外三圈采用 HR3C 材料，其余内圈均采用 SUPER304H 材料，管屏入口段与出口段采用不同的管子壁厚，内外圈管采用不同的管子规格，其具体的用材情况见图 2-20 的屏式过热器材料分界图。屏式过热器蛇形管均由集箱承重并由集箱吊杆传至大板梁上。

每片屏式过热器出口分配集箱（$\phi325×71mm$，SA—335P92）与混合集箱（$\phi660.4×114mm$，SA—335P92）相连，蒸汽在混合集箱中混合后，经屏式过热器出口连接管（$\phi609.6×93mm$，SA—335P92）、二级减温器（$\phi609.6×93mm$，SA—335P92）及高温过热器进口连接管（$\phi571.5×84mm$，SA—335P91）引入高温过热器进口混合集箱。

为保证管屏的平整，防止管子的出列和错位及焦渣的生成，屏式过热器布置有定位滑动块等结构，定位滑动块采用 SUS309S 不锈钢材料，可靠性高，如图 2-21 所示。

为防止吹灰蒸汽对受热面的冲蚀，在吹灰器附近蛇形管排上均设置有防蚀盖板。

为减小流量偏差使同屏各管的壁温比较接近，在屏式过热器进口集箱上管排的入口处设

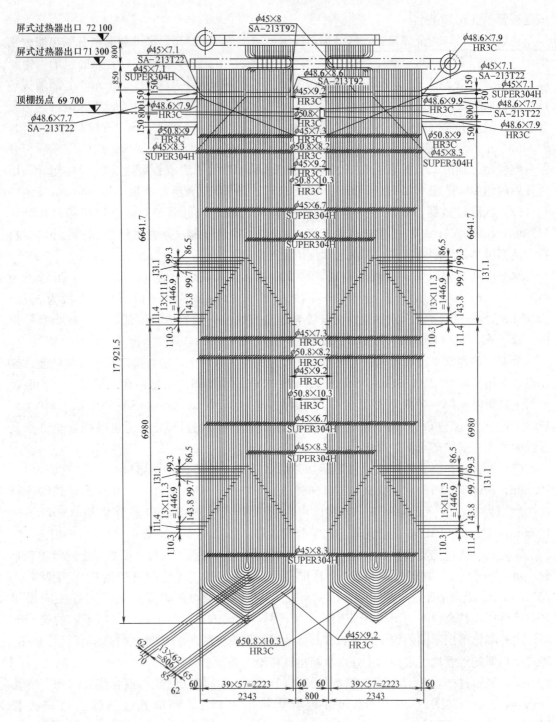

图 2-20 屏式过热器材料分界图

置了不同尺寸的节流圈,最外圈管 ($\phi48.6\times8.6$mm) 节流孔为 $\phi21$,第二圈管 ($\phi45\times$
7.9mm) 不节流,其余内圈管 ($\phi45\times7.9$mm) 节流孔有 $\phi19.5$、$\phi14$、$\phi13.5$、$\phi13$、$\phi12.5$、
$\phi12$、$\phi11.5$ 和 $\phi11$ 八种规格。

(4) 高温过热器。蒸汽从高温过热器进口混合集箱 ($\phi584.2\times91$mm,SA—335P91) 水
平进入与之相连的高温过热器进口分配集箱 ($\phi355.6\times68$mm,SA—335P91,共 18 根),经

蛇形管加热后进入高温过热器出口分配集箱（$\phi355.6\times78$mm，SA—335P92，共 18 根），再水平接至高温过热器出口混合集箱（$\phi711.2\times137$mm，SA—335P92），品质合格蒸汽由连接管（$\phi540\times85$mm，SA—335P92）从出口混合集箱两端引出，送入汽轮机高压缸。高温过热器蛇形管位于折焰角上部，沿炉宽方向布置有 36 片，相邻的两片管屏与同一个高温过热器进、出口分配集箱相接，管排横向节距 $s_1=914.4$mm，管子纵向节距 $s_2=57$mm，每片管屏由 24 根管子并联绕制而成，炉内受热面管子外三圈采用 HR3C 材

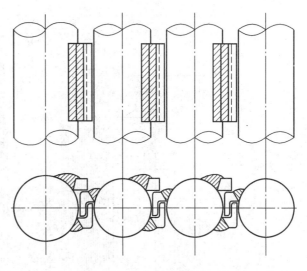

图 2-21 定位滑动块示意

料，其余内圈均采用 SUPER304H 材料，管屏入口段与出口段采用不同的管子壁厚，内外圈管采用不同的管子规格，其具体的用材情况见图 2-22 的高温过热器材料分界图。高温过热器蛇形管均由集箱承重并由集箱吊杆传至大板梁上。

为保证管屏的平整，防止管子的出列和错位及焦渣的生成，高温过热器蛇形管间布置有定位滑动块，定位滑动块采用 SUS309S，可靠性高。

为防止吹灰蒸汽对受热面的冲蚀，在吹灰器附近蛇形管排上均设置有防蚀盖板。

为减小流量偏差使同屏各管的壁温比较接近，在高温过热器进口分配集箱上管排的入口处除最外圈管子外均设置了不同尺寸的节流圈，有 $\phi15.5$、$\phi14.5$、$\phi14.0$、$\phi13.5$、$\phi12.5$、$\phi12$、$\phi11.5$、$\phi13$ 八种规格。

（5）减温器。过热器减温器为喷头式减温器，一级喷水减温器装在低温过热器和屏式过热器之间的管道上，外径为 $\phi660.4$，壁厚为 129mm，材料为 SA—335P12。二级喷水减温器装在屏式过热器和高温过热器之间的管道上，外径为 $\phi609.6$，壁厚为 93mm，材料为 SA—335P92。

（6）过热器特点。

1）工作特点。

■ 由于过热器的出口处工质已达到较高温度，所以过热器的许多部分，特别是它们的末端部分需要采用价格较高的合金钢。通常为降低锅炉造价，尽量避免采用更高级的合金钢。设计时，几乎使各级过热器金属管子的工作温度都接近极限温度。为使过热器安全运行，必须注意保持汽温稳定，波动不应超过 $\pm5\sim10$℃。

■ 整个过热器的阻力，即工质压降不能太大。因大部分过热器都布置在较高烟温区域，为了使管子得到较好的冷却，就得使管内工质有较高的流速。工质流速越高，阻力越大，工质的压降就会越大。对于过热器，工质压降越大，要求给水压力越高，除给水泵功率消耗增大外，省煤器、水冷壁等承压部件壁厚就需要增大，它们的材料和制造成本就会提高。因此，一般要求整个过热器内工质的压降不超过其工作压力的 10%。本锅炉过热器在 B—MCR 工况下压降为 1.41MPa。

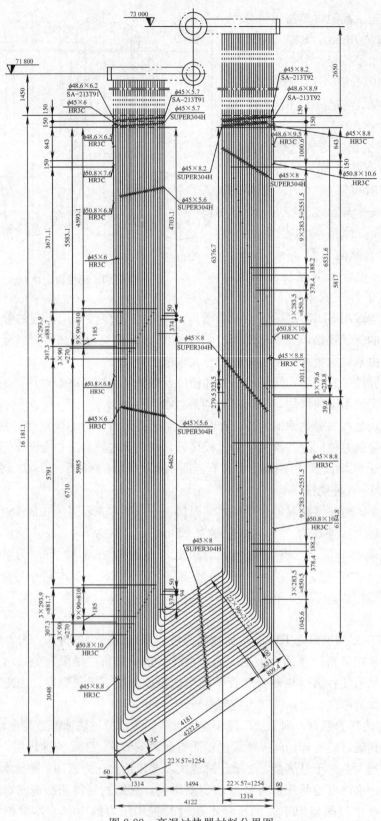

图 2-22　高温过热器材料分界图

■ 过热器出口蒸汽温度随负荷的改变而变化。这是由于过热器是组合式的，既有对流传热又有辐射传热，但总体上是以对流传热为主。当负荷变化时，受热面管外烟气流速和管内工质流速都将发生变化，管内外的对流放热系数随着改变，导致管内蒸汽吸热量改变。

■ 在锅炉启动点火或汽轮机甩负荷时，过热器中没有或只有少量蒸汽通过，管壁会由于得不到冷却而产生爆管或烧损。为此，必须采取控制烟气温度等有效措施，用来保障在启动或汽轮机甩负荷时过热器的安全。

2）结构特点。

■ 为消除蒸汽侧和烟气侧产生的热力偏差，过热器各段进出口集箱采用多根小口径连接管连接，并进行左右交叉，保证蒸汽的充分混合。过热器采用二级喷水减温装置，且左右能分别调节，可保证过热器两侧汽温差小于5℃。

■ 过热器管排根据所在位置的烟温留有适当的净空间距，用以防止受热面积灰搭桥或形成烟气走廊，加剧局部磨损。处于吹灰器有效范围内的过热器的管束设有耐高温的防磨护板，以防吹损管子。

■ 在屏式过热器底端的管子之间安装膜式鳍片来防止单管的错位、出列，保证管排平整，有效抑制了管屏结焦和挂渣，同时方便吹灰器清渣。

■ 屏式过热器和末级过热器在入口和出口段的不同高度上，由若干根管弯成环绕管。环绕管贴紧管屏表面的横向管将管屏两侧压紧，保持管屏的平整。过热器采用防振结构，在运行中保证没有晃动。

■ 过热器在最高点处设有排放空气的管座和阀门。放空气门在炉顶集中布置。

3）过热器的保护。锅炉在运行中，必须对过热器、再热器提供必要的监视和保护手段，尤其在锅炉启动、停炉阶段，由于此时所处的工作条件差，更需要对过热器和再热器进行保护。

■ 压力保护。在过热器出口管道上装设了两只动力控制泄放阀（PCV阀），两只安全阀。在屏式过热器进口管道上装设了6只安全阀，出口管道PCV阀和安全阀的整定压力幅度低于进口管道安全阀的整定压力幅度，因此当锅炉超压引起出口管道PCV阀和安全阀启跳时，能确保整个过热器系统中总有足够的蒸汽流过。而出口管道PCV阀的整定压力幅度低于过热器出口安全阀，使安全阀免于经常动作而得到保护。在动力控制泄放阀前设置了一个闸阀，以供PCV阀检修时隔离用。

■ 温度监测保护。过热器系统的温度测点是锅炉在启停、运行时对过热蒸汽温度和管子金属壁温进行监视和保护的重要手段。过热器系统温度的监视是通过设置系统管道上不同位置的热电偶来实现的，管子金属壁温的监视是通过装设在过热器各级受热面出口段的壁温测点来实现的。调节蒸汽温度的喷水减温器装于低温过热器与屏式过热器之间和屏式过热器与高温过热器之间。

3. 大唐潮州电厂1000MW超超临界锅炉过热蒸汽系统

（1）过热器。过热器系统采用四级布置，以降低每级过热器的焓增，沿蒸汽流程依次为水平与立式低温过热器、分隔屏过热器、屏式过热器和末级过热器。过热器布置图如图2-23所示。主汽导管装有2只弹簧式安全阀，4只PCV阀，在两只汽水分离器蒸汽引出管的连通管中装有6只过热器入口弹簧安全阀。

由两只汽水分离顶部引出的两根蒸汽连接管（$\phi 508 \times 78mm$，SA335P12）将蒸汽送往位

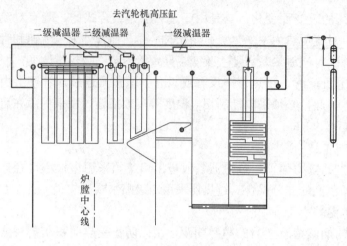

图 2-23　过热器布置图

于后竖井中的水平低温过热器入口集箱，流经水平低温过热器的下、中、上管组，水平低温过热器蛇形管共有 240 片，每片由 5 根管子组成，管子为 ϕ50.8，壁厚 8.1mm，节距为 133.5mm，材质为 SA—213T12，由水平低温过热器的出口段与立式低温过热器相接，管径亦为 ϕ50.8，壁厚 8.4mm，节距为 267mm，共有 120 片，每片由 10 根管子组成以降低烟速，材质也是 SA—213T12。在顶棚管以上 1100mm 处，立式低温过热器出口炉前方向第一根管子上均匀布置 10 点壁温测点，监视低温过热器管内蒸汽温度。由立式低温过热器出口集箱引出的 2 根 ϕ508×78mm 的连接管上装有两只第一级喷水减温器，通过喷水减温后进入分隔屏入口集箱。低温过热器材料分段图如图 2-24 所示。

分隔屏共有 12 大片屏，每个大屏又由 4 个小屏组成，每大屏各有 56 根 ϕ54 的管子，按照壁温，分别采用 SA—213T22（壁厚为 10.7mm）和 SA—213TP347H（壁厚为 7.2mm）材料，而每小片屏的外圈管采用 ϕ60.3 的管径，以增加壁温裕量。由分隔屏出口集箱引出的 2 根 ϕ508×108mm（SA—335P22）连接管上装有两只第二级喷水减温器，其出口管道为 ϕ610×118mm，蒸汽进入屏式过热器入口集箱（ϕ521×122mm，SA—335P22）。在每一大屏上，炉前方向最后一片小屏第一根最外圈管子出口段上均匀布置壁温测点，共 12 点。分隔屏过热器材料分段图如图 2-25 所示。

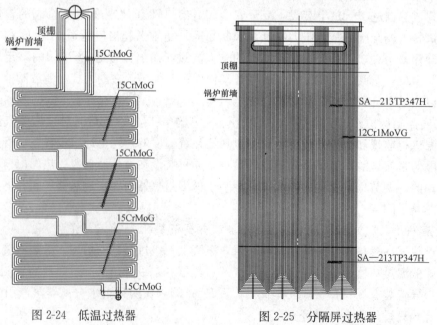

图 2-24　低温过热器　　　　　图 2-25　分隔屏过热器

屏式过热器（三级过热器）蛇形管共有 58 片屏，每片屏由 13 根管组成，横向节距为 534mm，管子材质为 Code case 2328（18Cr 钢）以及 SA213TP301HCbN（HR3C），管径为 $\phi50.8/\phi63.5$，管子平均壁厚为 $6.2\sim10.8$mm，屏式过热器出口集箱为 $\phi457\times87$mm（SA—355P91），由屏式过热器出口集箱引出 2 根 $\phi559\times88$mm 连接管，管上装有两只第三级喷水减温器，喷水后的蒸汽进入末级过热器入口集箱（$\phi457\times84$mm；SA—335P91）。屏式过热器材料分段图见图 2-26。

末级过热器蛇形管共有 94 屏，每屏由 16 根管组成，管径为 $\phi57.1/48.6$mm，材质为 Code case 2328 和 SA213TP310HCbN，平均厚度为 7.7mm，横向节距为 333.8mm，末级过热器出口集箱为 $\phi559\times126$mm，材质为 SA—335P122。由末级过热器出口集箱引出两根主汽导管送往汽轮机高压缸，主汽导管为 $\phi559\times102$mm，材质为 SA—335P122。末级过热器材料分段图见图 2-27。

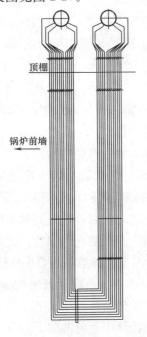

图 2-26　屏式过热器

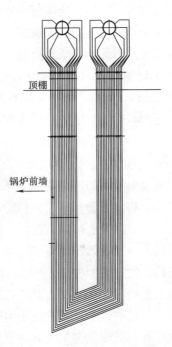

图 2-27　末级过热器

（2）过热器的特点。

1）为消除蒸汽侧和烟气侧产生的热力偏差，过热器各段进出口集箱间的连接采取按1/2炉宽混合并在汇集总管上设置三级喷水减温器，每级喷水又分成左右两个，使左右汽温偏差降到最小程度的平衡措施，保证过热器各段的焓增分配合理。在任何工况下（包括高压加热器全切和 B—MCR 工况），过热器喷水的总流量约为 7%过热蒸汽流量。

2）为防止爆管，各过热器管段均进行热力偏差的计算，并充分考虑烟温偏差的影响，受热面材料的许用温度与计算最高金属壁温之差大于 15℃。在炉膛出口的屏式过热器、末级过热器均考虑温差的影响，外三圈管子的钢材提高了一个档次。过热器系统中所用的大口径三通和弯头采用锻造件，其内壁打磨光滑，圆滑过渡，减小阻力。为防止三通效应，不在三通涡流区引入或引出受热面管。

3）处于吹灰器有效范围内的过热器的管束及悬吊管设有耐高温的防磨护板，以防吹损管子。布置在尾部竖井内的低温过热器每层管束组第一排管束（包括弯头）均设有防磨护板。在 B—MCR 时，通过尾部低温过热器的烟气平均流速不超过 10m/s，其中水平烟道受热面的烟气流速不超过 13m/s（平均流速指进、出口流速的平均值）。

4）由于过热器的出口处工质已达到较高温度，所以过热器的许多部分，特别是它们的末端部分需要采用价格较高的合金钢。通常为降低锅炉造价，尽量避免采用更高级的合金钢。设计时，几乎使各级过热器金属管子的工作温度都接近极限温度。为使过热器安全运行，必须注意保持汽温稳定，波动不应超过±5～10℃。

5）整个过热器的阻力，即工质压降不能太大。因大部分过热器都布置在较高烟温区域，由于蒸汽的密度较水的密度小，在相同条件下，管壁与蒸汽之间的放热系数就小，蒸汽对管壁的冷却能力就差，为了使管子得到较好的冷却，就得使管内工质有较高的流速。工质流速越高，阻力越大，工质的压降就会越大。对于过热器，工质压降越大，要求给水压力越高，除给水泵功率消耗增大外，省煤器、水冷壁等承压部件壁厚就需要增大，它们的材料和制造成本就会提高。因此，一般要求整个过热器内工质的压降不超过其工作压力的10%。本锅炉过热器在 B—MCR 工况下压降为 1.47MPa。

4. 平海电厂 1000MW 超超临界锅炉过热器

（1）过热器简述。平海电厂 1000MW 过热器系统按蒸汽流向可分为五级：顶棚 & 包墙过热器、低温过热器、分隔屏过热器、后屏过热器和末级过热器。其中主受热面为低温过热器、分隔屏过热器、后屏过热器、末级过热器。分隔屏过热器和后屏过热器布置在炉膛的上部，主要吸收炉膛内的辐射热量，末级过热器布置在折烟角上，炉膛后墙水冷壁吊挂管之前，受热面呈顺流布置，靠辐射和对流传热吸收热量。过热器系统的汽温调节采用燃料/给水比和三级十二点喷水减温，在低温过热器和分隔屏过热器之间、后屏过热器和末级过热器之间设置的第一级、第三级喷水减温在单侧间左右交叉以减少左右侧汽温偏差。过热器主受热面的结构特性参数如表 2-4 所示，过热器系统集箱与导管的设计参数如表 2-5 所示。

过热器受热面管壁厚及选材留有足够裕度，确保受热面在各种负荷运行时均安全可靠。在本工程中，过热器受热面选材采用壁温计算方法，对各个受热面在各个负荷工况下均进行金属温度计算，按最恶劣工况下的壁温选择受热面材料，在计算中充分考虑了各级受热面的热力、水力及携带偏差。

表 2-4　　　　　　　　　　　过热器结构布置参数

序号	名　称	节距（mm）		管径（mm）	排数	每排管子根数	布置受热面积（m²）
		横向 S_1	纵向 S_2				
S32～S35	低温过热器（水平段）	127	101.6/82.6	50.8/41.3	269	6	22 956
S36	低温过热器（垂直段）	254	100	41.3	269	6	2150
S44	分隔屏过热器	2640(平均)	50.8	41.3	12×8	10	3308
S52	后屏过热器	609.6	57.2/50.8	54/41.3	55	15	2880
S60	末级过热器（冷段）	508	57/50.8	47.6/41.3	67	18	1776
S61	末级过热器（热段）	508	76.2	47.6/41.3	67	18	2329

表 2-5 过热器系统集箱与导管的设计参数

序号	名 称	规格（mm）	材 质	设计压力[MPa(表压)]	设计温度(℃)
1	炉顶进口连接管道	ϕ273.1×35.5	12Cr1MoVG	30.98	443
2	炉顶进口集箱	ϕ323.9×53.0	12Cr1MoVG	30.98	443
3	炉顶旁路管道	ϕ355.6×46.0	12Cr1MoVG	30.98	443
4	炉顶出口集箱	ϕ273.1×45.0	12Cr1MoVG	30.98	449
5	延伸侧墙进口集箱	ϕ273.1×45.0	12Cr1MoVG	30.98	449
6	延伸侧墙出口集箱	ϕ457.2×75.0	12Cr1MoVG	30.98	449
7	前墙进口管道	ϕ457.2×60	12Cr1MoVG	30.98	449
8	侧墙前上进口集箱	ϕ273.1×45.0	12Cr1MoVG	30.98	449
9	侧墙前下出口集箱	ϕ457.2×75.0	12Cr1MoVG	30.98	449
10	前下进口集箱	ϕ457.2×80.0	12Cr1MoVG	30.98	449
11	热联管	ϕ219.1×30.0	12Cr1MoVG	30.98	449
12	后下进口集箱	ϕ457.2×75.0	12Cr1MoVG	30.98	449
13	侧墙后下出口集箱	ϕ457.2×75.0	12Cr1MoVG	30.98	449
14	隔墙下部进口集箱	ϕ457.2×80.0	12Cr1MoVG	30.98	449
15	隔墙上部出口集箱	ϕ457.2×75.0	12Cr1MoVG	30.98	449
16	侧墙后上进口集箱	ϕ457.2×75.0	12Cr1MoVG	30.98	449
17	低温过热器入口集箱	ϕ457.2×75.0	12Cr1MoVG	30.68	449
18	低温过热器出口集箱	ϕ406.4×72.0	12Cr1MoVG	30.41	486
19	喷水减温进口管道	ϕ457.2×61.0	12Cr1MoVG	30.41	486
20	一级喷水减温器	ϕ457.2×61.0	12Cr1MoVG	30.41	486
21	喷水减温出口管道	ϕ457.2×61.0	12Cr1MoVG	30.41	475
22	分隔屏进口集箱	ϕ355.6×69.85	12Cr1MoVG	30.34	475
23	分隔屏出口集箱	ϕ355.6×57.15	SA—335 P91	29.99	541
24	分隔屏出口管道（含减温器）	ϕ457.2×63.5	SA—335 P91	29.99	541
25	后屏进口集箱	ϕ355.6×57.15	SA—335 P91	29.86	525
26	后屏出口集箱	ϕ406.4×88.9	SA—335 P91	29.51	576
27	喷水减温进口管道	ϕ457.2×69.85	SA—335 P91	29.51	576
28	喷水减温进口管道	ϕ558.8×101.6	SA—335 P91	29.51	576
29	喷水减温器	ϕ558.8×101.6	SA—335 P91	29.51	576
30	喷水减温出口管道	ϕ558.8×101.6	SA—335 P91	29.51	570
31	末级过热器进口集箱	ϕ558.8×107.95	SA—335 P91	29.30	570
32	末级过热器出口集箱	ϕ内径 270×110（min.）	SA—335 P92	28.89	622
33	末级过热器进口管道	ϕ内径 255×65（min.）	SA—335 P92	28.89	611
34	末级过热器出口管道	ϕ内径 357×90（min.）	SA—335 P92	28.89	611

（2）炉顶、包覆过热器。从汽水分离器引出的蒸汽进入炉顶进口集箱，由炉顶进口集箱引出 168 根管子作为前炉顶过热器，管子规格为 ϕ50.8、ϕ41.3，材料为 15CrMoG，节距为 101.6mm，经前炉顶管至炉顶出口集箱，为减少蒸汽阻力损失，有部分蒸汽经旁路管直接进入炉顶出口集箱。从炉顶出口集箱两端 H 形集箱蒸汽进入延伸侧墙和后烟井两侧包覆，汇总至后烟井下部环形集箱，延伸侧墙管子根数为 122 根，管子规格 ϕ63.5，材料为 15CrMoG，节距为 114.3mm，后烟井侧墙管子根数为 164 根，管子规格 ϕ63.5，材料为

15CrMoG，节距为160mm。

在后烟井下部环形集箱处分成三路，第一路为后烟井前墙和后烟井前炉顶，第二路为后烟井后墙和后烟井后炉顶，第三路为中间隔墙下部向上至低温过热器进口集箱，第一路和第二路汇总至中间隔墙上集箱，通过中间隔墙上部向下至低温过热器进口集箱。后烟井前墙、后烟井前炉顶、后烟井后墙和后烟井后炉顶管子根数为270根，管子规格φ50.8，材料为15CrMoG，节距127mm，中间隔墙下部管子根数为269根，管子规格φ38.1，材料为15CrMoG，节距127mm，中间隔墙上部管子根数为269根，管子规格φ50.8，材料为15CrMoG，节距127mm。前部炉顶管上还设有供升降检修平台用的缆绳孔管。炉顶、包覆过热器流程见图2-28。

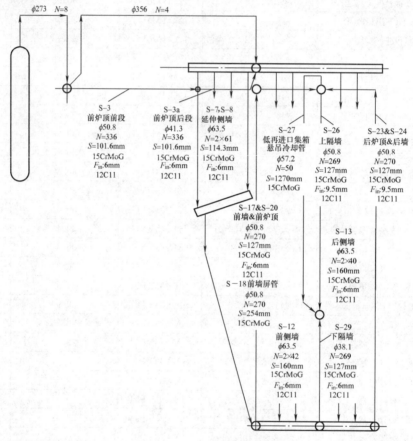

图2-28　炉顶、包覆过热器流程

（3）低温过热器。低温过热器布置于后烟井后烟道竖井中，顺列排列，与烟气成逆流布置，共269片，沿炉膛宽度均布，横向节距 S_1 为127mm，纵向节距 S_2 为101.6/82.6mm。每片受热面有6根管子组成，总计有1614根管子。管子规格为φ50.8、φ41.3，主材为15CrMoG、12Cr1MoVG和SA—213T91。

（4）分隔屏过热器。分隔屏过热器布置于炉膛上部，分隔屏过热器不仅吸收炉膛上部的烟气辐射热，降低炉膛出口烟温，还能分隔烟气流，降低炉膛出口烟温偏差，减弱切向燃烧时，炉膛出口烟气残余旋转的作用。

分隔屏过热器共12片，沿炉膛宽度均布，横向节距 S_1 为2640mm（平均），纵向节距

S_2 为 50.8mm。每片屏由 8 小屏组成，共 80 根管子，12 片屏总计有 960 根管子。管子规格 $\phi41.3$，主材为 SA—213T91、SUPER304H。

分隔屏管间定位采用耐热不锈钢制成的滑动连接件，1 块凸形和 2 块凹形连接件组成，直接焊在管子上，将管子相互连接一起，并保证每根管子能上下自由膨胀，连接件沿管屏高度分 4 处布置。

(5) 后屏过热器。后屏过热器布置于炉膛鼻子的前方，共 20 片，沿炉膛宽度均布，横向节距 S_1 为 609.6mm，纵向节距 S_2 为 57.2/50.8mm。每片屏有 15 根管子组成，总计有 825 根管子。管子规格为 $\phi54$、$\phi41.3$，主材为 SUPER304H SB。

管间纵向定位与分隔屏过热器相同，亦采用活动连接件，连接件沿后屏过热器高度布置 5 处，管屏间的横向定位采用流体冷却定位管，冷却蒸汽从延伸侧墙进口连接管道上分 6 路引出，作为后屏过热器的横向定位、末级过热器横向定位及末级再热器的横向定位。带定位块的冷却管水平横向穿过管屏，插入焊在管屏上的支承块中，使管屏保持一定的横向节距，定位管从管屏穿出后被引入后屏出口集箱。

(6) 末级过热器。末级过热器布置于折烟角上方，与烟气呈顺流布置，共 67 片，沿炉膛宽度均布，横向节距 S_1 为 508mm，纵向节距 S_2 为 57/50.8、76.2mm。每片受热面有 18 根管子组成，总计有 1206 根管子。管子规格为 $\phi47.6$、$\phi41.3$，主材为 SUPER304H SB、HR3C。管屏管间的定位和横向定位与后屏过热器相同。整个过热器系统流程如图 2-29 所示。

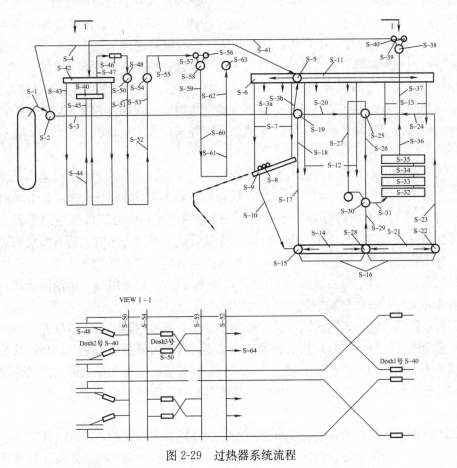

图 2-29 过热器系统流程

5. 国华台山电厂 1000MW 超超临界锅炉过热器

国华台山电厂 1000MW 超超临界直流塔式锅炉的过热器受热面布置在炉膛上方，采用卧式布置方式，过热器系统按蒸汽流向主受热面分为三级：吊挂管和第一级屏式过热器、第二级过热器、第三级过热器，如图 2-30 所示。

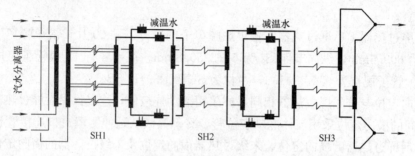

图 2-30　台山电厂 1000MW 锅炉过热器蒸汽系统流程

其中第一级过热器和第三级过热器布置在炉膛出口断面前，主要吸收炉膛内的辐射热量。第二级过热器布置在第一级再热器和末级再热器之间，靠对流传热吸收热量。第一级、第二级过热器逆流布置，第三级过热器顺流布置。过热器系统的汽温调节采用燃料/给水比和两级六点喷水减温，在第一级过热器和第二级、第二级和第三级过热器之间设置二级喷水减温并通过两级受热面之间的连接管道的交叉，一级受热面外侧管道的蒸汽进入下一级受热面的内侧管道，来进行补偿烟气导致的热偏差。锅炉过热器受热面设有设计安全阀，采用 100％B—MCR 大旁路设计，在启动、停机及任何汽轮机跳闸的情况下，4 个高压旁路减压站可以将蒸汽引到再热器。在再热器出口设置低压旁路，旁路容量按照 65％B—MCR 设计，再热器出口设置有 4 个总容量 100％B—MCR 的安全阀，起到保护再热器和过热器的作用。在机组启动期间，可以利用高、低压旁路系统提高机组的升温速度，又可以限制蒸汽压力的上升速度，使蒸汽参数能较快的达到汽轮机的冲转要求，为缩短机组的启动时间提供了有利条件。

从汽水分离器出来的蒸汽经过分配器分配后，从 4 根管道引入到汽水分离器的两个联箱内，两个联箱沿炉前、炉后方向平行布置，从每个联箱各引出 48 个屏管，每个屏由 7 根管组成，96 个屏从锅炉左墙到右墙平行布置，一级过热器受热面分三段呈逆流布置，进口连接管布置在所有受热面的最上部，蒸汽经进口连接管进入垂直悬吊管，所有受热面悬吊在悬吊管上，悬吊管出口为一级过热器管屏，一级过热器管屏布置在炉膛正上方，2 个出口联箱分别布置在前后墙，每个联箱连接 24 个管屏，每个屏由 14 根管组成，为消除吸热偏差，一级过热器管屏又进行一次交叉布置。

从一级过热器联箱出来的蒸汽经过 4 根管道引入二级过热器 2 个进口联箱，该联箱布置在锅炉的前墙侧，二级过热器受热面布置在一级再热器和二级再热器之间，呈逆流分两段布置，上端 192 屏，每屏 7 根管，下端 96 屏，每屏 14 根管，这样下端管屏之间的距离增大到一倍，有利于防止锅炉的结焦和降低阻力。从二级过热器管屏出来的蒸汽汇集到二级过热器出口联箱。

从二级过热器出口联箱各引出 2 根管道到三级过热器入口联箱，三级过热器受热面布置在一级过热器管屏的正上方，呈顺流布置，这样可以增加过热器的吸热，减少管屏个数，也就增加管屏之间间距，三级过热器管屏共 24 片，每屏由 34 根管组成，共 816 根管，从管屏出来的蒸汽引入两个出口联箱，主蒸汽管道从两个联箱引出。

台山电厂 1000MW 锅炉各级受热面布置如图 2-31 所示。

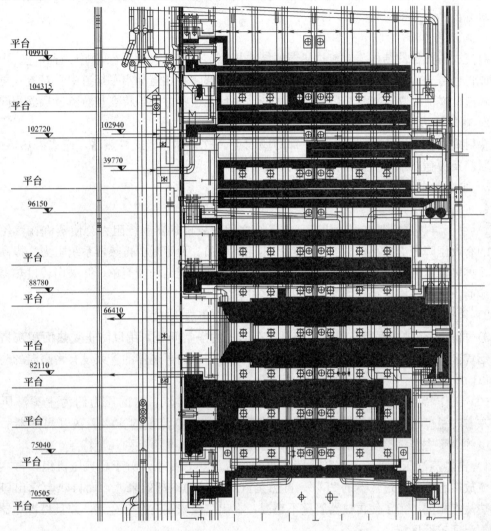

图 2-31 台山电厂 1000MW 锅炉各级受热面布置

这种过热器布置方式的主要特点是：

（1）各级受热面都采用卧式布置，受热面的重量靠一级过热器悬吊管承受，卧式布置可以有效地防止杂质沉积在过热器的管屏内，即使在运行中产生的少量氧化皮都可以通过负荷变化的扰动和停炉时带压放水的方式排出。

（2）过热器的管屏呈上紧下宽的布置方式，增加了管屏之间的距离，可以防止锅炉的结焦，减低风烟的阻力。

（3）在三级过热器管屏、二级过热器的下段管屏以及一级过热器管屏等高温受热面使用了 SA—213T92，SA—213S304H 等高等级材料，增加了材料的抗氧化性能和寿命。

（4）在一级过热器出口和二级过热器出口的管道均采用了交叉布置，可以降低锅炉左右侧烟气偏差引起的蒸汽温度偏差。

（二）再热器

再热器是把汽轮机高压缸（或中压缸）的排汽重新加热到一定温度的锅炉受热部件。其作用是减小汽轮机尾部的蒸汽湿度及进一步提高机组的经济性。再热器的结构按传热方式可分为对流再热器和辐射再热器两种。

1. 对流再热器

对流式再热器的结构与对流过热器的结构相似，也是由大量平行的蛇形管和进、出口联箱组成；也可分为低温段和高温段，分别布置在尾部竖井烟道和水平烟道中；对流式再热器也有顺流、逆流，立式布置与卧式布置之分，并且在这些方面的特点与对流过热器相同。

2. 辐射再热器

辐射式再热器通常布置在炉膛上部的壁面上，故又称为壁式再热器，壁式再热器由进、出口联箱及覆盖在水冷壁上紧密排列的管子组成。

3. 再热器特点

（1）结构特点。

1）由于再热器串联在汽轮机高、中压缸之间，故再热器系统阻力会使蒸汽在汽轮机内做功的有效压降相应减小，从而使汽耗和热耗都增加。为了减少再热器系统阻力，提高系统效率，再热器常采用较小的质量流速。因此，再热器系统结构较简单，并采用较过热器更大的通流面积，即采用管径较大并列管束较多的管组。

2）再热器采用烟气挡板调温，喷水减温仅用作事故保护。

3）再热器管排根据所在位置的烟温留有适当的净空间距，用以防止受热面积灰搭桥或形成烟气走廊，加剧局部磨损。处于吹灰器有效范围内的再热器的管束设有耐高温的防磨护板，以防吹损管子。

（2）工作特点。再热器的进汽是汽轮机高压缸的排汽，它的压力约为主蒸汽压力的20%左右，温度稍高于相应的饱和温度，流量约为主蒸汽流量的80%，离开再热器后的蒸汽温度约等于主蒸汽温度。因此，再热器与过热器相比，具有下列几个特点：

1）再热蒸汽压力低，蒸汽与管壁之间的对流放热系数小，对于超高压机组，再热蒸汽的对流放热系数只有过热器的25%。再热蒸汽对管壁的冷却效果差，而再热蒸汽出口温度与过热蒸汽相同，为了使再热器管壁不超温，在出口段采用高级合金钢，并且将再热器尽量在烟气温度较低区域。

2）虽然再热蒸汽的质量流量约为主蒸汽流量的80%左右，但由于再热蒸汽压力低、温度高、比体积大，再热蒸汽的体积流量比主蒸汽大得多，因此再热蒸汽连接管道直径比主蒸汽管道大，再热器本身采用大管径多管圈受热面，管子直径为42～60mm，管圈数为5～8。

3）再热器蒸汽侧阻力的大小直接影响机组热效率，阻力每增加0.98MPa，汽轮机的汽耗增加0.28%，因此再热蒸汽的连接管道和再热器本身的阻力越小越好。再热器本身的阻力一般限制在0.2MPa左右，再热器内工质的流速一般在250～400kg/(m² · s)之间。

4）再热器对汽温偏差较敏感。在相同的温度下，蒸汽的比热容随着压力的降低而减小，因此再热蒸汽的比热容比过热蒸汽的比热容低。例如，压力13.7MPa、555℃的超高压过热蒸汽的比热容为2.62kJ/(kg · ℃)；而2.35MPa、555℃的再热蒸汽的比热容为2.232kJ/(kg · ℃)。因此，在相同的热偏差下，再热器出口汽温偏差比过热蒸汽大。

5）再热器出口汽温受进口汽温的影响。单元机组在定压下运行时，汽轮机高压缸排汽温度随着负荷的降低而降低，再热器进口温度也相应降低，从而使再热器出口汽温降低。对于对流式再热器，其对流汽温特性更加显著，汽温调节幅度比过热器大。

6）当汽轮机甩负荷或机组启动，汽轮机冲转前时，再热器无蒸汽冷却，可能烧坏。因此，有些单元机组在过热器和再热器之间装有高压旁路，将过热蒸汽通过高压旁路上的快速减温减压装置引入再热器从而起到保护再热器的作用。

4. 华能海门电厂锅炉再热器系统

（1）再热器的组成。从汽轮机高压缸出口来的蒸汽，经过再热器进一步加热后，使蒸汽的焓和温度达到设计值，再返回到汽轮机中压缸做功。本锅炉再热器系统由低温再热器、高温再热器及两者间的过渡管组成。低温再热器布置在后竖井前烟道内，高温再热器布置在水平烟道内。

1）低温再热器。汽轮机高压缸排汽通过连接管（$\phi812.8\times26mm$，ASTM A672 B70CL32）从低温再热器进口集箱（$\phi812.8\times44mm$，SA—106C）左右侧中间位置三通的下方引入。低温再热器蛇形管由水平段和垂直段两部分组成，根据烟温的不同和系统阻力的要求，低温再热器的不同管组采用了不同的节距和管径。水平段分四组，水平布置于后竖井前烟道内，由6根管子绕制而成，每组之间留有足够的空间便于检修。低再横向节距 $S_1=114.3mm$，沿炉宽方向共布置296排。下三组管子规格 $\phi57\times4.2mm$，管排的纵向节距 $S_2=76mm$，材质SA—209T1a。最上组管子分两部分，下部分管子规格 $\phi57\times4.2mm$，材质SA—209T1a；上部分管子规格 $\phi57\times5.7mm$，材质15GrMoGSA—213T22。低温再热器出口垂直段由两片相邻的水平蛇形管合并而成，横向节距228.6mm，横向排数148排，管子规格 $\phi50.8\times6mm$，材质SA—213T22。

再热蒸汽经过低温再热器加热后进入低温再热器出口分配集箱（$\phi267\times36mm$，SA—335P12，共174根），相邻的两个低温再热器垂直管组引进同一个出口分配集箱，锅炉左右两侧的出口分配集箱高低布置，左侧集箱标高为73m，右侧集箱标高为71.8m，再热蒸汽通过出口分配集箱水平引入其标高位置的低温再热器出口混合集箱（$\phi711.2\times32mm$，SA—335P11），然后经过其后的连接管（$\phi812.8\times55mm$，SA—335P12）、再热器减温器（$\phi812.8\times55mm$，SA—335P12），从左右两侧引入高温再热器进口混合集箱，完成了再热器蒸汽的一次交叉和一次减温过程。

低温再热器水平段由前包墙和中隔墙管屏支撑并传递到大板梁，低温再热器垂直出口段重量由集箱承重并通过集箱吊杆传至大板梁上。低温再热器进口集箱位于后竖井环形集箱下护板区域，穿护板处集箱上设置有防旋装置，进口集箱通过生根于烟气调节挡板处的支撑梁支撑。低温再热器进口管道在其进口集箱正下方从锅炉两侧穿过护板后从集箱左右侧中间位置的等径三通引入，穿护板处给水进口管道上设置有防旋装置，冷再热蒸汽进口管道悬吊在上方的烟道内桁架上。

为防止吹灰蒸汽对受热面的冲蚀，在吹灰器附近蛇形管排上均设置有防蚀盖板。为防止低温再热器管排的磨损，在低温再热器管束与四周墙壁间设有阻流板，在每组上两排迎流面及边排和弯头区域设置防磨盖板。

2）高温再热器。高温再热器布置于高温过热器后的水平烟道内，蒸汽从高温再热器进口混合集箱（$\phi736.6\times43mm$，SA—335P11）水平进入与之相连的高温再热器进口分配集箱（$\phi736.6\times43mm$，SA—335P11），然后经蛇形管屏加热进入高温再热器出口分配集箱

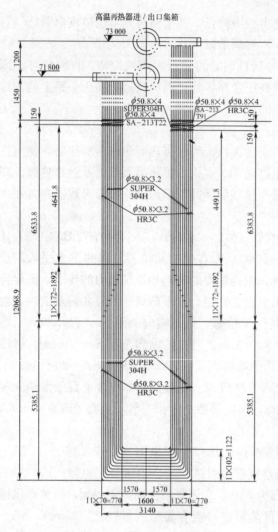

图 2-32　高温再热器材料分界图

（φ812.8×50mm，SA—335P91），再水平接至高温再热器出口混合集箱（φ711.2×137mm，SA—335P92）。蛇形管屏共 64 片，每片管屏由 13 根管子并绕成 U 形，横向节距 342.9mm，纵向节距 70mm，炉内受热面管子外三圈采用 HR3C 材料，其余内圈均采用 SUPER304H 材料，其具体的用材情况见图 2-32 的高温再热器材料分界图。高温再热器蛇形管均由集箱承重并由集箱吊杆传至大板梁上。

为保证管屏的平整，防止管子的出列和错位及焦渣的生成，高温再热器蛇形管间布置有定位滑动块，定位滑动块采用 SUS309S，可靠性高。为防止吹灰蒸汽对受热面的冲蚀，在吹灰器附近蛇形管排上均设置有防磨盖板。为减小流量偏差使同屏各管的壁温比较接近，在高温再热器进口分配集箱上管排的入口处除最外圈管子外均设置了不同尺寸的节流圈，有 φ29.5、φ27 两种规格。

（2）再热器系统的保护。

1）压力保护。再热器进出口管道上分别设置了 8 只和 2 只弹簧安全阀。再热器出口管道上的安全阀整定压力低于再热器进口管道上的安全阀整定压力，出口管道上的安全阀先起跳，安全阀动作时，再热器中有足够的蒸汽流过，确保再热器得到有效的保护。再热器安全阀参数见表 2-6。

表 2-6　　　　　　　　　　　　　　　安全阀整定表

序号	装设位置	数量	整定压力 [MPa（表压）]	启闭压差 （%）	设计温度 （℃）	运行温度 （℃）	每只流量 （t/h）	备注
1	低温再热器入口	1	6	4	385	356	269	炉右侧 1
		1	6.1				273	炉左侧 1
		6	6.15				275	
2	高温再热器出口	1	5.7	4	608	603	211	
		1	5.85					

2）温度保护。再热蒸汽温度的监视是通过设置在再热器系统上的热电偶来实现的，管子金属壁温的监视是通过再热器管出口的壁温测点来实现的。各处测点汇总见表 2-7。

表 2-7   再热器壁温测点

壁温测点位置	数　量	壁温测点位置	数　量
低温再热器出口	10	高温再热器出口	30

在锅炉启动初期，还通过炉膛出口烟温探针的监控来实现对过热器和再热器的保护。当炉膛出口烟温超温时，烟温探针能自动退回，报警烟温为 540℃，退回温度为 580℃。再热器的规范见表 2-8。

表 2-8   再 热 器 规 范

项　目	单位	管　组			
1. 低温再热器		管组 1（垂直段）	管组 2	管组 3	管组 4
管子规格（外径×壁厚）	mm	$\phi50.8\times4.4$	$\phi50.8\times4.0$	$\phi50.8\times4.0$	$\phi57.0\times4.0$
节距（横向/纵向）	mm	228.6/70	114.3/70	114.3/70	114.3/70
材质		12Cr1MoVG	15CrMoG	15Mo3	SA—210C
相对应的材质质量	kg	78 000	75 000	65 000	307 000
管组平均烟速	m/s	10.3	12.2	10.6	8.5
出口烟温	℃	848	739	629	392
进口烟温	℃	903	848	739	629
最高设计压力	MPa	5.4			
运行压力	MPa	4.63			
出口工质温度	℃	471	447	418	392
最高计算工质温度	℃	523	478	447	416
出口金属壁温	℃	500	456	426	400
最高金属壁温	℃	552	513	470	434
材质适用温度界限	℃	580	550	500	450
并联管数	根	12	6	6	
2. 高温再热器		管组 1			
管子规格（外径×壁厚）	mm	$\phi50.8\times4.0$			
节距（横向/纵向）	mm	228.6/70			
材质		SA—213TP347H			
相对应的材质质量	kg	155 000			
管组平均烟速	m/s	12			
出口烟温	℃	899			
进口烟温	℃	998			
最高设计压力	1dPa	5.4			
运行压力	MPa	4.64			
出口工质温度	℃	569			
最高计算工质温度	℃	597			
出口金属壁温	℃	605			
最高金属壁温	℃	633			
材质适用温度界限	℃	700			
并联管数	根	20			

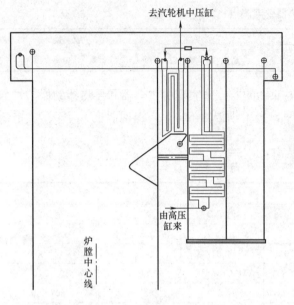

去汽轮机中压缸

由高压缸来

炉膛中心线

图 2-33　再热器布置图

5. 大唐潮州电厂锅炉再热器系统

（1）再热器。再热器分成低温再热器和末级再热器两级，沿蒸汽流程依次布置在尾部竖井烟道内的低温过热器和水平烟道内的高温再热器。再热器布置图见图 2-33。在再热器的进口导管上装有 8 只弹簧式安全阀，在再热器的出口导管上装有两只弹簧式安全阀。

低温再热器布置于尾部竖井中，由汽轮机高压缸来的排汽用两根 $\phi697 \times 30$mm（A691Cr—1/4CL22）的导管送入水平低温再热器入口集箱，水平低温再热器共 240 片，每片由 6 根管子组成，节距为 133.5mm，管子规格为 $\phi63.5$mm，分下、下中、上中、上四组，材质依次为 SA209—T1、SA213T12 及 SA213—

T22，壁厚为 3.5/4.5/6.4/5.7mm，水平低温再热器出口端与立式低温再热器相接，立式低温再热器共有 120 片，节距为 267mm，管径为 63.5mm，材质为 SA213TP347H，壁厚为 3.5mm，由立式低温再热器出口集箱引出两根 $\phi787 \times 55$mm（SA—335P22）的连接管上各装有一只事故用紧急喷水减温器，其出口蒸汽进入末级再热器入口集箱。低温再热器材料分段图见图 2-34。

末级再热器入口集箱为 $\phi711 \times 72$mm，材质为 SA355—P22，末级再热器蛇形管共 118 片，每片由 9 根管组成，横向节距为 267mm，其材质为 SA213—T22，Code case 2328—1 和 SA213TP301HCbN，平均壁厚为 3.5～6.4mm。末级再热器出口集箱为 $\phi813 \times 86$mm，材质为 SA355P91，由末级再热器出口集箱引出的两根再热导管将再热蒸汽送往汽轮机中压缸。热段再热蒸汽导管采用 $\phi813 \times 60$mm，材质为 A691GrP91。高温再热器材料分段图见图 2-35。

（2）再热器特点。

1）与过热器一样，再热器在选用管材时，已考虑材料许用温度与计算最高金属壁温之差不小于 15℃，并将外三圈管子的钢材提高了一个档次。再热器设计时已考虑到当进口蒸汽参数偏离设计值时，再热器出口温度能维持额定值，再热器各段受热面不产生超温。再热器两侧出口的汽温偏差小于 10℃。

2）再热器采用烟气挡板及摆动燃烧器调温，喷水减温仅用作事故减温。B—MCR 工况，再热器喷水量为 0。最大喷水能力再热器喷水减温器喷水总流量约为 3％再热蒸汽流量（B—MCR工况下）。

3）由于再热器串联在汽轮机高、中压缸之间，故再热器系统阻力会使蒸汽在汽轮机内做功的有效压降相应减小，从而使汽耗和热耗都增加。为了减少再热器系统阻力，提高系统效率，再热器常采用较小的质量流速。因此，再热器系统结构较简单，并采用较过热器更大的通流面积，即采用管径较大并列管束较多的管组。该锅炉设计的再热器压降为 0.21MPa。

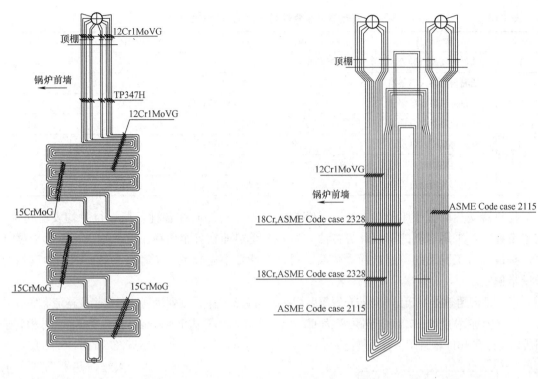

图 2-34　低温再热器分段图　　　　　　图 2-35　高温再热器分段图

4）再热器压力低，蒸汽比体积大，密度和比热容小，放热系数比过热蒸汽小得多，仅为过热器的五分之一，再热蒸汽对管壁的冷却能力差；对热偏差比较敏感，也就是说在同样的热偏差条件下，其出口汽温偏差比过热器大。

5）再热器的进汽为汽轮机高压缸排汽，其温度直接受机组负荷影响。负荷降低时，再热器进口汽温降低，其出口汽温相应降低，使得再热器的对流汽温特性更加显著，汽温调节幅度因而比过热器大。

6. 平海电厂1000MW超超临界锅炉再热器系统

（1）再热器概述。本锅炉再热器系统由低温再热器和末级再热器两级组成，低温再热器分成水平段和垂直段，末级再热器分成冷热段，二级受热面之间利用集中的大管道端部连接，在低温再热器出口管道上布置有微量喷水减温器，以控制末级再热器进口左右侧汽温偏差，保护末级再热器。由于本锅炉再热蒸汽采用尾部挡板调温，故低温再热器和末级再热器布置于烟气较低区域，整个再热器受热面呈对流特性。

再热器主受热面的结构特性如表2-9所示，再热器系统集箱与导管的设计参数见表2-10。

表 2-9　　　　　　　　　　　　再热器主受热面的结构特性

序号	名　称	节距（mm）		管径（mm）	排数	每排管子根数	布置受热面积（m²）
		横向 S_1	纵向 S_2				
R4～R6	低温再热器（水平段）	127	114.3	63.5	269	6	25 137
R7	低温再热器（垂直段）	254	114.3	63.5	135/134	6	3305
R15	末级再热器（冷段）	254	114.3	57.2	135	10	5916
R16	末级再热器（热段）	254	114.3	57.2	135	10	2843

表2-10　　　　　　　　　　再热器系统集箱与导管的设计参数

序号	名　　称	规格（mm）	材　　质	设计压力[MPa（表压）]	设计温度（℃）
1	再热器入口导管	φ内径706×25	A672B70	6.78	387
2	低温再热器入口集箱	φ609.6×31.75	SA—106C	6.78	387
3	低温再热器出口集箱	φ812.8×63.50	12Cr1MoVG	6.78	514
4	末级再热器进口管道	φ711.2×30.0	12Cr1MoVG	6.78	514
5	末级再热器入口集箱	φ660.4×50.80	12Cr1MoVG	6.78	514
6	末级再热器出口集箱	φ914.4×76.20	SA—335P92	6.78	620
7	末级再热器出口导管	φ内径720×37.5	SA—335P92	6.78	609

再热器受热面管壁厚及选材留有足够裕度，确保受热面在各种负荷运行时均安全可靠。在本工程中，采用引进的壁温计算方法，对各个受热面在各个负荷工况下均进行金属温度计算，按最恶劣工况下的壁温选择受热面材料，在计算中充分考虑了各级受热面的热力、水力及携带偏差。

（2）低温再热器。低温再热器布置于后烟井前烟道竖井中，顺列排列，与烟气成逆流布置，共269片，沿炉膛宽度均布，横向节距S_1为127mm，纵向节距S_2为114.3mm。每片受热面由6根管子组成，总计有1614根管子。管子规格为φ63.5，主材为15CrMoG、12Cr1MoVG和SA—213T91。

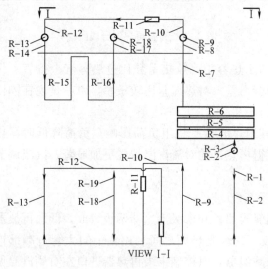

图2-36　再热器系统流程图

（3）末级再热器。末级再热器布置于水平烟道上方，分成冷段和热段，与烟气成顺流布置，共135片，沿炉膛宽度均布，横向节距S_1为254mm，纵向节距S_2为114.3mm。每片受热面由10根管子组成，总计有1350根管子。管子规格为57.2mm，主材为SA—213TP347H、SUPER304H SB和HR3C。整个再热器系统流程见图2-36。

7. 国华台山电厂1000MW超超临界再热蒸汽系统

国华台山电厂1000MW超超临界直流塔式锅炉再热器受热面分为两级，即第一级再热器（低温再热器）和第二级再热器（高温再热器）。第二级再热器布置在第二级过热器和第三级过热器之间，第一级再热器布置在省煤器和第二级过热器之间。第二级再热器（高温再热器）顺流布置，受热面特性表现为半辐射式；第一级再热器逆流布置，受热面特性为纯对流，再热器系统流程见图2-37。再热器的汽温调节主要靠摆动燃烧器，在低温过热器的入口管道上布置事故喷水减温器，两级再热器之间设置有一级微量喷水并内外侧管道采用交叉连接。

再热器温度主要是通过摆动燃烧器调节，同时在紧急情况下可以使用事故喷水减温器来控制。同时再热器出口装设了4个再热器安全阀来保护再热器不超压。

从汽轮机高压缸排出的蒸汽经两根冷再管道引入一级再热器入口联箱，入口联箱布置在锅炉的后墙外侧，从入口联箱引出192个屏，每屏由8根管道组成，共1536根管道，受热面积 32 117m²，管屏沿炉膛左侧向右侧平行布置。

二级再热器布置在三级过热器之后，属半对流半辐射受热面，从一级再热器出来的蒸汽经交叉管道布置后进入二级再热器入口的两个联箱，两个联箱各引出 24 段管屏，每屏 23 根管组成了二级再热器受热面，二级再热器受热面面积 8834m²。

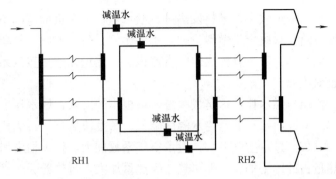

图 2-37　国华台山电厂 1000MW 锅炉再热器系统流程图

再热器系统结构特点是：

（1）再热器联箱采用 610mm 大直径结构，这样有利于再热蒸汽的流量平衡，同时，再热蒸汽内的杂质不会进入到再热蒸汽管道内。

（2）再热蒸汽采用一次交叉布置方式，可以减低烟气偏差对再热蒸汽吸热的影响。

（3）二级再热器高温区域采用高等级材料，可以避免高温再热蒸汽运行温度引起的氧化皮问题。

二、过热汽温和再热汽温调节

（一）汽温特性及汽温调节

在锅炉运行中，各种扰动因素都能引起汽温的变化，而维持稳定的过热蒸汽温度与再热蒸汽温度是机组安全、经济运行的重要保证。蒸汽温度过高将引起管壁超温、金属蠕变寿命降低，会影响机组的安全性；蒸汽温度过低将引起循环热效率的降低。

根据计算，过热器在超温 10～20℃下长期工作，其寿命将缩短一半以上；汽温每降低 10℃，循环热效率降低 0.5%，而且汽温过低，会使汽轮机排汽湿度增加，从而影响汽轮机末级叶片的安全工作。在稳定工况下，如机组过热器和再热器蒸汽温度控制范围在：过热汽温在 35%～100%B—MCR、再热汽温在 50%～100%B—MCR 负荷范围时，保持稳定在额定值，其允许偏差均在 ±5℃ 之内。过热器和再热器汽温偏差过热器采用单端引出方式。在过热器及再热器系统设计中，对金属温度最高的受热面管子留有足够的安全裕度。

1. 汽温特性及影响因素

过热器（或再热器）出口汽温与锅炉负荷的变化规律称为过热器（或再热器）的汽温特性。随着负荷的增大，燃料消耗量增大，烟气流速增大，同时烟温升高，对流传热量增加，相对于每千克蒸汽的对流吸热量增加，因此对流式过热器的出口汽温随锅炉负荷的增大而增大。过热器离炉膛越远，过热器进口烟温越低，烟气对过热器的辐射换热份额减少，汽温随负荷增加而上升的趋势更加明显。辐射式过热器的汽温特性与对流式过热器相反，即辐射式过热器的出口汽温随锅炉负荷的增大而降低。由于屏式过热器以炉内辐射和烟气对流两种形式吸热。因此，屏式过热器的汽温特性将稍微平稳些。再热器的汽温特性与过热器的汽温特性相似，但再热器进口汽温随汽轮机负荷降低而减小，因此再热器需要吸收更多的热量。此外，由于再热器布置在较低烟温区，并且再热蒸汽的比热容较小，因此再热汽温的波动较大。无再热器的直流锅炉过热蒸汽出口焓值（温度）为

$$h_{\mathrm{gr}}^{n}=h_{\mathrm{gs}}+\frac{B}{G}Q_{\mathrm{ar,net}}\eta_{\mathrm{gl}}$$

如锅炉效率、燃料发热量、给水焓在一定负荷范围不变，则无再热器的直流锅炉出口温度（焓）只决定于燃料量和给水的比例。另一方面，只要保持一定的燃水比，都可以维持一定的温度。对于有再热器的直流锅炉，热量在过热蒸汽系统和再热蒸汽系统各受热面的分配也对汽温产生影响。

（1）燃水比：这是最关键、最根本的因素，燃水比变大，过热汽温高。

（2）给水温度：给水温度降低，蒸发段后移，过热段减少，过热汽温下降。

（3）过量空气系数：过量空气系数加大，排烟损失增加，工质吸热减少，另外，对流吸热量占的比率加大，即再热器吸热量加大，过热器吸热量减少，过热汽温降低。

（4）火焰中心：火焰中心移动，如无再热器，锅炉效率也不变，则过热汽温不变。但再热器吸热量的变化和锅炉效率的变化，将引起过热器的吸热量变化，导致汽温变化。上移汽温下降。

（5）受热面沾污（结渣）：沾污使过热器受热面吸热减少，过热汽温下降。

直流锅炉没有汽包，没有固定的过热器区段，过热汽温的变化比较复杂，变化大，变化快，某些变化与汽包锅炉相反。运行人员应了解其变化的基本原理，并分清与汽包锅炉变化不同的规律和原因，运行中控制好燃水比，在工况变动时，做一些相应的调整。为了保证水冷壁的安全和燃水比控制的灵敏性，直流锅炉汽温采用控制中间点温度的方式。

再热器汽温特性与汽包锅炉类似。单元机组滑压运行时，再热器内的蒸汽压力随着负荷的降低而降低，蒸汽的比热容减小，加热到相同温度所需的热量减少，因此锅炉负荷降低时，再热汽温比机组定压运行时更易保持稳定。

（1）锅炉负荷对再热汽温的影响：对于对流式受热面，再热蒸汽温度会随着锅炉负荷的增加而增大；而对于辐射式受热面，再热蒸汽温度随负荷的增大而降低。

（2）给水温度对再热汽温的影响：给水温度升高，由于工质在锅炉中的总吸热量减少，燃料量减少，炉膛温度水平降低，辐射传热量有所下降，且对流传热量也因烟温和烟速的降低而减少，过热汽温随给水温度的提高而提高；再热汽温随给水温度的降低而提高。

（3）过量空气系数对再热汽温的影响：炉膛出口过量空气系数增大，送入炉膛的风量增大，炉膛内温度水平降低，辐射传热量减少，但对流传热因烟气流速的提高而增大。因此，随着炉膛出口过量空气系数增大，再热汽温增加。在锅炉运行过程中，有时用增加炉内过量空气系数的方法来提高再热汽温。但这将以降低锅炉效率为代价。

（4）燃料对再热汽温的影响：燃料种类直接影响着火和燃烧，燃气、燃油时燃烧火炬短，火焰中心位置低；挥发分高的烟煤与多灰劣质烟煤和无烟煤比，着火与燃烧容易，燃烧火炬也短些，火焰中心位置相对低些。再热汽温随火焰中心位置的降低而下降。

（5）受热面污染情况对再热汽温的影响：炉膛受热面结渣或积灰，会使炉内辐射传热量减少，再热器区的烟温提高，因而再热汽温增加；再热器本身严重积灰、结渣或管内结垢时，将导致再热汽温下降。

（6）火焰中心位置对再热汽温的影响：火焰中心位置升高，炉内辐射吸热份额下降，布置在炉膛上部和水平烟道内的再热器会因为传热温压增加而多吸热，使其出口再热汽温升高。反之，火焰中心位置下移，再热汽温将下降。

（7）饱和蒸汽用量或排污量对再热汽温的影响：当吹灰用的饱和蒸汽量增加时，燃料量增大，再热汽温增加。

2. 汽温调节方法

由于影响汽温波动的因素很多，在运行中汽温的波动是不可避免的。为了保证机组安全经济运行，锅炉必须设置适当的调温手段，以修正各运行因素对汽温波动的影响。汽温调节指在一定的负荷范围内保持额定的蒸汽温度，并且调节灵敏、惯性小、对电厂热效率影响小。一定的负荷范围对过热蒸汽而言为 50%～100% 额定负荷，对再热蒸汽而言为 60%～100% 额定负荷。

汽温的调节方法很多，可以归纳为蒸汽侧调节和烟气侧调节两大类。蒸汽侧调节是指通过改变蒸汽的焓值来调节汽温；烟气侧调节是指通过改变锅炉内辐射受热面和对流受热面的吸热量比例或通过改变流经受热面的烟气量来调节汽温。蒸汽侧调节方法有喷水减温器、面式减温器、汽—汽热交换器等，烟气侧调节方法有烟气再循环、烟气挡板和调节燃烧火焰中心位置等。

喷水减温是将水直接喷入过热蒸汽中，水被加热、汽化和过热，吸收蒸汽中的热量，达到调节汽温的目的。喷水减温调节法是一种最简便的汽温调节方式，有操作方便、调节灵敏等一系列的优点，在大型锅炉中用作过热蒸汽的主要调温手段。由于向再热蒸汽喷水会降低机组的热经济性，喷水调节法通常不作为再热蒸汽的主要调节方法，而只作为再热器的事故喷水，在少数情况下也与其他调节方法结合，作为再热汽温的微调方法。

喷水减温器是大型锅炉中主要的调温设备，它实质上是一种混合式换热器。在喷水减温器中，减温水经喷嘴雾化后从蒸汽中吸热汽化，以降低蒸汽的温度，改变喷水量就可调节汽温。喷水的品质很高，通常用锅炉给水作为喷水调温器的减温水。

高压及以上的自然循环锅炉通常采用两级喷水，总喷水量为锅炉额定负荷的 5%～8%。第一级布置在屏式过热器前，作为整个过热器汽温的粗调，同时还可保证屏式过热器的安全运行。喷水量略大于总喷水量的一半；第二级布置在末级过热器之前，作为过热器出口汽温的细调，同时还可保证末级过热器的安全运行。

喷水减温器有各种结构，根据喷水的方式分为喷头式、文丘里式、旋涡式、铂形管式四种。

(1) 喷头式减温器。喷头式减温器以过热器连接管或过热器联箱为外壳，插入喷管或喷嘴，减温水从小孔喷出。为了避免水直接喷到管壁上而引起热应力，装有 3～5m 长的保护套筒（或称为混合管）。该种减温器由于喷孔数有限、阻力较大，一般用于中、小容量的锅炉上。

(2) 文丘里式减温器。文丘里式减温器又称水室式减温器，它由文丘里喷管、水室和混合管组成。在文丘里喷管的喉部，布置有多排小孔，水经水室从小孔喷入蒸汽流中。水室中水速约 1～2m/s，喉部蒸汽流速达 70～100m/s，使水和蒸汽激烈混合而雾化。该种减温器由于蒸汽流动阻力小，水的雾化效果良好，在我国得到广泛应用。

(3) 旋涡式减温器。旋涡式减温器由旋涡式喷嘴、文丘里管和混合管组成。减温水经喷嘴强烈旋转，雾化成很细的水滴，在很短距离就汽化。该减温器由于减温幅度大，适用于减温水量变化大的场合。

(4) 笛形管减温器。笛形管减温器又称多孔喷管式减温器，它由多孔管形喷管内衬混合管组成。管形喷孔直径为 109～437mm，喷水速度 3～5m/s，喷水方向与汽流方向一致。该种减温格比喷头式的喷孔阻力小。为了防止悬臂振动，喷管采用上下两端固定，稳定性好。

虽然水滴雾化喷管较差，但适当加长混合管的长度足以使水滴充分混合、加热和过热，大型锅炉采用较多。

(5) 面式减温器。面式减温器是一种管式换热器，通常串接在省煤器之前。给水或炉水部可作为减温器的冷却水。冷却水在管内流动，而蒸汽在管束间流动，通过改变给水量来调节蒸汽温度。该种减温器的优点是冷却水与蒸汽不直接接触，水中杂质不会混入蒸汽，故对冷却水水质要求不高；其缺点是结构复杂，金属耗量大，调节不够灵敏，且会造成热偏差，中小型锅炉采用较多。

(6) 汽—汽热交换器用于再热汽温的调节，利用高温高压的过热蒸汽来加热再热蒸汽，达到调节再热汽温的目的。汽—汽热交换器有布置在烟道外和烟道内两种类型。

(7) 布置在烟道外的汽—汽热交换器有管式和筒式两种。管式热交换器采用 U 形套管结构，过热蒸汽在小管内流动，再热蒸汽在管子间流动。

(8) 布置在烟道内的汽—汽热交换器采取管套管结构。过热蒸汽在内管中流动，再热蒸汽在管间流动，管外受烟气加热。这种热交换器的制造工艺较高，并且要增加穿墙管的数量，使锅炉的气密性降低。

在以辐射过热器为主的锅炉中采用汽—汽热交换器较合适，由于此时过热汽温随负荷降低而升高，故可用多余的热量来加热再热蒸汽。

(9) 蒸汽旁通法。蒸汽旁通法用于再热蒸汽的调节。通常将再热器分成两级，第一级设在低烟温区，第二级设在高烟温区。在低温再热器进口联箱前设置三通调节阀，在炉外连接一旁通管道至低温再热器出口联箱。当再热汽温偏高时，调节三通阀，使旁通蒸汽量增大，低温再热器内蒸汽流量减少，出口汽温升高，低温再热器进出口平均汽温提高，与烟气的温压降低而使低温再热器的吸热量减少；在低温再热器出口联箱内，低温再热器出来的蒸汽与未被加热的旁通蒸汽混合，使汽温降低，由于高温再热器处烟温高，进口汽温的降低对其传热温压的增加影响不大，吸热量增加很小，于是再热器的总吸热量降低，出口汽温下降。反之，当再热汽温偏高时，提高蒸汽旁通量，再热器出口汽温升高。蒸汽旁通法结构简单，惯性小，对过热汽温没影响，但再热器金属耗量增加。

(10) 烟气再循环。烟气再循环是将省煤器后温度为 $250\sim350℃$ 的一部分烟气，通过再循环风机送入炉膛，改变各受热面的吸热量比例，以调节汽温。烟气再循环常用于再热汽温的调节。采用烟气两循环后锅炉的热力特性与再循环烟气量、烟气抽出位置及送入炉膛的位置等因素有关。当再循环烟气从炉膛底部送入时，随着再循环烟气量的增加，炉膛火焰温度降低，炉膛辐射吸热量减少，而炉膛出口烟温变化不大。对于对流受热面，由于烟气流量增升，吸热量增加，而且沿烟气流程，越往后其吸热量增加越多。低温再热器通常布置在烟温较低的烟道中，用烟气再循环调节再热汽温比较灵敏。一般每增加 1% 的再循环烟气量，可使再热汽温升高 $2℃$ 左右，若再循环率为 $20\%\sim25\%$，可调温 $40\sim50℃$，调温幅度较大。抽气点烟温越高，调温效果越好。当再循环烟气从炉膛上部送入时，炉膛吸热量变化很小，炉膛出口烟温明显降低，水平烟道高温受热面吸热量减少，尾部烟道低温受热面吸热量增加，这种烟气再循环对再热汽温的调节幅度较小，主要作为防止炉膛出口处受热面结渣和超温。烟气再循环法要增设再循环风机，使厂用电及维护费用增加，还会使排烟温度有所增加，使锅炉热效率略微降低。对于燃烧低挥发分煤与高灰分煤的电厂，不宜采用烟气再循环，以免影响燃烧及增大风机磨损。

（11）分隔烟道挡板调温法。当再热器布置在锅炉尾部烟道内时，为了调节再热汽温，有时把尾部烟道用隔墙分开，分别将再热器和低温过热器（或省煤器）布置在两个并联的烟道中，在它的后面布置了省煤器，在出口处设有可调烟气挡板。调节烟气挡板，可以改变流经两个烟道的烟气流量，从而调节再热汽温。采用分隔烟气挡板调温，结构简单，操作方便，但要注意保持挡板开度与汽温变化成线性关系，一般在0%～40%开度范围内较有效。为了防止挡板变形，应将其布置在烟温不超过400℃的区域内，并注意尽量减少烟气流对挡板的磨损。并联烟道的隔墙要注意密封，最好采用膜式壁结构。分隔烟道挡板调温法已被许多大型电站锅炉采用。现在在许多大型电站锅炉中，都将分隔烟道与烟气再循环或摆动式燃烧器结合使用，使调温幅度大为增加。

（12）调节燃烧火焰中心位置法。摆动式燃烧器多用于燃烧器四角布置锅炉，调节挖动式燃烧器喷嘴的上下倾角，可以改变炉内高温火焰中心的位置，从而改变炉膛出口烟气温度，达到调节汽温的目的。例如，当燃烧器喷嘴向上预斜时，火焰中心上移，炉内吸热量减少，炉膛出口烟温升高，对流受热面的吸热量增大，但离炉膛出口越远，吸热量的增加越小。这种调温方法对在炉膛上部和炉膛出口附近布置有较多受热面的过热器或再热器的汽温调节非常有利，且具有较大的灵敏度。

摆动式燃烧器的倾角不可能太大，上倾角过大会增加燃料的未完全燃烧损失；下倾角过大会造成冷灰斗结渣。通常燃烧器的摆动角为±（20°～30°），调温范围为40～60℃。

对于前墙或后墙布置燃烧区的锅炉，随着锅炉负荷的变动，可通过投运不同层次燃烧器的方法改变火焰中心位置，从而达到调节汽温的目的。

由于调节火焰中心位置法的调温幅度较小，一般应与其他调温方法配合使用。

（二）典型锅炉的汽温调节

1. 过热汽温调节

过热器的蒸汽温度是由水/煤比和两级喷水减温来控制。水/煤比的控制温度取自设置在汽水分离器前的水冷壁出口集箱上的三个温度测点，通过取中间温度进行控制。两级减温器均布置在锅炉的炉顶罩壳内，第一级减温器位于低温过热器出口集箱与屏式过热器进口集箱的连接管上，第二级减温器位于屏式过热器出口集箱与高温过热器进口集箱的连接管上。每一级各有两只减温器，分左右两侧分别喷入，左右可分别调节，减少烟气偏差的影响。两级调温器均采用多孔喷管式，喷管上有许多小孔，减温水从小孔喷出并雾化后，与相同方向流动的蒸汽进行混合，达到降低汽温的目的，调温幅度通过调节喷水量加以控制，如图2-38

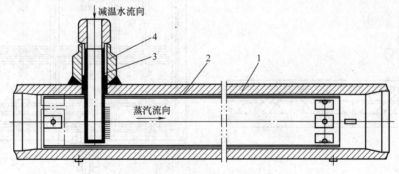

图2-38 过热器喷水减温器

1—筒体；2—混合管；3—喷管；4—管座

所示。一级减温器是过热汽温的主要调节下段，同时也可调节低温过热器左、右侧的蒸汽温度偏差。二级减温器用来调节高温过热汽温度及其左、右侧汽温的偏差，使过热蒸汽出口温度维持在额定值。

2. 再热汽温调节

目前，燃煤锅炉中较为常用的再热汽温调节方式有两种：一种是摆动燃烧器；另一种是锅炉尾部双烟道，烟气调节挡板。

摆动燃烧器调温多用于燃用烟煤，或较高挥发分的贫煤，因为燃烧器的摆动对易燃且燃烧稳定的燃料，在运行时不会造成不利影响。但对贫煤、无烟煤而言，由于燃料本身的着火、稳燃特性不及烟煤，故从有利于贫煤、无烟煤的着火稳定燃烧及燃尽的角度出发，不宜采用摆动燃烧器来作为调节再热汽温的手段，而是采用固定式燃烧器，在锅炉尾部分别布置低温再热器和低温过热器，通过烟气调节挡板改变再热器侧的烟气份额的挡板调温方式，来达到调节再热汽温的目的。烟气调节挡板作为电站锅炉的主要辅助设备，以其调温幅度大、操作安全可靠、运行费用低等优点，已被国内外锅炉制造厂所广泛采用，并也得到用户认可。

考虑到燃料的变化时锅炉的安全稳定运行和汽温的调节灵活可靠，华能海门电厂1000MW超超临界直流锅炉的再热器汽温采用挡板调温方式，由布置在尾部竖井烟道中低温再热器侧及低温过热器侧省煤器后的平行烟气调节挡板来控制的。通过控制烟气挡板的开度大小来控制流经后竖井水平再热器管束及过热器管束的烟气量的多少，从而达到控制再热器蒸汽出口温度。在满负荷时，过热器侧烟气挡板全开，再热器侧烟气挡板全打开。当负荷逐渐降低，过热器侧挡板逐渐关小，再热器侧挡板开大，直至锅炉运行至低负荷，再热器侧全部打开。

挡板的结构简图见图 2-39，挡板和驱动系统分别设置在过热器侧省煤器和低温再热器的出口烟道处，挡板和其他的附件直接焊接在锅炉和烟道上面，各个挡板的叶片采用反向旋转，可有效减少烟气的偏流效应。挡板的连接采用内连式结构，可防止发生热膨胀效应。挡板之间的连接由叶片的内连系统、连接主轴和驱动的外连系统组成。驱动的扭矩通过外连系统传递到主轴，叶片的开关由内连系统进行控制。挡板调温锅炉调温性能的好坏，关键在于挡板流量特性以及热力特性的优劣。挡板的流量特性即烟气流量随烟气挡板开度的变化特

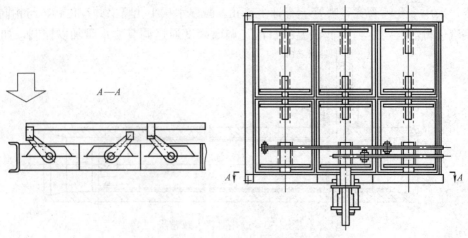

图 2-39 平行挡板的基本结构示意图

性；挡板的热力特性即再热汽温度随烟气挡板开度的变化特性。挡板的两大特性除与挡板自身的阻力特性有关外，很大程度上受锅炉过热器、再热器的布置（即要求的再热器侧烟气份额）、挡板所在截面烟气的流通面积，以及平行烟道各自的几何尺寸的影响。

为了达到良好的挡板烟气特性与汽温特性，该锅炉的挡板调温采取了如下措施：

（1）合理地布置再热器受热面，确定适当的再热器受热面吸热比例，多布置低温再热器受热面积，以控制再热器侧烟道烟气流量随负荷变化幅度，改善烟气挡板的汽温耦合特性。

（2）合理选定再热器、过热器侧烟道尺寸，减小烟气流经过热器侧及再热器侧烟道受热面后的阻力差，达到有效利用烟气挡板调节范围的目的。

（3）确定挡板所在烟道截面的烟气流通面积，从而加大烟气挡板的调节灵敏度。

（4）布置较为富裕的过热器受热面，减小过热器汽温随低温过热器吸热量变化的波动幅度，实现仅通过调节过热器的喷水量即可保持过热汽温达到额定值的目的，进而提高了烟气挡板的汽温耦合特性。

通过采取以上措施，可使锅炉具有较为理想的过热器、再热器汽温调节性能和良好的烟气挡板流量及热力特性。虽然烟气挡板调温具有诸多优越性，但调节的滞后性亦是它的不足之处，为了增加其灵敏度，某1000MW超超临界直流锅炉设计上，在两级再热器之间设置了微量喷水，并实施了左右交叉，这样既可解决挡板调温的滞后现象，又能减轻左右侧烟温偏差给高温再热器带来的不利影响，达到保护高温再热器的目的。再热汽事故喷水减温器布置在低温再热器至高温再热器间的连接管道上，分左右两侧喷入。减温器喷嘴采用多孔式雾化喷嘴，如图2-40所示。

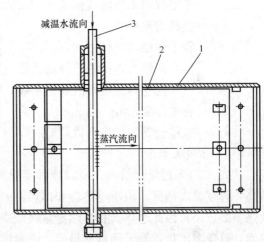

图 2-40　再热器事故喷水减温器
1—筒体；2—混合管；3—喷管

再热器喷水仅用于紧急事故工况、扰动工况或其他非稳定工况。正常情况下通过烟气调节挡板来调节再热器汽温。另外，在低负荷时还可以适当增大炉膛进风量，作为再热蒸汽温度调节的辅助手段。

（三）减温水管路

1. 过热器喷水系统

减温水取自省煤器出口连接管，过热器减温水总管路上设有1只DN250的电动闸阀（进口），然后分成两路，一路至一级减温器，另一路至二级减温器，一级、二级又分成两路，每路上均设置有1台流量测量装置、1只气动隔离阀（进口）、1只气动调节阀（进口，供调节减温水流量用），在调节阀后设置有1R电动闸阀。系统设计一级减温水最大流量为114t/h，二级减温水最大流量为152t/h。

2. 再热器喷水系统

作为再热器事故状态下控制再热蒸汽温度的喷水减温装置，设置于冷再热器出口全高温再热器进口的连接减温水取自给水泵中间抽头，主路上设置1台流量测量装置和1只气动隔离阀（进口）；然后分成两路，每路上均设置 1 只气动调节阀（进口），其后设置有 1 只电动截止阀（进口）。系统设计喷水流量最大为 74t/h，锅炉在正常运行状况，一般此系统不投入运行。

三、过热器、再热器热偏差

（一）管壁温度计算

过热器和再热器受热面管子能长期安全工作的首要条件是管壁温度不能超过金属最高允许温度。

过热器和再热器管壁平均温度的计算式为

$$t_b = t_g + \Delta t_{gz} + \mu q_{max} \beta \left[\frac{1}{\alpha_2} + \frac{\delta}{(1+\beta)\lambda} \right] \tag{2-1}$$

式中　t_b——管壁平均温度，℃；

　　　t_{gz}——管内工质的温度，℃；

　　　Δt_{gz}——考虑管间工质温度偏离平均值的偏差，℃；

　　　μ——热量均流系数；

　　　β——管子外径与内径之比；

　　　q_{max}——热负荷最大管排的管外最大热流密度，kW/m²；

　　　α_2——管子内壁与工质间的放热系数，kW/(m²·℃)；

　　　δ——管壁厚度，m；

　　　λ——管壁金属的导热系数，kW/(m·℃)。

（二）热偏差概念

从式（2-1）可见，管内工质温度和受热面热负荷越高，管壁温度越高；工质放热系数越高，管壁温度越低。由于过热器和再热器中工质的温度高，受热面的热负荷高，而蒸汽的放热系数较小，因此过热器和再热器是锅炉受热面中金属工作温度最高、工作条件最差的受热面，管壁温度接近管子钢材的最高允许温度，必须避免个别管子由于设计不良或运行不当而超温损坏。

过热器（再热器）由许多平行的管子组成，由于管子结构尺寸、管子热负荷和内部阻力系数等可能不同，故不同管中蒸汽的焓增可能不同，这一现象称为过热器（再热器）的热偏差。热偏差系数（或简称为热偏差）用 φ 表示，其计算式为

$$\varphi = \frac{\Delta i_p}{\Delta i_{pj}} = \frac{\Delta i_{2p} - \Delta i_{1p}}{\Delta i_{2pj} - \Delta i_{1pj}} \tag{2-2}$$

式中　Δi_p——平行管中偏差管（通常是指平行管中焓增偏大的管子）内工质的焓增，kJ/kg；

下角 1、2——管子进口、出口位置；

　　　Δi_{pj}——整个平行管组中工质的平均焓增，kJ/kg。

允许的热偏差是根据受热面工作的具体条件确定的，由于过热器管子工作在接近材料的最高允许温度下，故允许的热偏差不应超过过热器总吸热量的 15%。

工质的焓值由管外壁所受热负荷、受热面面积和管内工质流量决定。偏差管中工质的焓值为

$$\Delta i = \frac{q_p A_p}{G_p} \tag{2-3}$$

平行管组中工质的平均焓增为

$$\Delta i_{\mathrm{p}} = \frac{q_{\mathrm{pj}} A_{\mathrm{pj}}}{G_{\mathrm{p}}} \tag{2-4}$$

则热偏差系数为

$$\varphi = \frac{q_{\mathrm{p}} A_{\mathrm{p}} G_{\mathrm{pj}}}{q_{\mathrm{pj}} A_{\mathrm{pj}} G_{\mathrm{p}}} = \frac{\eta_{\mathrm{q}} \eta_{\mathrm{A}}}{\eta_{\mathrm{G}}} \tag{2-5}$$

$$\eta_{\mathrm{q}} = \frac{q_{\mathrm{pj}}}{q_{\mathrm{pj}}}$$

$$\eta_{\mathrm{A}} = \frac{A_{\mathrm{p}}}{A_{\mathrm{pj}}}$$

$$\eta_{\mathrm{G}} = \frac{G_{\mathrm{p}}}{G_{\mathrm{pj}}}$$

式中　q_{p}——管外壁所受热负荷，$\mathrm{kW/m^2}$；

　　　A_{p}——受热面面积，$\mathrm{m^2}$；

　　　G_{p}——管内工质流量，$\mathrm{kg/s}$；

　　　q_{pj}——平行管组中工质的平均热负荷；

　　　η_{q}——吸热不均匀系数；

　　　η_{A}——结构不均匀系数；

　　　η_{G}——流量不均匀系数。

由式（2-5）可见，过热器的热偏差决定于管子的结构特性、热力特性和水力特性。对流式和壁式过热器各平行管的直径和长度基本相同，受热面面积相同，结构不均匀系数为1。屏式过热器U形管圈的内外圈长度不同，结构不均匀系数可达1.02，但通过采用一定的措施，可使结构不均匀系数约等于1。因此，造成热偏差的主要原因为吸热不均匀与流量不均匀。

（三）热偏差分析

1. 吸热不均匀

管外壁热流密度不均匀直接导致过热器平行管子之间的吸热不均匀，管外壁热流密度由高温烟气与管壁间的温差及传热系数决定，而烟气温度直接影响温差，烟气流速是影响传热系数的主要因素。因此，烟道内烟气温度场与烟气速度场的不均匀是造成吸热不均匀的主要原因。在锅炉运行中，多种因素会引起烟气温度场与速度场的不均匀。

（1）锅炉炉膛中烟气温度场与速度场本身的不均匀。由于炉膛四周布满水冷壁，靠近炉壁的烟温比炉膛中部的烟温低，布置在炉壁的辐射式过热器沿宽度的吸热不均匀度可达30%～40%。同时，由于壁面阻力大，炉膛中部的烟气流速较炉壁附近高。进入烟道后，烟气温度场与速度场仍保持中部较高、两侧较低的分布情况。沿宽度的吸热不均匀系数可达1.2～1.3。

（2）炉膛出口处存在烟气流的扭转残余。燃烧器四角布置燃烧锅炉，整个炉膛内是一个旋转上升的大火炬。在炉膛出口处，烟气仍有旋转，两侧的烟温与流速存在较大差别，烟温差可达100℃以上，这就是所谓的"扭转残余"。烟气流的扭转残余会导致进入烟道内的烟气温度和流速的分布不均匀，在炉膛上部布置大节距分隔屏或将最上层三次风以与一、二次风旋转方向相反的反向切圆布置，可以减少炉膛出口的扭转残余，从而减少吸热不均匀。

（3）过热器管排的横向节距不均匀。在横向节距较大处，管排间有较大的烟气流通截面，形成烟气走廊。该处由于烟气流通阻力小，烟速增加，对流传热增强，且由于烟气走廊具有较厚的辐射层厚度，使辐射吸热也增强，而其他部分管子吸热相对减少，造成吸热不均。

（4）过热器局部结渣或积灰。当过热器局部结渣或积灰严重时，会造成局部烟道阻塞，从而导致烟速分布不均。

(5) 管圈辐射曝光系数不均匀。屏式过热器由于屏内各管圈接受炉膛辐射热时曝光不均匀，吸热量有较大的区别。

(6) 运行操作不当。当锅炉运行操作不当时，会引起炉内温度场和速度场的不均匀。

2. 流量不均匀

影响并联管子间流量不均匀的因素很多，例如联箱连接的方式不同、并行管圈间重位压头的不同、管径及长度的差异、吸热不均等。过热器连接方式不同会引起并联管圈进出口端静压的差异。

实际应用中，多采用从联箱两端引入和引出，以及从联箱中间径向单管或双管引入和引出的连接方式，这种连接方式具有管道系统简单、蒸汽混合均匀和便于安装喷水减温器等优点。

但是，即使沿联箱长度各点的静压相同，也会产生流量不均。对于过热蒸汽，其流量不均匀系数为

$$\eta_G = \frac{G_p}{G_{pj}} = \sqrt{\frac{K_{pj} v_{pj}}{K_p v_p}} \tag{2-6}$$

式中　K——管子的折算阻力系数；

　　　v——管内蒸汽的平均比体积。

由式 (2-6) 可见，即使管圈之间的阻力系数相同（$K_p = K_{pj}$)，即各平行管子的长度、内径、粗糙度相同，由于吸热不均匀引起的工质比体积的差别也会导致流量不均。吸热量大的管子，管内工质的比体积也大，管内工质流量就小。因此，过热器并联管子中吸热量大的管子，其热负荷较高，工质流量较小，工质焓增增大，管子出口工质温度和壁温升高，更加大了管间的热偏差。

假定经过混合后，管组各管圈进口处工质的参数是均匀的，当热偏差系数 Q 一定时，偏差管出口处的焓与平均值之差（$\Delta i_p - \Delta i_{pj}$）与管组的平均焓增 Δi_{pj} 成正比。即当热偏差系数一定时，管组的平均焓增越大，各管圈出口处工质温度偏差也越大。

3. 同屏热偏差

在我国锅炉过热器和再热器试验中发现，过热器和再热器对流受热面存在不同程度的管屏中各管间的热偏差，有的热偏差系数高达 1.3~1.4，并造成局部管子超温。

引起过热器同屏热偏差的主要原因有：①管束前后烟气容积对各管排的辐射热量不均匀；②各管接受管间辐射热量不均匀；③同屏各管吸收对流热量不均匀；④管间积灰的影响。

（四）减轻热偏差的措施

由于工质吸热不均和流量不均的影响，使过热器管组中各管的焓增不同而造成热偏差。从结构设计和运行中采取各项措施可有效地减少过热器管子间的热偏差，但是要完全消除热偏差是不可能的，只能将热偏差减轻到允许的程度。

为有效减少热偏差并降低蒸汽侧阻力，某锅炉过热器、再热器系统采用了下列合理的结构形式：

（1）各级过热器、再热器的连接采用合理的引入引出方式。过热器系统、再热器系统各有一次左右交叉，即屏式过热器出口与末级过热器之间、低温再热器出口与高温再热器之间

各进行了一次左右交叉。

（2）各级过热器、再热器之间的连接也采用了大管道连接，使蒸汽能充分混合。引入引出管尽量对称布置，减少静压差，使流量分配均匀，减少汽温偏差。

（3）合理选用各级受热面管子的规格，取得与热负荷相适应的蒸汽流量。即使同一级的过热器，管子规格也根据结构和所处的位置不同而有所不同。如低温再热器水平管组根据在蒸汽流程中的不同位置和温度变化情况采用了不同的管子直径和材料，使受热面管材的布置更为合理。

（4）再热器汽温的调节靠尾部烟气挡板调节。通过烟气挡板开度的大小来调节通过尾部后竖井低温再热器的烟气流量，从而达到调节再热汽温的目的。同时，在低温再热器进口管段上设有事故喷水，低温再热器至高温再热器管段上设有微调喷水。

锅炉燃烧设备

磨煤机及其制粉系统

第一节　HP、RP磨煤机结构及其特性

磨煤机是把煤块磨制成煤粉的机械，它是制粉系统的重要设备。各种磨煤机将煤磨制成煤粉主要是借助撞击、挤压和研磨等原理来实现的，每一种磨煤机往往同时具有上述两种或三种作用，但是以其中一种为主。

磨煤机按转速不同可分为以下几种类型：

（1）低速磨煤机。它通常指筒式钢球磨煤机，其转速为 $15\sim25r/min$。

（2）中速磨煤机。它包括中速平盘式磨煤机、中速钢球磨煤机、中速碗式磨煤机，转速为 $50\sim300r/min$。这类磨煤机具有质量轻、占地少、制粉系统管路简单、投资省、电耗低、噪声小等一系列特点，因此在大容量机组中得到日益广泛的应用。目前我国电厂中应用较多的中速磨煤机有四种：辊—盘式中速磨煤机，又称平盘磨；辊—碗式中速磨煤机，又称碗式中速磨煤机；辊—环式中速磨煤机，又称 MPS 磨；球—环式中速磨煤机，又称中速球磨或E形磨。

中速磨煤机的结构各不相同，但是具有共同的工作原理，即都是两组相对运动的研磨部件；在弹簧力、液压力或其他外力的作用下，把它们之间的原煤研磨成煤粉；然后通过研磨部件的旋转运动，把磨碎的煤粉甩到周围的风环室；流经风环室的热风把这些煤粉带到位于中速磨煤机上部的粗粉分离器；在粗粉分离器中，粗煤粉被分离出来重新再磨，合格的煤粉送往燃烧器；在磨粉过程中，还伴随有热风对煤粉的干燥；同时，被甩出来的原煤中的少量的石块和铁块等杂物落入杂物箱，被定期排出。

（3）高速磨煤机。它包括风扇式磨煤机和锤击式磨煤机，转速为 $500\sim1500r/min$。

一般情况低速磨煤机常用于中间储仓式制粉系统，中速和高速磨煤机常用于直吹式制粉系统。

玉环电厂是由哈尔滨锅炉厂设计的超超临界变压运行直流锅炉，该炉选用的是上海重型机械厂的 HP1163 型带动态分离器的磨煤机，这是美国 CE 公司在 RP 型磨煤机的基础上改进、创新发展起来的一种高性能先进的浅碗式磨煤机。每台机组配套6台中速磨煤机，其中5台运行，1台备用。

目前已经投产的 1000MW 等级机组采用的制粉系统类型见表3-1。从表3-1中可以看出，目前投产或正在基建的 1000MW 等级机组设计煤种主要是烟煤，给煤机均采用电子称重式给煤机，给煤机制造厂家分别是沈阳施道克电力设备有限公司和上海发电设备成套设计研究院；磨煤机采用 HP 磨、MPS 磨、双进双出钢球磨，制造厂家分别是上海重型机器厂有限公司、北京电力设备总厂和沈阳重型机械集团有限责任公司。

表 3-1　　　　　　　　　　　**1000MW 等级机组采用的制粉系统类型式**

项目	华能海门电厂	华能玉环电厂	国华宁海电厂	平海电厂	邹县电厂	潮州三百门电厂
设计煤种	神府煤	神府煤	活鸡兔煤	内蒙准格尔煤和印尼煤按 1∶1 配比的混煤	兖矿煤	神府东胜煤
磨煤机制造厂家	上海重型机器厂有限公司	上海重型机器厂有限公司	上海重型机器厂有限公司	北京电力设备总厂	沈阳重型机械集团有限责任公司	北京电力设备总厂
磨煤机型号	HP1203/Dyn	HP1163/Dyn	HP1163/Dyn	ZGM133G	BBD—4360	ZGM133G
磨煤机最大出力	111	95.12	111	104.1		104.1
磨煤机保证出力	99.9	85.61	99.9	98.9	70	98.9
磨辊加载方式	弹簧加载	弹簧加载	弹簧加载	液压蓄能变加载	钢球磨	液压蓄能变加载
磨煤机单耗 kW·h/t 煤	9.3	—	9.2	8.26	—	8.26
分离器形式	旋转式分离器	旋转式分离器	旋转式分离器	旋转式分离器	粗细粉分离器	折向挡板
煤粉细度 R_{90}%/R_{75}%	$R_{90}=16$	$R_{75}=22$	$R_{90}=17$	$R_{90}=20$	$R_{75}=25$	$R_{90}=20$
给煤机制造厂家	沈阳施道克电力设备有限公司	沈阳施道克电力设备有限公司	沈阳施道克电力设备有限公司	上海发电设备成套设计研究院	上海发电设备成套设计研究院	上海发电设备成套设计研究院
给煤机型号	EG3690	EG3690	EG2490	CS2024HP 型电子称重式	CS2024HP 型电子称重式	CS2024HP
给煤机最大出力（t/h）	10～120	30～150	9～90	115	9～90	10～100

一、HP 磨煤机主要结构与特点

如图 3-1 所示，原煤经连接在给煤机上的中心给煤管送到磨碗上，在离心力的作用下，向磨碗的周缘移动。三个独立的弹簧加载磨辊按相隔 120°分别安装于磨碗上部，磨辊与磨碗之间保持一定的间隙，两者并无直接的接触。磨辊利用弹簧加压装置施以必要的研磨压力，当煤通过磨碗与磨辊之间时，煤就被磨制成煤粉。这种磨煤机主要是利用磨辊与磨碗对它们之间的煤的压碎和碾磨两种方法来实现磨煤的。磨制出的煤粉由于离心力作用继续向外移动，最后沿磨碗周缘溢出。

HP 磨煤机的主要功能是将直径小于等于 38mm 的原煤研磨成 0.075mm 左右的煤粉。热一次风（用来干燥和输送磨煤机内的煤粉）从磨碗下部的侧机体进风口进入，并围绕磨碗

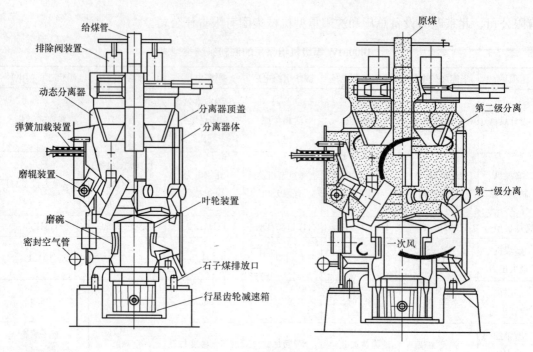

给煤管
排除阀装置
动态分离器
弹簧加载装置
磨辊装置
磨碗
密封空气管
分离器顶盖
分离器体
叶轮装置
石子煤排放口
行星齿轮减速箱
原煤
第二级分离
第一级分离
一次风

图 3-1　HP 磨煤机结构示意

毂向上穿过磨碗边缘的叶轮装置，装在磨碗上的叶轮使气流均匀分布在磨碗边缘并提高了它的速度。与此同时，煤粉和气流就混合在一起了，气流携带着煤粉冲击固定在分离器体上的固定折向板。颗粒小且干燥的煤粉仍逗留在气流中并被携带沿着折向板上升至分离器，大颗粒煤粉则回落至磨碗被进一步碾磨和分离。

　　扇形衬板的一端被紧密地镶嵌在磨碗的凹槽内，另一端用楔形的夹紧环压紧，当拧紧环上的螺栓后，衬板就被牢牢地固定了，并形成朝向中心的环形碾磨表面，直接与煤相接触。磨碗外周缘装有一圈叶轮，叶轮随磨碗一起由驱动装置驱动旋转，使气流经叶轮后垂直向上。叶轮的通风面积可通过增减空气节流环来调节，从而调节磨煤机的通风量，如图 3-2 所示。

　　磨辊装置与磨碗配合将煤磨制成所要求的细度。磨碗上方设有三组磨辊，配有液压加载装置。磨辊本身由辊轴、上下轴承和辊体组成。图 3-3 为磨辊示意图。

　　磨辊与磨碗之间留有一定的间隙，以保证磨煤机

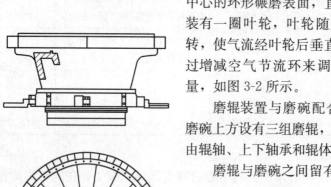

图 3-2　磨碗结构示意

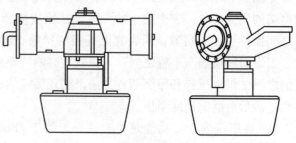

图 3-3　磨辊示意

空载时，磨碗衬板与磨辊不会直接接触，避免无谓的电能消耗，使启动时平稳无噪声。磨辊装置上设有磨辊与磨碗间隙调节杆，可通过调节杆调节磨辊与磨碗之间的间隙。磨辊轴是固定的，当磨碗转动时，靠煤的摩擦力传递磨碗的转动力矩使磨辊绕其轴而转动。

动态分离器改善了煤粉细度，提高了燃料热效率，改善了锅炉燃烧状况。动态分离器的设计适用于研磨低挥发分煤或磨煤机的研磨能力下降时，使系统能够处于常规状态，完成出力调节或者改型为低 NO_x 排出的燃烧器。动态分离器上装有旋转叶片装置，叶片顺时针方向旋转，支承在固定于磨煤机外部的轴承装置上。转子包含用于颗粒分离的叶片和原煤落煤管。转子叶片由耐磨钢板制成。分离器的传动方式为通过变频率电动机和减速器的带传动。动态分离器简图见图 3-4。

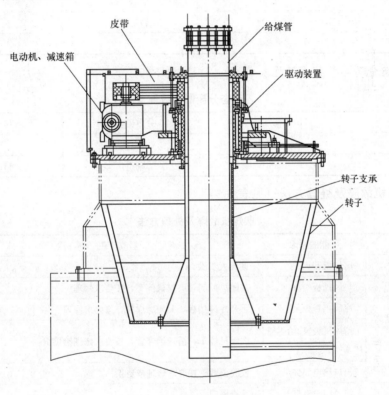

图 3-4 动态分离器简图

静态分离器不能有效地将细的煤粉从粗煤粉中分离出来，会导致细煤粉在磨煤机里再次循环。含有细煤粉的研磨区域会降低研磨效率和磨煤机研磨能力（磨煤机出力）。

动态分离器有效地减少了细煤粉在磨煤机内部的循环次数，大大提高了研磨效率和磨煤机能力。动态分离器利用空气动力学和离心力将细煤粉从粗煤粒中分离出来。

二、HP1163/Dyn 型碗式磨煤机主要设备规范

（一）磨煤机参数（见表 3-2）

表 3-2   **HP1163/Dyn 型碗式磨煤机参数**

磨煤机型号	HP1163/Dyn	磨煤机型号	HP1163/Dyn
磨煤机转速	27.7r/min	煤粉细度	200 目筛通过率 78%
磨煤机出力（max/B—MCR/保证）	95.12/73.1/85.61t/h	石子煤排量	69kg/h

（二）磨煤机电动机参数（见表 3-3）

表 3-3　　　　　　　　　　　　　磨煤机电动机参数

参数名称	数　值	参数名称	数　值
电动机型号	YHP630—6	启动电流	$6.0 \times I_n$
额定功率	950kW	满载效率	93.0%
额定转速	985r/min	50%负载时效率	91.2%
额定电压	6000V	75%负载时效率	92.5%
额定频率	50Hz	最低启动电压	$80\%U_n$
额定电流	119A	绝缘等级	F
接线方式	星型	额定温升	B
启动时间	2s		

（三）动态分离器参数表（见表 3-4）

表 3-4　　　　　　　　　　　　　动态分离器参数表

分离器类型	HP1163/Dyn 专用	分离器类型	HP1163/Dyn 专用
功率	65kW	电流	100A
电压	380V	制造厂	ALSTOM

三、磨煤机故障及处理方法（见表 3-5）

表 3-5　　　　　　　　　　　　　磨煤机故障及处理方法

问　题	可能的原因	改　正　办　法
磨煤机出口温度高	磨煤机着火	见灭火步骤
	热风挡板失灵	关闭热风门，磨煤机停车，按要求修理
	冷风挡板失灵	手开冷风挡板，关闭磨煤机，按要求修理
	给煤机失灵/给煤管堵塞	磨煤机停车，清理给煤管，按要求修理给煤机
	出口热电偶失灵	校验读数，按要求修理或更换
磨煤机出口温度低	热风门没有打开	检查风门
	热风挡板失灵	关闭热风门，磨煤机停车，按要求修理
	冷风挡板失灵	手开冷风挡板，关闭磨煤机，按要求修理
	出口热电偶失灵	校验读数，按要求修理或更换
	磨煤机里的煤太湿	降低给煤率，增加热风量，增加一次风温
	磨煤机过载	如果热风门开度已达 100%，降低给煤率
磨煤机主电动机电流高	磨煤机过载或煤太湿	降低给煤率，检查给煤机标定、煤的硬度和煤湿度变化量
	煤粉过细	降低分离器转速/调节折向门开度
	电动机失灵	检查电动机
	减速箱失灵	检查减速箱中齿轮与轴承是否存在故障
	电流表失灵	测试/校准电流传感器
	一次风控制器失灵	关闭磨煤机，按要求检查/修理。检查温度探头、压差传感器和控制器，按要求校准/修理

续表

问　题	可能的原因	改　正　办　法
磨煤机主电动机电流低	无煤进入磨煤机或煤太少	检查给煤机和给煤管是否堵塞
	一个或多个磨辊装置卡住	检查磨辊
	电动机联轴器断裂	检查联轴器
	煤粉过粗	增大分离器转速/调节折向门开度
	煤种改变	检查煤硬度和湿度
	电流表失灵	检查/校准电流传感器
	一次风控制器失灵	关闭磨煤机，按要求检查/修理。检查温度探头、压差传感器和控制器，按要求校准/修理
磨碗压差高	磨煤机过载	(1) 降低给煤率； (2) 检查给煤机标定/检查磨煤机是否出现故障； (3) 检查煤硬度
	煤粉过细	降低分离器转速/调节折向门开度
	磨煤机压力接头堵塞	按要求清理压力接头
	压力传感器失灵	重新校对/更换
	一次风控制器失灵	关闭磨煤机，按要求检查/修理。检查温度探头、压差传感器和控制器，按要求校准/修理
	磨碗周围通道面积不够	拆除一块空气节流环
磨碗压差低	磨煤量减少	检查给煤机标定/检查磨煤机是否出现故障/检查煤硬度
	煤粉过粗	增大分离器转速/调节折向门开度
	磨煤机压力接头堵塞	按要求清理压力接头
	压力传感器失灵	重新校对/更换
	一次风控制器失灵	关闭磨煤机，按要求检查/修理。检查温度探头、压差传感器和控制器，按要求校准/修理
	磨碗周围通道面积过大	检查通风量控制系统/增加空气节流环
无煤粉至煤粉喷嘴	煤粉管道堵塞	清理管道/检查通风量和风速
	给煤机堵塞/给煤管堵塞	重新标定给煤机/检查、清理给煤机和中心落煤管
	煤仓中断煤	检查是否有煤供给给煤机
	一次风控制器失灵	关闭磨煤机，按要求检查/修理。检查温度探头、压差传感器和控制器，按要求校准/修理
	煤粉喷嘴堵塞	检查煤粉喷嘴
	排出阀关闭	检查阀是否关闭/检查逻辑故障

续表

问题	可能的原因	改正办法
煤粉细度不正确	一次风控制器失灵	关闭磨煤机，按要求检查/修理。检查温度探头、压差传感器和控制器，按要求校准/修理
	分离器位置/转速不正确	检查分离器位置/转速
	取样不正确	检查取样装置、位置和取样程序
	分离器零、部件老化	检查零、部件是否磨损/检查各处间隙
	磨煤机安装、调试不正确	检查辊套与磨碗衬板之间的间隙/检查磨辊头与加载螺栓之间的间隙
	煤种改变	检查煤种
	转子转向不正确	转子转向为从磨煤机上部往下看为顺时针方向
	加载弹簧失效	检查预载力/检查弹簧压缩率
噪声（来自磨碗之上或磨碗之下）	磨碗上有异物	清除异物/检查给煤系统的异物是否正常清除/确定异物来源并加以矫正
	磨辊发生故障	检查磨辊
	弹簧压力不均匀	检查弹簧压缩率/检查弹簧预载力
	间隙过大	检查辊套与磨碗衬板之间的间隙/检查磨辊头与加载螺栓之间的间隙
	磨碗衬板断裂	检查磨碗衬板
	弹簧装置损坏	检查零、部件是否磨损
	刮板装置断裂	按要求修理或更换
	空气入口处叶片断裂	按要求修理或更换
煤从石子煤排出口溢出	给煤量过大	检查给煤机和控制系统故障
	煤粉细度过细	检查细度，降低分离器转速或将叶片开度调大
	煤种改变	检查煤种
	磨辊或磨碗衬板损坏	检查零、部件是否磨损
	碾磨力不够大	(1) 检查弹簧加载装置零、部件是否磨损； (2) 检查弹簧预载力； (3) 检查弹簧压缩率
	磨辊/磨碗不转动	(1) 检查磨辊轴承； (2) 检查磨辊润滑油是否污染； (3) 磨辊/磨煤机充分暖磨； (4) 检查磨辊润滑油黏度； (5) 增大原煤粒度
	一次风控制器失灵	关闭磨煤机，按要求检查/修理。检查温度探头、压差传感器和控制器，按要求校准/修理
	磨碗周围通道面积过大	检查通风量控制系统/增加空气节流环

续表

问 题	可能的原因	改 正 办 法
磨煤机运行不平稳/振动大	磨辊/磨碗不转动	(1) 检查磨辊轴承； (2) 检查磨辊润滑油是否污染； (3) 磨辊/磨机充分暖磨； (4) 检查磨辊润滑油黏度； (5) 增大原煤粒度
	煤床厚度不适宜	(1) 增加给煤量； (2) 检查给煤机标定/故障； (3) 检查管路是否堵塞
	碾磨力过大	减少弹簧预载力
	间隙不正确	(1) 检查辊套与磨碗衬板之间的间隙； (2) 检查磨辊头与加载螺栓之间的间隙
	原煤粒度太小	增大原煤粒度
	煤粉细度太细	(1) 降低分离器转速/位置； (2) 一次风控制器失灵； (3) 检查温度探头，压差传感器和控制器； (4) 给煤量太大； (5) 检查给煤机故障/标定
	磨煤机暖磨时间太短	检查暖磨时间
	煤种改变	检查煤种
	磨碗上有异物	清除异物/检查给煤系统的异物是否正常清除/确定异物来源并加以矫正
变频器故障	变频器断路—失灵	见生产厂家产品手册
	变频器断路—过载	见生产厂家产品手册。 (1) 一次风控制器失灵； (2) 检查温度探头，压差传感器和控制器
	变频器断路—负荷不足	见生产厂家产品手册。 检查带是否失效
	电动机失灵	见生产厂家产品手册
	减速箱故障（如果用减速箱）	见生产厂家产品手册
	带失效	更换带，见生产厂家产品手册进行失效分析
	转子不转	(1) 去掉带，检查电动机、减速箱、旋转分离器故障； (2) 检查上部气封间隙以及是否污染； (3) 检查下部气封间隙以及是否污染； (4) 检查转子外径密封环间隙以及是否污染； (5) 轴承装置污染； (6) 轴承装置失效
磨煤机电流波动	动态分离器皮带打滑	(1) 加强对动态分离器传动皮带内侧温度的监视； (2) 调整皮带张紧力

四、磨煤机调整

制粉系统优化调整试验是锅炉机组燃烧优化调整试验的主要内容之一，其目的是通过对制粉系统的调整，测量和了解制粉系统的各种运行特性，以作为系统运行工况调整及确定制粉系统运行方式的依据。在此基础上进行系统的优化调整，确保制粉系统能够连续、均匀供给锅炉安全经济燃烧所需的煤粉质量及数量，并降低制粉单耗，提高机组的安全性和经济性。

HP 中速磨煤机根据煤粉细度的需要可以进行相应的调整，调整手段分离线调整和在线调整，即在磨煤机停运过程调整和磨煤机运行过程中调整。停机调整包括弹簧加载力、磨辊与磨碗间隙调整；运行过程中调整包括风量、出口温度、动态分离器转速调整。

（一）弹簧加载力调整

增加磨煤机加载装置的定值，可提高煤层上的碾磨能力，使磨煤机最大出力增加，煤粉变细，石子煤排放量降低。但磨煤机电耗因磨辊负载增大而增大，并且磨煤机的磨损加重。当碾磨压力增加到一定程度后，制粉系统经济性开始降低。从燃烧经济性来看，增加碾磨压力是有利的。

（二）磨辊与磨碗间隙的调整

磨辊和磨碗之间的间隙是指磨煤机空载状态下两者之间的间隙，一般维持在 8～10mm 左右。该间隙值直接影响煤粉细度，间隙越小，煤粉越细；但如果间隙过小，在磨煤机低负荷运行工况下，会发生磨辊与磨碗之间剧烈的撞击。

（三）磨煤机入口一次风量调整

磨煤机的通风量对煤粉细度、磨煤机电耗、石子煤量和最大磨煤出力有影响。在一定的给煤量下增大风量（即增加风煤比），煤粉变粗，磨煤机内循环煤量减小，煤层变薄，磨煤机电耗下降。但由于风环风速增大，石子煤量减少，风机电耗增加，减薄煤层和降低磨煤机电流使磨煤机的最大出力潜力加大。风量的高限取决于锅炉燃烧和风机电耗，如果一次风速过大，煤粉浓度太低或煤粉过粗，易对燃烧产生不利影响，或者风机电流超限，则风量不可继续增加。风量的低限主要取决于煤粉输送和风环风速的最低要求。煤粉管道内的一次风速低，不足以维持煤粉的悬浮，煤粉会在管内沉积造成管道堵塞，甚至可能引起自燃着火，最低允许值为 18m/s。流速过高则不经济，且磨损管道、降低煤粉浓度影响着火稳定，因此一次风速不宜超过 27m/s。

（四）磨煤机出口温度调整

直吹式制粉系统出力的变化（风煤比）是影响磨煤机出口温度的一个经常性的因素。改变风煤比或干燥剂进口温度都可达到调节作用，但为了维持风煤比曲线并使制粉经济，在煤质允许的条件下，应尽量使用改变干燥剂入口温度的方法调节磨煤机出口温度。

提高磨煤机的入口风温可增加磨煤机的磨制能力；在给煤量不变时，可减少磨煤机内的再循环煤量和煤层厚度，使制粉电耗降低。同时，开大热风门、关小冷风门可降低排烟温度和散热损失，并对提高燃烧效率有明显的效果。在安全允许的条件下，推荐维持磨煤机出口温度在上限运行，即按设计温度运行。

（五）动态分离器转速调整

动态旋转分离器分离效率高、效果好。通过调整转子转速不仅可获得所需要的煤粉细度，还可调匀各输粉管的粉量分布。当煤种变化时，能够灵敏地用叶片转速来调整离心力大小，及时操作，获得最佳细度。由于分离出来的煤粉细且均匀，有助于锅炉分级燃烧，以实现低 NO_x 燃烧技术而不增加飞灰未燃尽碳所产生的燃烧损失。

动态分离器转速要调整合理，否则容易引起磨煤机本体产生大幅振动；另外，如果是通过皮带传动，应该密切监视磨煤机电流，如果磨煤机电流严重偏低，可能是皮带松动引起动态分离器传动机构打滑。某电厂 1000MW 机组在额定负荷工况下，分离器传动皮带断裂后，磨煤机电流比正常工作电流降低约 30%，煤粉细度增加一倍，严重影响锅炉燃烧的安全与经济性，因此要密切关注动态分离器的运转参数。

第二节 MPS 磨煤机结构及其特性

一、概述

MPS 中速磨煤机是 20 世纪 80 年代发展起来的一种新型磨煤机，其结构如图 3-5 所示，主要工作部件为磨盘和磨辊。三个磨辊相对固定在相距 120°角的位置上，磨盘为具有凹槽形滚道的碗式结构。磨辊盘出电动机通过减速装置带动旋转，磨辊在固定的位置上绕轴进行转动。煤从中部落在磨盘上以后，靠离心力向边上移动，在磨盘与磨辊之间被碾磨成煤粉，被风环处进来的热风带走。磨辊对磨盘的压力来自磨辊、支架及压盘的结构自重向弹簧的预压力。弹簧的预压力靠作用在上磨盘的液压缸加压系统来完成。MPS 中速磨煤机在增大出力的条件，工作部件的磨损、运行的振动等比其他中速磨煤机优越。

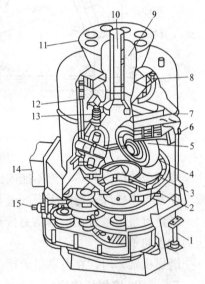

MPS 磨煤机是德国 Babcock 公司 20 世纪 60 年代为辗磨硬质烟煤而研制的，其研磨部件是三个凸形辊子和具有凹形槽道的磨环，又称为辊—环式磨煤机。沈阳重型机器厂、北京电力设备总厂于 1985 年分别引进了 MPS 磨煤机的生产技术。经过对引进技术的消化吸收，两家厂对 MPS 磨煤机进行了一定的优化，如采用新型分离器、旋转喷嘴等，现已形成了较为完整的产品系列。在目前国内的 300MW、600MW、1000MW 机组上已有大量运行实践。

图 3-5 MPS 中速磨煤机结构

1—液压缸；2—杂物刮板；3—风环；4—磨环；5—磨辊；6—下压盘；7—上压盘；8—分离器导叶；9—气粉混合物出口；10—原煤入口；11—煤粉分配器；12—密封空气管路；13—加压弹簧；14—热空气入口；15—传动轴

MPS 磨煤机是一种新型外加压力的中速磨煤机。三个磨辊形如钟摆一样相对固定在相距 120°的位置上，磨盘为具有凹槽滚道的碗式结构。给煤机将煤从磨煤机中心落煤管进入，落到旋转的磨碗上，在离心力作用下进入磨盘凹槽滚道。MPS 磨煤机磨环（磨碗）通过齿轮减速机由电动机驱动，磨辊在压环的作用下向煤、磨环施加压力，由压力产生的摩擦力使磨辊绕心轴旋转（自转），轴心固定在支架上，而支架安装在压环上，可在机体内上下浮动。

MPS 磨煤机的出力范围一般在 10%～100% 之间，煤粉分配的效果较 HP 磨煤机差，在采用新型静态分离器后，提高了分离器内部的导流性，分配偏差率减小。对于磨制的煤粉颗

粒均匀性指数 n，MPS磨煤机要略好于HP磨煤机。

二、工作原理

MPS型磨煤机是具有三个固定磨辊的外加力型辊盘式磨煤机，磨煤机的研磨原理如图3-6所示。三个辊子在一个旋转磨盘上做滚压运行。需碾磨的煤从磨煤机的中心落煤管落到磨盘上。旋转磨盘借助于离心力将物料运动至碾磨辊道上，通过磨辊进行碾磨。三个磨辊圆周方向均布于磨盘辊道上，磨辊施加的碾磨力由液压缸产生。通过固定的三点系统碾磨力均匀作用至三个磨辊上，磨盘、磨辊的压力通过底板、拉杆和液压缸传至基础。物料的碾磨和干燥同时进行。热气通过喷嘴环均匀进入磨盘周围，将经碾磨的物料烘干并输入至磨煤机上部的分离器。在分离器中，粗细物料分开，细粉排出磨煤机，粗粉重新返回磨盘碾磨。

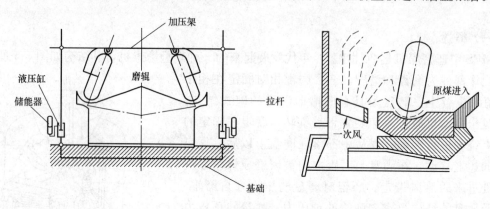

图3-6　磨煤机的研磨原理图

难以破碎的杂物热气流不能吹走，它们通过喷嘴环落入磨煤机下部的热空气室中，经刮板至废料箱中排除。清除废料的过程在磨煤机运行期间也能进行。

减速机将电动机提供的动力传至磨盘，并将转速调至磨煤机工作转速。同时承担了碾磨压力和多向负荷。

磨煤机维修时，在电动机的尾部可连接盘车装置。

三、MPS磨煤机结构

（一）基础部

主要有用于固定减速机、拉杆及电动机的底座或基础底板和用于固定磨煤机架体的锚栓。各底板下面有地脚螺栓盒，地脚螺栓盒在一次灌浆前埋入基础块，各底板在二次灌浆前应调整好。

（二）下架体和石子煤箱

磨煤机下架体采用焊接结构，具有支承磨煤机中架体和分离器、固定下架体密封环、安装石子煤箱和石子煤斗、安装一次热风入口、安装一次风室检修观察门、安装喷嘴静环等作用。

石子煤箱用于磨煤机石子煤的排放。石子煤箱位于磨煤机下部，与磨煤机主电动机轴线顺时针旋转90°的轴线位置上。它由上闸门、石子煤斗、下闸门和石子煤小车四部分组成。上闸门关闭后可使石子煤箱与磨煤机隔断。

（三）中架体

磨煤机中架体现场焊接在下架体上。圆筒型的中架体密封了碾磨部件。它的内壁中下部焊有耐磨衬板，四壁开有检修用的密封门、一次风室检修观察门、观察磨辊磨损及用油情况的观察门和检修用的翻辊门。中架体上还装有拉杆密封装置及加压架的限位装置。

中架体上还设有灭火蒸汽的接口法兰，它从灭火蒸汽总管道上接于磨煤机内部的碾磨区域、磨煤机热风入口两点。

（四）磨盘支座、磨盘、刮板

磨盘支座与减速机采用刚性连接，它用来传递扭矩。磨盘支座与下架体密封环一起形成一环形密封空气通道，防止含尘热气影响减速机。废料刮板固定于磨盘支座上，并通过排出口将废料排到石子煤箱。磨盘上嵌有耐磨性高的高铬铸铁磨瓦。磨瓦由楔形夹紧螺栓固定。磨盘上有中心盖板用来分配物料，并防止水和粉尘进入磨盘下部空间。磨盘上装有防止各部件间相对运动的定位销。磨盘落放在相应的磨盘支承座上。

（五）喷嘴环

喷嘴环绕磨盘四周，其作用是将一次热风静压变为动压。喷嘴环分动环和静环两部分，静环固定在磨煤机架体上，动环用螺栓固定在磨盘座上并随磨盘转动。安装时，应保证动环和静环之间的间隙均匀。

（六）磨辊

磨辊是磨煤机的核心部件。它的辊套是由硬镍合金材料制成，成形均匀。

磨辊轴承是按特殊要求设计的，因为由磨辊的自重、碾磨压力、磨辊导向作用产生的反作用力均由磨辊轴承负担。磨辊轴承的寿命主要取决于润滑条件，故应对润滑问题给予足够的重视。磨辊润滑油的最大注入量可参见润滑油明细表中的数据。最小注入油量应保证辊轴的密封圈浸入油中。为了避免漏油及脏物进入轴承，应特别注意保持良好的密封效果。轴密封圈间的空隙应注满长效润滑脂，与密封风系统连接的活动管路接至辊支架，密封风由辊支架内空腔流入磨辊内部的环形空间。为消除不同温度和不同压力下产生的不利影响，辊轴端部装有通风过滤器。

辊轴上设有测量油位探测孔，用后拧上螺钉。

磨辊的油温通过安装在辊轴专用探测孔上的热电阻测定，测温导线通过密封风管路通向磨煤机外部。

（七）导向装置、加压架

导向装置安装在磨煤机中架体上的三个凸出部位中，它能使加压架和磨辊沿垂向在很大范围内活动。它装有可换的耐磨合金板，并用螺栓分别固定于中架体和加压架上。

每个磨辊通过两个滚柱铰链和加压架之间进行位置调整。每个安装在辊支架上的滚柱可沿径向转动。磨辊可自动地沿水平方向调整在磨盘辊道上的倾角位置。

加压架和磨辊间有连板连接。

（八）拉杆机构、煤层厚度和耐磨件磨损量测量装置

拉杆采用球形活接头与加压架连接，拉杆的另一端用连接法兰和液压缸的活塞杆连接。液压缸底部装有关节轴承，利用它将液压缸固定在拉紧装置锚板上。拉杆与中架体连接处装有一特殊设计的密封装置，能适应拉杆的上下运动和水平摆动。此处还设有密封风腔，用以隔绝磨煤机内含尘热风排除磨煤机外。

拉杆上还装有可示出磨煤机煤层厚度及耐磨件磨损状况的测量装置，在磨煤机操作运行期间便可从外部了解上述情况。

（九）下架体密封环

磨煤机用于正压运行。为防止磨内含尘热风排除影响减速机及现场环境，在下架体上装有密封环，它利用螺栓固定在下架体上。密封环可整体从磨煤机下面拆下。密封环分上下两道，中间为密封风腔并通入密封风。上道密封环为缝隙式，下道密封环为炭精石墨密封，石墨密封环采用轴向安装，可不必拆除减速机就可方便进行拆装和更换。

（十）分离器、磨煤机内密封风管道

分离器为动静组合旋转分离器，安装在磨煤机上部，与磨煤机形成一体并含有落煤和出粉接口。从碾磨腔排出的气粉混合物通过切向叶片切向进入分离器静态叶片进行粗分离，再进入分离器动态叶片进行细分离，不合适的粗粉被分离出来，经分离器下部的内锥体重新入磨碾磨。合适的细粉被热风输送到锅炉。磨煤机运行过程中，动态叶片的转速由变频电动机调节，它可改变分离器分离特性。因此，分离器在热风及物料流量一定的情况下，碾磨细度可作一定的调整。

每个分离器出口均配供出口气动快关阀，该阀为气动双闸板式，在阀门关闭时，二闸板之间通入密封风以确保隔断效果。

每个磨辊有一垂向安装的活动管道与磨内上部的环形密封风管道连接。垂直管道一端固定在辊支架上，另一端用关节轴承连接到环形管道上，这样可避免碾磨振动对其产生的影响。

磨煤机主风机启动前及分离器变频电动机启动前，密封风机必须启动，磨煤机分离器的密封部位的密封风压应高于磨煤机入口2000Pa，这样，才能保证分离器润滑油池有良好的密封。

（十一）磨煤机灭火蒸汽管道

在一定的条件下，为了防止磨煤机内的煤粉自燃和爆炸，利用蒸汽管道，可向磨煤机内通入蒸汽，以惰化磨煤机内的氧含量。

（十二）密封风机

密封风机是为磨煤机提供洁净的密封风，每台磨煤机共有以下位置需要密封风：磨辊（3点）、分离器油池（1点）、下架体密封环（1点）、加载拉杆（3点）、磨煤机出口快关阀（4点）。

密封风机采用集中供风，与一次风串联设计。每台炉配置两台密封风机，由左、右旋各一台密封风机组成一个密封风供风系统。当一台密封风机运行时，另一台密封风机备用。

每台密封风机入口设有开关及流量控制电动阀门执行器，作用是控制开、关与一次风管的联系同时调节密封风系统流量。每台磨煤机配有密封风管支路电动阀门执行器，作用是切断单台磨煤机的密封风供给。

磨煤机前装有压力变送器，作用是与磨煤机入口一次风压力作差压比较，保证磨煤机密封风点压力比一次风压力高2000Pa，保护磨煤机系统运行的控制要求。

（十三）液压站

液压加载系统采用液压变加载系统，加载力随磨煤机负荷（给煤量）变化可调，同时具备自动抬辊功能。液压油站为磨煤机加载液压缸（3个）提供动力，加载液压缸为双作用油缸，液压油站向活塞杆侧供油，磨辊加压；换向阀向活塞侧供油，加载架将三个磨辊抬起。

（十四）减速机、润滑油站

减速机为行星齿轮减速机。它的作用是给磨煤机提供足够的转矩和合适的转速。润滑油站用来润滑减速机内的齿轮、轴承和推力轴承。

四、液压加压装置

ZGM113G 磨煤机液压系统主要由油缸、油箱、电动机泵组、换向阀、节流阀、比例溢流阀以及滤油器、热交换器、液位继电器、压力继电器等元件组成。电动机泵组产生压力油源，通过换向阀的动作，驱动油缸动作。油缸动作速度由节流阀在一定范围内调节液压油的流量来调节；油缸的工作压力由系统中的溢流阀和比例溢流阀的设定来调整。

（一）液压系统的安装

液压泵站油箱应水平安装，与地面之间用 4 只 M12 地脚螺栓固定。地脚螺栓可采用灌浆预埋，也可用化学锚栓。如需采取避震措施，则可在油箱与地基间加装避震垫。地脚螺栓用双螺母紧固防松。地脚螺栓的外露高度由双螺母和避震垫等的高度决定。

液压泵站的安装位置应考虑到布管和电气接线的方便和美观，同时应留有足够的维修空间（通常为 800～1000mm）。

安装油缸活塞杆接头销轴时，应把销轴表面擦拭干净，并涂抹润滑油。组装时，禁止使用铁锤敲击。安装完毕后，应检验在要求的摆角范围内，与相邻部件不产生干涉。

液压系统的主要管路采用无缝钢管，钢管与钢管和接头间应由具有相应焊接资质的焊工焊接。液压泵站油管的出口参照阀块上的钢印标记。中间布管时，钢管弯曲半径应大于其外径的 3 倍，弯曲后的椭圆度应小于 10％，切割处和焊缝处应清除毛刺和焊渣，并清洗干净。管道布置时应尽可能地短，排列要整齐，并尽可能地减少直角转弯。管道与管道之间，应留 10mm 以上间隙，以防止震动干扰。每隔 1～2m，应设置管夹，把管道固定在基础上。

冷却水管可采用镀锌自来水管。应使用中性洁净的自来水进行冷却，在冷却水电磁阀前应加装水过滤器。

液压管道正式装入系统前，必须进行严格的处理和冲洗，避免杂物进入液压系统，损坏液压元件。

（二）液压系统的调试

液压泵站在出厂前已进行了初步调试，液压系统的主要参数已按照原理图的要求进行了设定。液压系统现场的调试可结合电气控制一起进行。具体步骤如下：

（1）油箱中加注 L—HM—46 液压油至油标位置，油液清洁度应达到 NAS 7 级以上。

（2）蓄能器根据用户要求的压力预充氮气。

（3）扳动手动换向阀到中位，即在空载工况下，点动电动机，检验电动机转向是否为顺时针方向（从风扇端看）。如为逆时针方向，则调整电动机电源线接线顺序。

（4）保持电磁换向阀和电磁换向阀处于中位，即在空载工况下，点动电动机，检验电动机转向是否为顺时针方向（从风扇端看）。如为逆时针方向，则调整电动机电源线接线顺序。

（5）启动电动机，扳动手动换向阀到左位，油缸 3、油缸 4、油缸 5 活塞杆缩回。

（6）调节节流阀，可调整油缸活塞杆缩回速度。

（7）电磁阀得电时，可通过比例溢流阀的输入信号，动态控制油缸最大的拉力，即可控制磨辊的压力。

（8）电磁阀 DT1 得电时，溢流阀起作用，限制油缸的最大拉力。

（9）扳动手动换向阀到右位，油缸3、油缸4、油缸5活塞杆伸出。最大伸出力由溢流阀限定。

（10）油缸3、油缸4、油缸5的无杆腔、有杆腔的工作压力由压力表显示。

（11）油泵（02）的最大工作压力由溢流阀设定。

（12）冷却水电磁阀（DT8）得电，接通冷却水。

（13）启动电动机，电磁阀DT3、DT5得电时，油缸1、油缸2活塞杆伸出。

（14）启动电动机，电磁阀DT4、DT6得电时，油缸1、油缸2活塞杆缩回。

（15）油泵的最大工作压力由溢流阀设定。

在整个调试过程中，应密切注意并及时处理下列问题：

（1）整个系统是否存在泄漏，如发现泄漏，应立即排除。

（2）整个液压系统是否有异常噪声，如听到异常噪声，应立即停机检查。

（3）压力表显示的压力是否正常，如发现异常，应立即检查原因。

（4）油温是否超过规定值50℃，如超过该温度值，应引入冷却水冷却。

调试过程中，应根据实际工况，对液压元件的参数，如溢流阀的溢流压力、压力开关的报警值等进行现场调定，使之与实际工况相适应。各液压元件参数的调整设定请参照相应材料样本或手册。

调试试运行完毕后，应检查油液清洁度。如发现清洁度超标，应更换新油或进行过滤，直到满足要求。

（三）液压系统的维护

（1）日常检查油箱中的油位，发现低于规定要求时，应及时加注。

（2）液压系统运行过程中，出现异常噪声，应查明原因并处理，避免带病运行。

（3）日常检查油液、电动机和其余部件是否存在过热现象。

（4）定期检查管路和系统，发现泄漏，应立即排除。

（5）定期检查软管，发现龟裂、老化现象，应予以更换。

（6）发现油箱中油液异常减少时，应马上检查管路和系统，找出泄漏点并排除。

（7）定期检查油质和清洁度，如不符合要求，应更换新油或过滤。

（8）滤油器（03或31）堵塞报警时，应更换滤芯。

（9）液位过高或过低时，液位传感器发信息，应停机处理。

（10）压力过高或过低时，压力传感器发信息，应停机处理。

（11）油温低于10℃时，加热器工作，油温高于25℃时，加热器停止工作。

（12）热交换器投入运行后，油温仍然过高时，油温传感器发信息，停机，待油温冷却，并检查原因。

（13）定期检查电动机的工作电流，应在额定范围内。如发现超标，应停机检查原因，并作相应处理。

五、运行故障及处理

ZGM型中速辊式磨煤机在启停、运行和检修工作中，都必须遵守ZGM型中速辊式磨煤机的有关规定，不允许切断、短接、摆脱、停用任何有关连锁保护、报警等装置。要以预防为主，避免故障的发生。

表3-6列出了一般故障现象和可能的原因、预防及处理办法。

表 3-6　　　　　　　　　ZGM 型中速磨煤机一般故障

序号	故障现象	可能的原因	预防及处理
1	磨煤机运转不正常	(1) 碾磨件间有异物	停机,消除异物,检查磨煤机内部件是否脱落(注意,当磨煤机进入铁块等高硬度异物时,应及时消除,否则会损坏碾磨件)
		(2) 磨盘内无煤或煤量少	落煤管堵塞
		(3) 导向板磨损或间隙过大	更换或调整间隙
		(4) 碾磨件损坏	更换
		(5) 蓄能器中氮气过少或气囊损坏	停磨煤机和高压站,充气检查蓄能器
2	磨煤机一次风和密封风间压差减小	(1) 密封风机入口过滤器堵塞	停磨,清洗过滤器
		(2) 密封风管道止回阀门板位置不准确	将门板调至正确位置
		(3) 密封风管道漏气或损坏	修理或更换
		(4) 密封件失效	修理或更换
		(5) 密封风机故障	消除故障
3	辊套断裂	(1) 磨煤机运行出现过剧烈振动	消除振动来源。更换辊套
		(2) 停磨煤机后机壳检查门打开过早,冷风激冷造成	避免磨辊受较大温差的影响。更换辊套
4	运行期间,分离器温度太低或太高;分离器温度提高很快	(1) 一次风温度控制装置故障	将一次风温度转换为人工控制并消除故障
		(2) 一次风控制失灵	将一次风温度转换为人工控制并消除故障
		(3) 磨煤机内着火	磨煤机应紧急停机,打开惰性气体
		(4) 分离器温度大于110℃	阀门通入惰性气体直至温度降低
5	磨辊油位低	密封件失灵	停机,修理或更换密封件,注油达规定油位
6	磨辊油温度高	(1) 油位低	停机,修理或更换密封件,注油达规定油位
		(2) 轴承损坏	停机,更换磨辊轴承
		(3) 磨辊密封风管道故障或磨穿	修理或更换
7	刮板脱落	紧固螺栓脱落或折断	重新紧固或更换螺栓
8	石子煤排量过多	(1) 紧急停磨煤机或磨煤机刚启动	启动磨煤机和紧急停磨引起的石子煤增多属正常情况
		(2) 煤质较次	属正常情况
		(3) 运行后期磨辊、衬瓦、喷嘴磨损严重	对于由于喷嘴喉口磨损引起的石子煤增多,应及时更换喷嘴
		(4) 运行时磨煤机出力增加过快,一次风量偏少(即风煤比失调)	重新调整一次风量

续表

序号	故障现象	可能的原因	预防及处理
9	减速机推力瓦油池油温超过正常值	(1) 供油流量不够	检查油泵流量，阀门是否节流，分油管是否堵塞
		(2) 冷油器冷却效果不好	检查冷却水阀门和冷却水量
		(3) 冷油器油中进水	检查冷油器内部铜管是否堵塞和结垢
		(4) 受机座密封处漏出的一次热风影响	处理漏风
10	减速机推力瓦损坏	(1) 磨煤机频繁启、停或剧烈振动	避免磨煤机频繁启动和消除振动
		(2) 供油量少或断油时报警系统未报警	定期检查报警装置
		(3) 冷油器油中进水，润滑油不合格和长期使用变质	换油和使用润滑油，按润滑使用要求。更换轴瓦
11	减速机噪声超过正常值	(1) 减速机内有杂物	取出异物
		(2) 轴承和齿轮磨损或损坏	更换轴承和齿轮
		(3) 联轴器找正不正确	检查找正情况
		(4) 联轴器传动销损坏	更换传动销
12	稀油站油泵故障	见稀油站中油泵使用说明	见稀油站中油泵使用说明
13	稀油站滤网损坏	(1) 压差报警失误使滤网差压超过差压值	校对差压控制器
		(2) 油温低时未按说明书要求启动稀油站	启动稀油站按说明书要求进行
14	润滑油压力高	节流孔及润滑点的分油小孔堵塞	检查节流孔和各润滑点
15	润滑油压力低	(1) 油泵工作不正常	检查油泵
		(2) 油管阀门节流和减速机内部油管脱落	检查阀门和减速器内部情况
16	断油	油泵、油泵电动机出故障	立即停磨煤机，检修油泵和电动机
17	冷油器外漏	冷油器密封不严	紧固密封法兰螺栓或更换密封件
18	冷油器内漏	冷油器铜管胀口处泄漏或铜管破裂	拆卸冷却器，并进行检修
19	齿轮油变质	(1) 冷油器中水漏到油中，使油乳化	必须定期化验
		(2) 油长期使用不更换	定期更换油
20	磨煤机振动大	(1) 煤层薄	启动前合理布煤
		(2) 石子煤排放不及时	定期排放石子煤
		(3) 加载力偏大	按加载力曲线适当调小加载力
		(4) 加载油压波动	检查加载油系统，消除波动
		(5) 磨煤机内部有异物	停机清除异物

第三节 双进双出钢球磨煤机结构及其特性

一、概述

火电厂大型燃煤锅炉机组一般都采用煤粉燃烧方式。这种燃烧方式可以适合于大的锅炉容量，具有较高的燃烧效率、较广的煤种适应性以及较强的负荷响应性。煤粉在炉内是处于悬浮状态燃烧的，燃烧过程在煤粉流经炉膛的短暂时间内完成，从着火稳定性与系统的经济性角度，电站锅炉都对煤粉的细度和干度提出一定的要求。火力发电厂制粉系统的任务就是为锅炉制备和输送细度及干度符合运行要求的煤粉。

制粉系统从系统风压方面可分为正压式和负压式；从工作流程方面又可分为直吹式和中间储仓式两类。所谓直吹式制粉系统，就是原煤经过磨煤机磨成煤粉后直接吹入炉膛进行燃烧；而中间储仓式制粉系统是将制备出的煤粉先储存在煤粉仓中，然后根据锅炉负荷需要，再从煤粉仓取出经给粉机送入炉膛燃烧。直吹式制粉系统制备出的煤粉一般是被具有一定风压的一次风吹至炉膛的，系统处于正压状态，所以直吹式制粉系统一般属于正压式制粉系统；而在中间储仓式制粉系统中制备出的煤粉一般是由排粉风机抽出的，系统处于负压状态，所以中间储仓式制粉系统一般属于负压式制粉系统。

从20世纪80年代辽宁清河发电厂100MW机组引进双进双出钢球磨煤机以来，广东韶关电厂300MW机组相继也应用了双进双出钢球磨煤机，至今国内已有山东邹县、山西阳城、黑龙江七台河、甘肃靖远、江苏常熟等多家电厂在应用双进双出钢球磨煤机。双进双出球磨机的连续作业率高、维修方便、煤粉出力和细度稳定、储存能力强、响应迅速、运行灵活性大、风煤比较低、适用煤种范围广、不受异物影响、无需备用磨煤机等优点已在电力生产中逐渐显现优势。

双进双出球磨机的名称是相对传统的单进单出钢球磨煤机而得出的。顾名思义，双进双出钢球磨煤机有对称的两个原煤入口和两个煤粉出口。这两对进、出口形成了对称的两个研磨回路。磨煤机的两端为中空轴（亦称耳轴），分别支撑在两个主轴承上。中间为磨煤机的筒体。邹县电厂四期工程制粉系统运用的是沈阳重型机械厂引进法国ALSTOM公司的技术生产的BBD—4360型双进双出钢球磨煤机。每台炉配6台磨煤机对应12台CS2024型电子称重式给煤机。

二、双进双出钢球磨煤机性能结构

钢球磨煤机（简称球磨机）是一种低速磨煤机，其转速一般为15～25r/min，某电厂1000MW机组磨煤机的额定转速为16r/min。它利用低速旋转的滚筒，带动筒内的钢球运动，通过钢球对原煤的撞击、挤压和研磨实现煤块的破碎和磨制成粉。筒内用锰钢作护甲内衬，护甲与筒壁间有一层石棉衬垫，起隔音作用，如图3-7所示。20%～25%筒体有效容积的空间装有直径在30～60mm的钢球。磨煤机采用的钢球尺寸分别为直径30、40、50mm的三种钢球，按照一定的比例装球。大功率的电动机经减

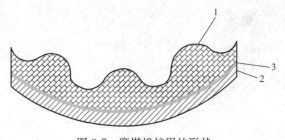

图 3-7 磨煤机护甲的形状
1—护甲；2—筒体；3—石棉垫

速机带动滚筒运动，筒内的钢球被内表面凹凸不平的护甲带到一定的高度后落下，通过钢球对煤块的撞击及钢球之间、钢球与护甲之间的碾压，把煤磨碎。原煤从两端的耳轴内部螺旋输送器的下部空间进入磨煤机，热一次风从耳轴中间的空心圆管进入磨煤机。煤粉耳轴内部螺旋输送器的上部空间被一次风携带走，热风的风速决定了被带走的煤粉的粗细。被热风带走的煤粉进入双锥体形式的分离器。细度合格的煤粉经分离器出口的四根一次风煤粉管道去燃烧器，细度不合格的煤粉经回粉管回到磨煤机筒体内重新磨制。

影响钢球磨煤机工作的因素很多，主要有以下几方面：

（一）球磨机的工作转速和临界转速

球磨机的筒体的转速发生变化时其中的钢球和煤的运动特性也发生相应的变化，如图3-8所示。

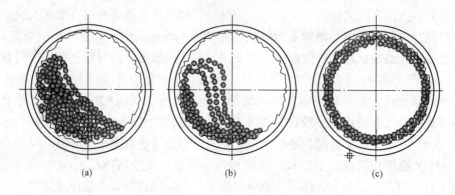

图3-8　转速对钢球在筒内运动的影响

(a) 转速过低；(b) 转速适当；(c) 转速过高

当筒体的转速很低时，随着筒体的转动钢球被带到一定的高度，在筒内形成向筒体下部倾斜的状态，当这堆钢球的倾角等于或大于钢球的自然倾角时，球就沿斜面滑落下来如图3-8（a）所示，这时磨煤的作用是微不足道的，而且很难把磨好的煤粉从钢球堆中分离出来，煤将被重复研磨。

当筒体的转速超过一定值后，作用在钢球上的离心力很大，以致使钢球和煤附着于筒壁与其一起运动，如图3-8（c）所示。产生这种状态的最低转速称为临界转速 n_{lj}，这时煤不再是被打碎而是被研碎，但其磨煤作用仍然很少，由计算可得

$$n_{cr} = \frac{42.3}{\sqrt{D}} \text{r/min}$$

上式中 D 为筒体有效直径，当筒体转速处于上述两种情况之间时，钢球被筒体带到一定高度后延抛物线轨迹落下，产生强烈的撞击磨煤作用。磨煤作用最强的转速称为最佳转速 n。我国的研究经验表明了 n 与 n_{cr} 之间的换算关系为 $n \approx (0.75 \sim 0.78) n_{cr}$。

如图3-9所示，钢球下落形成的

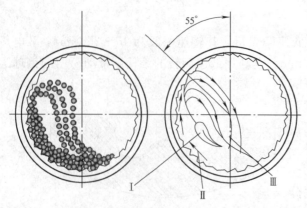

图3-9　磨煤机最佳转速工作原理

Ⅰ—摩擦研磨；Ⅱ—压力研磨；Ⅲ—冲击磨碎

抛物线顶点所在的半径与筒体垂直半径夹角为 55°。此时在磨煤机筒体的断面上形成了三个研磨原理不同的工作区，即摩擦研磨、压力研磨和冲击磨碎，从而形成了磨碎原煤的最佳工作状态。

（二）护甲

运行中很明显的现象是，当更换护甲后，磨煤机的出力显著增加，电耗下降。随着护甲的磨损，磨煤机的出力显著下降。这说明，护甲的形状对磨煤机的工作影响很大。在钢球磨煤机的筒体内，钢球的旋转速度永远小于筒体的旋转速度，两者之差决定于钢球和护甲之间的摩擦系数。摩擦系数越小，筒体和钢球的速度差越大，意味着护甲和钢球之间有较大的相对滑动，于是将有较多的能量消耗于钢球和护甲之间的摩擦上，而未能用来提升钢球。如果护甲的摩擦系数高，就可以在相对比较低的筒体转速下产生钢球的最佳工作条件，也就是说，可以在较小的能量消耗下达到最佳的工作条件。因此，决定钢球磨煤机最佳工作条件的因素除了筒体的转速外，护甲的结构和形状以及磨损程度也很重要。

（三）钢球工况

钢球工况是指钢球的数量、尺寸和磨损情况。为表征磨煤机载球量通常引入载球系数（ϕ）的概念，所谓的载球系数是用磨煤机内钢球的总体积占磨煤机有效体积的百分比来表示的。我国的标准是将钢球在筒体内的装载面低于磨煤机进出料口下边缘 50mm 时的装球量定义为磨煤机的最大装球量。相同的出力和运行条件下，磨煤电耗最小的工况所对应的装球量称为磨煤机的最佳装球量。要计算磨煤机的最佳装球量，应先引入最佳装球系数（ϕ_{zj}）。试验表明，最佳装球系数（ϕ_{zj}）的计算式为

$$\phi_{zj} = 0.12/(n/n_{cr})^{1.75}$$

式中　n——磨煤机筒体的工作转速（最佳转速）；

　　　n_{cr}——磨煤机筒体的临界转速。

则双式钢球磨煤机的最佳装球量的计算式为

$$G_{zj} = \rho_{gq} V \phi_{zj}$$

式中　G_{zj}——磨煤机的最佳装球量；

　　　ρ_{gq}——钢球的堆积密度，一般取 $4.9t/m^3$；

　　　V——磨煤机的筒体有效容积。

磨煤机所装的钢球的尺寸以及不同尺寸钢球数量上的配比，对磨煤机的出力、电耗和钢球的磨损都有一定的影响。当钢球直径在 20～60mm 内时，钢球的单位磨耗量（g/kg）与钢球的直径成反比。对于同一台磨煤机而言，磨煤机的出力与钢球直径的平方根成反比，即钢球的直径越大，磨煤机的出力越小，其计算式为

$$\frac{B_{m1}}{B_{m2}} = \sqrt{\frac{d_2}{d_1}}$$

式中　B_{m1}——钢球直径为 d_1 时的磨煤机出力；

　　　B_{m2}——钢球直径为 d_2 时的磨煤机出力。

在选择钢球直径时，还应该考虑磨煤机筒体的直径。当筒体的直径小时，由于钢球下落的高度减小，显然钢球的直径应该大些。随着磨煤机的工作，筒体内逐渐积累了一定数量的

被磨损和被碾碎的小钢球，有时煤中还混有一些小的金属件，所有这些几乎都没有磨煤效应，但在筒体内为了提升它们却耗费了一定的功率。随着筒内的这样的碎块增多，磨煤机的出力将要下降，制粉电流随之增大。为了克服这一点，必须定期把钢球倒出、称重、筛分，适时补充新的钢球。

钢球的单位磨损量决定于钢球金属的质量、钢球的尺寸、磨煤机的规格、筒体的转速、磨制的煤种以及运行工况等多种因素。当钢球直径 d 在 $20\sim60\mathrm{mm}$ 内，钢球单位磨损量的大小与钢球的直径成反比，而且磨损还随着煤的硬度和磨损性的增高、黄铁矿数量的增多而加剧。

在磨煤的非正常工况下，钢球的磨损会显著增大。如磨煤机在少煤或无煤的状态下运行时，钢球不是落在煤上，而是落在裸露的钢球或护甲上，此时磨损会急剧增加。运行中应避免此种情况的发生。

影响钢球磨损程度的因素，还包括钢球本身的抗磨性、钢球的材质、冲击韧性值等，制造过程中形成的制造缺陷也是重要的因素之一。制粉系统磨煤机钢球的材质应为中铬铸铁。

在球磨机的工作过程中，钢球和护甲组成了一个磨料磨损系统，提高钢球材料的硬度，能增加其抗磨损的能力，减少钢球的磨损。但是如果护甲材料的硬度与钢球材料的硬度不匹配，而过分地提高钢球的硬度来增加其抗磨性，会加剧护甲的磨损，加速它的失效，缩短其使用寿命，增加护甲的更换次数。运行实践表明，硬度过高的钢球会对护甲造成严重地磨损。因此，选用护甲的硬度高于钢球的硬度才是合理的。护甲（衬板）的材质应为高铬铸铁。

（四）磨煤机的通风工况

钢球磨煤机筒体内的通风工况直接影响着燃料沿筒体长度方向上的分布和磨煤机的出力。当筒体的通风量很小时，燃料大部分集中在筒体两端的进料口附近，由于钢球沿筒体长度方向几乎是均匀分布的，因而在筒体内的中间部分，钢球的能量没有被充分利用，很大一部分能量消耗在金属的磨损和发热上。同时，因为筒内风速不变，由筒体带出的仅仅是少量的细煤粉，因而磨煤机出力也降低。随着通风量的增加，燃料沿筒体方向的推进速度增加，改善了沿筒体长度方向燃料对钢球的充满情况，使磨煤机的出力增加，磨煤机的电耗降低。然而通风电耗是随通风量的增加而增加的；同时，当过分地增加筒体的通风时，分离器的回粉量增加，将在系统内造成无益的循环，使输粉消耗的能量也提高。综上可知，在一定的筒体通风量下，可以达到磨煤和通风总电耗量最小，这个风量称为最佳通风量 V_{tf}^{zj}，它与煤种、分离器后的煤粉细度、钢球的充满系数有关。应该指出，筒体的通风和转速之间是有一定联系的，这两个因素对于燃料在筒体长度方向上分布的影响是相同的。综合大量的试验得出球磨机的最佳通风量的经验计算式为

$$V_{\mathrm{tf}}^{zj} = \frac{38V}{n\sqrt{D}}(1000\sqrt[3]{K_{\mathrm{km}}} + 36R_{90}\sqrt[3]{K_{\mathrm{km}}}\sqrt[3]{\phi})$$

式中　V_{tf}^{zj}——磨煤机的最佳通风量；

　　　n——磨煤机筒体的转速；

　　　D——磨煤机筒体有效直径；

R_{90}——分离器后煤粉的细度；

V——磨煤机筒体的有效容积；

K_{km}——原煤的可磨度系数；

ϕ——磨煤机的钢球充满系数。

最佳通风量对应于磨煤机制粉系统的最经济工况，球磨机应在最佳通风量下运行，干燥风量也应该依此来确定。

（五）载煤量

球磨机筒体内的载煤量直接影响磨煤机的出力。当载煤量减小时，钢球下落的动能只有一部分用于磨煤，另一部分消耗于钢球的空撞磨损；随着载煤量的增加，钢球用于磨煤的能量增大，磨煤机的出力增大。但如果载煤量过大，由于钢球下落高度减少，钢球间的煤层加厚，使部分能量消耗于煤层变形，钢球磨煤能量减小，磨煤出力反而下降，严重时将造成圆筒入口阻塞，磨煤机无法工作。磨煤机出力与载煤量的对应关系可通过试验来确定。对应最大磨煤机出力的载煤量称为最佳载煤量。

三、双进双出球磨机主要技术特点

磨煤机由筒体、防磨衬套、绞龙、分离器、分配器、主轴承、转动部、传动部、隔离罩、顶轴油及润滑油系统、冷却水系统组成，如图 3-10 所示。

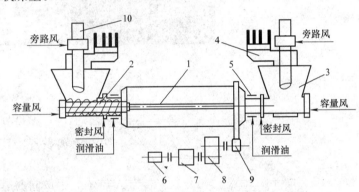

图 3-10　磨煤机结构图

1—筒体；2—绞龙；3—分离器；4—分配器；5—主轴承；6—慢减装置；
7—主电动机；8—减速机；9—小牙轮；10—落煤管

（一）筒体

双进双出球磨机的筒体是由一个钢板卷制的壳体和连接两端中空轴的铸钢端盖构成的。壳体和端盖内部装有高铬铸铁的衬板——护甲。壳体的厚度为 28mm。筒体的有效长度为 6140mm，直径为 4250mm，中空轴（又称耳轴）是一个空心体，随着筒体一起转动，用于送风、进煤及风粉混合物的排出。筒体的一端外部以销钉固定的方式固定有大齿轮，大齿轮用来接电动机带动的减速机小齿轮传递的转动力矩，使磨煤机的筒体转动工作。

磨煤机的驱动端称为 DE 侧，另一端被称为非驱动端，表示为 NDE 侧。

磨煤机筒体有以下结构特点：

（1）端盖和筒体采用对接焊，受力状态良好；

（2）筒体采用整体加工，保证同心度，使主轴承运行状态良好；

（3）筒体整体退火，消除焊接应力；

（4）焊缝探伤，保证焊缝的质量；

（5）衬板材料采用高铬铸铁、高锰钢及合金铸铁等；

（6）衬板采用特殊密封，螺母为高强度锁紧螺母，具有使用寿命长，密封性好等特点。

在磨煤机的筒体上开有检修用的人孔，磨煤机停机时，人孔所在的位置可能被停到不适合或不方便检修的位置，这时一般用点动磨煤机慢速驱动电动机（盘车）的方法使处于停止状态的磨煤机筒体转到一个合适检修的位置，有利于以后可打开人孔进行维修。

　　磨煤机出厂还附带有一套磨煤机顶起装置，在磨煤机需要检修时，可将这套液压顶起装置放置在磨煤机筒体下部的钢筋混凝土结构的四个阶梯形支墩上，用液压的顶起装置通过磨煤机筒体的顶起支架将磨煤机筒体整体顶起。这套装置一般在磨煤机需要更换主轴承等类的检修工作时使用。用来放置磨煤机液压顶起装置的支墩如图 3-11 所示。

图 3-11　磨煤机筒体下方的放置顶起装置的支墩

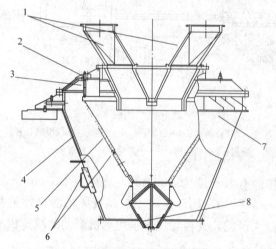

图 3-12　双锥形重力离心式煤粉分离器
1—分离器出口 PC 管；2—折向门调节机构；3—折向门；
4—外锥体；5—内锥体；6—内外锥体的检修人孔门；7—分
离器外壳；8—内锥体底部的分流装置

（二）煤粉分离器及一次风煤粉管道

　　煤粉分离器是制粉系统中必不可少的分离设备，其任务是对一次风从磨煤机中带出的煤粉进行分离，把粗大的煤粉颗粒分离下来返回磨煤机再磨，合格的煤粉通过煤粉分离器出口的煤粉一次风煤粉管道到达锅炉的燃烧器供锅炉燃用。此外，煤粉分离器的另一作用是用来调节煤粉的细度，以便在运行中当煤种改变或磨煤机出力（或干燥剂量）改变时能保证所要求的煤粉细度。

　　煤粉分离器的种类繁多，各类分离器的结构和工作原理有较大的差异，双锥体结构的重力离心式煤粉分离器如图 3-12 所示。这种分离器的优点在于圆环形的缝隙结构，能使锥体全周向均匀、连续排粉。但其结构较为复杂，故阻力也较大。该分离器的特点是出粉较细、调节幅度宽广，适用于烟煤、贫煤和褐煤，可配用各种磨煤机，适应能力较强，应用面广。

　　重力离心式分离器的工作方式如图 3-13 所示。磨煤机的出粉被一次风携带到分离器这个过程本身也是一次风对煤粉的做功过程，一次风在这一过程中将消耗的动能的一部分用于将煤粉的高度提升到分离器的高度。这时有一部分细度不合格的煤粉由于自身质量大而无法进入分离器从而使这一过程首先将一部分较粗的煤粉初步淘汰掉，此过程称为煤粉进入分离器之前的初步分离；当煤粉随着一次风进入分离器内部时，煤粉被分离器内锥体下部的分流装置分流，进入内外锥体之间的空间继续向上运动。在这一过程中又有一部分细度不够的煤粉被淘汰，从分离器下部的回粉管返回磨煤机内部重新磨制，此过程称为煤粉进入分离器的一次分离；折向门如图3-13中11所示。

折向门是处于分离器内锥上部外锥内部的一圈开度可调的挡板，其作用有二：其一是使煤粉通过后形成旋流；其二是通过调节折向门的开度可以调节煤粉细度。当经过一次分离的煤粉经过折向门进入内锥体后由于旋流的作用使煤粉在内锥体中又经历了一次离心原理的分离，分离后的煤粉细度合格的被一次风携带通过分离器上部的一次风煤粉管道送往燃烧器，细度不合格的煤粉经分离器内锥体下部的分流装置与内锥体之间的缝隙流出内锥，经回粉管返回磨煤机内重新磨制。煤粉在内锥体内的旋流式分离称为煤粉在分离器中的二次分离。

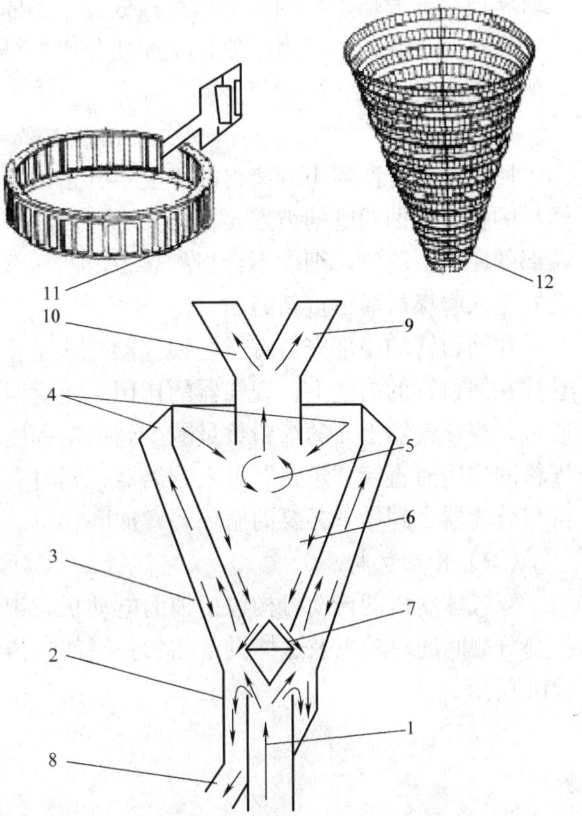

分离器内锥中的煤粉气流是旋流形的，大颗粒的煤粉在分离器内锥内壁上做快速的旋流运动对分离器的内锥内壁造成强烈的磨损。为了减轻这种磨损对

图3-13　分离器的工作过程和折向门、分离器内锥内壁的防磨衬片示意

1—磨煤机出粉；2—煤粉未进入分离器的初步分离；3—煤粉在分离器内外锥之间的一次分离；4—折向门；5—煤粉在进入折向门之后煤粉形成的旋流；6—煤粉在内锥中的二次分离；7—二次分离后细度不合格的煤粉从内锥体底部的分流装置处流出；8—经分离后细度不合格的煤粉经回粉管回磨煤机；9—PC管；10—细度合格的煤粉经一次风煤粉管道去燃烧器；11—分离器的折向门外形；12—分离器内锥内壁的耐磨陶瓷衬片

内锥内壁的影响，故在内锥内壁加装耐磨陶瓷衬片，如图3-13中12所示。

一次风煤粉管道是分离器出口的风粉混合物被一次风吹往燃烧器的通道。在一次风煤粉管道的根部装有气动煤粉隔离闸门，称为燃烧器关断挡板。每台煤粉分离器出口装有四根一次风煤粉管道，分别去往同一层的四个燃烧器。燃烧器关断挡板受控于磨煤机启停功能组中的程序。应该指出的是，一次风煤粉管道在锅炉周围有的管段是水平布置的，这样将使其产生内部积粉的可能。内部一旦发生积粉，不仅影响磨煤机的出力，而且还会带来自燃、爆炸等事故隐患。

在一次风煤粉管道上除了燃烧器关断挡板外还有一个较为关键的部件即均粉孔板，均粉孔板安装在燃烧器关断挡板之后。由于每根一次风煤粉管道所对应的燃烧器布置位置与分离器的距离不尽相同，所以每台分离器出口的四根一次风煤粉管道是长度不同的，与之对应的是每根一次风煤粉管道对于风粉混合物的阻力也是不同的。安装均粉孔板的目的就在于在调试时将同一分离器出口的四个均粉挡板置于不同的开度，以使同一分离器出口的四根一次风煤粉管道对于煤粉的阻力一致，从而使分离器排出的煤粉在四根一次风煤粉管道之间得到均匀的分配。

（三）回粉管

回粉管是分离器中分离出的细度不合格的煤粉返回磨煤机的通道。回粉管较细，为保证回粉的畅通，回粉管的坡度要符合要求。回粉管的上端接于分离器之下，下端连接到中空轴端部的原煤下落管，细度不合格的煤粉由回粉管的下端与从给煤机下落的原煤混合经螺旋输送器进入磨煤机筒体重新磨制。

在回粉管的中部安装有逆止锁气器。该逆止锁气器的结构是由一片挡板通过铰链的方式悬挂在回粉管的内壁上。锁气器的作用是当返回的煤粉达到一定数量时，将通道打开使煤粉通过，当锁气器上面的煤粉数量减少到一定程度时关闭，防止磨煤机内的一次风未发挥携带煤粉的作用而直接"短路"进入分离器；同时一次风的"短路"也将造成一部分煤粉在磨煤机与分离器之间做不必要的循环，增加磨煤机的电耗降低系统的效率。

（四）传动机构

双式球磨机的传动机构包括辅助电动机、离合器、主电动机、主副减速机、大小齿轮、各部分之间的对轮以及这些设备的相关组件。传动机构是磨煤机筒体运转的动力来源。如图3-14所示。

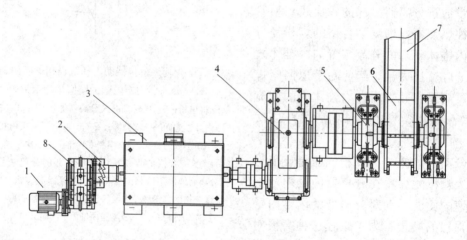

图 3-14　双式球磨机的传动机构

1—辅助电动机；2—斜齿型离合器；3—主电动机；4—主减速机；5—小齿轮轴承；
6—小齿轮罩（内有小齿轮）；7—大齿轮罩（内有大齿轮）；8—副减速机

辅助电动机的作用相当于盘车，也称为磨煤机的慢速驱动装置。该装置通过超越式离合器（斜齿离合器）与磨煤机主轴相连。当磨煤机正常运转时，离合器能使副减速机与磨煤机主电动机轴可靠断开。但在停机时这套慢动装置可以带其载荷使磨煤机继续缓慢旋转，以使磨煤机筒体内煤的温度保持均衡，避免火灾等事故的发生。另外，慢速装置也使磨煤机在检修时转动磨煤机更为方便。

沈阳重型机械集团有限责任公司选用的齿轮式减速机，传动比为7.099、传动方式为平行轴圆柱齿轮传动。该减速机配有单独的润滑油系统。

（五）中空轴及螺旋输送器

中空轴（亦称耳轴）是磨煤机筒体、钢球护甲等本体部件重量的主要承载部件，中空轴及螺旋输送器等部件又是磨煤机入口一次风、出口排粉、入口落煤的枢纽部件。中空轴与磨煤机本体采用焊接的方式连接成为一个整体，内部的中心圆管是通过磨煤机筒体端盖上的辐条与筒体之间连接的同时，筒体也通过辐条将转动力矩传递给中空圆管使其与筒体以同样的角速度转动；耳轴被磨煤机的主轴承支撑，为保证耳轴与主轴承之间的良好润滑和冷却，每套制粉系统专门配装一套高低压润滑油系统。

中空圆管是一次风进入磨煤机的通道，中空圆管通过筒体侧的辐条跟随着磨煤机筒体转动，中空圆管的另一端通过一个小轴被中空圆管端部支撑轴承支撑，支撑轴承安装在机座的一次风构件上。

原煤入料口和磨煤机排粉口嵌套在一起成为内部分开表面结合的一个整体。原煤落入中空轴内后，通过螺旋输送器的推动进入磨煤机筒体，在这一过程中原煤经过的是螺旋输送器与中空圆管之间的下部空间；而磨煤机筒体内细度初步合格的煤粉是在一次风的带动下经由螺旋输送器和中空圆管之间的上部空间逆着螺旋输送器的推进方向从磨煤机中空轴端部的排粉口去煤粉分离器的。这里需要指出的是，当磨煤机筒体内的料位过高时，会阻住螺旋输送器的下部空间原煤的进入，当煤位更高时，会使整个螺旋输送器与中空圆管之间的所有空间被煤充满，从而使原煤无法再进入磨煤机筒体。所以磨煤机的料位调节是磨煤机运行中至关重要的问题。

螺旋输送器亦称绞龙，它与中空圆管用短链连接，使螺旋输送器的叶片有较好的挠度。链条前方设有尖角形的挡板，用以保护链条；另外，对煤块和大块的异物起到助推的作用，使输送器对大块物料的适应性好，防止堵煤。输送器与中空轴的密封盖采用进口的密封部件。推进器的轴承部位引入密封风，确保煤粉不泄漏，保证良好的密封。螺旋叶片采用进口耐磨钢板制作，抗磨蚀性好，强度高，柔性好，截面大，结实耐用，寿命长。

（六）混料箱

混料箱安装在给煤机下出口挡板之后，是用来干燥原煤的旁路风与给煤机出口的原煤的混合之处。旁路风进入混料箱后从四周吹入落煤筒将原煤进行烘干。混料箱的内部采用不锈钢的叶片，落煤管采用不锈钢板做内衬，有效地阻止了原煤的黏贴，避免阻塞。混料箱的外形结构如图3-15所示。

（七）主轴承

主轴承采用高低压润滑油系统，高压油注入轴瓦与中空轴的间隙中，形成高压油膜，可以避免轴瓦和中空轴的任何接触。低压油从中空轴上方喷淋至中空轴上，使中空轴有良好的润滑。中空轴坐落在主轴承的轴瓦上，该轴瓦固定在可以调整基准线误差的球面轴承座上，使轴承具有良

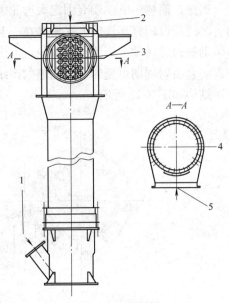

图 3-15　混料箱

1—回粉管接口；2—原煤落入口；3—混料箱；

4—不锈钢叶片；5—旁路风入口

好的调心功能。球面瓦采用闭式水冷却，保证轴瓦的正常运行温度。在主轴承中装有测温度的热电偶，可时刻检测主轴承的温度，防止温度过高，避免出现抱轴、拉伤等事故的发生。主轴承中还设有盛油槽，可以满足在断油的情况下仍能确保主轴承与巴氏合金衬瓦短时间内形成油膜，保证磨煤机安全的情况下停机。主轴承结构如图 3-16 所示。

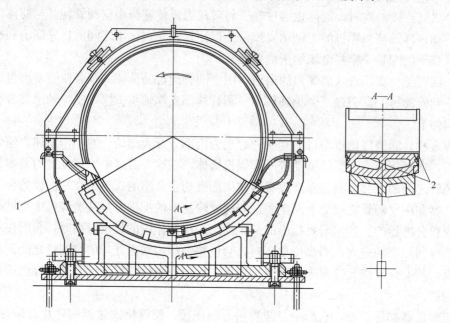

图 3-16　磨煤机主轴承
1—盛油槽；2—热电阻

（八）大齿轮及大齿轮罩

磨煤机筒体的驱动端有固定大齿轮的凸肩，这一凸肩镶嵌在大齿轮轮毂根部的凹槽内，两者之间通过销钉连接的方式铆和在一起。传动机构的小齿轮与大齿轮啮合在一起，小齿轮将传动机构的转动力矩传给大齿轮，大齿轮再带动磨煤机筒体转动。磨煤机的大小齿轮专门配设一套喷射周期可变的润滑油喷射系统，该系统有专门的油站来提供油源。大齿轮及大齿轮罩结构如图 3-17 所示。

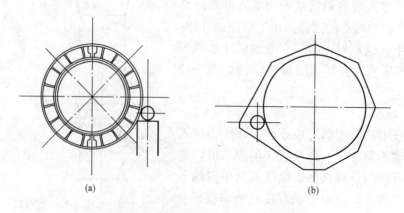

(a)　　　　　　　　　　　　　(b)

图 3-17　磨煤机大齿轮与大齿轮罩
(a) 磨煤机大齿轮轮毂；(b) 磨煤机大齿轮罩

由于制粉系统属于正压式制粉系统，因此运行中由于密封风压不足会造成磨煤机漏粉，悬浮状态的煤粉将会污染大小齿轮的润滑油。另外，转动部件的直接裸露也会给安全生产带来诸多的不利因素。为防止以上情况的发生，在大齿轮和小齿轮的外面封有齿轮罩来保护大小齿轮，齿轮罩通入密封风，使齿轮处于微正压和相对封闭的工作环境之中。

（九）料位测量装置

如何知道磨煤机在运行中的装煤量呢？通常有三种方法可以采用：即磨煤机电动机电耗（观察磨煤机主电动机电流）、通过对磨煤机发出的噪声的测量（电耳）以及通过压差探管（Δp）。上述三种方法中，前两种方法为间接测量法，唯有第三种方法属于直接探测磨煤机内的煤位情况。目前国内外最常用的方法是后两种。

1. 噪声煤位的测量

采用这个方法来评估磨煤机是否达到了最佳的装煤量，主要是利用磨煤机运行中发出的噪声来判断磨煤机中的装煤量。该测量系统虽有器具简单维护方便、系统与磨煤机研磨回路相对独立等优点，但在运行中装置的输出会随着磨煤机出力的改变而产生非线性误差，仪表中需采用线性化电路加以解决。当原煤的颗粒增大时，噪声会减小，特别是在磨煤机负荷较低时，原煤颗粒的大小对噪声的影响可达 10% 左右，此时应通过负荷对噪声进行补偿。如图 3-18 所示为电耳料位测量回路原理示意。

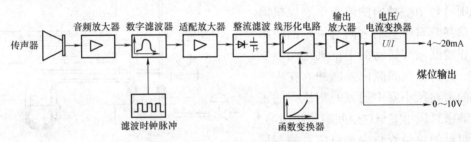

图 3-18　电耳料位测量原理示意

电耳装置安装在磨煤机就地隔音罩内，该回路将磨煤机运行发出的噪声转变成可供控制给煤机转速的磨煤机筒体料位信号，这个回路只能在磨煤机初启动时作为建立初始料位的一个粗调信号。

2. 压差煤位的测量系统

为保证磨煤机的一次风流量与磨煤机的出煤量之间保持线形关系。磨煤机输出的风煤比必须保持恒定，而风煤比在很大程度上取决于磨煤机内的装煤量。为了更为精确地测量磨煤机的筒体料位，以便调节给煤机转速，使磨煤机筒体料位保持在基本稳定的水平，进而保证磨煤机出口风煤比的恒定。在磨煤机已建立初始料位后，料位测量系统可自动切换为压差测量的方式。该方式的工作元件是三根伸入磨煤机筒体的压缩空气的探管。探管系统利用的是低速喷射气流的原理，流量控制器维持测量管内有一低速气流，管中的压力取决于管外流体的比重，以及喷射点与自由大气之间的距离 h，即压力 p 为 $p=wh$，当"液面"不是处于大气压下而是在正压容器内，那么可采用压差测量流体"液面"的高度。磨煤机的两侧端部有三根压缩空气管用来以差压的原理测量筒体料位称为料位差压管，其中一根探管（基准料位管）置于粉状燃料之上，另两根（高、低料位管）的开口置于螺旋输送器的里侧，高低料位管与基准料位管之间的压差代表了上下探头之间的平均煤粉浓度（即料位）。测量系统为保

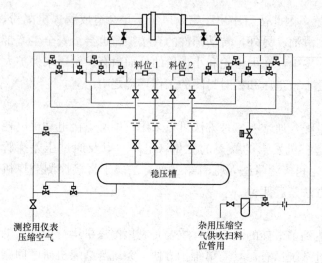

证每根探管的通畅，防止阻塞，设置了一套专用的压缩空气料位管吹扫系统，定时对磨煤机料位管进行清理和吹扫。料位管的测控与吹扫压缩空气系统如图 3-19 所示。

压差煤位测量装置每台磨煤机有两套，每端一套。通常两套装置合用一套控制柜。仪表可以输出一个对应于煤位的 4～20mA 电流，送到控制系统用来调节给煤量来维持磨煤机筒体的最佳料位。该装置的工作原理如图 3-20 所示。

磨煤机筒体在运行中是不断转动

图 3-19　磨煤机料位测控与料位管吹扫系统

的，而料位管是静止的，在磨煤机的结构方面料位管是嵌在两层铆和在一起的圆筒之间的分界面处，该双层圆筒一端固定在磨煤机中空轴端部的静止不动的出粉进煤组件上，另一端则沿着中空轴内侧伸入到磨煤机筒体内，该圆筒与中空轴之间有一定的间隙保证静止的圆筒和转动的中空轴之间不发生摩擦。为防止该间隙向外漏粉，在中空轴端部的密封风小室中通以一定压力的密封风，而密封风小室与这个间隙是相通的。关于磨煤机的料位管与嵌套料位管的双层圆管如图 3-21 所示。

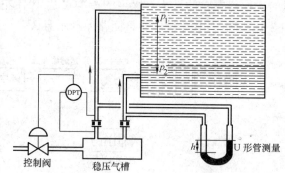

图 3-20　差压料位测量原理

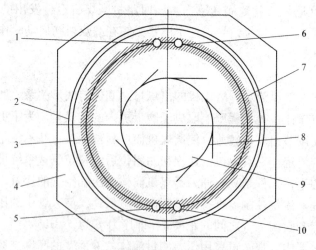

图 3-21　嵌套料位管的双层圆管截面示意

1—磨煤机筒体压力探管；2—中空轴；3—嵌套料位管的双层圆管；4—主轴承；

5—高料位压力探管；6—基准料位压力探管；7—中空轴与双层管之间的间隙；

8—螺旋输送器；9—通一次风的中空圆管；10—低料位压力探管

（十）加球装置

在磨煤机运行中，钢球是主要的损耗件。为了保证磨煤机的正常运行，双式球磨机设有加球装置，可实现不停磨煤机加球。为保证磨煤机的密封，加球装置设有上下两个闸板阀，加球时通过两道闸板阀的配合保证不损失磨煤机内的压力、不漏粉。加球装置的外形如图3-22所示。

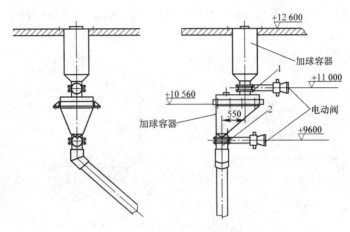

图 3-22　磨煤机加球装置
1—第一道闸板阀；2—第二道闸板阀

（十一）磨煤机基础台板

制粉系统的磨煤机安装在基础台板上面，基础台板是由钢筋混凝土整体浇铸而成。基础台板浇铸成形后，台面上可分为以下部分：辅助电动机平台、主电动机平台、主减速机平台、小齿轮平台、两侧主轴承支撑平台、磨煤机筒体下部平台、四个顶磨装置的阶梯形支墩以及隔音墙的基础。磨煤机的基础平台是在零米层以下的两个条形支墩上整体浇铸的，在每台磨煤机基础台板与条形支墩之间，布置有42件由青岛隔而固减震技术有限公司生产的弹簧隔振器，每件隔振器内部装有多组弹簧。该装置的作用是克服磨煤机筒体及钢球的偏重使磨煤机启停及正常运行时能达到更好的自平衡，减小磨煤机启停及正常运行时的振动。弹簧隔振器如图 3-23所示。

图 3-23　磨煤机基础台板下的弹簧隔振装置

在施工时，弹簧减振器定位安装在已浇铸完成的混凝土条形支墩上，再在减振器上搭好模板、配筋，然后开始混凝土浇铸。混凝土台板施工完毕并固化后，才可以安装台板上的设备。在这一过程中，减振器的弹簧是被预紧的，设备安装完毕之后，才可以用液压千金顶将减振器释放，以达到调平磨煤机基础台板的目的。至此，减振器进入工作状态。

（十二）磨煤机的辅助系统

1.高低压油系统（主轴承润滑油系统）

每台磨煤机设有高低压润滑油系统，该系统采用整体集装式，油站具有良好的密封。

供油装置包括系统管路、阀门油位指示计、流量控制仪表、供回油温度计、油箱、油泵、滤油器、冷油器及相关的辅助组件。为保证磨煤机的长期连续运行，低压油由两台100%容量的交流油泵提供，运行中两台油泵一台工作一台备用。油箱内配有电加热器，使磨煤机启动前达到运行温度，又不产生局部过热而引起油质恶化。油系统采用1台100%的冷油器，冷油器的内部采用无缝U形钢管，有良好的密封性能。油系统设有双筒式可切换滤网，保证除去尺寸不小于25μm的粒子。电加热、油泵等方面的连锁与控制由机组的DCS实现。

高低压油系统的流程示意如图3-24所示。

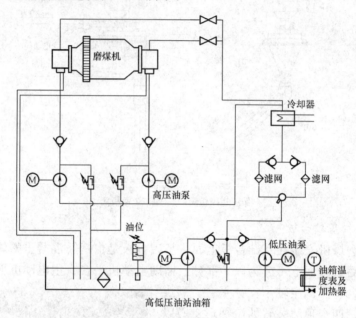

图 3-24　高低压油系统的流程示意

2. 减速机润滑油系统

磨煤机主减速机配设专用的润滑油系统，该系统由减速机油箱、润滑油泵、冷油器、滤网以及相关的阀门、测点等设备组成。减速机润滑油系统流程如图3-25所示。

3. 大、小齿轮润滑油系统

每台磨煤机大、小齿轮的润滑油分别由一套独立的齿轮润滑油喷射装置提供。该喷射装置适用于各种方式传动的齿轮润滑，可向需润滑的齿轮面喷射高黏度的润滑油。喷射润滑是借助压缩空气压力，将高黏度的润滑油通过特殊设计的喷射阀充分混合后喷到齿轮的工作面上，并吸附于齿面上形成并保持具

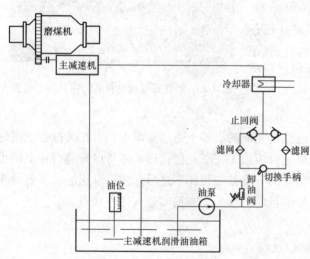

图 3-25　磨煤机减速机润滑油系统

有一定韧度和均匀的润滑油膜，将两齿面隔离，即可避免齿轮摩擦，达到润滑的目的。

该装置由液压系统、气压系统、电气系统和喷射板等部件组成。其中液压、气压和电气系统均集装在机柜中，喷射板安装在主机的齿轮罩上，中间通过管路与机柜上的油气出口连接，无需配备回油管路。随着装置的工作，大齿轮罩内下部将积聚油质不合格的残油，残油的黏度依然很高。这些残油在运行一段时间后定期清理。各系统结构与功能如下：

（1）液压系统。液压系统的齿轮泵垂直安装在泵架上，由电动机直接驱动，向系统提供润滑油，经单向阀直接进入喷射板。

在系统中设有溢流阀，用于调节系统的工作压力。

油箱设有空气滤清器，网式过滤器，用于注油。箱体底部设有放油口，油箱正面设有油位计。油箱上有温度计，此外还设有温度开关、电加热器、热电阻，用于测量和控制油温，当油温低于 20℃时开始加热，温度升到 40℃时停止加热。

（2）气压系统。气源由用户提供，气压为 0.5MPa，经分水滤气器得到清洁、干燥的气体，再经电磁换向阀、压力开关通到喷射板。当它接受电信号时气路开启，断电气路关闭。

当压力低于 0.5MPa 时，压力开关报警。

（3）喷射板。喷射板是本装置的执行器官，由它来执行喷射润滑任务。喷射板由集油腔、集气腔、喷嘴、连接板、单向阀和管路附件等构成。

经特殊设计的喷嘴，借助压缩空气的压力将高黏度的润滑油喷射到所需润滑部位。喷嘴数量取决于润滑齿宽。

（4）管道及管接头。在机柜中连接各种元件的管道，采用半硬质尼龙管和铜管，使用压力范围为 0~2MPa。管接头采用快换管接头，最大工作压力为 1.0MPa，安装方便、密封可靠、接管牢固。

（5）工作流程。工作流程与控制方式有关，本装置的工作方式有自动、手动和联动工作三种。主令开关在"自动"位置，本装置导入周期控制喷射程序。当一个周期到来时，电磁换向阀开启，压缩空气进入喷嘴预吹扫 5s（时间可调节），用高速气流清理一次齿面。吹扫完毕，油泵电动机自行启动，带动齿轮泵向喷射板供油，润滑油在喷嘴中与压缩空气混合雾化后喷向齿面。当达到规定的时间 20s 后（时间可调节），油泵电动机自动停止，而压缩空气继续喷射 5s（时间可调节），使刚刚喷射的润滑油舒展均匀，并可清理喷嘴残油，至此一个喷射周期结束。只要装置处于"自动"方式，以上喷油周期便按预定的时间间隔 2h（时间可调节）重复进行。

自动工作程序如下：自动开始──→喷气 5s──→喷油气 20s──→喷气 5s──→总计时。

手动控制方式：主令开关在"停止"位置，按"手动"按钮，只进行一次工作循环，其喷射过程与自动控制方式相同，它不进入总计时，也不进行下一次循环。

联动工作方式：主令开关在"联动"位置，只要主机启动，本装置即进入自动工作状态，主机停止，装置也停止工作，工作程序与自动方式相同。

4. 中空轴及大齿轮罩密封风系统

双式钢球磨煤机中空轴密封风系统的作用是为磨煤机本体动静间隙提供高于磨煤机筒体内部一次风压力的密封风，防止动静间隙漏粉，污染工作环境及润滑油。大齿轮罩密封风的作用是始终保证罩内的微正压环境，防止尘埃进入罩内破坏润滑油质。每台磨

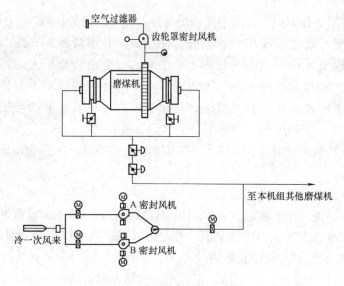

图 3-26　双式球磨机密封风系统

煤机装有一台大齿轮罩密封风机；每台炉的 6 台磨煤机共用两台容量 100% 的密封风机，两台密封风机的出口共用一根密封风母管，6 台磨煤机所需的密封风皆取自密封风母管。

双式球磨机密封风系统如图 3-26 所示。

5. 一次风系统

一次风的作用是用来输送和干燥磨煤机筒体内的煤粉，旁路风的作用在前面的章节中已有所介绍，在这里不再赘述。

该系统的流程为：一次风机出口的风分两路，一路经空气预热器的预热后汇集为 6 台磨煤机共用的热风母管，另一路不经空气预热器加热的风汇集为 6 台磨煤机共用的冷风母管。每台磨煤机分别从冷风和热风母管引出一路风经冷风和热风调节挡板后到混合器混合为磨煤机的入口总一次风，总一次风分成两路，从磨煤机的两端进入磨煤机的筒体内。运行中磨煤机分离器出口的温度是通过冷风和热风门之间的开度变化来调节的。

旁路风引入给煤机落煤挡板下部的混料箱来干燥原煤，旁路风与磨煤机入口的一次风的温度是相同的。总一次风量的控制是通过调节旁路风和负荷风之和来调节的；负荷风量用来调节磨煤机的出力，旁路风还用来在磨煤机低负荷时协助负荷风输送煤粉。该系统的工作流程如图 3-27 所示。

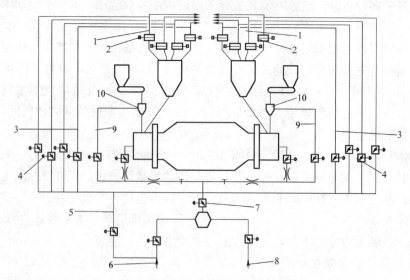

图 3-27　磨煤机一次风及 PC 管清扫风系统

1—PC 管；2—PC 闸；3—清扫风管；4—清扫风闸；5—清扫风总管；
6—来自冷风；7——次风总风门；8—来自热风；9—旁路风管；10—混料箱

应该指出的是，双式球磨机的旁路风与磨煤机入口一次风之间的配比问题，与其他磨煤机不同的是，双式球磨机的出力是靠调整通过磨煤机的风量来改变的。因为要改变磨煤机的出力，只需改变通过磨煤机的风量，携带出的煤粉量就会同时变化。由于风粉量同时变化，因而磨煤机出口的风煤比相对稳定。这一情况在低负荷时会导致煤粉管内流速降低，出现煤粉的沉积。为使管路中输粉畅通，在磨煤机负荷变化时，通过调节旁路风量来改变总风量，以保持煤粉

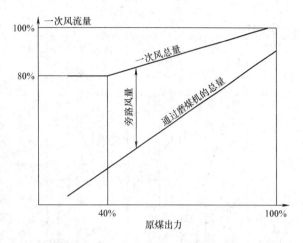

图 3-28　BBD—4360 型双式球磨机的风量

管内的流速不低于一定数值。一次风的总量磨煤机入口一次风量及旁路风量与磨煤机出力的关系如图 3-28 所示。

6. 冷却水系统

每台磨煤机需要四组冷却器，分别为主减速机润滑油冷却器、主轴承冷却器 1 和主轴承冷却器 2、高低压润滑油系统冷却器，冷却水来自机组的闭式水系统。

7. 一次风煤粉管道清扫风系统

磨煤机分离器出口每根一次风煤粉管道的燃烧器关断挡板后设有管路清扫风，用来在磨煤机启动和停止后清扫一次风煤粉管道中残留的煤粉，防止一次风煤粉管道内的煤粉阻塞及自燃等事故的发生。该清扫风取自于制粉系统冷风母管，清扫风总风门的入口接在磨煤机冷风门前的冷风管道上。

一次风煤粉管道的清扫是靠磨煤机的控制逻辑来实现自动控制的。

四、双进双出球磨机运行特点

（一）磨煤机负荷的调节

双进双出磨煤机出力不是靠调节给煤机的运行速度，而是通过调节进入磨煤机的一次风量。无论锅炉的负荷如何变化，磨煤机内的煤位始终保持恒定。这就意味着，只需调节位于一次风系统中的挡板位置，就可以获得磨煤机出口的煤粉流量。锅炉总的负荷要求被分配到每台磨煤机。对每台磨煤机而言，将设定的负荷指令通过函数变换转换为一次风量信号，同实际的一次风量进行比较，其差值通过 PI 控制单元调节磨煤机的负荷风挡板开度，使设定到每台磨煤机的负荷同进入磨煤机的一次风流量保持一致。由于磨煤机在运行中通常希望磨煤机出力同输入到磨煤机的原煤保持平衡，因此系统中还引入了输入到磨煤机的总的一次风量同给煤机总的给煤量之间的修正控制，以确保磨煤机内，煤位维持在最佳状态，使风煤比保持恒定。当磨煤机处于加煤或者预热模式工作时，其负荷指令可以通过预设定控制。

磨煤机分离器出口的一次风与煤粉之间的质量比称为磨煤机的风煤比，该量表征了对于本型号的双式球磨机在额定的转速下，携带单位质量的煤粉需要的一次风的总质量。风煤比对于双进双出球磨机来讲是负荷调节中的重要参考数据。磨煤机出厂时厂家给出磨煤机出口风煤比与出力相对应的风煤比曲线。该曲线表明风煤比的值与磨煤机的出力是一一对应的。也就是说，所谓的磨煤机出口风煤比的"恒定"并不是绝对的，"恒定"是指磨煤机的某一

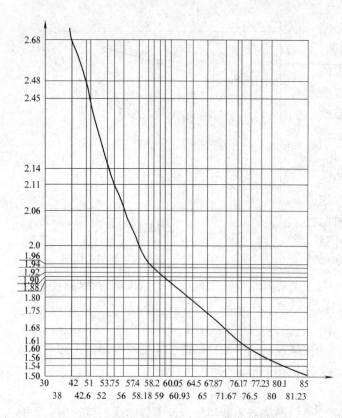

图 3-29　BBD−4360 型双式球磨机的风煤比曲线

出力值的恒定；出力变化时，风煤比会按曲线发生变化。所以，风煤比曲线可以看作是一台磨煤机的一条工作特性曲线。有了该曲线，就可以整定磨煤机的各出力状态下的总风量值。BBD−4360 型双式球磨机的风煤比曲线如图 3-29 所示。

（二）磨煤机总一次风量的调节

所谓磨煤机的总一次风量指的是进入磨煤机的负荷风流量加上进入混料箱的旁路风流量的总和。由于磨煤机的出力是由负荷风的流量决定的，而在低负荷的工况下，仅依靠负荷风不能提供足够携带煤粉的风速，增加了旁路风后保证了在任何出力情况下，都能保持煤粉管道中有足够的输送煤粉的风速及风量，通常总一次风量的最低值限定在额定总一次风量的 80% 左右。可在 80%～120% 额定总一次风量范围之内调节，当总一次风量小于 80% 时，系统会发出报警。

（三）磨煤机给煤量的调节

进入磨煤机的给煤量是靠磨煤机中的煤位来进行控制的，因此，在磨煤机上装有脉冲插口，并随时测试与煤位有关的压差 Δp。如果磨煤机的煤位呈下降趋势，磨煤机内的压差 Δp 降低，给煤机的调速器就会收到信号，提高给煤机的运行速度，这即为锅炉增加负荷的情况。而当锅炉负荷下降时，磨煤机内的压差 Δp 增加，给煤机就会减少给煤量。

煤位控制系统内，除差压探测外，还可设有磨煤机噪声分析装置（电耳），根据磨煤机发出的噪声，通过探测声音信号，调节一次风量和给煤机速度，来控制煤位。磨煤机的装煤量直接决定磨煤机的出口风煤比和磨煤机的研磨效果。通过电耳或压差测得的煤位信号分别同噪声设定值和 Δp 设定值进行比较并通过 PI 控制器输出一个给煤机的速度设定值，该设定值通过 PI 控制器同给煤机的实际转速进行比较并调节给煤机的输煤转速，使磨煤机内的煤位保持在设定值。通过对煤位的调节，磨煤机内的装煤量始终保持在最佳状态，使磨煤机保证良好的研磨效果和恒定的风煤比。

电耳和差压两种煤位的测量方式在磨煤机的料位测量中，可通过切换的方式投入。磨煤机内的原煤很少或者在加煤阶段，只能使用电耳系统，当磨煤机达到一定煤位，磨煤机处于稳定运行阶段时，可切换到压差测量系统。当系统处于电耳测量运行方式时，由于磨煤机出力的大小会影响其噪声量，因此必须引入磨煤机的一次风量修正量的函数曲线，以补偿由于出力的改变对煤位测量带来的误差。当系统处于压差料位测量方式时，考虑吹扫探管时会对正常的测量结果造成扰动或误差影响给煤机的正常运行，这时必须将吹扫前煤位输出值进行锁定，待吹扫完毕后再恢复料位测量系统的正常输出。

（四）磨煤机分离器出口风/煤粉温度的调节

磨煤机的出口端风/煤粉温度应维持在工艺所定的要求，根据原煤品种的不同，通常应控制在一定温度范围。一旦温度设定值确定后，其出口风/煤粉温度应稳定在设定值，温度的调节是通过调整一次风的冷风和热风的混合比例实现的。在原煤湿度过高时，若热风挡板开度已最大，而磨煤机出口风/煤粉温度还是偏低时，除了增加旁路风量外，还需降低该制粉系统出力，以使磨煤机分离器出口温度保持在正常范围内。

（五）一次风压力调节

制粉系统对一次风的要求除了满足磨煤机出力的流量外还包括任意出力下一定的一次风压，以保证磨煤机在任何负荷下，一次风压力始终维持在所需范围内，从而保证煤粉的正常输出。一次风压力是通过调节一次风机入口动叶开度来实现的，设定的一次风压力值同实际的一次风压力通过 PI 控制器比较后最终作用于对一次风机入口动叶开度的调节来实现对一次风系统压力的调节。

（六）煤粉细度的调节

在磨煤机的两端，各设有一台旋风分离器。由钢板焊接制成的双锥分离器中，装有挡板调节装置，以控制分离器出口的煤粉细度。

第四节 给煤机结构及其特性

一、给煤机设备规范与设计准则

（一）给煤机设备规范

给煤机是制粉系统供给锅炉燃料的主要辅机之一，其作用是将原煤按要求数量均匀、连续、可调地送入磨煤机。对于大型锅炉不仅要求保证其出力，而且要有良好的调节性能以及供煤的连续性、均匀性，以保证锅炉稳定燃烧工况。尤其是直吹式制粉系统，对给煤量的精确性有更高的要求，以便精确控制过量空气系数和风粉的精确混合，保证锅炉良好燃烧。

给煤机的种类较多，电厂中常用的有皮带式、皮带重力式、刮板式和电磁振动式等。

广东某电厂 1000MW 机组锅炉选用沈阳施道克设备有限公司的 EG—2490 型称重式给煤机，该型给煤机配有电子称重装置和 STOCK 196NT 微处理控制器，在给煤的同时能够准确的称量其给煤量，并且可以按照锅炉自动燃烧系统的燃煤需求量信号自动调节给煤量，使实际给煤量与系统需求量相匹配。每台磨煤机配备一台给煤机，设备规范见表 3-7。

表 3-7	设 备 规 范		
给煤机型号	EG3690	给煤机型号	EG3690
出力(t/h)	10～120	电动机电压(V)	380
基本出力(设计煤种 B—MCR)(t/h)	74.8	清扫电动机功率(kW)	0.37
电动机型号	M112L4	清扫电动机电源	380V，三相 50Hz
电动机功率(kW)	4.0	密封风压(与磨煤机入口压差)(Pa)	+500

（二）给煤机设计准则

给煤机的型式、台数和出力按下列要求选择：

（1）应根据制粉系统的布置、锅炉负荷需要、给煤量调节性能、运行可靠性并结合计量要求选择给煤机。正压直吹制粉系统的给煤机必须具有良好的密封性及承压能力，储仓式制粉系统的给煤机亦应有较好的密封性以减少漏风。

1）对采用高速磨煤机的直吹式制粉系统，宜选用可计量的刮板式给煤机。

2）对采用中速磨煤机的直吹式制粉系统，宜选用称重式皮带给煤机。

3）对采用双进双出钢球式磨煤机的直吹式制粉系统，宜选用刮板式给煤机。

4）对采用钢球式磨煤机的储仓式制粉系统，宜选用刮板式给煤机或皮带式给煤机；小容量机组也可选用振动式给煤机。

（2）给煤机的台数应与磨煤机台数相匹配。配置双进双出钢球式磨煤机的机组，一台磨煤机应配 2 台给煤机。

（3）给煤机的计算出力应符合下列规定：

1）振动式给煤机的计算出力应不小于磨煤机最大计算出力的120%。

2）对配双进双出钢球式磨煤机的给煤机，其单台计算出力应不小于磨煤机单侧运行时的计算出力。

3）其他型式给煤机的计算出力应不小于磨煤机计算出力的110%。

二、给煤机结构

（一）给煤机结构特点

称重式给煤机给煤系统布置如图 3-30 所示。给煤机一般由原煤仓出煤口闸门、落煤管、可调连接节、给煤机主体、出口落煤斗、清扫装置、给煤机微处理机控制柜、称重装置、皮带断煤报警装置、取样装置等组成锅炉给煤系统。给煤机结构特点如下。

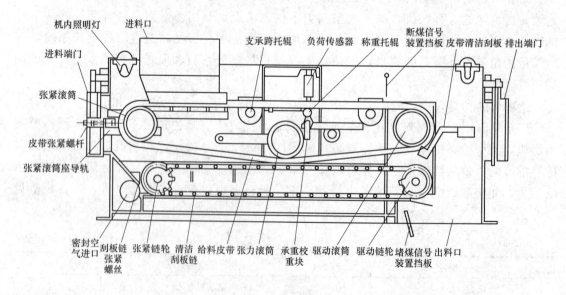

图 3-30　给煤机结构

（1）原煤仓出口煤闸门。闸门体为密封防尘结构，闸门体与煤流接触部分全部用不锈钢制成。闸板为带翼的 U 形结构，两侧翼板上带有自洁式齿条与驱动齿轮啮合，驱动闸门开闭。它可以手动或电动操作，并配有机械式位置指示器。

（2）落煤管全部用不锈钢制造，并且内部抛光处理，以保证煤流畅通。其符合美国消防协会 NFPA8503—1997《粉末燃料系统》条款的要求，可以承受 0.35MPa 的爆炸压力。

（3）给煤机主体。

1）给煤机壳体按照美国消防协会 NFPA8503—1997 条款的要求设计制造，可以承受 0.35MPa 的爆炸压力。

2）胶带的驱动装置为特制的蜗轮蜗杆减速机与驱动电动机直连，结构紧凑，传动可靠。

3）轴承均为可重复滑脂润滑结构，并可以从壳体外部进行润滑。

4）给煤机胶带为特制的环形无接头胶带，具有较好的物理化学性能及较高的几何精度。胶带的两侧带有裙边，中心带有定位的 V 形导轨。

5）自洁式从动滚筒可以清除胶带积煤。

6）给煤机底部配备双排重型铸钢清扫链条，用来清除给煤机底部的积煤。清扫链条驱动装置带有安全销，并且有安全销剪断报警功能。

7）采用两个高精度悬挂式称重传感器，并配有输出信号互检装置，监测传感器运行情况及故障报警。

8）给煤机采用先进的 STOCK196 微机处理机控制系统，具有自动校准、自检故障提示、故障记忆、操作提示等功能。

9）给煤机出现故障时可自动转为容积计量并同时报警，显示故障原因及排除方法。

给煤机共有四扇检修门，两端和两侧各一扇。检修门上有观察窗，可以在运行期间观察给煤机内部工作情况。观察窗配有喷嘴，在运行时不打开检修门也可冲洗掉窗玻璃内表面的粉尘。

（4）给煤机出口煤闸门。给煤机出口煤闸门与煤流接触部分用不锈钢制造，具有很高的耐磨及耐腐蚀性。其符合美国消防协会 NFPA8503—1997 条款的要求，可以承受 0.35MPa 的爆炸压力。闸板与落煤短管之间配合严密，在系统故障时可快速关断并隔绝空气。它可以手动或电动操纵及远方操纵。

（二）给煤机的工作原理

称重式给煤机在工作时，煤从原煤仓通过煤闸门落到皮带上，在进口处胶带上方装有一块裙状板，以利于煤落到皮带上。胶带在电动机的驱动下连续运转，将煤输送到出口处，再由刮板刮到与磨煤机相连的连接管中。变频驱动式转速控制器为交流电动机提供转速控制，以控制胶带走速，从而调节给煤量。清扫装置安装在皮带下方，用于清扫底部托盘中的落煤和杂物，防止这些物质堆积而自燃。在胶带的下面装有两个间距很准确的托辊构成称重跨距，在称重跨距的中间装有一个与高精度称重传感器相连的称重托辊。当煤通过这个称重跨距时，称重传感器发出一个与称重托辊所支撑的重量成正比的电信号，该信号经 A/D 变换后以数字信号形式送给微处理机控制系统，胶带装在驱动电动机轴上的测速传感器发出胶带运行速度信号，微处理机将速度与重量信号相乘得出给煤机的给煤量。

微处理机通过调节驱动电动机速度，使给煤机实际给煤量与所需给煤量相吻合。

三、电源动力柜和电子控制柜

微机控制系统可用于条件恶劣、电源干扰频繁的工业环境，它采用特殊的电路、特殊软件子程序和非易失性存储器存储数据、程序和操作参数。这就使系统能在瞬时断电后恢复运行控制。微处理器装在给煤机微机控制柜内，在控制拒门上装有玻璃门，以便接触键盘。键盘是密封显示板的一部分，该显示板与控制柜门之间是密封的，给煤机控制器包含三个硬件包：电源板、CPU 板和电动机速度控制器。另外，有附加输入输出组件，可通过各种组合来满足不同的数字量或模拟量控制要求。

（一）电源板

电源板将交流电压调制成电子控制所要求的负载饱压电压，电源板的输入电压是交流 110V，50～60Hz。通过变压器变成一系列低电压，然后进行整流、滤波和稳压，这些电压及使用这些电压电子元件如下。

电压	电子元件
5VDC	微处理器、晶体管逻辑电路、TTL、显示和转换板
10VDC	称重传感器和放大器
10VDC	放大器
15VDC	定度探头
15VDC	光电离合器输入和定度探头

15V 电压是与逻辑电路和放大器电路的电源隔离的。此外，在 15V 电源的滤波端引出非稳定电压 24V 供继电器线圈用，同时还有两路交流 20V 电压供隔离的给煤率转换板 A3 和速度指令转换板 A2 用，每块转换板上都有滤波器和稳压器。电源板上提供的电压是通过一个有 6 根导线的插头供给微机控制板（CPU 板）的。

（二）输入输出电路

输入输出电路安装在电源板上，它将微机以及与其相连的电路与工厂电器及其控制系统隔离开来，从而消除由于瞬变状态电气噪声引起的误操作。所有进入 CPU 板的输入信号都在电源板上进行光电隔离。系统最多可接收 12 个数字量输入或者触点信号，一个皮带速度信号，一个模拟量设定信号。所有输出也同样隔离，它们有 7 个继电器（每个带有 2 个 C 型触点）、1 个干簧继电器（带有 2 个人型触点）和 2 个模拟信号，微机控制板和电源板之间的逻辑信号是通过一条 50 线的带状电缆互相连接的。

一个典型的隔离输入工作如下：输入信号作为发光二极管的偏置电压，发光二极管的发光量与输入电流成正比。该二极管的光输出与一个光敏晶体管的塞级进行光拥合，微机来的电流通过晶体管的集电极流向接地端，于是输入和输出之间形成了电气隔离。

一个典型的隔离输出工作如下：CPU 信号作为发光二极管的偏置电压，如同输入情况一样，控制一个光电耦合晶体管，所不同的是发射极电流激发继电器线圈，而继电器触点作为信号输出。

（1）输入电流—频率转换板（A1）。输入信号转换板的功能是将用户给煤率设定信号转换成 0～10kHz 的规范化信号，以便与微机系统连接，给煤率设定信号是 4～20mA 的电流信号。

（2）输出频率—电流转换板（A3）。频率—电流转换板是一个反馈组件。当用户需要给煤率反馈信号时，可采用此转换板。这个电路将微机输出的数字信号，转换成用户所需的 4～20mA 电流反馈信号。

（3）频率—电流转换板（A2）（多用途通道）。频率—电流转换板通常用于将一个数字量的电动机速度设定信号转换成一个模拟量速度设定信号，用来控制变频电动机速度控制器。

（三）CPU 板

CPU 元件板安装在微机控制柜的门背面，它与给煤机的其他电气控制部分之间采取了电磁屏蔽，它包含微处理器、存储器、数字接口电路以及一个键盘显示器。将称重传感器的信号放大转换成数字信号的模拟电路也在 CPU 板上。

CPU 板是系统控制的主要器件，数字量输入和键盘命令是由软件处理的，然后根据需要将处理结果送到数字量输出或显示部分，所有数字量输入输出接口都在电源板上进行光电隔离，这样可以防止由于瞬时变化而引起的损坏以及由于噪声而引起的误操作。

系统中微处理器与模拟信号部分之间的连接是通过转换电路来实现的，信号从外部模拟装置传到微处理器必须先通过一个模拟/数字转换器（电压/二进制数），如果微处理器必须操作一个外部模拟装置，则它的输出以频率的形式送到频率、电压或电流转换器板。这块板称为数/模转换器，因为它将一个二进制数转换成了电压或电流。A/D 和 D/A 转换的分辨率为 1/4000 或者 0.025%。

在微机控制系统中，软件程序存放在永久存储器中，软件对大多数重要的系统控制功能（如电动机速度闭环控制、设定信号输入处理）具有足够高的处理速度，从而获得良好的控制特性，而对于不太重要的信号（如继电器输出），则采用低速处理。这种软件程序的"多路时间"概念使得同时有许多任务要执行时获得最佳处理。输入信号直接与 CPU 板相连的只有键盘和称重传感器，所有其他输入/输出信号都通过在电源板上的光电隔离电路与 CPU 板相连，这就使系统具有良好的抗噪声干扰特性。

1. 微处理器的存储器

微处理器的程序是用汇编语言编写的，这样能获得最快的操作速度并且减小存放操作程序的存储空间，根据应用要求和所有的存储器电路系统采用了 8K 或 10K 字节的存储器存储程序。2K 字节的随机存取存储器（RAM）作为操作过程中的数据暂存器，另有 2 个永久存储器用来存放永久性的抗噪声的操作参数和系统总量累积值。

微处理器采用了一种永久性的只读存储器（ROM）称为紫外线可擦除 EPROM。所有系统软件程序中的操作指令，都存放在 EPROM 中，这样就保证了当掉电情况发生时，控制程序指令不会丢失。

微处理器包含的所有操作都是信息送入和取出存储器的传输操作，CPU 通过读出 EPROM 中的指令执行程序。执行程序时，可能需从某个输入 I 输出接口芯片、EPROM 或 NOVRAM 中取出数据。这数据可能为了以后的操作而存放在 RAM 中，或直接存放在 CPU 的寄存器中，当 CPU 使用了这个数据后，它可能依旧存放在原来的存储位置中，也可能存放在另一个位置中。总的说来，程序、数据在存储器中的存储以及存储器地址是微处理器系统的主要组成部分。

2. 电源中断保护电路

在运行中可能会发生暂时性的电源中断，这种掉电情况可能经常发生，如果存储器中内容在掉电时丢失的话，会使给煤机停止运行，即使电源恢复也不能使运行恢复。为了防止这种情况，设计了微处理器控制系统中的掉电保护电路，这种电路能在电源一中断时立即将正在输入或输出的数据以及所有操作参数存储起来，这样就保证系统在掉电后电源恢复时能使原先的工艺程序恢复运行。

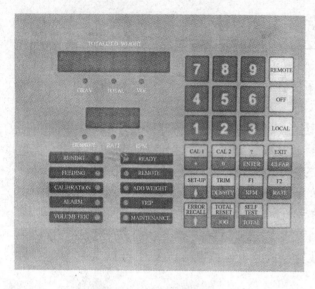

图 3-31 给煤机控制面板

3. 显示器/键盘

操作命令是通过微机控制柜上的键盘输入的，在操作键盘时必须拧开小门上的锁键将其打开。为了控制柜密封性，在不使用键盘时必须将小门关紧，小门装有透明的窗子能使操作者不必打开小门即可检查给煤机运行情况。

给煤机控制面板如图 3-31 所示。

键盘上有三种颜色的键，白、蓝、黄，白色键是给煤机操作模式 REMOTE—OFF—LOCAL（遥控—停止—本地）的选择键，它们被使用得最为频繁。蓝色键是功能键和数字键，黄色键是附加功能键，黄色键按动之前，必须先按键盘右

下角的全黄 STIFT 键才能被接受。REMOTE（遥控）键使给煤机接受用户允许运行触点信号和设定信号的控制。OFF（停止）键使给煤机停止运行（皮带点动和给煤机定度只有在给煤机停止运行后才能进行），LOCAL（本地）键使给煤机在一个选定速度下运行，当给煤机在 LOCAL 模式时，皮带上不可有物料，否则经过 2s 延时后给煤机将自动停机。

点动键 JOG（点动）用以操作皮带传动电动机，这条命令用于检查电动机运行情况或在维修时慢速移动皮带，给煤机必须在 OFF 模式时才能使用点动键，按 OFF SHIFT F2 键后可使皮带传动电动机反转，便于维修工作。

(1) 显示选择键。上部的 8 位数显示器通常显示传送物料的总量，单位为公斤，它也用作数字输入显示以及显示一些特殊功能，当显示器不作他用时，它将恢复显示总量，有 3 个总量显示供选择，即称重式总量、容积式总量以及前两者之和。

称重式运行是物料在系统称重功能起作用的情况下进行传送。

容积式运行是物料在系统称重功能故障情况下以假设的称重跨物料重量进行传送。这种假设的重量是根据称重系统发生故障之前物料的平均重量而定的。这个重量用来决定标准物料密度。容积式运行总量无法保证精度。当物料密度不均匀将会有相当大的误差，为此设置一个单独的总量显示。总量显示是称重式总量与容积式总量之和。

按键 TOTAL（总量）可在 8 位数显示器上选择总量显示模式。重复按此键会使 3 种模式循环产生。在显示器下方的 3 个指示灯 44 指示使用的模式，GRAV、TOTAL 或 VOL（称重式、总量或容积式），正在显示的模式不会影响更新三个重量累积器的内部数据。无论何时，当一个总量累积器数据装满时，它将自动翻转，从零开始重新计数，但不会影响另外两个总量累积器。

在实际使用中经常要求使 3 个总量累积器复位到零。为此可按 SHIFT（转换）TOTAL RESET（总量清零）。

位于总量显示器下方的 4 位数显示器（FRI—1）显示给煤率 RATE（Tlhr），电动机转速 RPM，或者皮带上物料的密度 DENSITY（kg/m³）。只要简单地按正确的蓝色选择键就能获得相应的显示。在显示器下面三个指示灯中的某一个会点亮，以指示出所显示

的内容。

密度 DENSITY（密度）显示出在称重式运行时，皮带上物料的密度单位 kg/m³，在容积式运行时，显示出的密度是称重系统故障前物料的平均密度。

转速 RPM（r/min）显示出给煤机皮带传动电动机的速度。

给煤率 RATE（给煤率）显示出给煤机运行于称重模式时的运行给煤率，或者当给煤机运行子容积式模式时，从物料平均密度得出的相应给煤率。

（2）指示灯。在键盘面板上有 10 个指示灯随时提供给煤机的操作状态。

1）RUNNING（运转），该指示灯在皮带传动电动机启动后点亮。

2）READY（预备），该指示灯在微处理器接通电源，芯片开始工作后点亮。

3）FEEDING（给煤），该指示灯在皮带传动电动机启动且挡板式限位开关 LSFB 检测到皮带上有物料时点亮。

4）REMOTEF（遥控），该指示灯在给煤机处于遥控模式下受用户过程控制系统控制时点亮。

5）CALIBRATION（定度），该指示灯在给煤机整个定度过程中点亮。

6）ADD WEIGHT（加定度块），该指示灯亮，提示操作者在定度过程中将定度块装在适当的位置上。

7）ALARM（报警），该指示灯亮说明系统中存在需要引起注意的问题，但这个问题还没有严重到必须立即停机的程度。

8）TRIP（跳机），该指示灯亮说明系统中存在严重问题，给煤机操作已经停止。

9）VOLUMETRTC（容积式），该指示灯亮说明在称重系统或它的电子器件中存在故障，使得给煤机不能在称重模式下工作，而在容积式模式下工作。

10）MAINTENANCE（维修），该指示灯亮说明该对给煤机进行润滑和维修保养。

（3）自诊断故障码。当 ALARM（报警）或 TRIP（跳机）情况发生，一个故障码就会存放在微机内存中，用于鉴别故障的原因。如果要读出这个故障码请按：SHIFT（转换）ERROR RECALL（故障）。

这时，一个数字会出现在总量显示器上，通过该故障码可以查出故障类别。

四、给煤过程和称重原理

给煤机的称重信号是由两个悬吊着称重辊的称重传感器产生的，在称重辊的两边是两根称重跨支承辊，在两辊之间的精确距离给出了一个进行物料称重的皮带长度，每一个称重传感器承担了在称重跨上物料质量的 25%。称重传感器输出的是一个代表物料在皮带上的 T/M 信号，这个质量数据提供给煤率公式，给煤机就是根据这个公式进行操作的。

$$质量（t/m）× 皮带速度（m/s）= 给煤率（t/s）$$

给煤机既可以接受一个内部给煤串设定，也可以接受一个用户提供的给煤率设定信号，这个信号将与由测量出的物料在皮带上的质量、皮带速度以及其他参数而计算出的给煤率反馈信号进行比较，从而产生一个系统误差信号来控制电动机转速，系统稳定性补偿是由软件提供的。此外，由子微处理器存了所有系统参数和限定值，误差信号包含了对所有这些值的调整，因此对于速度控制没有调节的需要。

微处理器软件以下述方式对给煤率进行计算：

从一个称重传感器输入一与测得的质量成正比的信号，这个信号由微处理器板上分辨为

1/4000（12 位）或 0.025％的 AID 转换器转换成一个二进制数字信号。这个数字与存储在永久存储器（ROM）中的参数进行比较，如果这个数字信号是在可以接受的范围之内，它就被存储在暂时存储器（RAM）中。接着对从另一个称重传感器来的信号进行同样处理。这两个信号将进行互相比较以进一步证实它们的正确性。如果比较后发现这两个信号是不正确的，给煤机转到容积式操作运行，这时控制器就采用存储在内存中的由先前的平均值而定的假定传感器输出信号进行操作，如果比较后发现这两个信号是正确的，两个传感器的信号相加后减去毛重，其结果与一个定度因数相乘（该因数是在给煤机定度时得出的），从而得到每单位皮带长度上的物料质量，这个结果存储在 RAM 中。电动机速度是通过在一段时间中测量与电动机轴相连的交流测速机所发生的输出脉冲频率来决定的。这种以晶体振荡为参考频率的微处理器测试的精度是 0.025％。这个模拟量信号被转换成数字量信号（二进制数）并且与另一个定度因数相乘（该因数是在定度时获得的），从而得到一个代表皮带每秒速度的数字。最后这个皮带速度与物料质量相乘后得出给煤率。然后这个结果与给煤率设定值比较后得出误差信号对速度控制器进行控制。

给煤率的显示单位是 t/h，给煤率被累加后获得物料传送总量，以 t 为总量单位，给煤机被设计成物料体积在称重跨上保持不变，因此物料密度可从称重传感器的输出获得。这个测量密度可在操作面板上显示。

五、给煤机运行

（一）启动前的准备工作

原煤斗进煤之前，开、关原煤斗出口阀门以排出原煤斗中杂物；进入给煤机内清扫杂物，安装好皮带和质量传感器；检查减速箱油位是否正常；校正称重辊，检查称重跨距和称重辊的自由旋转性；调整清扫装置链条张力，应调整到要求的 5cm 的垂度；正确安装微机控制装置，所有的 PC 卡及电缆插头都紧固地插到了插座上；电动机转速的控制，将最大转速电位差计（RS）设置在逆时针方向满负荷处，将减速电位差计设置在调节范围终点处；测量给煤机进口主断路开关电压，如果电压正常，则接通电源，绿色指示灯 READY 亮。

（二）初次试验

初次试验的目的是检查给煤机及其控制系统是否正常运行，模拟给煤机脱扣条件，制定输入/输出连接原则。具体步骤如下：

（1）接通电源，显示屏和绿色指示灯 READY 亮，红色指示灯 VOLUMETRIC 不亮。

（2）开亮给煤机工作灯。

（3）用标定重量检查称重系统；检查键盘上所有指示灯，然后在通电 5s 后自动返回；检查 JOG 运行方式；检查清扫装置；检查 LOCAL 方式下的运行；检查皮带运行轨迹；检查皮带张力；检查转速传感器读数；检查皮带断煤报警开关 LSFB；检查微机复位功能；检查输入输出模拟量。

（4）标定给煤量。

（5）用 100％燃烧系统指令信号检查转速控制系统；用 100％、75％、50％、25％燃烧系统指令信号检查转速控制系统。

（6）当煤密度在最小时，检查皮带电动机转速是否在满负荷转速之下；检查出口堵塞报警开关 LSFD；检查微机复位功能。

（7）在 REMOTE 方式下运行，检查皮带断煤报警开关 LSFB；检查给煤量。

（8）初次试验完成后，按 OFF 键停给煤机，将清扫装置选择开关置 OFF 位置。

（三）典型运行程序

（1）关闭给煤机进口阀，再让原煤斗进煤；启动给煤机时，慢慢打开进口阀，以一定速度将煤送到皮带上，防止煤在进口堵塞；合上给煤机控制系统断路开关，绿色指示灯亮；按 REMOTE 键，进行遥控运行。

（2）开动清扫装置（将 SSC 开关置 RUNT 位置），当有煤落到皮带上时，绿色指示灯 FEEDING 亮；当微机检查完称重装置后，显示给煤量和总煤量；给煤机响应燃烧控制系统的变化要求，自动控制电动机转速，如果给煤机需要暂停，按 OFF 键。

（3）在运行期间，如果需要清空皮带上的煤，可以关闭给煤机进口阀门。当皮带清空后，闸板开关 LSFB 将关停给煤机，然后再按 OFF 键。

（4）让皮带制动，可按 JOG 键。

（5）按 LOCAL 键，给煤机可在本机方式下运行。在本机方式下运行可对给煤机检查或熟悉给煤机操作。

第五节　制粉系统及其运行

一、制粉系统组成

制粉系统是锅炉设备的一个重要系统，制粉系统可以分为中间储仓式和直吹式两种。中间储仓式制粉系统是将磨好的煤粉先储存在煤粉仓中，然后再按锅炉负荷的需要，用给粉机将煤粉仓中的煤粉送入炉膛中燃烧；而直吹式制粉系统是把煤经过磨煤机磨成煤粉后直接送入炉膛中燃烧。

在直吹式制粉系统中，磨煤机磨制的煤粉全部送入炉膛内燃烧，因此在任何时候制粉系统的制粉量均等于锅炉的燃料消耗量。这说明制粉系统的工作情况直接影响锅炉的运行工况，要求制粉系统的制粉量能随时适应锅炉负荷的变化而变化。

在制粉系统中，通常使用热风对进入磨煤机的原煤进行干燥，并将磨煤机磨制好的煤粉输送出去。根据风机的位置不同，中速磨煤机直吹式制粉系统又分为负压和正压两种系统。在负压直吹式制粉系统中，风机装在磨煤机之后，整个系统处在负压下工作；在正压式直吹式制粉系统中，风机装在磨煤机之前，整个系统处在正压下工作。负压系统的优点一方面是磨煤机处于负压下工作，不会向外冒粉，工作环境比较干净，但负压系统中风机叶片易磨损，降低了风机效率，增加了通风电耗；另一方面也使系统可靠性降低，维修工作量加大。在正压系统中，不存在风机叶片的磨损问题，这就克服了负压系统的缺点。但是，在正压系统中，由于磨煤机和煤粉管道都处在正压下工作，如果密封问题解决不好，系统将会向外冒粉，造成环境污染，因此，必须在系统中加装密封风机。在正压系统中，一次风机可布置在空气预热器前，也可布置在空气预热器后。布置在空气预热器之后的一次风机称为热一次风机，该种布置方式将使风机效率下降，可靠性也较低；布置在空气预热器之前的一次风机称为冷一次风机，该种布置由于进入冷一次风机的空气介质较为洁净且温度较低，因此可减少风机的磨损，提高风机效率。

本节以锅炉采用中速磨煤机冷一次风机正压直吹式制粉系统为例。它由原煤斗、给煤机、磨煤机、煤粉管道、一次风机和密封风机等组成。

（一）制粉系统的布置

在制粉间的顶层布置两条输煤皮带。在制粉间的运转层布置六台 STOCK 称重式给煤机，给煤机与输煤皮带之间通过六只原煤斗连接。系统布置了六台 HP1003 型中速辊式磨煤机，原煤通过输煤皮带送到六只原煤斗中。

六台给煤机将原煤斗中的原煤通过磨煤机中央的落煤管分别向对应的六台磨煤机供煤。通过调节给煤机电动机的转速可以控制供给磨煤机的煤量。磨煤机磨制好的煤粉由煤粉管道输送给锅炉燃烧器。

（二）制粉系统的工质流程

1. 煤的流程

原煤由输煤皮带从煤场输送到原煤斗。根据锅炉负荷的要求，给煤机以一定的速率将原煤斗中的煤供给磨煤机，磨煤机的给煤量是通过调节给煤机电动机转速来控制的。

2. 一次风流程

一次风的作用是向磨煤机提供适量温度的热风，以干燥研磨过程中的燃煤，并将磨制好的煤粉输送至燃烧器。本锅炉配备两台一次风机。空气经一次风机升压后在一次风机出口分成两路。一路为冷一次风；另一路去空气预热器一分风仓，经空气预热器加热后成为热一次风。冷、热一次风在磨煤机进口处按一定比例混合，以控制进入磨煤机的一次风温。进入磨煤机的一次风温可以由冷、热一次风管道上的风门挡板调节。

3. 风粉混合物流程

磨煤机磨制出的煤粉由磨煤机上部煤粉分离器分离，合格的煤粉由一次风携带，经磨煤机出粉管、煤粉管道向布置在锅炉前、后墙的煤粉燃烧器输送一次风粉混合物，供炉膛燃烧。

4. 密封风流程

密封风的作用是向磨煤机磨辊、磨煤机轴承、热一次风风门、磨煤机出粉管阀门以及给煤机等提供密封空气。上例中制粉系统配备两台密封风机，一台运行，另一台备用。从冷一次风管引出一路冷风，经滤网过滤后送往密封风机，再经密封风机升压后用作磨煤机磨辊、磨煤机轴承、热一次风风门、磨煤机出粉管阀门及给煤机的密封风。

（三）制粉系统的控制系统

磨煤机出力是通过给煤量来控制的。给煤量的多少由控制给煤机电动机的转速来实现。给煤机配备有给煤量自动称量装置，磨煤机配备有断煤信号发送装置。

一次风有两个主要控制量，即磨煤机出口温度和一次风量。前者既要保证燃煤在磨煤机内充分干燥，又不会因温度过高而引起磨煤机内部燃烧；后者则为保证适当的煤粉细度，并且不会因风速过高而使煤粉着火不稳定，也不会因风速过低而烧坏燃烧器。磨煤机出口温度和一次风流速两个控制量均由磨煤机出口一次风温度控制器分别控制冷一次风门和热一次风门来实现。当磨煤机出口一次风温度变化时，测得的温度信号送到磨煤机出口一次风温度控制器，改变冷、热一次风的比例，以保证磨煤机出口一次风温度稳定。在这一调节过程中，由于冷、热一次风控制风门开度变化而引起一次风流量变化，一次风流量变送器将测得的流量信号送到磨煤机出口一次风温度控制器，经过温度修正后，同时控制冷、热一次风控制风门的开度，以保证一次风流速稳定。

二、制粉系统运行

（一）制粉系统启动前的检查和准备工作

（1）在启动磨煤机之前彻底检查系统中的所有元件，确保清洁。检查所有必需的回路断路器的闭合。检查磨煤机机壳及分离器无漏焊、破裂之处。各机械装置连接可靠，螺丝固定良好，密封完善不漏。

（2）根据制造厂说明书，检查润滑系统中油箱油位正常，油箱内清洁无杂物，且润滑系统准备投运，各个阀门处在正确的位置。清洗滤网。检查驱动齿轮润滑系统并准备投运。检查齿轮有无充分的润滑，系统是否有充足的润滑油。系统中有无适当的空气压力。

（3）检查并吹扫磨煤机的控制管，取样煤管及旋塞开关要处在全关位置，密封良好，观察孔清洁。

（4）检查电动机，轴承有足够的润滑油。减速齿轮和轴承润滑恰当。检查一次风机及其轴承有足够的油润滑及可靠的冷却介质。

（5）检查燃烧器和油枪、等离子系统，准备投运。

（6）检查所有一次风及调温风的电动和汽动阀门、一次风隔离挡板、一次风流量调节、辅助风及密封风挡板、燃烧器隔离阀门及所有的挡板起跳正常并处在合适的开度位置。检查手动，给煤机密封风调节挡板应该同第一次整定时一样的开度。

（7）检查消防系统处在合适的位置，并处在备用状态。

（8）检查给煤机内部无杂物，调节挡板灵活，传动装置及各部件完整。皮带给煤机的托辊完整，皮带无损坏，接头良好。检查原煤仓中有足够的煤，进煤管和落煤管阀门处在合适的位置。

（9）检查监测仪表，报警、跳闸信号装置应该完好，试验正常确认无误。各部油压、油量、油位、油质正常，符合设计值。各检查完毕后，检查试运转一次风机、密封风机。并经过 8h 试运，各部件合格。检查试运转给煤机，并调整分步试运转。

（10）各检查一切正常后，按规定启动一次风机、密封风机进行有关风压试验。检查各部件无漏风、无漏粉现象，符合要求。

（11）对检修后的制粉系统启动前，应做拉合闸试验、故障按钮试验、连锁装置试验、各旋转部件试运行等试验。

（二）制粉系统的启动

当制粉系统检查、试验、准备就绪，炉内燃烧稳定正常，锅炉带一定负荷，一般在炉膛出口烟温达 500℃ 以上，空气预热器出口风温在 150℃ 以上，即可启动制粉系统或投入 A 磨煤机的等离子运行正常后启动 A 磨煤机运行。具体如下：

（1）启动一次风机，打开风机的出口挡板，维持一次风的风箱压力。由于磨煤机盘积煤，为防止煤粉爆炸，在一次风投入前应投入消防蒸汽吹扫 6~10min。

（2）燃烧器辅助风挡板切换为自动，对所有煤管和燃烧器吹扫冷却至少 5min。

（3）启动密封风机，投入磨辊的密封空气。启动密封风机后，要使密封风压和一次风压差值达到要求值。具备启动磨煤机条件的差压值为 $\Delta p \geqslant 2kPa$。

（4）启动磨煤机条件合格。

（5）启动润滑油泵。当减速机油池油温低于 25℃ 时，电加热器开始工作。

（6）确认原煤仓内有足够的煤供应，打开原煤仓至给煤机的闸板，打开给煤机出口阀。

（7）在磨煤机启动检查完成后，检查被选磨组对应的油枪投入，燃烧器挡板在点火位置。

（8）启动动态分离器变频电动机、磨煤机。

（9）磨煤机启动后应做下列检查：减速齿轮系统必须运转适当，并且润滑油位正常；轴承应该有足够的润滑，并且油在其表面的分布均匀；监视轴承的温度；检查磨煤机的电动机工作是否正常；检查外端输煤管轴承运转是否正常。

（10）打开热一次风风门，调节冷、热一次风风门的挡板以获得给定磨煤机出口温度值。

（11）启动给煤机。操作给煤机控制键盘，设置一个最低出力，给煤机以该速率自动给磨煤机供煤，当磨煤机出口温度达到其设定值时，再增加给煤机的给煤速率。

（12）当给煤量满足机组要求后，给煤机投入自动运行。

（三）制粉系统的停止

磨煤机停机前，应先将自动改为手动，并做好停止制粉系统的准备。在正常停机期间，要求将磨煤机冷却到正常运行温度以下，并走空磨煤机内的煤，停机前的冷却温度为60℃。

（1）将给煤机出力减少到最低值以减少磨煤机负荷。这是通过对给煤机设置偏置控制或手动操作控制来实现的。给煤量以10％的速率递减。在每次给煤量减少之后，需进行下一次递减之前，应让磨煤机出口温度回复到设定值。磨煤机一次风控制投自动。

（2）要监测磨煤机出口温度，不允许其超过设定值8℃。需要注意的是，火焰着火能量的大小必须可调，以保证煤粉气流着火稳定。

（3）当给煤量达到最小值时，关闭热一次风门以降低磨煤机出口温度。冷一次风风门应自动打开以维持所需的一次风量。

（4）当磨煤机分离器出口温度降到60℃时，停掉给煤机。

（5）让磨煤机至少再运行10min以消除磨盘上的煤。

（6）停磨煤机。

（7）关闭磨出口一次风门，开启燃烧器入口冷却风门，外界冷风在炉膛负压作用下，冷却燃烧器喷口。

（8）保持系统润滑油。如果冬天磨煤机停运时需要关闭润滑油系统，则冷油器中冷却水必须关闭。如果管子结冰，则在启动时必须仔细检查以确保管子没有破裂，油没有被冷却水污染。

（四）紧急停机

当锅炉发生下列情况时紧急停机：锅炉安全保护动作；一次风量小于最低风量的85％；磨煤机分离器出口温度不大于55℃或不小于120℃；磨辊油温不小于120℃；电动机停止转动。

紧急停机时，下列设备必须同时操作：紧急关闭磨煤机进口热风隔绝门；关闭冷热风调节门；停止给煤机；停磨煤机。

磨煤机紧急停机后必须打开冷却至环境温度，并进行手工清扫。

如果紧急停机1h后，仍无法排除故障，要进行以下操作：

（1）磨煤机空载运行，将磨盘上积煤燃尽，避免自燃；

（2）关闭密封风、润滑油站、高压油站。

（五）紧急停机后的启动

紧急停机之后，磨煤机冷却至环境温度，并打开进行清扫，磨煤机的再次启动要进行以下操作：

（1）检查磨煤机及辅助设备；

（2）排渣，然后按正常启动程序进行。

需要注意的是，紧急停机后重新启动磨煤机时，出粉管阀门必须关闭，否则炉膛烟气会贯入煤粉管道而进入磨煤机；重新启动磨煤机时，尽可能一次一台，先至少开足 10min 以吹扫人工清扫时未清理的煤粉；当磨煤机重新启动吹扫残余煤粉时，出粉管阀门必须打开以便气流通过。

（六）制粉系统在运行过程中的检查和调整（见表 3-8）

表 3-8　　　　　　　　制粉系统在运行过程中的检查和调整

序号	项　目	要　求
1	磨煤机振动	振幅小于 50μm
2	磨煤机噪声	<80dB，不应有杂音（测量点距磨煤机 1m）
3	磨损测量标尺	测量研磨的煤层厚度在正常位置
4	排渣情况	定期排渣，不许渣量超过排渣箱口，要注意渣中有无磨内的零件掉下
5	机座密封装置	注意密封装置，检查有无渣粒漏出
6	拉杆	检查密封环是否灵活，无漏粉现象
7	密封风机	检查噪声、振动、滤网，密封风机一次风压的压差不小于 1.5kPa
8	润滑油站	定时检查，记录油温、油压、滤网差压，检查冷却器冷却情况
9	减速机	定时检查噪声、油压、油温
10	主电动机	定时检查轴承温度

（七）设备在运行中的调整

1. 制粉系统在运行中调整的主要任务

（1）使系统所磨制的煤粉量满足锅炉运行的需要；

（2）保持合格的煤粉细度与水分；

（3）维持正常的风温和风压，防止制粉系统发生堵塞和爆炸；

（4）尽量降低制粉系统的耗电量。

为了降低电耗，制粉系统应保持在最大出力下运行，并应该做到：连续均匀给煤，保持磨煤机内煤量合适；保持合适的通风量；保持气粉混合物出口温度正常。

运行中应适当调整给煤机转速，供给足够的煤量来适应磨煤机的出力，同时又应特别注意原煤中大块煤矸石、铁件及木块等进入卡坏机件。增加或减少磨煤机的给煤时，应缓慢进行。磨煤机的出力，可根据出入口压差、温度、磨煤机电流及制粉系统风压等进行调整。

2. 煤粉细度的调整

煤粉细度的变化和动态分离器折向门开度、磨辊研磨力、给煤量、一次风量大小等因素有关。煤粉细度的调整主要是通过改变动态分离器折向门叶片的开度来完成的，折向门叶片开度从大到小，则煤粉细度也由大变小（煤粉由粗变细）。当折向门叶片开度最大（半径方向）时，煤粉还太细，就需要减少磨辊弹簧压力；反之，当折向门叶片开度最小时，煤粉仍然很粗，则需要加大磨辊弹簧的压力。需要注意的是，磨煤机的一次风量也影响煤粉的细度。但是，一次风量的大小取决于使炉内保持良好燃烧的一次风比例，不能将其作为调节煤粉细度的手段。

磨煤机在运行时，动态分离器通过可调整变频器和可编程控制器，由一个交流变频电动机来驱动。动态分离器的转速取决于给煤速度，当给煤机速度加快时，分离器转速也加快。分离器驱动器的控制可以通过电位计、mA 信号和 VDC 信号来实现。在调试过程中，要制定出给煤速度和分离器转速与煤粉细度关系的试验曲线，然后通过曲线来自动控制分离器转速，如果操作没有经过校准的试验曲线的磨煤机，那么就将分离器转速调至 50r/min，在各种给煤速度下都保持不变。如果在给煤机运行过程中分离器停机，不必停下给煤机，磨煤机可以继续运行，只是煤粉细度不合格。

（八）风煤比的控制

磨煤机的给煤量和一次风量根据一次风与煤粉出力变化曲线操作。中速辊式磨煤机的风量，可以在标准风量上下适当变动，所以，可以根据锅炉厂和设计院的要求来制定"标准空气曲线"，以确保磨煤机一次风量与系统要求相匹配。建立正确的给煤量和一次风量的比率是很重要的，如果标定的一次风量、给煤量不准，不仅影响锅炉的负荷调节，而且影响磨煤机的运行。故在磨煤机初次运行前，应对照标准空气曲线校对给煤量和一次风量的比率，认真检查标定的给煤量和一次风量是否准确。运行期间应定期校对测量装置，防止测量装置出现质量问题而使标定的给煤量和一次风量失准。需要注意的是，在磨煤机运行初期，一次风量自动调节尚未投入，由运行人员手动调节磨煤机出力时，应做到增加磨的出力时，先加风量，后加煤量。降低出力时，先减煤量，后减风量，以防止一次风量调节过快或风量过小造成石子煤量过多，甚至堵煤。

（九）排渣

排渣是通过液压控制关断门的开与关，由人工定时清理排渣箱内的石子煤。清理排渣箱内的石子煤必须在滑板关断门关闭时清理。清理的间隔时间应根据运行情况来决定。运行初期应间隔半小时检查一次排渣箱，但是每次启磨和停磨时必须检查或清理排渣箱，正常运行时应 1～2h 检查一次排渣箱。在正常运行时石子煤很少，石子煤较多时主要是出现在以下情况：

（1）磨煤机启动后。

（2）紧急停磨。

（3）煤质较差。

（4）运行后期磨辊、衬瓦、喷嘴磨损严重。

（5）运行时磨出力增加过快，一次风量偏少（即风煤比失调）。其中启动磨煤机和紧急停磨引起的石子煤增多属正常情况。对于由喷嘴喉口磨损引起石子煤增多，应更换喷嘴。

排渣应注意以下问题：

（1）初次运行时，排渣箱滑板关断门应先不开；

（2）排渣箱滑板关断门未完全关闭，不得打开排渣门，以防止人员烫伤；

（3）清理排渣箱后，应及时关闭排渣门，打开滑板关断门，以避免一次风室积渣过多损坏刮板和石子煤跑到机座密封室内。

燃 烧 设 备

第一节 炉 膛

一、炉膛设计参数

(一) 炉膛的定义

炉膛是燃料及空气发生连续燃烧反应直至燃尽的有限空间（密闭而只有燃料及空气入口、烟气出口和排渣口与外界相通）。现代电站锅炉炉膛形状多呈高大的立方体，由蒸发受热面管子（部分可能是过热器或再热器管子）组成的气密性炉膛构成。燃料燃烧反应生成的炽热火焰和燃烧产物向炉膛及布置在炉内的管屏受热面传递热量，使炉膛出口烟温降到设计规定的温度。炉膛应有足够的空间以满足燃烧与传热的需要，同时还应具有合理的形状以适应燃烧器的布置。炉膛和燃烧器的设计须与燃料的燃烧特性及灰渣特性相匹配，特别要防止炉内产生结渣。

就煤粉锅炉而言，煤粉和燃烧空气由燃烧器给入，并与炉膛共同构成它们在炉内的流动，煤粉的燃烧过程在炉内的流动过程中完成。燃烧过程所释放出的热量，部分（约50%）由布置在炉膛内的水冷壁受热面所吸收，以维持炉膛出口的烟气温度在灰的熔点温度以下（灰的软化温度 $ST=100℃$），防止炉膛出口受热面结渣。而倾斜冷灰斗、炉内水冷壁和燃烧器喷口又是炉膛构成不可缺少的部分。炉膛大小和形状与所配置的燃烧器及水冷壁，共同决定了炉内的速度场、浓度场和温度场。煤粉在炉内的停留时间取决于炉膛的大小和速度场；煤粉在炉内的燃烧速度取决于炉内的温度和浓度分布；煤粉燃烧速度和水冷壁吸热能力，决定炉内的温度水平和分布；燃烧器的气流出口速度和方向以及炉膛的几何形状，决定炉内气流的速度场和紊流强度。浓度场又影响到煤粉的燃烧速度以及温度场，反过来炉内的温度场又会通过浮升力影响到速度场。因此炉内的燃烧过程是复杂的，使得炉膛布置、燃烧器结构以及燃烧过程间的关系更为复杂。何况还存在着诸如因燃料燃烧特性和灰分特性改变、锅炉燃料种类变化，而导致的更复杂的影响因素。因此，炉膛的设计都是随燃用煤种而异的，它是通过冷态模型来按热态工况进行模化试验，或通过燃用同类或相近煤种的同类锅炉的运行情况和经验来决定的，并采用一些炉膛参数和定义进行比较与表达。

(二) 炉膛主要设计参数

(1) 煤粉锅炉燃烧方式（firing modes of pulverized-coal-fired boiler）：由煤粉燃烧器布置在炉膛不同位置而构成的锅炉燃烧方式。现代锅炉一般有切向燃烧方式、前后墙对冲燃烧方式和 W 型火焰燃烧方式。

（2）W型火焰燃烧方式（W-flame firing mode）：将直流或弱旋流煤粉燃烧器布置在炉膛前后墙炉拱上，使火焰先向下流动，再返回向上，形成 W 状火焰的燃烧方式。

（3）炉膛及燃烧器性能设计（performance design of furnaces and burners）：为达到良好的燃烧性能，合理选择锅炉燃烧方式、炉膛主要热力特性参数、结构尺寸及燃烧器工况参数等，不包括材料、附件等选用及施工细节。燃烧性能主要包括着火稳定性、燃尽性、防渣性能、防水冷壁高温腐蚀、低污染性能以及降低炉膛出口残余旋流等。

（4）炉膛有效容积（effective furnace volume）：实施煤粉悬浮燃烧及传热的空间，并用以计算炉膛容积热负荷的容积部分。

（5）煤的着火稳定性指数 R_w（coal flammability index）：表征煤的着火稳定难易程度，由浅坩埚热天平（如 TGS-2 型天平）测得燃烧特性曲线特征值后经计算求得。

（6）煤的燃尽特性指数 R_j（coal burnout index）：表征煤的燃尽难易程度，由浅坩埚热天平（如 TGS-2 型天平）测得燃烧特性曲线和煤焦燃尽速率曲线，取特征值经计算求得。

（7）煤的结渣特性指数 R_z（coal slagging index）：表征煤灰的结渣倾向，与煤灰熔融性及煤灰成分有关。

（8）锅炉最低不投油稳燃负荷率 BMLR（boiler minimum stable load ratio without auxiliary support）：在设计煤种和合同规定条件下，锅炉不投油助燃的最低稳定燃烧负荷与锅炉最大连续负荷之比，即

$$BMLR = \frac{不投油助燃的最低稳燃负荷}{锅炉最大连续负荷} \times 100\%$$

每台煤粉锅炉都可能具有 3 个不同定义的最低不投油稳燃负荷率数值，即

1）设计保证值：锅炉制造厂保证的数值。

2）试验值：在设计煤种及正常工况条件下经持续 4～6h 稳定运行（无局部灭火及炉膛负压大幅度波动现象）试验可达到最低数值。

3）可供调度值：考虑到日常入炉煤质波动及设备状态和控制水平、火焰检测系统的可靠等条件后由业主规定的可供负荷调度用的实际运行数值。

（9）氮氧化物（NO_x）生成浓度（primary NO_x concentration）：锅炉排出干烟气含有的初始 NO_x 浓度，NO_x 是 NO_2、NO 和其他微量氮氧化物的总称。

（10）炉膛容积热负荷：炉膛容积热负荷指单位时间内，相当于单位炉膛容积的燃料带入的热量。炉膛容积热负荷为

$$q_V = \frac{BQ}{V} \qquad kW/m^3$$

式中　B——燃料消耗量，kg/h；

　　　Q——燃料发热量，kJ/kg；

　　　V——炉膛容积，m^3。

我国与西方国家惯用的差别在于发热量的取值不同，我国惯用收到基低位发热量，而西方国家则惯用高位发热量。B 则均按最大连续出力的燃煤量计算。显然 q_V 只是作为在炉膛设计中的选用值，在锅炉运行中，实际的 q_V 是随锅炉的运行出力变化而变化的。

炉膛容积热负荷，它表明了锅炉容积的相对大小，或者说是为燃料燃烧过程提供的炉内

停留时间的多少。q_V 的设计选用值是随燃用燃料的燃烧特性或易燃程度而变化的。难燃的无烟煤等其值相对低些，易燃的天然气或油则高些。对于煤粉炉而言的推荐值常在 $97 \sim 167 kW/m^3$ 范围，它决定于燃用煤种的挥发分。显然，选用较低的 q_V 会有利于相对扩大燃用煤种的适应性或燃料的可燃尽程度（亦即煤粉在炉内停留的时间长），但反之也意味着锅炉造价的提高，对锅炉的低负荷适应能力也不是有利的。

炉膛容积热负荷与燃烧方式有很大关系，层燃炉的燃料燃烧过程很大一部分是在燃料层上完成的，空间的燃烧份额不高，q_V 可以大幅度提高。对于一般的层燃炉来说，约为煤粉炉的 $2 \sim 3$ 倍，即约 $1/3.6 MW/m^3$。q_V 也与锅炉容量有关，当锅炉容量增大到一定范围后，由于炉膛容积与尺寸的立方成比例，而炉壁面积则与尺寸的平方成比例，使在锅炉容积增大到一定范围后会出现因炉壁面积不能满足敷设水冷壁的要求，而不得不取用较大的炉膛尺寸，因此大型电站锅炉的 q_V 常取偏低的值。外高桥二厂超临界锅炉炉膛长宽为 $21.48m \times 21.48m$，炉膛高度（筒体高度）$50.0m$，容积热负荷为 $76.7 kW/m^3$。华能玉环电厂 $1000MW$ 锅炉炉膛断面尺寸为 $32.084m$（宽）$\times 15.670m$（深），炉膛全高为 $65.5m$，炉膛容积热负荷为 $82.7 kW/m^3$。

（11）炉膛断面热负荷。炉膛断面热负荷是指在单位时间内相应于单位炉膛断面积上的燃料带入的热量。炉膛断面热负荷计算式为

$$q_A = \frac{BQ}{A}$$

式中　A——炉膛横断面积。

由于钢架结构、受热面布置和加工及锅炉造价方面的原因，锅炉炉膛的主体部分总是被设计成矩形（或呈正方形）的、等截面的。因此 q_V 与 q_A 的比值是与炉膛的高度相应的，在相同的 q_V 下，q_A 的大小意味着炉膛是"瘦长"的还是"矮胖"的。q_V 值的大小影响到炉内气流的速度场，或者说气流上升速度的大小。q_A 大的炉膛，炉膛横截面积与它的周界相对较小，容易获得较高的炉膛充满程度。在切圆燃烧方式中，因火焰在炉膛横截面积上的相对集中，也容易获得稳定的着火。反之，也因 q_A 大时的炉膛横截面尺寸较小，容易因含粉气流冲刷到水冷壁上而导致结渣。一般对于燃用烟煤的煤粉炉膛的 q_A 值，推荐在 $4.17 \sim 5.56 MW/m^2$，华能玉环电厂超超临界锅炉炉膛断面为扁平状（两个正方形），断面尺寸为 $32.084m$（宽）$\times 15.670m$（深），炉膛截面热负荷为 $4.59 MW/m^2$。

（12）燃烧器区域热负荷。燃烧器区域热负荷是指单位时间内相应于单位燃烧器区域容积的燃料带入的热量。它与炉膛容积热负荷间的差别是后者针对整个炉膛容积 V 而言的，而前者只是燃烧器区域部分的炉膛容积。显然此值的大小是与燃烧器在炉膛高度方向上的布置方式相关的，燃烧器喷口布置越密集，这个区域的容积越小，其燃烧器区域热负荷值越大；燃烧器喷口布置越疏散，则燃烧器区域热负荷值越小。如前所述，煤粉燃料中相当大的一部分是在燃烧器区域内燃尽，其余部分则在燃烧器上部区域内燃尽，炉膛不同位置上的热量释出极不均匀。因此，燃烧器在沿炉膛高度方向上的分布越密集，燃烧器区域的热负荷越大，炉内的温度分布也相对越集中，燃烧器区域的温度越高。燃烧器区域热负荷高会有利于燃烧着火的稳定，但容易导致这一区域的结渣，以及 SO_x 与 NO_x 发生量的增加。所以在保证燃料稳定着火的条件下，燃烧器喷口（一次风煤粉喷口）布置得稀疏一些有利，特别对易结渣的煤，要求燃烧器分组，一方面可减少燃烧器区域热负荷，另一方面组间的空隙可减少

一次风煤粉气流的偏斜（空隙起到气流左右的平衡孔作用）。

（13）燃烧器区域的壁面热负荷。燃烧器区域的壁面热负荷是指单位时间内、相应于燃烧器区域单位壁面积上的燃料带入的热量。在以 W、D 和 H 分别表示燃烧器区域的炉膛宽度、深度和高度，则燃烧器区域的壁面热负荷 $q_{BW} = \dfrac{BQ}{2\,(W+D)\,H}$。因此，它与前述的炉膛容积热负荷的含义都是相近的，或者说是一个综合炉膛断面热负荷和燃烧器布置疏密程度的特性参数。燃用烟煤类煤种的锅炉一般的推荐值约为 $1.53MW/m^2$，某超超临界锅炉燃烧器区域壁面热负荷选为 $1.72MW/m^2$。

二、炉膛与煤种

（1）燃烧方式的选择主要依据煤质特性。

煤质特性依据有 GB/T 212—2008《煤的工业分析方法》、GB/T 213—2008《煤的发热量测定方法》、GB/T 219—2008《煤灰熔融性的测定方法》、GB/T 476—2008《煤中碳和氢的测定方法》和 GB/T 1574—2007《煤灰成分分析方法》。

（2）煤的着火稳定性宜采用煤的着火稳定性指数 R_w 来表征。R_w 判定着火难易程度的划分界限为：

$R_w < 4.02$，为极难着火煤种。

$4.02 \leqslant R_w < 4.67$，为难着火煤种。

$4.67 \leqslant R_w < 5.00$，为中等着火煤种。

$5.00 \leqslant R_w < 5.59$，为易着火煤种。

$R_w \geqslant 4.67$，为极易着火煤种。

R_w 的高低与煤种的干燥无灰基挥发分 V_{daf} 有一定关系，当无条件取得 R_w 的试验值，而又要使用以 R_w 为参数的计算式和图表时，可用 V_{daf} 估算 R_w，但灰分大于 35% 或水分大于 40% 的煤种，则应根据估算 R_w 确定的着火稳定性界限相应的降低一级，如易着火煤种降为中等着火煤种。

据 30 多台大容量锅炉炉前煤数据 R_w 与 V_{daf} 的拟合关系式如下：

$$R_w = 3.59 + 0.054 V_{daf}$$

（3）煤的燃尽难易程度由煤的燃尽特性指数 R_j 来表征。R_j 判定燃尽程度的划分界限为：

$R_j < 2.5$，为极难燃尽煤种。

$2.5 \leqslant R_j < 3.0$，为难燃尽煤种。

$3.0 \leqslant R_j < 4.4$，为中等燃尽煤种。

$4.4 \leqslant R_j < 5.29$，为易燃尽煤种。

$R_j \geqslant 5.29$，为极易燃尽煤种。

（4）煤灰的结渣倾向由煤的结渣特性指数 R_z 来表征。R_z 判定结渣倾向的划分界限为：

$R_z < 1.5$，为不宜结渣煤种。

$1.5 \leqslant R_z < 2.5$，为中等结渣煤种。

$R_z \geqslant 2.5$，为严重结渣煤种。

（5）可按下述原则选择煤粉锅炉燃烧方式。

1）极易着火煤种（$R_w \geqslant 5.59$ 或 $V_{daf} \geqslant 37\%$ 的褐煤）宜采用切向燃烧或对冲燃烧，采

用直吹式制粉系统。当入炉煤的收到基水分不小于 30％时，从干燥和防爆需要考虑，宜采用抽炉烟干燥的风扇磨煤机直吹式制粉系统。但对于入炉煤收到基水分 $M_{ar}<35\%$、低位发热量 $Q_{net,ar}>10MJ/kg$ 的褐煤，也可采用中速磨煤机，并采用较高的热风温度（≥380℃）。

2）易着火煤种及中等着火煤种（$R_w\geqslant4.67$ 或 $V_{daf}\geqslant20\%$ 的烟煤），宜采用切向燃烧或对冲燃烧方式，采用直吹式制粉系统，当煤的磨损性很强时，也可采用钢球磨煤机中间储仓乏气送粉系统。

3）难着火煤种中 $4.24\leqslant R_w<4.67$ 或 $12\%\leqslant V_{daf}\leqslant20\%$ 的贫煤，一般宜采用切向燃烧或对冲燃烧方式，采用钢球磨煤机中间储仓制粉系统热风送粉、双进双出钢球磨煤机直吹式制粉系统或中速磨煤机直吹式制粉系统（当采用中速磨煤机时，宜配用回转式分离器）。

4）难着火煤种中 $4.02\leqslant R_w<4.24$ 或 $8\%\leqslant V_{daf}<12\%$ 的煤种，当要求较强的调峰带低负荷能力、较高的燃烧效率或煤灰具有中等以上结渣倾向时，宜优先采用 W 型火焰燃烧方式，否则可采用切向或对冲燃烧方式。

5）极难着火煤种中 $R_w<4.02$ 或 $V_{daf}<8$，或 $R_j<2.5$ 的无烟煤，宜采用 W 型火焰燃烧方式，可配钢球磨煤机中间储仓式热风送粉系统、双进双出钢球磨煤机直吹式系统或高温热风置换的半直吹式制粉系统。

三、炉膛与燃烧器

煤粉燃烧器是煤粉的燃烧设备，携带煤粉的一次风和不带煤粉的二次风都经过燃烧器进入炉膛，并使煤粉在炉内很好地着火和燃烧。虽说燃料的燃烧过程是由炉膛和燃烧器共同组织的，但煤粉气流与燃烧空气通过燃烧器进入炉膛内，流量、流速、方向等所有流动和燃烧过程的特性，在很大程度上决定于燃烧器，炉膛只是提供燃烧过程所需的空间；使炉膛的几何形状与燃烧器所组织的流动特性相适应，提供为达到合适的炉膛出口烟温所需敷设的受热面积。为使炉内能具有一个良好的燃烧工况，锅炉可以在不同负荷下连续正常的运行，对于燃烧器的要求可作如下的概括，不论是对直流燃烧器还是旋流燃烧器都是适用的：

（1）给入炉内的燃料量和空气量是可控的，可满足在不同锅炉负荷下和燃煤特性有一定变化时的需要。

（2）煤粉气流的入炉浓度，在时间与喷嘴出口截面上都是均匀的；反之，在有些情况下也需要有可控的局部煤粉浓度分布，以获得不同的煤种或低负荷的稳定着火。

（3）煤粉气流着火之后，能及时与二次风混合，并对燃烧过程及时提供氧气。

（4）会同炉膛所构成的燃烧高温气流，在不冲刷炉壁的前提下，尽可能地充满整个炉膛，消灭炉内流动死区，提高炉膛的可利用程度和燃料在炉内的停留时间。

（5）不产生气流对炉壁的冲刷，以避免局部受热面的过高热负荷与炉内结渣，确保锅炉长期安全经济运行。

燃烧器形式通常可分为直流式燃烧器、旋流式燃烧器和平流式三大类，其原理、特点见表 4-1。燃烧器布置型式也多种多样，有切向、前墙、对冲等燃烧方式（如表 4-2 所示）。华能玉环电厂、大唐三百门电厂采用两个反向双四角切圆燃烧方式；华能海门电厂和邹县电厂采用前后墙对冲燃烧方式；外高桥三期、国华宁海电厂采用四角切圆塔式炉。

表 4-1   燃烧器结构形式

分类	旋流式	直流式	平流式
空气动力工况			
混合工况			
着火机理	二次风(有时还有一次风)强烈旋转,射流中央出现回流区起稳燃作用	一、二次风均为直流,各角喷出的射流相互引燃	少量空气(称为中心气)流过稳燃器,产生小回流区,起稳燃作用
射流特性	扩散角大,射程短,早期混合强烈,后期混合衰弱	射程长,后期混合较强	扩散角不大,射程较长,前后期混合均较强
布置位置	前墙、前后墙或两侧墙	四角或各墙	前墙、前后墙、四角或炉底
适用燃料	煤、油、气	煤、油、气	油、气

表 4-2   燃烧器布置方式

布置方式	前墙燃烧	切向燃烧	对冲(交错)燃烧	炉顶燃烧	炉底燃烧	旋风燃烧
图例						
适用燃料	煤、油、气	煤、油、气	油、气、高挥发分烟煤	煤	气、油	低挥发分、低灰熔点煤、褐煤、油
燃烧器类型	旋流式或平流式	直流式或平流式	旋流式或平流式	直流式	平流式	旋流式
层数和排数	单层或多层	二层或多层	单层或多层	一般为双排布置	一般为双排布置	旋风筒并列布置
炉膛截面形状	长方形	方形	长方形	长方形	长方形	长方形

第二节 直流式煤粉燃烧器

直流燃烧器的出口是由一组圆形、矩形或多边形喷门组成的。一次风煤粉气流、燃烧所需的二次风及中间储仓式热风送粉制粉系统的乏气三次风分别由不同喷口以直流射流形式喷进炉膛。

1. 直流射流的特性

煤粉气流以一定的速度从直流燃烧器喷口射入充满炽热烟气的炉膛，由于炉腔空间较大，所射出的气流属自由直流射流。当喷射速度达到紊流状态时，则为直流紊流射流，如图 4-1 所示。

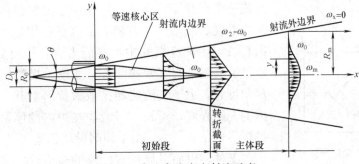

图 4-1 直流紊流自由射流示意

射流喷入炉膛后，由于分子微团紊流脉动与周围烟气不断碰撞，进行物质交换、动量交换、热量交换，射流带动周围烟气随射流一起流动，从而射流质量逐渐增加，这个过程叫卷吸。卷吸的结果是，高温烟气被卷入射流，射流横截面逐渐增加，速度降低。混合物中煤粉浓度逐渐减少，而温度逐渐升高。在喷口出口截面上，射流各点流速基本相同，为 ω_0，但离开喷口后，烟气被卷入气流中，射流流量增加，轴向速度降低，射流速度的降低称为衰减。射流轴向速度衰减至某一数值时所在截面与喷口间的距离称为射程。喷口截面越大，初速 ω_0 越高，射程越长。射程长表示射流衰减慢，在烟气中的贯穿能力强，对后期混合有利。显然，集中大喷口比多个分散小喷口射流的射程长。

炉膛并非无限大的空间，在炉内微小的扰动，会导致射流偏离原有轴线方向。射流抗偏斜的能力称为射流刚性。射流初速越大，刚性越强，越不易偏斜。对矩形截面喷口，喷口高宽比越小，刚性越好。在炉内几股射流平行或交叉时，一般是刚性大的射流吸引刚性小的射流，并使其偏斜。

2. 直流燃烧器布置及炉内燃烧工况

直流燃烧器一般采取四角布置，四个角上的燃烧器的几何轴线与炉膛中央的一个假想圆相切，形成切圆燃烧方式。所谓切圆燃烧是指燃烧器中燃料和空气按假想切圆的切线方向喷入炉膛后，产生旋转上升气流，进行燃烧的方式。直流燃烧器切圆燃烧方式有多种布置形式，如图 4-2 所示，但其在炉内的空气动力特性基本相同。

四角布置切圆燃烧的直流燃

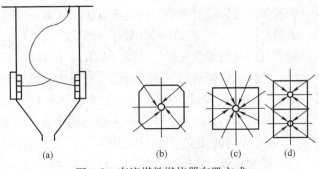

图 4-2 直流煤粉燃烧器布置方式
(a)切圆燃烧布置；(b)四角切圆布置；(c)八角切圆布置；(d)双炉膛切圆布置

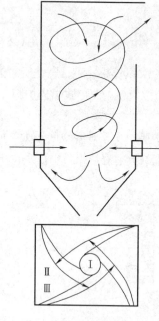

图4-3　四角布置切圆燃烧的
直流燃烧器空气动力工况

器空气动力工况如图4-3所示，从着火角度来看，喷进炉内的每股气流都受到上游邻角正在剧烈燃烧的高温火焰的冲击和加热，使之很快着火燃烧，并以此再去点燃下游邻角的新鲜煤粉气流，形成相邻煤粉气流互相引燃。旋转气流使炉膛中心的无风区形成负压，这样部分高温烟气回流到火焰根部。再加上每股气流卷吸部分高温烟气和接受炉膛辐射热，因此直流燃烧器四角布置切圆燃烧的着火条件是十分理想的。从燃烧角度看，直流燃烧器射出的四股气流绕着假想切圆旋转，形成一个高温旋转火球，炉膛中心温度很高，强烈的旋转使炉内温度、氧浓度、可燃物浓度更趋均匀。另外，直流射流射程长，在炉膛烟气中贯穿能力强，从而加强了煤粉气流、空气、高温烟气三者的混合，加速了煤粉气流的燃烧。从燃尽角度看，由于气流旋转扩散螺旋形上升，改善了火焰在炉内的充满程度，延长了可燃物在炉内的停留时间，这对煤粉的燃尽也是有利的。由于切圆燃烧创造了良好的着火、燃烧、燃尽条件，因而对煤种有广泛的适应性，尤其能适应低挥发分煤种的燃烧。

一、大唐潮州电厂1000MW超超临界压力锅炉直流燃烧器

（一）炉膛

1. 炉膛几何尺寸

炉膛宽度34.220m，深度15.670m。锅炉顶棚管中心线标高72.900m，炉膛截面积502.76m²，炉膛容积29 824m³，上排一次风中心到屏底距离为22.346m，下一次风中心线至冷灰斗拐点距离为6.941m。折焰角位于后墙标高54.000m处，其高度为8.35m，深度为3.407m。折焰角与水平的夹角分别为50°和30°。在炉膛底部标高4.155m（灰斗上沿）处前后墙向炉内倾斜55°角形成冷灰斗，冷灰斗下缘开口截面宽度为1.500m。

2. 炉膛热负荷的有关设计数据

炉膛有效辐射受热面（EPRS）：12 477m²（含分隔屏和后屏过热器）。

炉膛容积热负荷（B—MCR）：79.1kW/m³。

炉膛截面热负荷（B—MCR）：4.45MW/m²。

燃烧器区域壁面热负荷（B—MCR）：1.64MW/m²。

炉膛有效投影辐射受热面热负荷（B—MCR）：191.1kW/m²。

炉膛出口烟气温度（B—MCR）：998℃。

屏式过热器底部烟气温度（B—MCR）：1314℃。

（1）炉膛出口断面的定义。沿烟气行程遇到的管间净距离平均不大于457mm的受热面第一排管子中心线构成的断面，由于该锅炉上炉膛的分隔屏和屏式过热器的节距均大于457mm，故将沿后水冷壁折焰角向上引出的垂直平面定义为炉膛出口断面。

（2）炉膛容积的定义。从炉膛冷灰斗1/2有效高度的水平断面到炉膛出口断面之间的容积。

（3）炉膛有效投影辐射受热面（EPRS）的定义。包覆炉膛容积的所有表面的投影辐射面积，包括：

1）炉膛前墙、后墙及两侧墙的有效辐射受热面；

2）炉膛顶棚面积；

3）炉膛出口断面积；

4）冷灰斗 1/2 垂直高度处的水平断面积；

5）分隔屏过热器和屏式过热器的有效辐射受热面积。

（4）燃烧器区域壁面积。取为上下层煤粉喷嘴中心之间的垂直距离外加3m所包围的炉墙壁面积。

（5）计算炉膛各项热负荷时的炉膛净输入热量。它是锅炉在相应负荷的计算燃煤量（即考虑碳损失后的燃煤量）与燃料低位发热值的乘积。

（二）燃烧器总体布置

潮州电厂1000MW锅炉采用三菱重工（MHI）开发的低 NO_x 的改进型PM（Pollution Minimum）主燃烧器和MACT（Mitsubishi Advanced Combustion Technology）燃烧技术。燃烧器采用无分隔墙的八角双火焰中心切圆燃烧大风箱结构。全摆动式直流燃烧器，共设6层三菱低 NO_x PM一次风喷口、三层油风室、一层燃尽风室、十层辅助风室和四层附加风室。二次风挡板采用非平衡式。整个燃烧器同水冷壁固定连接，并随水冷壁一起向下膨胀。锅炉采用两级点火（同时A层燃烧器还设有等离子点火装置），即高能点火器先点燃轻油油枪，轻油油枪再点燃煤粉。每只油枪配有自身的高能点火器。油系统容量按20%B—MCR设计。共24只油枪，单支油枪出力为1650kg/h，油枪采用内回油机械雾化。

燃烧器采用前后墙布置，每层共布置8只燃烧器，前墙布置四只燃烧器，后墙布置四只燃烧器，每台磨带一层8只燃烧器。8只燃烧器为反向双切圆摆动式燃烧器，即由燃烧器No. 1、No. 2、No. 5、No. 6 在炉膛右半部分中心形成逆时针旋向和由燃烧器No. 3、No. 4、No. 7、No. 8 在炉膛左半部分中心形成顺时针旋向的两个假想切圆。燃烧器出口射流中心线和前后墙水冷壁中心线的夹角分别为63°和53°。

燃烧器的具体布置如图4-4所示。

这种布置具有以下特点：

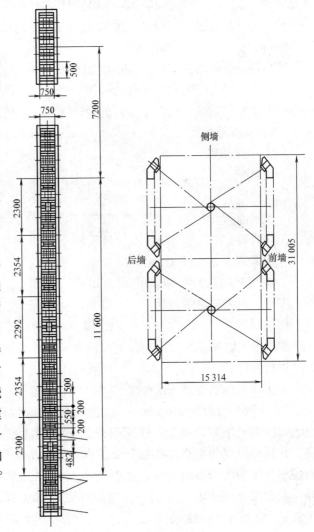

图4-4 锅炉燃烧器结构

　　（1）反向双切圆燃烧方式，保证获得均匀的炉内空气动力场和热负荷分配，并使出口温度场比较均匀，炉膛出口转向室两侧对称点间的烟温偏差小于 50℃，降低炉膛出口烟气温度场和水冷壁出口工质温度的偏差。同时，由于反向双切圆的燃烧，使煤粉燃烧器只数增加，降低了单只喷嘴热功率，有效地防止了炉膛结焦。

　　（2）锅炉负荷变化时，燃烧器按层切换，使炉膛各水平截面热负荷分布均匀，并且温度水平适中，保证水循环安全可靠。

　　（3）采用燃烧器分组拉开式布置及合理配风形式，可有效控制 NO_x 排放量。燃烧器上端 OFA 燃尽风室的布置控制主燃烧区域内的过量空气系数，控制了 NO_x 排放量。另外，将较大比例的附加风 AA（Additional Air）布置在燃烧器的上部，该附加风不仅能够降低 NO_x 的生成而且保证燃料在炉膛燃尽区进一步完全燃烧，从而降低飞灰可燃物的含量。

　　（4）一、二次风均可上下摆动，最大摆角为 ±30°。在燃烧器高度方向上，根据燃烧器可摆动的特点，考虑到燃烧器向下摆动时，保证火焰充满空间和煤粉燃烧空间，从燃烧器下排一次风口中心线到冷灰斗拐角处留有较大的距离 6941mm，为了保证煤粉的充分燃烧，从燃烧器最上层一次风口中心线到分隔屏下沿设计有较大的燃尽高度 22 346mm。

　　（5）煤粉燃烧器空气风室和油燃烧器为一体，每只燃烧器共设有三层油点火燃烧器，油点火燃烧器的空气喷嘴同时也作为煤燃烧时的二次风喷嘴，为了油火焰的燃烧稳定，在油点火燃烧器主空气喷嘴中设置了专门的稳焰叶轮，油风室只有一个主喷嘴。

　　（三）煤粉燃烧器

1. B—MCR 工况设计参数

一次风率	21.6%
二次风率	78.4%
一次风温	75℃
二次风温	327.8℃
一次风速	26m/s
二次风速	46m/s
上下一次风喷嘴中心距	11 600mm
燃烧器高度	约 16 800mm
炉内停留时间	2.4s
煤粉细度 R_{90}	18%～20%

2. PM 煤粉燃烧器技术原理

　　PM（Pollution Minimum）燃烧器的原理是利用燃烧器入口弯头的离心分离作用将煤粉气流分成上下浓淡两股，这两股煤粉又分别通过浓煤粉燃烧器和淡煤粉燃烧器进入炉膛，在这两种煤粉燃烧器煤粉喷嘴体内设导向板用以分隔 PM 煤粉分离器分离后形成的浓相煤粉气流和淡相煤粉气流，在燃烧器喷口内设置有波形钝体，该钝体与喷嘴体内导向板一起使浓、淡相煤粉气流一直保持到燃烧器出口。浓相煤粉浓度高所需着火热少，利于着火和稳燃；淡相补充后期所需的空气，利于煤粉的燃尽，同时浓淡燃烧均偏离了化学当量燃烧，在出口处针对浓淡煤粉燃烧器配置不同的助燃风，使浓淡两相煤粉及时合理地配风燃烧，大大降低了 NO_x 的生成。同时，波纹钝体使得在煤粉气流下游产生一个负压高温回流区，在此负压区中存在着高温烟气的回流与煤粉/空气混合物间剧烈的扰动和混合，这一点满足了锅炉负荷在较宽范围变化时对煤粉点火和稳定燃烧的要求，有利于保证及时着火及燃烧稳定，确保及时燃尽，能有效抑制 NO_x 排放，保证锅炉效率。

因此，在 PM 燃烧器的设计中，其指导准则是：浓淡分离偏离 NO_x 生成量高的化学当量燃烧区，降低 NO_x 的生成；增大浓相挥发分从燃料中释放出来的速率，以获得最大的挥发物生成量；在燃烧的初始阶段除了提供适量的氧以供稳定燃烧所需以外，尽量维持一个较低氧量水平的区域，控制和优化燃料富集区域的温度和燃料在此区域的驻留时间，最大限度地减少 NO_x 生成；增加煤焦粒子在燃料富集区域的驻留时间，以减少煤焦粒子中氮氧化物释出形成 NO_x 的可能；及时补充燃尽所需要的其余的风量，以确保充分燃尽。

PM 煤粉分离器结构见图 4-5，浓、淡喷嘴体见图 4-6，煤粉喷口见图 4-7。

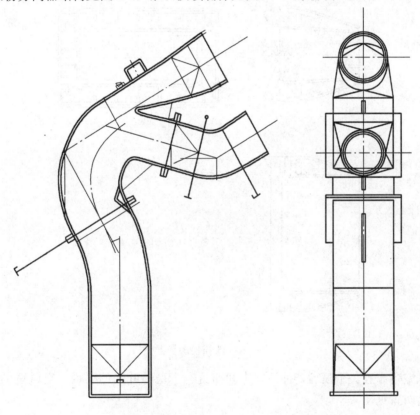

图 4-5　PM 煤粉分离器结构

3. 燃烧器喷嘴布置

燃烧器采用 CE 传统的大风箱结构，由隔板将大风箱分隔成若干风室，在各风室的出口处布置数量不等的燃烧器喷嘴。每只燃烧器共有 11 种 40 个风室 27 个喷嘴。其中顶部 OFA 燃尽风室一个，空风室三种十四个，AUX1－1 风室三个，AUX1－2 风室三个，AUX－2 风室三个，AUX－3 风室一个，油风室三个，浓煤粉风室六个，淡煤粉风室六个。

根据各风室的高度不同，布置数量不等的喷嘴。顶部燃尽风室，一个风室布置两个喷

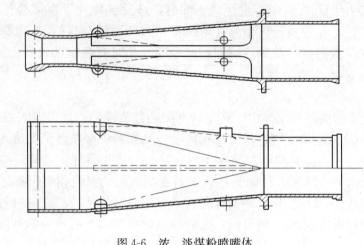

图 4-6　浓、淡煤粉喷嘴体

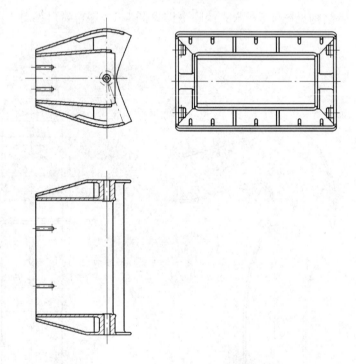

图 4-7　浓、淡煤粉燃烧器喷口

嘴，其他风室各布置一个喷嘴，油风室中间布置有带稳燃叶轮的喷嘴，空风室不布置喷嘴。风室内喷嘴布置见图 4-8。

4. 空气喷嘴及其摆动机构

每只燃烧器的 27 个喷嘴，除顶部 OFA 风室的 1 个喷嘴手动驱动外，其余喷嘴均由摆动气缸驱动作整体上下摆动，并且炉膛两侧的 8 只燃烧器按协调控制系统给定的控制信号作同步上下摆动，摆动气缸通过外部连杆机构、曲拐式摆动机构、内部连杆和水平连杆驱动空气喷嘴绕固定于燃烧器风箱前端连接角钢上的轴承座作上下 30°的摆动，见图 4-9。

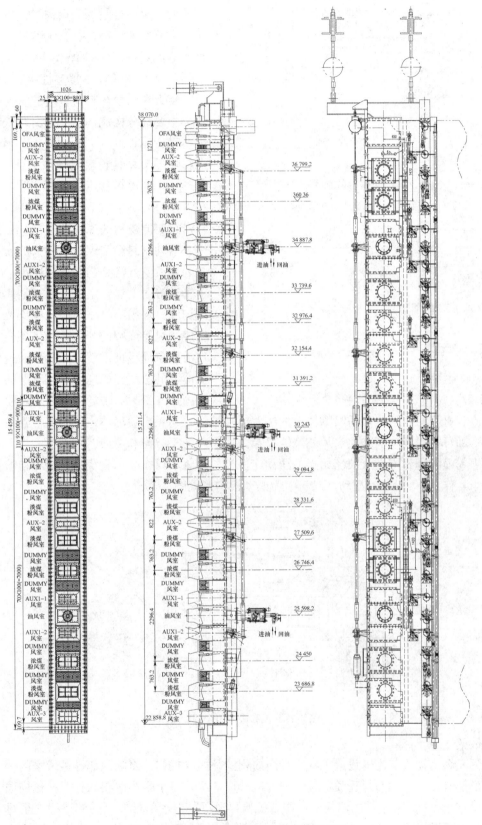

图 4-8 煤粉燃烧器各风室及风室喷嘴布置

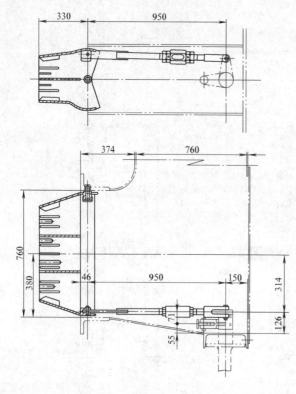

图4-9　二次风喷嘴及其摆动机构

为了对通过空气喷嘴的气流进行导向和防止喷嘴的变形，在空气喷嘴内装设竖直的导流隔板。

5. 煤粉喷嘴及其摆动机构

装设在浓淡煤粉风室内的煤粉喷嘴由两个主要部分构成，一个是由球铁制成的煤粉喷嘴体，另一个是由耐热铸钢制成的煤粉喷嘴头。煤粉喷嘴体成方圆过渡形，圆形一端同煤粉管道的弯头相连，方形的一端通过一个可以适应煤粉喷嘴摆动的活动密封箱同煤粉喷嘴头相连接。煤粉喷嘴体、活动密封箱和煤粉喷嘴头形成一个密封的煤粉空气混合物的连续通道，将由煤粉管道输送的煤粉空气混合物经此通道送入炉膛。煤粉喷嘴体两侧设有支架，通过燃烧器风箱前端的开孔，可将煤粉喷嘴组件沿风室隔板推进就位，后部通过煤粉喷嘴体上的法兰同燃烧器风箱后部的端板连接固定并密封。现场停炉需对煤粉喷嘴进行维修、更换时，可将煤粉喷嘴体上的法兰连接螺栓及与煤粉喷嘴体连接的煤粉管道的弯头卸下，即可将煤粉喷嘴体整个从燃烧器风箱内取出，便于维修和更换。

煤粉喷嘴通过同空气喷嘴相连的摆动连杆机构，驱动煤粉喷嘴头绕固定于煤粉喷嘴体上的轴承，作上下各30°的摆动，煤粉喷嘴摆动机构，见图4-10。

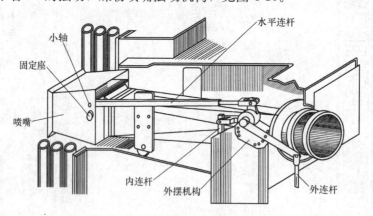

图4-10　煤粉喷嘴及其摆动机构

6. 外摆动机构

每只燃烧器沿其高度设置了6个带内曲拐的外摆动机构，将除顶部燃尽风室的一个喷嘴以外的所有空气、油和煤粉喷嘴大致均匀地分成6组，每个带内曲拐的外摆动机构通过内连杆驱动一组喷嘴，6个带内曲拐的外摆动机构再通过一根端部带铰链的外连杆连至每只燃烧器的摆动驱动气缸。带曲拐的外摆动机构除带有一套驱动单只喷嘴摆动的内曲拐摆动机构外，还设有摆动驱动杆、止动板、止动销、摆动角度指示装置和一套摆动安全保护装置。带内曲拐的外摆动机构简单示意见图 4-11。摆动安全保护装置主要依靠一个带有应力集中凹形环的安全销，在锅炉运行中，当由于某喷嘴处结焦，喷嘴变形等因素影响喷嘴摆动时，驱动该组喷嘴的外摆动机构会受力增大，当受力增大到一定程度时，安全销就从应力集中凹环处折断，从而保证摆动驱动机构不致损坏。同时在安全销折断时，还会将该外摆动机构驱动的整组喷嘴通过止动销自动插入止动板的止动孔，使其固定于安全销折断时的位置，从而防止喷嘴因重力作用继续下摆而影响相邻一组喷嘴的摆动。

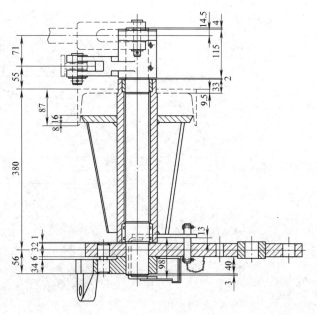

图 4-11 主燃烧器外部摆动机构

在摆动机构上部设置的恒力弹簧吊架，平衡摆动气缸的推力和喷口自重，使摆动机构工作时动作平缓。

7. 顶部燃尽风喷嘴及其摆动机构

顶部燃尽风室由两只喷口组成，为可一同作向上 30°、向下 30°的摆动。其上端的一个喷口摆动机构为手动调节，可视燃烧工况来调整喷嘴的摆动角度，但调整范围不得超过设计值。可以从指针刻度盘上的指示装置读出喷嘴的摆动角度。顶部燃尽风室的设置对减少 NO_x 起到了一定作用。

8. 燃烧器风箱

燃烧器风箱是整个切向摆动式燃烧器的主体部分，由二次热风道输送的二次热风和煤粉管道输送的风粉混合物（一次风），均通过燃烧器风箱对各个喷嘴进行分配，以实现燃烧工况所要求的合理配风，同时燃烧器风箱又是各喷嘴及相应摆动机构、油枪、点火器及其相应伸缩机构、燃烧器护板等的机座。

为防止通过燃烧器风箱的二次风产生过大的涡流，减少阻力损失，改善由于在燃烧器风箱内气流转向所引起的气流偏斜，在燃烧器各风室内均设置了一块导流板，这些导流板对燃烧系统一、二次风各股射流的流向控制，防止了进入炉膛的气流的偏斜，从而保证炉膛内形成良好的空气动力场。

整个燃烧器风箱壳体有三层结构，内壁钢板、保温层和最外层护板，见图 4-12。为使装设于燃烧器风箱内部的各摆动机构、煤粉喷嘴装置等便于维护和更换，在燃烧器风箱的前端和侧面相对于各层风室开设有孔门，使风箱内的各机构有良好的可接近性，便于风箱内各机构的维护和更换。

因为燃烧器风箱又是各摆动机构的机座，为使摆动机构动作灵活，必须使各摆动连杆机构相互位置正确，这就要求燃烧器风箱在冷热态下都要保持设计的几何形状，为此燃烧器风

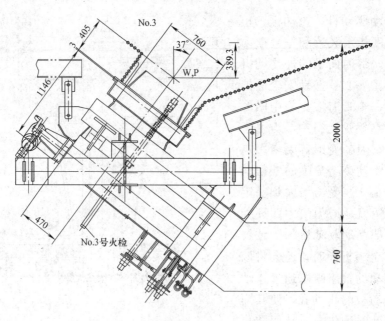

图 4-12　主燃烧器风箱典型结构

箱设计有较大的刚性，风箱前端采用了 133mm×200mm×20mm 的大型角钢，后部及相应的挡板风箱都采用了 No.3 的槽钢，在风箱内部又设有多段斜拉条，同时对燃烧器风箱的膨胀结构进行了精心的设计。

　　燃烧器风箱同水冷壁用螺钉连接的方式固接在一起，在热态时，燃烧器风箱同炉膛水冷壁一起向下膨胀，燃烧器风箱同热风道的相对膨胀由装设在燃烧器风箱和热风道之间的大型波纹膨胀节吸收。考虑到水冷壁管和燃烧器风箱本体相对的膨胀差，其螺钉连接结构，采用风箱中间部分用圆形孔固结式连接，除中间部分以外的垂直部分和水平两端都采用腰形孔滑动连接的方式，使热态下风箱本身以其中间固接部分为膨胀中心向上和向下两个方向可相对于水冷壁自由膨胀。为保证风箱的密封性，在风箱前端法兰部分加设了密封箱装置，保证了风箱的密封性。

　　所有生根于风箱内壁板上并突出护板外的结构，如摆动气缸支座、外摆动机构支座等，在穿出护板的地方都在护板上开大孔，以保证与风箱内壁板间的相互自由膨胀。

　　在燃烧器风箱同热风道连接处设计有挡板风箱，相应于风箱各风室在挡板风箱内设计有挡板结构，以便控制进入燃烧器各风室的二次风量，使之适应燃烧工况的需要，见图 4-13。

　　挡板风箱的风室挡板是用带位置反馈器的气缸来驱动的，各驱动气缸的行程即相应挡板的开启位置是根据炉内燃烧工况、锅炉负荷和气温控制的要求由机组的协调控制系统来控制的。

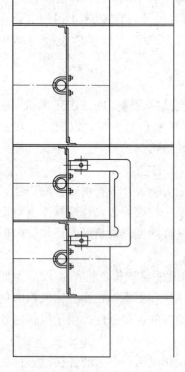

图 4-13　挡板风箱典型结构

在燃烧器风箱前部的侧面相应各风室装设有风压测点，

以各风室中风压同炉膛负压之差作为控制各风室进风量的控制信号。

9. A—A风燃烧器

在主燃烧器上方布置八个 A—A 风风箱，A—A 风的设置有利于减少 NO_x 排放量，调节火焰中心。为了减弱炉膛内空气气流的残余旋转，减少炉膛出口两侧烟温偏差，A—A 风各喷口还可作水平摆动。

A—A 风风箱分 4 个风室，每个风室设置 2 个喷口即上喷口和下喷口，见图 4-14。A—A 风风箱外在高度方向布置 4 只手动的水平摆动机构，A—A 风每个风室内的两只上下喷口组成一组，绕其内部转轴由水平摆动连杆连接到外部手动的水平摆动机构，作左右 10° 的摆动。

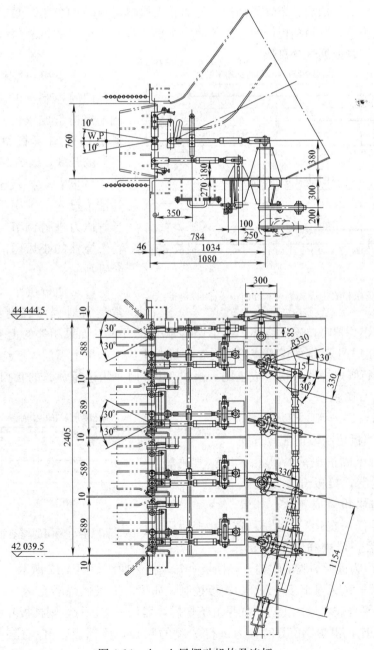

图 4-14　A—A风摆动机构及连杆

每只 A—A 风燃烧器沿其高度设置了 4 个带内曲拐的外摆动机构，A—A 风最上端风室的下喷口与其他三个风室的喷口一起作上下 30°的摆动。每个外摆动机构通过垂直摆动连杆驱动一组 2 只喷嘴，4 个带内曲拐的外摆动机构再通过一根端部带铰链的外连杆连至每只 A—A 燃烧器的摆动驱动气缸。带曲拐的外摆动机构除带有一套驱动单只喷嘴摆动的内曲拐摆动机构外，还设有摆动驱动杆、止动板、止动销、摆动角度指示装置和一套摆动安全保护装置。

A—A 风喷口除最上端风室的上喷口为手动调节垂直摆动外，可视燃烧工况来调整喷嘴的摆动角度，但调整范围不得超过设计值。可以从指针刻度盘上的指示装置读出喷嘴的摆动角度。

10. 燃烧器风箱挡板的控制（包括 CONC 和 WEAK）

风箱挡板由油风挡板、燃煤风挡板、与油和煤粉燃烧器相邻的辅助风挡板、过燃风挡板和附加风挡板组成。风箱挡板控制是为了使每个燃烧器获得恰当的风量/燃料量比率，而不是为了控制总风量或烟气含氧量。

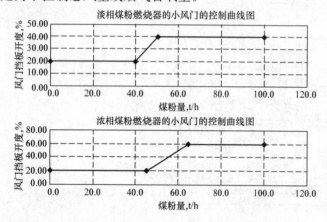

图 4-15　淡相和浓相煤粉燃烧器的小风门的控制曲线

（1）淡相和浓相煤粉燃烧器的小风门的控制。正常运行时程序控制与煤粉量成正比；停用时为保护燃烧器喷口不被烧坏，最小保持 10％的开度。锅炉 MFT 时，为进行炉膛的吹扫，挡板全开。如果在相邻油枪投入的情况下，可根据燃油母管压力进行调节。淡相和浓相煤粉燃烧器的小风门的控制曲线如图 4-15 所示。

（2）油枪层小风门的控制。正常运行时程序控制与油压成正比；停用时为保护燃烧器喷口不被烧坏，最小保持 10％的开度。如果相邻的上下层煤燃烧器在运行，挡板开度与上下层的煤燃烧器平均煤粉量成正比；如果上下层煤燃烧器任一在运行，挡板开度与运行煤燃烧器煤粉量成正比。锅炉 MFT 时，为进行炉膛的吹扫，该挡板全开。控制曲线如图 4-16 所示。

（3）AUX—1（AB/CD/EF—AUX—U/L）挡板控制。正常运行程序控制时与油压成正比；如果上下煤燃烧器在运行，挡板开度与上下煤燃烧器平均煤粉量成正比；如果上下煤燃烧器任一在运行，挡板开度与运行煤燃烧器煤粉量成正比。

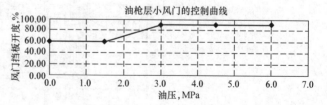

图 4-16　油枪层小风门的控制曲线

锅炉 MFT 时，为进行炉膛的吹扫，该挡板全开。控制曲线如图 4-17 所示。

（4）AUX—2(BC/DE/F—AUX)挡板控制。如果上下煤燃烧器在运行，则挡板开度与上下煤燃烧器平均煤粉量成正比；如果上下煤燃烧器任一在运行，则挡板开度与运行煤燃烧器煤粉量成正比。锅炉 MFT 时，为进行炉膛的吹扫，该挡板全开。控制曲线如图 4-18 所示。

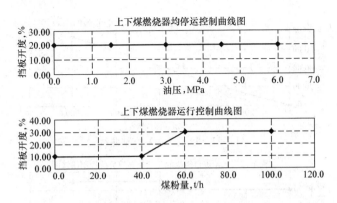

图 4-17　AUX—1(AB/CD/EF/—AUX—U/L)控制曲线

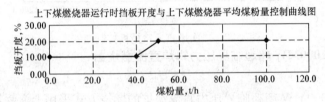

图 4-18　AUX—2(BC/DE/F—AUX)控制曲线

（5）AUX—3(A—AUX)挡板控制。挡板开度与最下层煤燃烧器（即 A 给煤机给煤量）煤粉量成正比。锅炉 MFT 时，为进行炉膛吹扫，该挡板全开。控制曲线如图 4-19 所示。

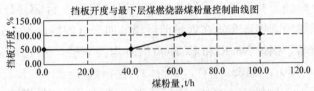

图 4-19　AUX—3(A—AUX)控制曲线

当无任何相邻燃烧器运行时，如果负荷小于 30%B—MCR，可通过控制炉膛与大风箱的压差来控制开度；当负荷大于 30%B—MCR 时，为保护燃烧器喷口不被烧坏，最小保持 10%的开度。

（6）OFA 挡板控制。OFA 阀门的开度与锅炉负荷成正比，控制曲线如图 4-20 所示。

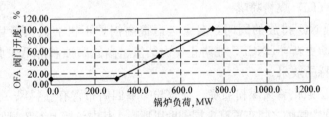

图 4-20　OFA 控制曲线

（7）U/L—AA 挡板控制。附加风风门的开度与锅炉负荷加上锅炉输入比率成正比，控制曲线如图 4-21 所示。

（8）二次风箱入口挡板控制。锅炉二次风箱进口挡板的开度与锅炉负荷成正比，控制曲线如图 4-22 所示。

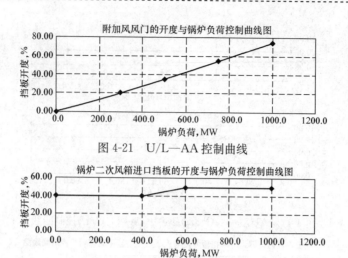

图 4-21　U/L—AA 控制曲线

图 4-22　二次风箱入口挡板控制曲线

二、平海电厂 1000MW 超超临界压力锅炉直流燃烧器

（一）概述

平海电厂 2×1000MW 超超临界压力直流锅炉的燃烧方式采用上海锅炉有限公司的单炉膛双切圆布置摆动式直流燃烧器技术。

本燃烧设备设计煤种为内蒙准格尔煤和印尼煤按 1:1 配比的混煤，校核煤种为印尼煤。采用中速磨煤机冷一次风机正压直吹式制粉系统，煤粉燃烧器为单炉膛双切圆布置、切向燃烧、摆动式燃烧器。燃烧器共设置六层煤粉喷嘴，锅炉配置 6 台 ZGM113G 型辊式磨煤机，每台磨的出口由四根煤粉管接至布置在锅炉前后墙的四个分配器，再一分为二接至炉膛八角的同一层八个煤粉喷嘴，锅炉 MCR 和 ECR 负荷时均投五层，另一层备用。煤粉细度设计煤为 $R_{90}=20\%$，校核煤 $R_{90}=15\%$ 左右，煤粉均匀性指数 $n=1.0\sim1.1$。

燃烧方式采用低 NO_x 同轴燃烧系统（LNCFS）。通过分析煤粉燃烧时 NO_x 的生成机理，低 NO_x 煤粉燃烧系统设计的主要任务是减少挥发分氮转化成 NO_x，其主要方法是建立早期着火和使用控制氧量的燃料/空气分段燃烧技术。LNCFS 的主要组件为：

（1）紧凑燃尽风（CCOFA）；

（2）可水平摆动的分离燃尽风（SOFA）；

（3）预置水平偏角的辅助风喷嘴（CFS）；

（4）强化着火（EI）煤粉喷嘴。

LNCFS 在降低 NO_x 排放的同时，着重考虑提高锅炉不投油低负荷稳燃能力和燃烧效率。通过技术的不断更新，LNCFS 在防止炉内结渣、高温腐蚀和降低炉膛出口烟温偏差等方面，同样具有独特的效果。

主风箱设有 6 层强化着火煤粉喷嘴，在煤粉喷嘴四周布置有燃料风（周界风）。

在每相邻 2 层煤粉喷嘴之间布置有 1 层辅助风喷嘴，其中包括上下 2 只偏置的 CFS 喷嘴，1 只直吹风喷嘴。在主风箱上部设有 2 层 CCOFA（Closed-coupled OFA，紧凑燃尽风）喷嘴，在主风箱下部设有 1 层 UFA（Underfire Air，火下风）喷嘴，可参见图 4-23 煤粉燃烧器立面布置图、图 4-24 煤粉燃烧器平面布置图和图 4-25 煤粉燃烧器角部详图。在主风箱上部布置有 SOFA（Separated OFA，分离燃尽风）燃烧器，包括 5 层可水平摆动的分离燃尽风（SOFA）喷嘴，参见图 4-26 SOFA 燃烧器立面布置，图 4-27 为 SOFA 燃烧器平面布置。

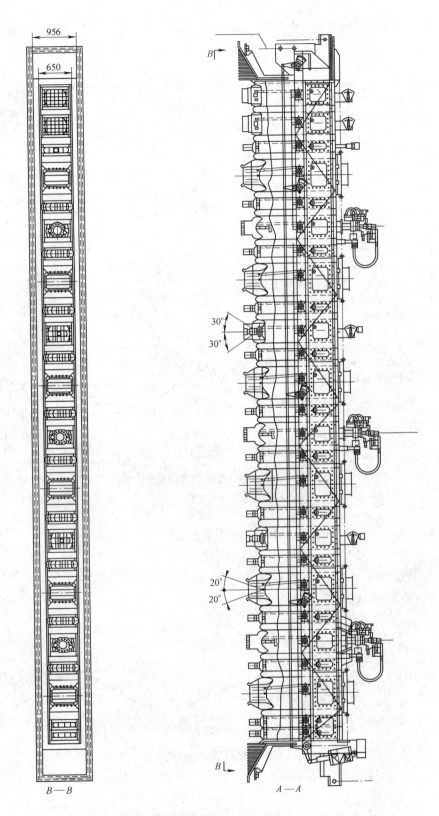

图 4-23 煤粉燃烧器立面布置图

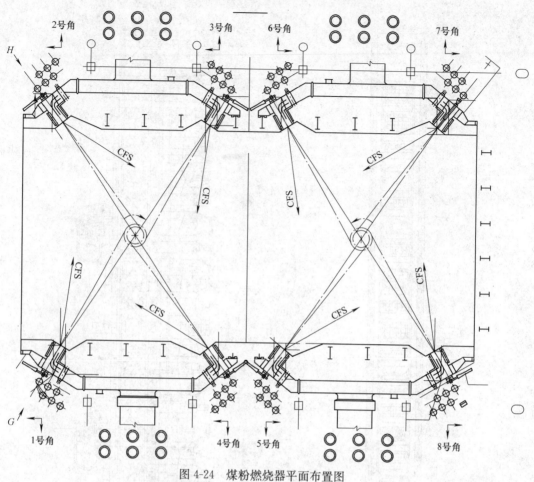

图 4-24　煤粉燃烧器平面布置图

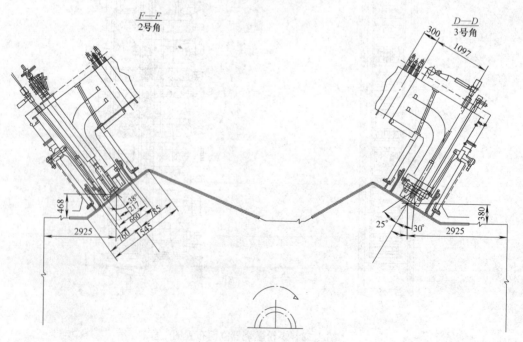

图 4-25　煤粉燃烧器角部详图

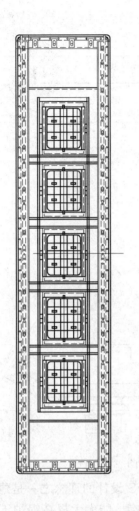 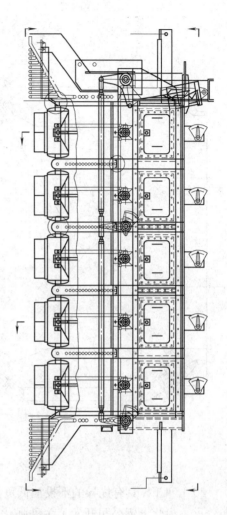

图 4-26　SOFA 燃烧器立面布置图

连同煤粉喷嘴的周界风，每角主燃烧器和 SOFA 燃烧器有二次风挡板 25 组，均由电动执行器单独操作。为满足锅炉汽温调节的需要，主燃烧器喷嘴采用摆动结构，由各组连杆组成摆动系统，由气动执行器带动作上下摆动。SOFA 燃烧器同样由气动执行器集中带动作上下摆动。上述气动执行器均采用进口的直行程结构，其特点是结构紧凑，控制简单，能适应频繁调节。

每角在燃烧器二次风室中配置了三层，一台炉共 24 支轻油枪，采用简单机械雾化方式，燃油容量按 10％MCR 负荷设计。点火装置采用高能电火花点火器。燃烧器与水冷壁连接形式采用水冷套结构。

锅炉最下层燃烧器改造为等离子燃烧器，在锅炉点火和稳燃期间，该燃烧器具有等离子点火和稳燃功能；在锅炉正常运行时，能够同原燃烧器的性能功用一致。

（二）设计特点

（1）LNCFS 的技术特点。LNCFS 在降低 NO_x 排放的同时，着重考虑提高锅炉不投油低负荷稳燃能力和燃烧效率。通过技术的不断更新，LNCFS 在防止炉内结渣、高温腐蚀和降低炉膛出口烟温偏差等方面，同样具有独特的效果。

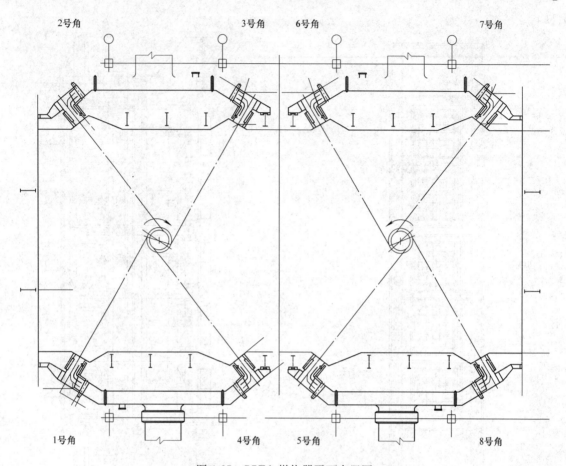

图 4-27　SOFA 燃烧器平面布置图

1) LNCFS 具有优异的不投油低负荷稳燃能力。LNCFS 设计的理念之一是建立煤粉早期着火，为此上锅公司开发了多种强化着火（EI）煤粉喷嘴，能大大提高锅炉不投油低负荷稳燃能力。根据设计、校核煤种的着火特性，选用合适的煤粉喷嘴，在煤种允许的变化范围内确保煤粉及时着火，稳燃，燃烧器状态良好，并不被烧坏。

2) LNCFS 具有良好的煤粉燃尽特性。煤粉的早期着火提高了燃烧效率。

LNCFS 通过在炉膛的不同高度布置 CCOFA 和 SOFA，将炉膛分成三个相对独立的部分：初始燃烧区、NO_x 还原区和燃料燃尽区。在每个区域的过量空气系数由三个因素控制：总的 OFA 风量、CCOFA 和 SOFA 风量的分配以及总的过量空气系数。这种改进的空气分级方法通过优化每个区域的过量空气系数，在有效降低 NO_x 排放的同时，能最大限度地提高燃烧效率。

采用可水平摆动的分离燃尽风（SOFA）设计，能有效调整 SOFA 和烟气的混合过程，降低飞灰含碳量和一氧化碳（CO）含量。另外，在每个主燃烧器最下部采用火下风（UFA）喷嘴设计，通入部分空气，以降低大渣含碳量。这样的设计对 NO_x 的控制没有不利影响。

3) LNCFS 能有效防止炉内结渣和高温腐蚀。LNCFS 采用预置水平偏角的辅助风喷嘴（CFS）设计，在燃烧区域及上部四周水冷壁附近形成富空气区，能有效防止炉内结渣和高温腐蚀。

4）LNCFS 在降低炉膛出口烟温偏差方面具有独特的效果。对造成切向燃烧锅炉中炉膛出口烟温偏差的研究结果表明，对燃烧系统的改进能减少和调整切向燃煤机组炉膛出口烟温偏差现象。在新设计的锅炉上已经采用可水平摆动调节的 SOFA 喷嘴设计来控制炉膛出口烟温偏差。该水平摆动角度在热态调整时确定后，就不用再调整。

（2）强化着火煤粉喷嘴设计。与常规煤粉喷嘴设计比较，强化着火（EI）煤粉喷嘴能使火焰稳定在喷嘴出口一定距离内，使挥发分在富燃料的气氛下快速着火，保持火焰稳定，从而有效降低 NO_x 的生成，延长焦炭的燃烧时间。参见图 4-28 强化着火（EI）煤粉喷嘴示意。

（3）带同心切圆燃烧方式（CFS）的多隔仓辅助风设计。在每相邻 2 层煤粉喷嘴之间布置有 1 层辅助风喷嘴，其中包括 2 只 CFS（偏置风）喷嘴，1 只直吹风喷嘴，参见图 4-29 同心切圆（CFS）燃烧方式。

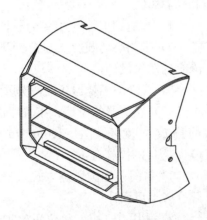

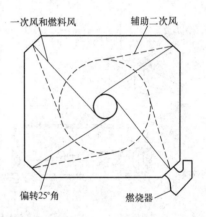

一次风和燃料风　辅助二次风

偏转25°角　燃烧器

图 4-28　强化着火（EI）煤粉喷嘴　　　图 4-29　同心切圆（CFS）燃烧方式

采用同心切圆（CFS）燃烧方式，部分二次风气流在水平方向分级，在开始燃烧阶段推迟了空气和煤粉的混合，NO_x 形成量少。由于一次风煤粉气流被偏转的二次风气流（CFS）裹在炉膛中央，形成富燃料区，在燃烧区域及上部四周水冷壁附近则形成富空气区，这样的空气动力场组成，减少了灰渣在水冷壁上的沉积，并使灰渣疏松，减少了墙式吹灰器的使用频率，提高了下部炉膛的吸热量。水冷壁附近氧量的提高也降低了燃用高硫煤时水冷壁的高温腐蚀倾向。

（4）UFA（Underfire Air，火下风）喷嘴设计在每个主燃烧器最下部采用 UFA 喷嘴设计，通入部分空气，以降低大渣含碳量。

（5）采用可水平摆动调节的 SOFA 喷嘴设计控制炉膛出口烟温偏差。炉膛出口烟温偏差是因炉膛内的流场造成的。通过对目前运行的燃煤机组烟气温度和速度数据分析发现，在炉膛垂直出口断面处的烟气流速对烟温偏差的影响要比烟温的影响大得多。但要注意，烟温偏差是一个空气动力现象，炉膛出口烟温偏差与旋流指数之间存在着联系。旋流指数代表着燃烧产物烟气离开炉膛出口截面时的切向动量与轴向动量之比（较高的旋流指数意味着较快的旋流速度）。旋流值可以通过一系列手段减小，诸如减小气流入射角，布置紧凑燃尽风（CCOFA）喷嘴和分离燃尽风（SOFA）喷嘴，SOFA 反切一定角度，以及增加从燃烧器区域至炉膛出口的距离等，使进入燃烧器上部区域气流的旋转强度得到减弱乃至被消除。图

4-30表示了可水平调整摆角的喷嘴设计，摆角可水平调整＋25°到－25°。SOFA的水平调整对燃烧效率也有影响，要通过燃烧调整得到一个最佳的角度。

（6）锅炉不同负荷时燃烧器的投入方式，见表4-3。

表4-3　　　　　　　　　　　　　　　投入燃烧器与负荷关系

运 行 方 式	锅炉负荷	运 行 方 式	锅炉负荷
6台磨煤机运行	80％～100％	3台磨煤机运行	35％～60％
5台磨煤机运行	60％～100％	2台磨煤机运行 （10％～20％B—MCR煤油混燃）	10％～35％
4台磨煤机运行	45％～80％	油枪运行	0％～10％

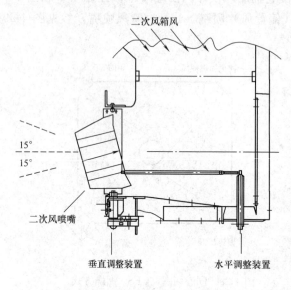

图4-30　可水平调整摆角的喷嘴设计

（7）组织良好炉膛空气动力场，防止火焰直接冲刷水冷壁，从而防止炉内结渣和高温腐蚀，采取主要措施有：

1）合适的炉膛热力参数设计；

2）带同心切圆燃烧方式（CFS）的多隔仓辅助风设计；

3）合理的燃烧器各层一次风间距。

（8）燃烧器的设计、布置考虑降NO_x的排放浓度不超过300mg/m^3（标况，$O_2＝6％$）的措施有：

1）带同心切圆燃烧方式（CFS）的多隔仓辅助风设计；

2）采用CCOFA和SOFA实现对燃烧区域过量空气系数的多级控制；

3）强化着火（EI）煤粉喷嘴设计。

（9）燃烧器的设计、布置考虑实现不投油最低稳燃负荷的措施有：

1）强化着火（EI）煤粉喷嘴设计；

2）低负荷时相邻两层煤粉喷嘴投入运行；

3）煤粉细度达到设计值。

（10）为了确保燃烧器喷嘴摆动这一调温手段的正常实施，本燃烧设备适当增加了各传动配合件之间的间隙，并从工艺上采取措施，严格控制摆动喷嘴的形位公差，同时适当增加传动件的刚性和强度。需要指出的是，为保证燃烧器的正常摆动，要求在燃烧器安装过程中（起吊就位后），必须在现场进行喷嘴角度的重新调整，并参加冷态摆动的试运转。

燃烧器每次检修以后，也应调整喷嘴的实际角度并进行冷态试运转。

在正常情况下，燃烧器喷嘴摆动的控制应接入CCS系统，如果CCS未投或摆动控制从CCS系统中暂时解列时，为保证摆动机构能维持正常工作，每天需定时由人工操作缓慢地摆动数次。

（三）燃料

（1）设计和校核煤种的煤质资料见表4-4，灰渣特性见表4-5。

（2）点火及助燃用油采用 0 号轻柴油，油质的特性数据见表 4-6。

表 4-4 设计和校核煤种的煤质

项　目	符　号	单　位	设计煤种 （1:1 混煤）	校核煤种 （印尼煤）	内蒙准格尔煤
收到基水分	M_{ar}	%	18.1	25.8	10.3
空气干燥基水分	M_{ad}	%	9.57	14.21	5.41
收到基灰分	A_{ar}	%	8.75	1.54	16.24
干燥无灰基挥发分	V_{daf}	%	43.65	50.32	37.54
收到基碳	C_{ar}	%	56.26	53.90	57.87
收到基氢	H_{ar}	%	3.79	3.94	3.62
收到基氧	O_{ar}	%	12.11	13.96	10.73
收到基氮	N_{ar}	%	0.82	0.72	1.00
收到基全硫	$S_{a,ar}$	%	0.17	0.14	0.24
收到基低位发热量	$Q_{net,ar}$	MJ/kg	21.13	20.01	22.13
哈氏可磨系数	HGI	—	58	55	63

表 4-5 灰渣成分分析

项　目	符　号	单　位	设计煤种 （1:1 混煤）	校核煤种 （印尼煤）	内蒙准格尔煤
二氧化硅	SiO_2	%	34.63	21.13	38.62
三氧化二铝	Al_2O_3	%	44.11	18.93	45.71
二氧化钛	TiO_2	%	2.19	1.08	2.64
三氧化二铁	Fe_2O_3	%	5.26	22.70	3.77
氧化钙	CaO	%	6.45	16.90	4.79
氧化镁	MgO	%	2.21	7.91	1.09
氧化钾	K_2O	%	0.87	0.83	0.61
氧化钠	Na_2O	%	0.46	0.41	0.40
三氧化硫	SO_3	%	3.17	9.44	1.73
二氧化锰	MnO_2	%	0.014	0.023	0.014
其他		%	0.64	0.65	0.63
变形温度	DT	℃	1430	1220	>1500
软化温度	ST	℃	>1500	1230	>1500
流动温度	FT	℃	>1500	1240	>1500

表 4-6 油 质 的 特 性

序号	项　目	单位	数　值	序号	项　目	单位	数　值
1	十六烷值	%	≥50	6	全硫分	%	≤0.20
2	恩式黏度（20℃）	°E	1.20~1.67	7	灰分	%	≤0.025
3	闪点（闭口）	℃	≥55	8	低位热值	MJ/kg	~41.8
4	凝点	℃	0		（20℃）密度	g/cm³	0.86
5	水分	%					

（四）设计参数

燃烧器的主要设计参数见表 4-7。

表 4-7				燃烧器的主要设计参数				
序号	项　目	数值	单位	序号	项　目	数值	单位
1	单只煤粉喷嘴输入热	216.5×10^6	KJ/h	5	一次风速度（喷口速度）	24.6	m/s
2	二次风速度	50.9	m/s	6	一次风温度	64	℃
3	二次风温度	343	℃	7	一次风率	18.8	%
	二次风率	75.2	%	8	燃烧器一次风阻力	0.50	kPa
4	其中 SOFA	30.0	%	9	燃烧器一次风阻力	0.50	kPa
	CCOFA	10.0	%	10	燃烧器二次风阻力	1.00	kPa
	周界风	10.0	%	11	相邻煤粉喷嘴中心距	2309	mm

（五）结构及使用说明

1. 箱壳

箱壳的作用主要是将燃烧器的各个喷嘴固定在需要的位置，并将来自大风箱的二次风通过喷嘴送入炉膛。同时，箱壳也是喷嘴摆动传动系统的基座。整个燃烧器与锅炉的连接是通过箱壳与水冷套的连接实现的，由于水冷壁管温度与箱壳内的热风温度不等，尤其是在升炉和停炉过程中，各自的温度变化差异较大，在箱壳与水冷壁之间会产生相对位移，为了避免应力过大，造成水管和箱壳损坏，只有连接法兰中部的螺栓是完全紧固的，上部与下部的连接螺栓均保留有 1/4～1/2 圈的松弛，燃烧器法兰上这部分螺孔又做成长圆孔，允许箱壳与水冷套之间有一定的胀差。

为了防止二次风在箱壳中流动时产生过大的涡流，二次风室装有两块导流板，使喷嘴出口处的风量趋于均匀和稳定。

为了便于维修人员进入箱壳检查，箱壳各风室的侧面均设置了检查门盖。箱壳是薄壳结构，壳板厚度仅 6mm，为了具有足够的刚性，在风室之间设置了斜拉撑。箱壳的变形对燃烧器的正常工作影响很大，运行过程中应予以足够的关注，经常检查。

2. 煤粉风室

如前所述，本燃烧设备采用强化着火（EI）煤粉喷嘴结构，它由喷管与喷嘴两部分组成，同处于燃烧器箱壳的煤粉风室中。煤粉喷嘴用销轴与煤粉喷管装成一体，故更换喷嘴必须将整个煤粉喷管从燃烧器箱壳中抽出才能进行。

3. 二次风室及喷嘴摆动系统

由图 4-1 可知，除了主燃烧器 A～F 层为煤粉风室外，其余各层均为二次风室，其中 AB、CD、EF 层为油枪层。

主燃烧器喷嘴由四组内外传动机构传动，每组分别带动一到两组煤粉喷嘴及其邻近的二次风喷嘴，这四组传动机构又由外部垂直连杆连成一个独立的摆动系统，由一台直行程气动执行器操纵作同步摆动，二次风喷嘴的摆动范围可达 ±30°，煤粉喷嘴的摆动范围为 ±20°。

4. 二次风挡板及控制

燃烧器每层风室均配有相应的二次风门挡板。每角主燃烧器配有 25 只风门挡板，相应配有 20 只气动执行机构，其中在每层煤粉风室上下的两只偏置辅助风（CFS）风室由一只执行机构，通过连杆进行控制。每角 SOFA 燃烧器配有 5 只风门挡板，相应配有 5 只执行机构，这样每台锅炉共配有 200 只执行机构，按照机炉协调控制系统（CCS）和炉膛安全监视系统（FSSS）的指令进行操作。在一般情况下，同一层八组燃烧器的风门挡板应同步动作。

各层二次风门挡板用来调节总的二次风量在每层风室中的分配，以保证良好的燃烧工况和指标。

二次风门挡板的控制原则为：

A～F 层燃料风挡板的开度按运行或停运函数关系分别控制，运行时开度是本层给煤机转速的函数，以调节一次风气流着火点。停运时，开度是锅炉总空气流量的函数。另外，AA 层二次风挡板也是给煤机 A 转速的函数。

SOFA、CCOFA 二次风挡板是锅炉总空气流量的函数，主要用于控制锅炉 NO_x 的排放；A、B、BC、C、D、DE、E、F 层二次风挡板是用来控制燃烧器大风箱与炉膛出口压差，该压差是总空气测量流量的函数，有关挡板的开度控制参见表 4-8 燃烧器二次风门挡板控制原则汇总。

表 4-8 燃烧器二次风门挡板控制

代 号	名称	炉膛吹扫	点火及单投油	油 煤 混 烧	单 烧 煤
SOFA-V	SOFA	关	关	开度为总测量空气量的函数，参见相关表格	
SOFA-Ⅳ	SOFA	关	关	开度为总测量空气量的函数，参见相关表格	
SOFA-Ⅲ	SOFA	关	关	开度为总测量空气量的函数，参见相关表格	
SOFA-Ⅱ	SOFA	关	关	开度为总测量空气量的函数，参见相关表格	
SOFA-Ⅰ	SOFA	关	关	开度为总测量空气量的函数，参见相关表格	
CCOFA-Ⅱ	OFA	关	关	开度为总测量空气量的函数，参见相关表格	
CCOFA-Ⅰ	OFA	关	关	开度为总测量空气量的函数，参见相关表格	
F 层煤	燃料风	开度为给煤机 F 转速的函数，参见相关表格；给煤机 F 停运 50s 后则关			
FⅠ/(FⅡ)	二次风	吹扫位	当锅炉负荷小于 30% 时，置为 Δp 控制，负荷大于 30% 且 F 磨停则关，否则为 Δp 控制		
EF 层油	燃料风	吹扫位	当锅炉负荷小于 30%，锅炉点火时则关，火点着启固定开度，当锅炉负荷大于 30%，点火时则置为 Δp 控制；负荷大于 30% 且 E/F 层磨煤机均停则关，否则置为 Δp 控制		
E 层煤	燃料风	开度为给煤机 E 转速的函数，参见相关表格；输煤机 E 停运 50s 后则关			
EⅠ/(EⅡ)	二次风	吹扫位	当锅炉负荷小于 30% 时，置为 Δp 控制，负荷大于 30% 且 E 磨煤机停则关，否则置为 Δp 控制		
DE	二次风	吹扫位	当锅炉负荷小于 30% 时，置为 Δp 控制，负荷大于 30% 且 D/E 磨煤机均停则关，否则置为 Δp 控制		

代　号	名称	炉膛吹扫	点火及单投油	油煤混烧	单烧煤
D 层煤	燃料风	开度为给煤机 D 转速的函数，参见相关表格；给煤机 D 停运 50s 后则关			
DⅠ/(DⅡ)	二次风	吹扫位	当锅炉负荷小于 30% 时，置为 Δp 控制，负荷大于 30% 且 D 磨煤机停则关，否则置为 Δp 控制		
CD 层油	燃料风	吹扫位	当锅炉负荷小于 30%，锅炉点火时则关，火点着后固定开度，当锅炉负荷大于 30%，点火时则置为 Δp 控制负荷大于 30% 且 C/D 层磨煤机均停则关，否则置为 Δp 控制		
C 层煤	燃烧风	开度为给煤机 C 转速的函数，参见相关表格；给煤机 C 停运 50s 后则关			
CⅠ/(CⅡ)	二次风	吹扫位	当锅炉负荷小于 30% 时，置为 Δp 控制，负荷大于 30% 且 C 磨煤机停则关，否则置为 Δp 控制		
BC	二次风	吹扫位	当锅炉负荷小于 30% 时，置为 Δp 控制，负荷大于 30% 且 B/C 磨煤机均停则关，否则置为 Δp 控制		
B 层煤	燃料风	开度为给煤机 B 转速的函数，参见相关表格；给煤机 B 停运 50s 后则关			
BⅠ/(BⅡ)	二次风	吹扫位	当锅炉负荷小于 30% 时，置为 Δp 控制，负荷大于 30% 且 B 磨煤机停则关，否则置为 Δp 控制		
AB 层油	燃料风	吹扫位	当锅炉负荷小于 30%，锅炉点火时则关，火点着后固定开度。当锅炉负荷大于 30%，点火时则置为 Δp 控制负荷大于 30% 且 A/B 层磨煤机均停则关，否则置为 Δp 控制		
A 层煤	燃料风	开度为给煤机 A 转速的函数，参见相关表格；给煤机 A 停运 50s 后则关			
AⅠ/(AⅡ)	二次风	吹扫位	当锅炉负荷小于 30% 时，置为 Δp 控制。负荷大于 30% 且 A 磨煤机停则关，否则置为 Δp 控制		
AA	二次风	吹扫位	当锅炉负荷大于 30% 且 A 磨煤机停则关，否则开度为给煤机 A 转速的函数		

有关参考函数关系如下面表格所述：

总空气测量流量与燃烧器大风箱/炉膛出口压差（Δp）的函数关系如表 4-9 所示。

表 4-9　　　　总空气测量流量与燃烧器大风箱/炉膛出口压差的函数关系

压差(Pa)	380.8	381	635	1016	1016
总空气测量流量(%B—MCR)	0	30	50	60	105

总空气测量流量与 CCOFA—Ⅰ 间的函数关系如表 4-10 所示。

表 4-10　　　　　　总空气测量流量与 CCOFA—Ⅰ 间的函数关系

CCOFA—Ⅰ 挡板开度(%)	0		80	90	100
总空气测量流量(%B—MCR)	0	30	37.5	38.44	105

空气测量流量与 CCOFA—Ⅱ 间的函数关系如表 4-11 所示。

表 4-11　　　　　　　空气测量流量与 CCOFA—Ⅱ 间的函数关系

CCOFA—Ⅱ 挡板开度(%)	0	0	80	90	100
总空气测量流量(%B—MCR)	0	37.5	45	45.94	100

总空气测量流量与 SOFA—Ⅰ 间的函数关系如表 4-12 所示。

表 4-12 　　　　　　　　　　　**总空气测量流量与 SOFA—Ⅰ 间的函数关系**

SOFA—Ⅰ挡板开度(%)	0	0	80	90	100
总空气测量流量(%B—MCR)	0	45	55	56.25	100

总空气测量流量与 SOFA—Ⅱ 间的函数关系如表 4-13 所示。

表 4-13 　　　　　　　　　　　**总空气测量流量与 SOFA—Ⅱ 间的函数关系**

SOFA—Ⅱ挡板开度(%)	0	0	80	90	100
总空气测量流量(%B—MCR)	0	55	65	66.25	100

总空气测量流量与 SOFA—Ⅲ 间的函数关系如表 4-14 所示。

表 4-14 　　　　　　　　　　　**总空气测量流量与 SOFA—Ⅲ 间的函数关系**

SOFA—Ⅲ挡板开度(%)	0	0	80	90	100
总空气测量流量(%B—MCR)	0	65	75	76.25	100

总空气测量流量与 SOFA—Ⅳ 间的函数关系如表 4-15 所示。

表 4-15 　　　　　　　　　　　**总空气测量流量与 SOFA—Ⅳ 间的函数关系**

SOFA—Ⅳ挡板开度(%)	0	0	80	90	100
总空气测量流量(%B—MCR)	0	75	85	86.25	100

总空气测量流量与 SOFA—Ⅴ 间的函数关系如表 4-16 所示。

表 4-16 　　　　　　　　　　　**总空气测量流量与 SOFA—Ⅴ 间的函数关系**

SOFA—Ⅴ挡板开度(%)	0	0	80	90	100
总空气测量流量(%B—MCR)	0	85	95	96.25	105

投运煤粉喷嘴燃料风挡板开度与给煤机转速的函数关系如表 4-17 所示。

表 4-17 　　　　　　　　　**燃料风挡板开度与给煤机转速的函数关系**

燃料风挡板开度(%)	0	0.1	50	80	90
给煤机转速(%)	0	24.5	25	60	100

为了保护停运燃烧器不过热烧坏，停运煤粉喷嘴燃料风挡板开度应随锅炉总空气流量的改变而作相应的调整，停运煤粉喷嘴燃料风挡板开度与总空气测量流量间的函数关系如表 4-18 所示。

表 4-18 　　　　　　**停运煤粉喷嘴燃料风挡板开度与总空气测量流量间的函数关系**

停运煤粉喷嘴燃料风挡板开度(%)	0	0	0	10	15	16	17	18
总空气测量流量(%B—MCR)	0	25	50	60	80	90	100	110

注意，这些挡板的开度控制需要通过燃烧调整试验来最终确定。但是为了保证煤粉喷嘴不被烧坏，在保证正常着火点的前提下，投运煤粉喷嘴燃料风挡板开度和停运煤粉喷嘴燃料风挡板应该尽可能按照表格中的开度进行锅炉运行操作，尽量开大。因为采用 LNCFS 燃烧系统，燃料风占二次风的比例相对较低，如果燃料风挡板开度小，喷嘴容易烧坏。

风门挡板的结构为双挡板对称布置，全闭状态下挡板呈 15°倾斜，故从全关到全开的转角为 75°。由于每根挡板的转轴不处于挡板的中心，两侧所受风压构成非平衡结构，当炉膛负压大时，有利于挡板的打开；反之，炉膛呈正压状态时，使挡板趋向于关闭，因而这种结构对稳定炉膛负压有利。

当风门全关时，挡板结构仍留有 8%的流通空隙，这是为了避免挡板全关时燃烧器喷嘴过热而被烧坏，所以是正常的保护措施，不应被视为"设计缺陷"而人为地将其堵去。

二次风挡板动作是否正常，直接关系到锅炉能否正常运行，因此锅炉安装完毕或每次检修之后，应将炉膛两侧的大风箱内部清理干净，不允许留有碎铁杂物，以免吹入挡板和喷嘴处，造成卡煞。此外，应检查挡板的实际开度与外部指示是否一致，动作是否灵活。如挡板动作失灵，应先将气动执行器解开，分别检查是执行器的问题，还是挡板本身卡煞，从而采取不同的对策。

在锅炉两侧布置有燃烧器连接风道（大风箱），风速较低，保证四角风量分配的均匀性。SOFA 燃烧器由单独的连接风道供风，在连接风道上共设计布置有 4 只 SOFA 风量测量装置，便于控制调节 SOFA 风量。

5. 护板及护板框架

燃烧器在检修门孔处和一次风室连接法兰处安装了外护板及护板框架，便于将来工地检修时拆卸。在燃烧器箱壳上，除了侧边的检查门盖外，还有后部与一次风喷管及油燃烧器装置相联的内护板，都用螺栓盖在箱壳开孔处。检查门盖的保温层，用螺栓装在护板框架上，在打开检查门盖或拆卸内护板前，须先将其外护板及保温层拆下。检查门盖及内护板与箱壳壁板之间具有相同的温度，不存在胀差的问题；由于外护板的温度接近环境温度，故它与其框架的结构必须考虑与燃烧器箱壳之间的胀差。燃烧器的检修维护必须记住这一点，避免因胀差得不到补偿而损害设备。

二次风喷嘴的设计参见图 4-31 CFS 喷嘴结构图、图 4-32 油二次风喷嘴结构图和图 4-33 二次风喷嘴结构图。一次风室的设计参见图 4-34，SOFA 二次风门的设计参见图 4-35。

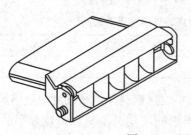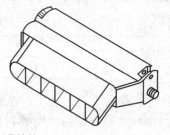

图 4-31　CFS 喷嘴结构

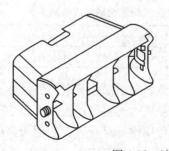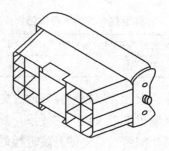

图 4-32　油二次风喷嘴结构

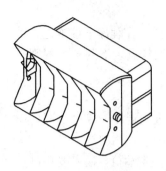
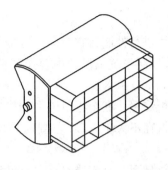

图 4-33　二次风喷嘴结构

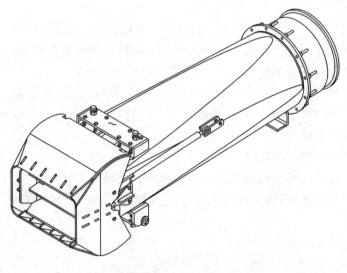

图 4-34　一次风室的设计

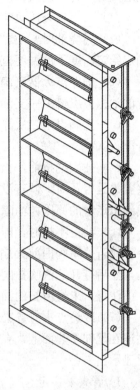

图 4-35　SOFA 二次
风门的设计

6. 燃烧器与煤粉管道的连接

每台磨煤机出口由四根煤粉管道通过煤粉分配器接至同一层八角布置的煤粉燃烧器中。分配器前煤粉管道直径为 $\phi720\times10mm$，分配器后煤粉管道直径为 $\phi530\times10mm$。燃烧器入口弯头与煤粉管道采用 V 形联管器连接，吸收轴向微量膨胀和微量倾斜。在入口弯头和燃烧器之间布置有手动煤闸门，在检修时可以起到隔断的作用。由于煤粉管道的设计对燃烧器的摆动灵活性有一定的影响，要求在连接至燃烧器入口弯头的垂直煤粉管道上采用恒力弹簧吊架支吊，不允许煤粉管道的重量传递到燃烧器的入口弯头和一次风管上。考虑到支吊的不便，最下层（A 层）煤粉管道的重量可以通过刚性支架传递到燃烧器箱壳上。

(六) 进退式简单机械雾化油枪

1. 说明

本燃烧系统的点火方式为二级点火，即高能点火装置点燃轻油，轻油点燃煤粉。本燃烧设备装有三层（24 支）供点火、冲管、暖炉用的进退式简单机械雾化油枪。该油枪可用来暖炉、升压，并可引燃和稳燃相邻煤粉喷嘴，布置在相邻两层煤粉喷嘴之间的 1 只直吹风喷嘴内。油枪前燃油压力为 2.4MPa，油枪出力按 10%MCR 负荷设计。

2. 操作

油枪由炉膛安全保护监察系统进行控制，它应向油枪提供正确的工作程序（油枪进、油枪退、阀门开启和关闭等）。不管控制系统提供的内容及其任何附加特点，下列基本规则总是适用的（升炉前吹扫炉膛至少 5min）：

（1）人工检查风机与调节挡板装置，在全程范围内动作是否正确。

（2）燃烧油时，油黏度应保持在不大于 3°E，必要时须加热。查阅温度—黏度线图，以确定给定黏度下的温度范围。

（3）确保点火器正确运行，总是用一个高能点火器点燃相应的一支油枪，决不要用已点着的油枪去引燃另一支油枪。

（4）正确设定二次风挡板位置，有助于各挡板控制辅助风室和燃油风室的二次风合理分配。

（5）插入油枪前，检查喷嘴雾化板装配是否正确。打开进油阀，点燃油时，要用肉眼观察着火是否及时，倘若没有点着或燃烧很不稳定，必须关闭进油阀，再拆卸油枪进行检查，找到未点着的原因并消除缺陷后，才能重新点燃油枪。

（6）油枪不投时，即断油后，立即吹扫油管路，关闭阀门后，再退出油枪。按照停炉指令，倘若关闭阀门前火焰扫描器指示有火，应继续吹扫油枪管路。炉前阀门首先闭合进油孔，然后打开蒸汽吹扫阀。吹扫完毕，关闭蒸汽吹扫阀，退出油枪。

注意，未经清扫的油枪，从导管中拆卸时需要进行清理。

（7）冷炉点火时务必小心谨慎，注意观察油燃烧情况。在此期间，未燃油可能被带走，粘连在尾部受热面上，有释出可燃气和炭黑聚积的潜在危险。不良的燃烧工况通常由下列情况显示出来：

1）着火不稳定。

2）火焰尾部冒黑烟。

3）炉膛出口有明显的烟雾。

不完全燃烧可能由下述原因引起：

1）由于油温低或油压不适当，造成雾化不良。

2）由于清理不够，喷嘴零件结焦。

3）由于燃油风室挡板未处于最佳位置，造成二次风分配不当。

3. 保养

投油初期，要清理掉油枪管道内的焊渣、污垢、铁屑等障碍物，以免堵塞油、汽通道。如果油枪清扫不够，油焦滞留在油枪内，也会造成通道阻塞。油枪不用时，应该放到燃烧器风箱附近合适的地方，喷头向下悬挂在架子上，建议在悬挂油枪的下面放一个存油盘，这是一个使拆卸的油枪保持良好状态的好办法。

油枪停用，拆卸后，总要检查一下风箱孔穴情况，必要时清除掉结渣。紧急状态下退出的油枪（未经清扫）应从导管内拆卸出来清理。如果中断或推迟投油，最好关闭油枪后清理。

运行几周后，应建立合理维修计划，以保证燃油装置的运行。定期检查外部管路是否有明显的泄漏。

4. 金属软管

为适应油枪伸缩和炉膛热态膨胀的需要，油枪同油系统的连接采用金属软管。

按照风箱前软管布置图进行软管连接，不得使金属软管过分弯曲或扭曲。在运行过程中要注意对金属软管进行检查，若发现泄漏要及时进行更换，即使未发现泄漏也要每隔2年对金属软管进行抽样检查，并对抽样的软管进行水压试验，试验压力约为6.0MPa。

第三节 旋流式煤粉燃烧器

煤粉燃烧器的形式按基本原理可分为两类，旋流式燃烧器和直流式燃烧器。这两类燃烧器结构上差别很大，因而其动力工况、火炬形状、保持火焰稳定的方法都不相同。

直流式燃烧器喷出的一、二次风都是不旋转的直流射流，喷口一般都是狭长形，直流式燃烧器可以布置在炉膛的前后墙、炉膛四角或炉膛顶部，从而形成不同的燃烧方式，如切向燃烧方式和U形、W形火焰燃烧方式等。

旋流燃烧器是利用其能使气流产生旋转的导向结构，使气流旋转以形成有利于着火的回流区。携带煤粉的一次风和不携带煤粉的二次风，是分别用不同管道与燃烧器连接的，在燃烧器中一、二次风的通道是隔开的。按照产生旋转气流方法的不同，旋流燃烧器可分为蜗壳式、轴向叶片式和切向叶片式三大类。

煤粉燃烧器是燃煤锅炉燃烧设备的主要部件。其作用是：

（1）向炉内输送燃料和空气；

（2）组织燃料和空气及时、充分的混合；

（3）保证燃料进入炉膛后尽快、稳定的着火，迅速、完全的燃尽。

在煤粉燃烧时，为了减少着火所需的热量，迅速加热煤粉，使煤粉尽快达到着火温度，以实现尽快着火，故将煤粉燃烧所需的空气量分为一次风和二次风。一次风的作用是将煤粉送进炉膛，并供给煤粉初始着火阶段中挥发分燃烧所需的氧量。二次风在煤粉气流着火后混入，供给煤中焦炭和残留挥发分燃尽所需的氧量，以保证煤粉完全燃烧。

燃烧器的基本要求主要有：

（1）保证送入炉内的煤粉气流能迅速、稳定地着火燃烧；

（2）供应合理的二次风，使它与一次风能及时良好地混合，确保较高的燃烧效率；

（3）火焰在炉膛的充满程度较好，且不会冲墙贴壁，避免结渣；

（4）有较好的燃料适应性和负荷调节范围；

（5）流动阻力较小，污染物生成量小；

（6）能减少 NO_x 的生成，减少对环境的污染。

燃烧器的形式很多，现以华能海门电厂的锅炉采用按 BHK 技术设计的性能优异的低 NO_x 旋流式煤粉燃烧器（HT—NR3）为例，着重介绍旋流燃烧器。

一、华能海门电厂 HT—NR3 低 NO_x 旋流式煤粉燃烧器

燃烧设备是锅炉的重要组成部分之一，其作用是将燃料和燃烧用空气按一定方式送入炉膛使燃料及时着火，稳定燃烧。海门电厂 2×1000MW 机组锅炉采用超临界参数变压直流炉，单炉膛、一次再热、平衡通风、露天布置、固态排渣、全钢构架、全悬吊结构 II 形锅炉。

燃烧器采用按 BHK 技术设计的性能优异的低 NO_x 旋流式煤粉燃烧器（HT—NR3），组织对冲燃烧，满足燃烧稳定、高效、可靠、低 NO_x 的要求。

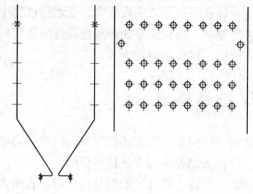

图 4-36　燃烧器布置简图

华能海门电厂一期 1 号、2 号机组燃烧系统采用前后墙对冲燃烧，燃烧器采用新型的 HT—NR3 低 NO_x 燃烧器。燃烧系统共布置有 20 只燃尽风喷口，48 只 HT—NR 燃烧器喷口，共 68 个喷口。燃烧器分 3 层，每层共 8 只，前后墙各布置 24 只 HT—NR 燃烧器；在前后墙距最上层燃烧器喷口一定距离处布置有一层燃尽风喷口，每层 10 只，前后墙各布置 10 只。燃烧器布置简图如图 4-36 所示。

燃烧器层间距为 5819.8mm，燃烧器列间距为 3683mm，上层燃烧器中心线距屏底距离约为 23.5m，下层燃烧器中心线距冷灰斗拐点距离约为 3.38m。最外侧燃烧器中心线与侧墙距离为 4096.2mm，燃尽风距最上层燃烧器中心线距离为 7150.1mm。

（一）旋流式燃烧器的工作原理

旋流式燃烧器由圆形喷口组成，燃烧器中装有各种形式的旋流发生器（简称旋流器）。煤粉气流或热空气通过旋流器时，发生旋转，从喷口射出后即形成旋转射流。利用旋转射流，能形成有利于着火的高温烟气网流区，并使气流强烈混合。

射出喷口后在气流中心形成回流区，这个回流区叫内回流区。内侧流区卷吸炉内的高温烟气来加热煤粉气流，当煤粉气流拥有了一定热量并达到着火温度后就开始着火，火焰从内回流区的内边缘向外传播。与此同时，在旋转气流的外围也形成回流区，这个回流区叫外回流区。外回流区也卷吸高温烟气来加热空气和煤粉气流。由于二次风也形成旋转气流，二次风与一次风的混合比较强烈，使燃烧过程连续进行，不断发展，直至燃尽。如图 4-37 所示。

（二）旋转射流的特点

（1）旋转射流不但只有轴向速度，而且有较大的切向速度，从旋流燃烧器出来的气体质点既有旋转的趋势，又有从切向飞出的趋势，因此，气流的初期扰动非常强烈。但是，由于射流不断卷吸周围气体，而且不断扩散，其切向速度的旋转半径也不断增大，切向速度衰减得很快，所以射流的后期扰动不够强烈。最大轴向速度由于卷吸剧烈的气体而衰减得很快，因而使旋转射流的射程相对较短。

（2）旋转射流在离燃烧器出口一段距离内轴线上的轴向速度为负值，说明射流有一个中心回流区，能回流高温烟

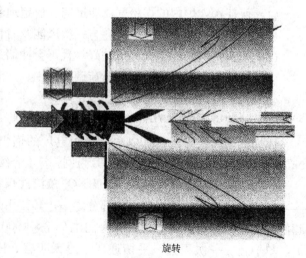

旋转

图 4-37　旋流式燃烧器的工作原理

气，加热煤粉气流，使之快速着火。因此，旋转射流是从两方面卷吸周围高温烟气的，一方面从回流区的高温烟气，这对燃烧过程非常重要，因为回流区卷吸高温烟气被送到火炬的根部来加热新的煤粉空气混合物，对稳定着火很有利；另一方面旋转射流也从射流的外边界卷吸周围的高温烟气，所以旋转射流的着火是从内外边界开始的。旋转射流的扩展角较大。

决定旋转射流旋转强度的特征参数是旋转射流强度。它是用两个特征量——旋转动量矩和轴向动量矩为基础组成的无因次准则。旋流强度对旋转射流的影响很大，主要有以下几点：

1）随着旋流强度的不同，旋转射流的气流结构形式不同。当旋流强度很小时，出口气流不旋转或很弱。这时气流中心回流区很小或没有，形成封闭气流，不具有旋转射流的特性。

2）随着旋流强度的增加，中心回流区的回流量加大，回流区的长度是先增加后又缩短。当旋流强度过低时，回流区的长度和回流量都较小，对着火不利。如旋流强度过大，虽然回流量增大，但回流区缩短，对着火也不利。旋流强度太大还会形成全扩散气流，造成飞边。

3）扩展角随着气流旋流强度的增大而增大。气流的射程随着旋流强度的增大而减小。

（三）旋流式燃烧器的特性

与直流射流相比，旋转气流同时具有向前运动的轴向速度和沿圆周运动的切向速度，这就使气流在流动方向上，沿轴向与切向的扰动能力增强，因而气流衰减速度比较快，射程短。旋转气流的主要特性表现为旋流强度。

燃烧器出口气流的旋流强度取决于燃烧器中旋流燃烧器的结构；取决于从喷口射出的旋流风与直流风的动量比；此外，还与燃烧器的阻力和烟气的黏度等因素有关。

在封闭式旋流火焰中，在火焰根部卷吸高温烟气，形成回流区，这种火焰可卷吸火焰自身燃烧放出的热量，具有一定的自稳定着火能力，但因回流量小，不适合燃烧难燃的煤。

旋流式燃烧器出口有时可能是开放式气流，这时旋转气流将高温烟气从炉膛中卷吸进来，因而其着火稳定性主要依赖于炉内烟气温度。

飞边气流形成贴壁火焰，引起结渣。因此实际运行中应避免旋流强度过大而导致飞边气流的出现。

旋流强度可以调节，根据煤质着火性能和锅炉负荷，调节气流的旋流强度，可获得良好的燃烧状态。由于旋流式燃烧器所形成的火焰是单个独立可调的，因而调节的灵活性比较大，容易维持稳定燃烧。

调节气流的旋流强度时，回流区大小相应变化，高温烟气的回流量也随着发生变化。因为内回流区的大小和回流量在稳定着火燃烧方面作用很大，所以对于不同的煤质应具有不同的旋流强度。例如，烟煤容易着火，只需要较小的回流区和回流量，就能稳定着火和燃烧。而无烟煤着火困难，需要有较大的中心回流区和回流量，但不希望形成飞边气流。除了回流区大小和回流量外，回流区长度对着火也有一定影响，因为比较长的回流区能使气流延伸到温度更高的烟气深层，因而直接关系到回流烟气的温度水平。

提高旋流强度，既能强化内回流区的作用，又能强化空气与可燃物的混合，以及高温烟气与煤粉、空气的混合。随着旋流增强，内回流区变得更宽更强，但同时也会带来一些问题。即一次风与二次风以及内回流与外回流的过早强烈混合，会降低一次风中煤粉的浓度和火焰温度，这对着火的稳定性又是不利的。因此，提高旋流强度给稳定着火造成两个相互对立和相互矛盾的条件。增强内回流对着火造成的有利条件从某一点开始，又被太强的过早混合破坏了。为了解决这一矛盾，可通过运行调节或试验确定出适应燃烧不同煤质的最佳旋流强度和相应的混合强度以及混合点位置。

（四）旋流式燃烧器的布置与供风方式

大容量锅炉布置有几十只旋流式燃烧器，虽然单个的燃烧器形成的火焰可独立燃烧，但各个旋转气流之间仍有相互作用，对燃烧有一定的影响作用。当两个燃烧器旋转方向相反时，两个燃烧器之间的切向速度升高，火焰向上。当两个燃烧器旋转方向相同时，燃烧器之间切向速度减小，火焰向下。这样就影响火焰中心位置和燃烧效率，进而影响到过热器的汽温特性及汽温调节。大容量锅炉上，旋流式燃烧器通常布置在炉膛的前、后墙上，有的采用大风箱供风，有的采用分隔风箱供风。采用大风箱供风时，风道系统简单，但单个燃烧器的调节性能比较差。

近年来，为了提高锅炉的安全性和经济性，趋向于采用小功率燃烧器。因为单只燃烧器功率过大，会带来以下问题：

（1）炉膛受热面局部热负荷过高，易于结渣。

（2）炉膛受热面局部热负荷过高，易引起水冷壁的传热恶化和直流锅炉的水动力多值性。

（3）切换或启停燃烧器对炉内火焰燃烧的稳定性影响较大。

（4）切换或启停燃烧器对炉膛出口烟温的影响较大，影响过热器的安全性和汽温调节。

（5）一、二次风的气流太厚，不利风粉混合。

（6）燃烧调节不太灵活。

这样，单只燃烧器的功率不能太大，因而燃烧器的数量不能太少。当采用大风箱送风时，不能准确调节各个燃烧器的风煤比，也不利于控制 NO_x。因此趋向于采用分隔风箱配风。即风箱被分隔成很多小风室，每个小风室又有独立的风量调节挡板，给燃烧调节带来灵活、便利的条件。

（五）HT—NR3 旋流煤粉燃烧器的性能特点

1. 低 NO_x 排放水平的特点

（1）在两级分级燃烧方式中，提供给燃烧器的风量少于其正常燃烧所需要的风量。燃烧所需要的其余的风量通过燃烧器上方的燃尽风风口来提供。这种布置方式对于减少 NO_x 生成是非常有效的。

（2）燃尽风进入炉膛以前的区域都是燃料富集区，燃料在此区域的驻留时间较长，有助于燃料中的氮和已经存在的 NO_x 分解。

（3）通过给燃烧器的分级配风来极大地限制在燃烧器区域的 NO_x 生成。

（4）采用了浓缩煤粉燃烧技术。

（5）NO_x 的控制调节是通过改变燃烧区域的化学当量来实现的，即调节燃烧器和燃尽风之间的风量比例。

2. 低负荷稳燃能力的特点

（1）采用合适的炉膛热力参数。

（2）采用合适的燃烧器设计参数。

（3）采用新型的煤粉径向浓缩器。浓淡煤粉浓缩器，使气流在火焰稳燃环附近区域形成一定煤粉浓度的煤粉气流。

（4）采用稳焰齿、稳燃环和一、二次风导向锥。这种新型燃烧器在燃烧时会在稳焰齿、稳燃环附近形成一个环形回流区域，提供足够的着火热能，同时防止二次风过早混入，使煤粉能及时着火，稳定燃烧；同时，在燃烧中心区域也会形成一个回流区，保证煤粉的进一步燃尽。稳焰齿、稳燃环还会增加煤粉气流的湍动，提高煤粉的着火速度，因此这种燃烧器的低负荷稳燃性能得到了极大的提高。

（5）提供了多种调节手段供运行时调节。

3. 防止炉膛结焦的特点

（1）选取合适的炉膛热量参数和合理的燃烧器布置，防止局部温度过高。

（2）燃烧器离两侧水冷壁、冷灰斗拐点及屏底均有足够距离，防止火焰冲刷受热面。

（3）燃烧器结构的合理设计，燃烧器运行参数的合理选取，控制燃料着火点和火焰形状，防止燃烧器喷口及周围水冷壁结焦。

4. 高效燃烧的特点

（1）采用浓缩煤粉燃烧技术，高浓度的煤粉浓度导致较高的燃烧效率。

（2）稳燃齿、环促使形成负压区，热烟气的回流促进了煤粉的着火，增加了燃烧器喷口附近的燃烧效率。

（3）旋流二次风的高旋流促进了火焰和外侧风的混合，可以获得高的燃烧效率。

（4）上一次风喷口至屏底有足够的距离，有足够的燃尽空间。

（5）合适的煤粉细度。

（6）燃尽风具有内直流外旋特性，使沿深度和宽度氧量分布均匀；燃尽风具有独特的布置方式，布置范围覆盖了燃烧器的范围，有效地制止了煤粒的逃逸，降低了飞灰可燃物。

（六）燃烧器及风门的布置

燃烧设备系统为前后墙布置，采用对冲燃烧、旋流式燃烧器系统，风、粉气流从投运的煤粉燃烧器、燃尽风喷进炉膛后，各只燃烧器在炉膛内形成一个独立的火焰。

前、后墙各布置 3 层 HT−NR3 燃烧器，每层 8 只；同时，在前、后墙各布置一层燃尽风喷口，其中每层 2 只侧燃尽风（SAP）喷口，8 只燃尽风（AAP）喷口。每只煤粉燃烧器中心均配有点火油枪，油枪采用机械雾化，燃烧设备的布置简图见图 4-38 和图 4-39。

（七）HT—NR3 旋流燃烧器的结构

煤粉燃烧器主要由一次风弯头、文丘里管、内二次风装置、外二次风

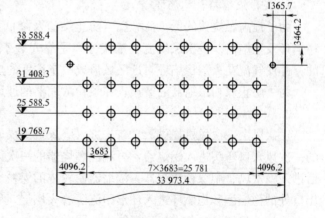

图 4-38 燃烧器布置示意（一）

装置（含调风器和调节机构）、煤粉浓缩器、稳焰环、外二次风执行器及燃烧器壳体等零部件组成，如图 4-40 所示。

在 HT—NR3 低 NO_x 旋流煤粉燃烧器中，燃烧用空气被分为四股，它们是一次风、二

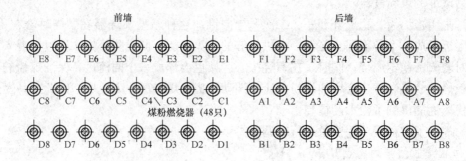

图 4-39 燃烧器布置示意（二）

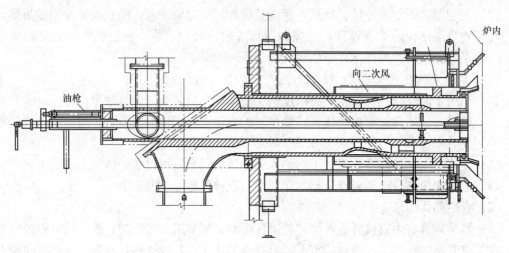

图 4-40 燃烧器结构示意

次风、外二次风和中心风。

1. 煤粉浓缩器及稳焰环

为了提高燃烧器的低负荷稳燃，防止结渣及降低 NO_x 排放，采用了煤粉浓缩器、火焰稳焰环及稳焰齿。一次风气流的浓淡分离是靠安装于一次风管中的锥形煤粉浓缩器来实现的，并使气流在火焰稳焰环附近区域形成一定浓度的煤粉气流。

为了防止煤粉浓缩器的磨损，在煤粉浓缩器的迎风面上贴有耐磨陶瓷贴片。

2. 一次风

一次风由一次风机提供。它首先进入磨煤机干燥原煤并携带磨制合格的煤粉通过燃烧器的一次风入口弯头进入燃烧器，再流经燃烧器的一次风管，最后进入炉膛。一次风通过弯头后进入一次风管中煤粉浓缩器，浓缩器使较浓的煤粉气流从一次风管圆周外侧经过一次风管出口处的稳焰齿和稳燃环进入环形回流区着火燃烧，稳焰齿和稳燃环还可以增加煤粉气流的扰动，进一步提高其着火、稳燃能力。同时，通过一次风和二次风导向锥的配合，控制二次风的混入，进一步提高燃烧器的稳燃能力并降低燃烧中生成的 NO_x。

3. 二次风、外二次风

燃烧器风箱为每个燃烧器提供二次风和外二次风。二次风和外二次风通过燃烧器内同心的二次风、外二次风环形通道在燃烧的不同阶段分级送入炉膛。其中，二次风量通过二次风套筒式挡板来分配调节，三次风量通过叶轮式调风器来分配调节，单只燃烧器二次风、外二次风的风量分配通过调节各内二次风套筒开度和外二次风调风器的开度来实现。

内二次风为直流，通过手柄调节套筒位置来进行风量的调节。

外二次风调风器为叶轮式调风器，可使三次风发生需要的旋转。调节三次风叶轮开度，即可调节三次风的风量和旋流强度，从而调整燃烧器的火焰形状。调节杆穿过燃烧器面板，通过气动执行机构能够在控制室方便地进行调整。

燃烧器外二次风用气动执行器布置，图 4-41 为燃烧器外二次风气动执行器示意。气动执行器输出直行程，经连杆机构的传递后使调风器产生角行程，角度约 0～75°。

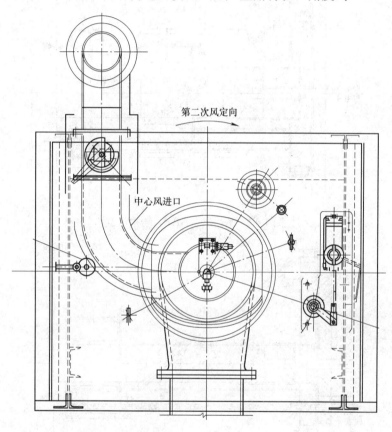

图 4-41　燃烧器外二次风气动执行器示意

4. 中心风

燃烧器内设有中心风管，其中布置有点火设备。一股小流量的中心风通过中心风管送入炉膛，以调整燃烧器中心回流区的轴向位置，并提供点火时所需要的根部风。

同一个风室上的煤粉燃烧器所需中心风由同一个中心风母管提供，中心风母管入口处也设置有中心风门挡板执行器，用于调节其开度，全炉共布置有 12 个中心风门用气动执行器。

5. 燃尽风（AAP）及侧燃尽风（SAP）

燃尽风主要由中心风、内二次风、外二次风、调风器及壳体等组成。图 4-42 为燃尽风（AAP）结构示意。中心风为直流风，内、外二次风为旋流风。其中，中心风通过手柄调节套筒位置来进行风量的调节；内、外二次风通过调节挡板、调风器（其开度通过手动调节机构来调节）实现风量的调节。

侧燃尽风（SAP）主要由中心风、外二次风调风器及壳体等组成。图4-43为侧燃尽风（SAP）结构示意。中心风为直流风，外二次风为旋流风。其中，中心风通过手柄调节套筒位置来进行风量的调节；外二次风通过调节挡板、调风器（其开度通过手动调节结构来调节）实现风量的调节。

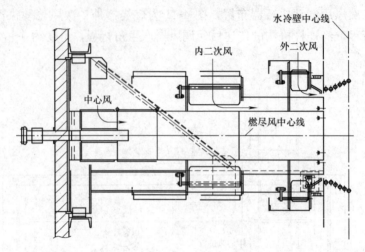

图4-42　燃尽风（AAP）结构示意

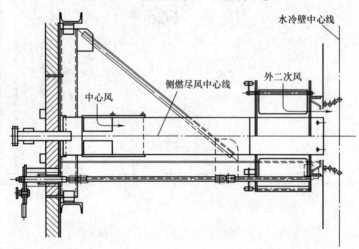

图4-43　侧燃尽风（SAP）结构示意

6. 大风箱入口风门用电动执行器

燃尽风总风量的调节通过风箱入口风门电动执行器来实现调节。燃烧器及燃尽风各层风室的风量分配是通过调节各层风室的风门挡板的开度来实现的。锅炉前、后墙大风箱分别分隔为四个独立的风室，每个风室入口左右两侧设有一风门电动执行器，全炉共布置有16个风门用电动执行器，如图4-44所示。

7. 大风箱

为使每个燃烧器的空气分配均匀，在锅炉前后墙燃烧器区域对称布置有2个大风箱。大

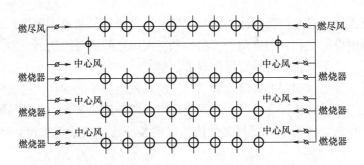

图 4-44 大风箱入口风门执行器布置示意

风箱被分隔成单个风室，每层燃烧器一个风室。大风箱对称布置于前后墙，设计入口风速较低，可以将大风箱视为一个静压风箱，风箱内风量的分配取决于燃烧器自身结构特点及其风门开度，这样就可以保证燃烧器在相同状态下自然得到相同风量，利于燃烧器的配风均匀。

大风箱和燃烧器的载荷通过风箱的壳体，传递给支撑梁；支撑梁的一端与壳体相连，另一端与固定在钢结构上的恒力弹簧吊架相连。

8. 燃烧器前冷却空气阀系统用关断阀

在燃烧器一次风弯头前应设置冷却空气阀系统，其主要设备为带执行器的关断阀和止回阀。运行基本要求为：投煤时，关断阀关闭；不投煤时，关断阀开启，提供冷却空气冷却燃烧器一次风管。

（八）煤粉燃烧器的配风

HT—NR3 燃烧器中燃烧空气被分为三股，它们是直流一次风、直流二次风和旋流三次风，如图 4-45 所示。

1. 一次风

一次风由一次风机提供。它首先进入磨煤机干燥原煤并携带磨制合格的煤粉通过燃烧器的一次风入口弯头组件进入 HT—NR 燃烧器，再流经燃烧器的一次风管，最后进入炉膛。一次风管内靠近炉膛端部布置有一个锥形煤粉浓缩器，用于在煤粉气流进入炉膛以前对其进行浓

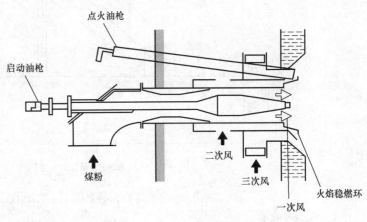

图 4-45 HT—NR3 的配风示意

缩。经浓缩作用后的一次风和二次风、三次风调节协同配合，以达到低负荷稳燃和在燃烧的早期减少 NO_x 的目的。

2. 二次风、三次风

燃烧器风箱为每个 HT—NR3 燃烧器提供二次风和三次风。风箱采用大风箱结构，同时每层又用隔板分隔。在每层燃烧器入口处设有风门执行器，以根据需要调整各层空气的风量。风门执行器可程控操作。

二次风和三次风通过燃烧器内同心的二次风、三次风环形通道在燃烧的不同阶段分别送入炉膛。燃烧器内设有挡板，用来调节二次风和三次风之间的分配比例。二次风调节结构采用手动形式，三次风采用执行器进行程控调节。

三次风通道内布置有独立的旋流装置以使三次风发生需要的旋转。三次风旋流装置设计成可调节的形式，并设有执行器，可实现程控调节。调整旋流装置的调节导轴即可调节三次风的旋流强度。在锅炉运行中，可根据燃烧情况调整三次风的旋流强度，达到最佳的燃烧效果。

锅炉在设计煤种、B—MCR工况下燃烧器的设计风速为：一次风速为19m/s，二次风速为40m/s，三次风速为40m/s。

在不同负荷下，磨煤机的投运台数和燃烧器的主要参数如表4-19和图4-46所示。

表 4-19　　　　　　　　　　　　　　不同负荷下的主要参数

负　荷	B—MCR	BRL	70%THA	50%THA	30%THA	校核煤 B—MCR
一次风率	20	18	19	18	16	20
二次风率	80	82	81	82	84	80
磨煤机投运台数	6	5	4	3	3	6

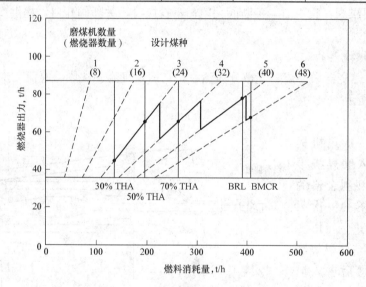

图 4-46　磨煤机和燃烧器投运方式示意

（九）燃尽风（OFA）

燃尽风采用优化的双气流结构和布置形式。燃尽风风口包含两股独立的气流。中央部位的气流是非旋转的气流，它直接穿透进入炉膛中心；外圈气流是旋转气流，用于和靠近炉膛水冷壁的上升烟气进行混合。外圈气流的旋流强度和两股气流之间的分离程度由一个简单的调节杆来控制。调节杆的最佳位置在锅炉试运行期间燃烧调整时设定。这样，可通过燃烧调整，使燃尽风沿膛宽度和深度同烟气充分混合，既可保证水冷壁区域呈氧化性特性，防止结渣；同时又可保证炉膛中心不缺氧，达到高燃烧效率。

燃尽风口的布置采用BHK最优化的布置形式。前后墙的燃尽风口均布置10个，使燃尽风沿炉宽方向燃尽风覆盖了整个一次风。这种布置可有效的防止出现煤粉颗粒逃逸现象，有利于降低飞灰可燃物，同时又可防止燃烧器区域靠近两侧墙处结焦。

（十）燃烧器配风控制

燃烧器每层风室的入口处均设有风门挡板，所有风门挡板均配有执行器，可程控调节。全炉共配有 16 个风门用执行器，见图 4-47，执行器上配有位置反馈装置，执行器具有故障自锁保位功能。

为使每个燃烧器的空气分配均匀，在燃烧器区域设有大风箱，大风箱被分隔成单个风室，每个燃烧器一个风室。大风箱对称布置于前后墙，设计入口风速较低，可以将大风箱视为一个静压风箱，风箱内风量的分配取决于燃

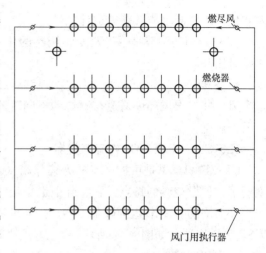

图 4-47 燃烧器的配风控制示意

烧器自身结构特点及其风门开度，这样就可以保证燃烧器在相同状态下自然得到相同风量，利于燃烧器的配风均匀。

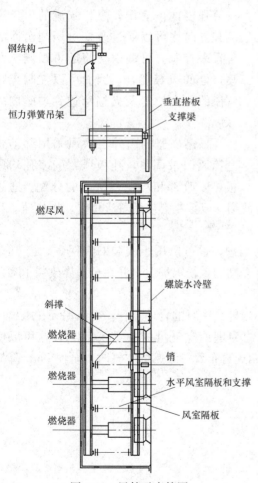

图 4-48 风箱示意简图

大风箱和燃烧器的载荷通过风箱的壳体，传递给支撑梁；支撑梁的一端与壳体相连，另一端与固定在钢结构上的恒力弹簧吊架相连，风箱示意简图如图 4-48 所示。这样，大风箱和燃烧器的载荷不由螺旋水冷壁支撑，避免了对螺旋水冷壁造成损坏。

（十一）燃烧器喉口

BHK 的经验表明，旋流燃烧器的喉口设计对燃烧器性能（火焰稳定性、燃烧器区域结渣的控制等）和整个炉膛都有十分重要的影响。这个喉口有合理的旋角，能形成良好的出口流场，有利于组织旋流燃烧。

（十二）火焰检测装置

每只 HT—NR 燃烧器设置 2 套火焰检测装置。一套用于煤及启动油枪的火焰检测，另一套用于点火油枪的油火焰检测。火焰检测装置应当选用成熟、可靠的产品，以满足炉膛安全监控的要求。

（十三）燃烧器的调整

一旦 HT—NR3 燃烧器在试运行期间的燃烧调整中被调整到获得最佳性能后，在今后的运行中就不需要进一步的调整。在燃烧器的整个寿命期间，所有的旋流调节器和挡板都固定在这个最佳位置，即使燃煤煤质在很大的范围

内变化，燃烧器也能够获得最佳的性能。

NO$_x$控制的调节是通过改变燃烧器的化学当量来实现的，即调节燃烧器和燃尽风之间的风量比例。

燃烧器配风分为一次风、内二次风和外二次风，分别通过一次风管，燃烧器内同心的内二次风、外二次风环形通道在燃烧的不同阶段分别送入炉膛。其中，内二次风为直流，外二次风为旋流。

二、CF、SF 低 NO$_x$ 旋流燃烧器

CF/SF 的意思是可控气流和火焰分离（controlled flow/split flame）的英文缩写，这也说明了这种燃烧器的特点。它实际上也是空气分级的双调风燃烧器，通过控制一、二次风的分配和火焰的分离来达到降低 NO$_x$ 浓度的目的。CF/SF 燃烧器的结构类似于德国巴威的 WSF 型燃烧器，如图 4-49 所示。

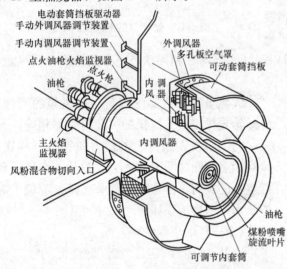

图 4-49　CF/SF 低 NO$_x$ 燃烧器

一次风煤粉气流从燃烧器的中心管进入后，被分成四股气流由喷口射出。每股煤粉气流各自形成富燃料火焰，这样可以尽量减少风粉的早期混合。在一次风煤粉气流的环形通道内，有可调节气流强度的内套筒，煤粉气流的出口速度和方向均可以通过改变可调内套筒的位置来控制。可调内套筒还可以调节在喷口处的风煤混合，因而可以控制煤粉气流的着火位置及火焰穿透到炉膛内的深度。

该燃烧器的内外二次风采用移动式套筒风门来调节，孔板风罩的多孔均风板可以改善和均匀二次风的分配。通过改变内外二次风的各种控制机构可以单独或组合使用，以控制燃烧的着火位置、燃烧速率和火焰在炉膛中的位置，以达到最佳的 NO$_x$ 排放值和碳燃尽率。

CF/SF 低 NO$_x$ 燃烧器既可以用于新设计的锅炉，也可以用于改装旧有锅炉。自 1979年，这种燃烧器推出以来，已大量应用于福斯特惠勒的煤粉锅炉上，并在全世界改装了多台墙式燃烧锅炉。

运行试验表明，通过多股一次风煤粉气流和内外二次风的合理配合，可以保证在距出口 2～3m 的范围内，使富燃料燃烧区内的空气量约为理论空气量的 60%～70%，这可以使 NO$_x$ 的排放浓度降低 50%～60%。如果燃烧器四周再布置二级燃烧空气时，可使 NO$_x$ 降低 75%左右。

点火器及燃烧器点熄火控制

第一节 点 火 器

一、概述

大容量锅炉的煤粉燃烧器点火主要使用液体燃料或气体燃料，采用多级点火方式。由电子打火器提供点火源，逐级点燃气体燃料、液体燃料，由液体燃料先将炉膛加热至一定温度再点燃煤粉，或者直接由电引燃器直接点燃液体燃料，再点燃煤粉。点火过程可以在主燃烧器上进行，也可以先点燃辅助燃烧器，再由它点燃主燃烧器。

常规多级点火器的引燃器，有电火花、电弧、电阻丝等各种类型。

电阻丝点火器设备简单、结构紧凑，但是电阻容易氧化烧损，在直接点燃重油时烧损极为严重。目前仅在一些燃油锅炉上使用。电弧点火器可获得较大功率，但因电压低不容易击穿污染层启弧，且烧蚀严重，设备体积大而笨重，逐渐为电火花装置所代替。

电火花引燃装置中高压电火花（由 $5000\sim8000\mathrm{V}$ 的电压通过两电极间的间隙放电）的使用为最广。进而还有高频高压电火花和高能电火花引燃装置，其性能更优异，目前使用最为广泛。

美国 CE 公司的高能电弧煤粉点火燃烧器用于独立的仓储式制粉系统，为防止煤粉系统爆炸，采用干炉烟作为干燥介质。燃烧器中特细煤粉与空气的质量比为 $5:1\sim10:1$（一般燃烧器约为 $1:2$）。点火燃烧器点燃的煤粉气流，可使大量的高温烟气回流至主燃烧器喷口，点燃主燃烧器。这种点火系统造价较昂贵，但是节油效果明显。

近年来，等离子电弧直接点燃煤粉技术以及气化微油点火技术逐渐成熟，在燃用烟煤锅炉的点火系统上得到了越来越广泛的应用，二者均为冷炉点燃煤粉技术，经济效益非常好。目前，配备一套等离子点火系统（或微油点火系统）已经逐步成为燃用烟煤新建机组必备选择；而一些旧的烟煤锅炉机组也在进行相关点火系统改造，取得了非常好的节油效果。

按照功能划分，点火燃烧器除了专供点火的点火燃烧器外，还有具备点火及稳燃或带低负荷功能的启动燃烧器。目前，锅炉设备这两类燃烧器并没有明确的界限。点火燃烧器的功能不同，其容量和点火能量也不相同。

点火能量是指单只点火器点燃与之相邻的主燃料所需的能量与该主燃烧喷口设计热功率之比。它与主燃料特性、燃料空气混合物浓度和流速、燃烧器和点火器形式和布置以及火焰结构等有关。一般而言，点火器的最小容量（能量）约为所点燃的主燃料喷口设计输入热功率的 $1\%\sim2\%$。气体点火器不小于 $290\mathrm{kW}$（$1050\mathrm{MJ/h}$），燃油、燃煤锅炉的油点火器不小于 $580\mathrm{kW}$（$2100\mathrm{MJ/h}$）。

兼有其他功能（如稳燃、带低负荷等）的点火燃烧器热功率则更大些。CE公司的有关标准规定，冷炉启动时，作为烘炉用的油枪的出力为所点燃的单只燃烧器喷口设计输入热功率的10%；B&W公司设计的一般点火燃烧器热功率也约为主（煤粉）燃烧器热功率的10%。该公司经过改进的点火器的热功率可减少至4%～5%。

至于可带低负荷的启动燃烧器，其总热功率一般为锅炉额定负荷下总输入热功率的20%～30%。不过这类燃烧器往往还要由另外的点火燃烧器点火。

为了点火可靠，点火器应有足够的容量，但容量如果太大，从防止爆炸事故的角度来看是不适宜的。因而，应在保证可靠点燃的前提下，减小点火器的容量，有些点火器原放在燃烧器的外围，后改放在燃烧器的中心，容量就可减小一半。

和上述的理由类似，如果用能量较小的引燃装置（如高压电火花等）直接点燃大容量的燃烧器（如单只出力为2100～4200MJ/h），也往往不够安全。因此实际中的做法有先用电火花点燃气体或轻油，再点燃重油或煤粉（三级点火），也有高能点火器直接点燃轻油燃烧器由轻油再点燃煤粉（二级点火）的。

二、常规点火燃烧器

点火燃烧器主要由电引燃器（包括电源系统）、续燃火嘴（或油枪）、火焰检测器及控制系统等组成。有的点火系统还备有专用的冷却风机，用来冷却火焰检测器等。

（一）电火花—气体点火器

采用高压电火花点燃天然气（或其他可燃气体），再点燃主燃料的装置，采用点火能量从小逐级放大的续燃点火方式，其点火器的构造如图5-1所示。点火用的可燃气由接管6进入点火器混合室内，与空气组成可燃的气体混合物，一部分由中心喷嘴4喷出，遇到高压电极放出的电火花即被点燃。随后，这股燃烧的火焰又点燃周围4个燃气续燃管喷出的可燃气，形成容量更大的点火火焰，来点燃主燃烧器的燃料。点火电火花是由5000～8000V的高压电通过点火电极与中心喷嘴形成间隙间放电而产生的。

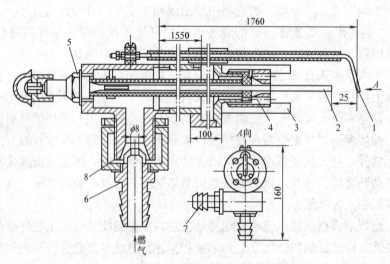

图 5-1　电火花—气体点火器构造

1—火焰检测电板；2—点火电极；3—续燃喷嘴；4—中心喷嘴；5—固定螺帽；
6—燃气接管；7—空气接管；8—混合室

（二）高频电压电火花点火器

这种点火器主要部件为电火花发生器及棒形点火枪。电火花发生器实质上是一高频、高压振荡发生器，其原理可见图 5-2。电源电压经高频升压变压器 T1 升压至约 2500V，此时电火花塞 S1 被击穿，在 LC1 组成的振荡回路中产生 100kHz 左右的高频振荡，并经高频变压器 T1 升压至约 20 000V，在高压作用下放电头 TD2 击穿。产生高频电压电火花，在放电的瞬间，通过扼流圈 L1 向放电头引入大功率电能，使放电头具有数千瓦功率，甚至可直接点燃 250 号重油。

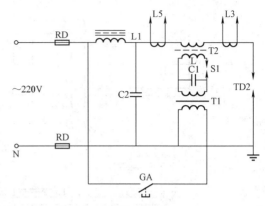

图 5-2 高频电压电火花点火器原理

与高频电火花发生器相配的棒形点火枪如图 5-3 所示，它由电火花打火枪及打火点火检测元件组成。打火枪用氧化铝高温瓷套件绝缘。放电头材料一般为钼、钨或碳化硅，其打火间隙可根据打火电压调整至最佳位置。棒形点火枪外壳应良好接地，以确保运行安全。火花发生器与点火枪间的电气连线采用同轴电缆。为防止电缆的沿面闪络，电缆两端应采取特殊的绝缘措施。

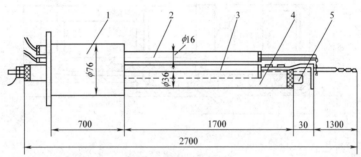

图 5-3 与高频电火花发生器相配的棒形点火枪示意

1—密封套筒；2—火花热电偶；3—火焰热电偶；4—高压电极；5—放电极

高频电火花点火器的特点是高压击穿能力强，易起弧，高频时火花稳定，连续性好，且因高频的趋表效应，故可避免高压对人体的危害。同时，整个设备简单紧凑。但由于在点火时高压回路要通过很大的电流，因而高频变压器及高压回路在设计制造上应有特殊要求。

（三）高能电火花点火器

高能电火花点火器由高能点火变压器和点火电嘴组成。利用点火变压器的 RC 电路充放电功能，使点火电嘴两极间的半导体面上形成能量很大的火花，以点燃燃料。带有半导体点火电嘴的点火器和点火电嘴结构见图 5-4 和图 5-5。在点火电嘴的中心电极与侧电极间有负的电阻温度特性的半导体材料。

（四）电弧点火器

电弧点火器的原理和电焊相似，由电源和电极组成，电源系一般的电焊机，电极系碳棒和碳块。在通电情况下，碳棒与碳块拉开适当距离，即可在其间隙处产生高温电弧借以点燃燃料。图 5-6 为电弧点火器，其电极由一根 $\phi8$ 的碳棒和碳块组成。由于电极常有烧损，为

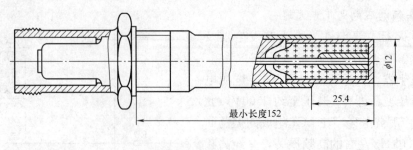

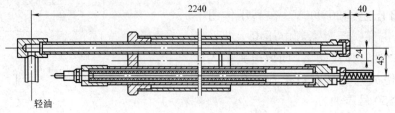

图 5-4 点火器结构

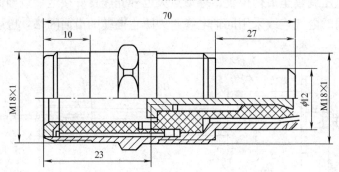

图 5-5 点火电嘴结构

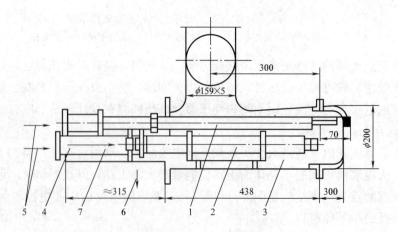

图 5-6 电弧点火器

1—电弧点火器；2—重油喷嘴；3—送风装置；4—气缸；5—压缩空气进口；
6—压缩空气出口；7—重油进口

保证起弧，采用气动装置（气源为 0.49～0.59MPa 的压缩空气）以保持碳极的较佳距离并在完成点火后将碳极退回风管内。点火时，先用电弧点燃喷嘴喷出的可燃气（如乙炔、丙烷、天然气、煤气等），再点燃雾化了的重油。若采用的电弧能量较大，也可直接利用电弧来点燃重油。

普通的电弧点火器还存在一系列的缺点，如机体笨重、碳极易损、气动装置有时失灵等。此外，当电极接触起弧后，将电极拉开过快，会使电弧很快熄灭，过慢易使电线过载。

三、等离子点火燃烧器

（一）等离子点火燃烧器工作原理

等离子点火装置利用直流电流（280～350A）在介质气压 0.01～0.03MPa 的条件下接触引弧，并在强磁场下获得稳定功率的直流空气等离子体，该等离子体在燃烧器的一次燃烧筒中形成 $T>5000K$ 的梯度极大的局部高温区，煤粉颗粒通过该等离子"火核"受到高温作用，并在 10^{-3} s 内迅速释放出挥发物，并使煤粉颗粒破裂粉碎，从而迅速燃烧。由于反应是在气相中进行的，使混合物组分的粒级发生了变化。因而，使煤粉的燃烧速度加快，也有助于加速煤粉的燃烧，这样就大大地减少了促使煤粉燃烧所需要的引燃能量 E（$E_{等离子}=1/6E_{油}$）。

等离子体内含有大量化学活性的粒子，如原子（C、H、O）、原子团（OH、H_2、O_2）、离子（O^{2-}、H^{2-}、OH^-、O^-、H^+）和电子等，可加速热化学转换，促进燃料完全燃烧。除此之外，等离子体对于煤粉的作用，可比通常情况下提高 20%～80% 的挥发分，即等离子体有再造挥发分的效应，这对于点燃低挥发分煤粉强化燃烧有特别的意义。

1. 等离子发生器工作原理

等离子发生器为磁稳空气载体等离子发生器，它由线圈、阴极、阳极组成。其中，阴极材料采用高电导率的金属材料或非金属材料制成。阳极由高电导率、高热导率及抗氧化的金属材料制成，它们均采用水冷方式，以承受电弧高温冲击。线圈在高温 250℃ 情况下具有抗2000V 的直流电压击穿能力，电源采用全波整流并具有恒流性能。其拉弧原理为：首先设定输出电流，当阴极 3 前进同阳极 2 接触后，整个系统具有抗短路的能力且电流恒定不变，当阴极缓缓离开阳极时，电弧在线圈磁力的作用下拉出喷管外部。一定压力的空气在电弧的作用下，被电离为高温等离子体，其能量密度高达 10^5～$10^6 W/cm^2$，为点燃不同的煤种创造了良好的条件，其工作原理如图 5-7 所示。

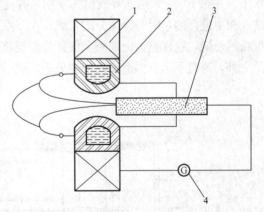

图 5-7 等离子发生器工作原理
1—线圈；2—阳极；3—阴极；4—电源

2. 等离子点火燃烧机理

根据高温等离子体有限能量不可能同无限的煤粉量及风速相匹配的原则设计了多级燃烧器。它的意义在于应用多级放大的原理，使系统的风粉浓度、气流速度处于一个十分有利于点火的工况条件，从而完成一个持续稳定的点火、燃烧过程。实验证明，运用这一原理及设计方法使单个燃烧器的出力可以从 2t/h 扩大到 10t/h。在建立一级点火燃烧过程中，我们采用了将经过浓缩的煤粉垂直送入等离子火炬中心区，10 000℃ 的高温等离子体同浓煤粉的汇合及所伴随的物理化学过程使煤粉原挥发分的含量提高了 80%，其点火延迟时间不大于 1s。

点火燃烧器的性能决定了整个燃烧器运行的成败，其喷口温度不低于 1200℃。第一区为气膜冷却区，气膜冷却技术避免了煤粉的贴壁流动及挂焦，同时又解决了燃烧器的烧蚀问题。

第二区为混合燃烧区，在该区内一般采用"浓点浓"的原则，环形浓淡燃烧器的应用将淡粉流贴壁而浓粉掺入主点火燃烧器燃烧。这样做的结果既利于混合段的点火，又冷却了混合段的壁面。如果在特大流量条件，还可采用多级点火。

第三区为强化燃烧区，在一、二区内挥发分基本燃尽，为提高疏松炭的燃尽率，可采用提前补氧强化燃烧措施。提前补氧的原因在于提高该区的热焓，进而提高喷管的初速达到加大火焰长度，提高燃尽度的目的，所采用的气膜冷却技术亦达到了避免结焦的目的。

第四区为燃尽区，疏松炭的燃尽率，决定于火焰的长度。随烟气的温升燃尽率逐渐加大。

（二）等离子点火燃烧系统组成

1. 等离子点火燃烧系统

等离子燃烧器是借助等离子发生器的电弧来点燃煤粉的煤粉燃烧器，与以往的煤粉燃烧器相比，等离子燃烧器在煤粉进入燃烧器的初始阶段就用等离子弧将煤粉点燃，并将火焰在燃烧器内逐级放大，属内燃型燃烧器，可在炉膛内无火焰状态下直接点燃煤粉，从而实现锅炉的无油启动和无油低负荷稳燃。

如图 5-8 所示，等离子发生器产生稳定功率的直流空气等离子体，该等离子体在燃烧器的中心筒中形成 $T > 5000K$ 的梯度极大的局部高温区，煤粉颗粒通过该等离子"火核"受到高温作用，并在 10^{-3} s 内迅速释放出挥发物，并使煤粉颗粒破裂粉碎，从而迅速燃烧。由于反应是在气相中进行的，混合物组分的粒级发生了变化，因而使煤粉的燃烧速度加快，也有助于加速煤粉的燃烧，这样就大大地减少促使煤粉燃烧所需要的引燃能量 E（E 等离子 = 1/6E油）。除此之外，等离子体有再造挥发分的效应，这对于点燃贫煤强化燃烧有特别的意义。

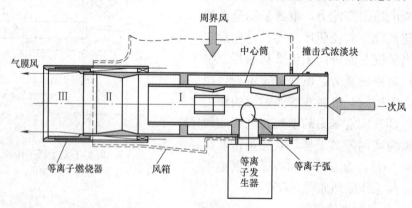

图 5-8 等离子燃烧器

根据有限的点火功率不可能直接点燃无限的煤粉量的问题，等离子燃烧器采用了多级燃烧结构，如图 5-8 所示，煤粉首先在中心筒中点燃，进入中心筒的粉量根据燃烧器的不同在 500~800kg/h 之间，这部分煤粉在中心筒中稳定燃烧，并在中心筒的出口处形成稳定的二级煤粉的点火源，并依次逐级放大，最大可点燃 12t/h 的粉量。

为了扩大燃烧器对一次风速的适应范围，等离子燃烧器的最后一级煤粉可不在燃烧室内燃烧而直接进入炉膛，因为煤粉燃烧后的热量使得空气体积迅速膨胀，受燃烧器内空间的限制，燃烧室内的风速会成倍提高，造成火焰扩散的速度小于煤粉的传播速度而使燃烧不稳，当采取前面所述措施后，有利于减小燃烧室内的风速，使燃烧稳定。实际的运行实践证明：采用最后一级煤粉进入炉膛内燃烧的结构，燃烧的稳定度大大提高，对风速的要求降低了30％，煤粉的燃尽度也大大提高，如图5-9所示。

煤粉的浓度影响煤粉的着火温度，在点火区适当提高煤粉浓度有利于点火。等离子燃烧器内通过采用撞击式浓缩块获得点火区的相对较高浓度。对于现场燃烧器前有弯头的锅炉，因弯头的离心浓淡作用及现场安装位置的限制，有可能会造成中心筒点火区的浓度降低，为了解决这个问题同时减小改造工作量，可在弯头内加入弯板或扭转板，改变进入点火区的能浓度分布（如图5-9所示）。

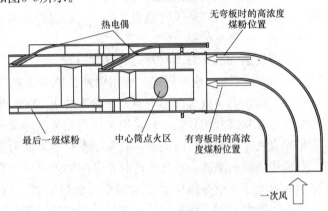

图5-9　分级燃烧原理

由于等离子燃烧器采用内燃方式，燃烧器的壁面要承受高温，因此加入了气膜冷却风（如图5-8所示），避免了火焰和壁面的直接接触，同时也避免了煤粉的贴壁流动及挂焦。为了减少燃烧器的尺寸，也可采取用一次风直接冷却的办法但须在燃烧器壁面上增加壁温测点（如图5-9所示），以防止燃烧器因超温而被烧蚀。对温度的测量采用 K 分度铠装热电偶，热电偶的外径 3mm，具有很好的挠性，可直接从伸到炉外的热电偶导管插入到测点，再用螺母固定到导管上，具有良好的可更换性。热电偶的测温范围为 0～800℃，燃烧器的长期壁温应控制在 600℃ 以内，如果超温，可采取提高一次风速和降低一次风浓度的手段进行降温。实际上，从目前 1000MW 等级等离子燃烧器运行情况来看，该壁温可以控制在 350℃ 以内，但实际该壁温与燃煤特性及着火情况有一定的关系。

等离子燃烧器的高温部分采用高耐热铸钢，其余和煤粉接触部位采用高耐磨铸钢。和现场管路连接时须正确选用焊条型号。

等离子燃烧器按功能可分为两类：

（1）仅作为点火燃烧器使用，这种等离子燃烧器用于代替原油燃烧器，起到启动锅炉和在低负荷助燃的作用。采用该种燃烧器需为其附加给粉系统，包括一次风管路及给粉机。

（2）既作为点火燃烧器又作为主燃烧器使用，这种等离子燃烧器具有和（1）所述同样的功能，在锅炉正常运行时又可作为主燃烧器投入。采用此种方式不需单独铺设给粉系统。等离子燃烧器和一次风管路的连接方式做成和原燃烧器相同，改造工作量小。目前，以第二种方式最多。

2. 风粉系统

（1）磨煤机。对于新建机组，选定的点火用磨煤机，最低出力应能满足最低投入功率的要求。

根据磨煤机的形式，调整其出力和细度至最佳状态，例如，适当调整回粉门的开度、调整分离器开度，适当减小一次风量（但风量的调整应满足一次风管的最低流速，中速磨最低风量应保证允许的风环风速）。对于 MPS 中速磨煤机，还应适当调整碾磨压力。

（2）暖风器系统。等离子点火系统由于采用冷炉直接点燃煤粉，暖风器系统主要包括暖风器、进出口管道、支吊架、入口蒸汽管道、出口疏水管道、入口蒸汽阀门、出口疏水阀门及疏水器等。直吹式制粉系统暖风器典型的布置方式有两种。一种是将暖风器布置在等离子系统对应的磨煤机入口热风管道上；另外一种将暖风器布置在空气预热器出口热一次风母管上，通常 A、B 侧各布置一台。

暖风器投运前需要对蒸汽管道进行吹扫等。

（3）一次风系统。应根据锅炉燃用煤种、炉型和容量、制粉燃烧系统各自的特点，进行系统配套、结构和参数选择。中储式制粉系统 100MW 及以下机组，宜选择另设等离子燃烧器的系统；直吹式制粉系统，宜采用主燃烧器兼有等离子点火功能的系统。

采用直吹式制粉系统的锅炉，宜采用本炉冷炉制粉的方式。

制粉用热风的来源，在有条件时宜采用邻炉热风。在邻炉来热风有困难时，宜在磨煤机入口热风道上或专设旁路风道上加装空气加热装置，将磨煤机入口风温加热至允许启磨温度。加热装置宜采用蒸汽加热器。如热风温度要求较高时，可采取串联安装风道燃烧器加热等方式。

磨煤机对应的所有煤粉输送管道，应设有进行冷态、热态输粉风（一次风）调平衡的阀门；宜加装煤粉分配器等措施，以尽可能保持各煤粉输送管道内风速一致、煤粉浓度一致、煤粉细度一致。

等离子燃烧器在锅炉点火启动初期，燃烧的煤粉浓度较好的适用范围在 $0.36 \sim 0.52$ kg/kg，最低不得低于 0.3 kg/kg。

锅炉冷态启动初期，等离子燃烧器的一次风速保持在 $19 \sim 22$ m/s 为宜。热态或低负荷稳燃时，一次风速保持在 $24 \sim 28$ m/s 为宜。

（4）气膜风系统。等离子燃烧器属于内燃式燃烧器，运行时燃烧器内壁热负荷较高，为了保护燃烧器，同时提高燃尽度，需设置等离子燃烧器气膜冷却风。气膜冷却风可以从原二次风箱取，也可从送风机出口引取。通过燃烧器气膜风入口引入燃烧器。气膜冷却风控制，冷态一般在等离子燃烧器投入 $0 \sim 30$ min，开度尽量小，以提高初期燃烧效率，随着炉温升高，逐渐开大风门，防止烧损燃烧器，原则是以燃烧器壁温控制在 $500 \sim 600$ ℃为宜。

（5）二次风系统。对于单独设置等离子点火一次风管路（等离子燃烧器作为点火用燃烧器）的系统，除设置等离子燃烧器气膜风系统外，原则上还应设置二次风系统。其设计原则与电站锅炉常规燃烧器设计方案相同。

3. 等离子点火器系统

（1）等离子发生器。等离子发生器是用来产生高温等离子电弧的装置，其主要由阳极组件、阴极组件、线圈组件三大部分组成，还有支撑托架配合现场安装。等离子发生器设计寿命为 $5 \sim 8$ 年。阳极组件与阴极组件包括用来形成电弧的两个金属电极阳极与阴极，在两电极间加稳定的大电流，将电极之间的空气电离形成具有高温导电特性等离子体，其中带正电的离子流向电源负极形成电弧的阴极，带负电的离子及电子流向电源的正极形成电弧的阳极。线圈通电产生强磁场，将等离子体压缩，并由压缩空气吹出阳极，形成可以利用的高温电弧。等离子点火器外形如图 5-10 所示。

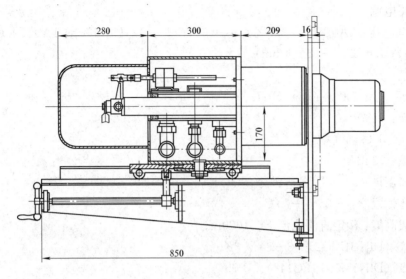

图 5-10 等离子点火器外形

1）阳极组件。阳极组件由阳极、冷却水道、压缩空气通道及壳体等构成。阳极导电面为具有高导电性的金属材料铸成，采用水冷的方式冷却，连续工作时间大于 500h。为确保电弧能够尽可能多的拉出阳极以外，在阳极上加装压弧套。

2）阴极组件。阴极组件由阴极头、外套管、内套管、驱动机构、进出水口、导电接头等构成，阴极为旋转结构的等离子发生器还需要加装一套旋转驱动机构。阴极头导电面为具有高导电性的金属材料铸成，采用水冷的方式冷却，连续工作时间大于 50s。

3）线圈组件。线圈组件由导电管绕成的线圈、绝缘材料、进出水接头、导电接头、壳体等构成。导电管内通水冷却，寿命为 5 年。

（2）等离子电气系统。等离子发生器电源系统是用来产生维持等离子电弧稳定的直流电源装置。其基本原理是通过三相全控桥式晶闸管整流电路将三相交流电源变为稳定的直流电源。其由隔离变压器和电源柜两大部分组成。电源柜内主要有由六组大功率晶闸管组成的三相全控整流桥、大功率直流调速器 6RA70、直流电抗器、交流接触器、控制 PLC 等。

1）隔离变压器。隔离变压器的主要作用是隔离。一次绕阻接成三角形，使 3 次谐波能够通过，减少高次谐波的影响；二次绕组接成星形，可得到零线，避免等离子发生器带电。

2）电源柜。电源柜选用德国 RITTAL 公司生产的 PS4000 型电源柜，电源柜为前后开门结构。前门上方安装有三块表从左到右分别为系统实际电压表、系统实际电流表、系统给定电流表，下方为排气孔，电源柜技术参数如下。

额定输入电压：3AC400（＋15％/−20％）。

额定输入电流：332A。

额定频率：45～65Hz。

额定直流输出电压：485V。

额定直流输出电流：400A。

过载能力：180％。

额定输出功率：194kW。

额定直流电流下的功耗：1328W。

电子电路电源

额定供电电压：2AC380（－25％）～460（＋15％）；I_n＝1A 或 1AC190（－25％）～230（＋15％）；I_n＝2A（－35％1min）。

冷却风扇

额定电压：3AC400（15％）50Hz。

额定电流：0.3A。

额定流量：570m³/h。

噪声等级：73dBA。

运行环境温度：0～40℃强迫风冷。

存储和运输温度：－25～＋70℃。

安装海拔高度：额定直流电流下≤1000m。

环境等级（DIN IEC 721—3—3）：3K3。

防护等级（DIN 40050 IEC144）：IP00。

说明：

■ 电源柜进线电压可低于额定电压（由参数 P078 设置，400V 装置可用于 85V 输入电压）。输出电压也相应降低。

■ 指定的直流输出电压，在进线电压低于 5％（额定输入电压）时也能达到。

■ 负载系数 K1（直流电流）同冷却温度有关。

■ 负载系数 K2 与安装高度有关。

■ 总的衰减系数 $K＝K1×K2$。

其中主要部件为：

■ 冷却风机：用来冷却柜内的控制元件。

■ 整流装置。

■ 熔断器：电流过载保护。

■ 电源开关：控制电源柜内冷却风机的启停。

■ 电源开关：电源柜控制电源。

■ 端子排：电源柜与外部设备的接口。

■ 直流控制器 6RA70。

■ 直流平波电抗器。

■ 控制变压器：将柜内交流 380V 电源转变成交流 220V 电源供控制回路使用。

■ 直流 24V 电源：用于电极的接触检测。

（3）整流电路。V1～V6 六个晶闸管（KP1000A/1200V）接成三相全控整流桥。

三相桥式全控整流电路为三相半波共阴极组与共阳极组的串联，因此整流电路在任何时刻都必须有两个晶闸管导通，才能形成导电回路。其中一个晶闸管是共阴极的，另一个晶闸管是共阳极的，所以必须对两组中要导通的一对晶闸管同时给触发脉冲。可采用两种办法：一种是给每个触发脉冲的宽度大于 60°（一般取 80°～100°），称宽脉冲触发；另一种是在触发某一号晶闸管的同时给前一号晶闸管补发一个脉冲，相当于用两个窄脉冲等效替代大于

60°的宽脉冲，称双脉冲触发。等离子电源柜采用的是双脉冲触发方式。

（4）SIEMENS 大功率直流调速装置 67RA70。SIEMENS 大功率直流调速装置 6RA70 是给直流调速电动机配备的调速器，其内部有两套整流电路分别用于电动机电枢回路和电动机的励磁回路。电动机电枢回路采用的是三相全控桥式整流电路，励磁回路采用的是单向全控桥式整流电路。等离子电源柜正是采用 6RA70 的电枢回路来提供稳定的直流电源。

（5）直流电抗器。直流平波电抗器，由于 DLZ—200 型等离子发生器是直流接触引弧，因此在启动阶段电源要工作在低电压（0～20V）、大电流（260～300A）的短路状态，这对功率组件是极其不利的。同时，由于等离子发生器在引弧瞬间会产生强烈的冲击负荷，即使是在正常工作情况下，由于电弧在阴极和阳极之间旋转产生电压跳变，也要求电源要有极强的恒流能力。这就要求平波电抗器要有足够的感抗。从平波的角度讲，当然是电感量越大越好，但是一味地增加电感抗，不仅会增加设备的成本，同时由于其尺寸过于庞大而不利于设备的推广使用。因此，在电抗容量设计上，通过大量实验工作最后定为500A，2.1MH 的电抗器，其平波效果较为理想。

（6）控制 PLC。选用 S7—200 CPU224 可编程控制器来对直流电源和电极动作进行控制，实现等离子点火器的自动点火。具体方案如下：

使用 USS 协议通过 CPU224 上的通信口 PORT0 与 6RA70 的通信口 X172 之间的数据交换，以完成对主电路的操作控制和各类状态信息的读出和条件判断等，实现直流电源的控制。

电极控制信号及点火必需的压缩空气压力、冷却水压力等信号直接接入 CPU224 固有的开关量输入输出。

通过扩展 EM277 DP 模块与主站 S7—300 完成数据交换，实现集中控制。EM277 模块配置为 16 字入/16 字出模式。

通过 CPU224 内部的逻辑运算，实现点火装置的自动控制。

按等离子发生器工作的特点和要求编制的控制程序保证了点火过程可顺利地进行，并对点火工作过程各装置提供了有效的监控和保护。根据系统要求启动等离子点火装置要分遥控/本控两种方式。在本控操作时，通过电气操作柜对直流电流和阴极位置可以随时进行必要的调整，以适应不同煤种和工况条件下的点火参数需求。

4. 等离子空气系统

压缩空气是等离子电弧的介质，等离子电弧形成后，通过线圈形成的强磁场的作用压缩成为压缩电弧，需要压缩空气以一定的流速吹出阳极才能形成可利用的电弧。因此，等离子点火系统需要配备压缩空气系统，压缩空气的要求是洁净的而且是压力稳定的，压缩空气系统如图 5-11 所示。具体实现方案如下：

（1）压缩空气由空气压缩机经过滤装置储气罐出口母管的管道分别送到等离子点火装置。

（2）等离子点火装置上的压缩空气管道上设有压力表和一个压力开关，把压力满足信号送回本燃烧器整流柜。

（3）等离子点火装置入口的压缩空气压力要求不大于 0.02MPa，每台等离子装置的压缩空气流量约为 1.0～1.5m³/min（标况下）。

（4）压缩空气系统中同时设计有备用吹扫空气管路，吹扫空气取自图像火检探头冷却风机出口母管，用于保证在锅炉高负荷运行、等离子点火器停用时点火器不受煤粉污染。

5. 等离子冷却水系统

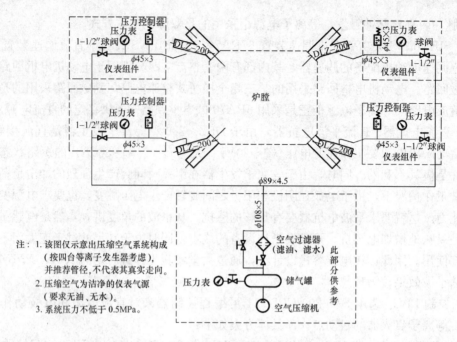

图 5-11　压缩空气系统

等离子电弧形成后，弧柱温度一般在 5000～30 000K 范围内，因此对于形成电弧的等离子发生器的阴极和阳极必须通过水冷的方式来进行冷却，否则很快会被烧毁。通过大量实验总结出为保证好的冷却效果，需要冷却水以高的流速冲刷阳极和阴极，因此需要保证冷却水不低于0.3MPa 的压力。另外，冷却水温度不能高于 30℃，否则冷却效果差。为减少冷却水对阳极和阴极的腐蚀，要采用电厂的除盐化学水，冷却水系统如图 5-12 所示。具体设计方案如下：

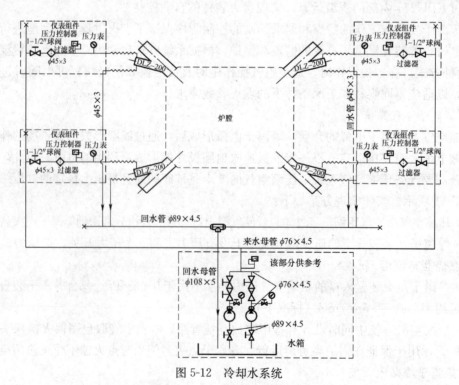

图 5-12　冷却水系统

（1）冷却水系统采用闭式循环系统，由冷却水箱、冷却水泵、换热器及阀门、压力表、管路组成，冷却水泵两台互为备用。系统材质均为不锈钢。

（2）冷却水箱、水泵安装保证不振动。换热器根据现场情况安装。

（3）冷却水经母管分别送至等离子点火器，单个等离子点火器的冷却水用量约为10t/h，冷却水进入等离子装置后再分两路分别送入线圈和阳极，另一路进入阴极。回水采用无压回水（出口为大气压），等离子点火器回水经母管流经换热器冷却后返回冷却水箱。等离子装置来水管道上设有手动调节阀，用于调整等离子点火器冷却水流量，同时安装有冷却水压力表、过滤器及压力开关（CCS），压力满足信号送回本等离子整流柜。

（4）每台发生器来水管路装有压力开关，压力满足信号送至控制系统 PLC，保证等离子点火燃烧器投入时冷却水不间断。

（5）冷却水采用除盐化学水，通过补水管路为冷却水箱供水。

（6）对于两台炉公用冷却水系统，回水分管道加装截止阀。

6. 等离子监控系统

（1）壁温测量。为了确保等离子燃烧器的安全运行，在燃烧器的相应位置安装了监视壁面温度的热电偶。热电偶的安装位置是根据数台等离子燃烧器的工业应用情况和燃烧器工作状态下的温度场确定的。安装位置如图 5-13 所示。热电偶的型号主要为 K 分度或铠装热电偶。

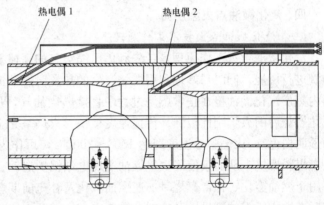

图 5-13　3 壁温测量

热电偶的安装在等离子燃烧器的设计图中有明确要求，其基本原则是牢固、防磨、耐用、拆卸更换方便。

（2）风粉在线检测。为了在等离子燃烧器运行时能够监测一次风速，控制一次风速在设计范围，在一次风管加装一次风速测量系统。一次风在线测速装置的组成见图 5-14。

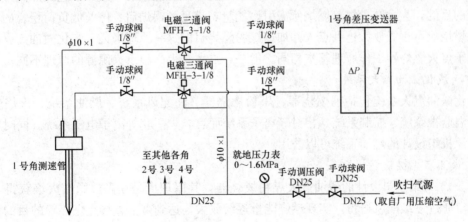

图 5-14　一次风在线测速装置的组成

（3）图像火焰监视。将煤粉燃烧器的火焰直观的显示给运行人员将对锅炉的安全运行及燃烧调整有极大的帮助。在 DLZ—200 等离子点火系统中，为每个等离子点火燃烧器配置了一支高清晰图像火检探头。该探头采用军用 CCD 直接摄取煤粉燃烧的火焰图像，图像清晰，不失真。为使 CCD 避开炉内高温，每只探头均采用长工作距监测镜头。探头外层加装了隔热机构，有效组断二次风传导热及炉膛辐射热。探头前部采用特种耐温玻璃能抗 1500℃ 熔融灰渣对镜面的冲刷，镜面长期光滑无损。每只探头均需通入冷却风，一方面冷却 CCD 和镜头，另一方面冷却风通过探头前端 3 通道风 3 组合弧形冷却风喷射机构，可避免飞灰、焦块污染镜头。

技术参数为：

(1) 探头风阻：进口风质 $p_1 = 2000Pa$ 时，冷却风风管 $Q = 64m^3/h$（标况下）。

(2) 探头外径：$\phi 69$。

(3) CCD 工作电压：$U = 12V/DC$。

(4) 输出信号：标准 PAL 制式视频信号。

(5) 在冷却风正常工作情况下耐温 1200℃。

四、汽化微油点火燃烧器

（一）汽化微油点火技术工作原理

汽化微油点火工作原理是：先利用压缩空气的高速射流将燃料油直接击碎，雾化成超细油滴进行燃烧，同时巧妙地利用燃烧产生的热量对燃油进行加热、扩容，使燃油在极短的时间内蒸发汽化。油枪在正常燃烧过程中直接燃烧油气，从而大大提高燃烧效率及火焰温度。汽化燃烧后的火焰刚性极强、传播速度极快，火焰呈完全透明状（根部为蓝色，中间及尾部为透明白色），火焰中心温度高达 1500～2000℃，可作为高温火核在煤粉燃烧器内进行直接点燃煤粉燃烧，从而仅使用少量燃油实现电站锅炉启动、停止以及低负荷稳燃。压缩空气主要用于燃油雾化、正常燃烧时加速燃油汽化及补充前期燃烧需要的氧量；高压风主要用于补充后期燃烧所需的氧量以及冷却油燃烧室。

微油量汽化油枪燃烧形成的火焰，在煤粉燃烧器内形成温度梯度极大的局部高温火核，使进入一次煤粉燃烧室的浓相煤粉通过高温火核时，煤粉颗粒温度急剧升高、破裂粉碎，并释放出大量的挥发分迅速着火燃烧；然后由已着火燃烧的浓相煤粉在二次煤粉燃烧室内与稀相煤粉混合并点燃稀相煤粉，实现煤粉的分级燃烧，燃烧能量逐级放大，达到点火并加速煤粉燃烧的目的，大大减少煤粉燃烧所需引燃能量，满足了锅炉启、停及低负荷稳燃的需求。

从燃烧能量逐级放大达到点火并加速煤粉燃烧目的这一原理来说，汽化微油点火燃烧器与等离子点火燃烧器工作原理基本相同。但是，二者获得高温点火源源的原理不同。

（二）汽化微油点火系统

汽化微油点火系统包括油燃烧器、煤粉燃烧器、油配风系统、燃油系统、火焰监视系统、壁温监视系统、控制系统，相对等离子系统而言，少一套等离子电气系统。同时，燃油系统与原机组设计的燃油系统可以公用。

1. 微油点火煤粉燃烧器

图 5-15 为某公司设计的微油点火煤粉燃烧器，其原理也是在高温微油火焰获得点火初始能量，通过逐级配风送粉，实现燃烧能量逐级放大，达到微油直接点燃煤粉的目的。

2. 微油点火油燃烧器

油燃烧器主要包括燃油喷嘴、燃烧筒、配风器、点火装置、火焰检测装置等。其独特的结构设计和配风方式能使燃油充分、均匀地与空气混合，燃烧剧烈，火焰稳定性极高。

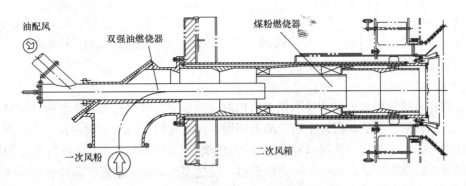

图 5-15 汽化微油点火煤粉燃烧器示例

油燃烧器工作时，油枪、点火枪和火焰检测装置均不在高温区，所以避免了油枪的结焦和点火枪的烧蚀问题，同时油枪和点火枪无需推进装置，进一步简化了系统配置，使用及维护都非常简单。油燃烧器及油枪头示意如图 5-16、图 5-17 所示。

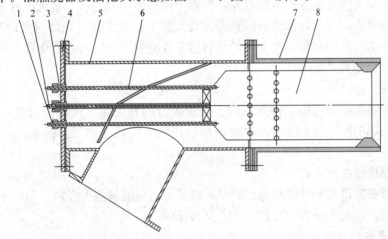

图 5-16 油燃烧器示意

1—点火枪；2—油枪；3—油火检；4—安装板；

5—三通管；6—导管组件；7—配风筒；8—油燃烧器

3. 微油点火油配风系统

油配风系统由电动蝶阀、手动蝶阀、三通管、配风筒和安装板组成。

油配风需要压力比较稳定的风源，在保证风压和风量的同时尽可能减少压力波动，所以理想的风源是采用各自独立的风机供风。

采用预热器前一次风作为燃烧器的油配风，稳定的风压（油燃烧器前不低于 3000Pa）及充足的风量是保证油燃烧器正常工作的关键。四角各

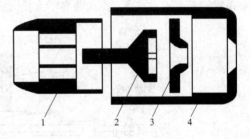

图 5-17 油枪头示意

1—分油环；2—旋流盘；3—喷嘴；4—大螺帽

自独立地从一次风箱引出一根 $\phi 325 \times 10 \text{mm}$ 风管提供各自的油配风。油枪出力为 160 kg/h，每千克燃油需油配风 $1 \times 10 \text{m}^3 \times 1.1 = 11 \text{m}^3/\text{h}$（标况下），单角共需风量 $11 \text{m}^3/\text{h} \times 160 = 1760 \text{m}^3/\text{h}$（标况下）。

227

4. 燃油系统

油系统由油枪、金属软管、气动球阀、手动球阀、油过滤器、油压表和油路三通管组成，单只油枪出力暂定为 160kg/h。

5. 火焰监视系统

火焰监控系统分为油火焰监控和煤粉火焰监控两部分。双强点火燃烧器独特的结构使得采用常规火焰检测器无法从设计上避免偷看问题，同时这种独特的结构使得油燃烧器在退出运行时其内外的温度基本为常温（30℃），且油燃烧器退出运行后一直保证有少量的冷风吹扫，油燃烧器距煤粉燃烧器喷口的距离也较远，经过多次试验和论证，采用特制的热电偶通过监控温度作为油火焰建立的判定条件，是完全可行的，且无需火检冷却风。在每支油燃烧器内装有一个快速反应热电偶，通过补偿导线接至控制柜内处理器上（可输出开关量信号和 4～20mA 标准信号），设定温度点暂定为 120℃，当油燃烧器内温度超过此温度时，处理器发出有火开关量信号。

煤粉火焰采用图像火检进行目视监控，在每个煤粉燃烧器上部二次风道内装有耐高温摄像头，将图像信号通过专用数据线传输到图像处理器上，从图像处理器直接输出视频信号，通过同轴电缆传输到九画面分割器上，最后通过工业电视同时显示各燃烧器火焰情况。探头冷却风采用现有冷却风系统供风。

6. 控制系统

采用就地控制柜控制油阀、油配风门、气膜风门的开关和点火器的启动，柜内设有远方/就地控制方式切换旋钮及指示，就地控制柜接受上位机（DCS）指令，实现远方自动控制。

五、点火燃烧器布置方式

点火燃烧器布置得当不但可获得好的点火效果，也可节省点火燃料。但由于燃料、燃烧器方式等的不同，点火燃烧器的布置方式也是多样的。

（一）旋流式燃烧器的点火器布置方式

常见的有两种布置方式，即点火器在主燃烧器中心内和倾斜地插在主燃料喷口旁两种方式。东方电气集团 1000MW 等级锅炉配备的 HT—NR3 旋流燃烧器这两种点火器布置方式都有出现，如图 5-18 所示，启动油枪及其点火器采用中心布置，点火油枪及其点火器采用斜插布置。上面中心布置的方式较为紧凑，点火器易于支托固定，点火耗油量也较小，且火焰检测器工作环境温度

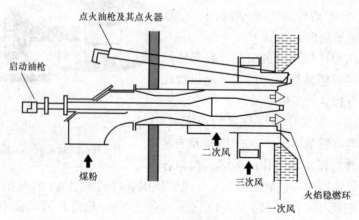

图 5-18　旋流式燃烧器点火器示意

也较低。但是采用这种方式，中心管径则较大，点火器和油枪的自动位移装置要比点火器倾斜插入时较难布置。如若采用"抱枪式"气缸驱动，亦会导致油枪过长。

点火器在侧面倾斜布置的方式有两种情况。一种是如图 5-18 所示，油枪和点火装置布置在一起，都由侧面倾斜插入，而火焰检测装置布置在中心管内。采用这种方式，点火器本身的点火较容易，但点燃煤粉气流时则要求点火器的位置适当。另一种如图 5-19 所示，是点火用油枪仍然布置在中心，点火装置和火焰检测器则由侧面倾斜

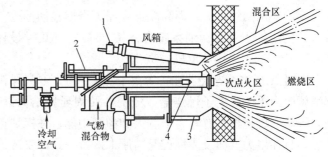

图 5-19　旋流式燃烧器点火器的侧面倾斜布置方式
1—点火油枪；2—调风器操纵器；3—调风器挡板；4—火焰检测器

插入。这种装置方式也需预先确定点火装置和油喷嘴间的最佳相对位置。不过，油枪位于燃烧器中心的方式，可减少点火所需能量。

除上述之外，在有些燃油或天然气的圆形燃烧器上，点火器平行于中心管（油枪）安装，有的点火器的支杆还穿过稳焰器叶片借以支托固定。

（二）切向燃烧直流燃烧器的点火器布置方式

切向直流燃烧器的点火器布置方式有中心布置和侧面布置两种方式。中心布置是将点火器和油枪设在二次风喷口内，用以点燃邻近一次风喷口喷出的煤粉气流，由点火器的电火花点燃轻油枪，由轻油枪点燃邻近的一次风喷口的煤粉，称为二级点火方式。这种方式的布置、安装以及系统均较为简单，我国的切向燃烧煤粉锅炉较多采用这种点火方式。目前 1000MW 等级机组锅炉，哈尔滨锅炉厂双切圆以及上海锅炉厂的双切圆和单切圆锅炉均采用这种布置。

点火器侧面布置方式，又有两种方式，即在每一主燃烧器的侧面均布置相应的点火器，当主燃烧器启动、停止以及在不利工况下，则投入点火器以保证安全运行。另一种方式是在主油枪的侧面布置点火器，而主油枪（重油燃烧器）再点燃煤粉燃烧器，即所谓三级点火方式。

（三）等离子及微油点火器的布置

早期等离子及微油点火燃烧器的布置方式以倾斜插在主燃烧器旁边为主，但是这种方式存在很多缺点：燃烧器内部结焦、着火较差等。改进后的等离子及微油点火器均直接插在主燃烧器中间，如图 5-20 所示。

六、1000MW 超超临界锅炉的点火系统配置

（一）大唐潮州电厂

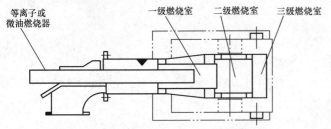

图 5-20　常规等离子及微油点火器的布置方式

大唐潮州电厂 3 号、4 号机组 1000MW 超超临界锅炉整个炉膛的燃烧器共 48 只，燃烧器为全摆动式，共设六层一次风喷口，三层油风室，一层燃尽风室（OFA）、十层辅助风室（AA）和上置四层附加风室（Addition

Air)。运行中炉膛形成两个反向双切圆（双火球），以获得沿炉膛水平断面较为均匀的空气动力场。

锅炉采用两级点火，即高能点火器先点燃轻油油枪，轻油油枪再点燃煤粉。每只油枪配有自身的高能点火器。油系统容量按25%B—MCR设计。共24只油枪，单支油枪出力为2050kg/h，油枪采用简单机械雾化。

同时A层煤粉燃烧器配备等离子点火系统，8只煤粉燃烧器各配备一套。A层PM燃烧器浓侧改为单个等离子燃烧器，淡测参照周界风结构设计封堵喷口。在锅炉点火和稳燃期间，等离子燃烧器具有等离子点火和稳燃功能；在锅炉正常运行时，该燃烧器具有主燃烧器功能，且在出力方面及燃烧工况与原来保持一致。安装等离子点火设备后最下层燃烧器将不再参与摆动，但不影响其他各层燃烧器及二次风喷口的摆动。

等离子点火器安装在燃烧器轴向后侧，等离子点火系统单台炉需8×150kVA（共计1200KVA）的AC 380V电源，由6kV总电源配电送至八台隔离变压器，再接至整流柜，输出的直流电送至就地等离子发生器以产生等离子电弧，单套等离子设备的基本参数如下：

（1）电源。

三相电源：380（−5%～+10%）V。

频率：（50±2%）Hz。

最大消耗功率：200kVA。

负荷电流工作范围：（200～375）±2%A。

电弧电压调节范围：（250～400）±5%V。

等离子发生器电源：DC360V。

（2）载体风。

最低风压：5kPa。

最高风压：20kPa。

调节阀后空气压力调节范围：8～15kPa。

最小流量：60m³/h。

最大流量：100m³/h。

（3）冷却水。

最小压差：0.20MPa。

正常压差：0.30MPa。

最大压差：0.4MPa。

最大流量：10t/h。

水质要求：除盐水，温度不大于40℃。

（4）点火器电功率。

最低输出功率：70kW。

极限输出功率：150kW。

额定输出功率：100kW。

（5）一次风。

最低风速：18m/s。

最低风温：60℃。

（二）华能海门电厂

华能海门电厂 1、2 号机组超超临界锅炉点火系统采用两级点火，即高能点火器先点燃轻油油枪，轻油油枪再点燃煤粉。48 只 HT—NR3 煤粉燃烧器分别配备 48 只简单机械雾化油枪，用于启动点火及低负荷稳燃。每只油枪配有自身的高能点火器。高能点火器、油枪及其各自的推进器设计成组合一体型式，结构紧凑，并且能够完全满足程控点火的要求。油枪位于煤粉燃烧器的中心，燃烧器中心风内，48 只油枪总输入热量相当于 30%B—MCR 锅炉负荷。

A 层煤粉燃烧器配备等离子点火系统，8 只煤粉燃烧器共配备 8 套等离子点火系统。A 层煤粉燃烧器改造成等离子点火燃烧器，在启动时作为点火用，在正常运行中作为主燃烧器正常投入。等离子点火器位于燃烧器中心，该燃烧器的点火油枪移至旋流二次风口内。

正常情况下，锅炉可以不需要试验燃油，直接等离子无油点火启动锅炉升温升压。

（三）国华台山电厂

国华台山电厂 6、7 号机组 1000MW 超超临界锅炉为上海锅炉厂生成的塔式锅炉，燃烧器采用 LNCFS 燃烧器。其点火系统也采用二级点火。主风箱共设有 6 层暖炉轻油枪和高能点火枪，共 24 套，布置在相邻 2 层煤粉喷嘴之间的 1 只直吹风喷嘴内。暖炉轻油枪采用机械雾化方式。24 支油枪按照带 25%B—MCR 锅炉负荷设计，每支油枪的容量为 2000kg/h。

为节约用油，锅炉配备一套汽化微油点火系统，安装于底层煤粉燃烧器上，同时将底层煤粉燃烧器改造成汽化微油点火燃烧器，单支燃烧器出力不变，仍可以作为主燃烧器用。微油点火燃烧器设计参数如表 5-1 所示。

表 5-1　　　　　　　　台山电厂 6、7 号机组微油点火燃烧器设计参数

序　号	名　　称	单　位	结　果	备　注
1	一次风管风速	m/s	18～28	微油方式
2	磨煤机出口温度	℃	65～80	暂定
3	单只燃烧器出力	t/h	2～9	微油方式
			与原燃烧器保持一致	正常运行
4	煤粉浓度	kg/kg	0.15～0.8	微油方式
			与原燃烧器保持一致	正常运行
5	煤粉细度	R_{90}	与原燃烧器保持一致	微油方式
6	燃烧器阻力	Pa	比正常运行增加约 200Pa	微油方式
			与原燃烧器保持一致	正常运行
7	煤　种		适用范围：设计和校核煤种	
8	燃烧器喷口面积		与原燃烧器喷口面积一致	
9	燃烧器的布置和炉内假想切圆		与原燃烧器保持一致	
10	炉内动力场		与原燃烧器保持一致	

微油系统设计参数如下：

工作油压：1.5～3.0MPa（暂定）。

消耗量（单支燃烧器）：40～60kg/h。

额定参数：3.0MPa，50kg/h。

汽化微油枪能够直接冷炉点燃煤粉，并且单支油枪出力大大下降，应能实现大量节油的目的。

第二节　火焰检测器

火焰检测器是燃烧控制重要部件之一，它的作用是对火焰进行检测和监视。在锅炉点火、低负荷运行、正常运行等锅炉整个运行过程中，对点火器的点火、燃烧器的着火情况、全炉膛的燃烧稳定性进行监视和自动检测，以判断单只燃烧着火情况及全炉膛燃烧情况，防止锅炉灭火机炉内爆炸事故发生。

一、炉膛中火焰特性和辐射光谱

锅炉使用的燃料主要有煤、油、可燃气体等，这些燃料经燃烧器喷入炉内进行燃烧，在燃烧过程中将释放出大量的能量，包括光能，如紫外线、可见光和红外线，热能和声辐射能等。这些不同的能力形式构成了检测炉膛火焰存在与否的基础，应用不同的火焰特征可以构成不同类型的火焰检测器。新一代火焰检测系统主要以检测火焰光能为基础。

燃料着火燃烧分区域进行，并在各个区域表现出不同的光强亮度和闪烁频率，且频率与燃料性质有关。以电站锅炉的煤粉燃烧器为例，燃烧火焰分为 4 阶段：从喉口开始依次为黑龙区、初始燃烧区、燃烧区和燃尽区。不同燃料的光谱分布特性表明，油火焰含有大量的红外线、部分可见光和少量紫外线；煤粉火焰含有少量紫外线、丰富的可见光和红外线，气体火焰有丰富的紫外线、红外线和较少的可见光。对于单只燃烧器火焰，在初始燃烧区不但可见光和红外线较丰富，而且能量辐射率变化剧烈。因此，要获得好的火焰检测效果，火焰检测探头准确对准燃烧器的初始燃烧区是必须确保的最基本要求。

煤粉火焰除有不发光的 CO_2 和水蒸气等三原子气体外，还有部分灼热发光的焦炭粒子和灰粒等，它们有较强的可见光和一定数量的紫外线，而且火焰的形状会随负荷变动有明显变化；可燃气气体火焰中含有大量的透明的 CO_2 和水蒸气等三原子气体，主要是不发光火焰，但是还包含有较强的紫外线和

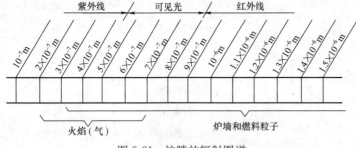

图 5-21　炉膛的辐射图谱

一定数量的可见光，天然气火焰的紫外线主要产生在火焰的根部的初始燃烧区，重油火焰中除了有部分 CO_2 和水蒸气外，还悬浮着大量发光的炭黑粒子，它也有丰富的紫外线和可见光。炉膛的辐射图谱见图 5-21。

炉膛辐射能量与火焰检测感光效应范围的关系见图 5-22。各种火焰检测器检测感光的适用范围和相对灵敏度见图 5-23。

二、火焰检测器分类和性能

（一）火焰检测器的分类

现代锅炉火焰检测技术可分为直接式和间接式两大类，直接式火检一般用于点火器的火

焰检测，常用的有检出电极法、差压法、声波法和温度法等；间接式火检是一般意义上的火检，也就是主燃料火检，通常利用不同形式的辐射能量检测火焰。

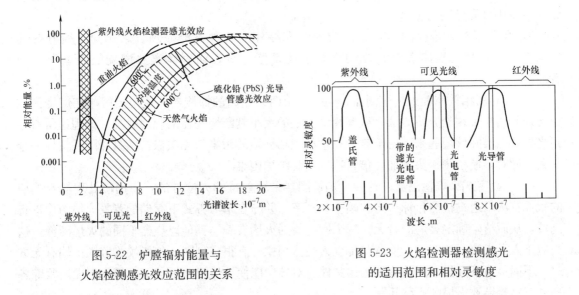

图 5-22　炉膛辐射能量与
火焰检测感光效应范围的关系

图 5-23　火焰检测器检测感光
的适用范围和相对灵敏度

按照工作原理，火焰检测器又可以分类如下：

（1）利用热膨胀原理。金属、液体等在火焰高温作用下受热膨胀，作为脉冲信号，直接或放大后作用于执行机构。

（2）利用热电原理。热电偶在火焰高温作用下产生电动势，经放大后作用于执行机构。

（3）利用声电原理。即利用燃烧时的扰动噪声特性。

（4）利用火焰周围压力变化原理。利用火焰周围压力变化发出信号，也可以用差压变送器将风箱与炉膛间的差压变换为接点的开闭信号，转为火焰检测信号。

（5）利用火焰导电性原理。燃烧时的化学反应使火焰电离产生导电性，敏感元件的一个电极直接放置在火焰中；另一个电极接在炉膛外壳上，燃烧时则有电流通过两电极，将这一脉冲信号放大，使继电器动作。

（6）利用火焰整流原理。火焰中电子轻，易被电极吸收，而离子重，速度慢，不易被电极吸收，产生局部整流，可以将加在电极两端的交流电部分整流为直流。火焰熄灭时，直流电消失，这一脉冲经放大后使继电器动作。

（7）利用火焰产生电动势原理。用高灵敏度检流计一端接喷口，另一端放在火焰中的电极上，火焰产生的电动势，使检流计指针动作。

（8）利用火焰脉动特性原理。用硅光电池或光敏电阻作为敏感元件，将光照的火焰脉动变为交流电脉冲信号，经频带放大器放大后使继电器动作。

（9）利用火焰发光性原理。其中主要有以下三种：

1）红外线火焰检测器通过检测燃烧火焰放射的红外线强度和火焰频率来判别火焰是否存在。探头采用硫化铅光电管或硅光电二极管，由于炉膛火焰闪烁频率低于燃烧器频率，红外线火检能区分燃烧器和背景火焰。

2）可见光火焰检测器同时检测火焰闪烁频率和可见光亮度，并进行逻辑加运算来检测燃烧火焰的存在。采用火焰平均光强和脉动闪烁频率双信号，可提高检测的可靠性。另外，可见光检测器有滤红外光功能，能去除烟尘、热烟气、炉渣和炉壁的红外辐射，进一步提高了火检的可靠性。但是可见光不能穿透灰尘、烟雾，而红外线则有一定的穿透能力。因此，红外检测比可见光更理想。

3）组合探头火焰检测器，采用紫外线和红外线两种检测原理。它能同时检测各种燃料的能力，因为气体燃料燃烧的火焰主要是紫外线，而固体燃料燃烧的火焰介于两者之间。

（10）利用相关原理火焰检测器。同时使用两只相同的探测器，使检测区域在燃烧区域相交。利用相关理论分析方法，根据相关系数的大小判断燃烧器的燃烧状况。该理论虽有独到之处，但实际使用起来，由于制造技术和现场环境的污染，无法保持两只探险头特性完全一致。同时，使检测探头增加一倍，造成安装维护困难。

（11）数字式火焰检测器。这种火焰检测器采用独特的火检方法，使用微处理器及相应的软件算法，通过检测目标火焰的幅度和频率，并与在学习方式下存储的背景火焰图像进行比较，从而精确确定火焰的有无。每个燃烧器的火焰有着与其他燃烧器不同的火焰图像，这类似于人类指纹。数字式火检器与传统火检器相比，有很多创新，如指纹式鉴别火焰有无方式、不同负荷下选择不同的鉴别图像文件、对准功能使火焰视角更佳等，但它们无法跟踪各种动态因素导致火焰的漂移问题。

（二）火焰检测器的性能

1. 电站锅炉火焰检测器要求

火焰检测系统对火焰检测器的要求是：发出的检测信号可靠；有足够的灵敏度；对干扰信号有一定的识别能力；元件有一定的耐温性和抗氧化性，使用寿命较长等。而在为电站锅炉选择合适的火焰检测器时，应满足以下几点要求：

（1）能够正确分辨煤和油燃烧产生的火焰，监测频率在全频谱（或对应频谱）范围内连续可调，确保在全负荷范围内均能观察到火焰。

（2）正确反映火焰频率和强度等火焰燃烧状态（如火焰频率和强度），不发出错误信息。

（3）能对背景火焰进行处理，使其相邻的、对冲的、炉膛反射的背景干扰或相邻主火焰的干扰处于最小，确保不会提供一个虚假的有火信号。

（4）应有 4～20mA 或 0～10V 的输出信号，用来表征火焰强度，还至少应有两个干接点输出，用来表征有火/无火和故障等信号。

（5）火检机柜应具有两路互为备用的、可自动无扰切换的交流电源。

（6）火焰检测器的安全保护等级应为 IP66，如有光纤，光纤连续工作温度应不低于400℃。并配有火检冷却风系统，保证火焰检测器的运行环境满足要求，防止因锅炉炉膛正/负压、高温造成的损坏。

2. 不同类型火焰检测器性能比较

上面提到的直接法，如检出电极法。利用电极电阻值在着火前后的变化来判别点火是否成功。其在轻油点火枪的火焰检测上取得成功；差压法，利用着火后气体膨胀产生的瞬间压力变化，建立风箱和检测处的差压的变化关系，以此作为着火与否的信号。这种方法简单，但可靠性欠佳。声波法利用火焰噪声进行火焰检测，不能在有电动机、风机等声源噪声的现场中实际应用。温度法检测火焰发热，利用火焰温度变化检测火焰，由于炉内温度具有较大的惯性，并且燃料种类不同，灭火温度也有较大的差异，故火检器参数难以整定。这几种火检器或对应用环境要求较高，或存在较大的局限性，目前已基本淘汰，在此不对该类火焰检测器作性能介绍。

利用辐射光能原理检测炉膛火焰，是目前使用最广泛，也是较行之有效的方法。常用辐射光能火检基本上都是基于燃烧过程中火焰辐射出的红外线、可见光和紫外线等进行检测。紫外线火检利用火焰本身特有的紫外线强度来判别火焰的有无，其光电器件为紫外光敏管。紫外光敏管对相邻燃烧器火焰有较高的鉴别力，通常用作单火嘴的火焰检测器。但是紫外线易被介质吸收，当紫外光敏管被烟灰、油雾等污染物污染时，灵敏度明显下降，所以在燃用重油和煤粉的锅炉中，紫外线火检并不可靠，尤其在煤粉炉上，当锅炉低负荷运行时，紫外线大量减少，其灵敏度更低。因此，紫外线检测适用于燃用气体或轻油燃料的锅炉，不适用于燃用重油和煤粉燃料的锅炉。红外线火检通过检测燃烧火焰放射的红外线强度和火焰频率来判别火焰是否存在，探头采用硫化铅光电管或硅光电二极管。由于炉膛完全燃烧着火区火焰闪烁频率通常不超过2，因此通过滤波电路，红外线火检能区分燃烧器火焰和背景火焰。红外线检测器在不同煤种的锅炉上都有良好的监视效果，得到了广泛的应用，典型产品有FORNEY公司的IDD－Ⅱ。可见光火检同时检测火焰闪烁频率和可见光亮度，并进行逻辑加运算来检测燃烧火焰的存在。同时，采用火焰平均光强和脉动闪烁频率双信号，可提高检测的可靠性。另外，可见光检测器有滤红外光功能，能排除烟尘、热烟气、炉渣和炉壁的红外辐射，进一步提高了火焰检测的可靠性。但是，可见光容易被油雾、烟雾及未燃烧的煤粉阻挡和吸收，而红外线则有一定的穿透能力，因此红外线检测比可见光检测更理想。可见光火检器用光纤和光电二极管识别火焰特性，典型公司有CE公司和BAILEY公司。组合探头火检器结合了两者优点，组合了紫外线和红外线两种检测探头，它具有同时检测各种燃料的能力。采用光电二极管及一个硫化铅或硒化铅光敏电阻的双色镜头，扩大了红外的响应范围。而利用火焰发光性原理的光电火焰检测器由于其特点，故被广泛应用于电站锅炉火焰检测系统，其系统见图5-24。

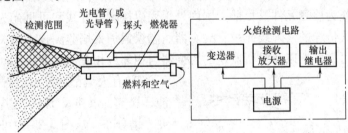

图 5-24　光电火焰检测系统

（1）光电管。在抽真空的玻璃泡内放置两个电极：阳极与具有光敏面的阴极。有氧化铯和锑铯光电管（真空和充气的），它们对可见光敏感，动作惰性小，结构简单，用来监视整个炉膛熄火较好。光电管的缺点是炉墙的红外线会干扰其测量信号；管子使用温度不高；工作一段时间后灵敏度会降低，光电管多用于煤炉。

（2）光导管（光敏电阻）。光导管是由铊、铺、铅、铋等的硒化物制成，如红外线硫化铅光导管，它是最先应用于燃油炉上的一种。光敏电阻多用硫化铅、硫化镉等，它对红外线、可见光感光好。光导管结构简单、体积小、有一定灵敏度。缺点是用光导管监视火焰检测器信号会受到高温耐火炉墙射出红外线的干扰，且尚无法区分不同热源。为了避免干扰，可将控制系统设计成选择性地接受某一脉动频率内的信号，但相邻燃烧器火焰对信号干扰难以完全避免，而且不同燃料发出的红外线辐射的波长差别很大，光导管对不同燃料火焰的灵敏度不同，因此不适用于混合燃料。此外，管子耐温不高（不得高于60℃），管子工作稳定性差，照度特性呈非线性，动作惰性也较光电管大。国内电厂用反光镜解决光导管工作温度过高问题或用专门供光导管用的冷却风机，也有研制成功用水冷却装置的光导管灭火报警放大器。光导管检测器可用于油、气炉和煤粉炉。

（3）紫外线管。该类检测器优点是管子结构牢固，灵敏度高、体积小、工作环境温度高（200℃以下能长期工作）。它仅对光谱中的狭小波长段 $0.2\sim0.3\mu m$ 的紫外线敏感，对可见光和红外线不敏感，因此它能进行优异的辐射源的辨别，避免因炉墙发出辐射红外线而引起的误动作。而且紫外线辐射主要存在于火焰的初始燃烧区（即火焰根部），因而能有效地避免相邻燃烧器的干扰。该元件对有较强紫外线的煤气、天然气的火焰检测较为有效。油炉也适用，只要将传感器对准火焰根部，就能很好工作。而在煤粉炉上使用紫外线管的可靠性就较差，这是因为煤粉燃烧时发射出的紫外线并不多，且炉内有高温灼热的煤粉，飞灰及腐蚀性气体使传感器的工作条件很差。沿燃烧器周围还有较多的稠密的未燃煤粉"裙"，有较强的可见光。所以，对煤粉炉一般不用紫外线作为火焰检测。

（4）硅光电池。对煤粉炉比较适用的是硅光电池、光导管或光电二极管式红外线传感器。采用硅光电池能将所检测到的脉动信号（其频率为150Hz或更高）送至频带为250～280Hz的放大器上来检测火焰幅值变化的频率（即火焰的闪烁）。因红外线传感器对温度十分敏感，工作温度不能超过60℃，因此不能像紫外线传感器那样可伸入炉墙内。为此研制成功一种特殊的光导纤维管，能将炉膛内火焰的红外线传送到安装在炉外的传感器。这种传感器和适当的电子系统相配合，可以用来监视煤粉炉的每只燃烧器。

三、火焰检测器在锅炉上应用

20世纪60年代和70年代，工业发达国家广泛采用紫外线型火焰检测器，这种检测器以紫外线光敏管作为检测元件。目前，国内外采用以探测红外线和可见光为基础的新型火焰检测器，逐步取代传统的紫外线光敏管检测器。燃煤锅炉火焰监测技术的关键是提高单只燃烧器火焰检测的可靠性，以及对所监视的燃烧器与相邻或相对燃烧器火焰间的有效识别。

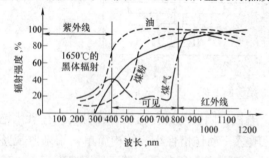

图 5-25 不同燃料火焰的辐射强度与波长关系

所有火焰都会发出电磁辐射，图5-25为油、煤气、煤粉及1650℃黑体发射的辐射强度光谱分布。从图5-25中可见，所有的燃料燃烧都辐射一定量的紫外线（UV）与大量的红外线（IR），光谱范围从红外线、可见光直到紫外线，整个光谱范围都可以用来检测火焰的"有"或"无"。

所有的火焰，除辐射稳态电磁波外，均呈脉动变化。单只燃烧器的工业锅炉火焰监视，就可以利用火焰的这个特性，采用带低通滤波器（10～20Hz）的红外固体检测器（通常用硫化铅）。但电站锅炉多个燃烧器炉膛火焰的闪烁规律与单燃烧器工业锅炉大不一样，特别是在燃烧器的喉部，闪烁频率的范围要宽得多。图5-26为燃煤与燃油的多个燃烧器炉膛投入（"有火"）或（"无火"）单只燃烧器时的火焰闪烁辐射分布。图 5-26 可见以下几点。

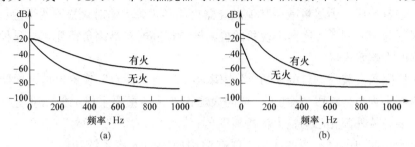

图 5-26　多燃烧器炉膛的煤粉和油火焰闪烁辐射分布

(a) 煤粉火焰；(b) 油火焰

（1）煤粉"有"火与"无"火间辐射强度最大差异的闪烁频率约为 300Hz；

（2）油"有"火与"无"火间辐射强度最大差异的闪烁频率约为 100Hz；

（3）煤粉与油在低频范围（10～20Hz）"有"火与"无"火间闪烁幅度的差异量都很小；

（4）对煤粉与油而言，"有"火与"无"火间的区别都要用较高的频率（100Hz 以上）才能较好地实现检测。

闪烁频率与振幅间的关系，取决于燃料种类、燃烧器的运行条件（燃料空气比、一次风速度）、燃烧器结构布置、检测的方法以及观测角度等。一般火焰闪烁频率在一次燃烧区较高，在火焰外围处较低。检测器距一次燃烧区越近，所检测到的高频成分（100～300Hz）越强。检测器探头视角越狭窄，所检测到的频率越高；视角扩大，则会测及较低频的闪烁。可以推论，全炉膛监视的闪烁频率要比单只燃烧器监视的频率低得多。

在锅炉燃烧现场可以发现，被监视火焰的信号强度可能等同于或低于毗邻的火焰信号强度，这是因为未燃煤粉在靠近燃烧器喉部处往往起到一种遮盖作用。若火焰检测器视线通过或接近遮盖区，则当该燃烧器停用而炉膛内的其他燃烧器继续燃烧时，信号强度反而比原来增加了，这个结果是用紫外线光敏管检测器监视煤粉燃烧器的一个大问题。因此，燃煤或燃油锅炉推荐采用火焰闪烁高频分量的红外检测；对气体燃料则推荐紫外检测。气体火焰看来并不具有煤和油所具有的高频（200～400Hz）脉冲特性。因而，红外监视系统对气体火焰是不起作用的。

（一）火焰检测器的选型原则

由于不同的火焰检测器对不同燃料火焰的特性不一样，火焰检测器的选型需要针对不同燃料及用途进行选择。

（1）对油燃烧器可选用可见光型或紫外线型，对气体燃烧器一定要选择紫外线型。

（2）对煤粉燃烧器和全炉膛火焰可选择红外线型和可见光型。

（3）对于大型机组 300MW 以上可选火焰图像数字型检测器。

（4）检测头应有良好的冷却和防灰尘污染措施。

（二）各种火检器在应用中存在的问题

不同火焰检测器存在不同的问题，目前电站锅炉火检应用中存在以下主要问题：

（1）火焰参数静态整定与火焰状态动态变化的矛盾。燃烧火焰的闪烁频率是一个随机函数，它受煤种、负荷、送风量变化等诸多因素影响，静态整定参数无法满足动态要求。

（2）火检探头小视场角与火焰大幅度飘移的矛盾。要准确检测火焰，就必须将检测头对准燃烧器火焰着火区，为尽量减少其他燃烧器火焰和背景火焰对火检器的干扰和影响，探头视角一般限制为$10°\sim15°$，这样小视角的检测器难以随时对准因负荷变化、煤种变化、风量变化而漂移的火焰着火区。

（3）火检探头安装与调整的矛盾。分辨率不高，有"偷看"现象，是火检器普遍存在的问题，改变探头视角是克服"偷看"、提高火焰正确性的主要手段，但几乎所有火电厂均采用固定式安装，从外部无法调整火检检测视角。

（4）火检功能与燃烧诊断的矛盾。现有锅炉使用的火检系统功能单一，只检测火焰有无，为锅炉灭火保护提供信号，但这种灭火保护是消极的，它没有积极预防灭火的功能。火检不能诊断燃烧火焰状态和稳定性，不利于运行人员发现潜在的燃烧故障，更谈不上有针对性的进行燃烧调整，挽救炉膛灭火，减少经济损失。

（三）某 1000MW 机组锅炉火焰检测器

某电厂 1000MW 机组火焰检测器采用 FORNEY 公司分体式智能型（DPD）火焰检测器。锅炉采用单炉膛双切圆燃烧方式，6 层煤粉燃烧器，每层 8 个喷口，另有 3 层油燃烧器，每层 8 支油枪。锅炉共安装 72 只红外火焰检测器，分别监视 6 层煤粉火焰和 3 层轻油火焰。

DPD（Digital profile detector）数字剖面检测器是美国 Forney 公司 20 世纪 90 年代后期生产的一款新型工业锅炉火焰探测装置。DPD 火焰检测器遵照锅炉燃烧理论而设计，选择了工业红外波段的 PbS（硫化铅）薄膜光电导探测器作为检测煤或油火焰的传感器。PbS 属于多晶薄膜型半导体铅盐器件。工作在近红外波段，波长 $1\sim3\mu m$。当半导体材料吸收入射光以后，半导体内有些电子和空穴从原来不导电的束缚状态转变到能导电的自由状态。从而使半导体的电导率增加，这种现象称为光电导效应。PbS 薄膜光电导探测器就是利用这种光电导效应。PbS 薄膜光电导探测器的特点是空间分辨率高、响应速度快，工作的红外光谱区比可见光谱区有更丰富的内容，相对宽裕的频谱区间利于提高仪器的火焰辨识能力。火焰检测器 DPD＋U 用 PbS 将光信号转换成电信号，并进行预处理。通过 8 芯屏蔽电缆将火焰信号输出到火检放大器 DP7000。DP7000 数字剖面放大器与 DPD 数字剖面火焰检测器配合使用，用来检测煤火焰和油火焰。

该检测器具有自学习功能，可以针对锅炉的低负荷、变负荷和高负荷等不同工况下燃烧器有火和无火，且据此建立有火和无火的数学模型并加以存储，使之在以后的运行中不断地将目标火焰与内部的模型比较来判断有无火焰，从而大大加强了鉴别目标火焰和背景火焰的能力。该火检采用了微处理器和专用软件，可以进行联网，将所有的火检连接起来，通过一台 PC 对它们进行参数的设定和调试并将参数储存于 PC 内。

由于直流燃烧器是摆动式，所以每套火检均采用光纤。火检设备由安装管组件、外导管组件、内导管组件、火焰侦测器 DPD（IR 型）、电缆组件和火检放大器 DP7000 组成。外导管组件固定在二次风箱内，该组件由金属软管、硬导管、冷却风进气管等组成。内导管组件在使用时插入外导管组件中，由光导纤维、金属软管、导管、螺母等组成。火检内导管组件采用多种隔热措施，内导管组件极端耐高温达 400℃。在冷却风系统正常运行的情况下，火检内导管组件温度为 50℃，二次风温一般低于 350℃，因此内导管组件的使用寿命得到保证。图 5-27 为安装示意。

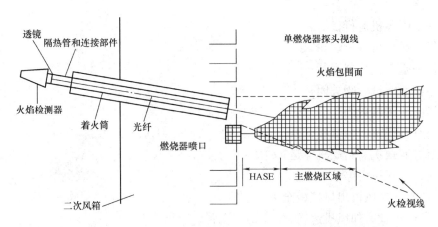

图 5-27　某 1000MW 锅炉火焰检测器安装示意

第三节　燃烧管理系统（BMS）运用程序

燃烧器管理系统是现代大型火电机组锅炉必须具备的一种监控系统，它在锅炉正常运行及启、停过程中等各种运行方式下，连续地密切监视锅炉燃烧系统的各参数和状态，不断地进行逻辑判断与运算，并发出相应动作指令，通过各种连锁装置使燃烧设备中的各有关部件严格地按照预订的合理程序完成必要的操作或处理未遂性事故，以保证锅炉系统正常的安全运行。随着机组容量的不断提高和自动控制技术的飞速发展，BMS 越来越成为热力发电厂控制系统中不可或缺的组成部分。

燃烧管理系统（BMS）主要实现以下主要功能：

（1）点火前的炉膛吹扫；

（2）油燃烧器的管理；

（3）煤燃烧管理；

（4）二次风挡板连锁控制；

（5）火焰监视；

（6）有关辅机的自动启停与保护；

（7）主燃料跳闸；

（8）加减负荷控制；

（9）连锁和报警；

（10）首次跳闸原因记忆等。

一、锅炉清扫

在锅炉点火前或熄火后（或 MFT 后），应对锅炉进行炉膛吹扫，以除去炉膛、风烟道中可能残存的可燃物，防止点火时引起炉膛爆燃。要达到吹扫的目的，需要保证一定的空气流速及吹扫时间。一般来说，炉膛吹扫要求空气流量达到 30％以上额定空气流量，吹扫时间不低于 5min。

（一）锅炉炉膛吹扫条件

炉膛吹扫一次允许条件为：

（1）全部油角阀关闭；

（2）任一引风机运行；

（3）任一送风机运行；

（4）任一空气预热器运行；

（5）燃油泄漏试验阀关闭；

（6）燃油跳闸阀关闭；

（7）所有磨煤机出口挡板未开；

（8）所有磨煤机及给煤机停运；

（9）两台一次风机停运；

（10）两台一次风机出口挡板全关；

（11）任一火检冷却风机运行；

（12）无 MFT 跳闸条件；

（13）无燃油泄漏试验失败信号。

炉膛吹扫二次允许条件（一次条件与二次条件之间为"与"关系）为：

（1）总风量为 30%～40%；

（2）所有二次风挡板在开位置。

（二）炉膛吹扫过程

一次吹扫条件满足后，手动启动炉膛吹扫程序；吹扫程序启动后，等待二次吹扫条件建立；二次吹扫条件建立后，吹扫过程开始计时，画面显示"吹扫进行中"；吹扫过程中一次吹扫条件及二次吹扫条件均满足，300s 后，吹扫完成，画面显示"吹扫完成"；如果在 300s 内，任一一次吹扫条件或二次吹扫条件不满足，吹扫过程中断，画面显示"吹扫中断"，则需要重新建立吹扫条件并进行炉膛吹扫。

在锅炉 MFT 和停炉后均不应该马上停送、引风机，应保持有一定的空气量进行燃烧后的炉膛清扫，只有在完成燃烧后清扫，才能停风机，如果是由风机故障跳闸引起 MFT，则不进行燃烧后吹扫。

燃烧后（MFT、停炉后）清扫的条件是：

（1）供、回油快关阀关闭；

（2）所有油角阀关闭；

（3）所有给煤机、磨煤机停止；

（4）空气流量大于 30%；

（5）所有火焰检测器显示"无火焰"；

（6）一次风机全停，磨煤机出口关断门关闭；

以上条件满足保持 5min，也即进行 5min 清扫。

二、燃油系统泄漏试验

燃油易燃易爆，如果燃油系统产生泄漏，将会带来很大安全隐患。锅炉燃油系统投入油循环进行油枪点火前，为了确认燃油系统没有泄漏，需要进行燃油系统泄漏试验。泄漏试验的目的是检查系统及阀门的严密性，防止燃油系统停用时油泄漏到炉膛，引起点火时发生爆燃，确保炉膛安全；防止燃油系统没有外漏，而引起火灾。

燃油泄漏试验主要内容包括燃油供油快关阀泄漏检查、回油快关阀泄漏检查、各油角阀及系统泄漏检查。具体步骤如下：

（一）泄漏试验条件满足

（1）所有油角阀全关；

（2）燃油快关阀前压力正常；

（3）总风量大于 30%（炉膛吹扫自动触发燃油泄漏试验）。

（二）燃油泄漏试验过程

当燃油泄漏试验条件满足后，按下燃油泄漏试验按钮，燃油泄漏试验开始进行。开启燃油供、回油快关阀，投入回油调节阀自动，当燃油压力达到试验值时，关闭回油跳闸阀，关闭供油跳闸阀。开始第一阶段计时，60s 后，如果燃油压力不下跌，第一阶段试验完成。打开回油跳闸阀泄压，当燃油压力泄至低于试验开始压力时，关闭回油跳闸阀，开始第二阶段泄漏试验计时，130s 后如果燃油压力不再高于试验起始压力，则第二阶段燃油泄漏试验成功。第二阶段试验通过后，关闭供油阀，开启回油阀，泄漏试验完毕，可以进行燃油系统油循环。

需要说明的是，燃油系统泄漏试验合格并不能替代现场检查，运行中仍应该对燃油系统进行检查，发现泄漏应及时处理。

三、油点火器控制

目前，我国 1000MW 机组一般燃用烟煤，设计有微油点火或者等离子点火直接进行锅炉冷炉点火升温升压系统。因此，轻油点火方式一般只是等离子系统（或微油）在不正常的情况下，才在点火升温过程中使用；另外在锅炉需要稳燃时，投入该油枪。1000MW 等级轻油点火装置使用与 600MW 等级基本相同。

油枪设计有层投运和单支油枪投运两种方式。点火器分为引燃、燃烧及火焰检测三个部分，主要由高能点火器、油枪、火检探头及冷却风等。现以单支油枪投运和停止对油枪（蒸汽吹扫）控制进行说明如表 5-2 和表 5-3 所示。

表 5-2　　　　　　　　　　　　单支油枪启动控制

步序	程控指令	程控反馈
1	关闭蒸汽吹扫阀，推进点火枪，开始打火，打火时间 20s	点火枪进到位，燃烧器蒸汽吹扫阀全关
2	推进油枪	燃烧器油枪进到位且燃烧器点火器有点火指令
3	打开油角阀	燃烧器油角阀全开
4	油枪火检检测有火，油枪程控启动完成	油枪启动完成脉冲信号
5	油枪程控启动完成 0.5s 后，旋流风挡板自动置燃油位	

表 5-3　　　　　　　　　　　　单支油枪停止控制

步序	程控指令	程控反馈
1	推进点火枪，开始打火，打火时间 15s；延时 4s，关闭油角阀	油角阀全关，点火枪进到位并且点火枪有打火指令
2	推进油枪	油枪进到位，点火枪进到位并且点火枪有打火指令
3	开启蒸汽吹扫阀，吹扫 60s；延时 50s，关闭旋流风挡板	蒸汽吹扫阀全开
4	关闭蒸汽吹扫阀	油角阀全关且蒸汽吹扫阀关
5	退出油枪	油枪退到位
6	油枪程控切除完成	

四、等离子点火系统控制

新建 1000MW 等级机组锅炉，目前大部分均配备等离子点火系统（或微油点火系统），采用冷炉直接点燃煤粉方式。为防止引起锅炉爆燃，等离子点火系统控制也纳入 BMS 控制管理范围内。现以某墙式对冲燃烧 1000MW 等级直吹式煤粉燃烧锅炉对等离子系统的控制进行说明，该锅炉 A 磨为等离子点火磨煤机，8 只旋流煤粉燃烧器分别对应 8 套等离子装置。

（一）等离子模式投切

当炉膛吹扫完成，MFT 复位后；启动一次风机、密封风机运行；等离子装置无故障的情况下，允许投入等离子模式。在等离子模式下，如果发电机功率大于 120MW 且 A 磨给煤量大于 35t/h，允许退出等离子模式。当 A 磨煤机跳闸情况下，将自动退出等离子模式。

（二）等离子启弧允许

当等离子模式投入后，等离子点火器风压、水压满足条件后，等离子电源柜在远控位正常后，等离子允许启弧。

（三）等离子跳闸条件

锅炉 MFT 发生；或 A 磨煤机停止；或等离子风压不满足（延时 2s）；或等离子水压不满足（延时 2s）。等离子自动跳闸。

（四）等离子装置自动断弧连锁

A 磨煤机已运行且在等离子模式下，8 只等离子装置已运行，如果有一只等离子断弧，则启动对应燃烧器油枪且延时 6s 再次启动该等离子拉弧；如果断弧后 20s，油枪未投运且煤火检无火且拉弧未成功，则关闭对应燃烧器磨煤机出口门。

（五）等离子磨煤机点火能量

由于等离子系统能够在冷炉情况下直接点燃煤粉燃烧器，因此 A 磨煤机点火能量条件相对于没有等离子系统锅炉有所不同，即非等离子模式下，总油枪投入数量大于 16 支，且 A 磨对应 8 支油枪有 6 支以上投入；或非等离子模式下，机组负荷大于 35%ECR；或等离子模式下，8 支等离子启弧成功。以上三条任一一条满足，A 磨煤机点火能量满足。

（六）等离子煤层灭火保护

等离子煤层灭火保护相对于没有等离子系统有所不同：不在等离子模式，给煤机 A 运行 180s 且给煤机 A 给煤率不低于 35%，延时 120s，煤层 A 火检无火（4/8）；等离子模式下，给煤机 A 运行 300s 且给煤机 A 给煤率不低于 35%，延时 120s，煤层 A 火检无火（4/8）；等离子模式下，磨煤机 A 不同出口门对应的燃烧器中发生断弧的数量达到两个。以上三条任意一条发生触发煤层灭火保护。

五、煤层控制

以某墙式对冲燃烧锅炉为例（燃烧器布置图见图 5-28），该锅炉六套 HP 中速磨制粉系统全部布置在炉膛的左侧，从炉前往炉后分别为 A～F 磨煤机，对应 A～F 层燃烧器，其中前墙三层燃烧器由下往上分别为 A～C 层，

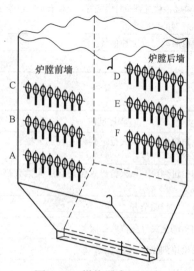

图 5-28　燃烧器布置示意

后墙从上往下为D~F层燃烧器。

按照最初锅炉厂推荐启动磨煤机方式，优先启动顶层磨煤机，然后启动临近磨煤机。实际试运过程中，启动磨煤机顺序为：A——→F（或E、B）——→B（或E、F）——→C或D。

对应机组不同负荷，需要允许磨煤机台数见表5-4。

表5-4　　　　　　　　　　　机组负荷与磨煤机运行台数对应关系

负　荷	B—MCR	BRL	70％THA	50％THA	30％THA	校核煤B—MCR
一次风率	20	18	19	18	16	20
二次风率	80	82	81	82	84	80
磨煤机投运台数	6	5	4	3	3	6

（一）"锅炉煤层点火允许"部分条件

制粉系统投运前至少应有以下部分条件被满足，否则不得投运制粉系统：

(1) 任一引风机运行；

(2) 任一送风机运行；

(3) MFT复位；

(4) 火检冷却风机出口母管压力不低（二取一）；

(5) 少于3层煤层运行且任意一台一次风机运行或两台一次风机均运行；

(6) 制粉系统所需热风温度大于～180℃；

(7) 炉膛风量在30％～40％B—MCR风量范围内；

(8) 煤粉管道上一次风门处在关位；

(9) 磨煤机、给煤机等无跳闸条件存在；

(10) 锅炉负荷不低于20％B—MCR；

(11) 煤层点火能量满足。

（二）煤粉喷嘴点火

当"磨煤机启动条件"、"煤粉点火许可"条件满足后，则可投运对应的煤粉喷嘴。

开相应煤粉管道上一次风门，待一次风压达到要求值（保证管道系统中任何地方的一次风速不低于17m/s，该锅炉设定8kPa以上）后启动给煤机等设备，若对应的煤粉喷嘴4只以上（含4只）的火焰检测器未能检测到火焰存在信号，则该层煤粉喷嘴点火失败。立即停运相应的给煤机，关闭热风门，开冷风门，维持足够的风量吹扫足够的时间（通过试验确定）。至少1min后才能再次投煤粉喷嘴。

（三）磨煤机/给煤机启、停程序

1. 磨煤机启动准备

磨煤机启动前必须做好以下的准备工作：

(1) 磨煤机润滑油系统满足；

(2) 磨煤机出口阀打开；

(3) 磨煤机密封风条件满足；

(4) 磨煤机入口一次风压大于2kPa；

(5) 磨煤机出口温度小于70℃；

(6) 冷风门打开；

（7）无任何磨煤机跳闸条件；

（8）石子煤排出阀打开；

（9）所有磨煤机启动允许条件满足。

2. 磨煤机启动

在上述条件（磨煤机启动准备）成立后，如磨煤机点火许可条件也建立，则运行人员可以按磨煤机启动按钮启动磨煤机。开启热风关断门、调节门，暖磨至磨煤机出口稳定 70～85℃，调整磨煤机入口风量在 110～120t/h 之间。

3. 给煤机（皮带式）启动

在下列条件全部满足时，给煤机电动机启动器将被启动。

（1）磨煤机启动准备完毕（这些条件继续具备）；

（2）磨煤机在运转；

（3）给煤机达到最小转速要求；

（4）无 MFT 条件；

（5）磨煤机允许点火条件继续满足；

（6）无任何停给煤机的信号及停给煤机 3s 之后；

（7）就地给煤机控制开关在遥控状态；

（8）给煤机在手动方式，运行人员操作给煤机启动按钮。

给煤机启动后，给煤机煤量置最小煤量约 30t/h。

4. 磨煤机/给煤机组手动停止程序（BTG 盘）

在处于手动方式时，运行人员可以关闭给煤机入口门，置给煤机最小煤量，给煤机皮带走空后，停止给煤机。

逐步开启磨煤机冷风调节门，关闭热风调节门，磨煤机出口温度降至 65℃ 以下，可以手动停止磨煤机。经一段时间，关闭磨煤机密封空气阀。

5. 给煤机、磨煤机跳闸

（1）给煤机跳闸。出现下列条件之一时，给煤机自动跳闸：

1）对应磨煤机停；

2）MFT；

3）给煤机运行时，出口门全关（延时 5s）。

（2）磨煤机跳闸。给煤机跳闸后，磨煤机不一定需要连跳，但出现下列任一条件时，磨煤机必须跳闸：

1）RB 跳闸磨煤机；

2）MFT；

3）一次风丧失；

4）磨煤机出口阀未开；

5）磨煤机点火许可条件丧失（或给煤机启动后几分钟内，点火支持能量失去）；

6）煤层火焰丧失；

7）磨煤机润滑油跳闸条件；

8）当密封空气母管与磨煤机磨碗差压小于 1.25kPa 时，持续 1min；

9）磨煤机入口一次风压低于 1.5kPa。

磨煤机跳闸，则连锁跳相应给煤机。磨煤机停止后，连锁关磨煤机出口门、热风门。

6. 磨煤机冷热风门控制

磨煤机热风门随磨煤机启动、停止而打开和关闭。在磨煤机启动时，且没有"关热风挡板"要求时，热风门可以由运行人员在操作盘上手动按"开热风门"按钮或磨煤机自动启动时自动打开磨煤机的热风门。当磨煤机停止或有"关热风门"指令，或是按"关热风门"的按钮，立即关闭热风门。磨煤机冷热风调节门投入自动后，热风门根据 MCS 自动曲线，控制磨煤机入口风量，冷风调节门根据磨煤机出口温度控制曲线控制磨煤机出口温度。

六、一、二次风挡板控制

锅炉正常运行情况下，二次风挡板开度控制由燃烧器管理系统控制，以保证良好的燃烧需要及炉膛负压的稳定。在煤层和油层启停过程中，协调控制系统接受 BMS 关于挡板开、关和位置指令。

（一）对冲燃烧锅炉一、二次风控制

对于东方锅炉厂提供墙式对冲燃烧方式，HT—NR3 燃烧器，其二次风调整包括每个燃烧器的中心风调整、旋流二次风与直流二次风比例、旋流二次风旋流强度调整，由于风门均为手动，这些调整一般只是在煤种大幅度变化，或者大小修后，进行大型燃烧调整试验才进行。一般运行中调整主要通过各层二次风总门的调整，改变主燃烧器区域与燃尽风区域二次风量分配，或者改变不同层主燃烧器的二次风量，实现锅炉煤种变化、负荷变化对汽温及锅炉经济性调整的需要。一次风量的控制，根据磨煤机对应给煤机煤量变化，改变风量，一般磨煤机入口热风控制磨入口一次风量，冷风控制磨煤机出口温度。

（二）切圆燃烧锅炉一、二次风控制

（1）燃料风风门控制。燃料风风门跟踪给煤机指令，随给煤机指令增加而增加。给煤机停运，连锁关闭层燃料风风门。

（2）油枪辅助风风门控制。油枪辅助风风门在油枪投运时，发出对应层油枪辅助风在油枪点火位置指令。当油枪停运时，与其他二次风门控制方式相同。

（3）各二次风分风门控制。各二次风门控制跟踪二次风箱与炉膛差压；随锅炉总风量增加，炉膛风箱差压增大，各二次风门跟踪 MCS 炉膛风箱差压曲线。

（4）燃尽风风门控制。燃尽风风门开度跟踪锅炉负荷，逐步先开下层燃尽风，通过燃尽风控制 NO_x 排放及炉膛出口温度；可以调节炉膛出口烟温偏差。具体的燃尽风门开度曲线需要详细的燃烧调整才能得到。

（5）燃烧器摆角控制。通过燃烧器上下摆动角度，可以调整炉膛火焰中心位置，调整炉膛出口温度，以达到调节过再热汽温的目的；燃尽风水平摆角调整可以用来调节炉膛出口温度偏差，燃尽风水平摆角角度需要详细燃烧调整后才能确定。

七、炉膛安全监控系统（FSSS）

炉膛安全监控系统的主要作用是连续监视预先确定的各种安全条件是否满足，一旦出现可能危及锅炉安全运行的危险工况，触发 MFT 动作，切断进入炉膛的燃料，以保证锅炉设备的安全，限制事故的扩大。

炉膛安全监控系统在触发 MFT 动作后，还将通过逻辑指令与硬接线同时发出相关设备动作指令，以防止相关设备损坏。

炉膛安全监控系统的另外一个主要功能是 MFT 跳闸原因首先出现的指示，它对引起

MFT 动作的最初始原因进行记忆，并给运行人员显示，方便运行人员查找故障原因并采取正确的处理措施。

1. 典型 1000MW 超超临界锅炉主燃料跳闸（MFT）条件

（1）再热器保护；

（2）主蒸汽压力高（三取二）；

（3）所有锅炉给水泵停止；

（4）所有燃料丧失；

（5）给水流量低；

（6）所有送风机停止；

（7）所有引风机停止；

（8）炉膛压力高高（三取二）；

（9）炉膛压力低低（三取二）；

（10）汽轮机跳闸且负荷大于 150MW；

（11）全炉膛灭火；

（12）临界火焰出现；

（13）手动 MFT 按钮；

（14）总风量低于 25%B—MCR；

（15）火检冷却风失去；

（16）两台空气预热器全停；

（17）锅炉炉膛安全监控（FSSS）系统失电。

2. MFT 发生后动作响应

（1）MFT 硬接线跳闸继电器跳闸；

（2）OFT 跳闸继电器跳闸；

（3）所有油燃烧器跳闸；

（4）所有给水泵跳闸；

（5）所有磨煤机跳闸；

（6）所有给煤机跳闸；

（7）关闭燃油快关阀；

（8）所有一次风机跳闸；

（9）关闭所有磨煤机出口挡板；

（10）停止锅炉吹灰系统运行；

（11）关闭锅炉主汽和再热器减温水电动门和调门；

（12）二次风和三次风挡板置吹扫位；

（13）送、引风机自动控制切换为 MFT 跳闸控制位；

（14）关闭汽轮机旁路门；

（15）向汽轮机危急跳闸保护系统（ETS）发汽轮机跳闸指令；

（16）电除尘跳闸；

（17）跳等离子。

目前 1000MW 超超临界锅炉的 MFT 条件与 600MW 等级超超临界机组相比，MFT 跳闸条件有所不同，原 600MW 机组中间点温度高、水冷壁温度高，触发 MFT 均已取消。

八、火焰检测逻辑

火焰检测是锅炉安全系统中非常重要的组成部分，炉膛爆炸大部分是由于炉膛灭火，随后，对积聚起来的可爆性燃料与空气混合物再点火而引起的。引起炉膛灭火的原因，在绝大多数情况下是炉膛燃烧不稳定，而在任何负荷下都有可能发生燃烧不稳定的情况。

一个高质量的火焰检测系统，包括设计和制造精良可靠的火焰检测器硬件及一个考虑周到、适用于各种工况的火焰检测逻辑，可以作为锅炉安全系统最后防线。它能及时、可靠的测出"炉膛灭火工况"，并通过"全炉膛灭火"MFT 迅速切断一切燃料，从而防止炉膛中可爆燃料空气混合物的积聚，防止爆炸。

全炉膛火焰检测指的是主燃料及煤粉已经进入炉膛后的燃烧工况。在煤粉没有投，只有点火燃料即油燃烧的情况下，全炉膛火焰检测系统不投入运行。只有在任意台的给煤机在运行（给煤机验证）信号，即证明煤粉确已投入炉膛后，全炉膛火焰检测系统才投入。

火球火焰检测采用层检测方式。各层煤粉喷口及油枪均有单独的火焰检测器。

1. 层火焰检测状态

每个火焰检测器层在 CRT 上均能显示其火焰状态，层火焰检测器证实有火焰（大于等于 3/4），则显示该层有火焰；当该层火焰检测器无火焰（小于 1/2），则显示该层无火焰。

2. 煤层的火焰检测器

以 B 煤层为例：

(1) 给煤机 B 停止止并延时 2s。

(2) B 层（小于 1/2）火焰检测器无火焰。

以上条件之一满足，则 CRT 上显示 B 层无火焰。

3. 全炉膛灭火（全火焰丧失）条件

(1) 所有火焰检测器层都显示无火焰。

(2) 任意台给煤机在运行（给煤证实有煤粉投入）。

满足以上两个条件，则发出全炉膛灭火信号，触发 MFT（全炉膛灭火加给煤证实条件，就是在炉内投煤粉条件下才会出现全炉膛灭火保护动作，这是为了防止正常停炉时出现全炉膛灭火保护动作）。

4. 临界火焰

所有证实有火火检在 9s 内 25％失去火焰，触发 MFT。

5. 火焰检测的位置显示

任意层、任意角有火焰时，CRT 上可显示出对应层和角有火焰。

九、火焰检测器探头冷却风机控制

火焰检测器探头冷却风系统是保证火焰检测器正常工作的重要条件，它连续不断地供给探头一定压力的冷却风，使探头得到冷却，并保证其清洁。火检探头冷却风机应有非常可靠的供电电源，并采用双机系统，每台都应具备 100％的冷却风量供应能力，一台运行，另一台备用。

探头冷却风管对炉膛的差压要求值，应根据所选用的火焰检测器的要求来决定，对于 CE 公司所用 Safe scan—I 型火焰检测器，这个值约为 1.509kPa。冷却风机的控制情况如下：

1. 冷却风机启动

（1）按下启动按钮分别可启动冷却风机 A 和 B。

（2）当冷却风管与炉膛的差压小于设定值时，连锁启动备用风机。

（3）当运行风机跳闸，连锁启动备用风机。

2. 冷却风机停止

当锅炉炉膛温度小于 149℃时，允许停止火检冷却风机。

3. 冷却风消失

当火检冷却风机全停时，延时 1800s，触发 MFT。

燃烧中的问题

第一节 炉膛结渣

燃料煤中，特别是劣质煤中含有不少灰分，它由黏土、页岩、硫化物、铁和其他金属氧化物、碳酸盐及氧化物等组成。灰渣由不同温度的烟气携带通过炉膛及对流烟道，在不同的受热面上会引起结渣、沾污、积灰和腐蚀。

一、燃煤的结渣机理

结渣是指受热面上熔化了的灰沉积物的积聚，它与因受各种力作用迁移到壁面上的某些灰粒的灰分、熔融温度、黏度及壁面温度有关，多发生在锅炉辐射受热面上。固态排渣煤粉炉中，火焰中心温度可达 $1400\sim1600℃$，在这样高的温度下，燃料燃烧后灰分多呈现熔化或软化状态，随烟气一起运动的灰渣粒，由于炉膛水冷壁受热面的吸热而同烟气一起被冷却下来。如果液态的渣粒在接近水冷壁或炉墙以前已因温度降低而凝固下来，那么它们附着到受热面管壁上时，将形成一层疏松的灰层，运行中通过吹灰很容易将它们除掉，从而保持受热面的清洁。若渣粒以液体或半液体黏附受热面管壁或炉墙上，将形成一层紧密的灰渣层，即为结渣。结渣本身是一个复杂的物理化学过程，有自动加剧的特点。

结渣的内因是灰质成分和熔化温度。灰质中的酸性氧化物 SiO_2、Al_2O_3、TiO_2 虽然其熔融温度较高，都有增高灰熔点作用，但影响程度不同。SiO_2 含量过高会产生较多的无定型玻璃体，使灰提早软化，灰黏度也增高。且含硅的氧化矿物群和硅酸盐矿物群会与某些碱性氧化物形成低熔点共熔体，这有助于熔解难熔的复合化合物，使灰熔点降低。Al_2O_3 起着阻碍熔体变形的支持性骨架作用，FT（t_3）随 Al_2O_3 含量增加而上升，而 FT（t_3）$-$ST（t_2）却减小。碱性氧化物 Fe_2O_3、CaO、MgO、Na_2O、K_2O 的含量在某一范围时，呈现出较强的结焦性。Fe_2O_3、CaO 是组成低熔点共熔体的重要成分，两者的综合作用比单独作用更易形成低灰熔点的共熔体，且 Fe_2O_3、CaO 含量较高的煤质，易在水冷壁处结焦。在灰渣熔融过程中某些组分形成低熔点共熔体时，由于这些物质的形成与灰渣中的氧化铁还原程度有关，因而周围介质的气氛条件对灰渣熔融性有很大影响，在达到同一黏度时，所需温度在氧化性气氛下要比还原性气氛下高 $100\sim200℃$ 左右，可见灰中含铁量对结焦影响的重要性。碱金属氧化物与灰渣黏结特性有直接关系。酸性氧化物能够提高灰的熔点和黏度；而碱性氧化物在一定条件下有助于降低灰熔点并使熔体变得稀薄，且各组分的多少及相互比例对灰熔点亦有较大影响。因此，低灰熔点的煤容易结焦是客观存在的，除了其本身的特性外，还与其他因素有关，只要采取必要的措施就可避免结焦。

灰的熔化分为软化、变形和熔融（即流动）三个阶段进行。炉膛温度越高灰就越容易熔化，形成结渣的机会就越多。灰的熔点低的煤种很容易结渣，灰的熔点决定于灰的化学成分。灰分一般都是由氧化硅、氧化铝和碱类等杂质组成的。不同的煤种，所含的杂质分量也不同。灰的熔化温度，在很大程度上是随着它的化学成分而改变的，特别是灰中的含铁量和碱类的增加将使灰的熔点大大降低。当煤含有较多的硫化铁时，结渣最为严更。

表 6-1 给出了灰中各个成分的熔点温度，从表中可清楚看出，含有杂质不一样的灰，其灰的熔点就会有很大差别，有的煤不易结渣，而有的煤很容易结渣的原因就在于此。灰熔化以后，就产生黏结性，碰到冷的物体，就会黏附在上边。锅炉燃烧过程是很快的，煤粉从燃烧器喷出经过加热、干燥、着火到燃尽的时间仅为 $2 \sim 3s$，高灰粒通过 $1450 \sim 1650℃$ 的火焰中心时，灰都会被熔化而形成胶质物质。但这时的灰粒还是在空间悬浮管，当灰升至炉膛出口的时候，由于出口温度比火墙中心温度低，胶质状态的灰粒将被冷却凝固，这样就不会产生结渣。当燃烧不完全时，灰熔点温度降低 $300 \sim 350℃$，这样会使胶质状的灰粒得不到凝固而结渣。

表 6-1　　　　　　　　　　　　灰中各成分熔点温度表

名　　　称	熔点温度（℃）	名　　　称	熔点温度（℃）
氧化硅	1625	四氧化三铁	1580
三氧化二铝	2050	氧化亚铁	1421
氧化钙	2570	碱类	$800 \sim 1000$
氧化镁	2800	硅酸盐	$1000 \sim 1100$

管壁上黏结一层焦渣之后，焦渣之间黏附性很强，所以灰渣粒更容易被黏附住，形成焦渣层后，使管子受热差，表面温度升高，更便于焦渣黏附，结渣过程是一个自动加剧的恶性循环过程。表 6-2 列出了结焦特性判别范围。

表 6-2　　　　　　　　　　　　结焦特性判别

ST 软化温度	R_z 综合指数	SiO_2/Al_2O_3	结　　论
>1390	<1.5	<1.7	轻微
$1260 \sim 1390$	$1.5 \sim 2.5$	$1.7 \sim 2.8$	中　等
<1260	>2.5	>2.8	严　重

二、影响结渣因素

受热面结渣过程与多种复杂因素有关。任何原因的结渣都由两个基本条件构成：一是火焰贴近炉墙时，烟气中的灰仍呈熔化状态；二是火焰直接冲刷受热面。事实上，与这两个因素相关的具体原因又很复杂。

（一）燃烧过程中空气量不足

燃烧过程中空气量不足，使煤粉不能达到完全燃烧，未完全燃烧将产生一氧化碳，烟气中存在较多的一氧化碳，灰熔点就会显著降低，这时虽然炉膛出口温度并不高，因有一氧化碳等半还原性气体存在，结渣就显得很剧烈。燃用挥发分较高的煤，如果空气量不足，也会使结渣加剧。

（二）与空气混合不良

由于燃料与空气混合搅拌不好，即使给了正常所需的空气量，也会出现空气不足的问题。因为混合搅拌不良，某些部分空气多些，则燃烧就完全，有的地方空气少些，则燃烧就不完全。

混合不良是由于风量调配不恰当，例如一、二次风比例不当等、燃料与二次风调整不好造成的。所以燃烧器结构对风粉的混合搅拌有很大影响。燃烧器布置不当和结构上有缺陷，往往会使结渣加剧。

（三）燃料和空气分布不均造成火焰偏斜

火焰偏斜是燃料和空气分布不均造成的。在正常运行中，炉膛中心温度应该最高，由于火焰偏斜将使最高火焰层移动到边侧，当它与水冷壁接触时，就会很快黏附上去而形成焦渣。燃料和空气分布不均往往是由于运行调节不及时或调节不当所致。

未燃尽的煤粉颗粒被黏到受热面上，一次风量过大而二次风量过小，煤粉颗粒未完全燃烧就黏在受热面上而继续燃烧，此处炉墙温度非常高，它的黏结性也很强，故易结焦。

（四）炉膛热负荷

炉膛热负荷大，炉膛容积相应就小，炉膛温度就高，当炉膛燃烧中心温度高达 1450℃以上时，灰的表面将开始熔化使结渣性增加。炉膛出口烟温增高与空气量过多、火焰中心位置太高、受热面内部结垢和外部积灰等因素有关。炉膛漏风对烟温的升高亦有很大影响。

（五）运行操作

在锅炉某些受热面上积灰后使之表面变得粒糙，一有黏结性的灰碰上去，就容易附在上面，若稍一疏忽大意，清焦渣不及时，结渣就会极为严重，并导致被迫停炉打焦渣。

（六）燃料质量

燃煤灰熔点低，灰分多是促成结焦的条件。煤在燃烧后残存的灰分是由各种矿物成分组成的混合物。它没有固定的固相转为液相的熔融温度。煤灰在高温灼烧时，某些低熔点组分发生反应形成熔融，并与另外一些组分反应形成复合晶体，此时它们的熔融温度将更低。在一定的温度下，这些组分还会形成熔融温度更低的某种共熔体。这种共熔体有进一步溶解灰中其他高熔融温度物质的能力，从而改变煤灰的成分及其熔融特性。

目前，判断燃煤燃烧过程是否发生结渣的一个重要依据是灰的熔融性。灰的熔融性是指当它受热时，由固体逐渐向液体转化没有明显的界限温度的特性。普遍采用的煤灰熔融温度测定方法，主要为角锥法和柱体法两种。由于角锥法锥体尖端变形容易观测，故我国和其他大多数国家都以此法作为标准方法。角锥法的角锥是底边长为 7mm 的等边三角形，高为 20mm。将锥体放入半还原性气体的灰熔点测定仪中，以规定的速率升温，定时观测灰锥，并以灰锥在熔融过程中的 3 个特性温度指标来表示煤灰的熔融特性。灰的熔融性常用灰的变形温度 DT、软化温度 ST、熔化温度 FT 来表示，它们是固相共存的三个温度，而不是固相向液相转化的界限温度，仅表示煤灰形态变化过程中的温度间隔。这个温度间隔对锅炉的工作有较大的影响，当温度间隔值在 200～400℃时，意味着固相和液相共存的温度区间较宽，煤灰的黏度随温度变化慢，冷却时可在较长时间保持一定黏度，在炉膛中易于结渣，这样的灰渣称为长渣，可用于液态排渣炉。当温度间隔值在 100～200℃时为短渣，此灰渣黏度随温度急剧变化，凝固快，适用于固态排渣炉。如果灰熔点温度很高（ST>1350℃），管壁上积灰层和附近烟气的温度很难超过灰的软化温度，一般认为此时不会发生结渣。如果灰熔点较低（ST<1200℃），灰粒子很容易达到软化状态，就容易发生结渣。而影响煤灰熔融性的因素是煤灰的化学组成和煤灰周围高温的介质的特性，煤灰的化学组成可分为酸性氧化物

（SiO₂、Al₂O₃、TiO₂）和碱性氧化物（Fe₂O₃、CaO、MgO、Na₂O、K₂O），酸性氧化物增加灰的黏滞性，不易结渣，而碱性氧化物则提高灰的流动性，易结渣。但煤灰是多种复合化合物的混合物，燃烧时将可以结合为熔点更低的共晶体。煤灰高温介质的性质常有两种：一是氧化性介质，常发生在燃烧器出口一段距离以及炉膛出口；二是弱还原性介质。由于介质的性质不同，灰渣中的 Fe 具有不同的形态：氧化介质中铁呈 Fe₂O₃，熔点高；在弱还原性介质中，铁呈 FeO 状态，容易导致结渣。

（七）炉内空气动力特性

炉膛内的烟气温度以及水冷壁附近的温度工况和介质气氛等都与炉内空气动力特性密切相关。正常运行工况，高温的火焰中心应该位于炉膛断面的几何中心处。实际运行中，会由于炉内气流组织不当，造成火焰中心偏移。譬如，直流燃烧器切向燃烧室中，煤粉火炬贴壁冲墙时，会使水冷壁附近产生高温，大量灰粒子冲击水冷壁受热面；四角上的燃烧器风粉动量分配不均时，将使实际切圆变形，高温火焰偏移炉膛中心，引起局部水冷壁结渣。另外，熔渣粒子周围的气氛也是影响水冷壁结渣的一个很重要因素。粗煤粉或高煤粉的火焰撞击在水冷壁所产生的还原性气氛，会促使水冷壁结渣，尤其是当燃用含硫较高的煤时，因为在还原性气氛中，灰中熔点较高的三氧化二铁被一氧化碳还原成熔点较低的一氧化铁，而一氧化铁与二氧化硅等进一步形成熔点更低的共晶体，有时会使灰熔点下降 150～300℃，结果增大了结渣的可能性。因此，在锅炉运行当中，保证风粉分配均匀、防止气流贴壁冲墙、注意燃烧调整保持火焰中心的适当位置、采用合适的过量空气系数避免产生还原性气氛等，都是防止结渣的有效措施。

（八）炉膛的设计特性

容积热强度及燃烧器区域壁面热强度数值都会对结渣产生一定的影响。譬如，炉膛容积热负荷 q_V 过大时，由于炉膛容积小，受热面布置得也少，炉内温度将会增高。实践证明，这时易在燃烧器附近的壁面上发生结渣。若温度过高，由于燃烧器释放的热量没有足够的受热面吸收，致使燃烧器布置区局部温度过高，也容易引起燃烧器附近水冷壁结渣。反之，若炉膛截面热负荷 q_A 过低，则炉膛断面过大而高度却不足，烟气到达炉膛出口还未得到足够冷却，炉膛出口部位受热面就会结渣。其次检修质量不佳，如燃烧中心不正，喷口烧坏没有更换，吹灰装置检修质量太差，不能正常投用等，也会影响结渣。

三、结渣对锅炉运行的危害

结渣造成的危害是相当严重的。受热面结渣以后，会使传热减弱，吸热量减少。为保持锅炉的出力只得送进更多的燃料和空气，因而降低了锅炉运行的经济性。受热面结渣会导致炉膛出口烟温升高和过热蒸汽超温，这时为了维持汽温，运行中要限制锅炉负荷。燃烧器喷口结渣，将直接影响气流的正常流动状态和炉内燃烧过程。由于结渣往往是不均匀的，因而结渣会对自然循环锅炉的水循环安全性和强制循环锅炉水冷壁的热偏差带来不利影响。炉膛出口对流管束上结渣可能堵塞部分烟气通道，引起过热器偏差。另外，炉膛上部积结的渣块掉落时，还可能砸坏冷灰斗的水冷壁，甚至堵塞排渣口而使锅炉无法继续进行。总之，结渣不但增加了锅炉运行和检修工作量，严重影响锅炉安全经济性，还可能迫使锅炉降低负荷运行，甚至被迫停炉，具体体现在以下几个方面：

（1）结渣会引起过热汽温升高，甚至导致汽水管爆破。锅炉结渣后，某些部分的管子超过它的允许温度引起爆管。拿过热器来讲，过热蒸汽温度在正常的运行条件下温度已经很高了，如果炉内结渣，炉膛部分的吸热量就要减少，到过热器部分的烟温就会升高，造成个别管子的外壁温度超过它的允许范围，引起爆管。水冷壁结渣后，各部位管子受热不均，锅炉的正常水循环将受到破坏而引起爆管。

（2）结渣会使锅炉出力降低，严重时造成被迫停炉。

（3）结渣会缩短锅炉设备的使用寿命。结渣后炉内温度升高，耐火材料易脱落，易使炉墙松动和倒塌。炉膛负压过小时，火焰向外冒，钢架、钢梁易被烧红。当渣块掉落时，水冷壁易被渣块砸弯和损坏。

（4）排烟损失增大，锅炉效率降低。焦渣是一种绝热体，当渣块黏附在受热面上时，受热面吸热量就会大大减少，使排烟温度升高，增加了排烟损失。结渣后锅炉出力降低，为维持额定出力，燃料量就要增加，使煤粉在炉内的停留时间缩短，因此机械未燃烧损失增大。空气不足时，化学未完全燃烧损失也将增高，因而使锅炉效率降低。

（5）引风机消耗电能增加。对流管结渣时，增加了烟气阻力，使引风机电耗增加。

（6）水冷壁结渣还会对锅炉水冷壁的热偏差带来不利的影响。

四、结渣防止措施

要防止和消除结渣，需要做一系列的工作。有些工作虽然很简单，但却是很重要的工作，易被人忽视，必须引起注意。

（一）降低炉膛出口烟气温度

当有充足的空气量时，炉膛出口烟气温度是锅炉受热面结渣与否的决定性因素。因此，需要把炉膛出口烟气温度保持在规定的数值之下，一般应比灰软化温度低 50～100℃。为使炉膛出口烟温不致过高，应采用调整炉内燃烧和减少炉膛热强度的方式进行。

（1）合理使用一次风。使风、粉混合均匀，使燃烧既快又完全。这样，炉膛出口烟温就会降低。一次风量太大，火焰中心就会上移，炉膛出口烟温亦随之升高。因此，在运行中要适当调整一、二次风的风速和比例。

（2）减少炉膛热强度。尽一切可能来提高锅炉效率，在同样的负荷下，燃用的燃料就少，使之在炉内停留的时间就长一些，燃烧就比较完全；减少从锅炉抽出较多的饱和蒸汽；不允许锅炉有较大的超负荷现象；避免剧烈地增加和减少负荷。

（3）降低火焰中心位置。

（4）加速燃煤着火。着火提前，燃料在炉内燃烧的时间会相应地延长，这样就有可能降低炉膛出口烟温。

（5）保持适当的过剩空气量。过剩空气量增加时，炉膛出口烟温降低，可减轻对流过热器和再热器的积灰、结渣。随着炉膛过剩空气量增加，炉膛壁面处烟温降低，炉内受热面结渣趋势减少；如果过剩空气量不足，在炉内将出现还原性气氛。在还原性气氛中，灰熔点大大降低，这增加了结渣的可能性。当然，如果过剩空气量过大，烟气量也要增加，炉膛出口烟温也要提高。所以，要保持适当的过剩空气量。

（二）组织良好的炉内空气动力场

在煤粉炉中，燃烧中心温度高达 1400～1700℃，灰分在该温度下，大多处于熔化或软化状态，烟气和它所带灰渣温度因水冷壁吸热面降低。粗灰渣撞击炉壁时，若仍保持软化或熔化状态，易黏结附于炉壁上形成结渣，尤其是在有卫燃带的炉膛内壁表面温度很高，又很粗糙，更容易结渣，且易成为大片焦渣的发源地。因此，必须保持燃烧中心适中，防止火焰中心偏斜。

（三）保证合适的煤粉细度和均匀度

煤粉过粗会延迟燃烧过程使炉膛出口烟温升高，同时烟气中会出现未完全燃烧的煤粒，这样也会造成结渣。煤粉过细易于黏附壁面，影响受热面的传热效果。

（四）加强运行中监视，及时清焦吹灰，保持受热面清洁

如有积灰和结渣现象，初期清除起来比较容易，应及时清除。清焦渣和吹灰进行得越晚，所需的工作量就越大。

（五）保证燃煤质量

应将燃煤在未烧前就提出化验监管，交给运行人员，使运行人员根据来煤性质选择正确的调整方法和预防措施。

（六）除去多余的卫燃带

卫燃带的作用是减少煤粉火焰向炉膛四周放热，从而提高煤粉射流的着火速度，确保煤粉气流的燃烧和燃尽。卫燃带是劣质煤和无烟煤稳燃的一项有效措施。近年来，随着燃烧技术的提高，煤粉射流着火较快，容易导致炉膛结渣严重。为减少炉膛结渣，一些电厂适当减少卫燃带的面积，效果比较明显。然而，值得注意的是，有些锅炉在适当减少卫燃带的面积后，结渣现象虽减轻了，但由于炉膛吸热量的增加，炉膛出口温度降低，会引起主蒸汽温度和再热汽温下降。因此，电厂在减少卫燃带面积来减轻炉膛结渣的同时，应注意主蒸汽温度和再热汽温的变化以及飞灰含碳量的变化。

（七）较小的切圆直径

采用较小的燃烧器假想炉内切圆直径，能有效地防止上游气流的撞击，加之一次风具有一定的气流刚性，有效地防止气流偏斜，有利于防止炉膛燃烧器区域水冷壁结焦。

（八）燃烧器的合理位置

燃烧器在炉膛中的位置合理，具有足够的燃尽高度能保证煤粉粒子充分燃尽和冷却。在到达过热器前，烟气温度降至确保与受热面接触不产生结焦的温度以下，而避免产生炉膛上部受热面结焦现象。燃烧器下一次风喷嘴到水冷壁拐点具有足够距离，保证下部有足够的燃尽空间，使燃尽火焰不会冲刷冷灰斗而结焦。

（九）运行方面应采取的预防和控制结渣的措施

精心组织燃烧调整，建立合理的燃烧工况，既保证经济性又有利于控制结渣，同时也控制 NO_x 排放。其中，保证风粉分配的均匀性是基础。确定最佳氧量水平、合理的一次风量、煤粉细度和磨煤机出口温度，不同锅炉负荷工况下最佳的磨煤机组合投运方式。组织好炉内的空气动力场，避免出现火焰冲刷炉壁现象；注意炉膛出口过量空气系数在合理的范围内而不宜过小，贴壁气流避免弱还原性气氛。调整燃烧器层的风量和过燃风量的比例，适当增加燃烧器区域的风量而减少过燃风量，在燃烧器区域形成还原性气氛，提高该区域的灰熔点。

第二节 高温腐蚀

一、高温腐蚀机理

锅炉受热面长期处于高温烟气中，受高温烟气的熏烤，由于烟气中含有一定量的多元腐蚀性气体，它们在高温条件下与受热面管子表面的金属发生化学反应，使受热面管子的表面

发生腐蚀。因为这种腐蚀发生在受热面管子的外表面，且又是在高温条件下发生的，所以称为外部腐蚀或高温腐蚀。

（一）水冷壁的高温腐蚀机理

运行经验和理论研究表明，影响水冷壁外部腐蚀的最主要因素是水冷壁附近的烟气成分和管壁温度。具体地说，由于燃烧器附近火焰温度可高达 $1400 \sim 1600℃$ 左右，因此煤中的矿物成分挥发出的腐蚀性气体（如 $NaOH$、SO_2、HCl、H_2S 等）较多，若水冷壁附近的烟气处于还原性气氛，煤灰的熔点将降低，灰分沉积过程加快，为受热面的腐蚀创造了条件。另外，由于燃烧器区域附近水冷壁管的热流密度很大（约为 $200 \sim 500kW/m^2$），温度梯度也很大，管壁温度常达 $400 \sim 450℃$，这对管壁的高温腐蚀也起着促进作用。

水冷壁产生高温腐蚀的机理可简述为：锅炉水冷壁管子金属在氧、硫等氧化剂的作用下，发生氧化反应，即

$$2Fe + O_2 \longrightarrow 2FeO$$

$$4Fe + 3O_2 \longrightarrow 2Fe_2O_3$$

部分分解出来的 S 及黄铁矿 FeS 与金属化合，即

$$Fe + S \longrightarrow FeS$$

$$3FeS + 5O_2 \longrightarrow Fe_3O_4 + 3SO_2$$

氧化速度取决于所形成的氧化膜的保护特性。如果氧化膜致密且牢固地附着在管壁上（如 Fe_2O_3），则可阻止氧化剂与金属继续发生反应，降低氧化速度。反之，如果氧化膜结构疏松多孔，则易脱落（如 FeO、Fe_3O_4），氧化速度加快。当烟气和积灰层中含有腐蚀性成分（如硫化物、氯化物等）时，管子将发生腐蚀，甚至造成爆管。

在燃烧过程中，燃料灰分中升华出来的 NaO 和 K_2O 会凝结在管壁上并与烟气中的 SO_3 化合生成硫酸盐 Na_2SO_4 或 K_2SO_4、碱性硫酸盐、氧化铁及反应形成复合硫酸盐，以 K_2SO_4 为例，其反应式为

$$3K_2SO_4 + Fe_2O_3 + 3SO_3 \longrightarrow 2K_3Fe(SO_4)_3$$

通过这个反应，管子表面的 Fe_2O_3 保护膜被消耗掉，管壁上又进行氧化反应并形成新的 Fe_2O_3 保护层。另外，熔化状态的复合硫酸盐还与管壁金属发生如下反应，即

$$4K_3Fe(SO_4)_3 + 12Fe \longrightarrow 3FeS + 3Fe_3O_4 + 2Fe_2O_3 + 6K_2SO_4 + 3SO_2$$

上式中，反应产物有减慢腐蚀速度的趋势。但是如果保护膜 Fe_2O 和 Fe_3O_4 从管壁碎落下来，则又开始新的反应。此外，烟气对水冷壁管的冲刷也会加速保护膜的脱落。

严重的腐蚀经常发生的区域在水冷壁的高负荷区域，如燃烧器附近被火焰直接冲刷的水冷壁管子。在严重的情况下，管子正面的腐蚀速度可达 $3 \sim 4mm/a$。

（二）过热器和再热器高温腐蚀机理

超超临界锅炉的高温过热器与高温再热器受热面，以及管束的固定件、支吊件，它们的工作温度很高，烟气和飞灰中的有害成分会与管子金属发生化学反应，使管壁变薄，强度降低，称其为高温腐蚀。高温腐蚀速度可达 $0.5 \sim 1.0mm/a$。

燃煤锅炉高温腐蚀主要发生在金属壁温度高于 $540℃$ 的迎风（迎烟气）面，当金属壁温度在 $650 \sim 700℃$ 时，腐蚀速率最高。

高温过热器与高温再热器管表面的内灰层含有较多的碱金属，它与飞灰中的铁、铝等成分，以及通过松散的外灰层随烟气扩散进来的氧化硫气体，经过较长时间的化学作用，生成

碱金属的硫酸盐［$Na_3Fe(SO_4)_3$、$KAl(SO_4)_2$ 等］复合物，对高温过热器和高温再热器金属发生强烈的腐蚀。这种腐蚀大约从 540~620℃ 开始发生，650~700℃ 时腐蚀速度最大。

正硫酸盐（M_2SO_4）在高温区（例如过热器的支吊件上）也呈液态而具有腐蚀作用，但腐蚀性比复合硫酸盐要轻。

焦性硫酸盐（M_2SO_3）在过热器区域，因温度高，不可能稳定存在，并易迅速与飞灰中 Fe_2O_3 化合而形成复合硫酸盐。由此可见，燃煤锅炉的过热器与再热器的外部腐蚀，主要由于沉积层中有 $M_3Fe(SO_4)_3$ 的存在和管壁具有使它溶化成液态的温度。沉积物中 $M_3Fe(SO_4)_3$ 的形成过程为

$$3M_2SO_4 + Fe_2O_3 + 3SO_3 \longrightarrow 2M_3Fe(SO_4)_3$$

（结积物中）（飞灰中）（烟气中）

复合硫酸盐具有由高温处向低温处移聚的能力。由于结积层外层温度高而贴壁层温度低，于是结积层中陆续形成的复合硫酸盐不断移聚到贴壁层而使腐蚀过程继续进行。

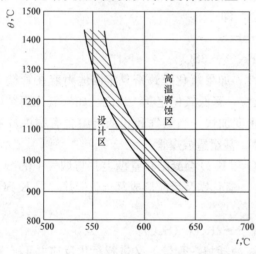

图 6-1　高温对流受热面烟气腐蚀区域与烟气温度及受热面金属温度的关系

管壁温度高的管子，腐蚀速度也高。图 6-1 所示为腐蚀发生的区域与烟气温度及受热面金属温度的关系。

根据所燃用燃料种类，过热器和再热器的高温腐蚀又可分为有硫酸型高温腐蚀和钒腐蚀两种。

1. 硫酸型高温腐蚀

过热器和再热器硫酸型高温腐蚀又称为煤灰引起的腐蚀。受热面上的高温积灰分为内灰层和外灰层，内灰层中含有较多的碱金属，它们与烟气中通过外灰层扩散进来的氧化硫以及飞灰中的铁、铝等进行较长时间的化学作用，生成碱金属硫酸盐，如 $Na_3Fe(SO_4)_3$ 和 $KAl(SO_4)_2$ 等复合物。

处于熔化或半熔化状态的碱金属硫酸盐复合物会对过热器和再热器的合金钢产生强烈的腐蚀。灰分沉淀物的温度越高，腐蚀越强烈，这种腐蚀大约从 540~620℃ 时开始发生，约在 700~750℃ 时腐蚀速度最大，因此硫酸型腐蚀大多发生在高温级过热器和再热器的出口段。

硫酸高温腐蚀还与燃料的成分有关。当燃料含碱量和含硫量高时，过热器和再热器受热面的高温腐蚀就比较严重。另外，燃料中的氯成分对受热面也会产生腐蚀作用。

2. 钒腐蚀

当锅炉使用油点火、掺烧油或燃烧含钒煤时，过热器和再热器受热面还可能会产生钒腐蚀。当燃料中含有钒化合物（如 V_2O_3）时，燃烧过程中钒化合物（如 V_2O_3）会进一步氧化成 V_2O_5，V_2O_3 的熔点在 675~690℃ 之间。当 V_2O_5 与 Na_2O 形成共熔体时，熔点降至 600℃ 左右，易于黏结在受热面上，并按下列反应生成腐蚀性的 SO_3 和原子氧，对过热器和再热器管壁进行高温腐蚀。其反应式为

$$Na_2SO_4 + V_2O_5 \longrightarrow 2NaVO_3 + SO_3$$

$$V_2O_5 \longrightarrow V_2O_4 + [O]$$

$$V_2O_4 + [O] \longrightarrow V_2O_5$$

$$V_2O_5 + SO_2 + O_2 \longrightarrow V_2O_5 + SO_3 + [O]$$

钒腐蚀的特点：当灰中的钒—钠比（V_2O_3/Na_2O）为 3～5 时，灰熔点降低，高温腐蚀速度最快；发生腐蚀的壁温范围为 590～650℃，通常只在高温过热器和高温再热器上发生。

二、高温腐蚀的防止

（一）水冷壁高温腐蚀防止

减少锅炉水冷壁高温腐蚀的措施主要有：

（1）运行时调整好燃烧。如燃用优质煤种，降低锅炉烟气中腐蚀性气体的含量；控制煤粉适当的细度，防止煤粉过粗；组织合理的炉内空气动力工况，防止火焰中心贴壁冲墙；各燃烧器负荷分配尽可能均匀。

（2）避免出现管壁局部温度过高。如避免管内结垢，防止炉膛热负荷局部过高等。

（3）保持管壁附近为氧化性气氛。如在壁面附近喷空气保护膜、适当提高炉内过量空气系数，使有机硫尽可能与氧化合，而不与管壁金属发生反应。

（4）采用耐腐蚀材料。如在燃用易产生高温腐蚀的煤种时，采用抗腐蚀的高温合金作受热管子的材料；对管壁进行高温喷涂防腐材料，如铝铁合金粉、高铬复合粉或采用渗铝管作水冷壁管等。

（二）过热器和再热器高温腐蚀防止

由于燃料中含有硫、钠、钾和钒等成分，要完全避免高温腐蚀是有一定难度的。通常采用以下几种方法来防止过热器和再热器的高温腐蚀。

（1）严格控制受热面的管壁温度。硫酸型腐蚀和钒腐蚀都是在较高温度下产生，并且管壁温度越高，腐蚀速度越快。降低管壁温度可以防止和减缓腐蚀。目前主要采用限制蒸汽参数来控制高温腐蚀，同时蒸汽出口段不布置在烟温过高处。高温受热面采用合理的布置，管壁金属温度就能够保持足够的低，高温腐蚀就可以降至最低。另外，布置管壁金属温度测点，使热电偶布置在各级过热器和再热器出口的非受热管子上，以测量管壁金属温度。

（2）采用低氧燃烧技术来降低烟气中 SO_3 和 V_2O_5 含量。试验表明，当过量空气系数小于 1.05 时，烟气中的 V_2O_5 含量迅速下降，并且温度越高，降低过量空气系数对减少 V_2O_5 含量的效果越显著。

（3）定时对过热器和再热器进行吹灰。通过对过热器和再热器进行吹灰可清除含有碱金属氧化物和复合硫酸盐的灰污层，阻止高温腐蚀的发生。当已存在高温腐蚀时，过多的吹灰会使灰渣层脱落，反而会加速腐蚀的进行。

（4）合理组织燃烧。通过改善炉内空气动力场及燃烧工况，可防止水冷壁结渣、火焰中心偏斜等可能引起热偏差的现象发生，从而可减少过热器和再热器的沾污结渣。

（5）控制炉膛出口烟温。火焰温度低时，一方面可以减少对高温积灰和腐蚀影响最大的 Na、K 气态物质的生成量，还可以防止气态硅化物 SiS_2、SiO_2 的生成；另一方面，炉膛温度及炉膛出口烟温低时，受热面的壁温也低，这些气态物质在到达受热面之前已经固化，不具有黏性，从而减少气态矿物质的沉积量，并降低积灰的烧结强度和烧结速度。表 6-3 为不同腐蚀倾向的燃煤对炉膛出口烟温的要求。

表 6-3　煤的腐蚀倾向对炉膛出口烟温的要求

煤的腐蚀倾向	炉膛出口烟温（℃）
低	1300～1500
中	1250～1300
高	1200～1250

（6）管子采用顺流布置，加大管间节距。高温对流受热面，尤其是处于高烟温区的末级过热器和再热器，采用顺流布置并加大横向节距，能有效地防止积灰搭桥，减轻积灰和腐蚀。表 6-4 是美国 CE 公司提出的高温对流受热向横向节距的推荐值。

表 6-4　燃烧不同沾污性煤时对流管横向节距 s_1

温度范围（℃）	管子节距（mm）	
	不沾污煤	沾污煤
1093～1316	屏式 558	屏式 558
954～1093	177	304
788～954	76	152
<788	50	76

（7）选用抗腐蚀材料。

1）高铬钢管。高锰钢管表面生成一层致密的 Cr_2O_3，抗熔融硫酸盐的溶解能力比一般碳钢好。合金钢的含铬量增加，将明显增强其防腐蚀性。但对腐蚀性特别强的灰沉积物，高铬钢仍不能完全满足防腐要求。

2）双金属挤压管。双金属管的内层是普通合金钢，具有较高的断裂强度和蠕变强度，并可防水和蒸汽中杂质的腐蚀；外层是防腐合金，如 25Cr2ONi、18Crl4Ni、18Crl1Ni 或 18Cr9Ni，它们的腐蚀速度仅为低碳钢的 1/5～1/3。但双金属挤压管的价格十分昂贵。表 6-5 列出了各种受热面采用的双金属管材的匹配例子。

表 6-5　各种受热面采用的双金属挤压管

应用部位	内　管		外　管	
	材料	壁厚（mm）	材料	壁厚（mm）
水冷壁管	低碳钢	6.5	18Cr910Ni	2
过热器管	15Crl0Ni	3	25Cr20Ni	3.5
再热器管	15Crl0Ni	1.5	25Cr20Ni	2.5

3）防护涂层。用火焰喷镀、电弧或等离子弧喷镀等方法，在管于外表面增加防护涂层，可延长过热器的使用寿命。

4）管子表面渗铬或渗铝。

5）采用添加剂。用石灰石（$CaCO_3$）和白云石（$MgCO_3 \cdot CaCO_3$）作添加剂，可除去炉内部分 SO_2、SO_3 气体，减轻硫酸盐型高温腐蚀，而且生成的 CaO、MgO 还可与 K_2SO_4 发生如下反应

$$2MgO+K_2SO_4+2SO_3 \longrightarrow K_2Mg_2(SO_4)_3$$

生成的 $K_2Mg_2(SO_4)_3$ 取代了 $K_3Fe(SO_4)_3$，使管壁上的黏结性灰层转变成松散性灰层，因而也可减轻高温腐蚀。

第三节 低 NO_x 燃烧技术

一、概述

近年来能源利用造成的环境污染越来越严重，其中矿物燃料的燃烧所排放出来的氮氧化物（NO_x）已成为环境污染的一个重要方面。NO_x 是 N_2O、NO、NO_2、N_2O_3、N_2O_4 和 N_2O_5 的总称。我国能源以煤为主。燃煤所产生的大气污染物占污染物排放总量的比例较大，其中 NO_x 占 67%。有关资料表明，电站锅炉的 NO_x 排放量占各种燃烧装置 NO_x 排放量总和的一半以上，而且 80% 左右是煤粉锅炉排放的。国家环保局于 2003 年 12 月 23 日发布的 GB 13223—2003《火电厂大气污染物排放标准》中对于第三时段燃煤电厂执行的排放浓度限值为：当 $V_{daf}<10\%$ 时，NO_x 排放浓度限值为 $1100mg/m^3$；当 $10\%<V_{daf}<20\%$ 时，排放浓度限值为 $650mg/m^3$；当 $V_{daf}>20\%$ 时，排放浓度限值为 $450mg/m^3$。据调查，我国燃煤电站固、液态排渣煤粉炉 NO_x 排放质量浓度范围分别为 $600\sim1200mg/m^3$ 和 $850\sim1150mg/m^3$。因此，降低 NO_x 排放的任务非常紧迫。

NO_x 的控制可分为燃烧前处理、燃烧中处理和燃烧后处理。燃烧前脱氮主要是燃烧前将燃料转化为低氮燃料。这种方法由于技术复杂，成本较高，在我国应用较少。燃烧后脱硝主要指烟气净化技术，即把已生成的 NO_x 还原为 N_2 从而脱除烟气中的 NO_x，烟气净化技术主要包括湿法脱氮技术和干法脱氮技术。湿法脱氮技术有选择性催化还原法（SCR）、非选择性催化还原法（SNCR）、吸收法。干法脱氮技术有吸附法、等离子体活化法、生化法。据了解，烟气脱硝的效率可高达 90% 以上，但由于存在着反应温度窗口较窄（SNCR），需要昂贵的催化剂（SCR）以及需要增加装置和占用空间等不利因素，导致初投资及运行成本较高，因而其应用受到较大限制。对燃烧过程中 NO_x 生成的控制从两个方面考虑：一是抑制燃烧中 NO_x 的形成；二是还原已形成的 NO_x。主要是通过运行方式的改进或者对燃烧过程进行特殊的控制，抑制燃烧过程中 NO_x 的生成反应，从而降低 NO_x 的最终排放量。目前，所形成的抑制燃烧过程中 NO_x 生成的技术主要有：新型低 NO_x 燃烧器、空气分级燃烧、再燃技术、烟气再循环等。其主要特点是简单易行，初投资低。

二、低 NO_x 煤粉燃烧技术

煤粉燃烧过程中影响 NO_x 生成的主要因素有：

（1）煤种特性，如煤的含氮量、挥发分含量、燃料中的固定碳/挥发分之比以及挥发分中含 H 量/含 N 量之比等。

（2）燃烧区域的温度峰值。

（3）反应区中氧、氮、一氧化氮和烃根等的含量。

（4）可燃物在反应区中的停留时间。由此对应的低 NO_x 燃烧技术的主要途径有如下几个反面：

1）减少燃料周围的氧浓度。包括减少炉内过量空气系数，以减少炉内空气总量；减少一次风量和减少挥发分燃尽前燃料与二次风的混合，以减少着火区的氧浓度。

2）在氧浓度较少的条件下，维持足够的停留时间，使燃料中的氮不易生成 NO_x，而且使生成的 NO_x 经过均相或多相反应而被还原分解。

3）在过量空气的条件下，降低温度峰值，以减少热力型 NO_x 的生成，如采用降低热风

温度和烟气再循环等。

4）加入还原剂，使还原剂生成 CO、NH_3 和 HCN，它们可将 NO_x 还原分解。具体的方法有燃料分级燃烧、空气分级燃烧、烟气再循环、低 NO_x 燃烧器、低氧燃烧、浓淡偏差燃烧等，以下对各种低 NO_x 燃烧技术分别介绍。

（一）燃料分级燃烧

燃料分级燃烧，又称燃料再燃技术（Returning Technology）。是指在炉膛（燃烧室）内，设置一次燃料欠氧燃烧的 NO_x 还原区段，以控制 NO_x 最终生成量的一种"准一次措施"。NO_x 在遇到烃根 CHi 和未完全燃烧产物 CO、H_2、C 和 C_nH_m 时会发生 NO_x 的还原反应。利用这一原理，把炉膛高度自下而上依次分为主燃区（一级燃烧区）、再燃区和燃尽区。再燃低 NO_x，将 80%～85% 的燃料送入主燃区，在空气过量系数 $\alpha>1$ 的条件下燃烧，其余 15%～20% 的燃料则在主燃烧器的上部某一合适位置喷入形成再燃区。再燃区过量空气系数小于 1，再燃区不仅使主燃区已生成的 NO_x 得到还原，同时还抑制了新的 NO_x 的生成，进一步降低了 NO_x。再燃区上方布置燃尽风（OFA）以形成燃尽区，以使再燃区出口的未完全燃烧产物燃烧，达到最终完全燃烧目的。再燃燃料可以是各类化石燃料，包括天然气、煤粉、油、生物质、水煤浆等。20 世纪 80 年代，三菱重工第一次将再燃技术用于全尺寸锅炉。随后在全世界取得了长足的发展。一般，采用燃料分级的方法可以达到 30% 以上的脱硝效果，最高脱硝效率可达 70%，在主燃烧器采用低 NO_x 燃烧器抑制 NO_x 生成的基础上，联合使用燃料分级燃烧，可进一步降低 NO_x 排放量。再燃法脱除 NO_x 的影响因素主要有再燃燃料的种类、再燃比例、再燃区的空气过量系数、再燃区温度条件以及再燃区停留时间等。随着技术的进步，如今又发展出了先进再燃技术，它是将再燃技术与氨催化还原技术相结合的一种高效控制 NO_x 排放的技术。这种技术是将氨水或者尿素作为氨催化剂加入到再燃区域或者燃尽区，进一步降低 NO_x。同时，如果将无机盐（尤其是碱金属）助催化剂通过不同的方式一同喷入，将更有利于 NO_x 的还原。实验显示，先进再燃可以降低 NO_x 排放量 85% 左右，具有非常好的优势。由先进再燃的原理可知，所有影响燃料再燃脱硝效果的因素也会影响先进再燃。除此之外，催化剂及驻催化剂对其影响也很重要，主要是氨催化剂（氨或尿素）喷入位置及喷入量的影响及无机盐（碱金属）助催化剂喷入方式的影响。再燃技术的主要特点是：

（1）不仅最大限度地控制 NO_x 的排放，而且使锅炉燃烧更加稳定，尤其是低负荷运行性能得到改善，并可提高锅炉运行效率。

（2）可以避免炉内结渣、高温腐蚀等其他低 NO_x 燃烧技术带来的不良现象。

（3）该技术只需在炉膛适当位置布置几个喷口即可，系统简单，投资较少。

（4）无一次污染。

（二）空气分级燃烧

空气分级燃烧技术是美国在 20 世纪 50 年代首先发展起来的，它是目前应用较为广泛的低 NO_x 燃烧技术。它的主要原理是将燃料的燃烧过程分段进行。该技术是将燃烧用风分为一、二次风，减少煤粉燃烧区域的空气量即一次风量，提高燃烧区域的煤粉浓度，推迟一、二次风混合时间，这样煤粉进入炉膛时就形成一个过量空气系数在 0.8 左右的富燃料区，使燃料在富燃料区进行欠氧燃烧，使得燃烧速度和温度降低，从而降低 NO_x 的生成。欠氧燃烧产生的烟气再与二次风混合，使燃料完全燃烧。最终空气分级燃烧可使 NO_x 生成量降低

30%～40%。该技术的关键是风的分配，一般一次风占总风量的 25%～35%。若风量分配不当，会增加锅炉的燃烧损失，同时引起受热面的结渣腐蚀等问题。分级燃烧可以分成两类：一类是燃烧室（炉内）中的分级燃烧；另一类是单个燃烧器的分级燃烧。在采用分级燃烧时，由于第一级燃烧区内是富燃料燃烧，氧的浓度降低，形成还原性气氛。而在还原性气氛中，煤的灰熔点会比在氧化性氛围中降低 100～120℃，这时如果熔融灰粒与炉壁相接触，容易发生结渣，而且火焰拉长。如果组织不好，还会容易引起炉膛受热面结渣和过热器超温，同时还原性氛围还会导致受热面的腐蚀。空气分级再燃的影响因素主要有：第一级燃烧区内的过量空气系数 α_1，要正确地选择第一级燃烧区内的过量空气系数，以保证这一区域内形成富燃料燃烧，尽可能地减少 NO_x 的生成，并使燃烧工况稳定；温度的影响、二次风喷口位置的确定、停留时间的影响、煤粉细度的影响等。

分级燃烧系统在燃煤锅炉上应用有较长的历史，单独使用大约可降低 20%～40%的 NO_x。通常增大燃尽风份额可得到较大的 NO_x 脱除率。目前，该技术与其他初级控制措施联合使用，已成为新建锅炉整体设计的一部分。在适度控制 NO_x 排放的要求下，往往作为现役锅炉低 NO_x 排放改造的首选措施。

(三) 烟气再循环

烟气再循环也是常用的降低 NO_x 排放量的方法之一，该技术是将锅炉尾部约 10%～30%低温烟气（温度在 300～400℃）经烟气再循环风机回抽（多在省煤器出口位置引出）并混入助燃空气中，经燃烧器或直接送入炉膛或是与一、二次风混合后送入炉内，从而降低燃烧区域的温度，同时降低燃烧区域氧的浓度，最终降低 NO_x 的生成量，并具有防止锅炉结渣的作用。但采用烟气再循环会导致不完全燃烧热损失加大，而且炉内燃烧不稳定，所以不能用于难燃烧的煤种，如无烟煤等。另外，利用烟气再循环改造现有锅炉需要安装烟气回抽系统，附加烟道、风机及飞灰收集装置。投资加大，系统也较复杂，对原有设备改造时也会受到场地条件等的限制。由于烟气再循环使输入的热量增多，可能影响炉内的热量分布，过多的再循环烟气还可能导致火焰的小稳定性及蒸汽超温，因此再循环烟气量有一定的限制。烟气再循环法降低 NO_x 排放的效果与燃料种类、炉内燃烧温度及烟气再循环率有关，延期再循环率是再循环烟气量与不采用烟气再循环时的烟气量的比值。经验表明：当烟气再燃循环率为 15%～20%时，煤粉炉的 NO_x 排放浓度可降低 25% 左右。燃烧温度越高，烟气再循环率对 NO_x 脱除率的影响越大。但是，烟气再循环效率的增加是有限的。当采用更高的再循环率时，由于循环烟气量的增加，燃烧会趋于不稳定，而且未完全燃烧热损失会增加。因此，电站锅炉的烟气再循环率一般控制在 10%～20%左右。在燃煤锅炉上单独利用烟气再循环措施，得到的 NO_x 脱除率小于 20%。所以，一般都需要与其他的措施联合使用。

(四) 低 NO_x 燃烧器

常规煤粉燃烧器可以将煤粉和空气快速混合，并能产生高的火焰温度，达到高的燃烧强度和燃烧效率，遗憾的是，这些条件也易于产生较多的 NO_x。通过设计特殊的燃烧器结构来改变燃烧器出口处的风粉配比，可以将前述的空气分级、燃料分级和烟气再循环等降低 NO_x 排放控制技术的原理用于燃烧器。通过燃烧器就能同时实现燃烧、还原、燃尽三个过程，从而设计出低 NO_x 燃烧器。它可以用来控制煤粉与空气的混合特性，改善火焰结构，降低燃烧火焰的峰值，从而降低 NO_x 排放。由于低 NO_x 燃烧器能在煤粉的着火阶段就抑制

NO_x 的生成，对后期控制 NO_x 的排放量十分有利，因此低 NO_x 燃烧器得到了广泛的开发和利用。在低 NO_x 燃烧器设计方面，一些西方发达国家的许多锅炉制造公司在这方面进行了大量的改进和优化工作，并取得很大的成就，开发了不同类型的低 NO_x 燃烧器，主要有：

1. 阶段燃烧型低 NO_x 燃烧器

该燃烧器设计使喷口喷出的煤粉分阶段燃烧从而降低 NO_x 的生成。在燃烧器出口区域形成一个还原性气氛的富燃料着火燃烧区，逐步与喷出的二次风相混合。由于二次风风量及旋流动量小，与煤粉混合较慢，使得燃烧过程推后，减缓了煤粉的着火燃烧。所以这种燃烧器有效地降低了 NO_x 的生成。较有代表性的有：巴·威公司的 DRB 型双调风低 NO_x 燃烧器，德国巴布科克（Deutche Babcock）公司的 WB、WSF、DS 型燃烧器，德国斯坦缪勒（Steinmuller）公司设计的 SM 低 NO_x 燃烧器，福斯特惠勒（Foster Wheeler）公司的 CF/SF 低 NO_x 燃烧器，美国瑞丽斯多克（Riley Stoker）公司的 CCV 型低 NO_x 燃烧器等。

2. 浓淡偏差型低 NO_x 燃烧器

浓淡燃烧器是通过将一次风所携带的煤粉在燃烧器内部分成浓淡两股射出，由于煤粉射流分成了浓淡两股，浓的一侧由于煤粉气流空气量小，为还原性气氛所以生成的 NO_x 较少；淡的一侧由于燃料较少，燃烧温度较低，所以也可抑制 NO_x 的生成。浓淡燃烧器如今已发展了多种，根据浓淡分离的不同，有采用弯管离心原理的分离式、撞击分离式、旋风分离式以及百叶窗式等等。如美国 ABB—CE 公司开发的宽调节比 WR 型燃烧器、日本三菱公司的 PM 型低 NO_x 燃烧器、德国 EVT 公司的 Vapour 燃烧器，我国自行设计的燃烧器如多功能船形体煤粉燃烧器、钝体燃烧器、浓淡型燃烧器等。

一些公司还将低 NO_x 燃烧器与炉内初级控制措施，如空气分级、燃料分级、烟气再循环等组合在一起，构成一个低 NO_x 燃烧系统。这些低 NO_x 燃烧系统不仅有效改善燃烧条件，还能大幅降低 NO_x 排放量。据美国福斯特惠勒公司（Foster Wheeler）报告显示，他们的低 NO_x 燃烧系统可实现 $50\% \sim 65\%$ 的 NO_x 脱除率。国内在低 NO_x 燃烧技术方面的研究虽然起步较晚，但也积累了许多成熟的经验，尤其是基于浓淡燃烧技术和分级燃烧技术开发出的各种低 NO_x 燃烧器都取得了可喜的实绩。哈尔滨工业大学经过 10 余年的努力，开发研制成功水平浓缩煤粉燃烧器、水平浓淡风煤粉燃烧器、径向浓淡旋流煤粉燃烧器、不等切圆墙式布置直流煤粉燃烧器等"风包粉"系列浓淡煤粉燃烧技术。华中理工大学煤燃烧国家重点实验室利用一维炉和数值模拟相结合的方式，研制开发出了高浓度煤粉燃烧技术。清华大学力学系研制的煤粉浓缩燃烧器，可使 NO_x 降低到 $200mg/m^3$ 左右，这在世界同类技术中处于领先地位。此外，西安交通大学的夹心风直流燃烧器，浙江大学的可调式浓淡燃烧器都有降低 NO_x 排放量的作用。

（五）低氧燃烧

这种方法就是使燃烧过程尽量接近理论空气系数（$\alpha = 1$）的条件下进行，使烟气中的过剩氧量减少，从而降低燃烧过程中 NO_x 的生成量。在低过量空气系数范围的条件下运行，可使用较少的燃料。因此认为，低过量空气运行可以作为减少氮氧化物的形成和燃料消耗量的基本改进燃烧方法之一。实际锅炉采用低氧燃烧时，不仅降低 NO_x 排放量，而且锅炉排烟热损失减少，对提高锅炉热效率有利。但是，如果炉内氧的浓度过低，低于 3% 以下时，会造成 CO 浓度的急剧增加，从而大大增加机械未完全燃烧热损失，同时也会引起飞灰含碳量的增加，导致机械未完全燃烧损失增加，从而使燃烧效率降低，使锅炉的燃烧经济性降低，而且炉内壁面附近还可能形成还原性气氛造成炉壁结渣和腐蚀。因此，在确定低氧燃烧的过量空气量范围时，必须兼顾燃烧效率、锅炉效率较高和 NO_x 等有害物质最少的要求。这是一种经过充分证明的、有效的降低 NO_x 的基本方法，一般情况下，该措施可以使 NO_x 排放降低 15%～20%。

（六）浓淡偏差燃烧

浓淡偏差燃烧是近几年来国内外采用的一种降低锅炉燃烧排放 NO_x 的燃烧技术。该方法原理是对装有两个燃烧器以上的锅炉，使部分燃烧器供应较多的空气（呈贫燃料区），即燃料过淡燃烧；部分燃烧器供应较少的空气（呈富燃料区），即燃料过浓燃烧。无论是过浓或者过淡燃烧，燃烧时 α 都不等于1，前者 $α>1$，后者 $α<1$，故又称非化学当量比燃烧或偏差燃烧。

对 NO_x 生成特性的研究表明，NO_x 的生成量和一次风煤比有关，一次风煤比在 3～4kg/kg 煤时，NO_x 生成量最高；偏离该值，不管是煤粉浓度高还是低，NO_x 的排放量均下降。因此，如果把煤粉流分离成两股含煤粉量不同的气流，即含煤粉量多的浓气流 C_1 和含煤粉量少的淡气流 C_2，分别送入炉内燃烧，对于整个燃烧器，其 NO_x 生成量的加权平均值与燃用单股 C_0 浓度煤粉流相比，生成的 NO_x 要低。

总之，不同的燃煤锅炉，由于其燃烧方式、煤种特性、锅炉容量以及其他具体条件的不同，在选用不同的低 NO_x 燃烧技术时，必须根据具体的条件进行技术经济比较，使所选用的低 NO_x 燃烧和锅炉的具体设计和运行条件相适应。不仅要考虑锅炉降低 NO_x 的效果，而且还要考虑在采用低 NO_x 燃烧技术以后，对火焰的稳定性、燃烧效率、过热蒸汽温度的控制以及受热面的结渣和腐蚀等可能带来的影响。对不同低 NO_x 燃烧技术可根据实际情况加以使用，以降低 NO_x 的排放量。目前，1000MW 超超临界锅炉采用的是低 NO_x 燃烧器或将低 NO_x 燃烧器和炉膛低 NO_x 燃烧（空气分级）等组合在一起，构成一个低 NO_x 燃烧系统。

三、1000MW 超超临界锅炉的低 NO_x 燃烧系统概述

燃烧设备是锅炉的关键设备。对燃烧器本身而言，无论是直流型还是旋流型，在技术上现在均已经很成熟和先进，它对组织炉内良好燃烧、低负荷稳燃和降低 NO_x 都没有问题。

直流燃烧器切圆燃烧和旋流燃烧器前墙或对冲燃烧是目前应用最为广泛的煤粉燃烧方式。在国外，只要锅炉制造厂一经确定，其燃烧器的方式也就确定了，因为他们都有各自的传统技术，例如：美国 CE 公司技术的特点之一就是采用直流燃烧器切圆燃烧方式，与 AL-STOM—CE 同属一个技术流派的日本三菱重工在燃烧器布置方面也采取相同的策略，而美国 B&W 公司、俄罗斯等习惯采用旋流燃烧器前后墙对冲燃烧方式。

由于切圆燃烧中四角火焰的相互支持，一、二次风的混合便于控制等特点，其煤种适应性更强，可以较满意地燃用各种低挥发分和高灰分的煤种，适合我国燃煤电站锅炉煤种多变和煤质逐渐变差的特点。因而，采用直流燃烧器切圆燃烧方式更适合我国的国情。目前，我国设计制造的 300MW、600MW 机组锅炉绝大多数采用 Π 型布置切圆燃烧方式。但是，锅炉容量增大后，由于切圆燃烧的炉膛出口烟气流存在的残余旋转，将使炉膛出口烟温及烟量的分布偏差加剧，从而导致炉膛出口过热器与再热器区域烟温偏差。为此，ALSTOM—CE 首先于 1968 年为 Keystone 电厂制造了第一台 850MW 的单炉膛双切圆燃烧锅炉，至今至少

已有 32 台容量大于 700MW 的锅炉采用了这种燃烧方式。后来，日本三菱重工引进 ALS-TOM—CE 的单炉膛双切圆燃烧技术专利，设计了至少 16 台 600～1000MW 的超临界和超超临界锅炉，其中包括我国福建后石电厂 600MW 超临界锅炉。ALSTOM—CE 的双切圆燃烧技术的特点是，其 2 个切圆之间，即炉膛中部无双面水冷壁，炉膛是一个整体—单炉膛。目前现役机组的运行结果表明：采用单炉膛双切圆燃烧技术，不仅其反向旋转的 2 个火球不存在气流的相互干扰和刷墙问题，而且，炉膛内热负荷分布均匀，炉膛出口烟温偏差明显减小。因此，采用单炉膛双切圆燃烧技术已成为 Π 型布置切圆燃烧锅炉超大型化后的发展趋势。尤其是当燃用贫煤时，与常规的四角切圆燃烧方式相比，单炉膛双切圆燃烧方式可显著增加燃烧器数量，因而可有效地解决飞灰燃尽问题。

此外，切圆燃烧方式中一般都采用了先进的低 NO_x 同轴燃烧系统（LNCFS），在炉内同时实现轴向和径向的分级，从而有效降低 NO_x 的排放。

采用旋流燃烧器前后墙对冲布置燃烧方式的厂家包括美国的 B&W 公司和日本的巴布科克—日立公司等。这些公司设计的旋流燃烧器通过采用先进的分级送风和浓淡燃烧技术来实现高效燃烧和火焰内脱氮的目的，同时结合燃尽风喷口来增强炉内整体空气分级的程度，进一步降低 NO_x 排放。山东邹县四期工程 2 台 1000MW 机组采用的就是巴布科克—日立公司的低 NO_x 旋流式煤粉燃烧器。

四、低 NO_x 燃烧技术数值模拟研究

（一）数值模拟对电站锅炉运行的意义

现场实炉试验是获取数据的最可靠方法，但实炉测量费时、费力且费用昂贵，所以很多试验研究都是在燃烧模型上进行的。但即使是一个非常简单的模型试验，由于流动、燃烧和传热的相互关联，研究起来也非常困难，其中有大量的不可控因素的影响，如炉内温度、速度和可燃物浓度的脉动、环境温度和大气压力的变化等，因此，燃烧试验的重复性一般都很差。

近年来，随着计算机计算速度的提高，锅炉燃烧过程的数值模拟发展迅速，目前，燃烧模拟的计算解已经可以做到与电站锅炉燃烧参数的变化趋势基本一致。数值计算可以给出锅炉炉膛的速度场、温度场、紊动能场和组分场等，即数值模拟可以给出燃烧过程的所有细节，具有良好的重复性，是研究电站锅炉燃烧特性的重要手段。不过，由于燃烧计算过程运用了大量的模型参数，它们的取值是否合理要通过模型试验或实炉测量的结果来验证。

（二）1000MW 超超临界锅炉低 NO_x 燃烧技术的燃烧数值模拟

哈尔滨工程大学的申春美等人以 1000MW 级超超临界锅炉为原型，采用数值模拟方法对其炉内燃烧过程进行数值模拟。考虑到模型的可靠性和工程应用的可行性，这里气相湍流流动模型采用 k—ε 模型，气固两相流动采用双流体模型的 IPSA 算法，炉内辐射换热模型采用六通量热流法。

计算的模拟对象为 1 台 1000MW 级超超临界锅炉，采用 Π 型布置、单炉膛反向双切圆燃烧方式。采用典型的低 NO_x 燃烧技术，炉膛沿高度方向分为主燃烧区、还原区和燃尽区，在主燃烧区布置有 6 层浓淡型燃烧器，配 6 台磨煤机，每台磨煤机向同一层 8 列一次风口供粉，在额定负荷时投运 5 台磨煤机即可满足需要，在还原区布置有 1 层燃尽风喷口（OFA），在燃尽区布置有 4 层辅助二次风喷口（AA），燃烧器水平布置如图 6-2 所示。

计算域选取从冷灰斗底部到水平烟道入口之间的区域，在 X、Y、Z 方向的大小分别为

15.67m×32.084m×66.6m。经过网格优化计算，最后选取 X、Y、Z 三个方向上的网格数分别为 30×53×109。计算时采用锅炉额定负荷运行工况下的参数，一次风投运 5 层，燃用神府东胜煤。

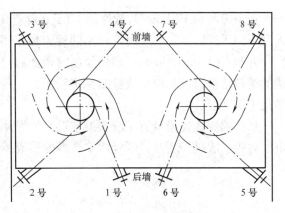

图 6-2　燃烧器水平布置

壁面边界条件取无滑移条件，壁面温度根据水冷壁管内的工质温度及管壁热阻定为 450 ℃，出口处辐射屏的表面温度取 640℃，辐射受热面黑度取 0.8，出口条件按充分发展条件取值，给定出口处的外环境压力为大气压，燃烧器入口条件根据该炉设计值给定。采用有限差分法来离散微分方程，对控制方程的求解采用 SIMPLEST 算法，在直角坐标系下的结构化非均匀交错网格系统中求解，迭代 6000 步收敛。

通过数值计算结果得到了单炉膛、双切圆燃烧锅炉炉内的燃烧特性和 NO_x 的生成情况。

（三）NO_x 污染物生成的模拟现状

在 NO_x 的生成模拟中，通常根据 NO_x 不同的生成机理，分别采用相应的模型来模拟热力型、燃料型、快速型 NO_x 生成以及再燃对 NO_x 生成的影响。此外，由于 NO_x 浓度很低，因此 NO_x 的模拟通常不与流动和燃烧的模拟耦合，也就是说 NO_x 的预测是燃烧模拟的后处理过程，此时准确地燃烧模拟结果是 NO_x 预测的前提。在大多数情况下，NO_x 的变化趋势能够准确地被预测，但是 NO_x 的量不能精确的预测。这主要是因为目前的湍流反应模型还存在一定的局限性，湍流和化学反应之间的相互作用还不能得到十分理想的模拟。

目前的湍流反应模型有直接模拟（DNS）、大涡模拟（LES）、概率密度函数（PDF）输运方程模拟、条件矩封闭（CMC）模型、简化 PDF 模型、EBU—Arrhenius（E—A）模型等。DNS、LES 和 PDF 方程模型比较严格、合理，但是计算量太大，目前难以直接应用于工程中大尺寸的复杂流动中，只能作为基础研究手段。而 CMC 模型处于发展过程中，尚不成熟。E—A 模型和简化 PDF 模型（包括快速反应和有限反应的简化 PDF 模型）被广泛用于商业软件中，分别用来预测工程装置中复杂流动的湍流燃烧和 NO_x 生成。但是，快速反应 PDF 模型和 E—A 模型只考虑了湍流的作用，不能或者难以考虑有限反应动力学的影响，而有限反应率 PDF 模型使用温度的单变量 PDF 和浓度的单变量 PDF 的乘积对温度—浓度联合的 PDF 取近似，因此在理论上有缺陷，模拟结果和实验结果出入较大。

近年来，周力行等在考虑到经济性及合理性的基础上，对湍流燃烧先后提出了 3 种模型。第一种是用指数函数级数展开近似的二阶矩模型。由于二阶矩模型中引入了温度指数项的级数展开近似，其中设 E/RT<1，从而舍去高阶项，但实际上 E/RT 往往大于 5，会造成显著误差，低估了 NO_x 的生成。第二种是二阶矩—PDF 模型。该模型避免了第一种二阶矩模型中指数函数级数展开近似，其模拟结果明显优于第一种二阶矩模型和 E—A 模型的结果。不过仍然没有完全摆脱用温度 PDF 和浓度 PDF 乘积来模拟温度和浓度脉动的联合 PDF 的近似。第三种是统一二阶矩模型（USM），其特点是，在求解时均反应率时，对包括反应率系数 k 的脉动和浓度脉动关联在内的各关联量都用统一形式的输运方程加以封闭，代替以上两种近似，并取得较好的效果。

　　王方等利用 FLUENT 软件的 UDF（自定义函数）功能，将统一二阶矩湍流反应模型加入到 FLUENT 程序平台内，对不同旋流数下甲烷—空气旋流燃烧 NO_x 生成进行了数值模拟，并和 EBU—Arrhenius 燃烧模型对燃烧的模拟结果和简化 PDF 湍流反应模型对 NO_x 生成的模拟结果以及相应的实验结果进行对比。结果表明，USM 模型显著优于 E—A 模型和简化 PDF 模型。

　　虽然湍流燃烧模型有了较大的改进，使得计算值较好地与实验值相吻合，但仍然存在一定的差距，故进一步寻找既经济又合理的湍流燃烧模型是准确预测污染物 NO_x 生成的关键。

1000MW超超临界火电机组技术丛书

第三篇

锅炉辅助设备

空 气 预 热 器

第一节 概　　述

空气预热器的主要工作原理是：高温的烟气与低温的空气通过金属蓄热元件进行热交换，从而使得排烟温度降低并且使锅炉效率提高，同时对空气加热可以起到强化燃烧的作用。

空气预热器主要有两种形式，即导热式和再生式，其中再生式细分则可分为风罩回转式和转子回转式（也称为容克式）。

导热式一般为管式，其空气预热器的结构是以蛇形金属管为换热元件。空气沿管程流动，烟气沿壳程流动，两者通过蛇形金属管进行热交换。

回转式空气预热器是将特殊加工的金属蓄热元件（波纹板）紧密地放在圆筒形转子的扇形仓格内。转子或风罩由驱动装置带动，绕中心轴旋转，在旋转过程中依次经过烟气流和空气流。由于烟气和空气互为逆向流动，烟气流动则将热量释放且传递到波纹板，烟气温度降低；与此同时，空气流动则吸收波纹板热量，空气温度升高。每转动一圈，波纹板就完成一个换热循环。

随着锅炉向着大容量发展，因再生式有结构紧凑、占用空间少、钢材耗量小等优点，空气预热器大多数情况下采用再生回转式。但是再生回转式空气预热器的缺点也很明显，即存在不同程度的漏风。管式空气预热器和回转式空气预热器的主要优缺点有：

（1）回转式空气预热器由于其受热面密度高、结构紧凑、占地小，体积为同容量管式预热器的1/10。

（2）管式预热器的管子壁厚1.5mm，而回转预热器的蓄热板厚度为0.5～1.25mm，且布置紧凑，故回转式预热器金属耗量约为同容量管式预热器的1/3。

（3）回转式空气预热器的漏风率比较大，一般管式的漏风率不超过5%，而回转式的漏风率在状态好时为6%～10%，密封不良时可达20%～30%。

漏风使送风机、一次风机和引风机等设备出力无谓地增加，使其电耗增加；漏风严重时，会使送入炉膛的风量不足，导致机械不完全燃烧和化学不完全燃烧损失增加，甚至限制锅炉出力。

漏风可分为携带漏风和直接漏风。携带漏风是指在转子的波纹板仓格中，或多或少地夹带空气到了烟气侧，形成了漏风。一般地携带漏风量较少，约占总漏风量1%。直接漏风是指由于密封不严密导致高压的风流向低压烟气，一次风压最高，会向二次风和烟气侧漏风，二次风也会向烟气侧漏风。一次风漏向二次风仅是高压风变成了低压风，不算是真正的漏风，它们漏向烟气才算是真正的漏风，直接漏风占总漏风量的绝大多数。

一、漏风保证值

一般而言，空气预热器制造商在产品性能技术参数中明确漏风率的试验规范，如GB 10184—1988《电站锅炉性能试验规程》或者 ASME PTC 4.3—1968《空气加热器 . PTC4.1蒸汽发生组件运行测试规程补充件》，同时也明确测试条件，如①燃用设计煤种；②锅炉负荷在额定蒸发量（BRL）或在最大连续蒸发量（MCR）时等测试条件。

一般而言，国内的大型空气预热器制造商的漏风保证值为：空气预热器的漏风率（单台）在投产第一年内不高于 6％，运行 1 年后不高于 8％。一次风漏风率不高于 30％。

但在某些电厂的空气预热器性能技术指标中，也有要求空气预热器的漏风率（单台）在投产第一年内不高于 6％，运行 1 年后不高于 6％作为保证值。

二、性能保证值

空气预热器的性能保证指标有漏风率、烟气侧效率、X 比、烟气压损、空气压损、烟气温度和空气温度等，它们表征了空气预热器的整体工作性能，表征了换热效果是否良好。

对于空气预热器漏风率测试，其相应的规程依据主要有 GB 10184—1988 和 ASME PTC 4.3。但对于烟气侧效率、X 比等性能指标，国内没有相应的试验规程，唯有借鉴国外的试验规程。

在国外有个别的制造生产空气预热器的厂商也会出版相应的企业标准，明确空气预热器的性能保证值和相应的测试方法，如英国 HOWDEN 公司出版了《Standard Practice Instruction，Subject：Site testing of Bi-sector air preheaters》。

由于从国外引进新设备、新机组的试验往往采用美国 ASME PTC 4.3 试验规程作为空气预热器试验规程，故在我国电力行业中进行空气预热器性能试验前，一般对执行何标准进行约定，同时也对标准中的参数取值进行约定。

（一）空气预热器漏风率

GB 10184—1988 对空气漏风率的定义为：漏入空气预热器烟气侧的空气质量与进入该烟道的烟气质量之比率。其定义如式（7-1），即

$$A_L = \frac{\Delta m_K}{m'_y} \times 100 = \frac{m''_y - m'_y}{m'_y} \times 100 \tag{7-1}$$

式中 A_L——漏风率，％；

Δm_K——漏入空气预热器烟气侧的空气质量，mg/kg（mg/m³）；

m'_y、m''_y——烟道入口、出口处烟气质量，mg/kg（mg/m³）。

国内试验规程给出了定义公式，但没有给出相应的空气质量和烟气质量的计算公式，也没有指出可以引用的质量计算公式。试验规程推荐同时测定相应烟道入口、出口烟气的三原子气体（RO₂）体积含量百分率，并按式（7-2）的经验公式计算，即

$$A_L = \frac{RO'_2 - RO''_2}{RO''_2} \times 90 \tag{7-2}$$

国外试验规程（ASME PTC 4.3）与国内试验规程对空气漏风率的定义是一致的，即漏入空气预热器烟气侧的空气质量与进入该烟道的烟气质量之比率。其定义如式（7-3），即

$$A_L = \frac{W_{G15} - W_{G14}}{W_{G14}} \times 100 \tag{7-3}$$

式中 W_{G15}、W_{G14}——烟道出口、入口处烟气质量，kg/kg。

国外试验规程给出了漏风率定义公式，同时也给出相应的空气质量和烟气质量的计算公式。在质量的计算公式中，它包含入煤炉的元素分析、飞灰可燃物、炉渣可燃物和环境参数等数据。

（二）烟气侧效率和 X 比

对于空气预热器性能试验，ASME PTC 4.3 有完整的计算烟气侧效率和 X 比的基本计算公式，如式（7-4）和式（7-5）所示，即

$$\eta_g = \frac{t_{G14} - t_{G15(NL)}}{t_{G14} - t_{A8}} \times 100 \tag{7-4}$$

$$X = \frac{t_{G14} - t_{G15(NL)}}{t_{A9} - t_{A8}} \tag{7-5}$$

式中　η_g——烟气侧效率，%；

　　　X——通过预热器的空气的热容量对通过预热器的烟气的热容量的比值；

　　　t_{G14}——预热器入口烟气温度，℃；

　　$t_{G15(NL)}$——经无空气泄漏修正的预热器出口烟气温度，℃；

　　　t_{A8}——预热器入口空气温度，℃；

　　　t_{A9}——预热器出口空气温度，℃。

（三）一次风漏风率

对于回转式空气预热器的一次风漏风率的计算公式，在国内和国外的规范都没有明确的表达公式，可以参考经验公式（7-6），即

$$A_{one} = \frac{W' - W''}{W'} \times 100\% \tag{7-6}$$

式中　W'——空气预热器入口一次风质量，kg/kg；

　　　W''——空气预热器出口一次风质量，kg/kg。

三、回转式空气预热器主要规范

（一）东方锅炉厂制造的空气预热器

华能海门电厂 1000MW 超超临界压力直流锅炉应用的是东方锅炉厂制造的空气预热器。属于三分仓容克式空气预热器，采用下轴中心驱动方式。每个仓格为 15°，全部蓄热元件分装在 24 个模数仓格内。

其空气预热器型号为 LAP17 286/2600，转子直径为 17 286mm，热端和次热端蓄热元件高度分别为 800、800mm，冷段 1000mm。冷段蓄热元件为搪瓷元件，其余热段蓄热元件为碳钢，每台预热器金属质量约 1200t，其中转动质量约 1000t（约占总重 80%）。

（二）哈尔滨锅炉厂制造的空气预热器

江苏国电泰州电厂 1000MW 超超临界压力直流锅炉应用的是哈尔滨锅炉厂制造的空气预热器，每台锅炉配有两台半模式、双密封、三分仓容克式空气预热器，立式布置，烟气与空气以逆流方式换热。预热器型号为 34—VI（T）—1850（2000）—SMR，转子直径为 15 660mm，传热元件总高度为 2660mm。

热端传热元件材料采用 Q215—A.F，板形为 FNC；冷端传热元件材料采用耐低温腐蚀的 SPCC 钢制作。预热器采用双径向、双轴向密封系统。热端静密封采用美国 ALSTOM—API 新结构，为迷宫式密封结构；冷端静密封采用胀缩节式，既保证不漏风，又可以调整扇形板位置。每台预热器配有一套中心传动装置，包括主电动机、辅助电动机和盘车装置，电

动机配备变频调速启动装置，实现软启动、无级变速。

（三）上海锅炉厂制造的空气预热器

平海电厂 1000MW 超超临界机组锅炉采用上海锅炉厂制造的空气预热器，其型号为 2—34—VI（T）—82″（90″）SMRC，属于三分仓容克式空气预热器。

高温段和中温段传热元件材料均采用 SPCC；低温端传热元件材料采用耐低温腐蚀的涂搪瓷元件制作。预热器采用双径向、双轴向密封系统，采用围带驱动方式。

（四）豪顿华公司制造的空气预热器

大唐潮州电厂 1000MW 超超临界机组锅炉配有两台由豪顿华工程有限公司提供的三分仓回转式空气预热器，烟气和空气以逆流方式换热，采用上轴中心驱动方式。

该空气预热器型号为 33.5—VNT—2100（200），转子直径为 17 900mm，传热元件总高度为 2100mm。从中心筒向外延伸的主径向隔板将转子分为 48 仓，这些分仓又被二次径向隔板分隔成 48 仓。

第二节　回转式空气预热器部件及构造

随着近年来国家对环保问题的关注加大，越来越多的火电机组要求增设脱硝装置，与之相对应的是，新投产的 1000MW 机组都会考虑增设脱硝装置对空气预热器的影响，在此也是描述能克服脱硝装置影响的空气预热器。回转式空气顶热器按旋转方式可分为受热面旋转式（容克式）和风罩旋转式两种。

一、容克式空气预热器

三分仓容克式空气预热器是一种以逆流方式运行的再生式热交换器。加工成特殊波纹的金属蓄热元件被紧密地放置在转子扇形隔仓格内，转子以小于 1r/min 的转速旋转，其左右两半部分分别为烟气和空气通道。空气侧又分为一次风通道及二次风通道，当烟气流经转子时，烟气将热量释放给蓄热元件，烟气温度降低；当蓄热元件旋转到空气侧时，又将热量释放给空气，空气温度升高。如此周而复始地循环，实现烟气与空气的热交换。三分仓容克式空气预热器的立体图和结构图如图 7-1 和图 7-2 所示。

（一）转子

预热器转子采用模数仓格结构，每个仓格为 15°（有的空气预热器制造厂采用仓格为 7.5°），全部蓄热元件分装在 24 个模数仓格内，每个模数仓格利用一个定位销和一个固定销与中心筒相连接。由于采用这种结构，大大减少了工地的安装工作量，并减少了转子内的焊接应力及热应力。

中心筒上、下两端分别用 M64 合金钢螺栓连接上轴与下轴，接长轴通过 M64 合金钢螺栓与下轴连接，整体形成预热器的旋转主轴。相邻的模数仓格之间用螺栓互相连接。热段蓄热元件由模数仓格顶部装入，冷段蓄热元件由模数仓格外周上所开设的门孔装入。

提供专为更换冷段蓄热元件用的拉钩，以备检修时使用。转子上下端最大直径处所设的弧形 T 型钢为旁路密封零件；上端最大直径处的转子法兰平面，须利用预热器本身旋转和专门的刀架来加工，作为热态下测量转子热变形的基准面。

（二）蓄热元件

热段蓄热元件由压制成特殊波形的碳钢板构成，钢板厚 0.6mm，按模数仓格内各小仓格的形状和尺寸，制成各种规格的组件。每一组件都是由一块具有垂直大波纹和扰动斜波的定位板，与另一块具有同样斜波的波纹板一块接一块地交替层叠捆扎而成。冷段采用搪瓷元件，也按仓格形状制成各种规格的组件，每一组件都是由一块具有垂直大波纹的定位板与另一块平板交替层叠捆扎而成。传热元件波形和使用范围见表 7-1。

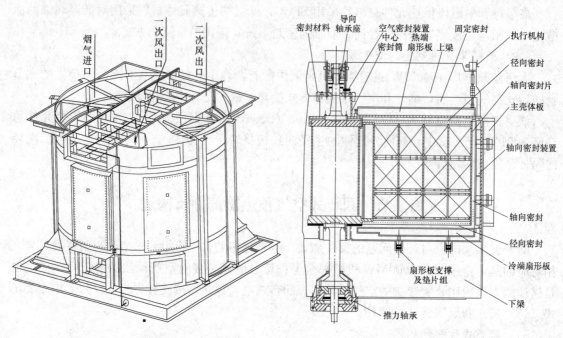

图 7-1　回转式空气预热器的立体图　　　　图 7-2　回转式空气预热器的结构图

表 7-1　　　　　　　　　　　　　传热元件波形和使用范围表

序号	波形	使用燃料	特点
1	DUN FNC	用于不结渣酸性灰煤（热段换热面）、油、气燃料（全部换热面）	交叉流道，比 DU 元件可强化 10%换热，阻力系数相当，节约 8%～10%材料
2	DN3 DL3	用于易结渣酸性灰煤，碱性灰煤（大灰团）和高灰煤（热段换热面）、油、气燃料（全部换热面）	有较多疏灰直通道，能大大改善元件堵灰，换热和阻力特性与 DU 相同
3	DU3 UNU	用于轻微结渣酸性灰煤（热段换热面）、油、气燃料（全部换热面）	换热与阻力特性与 DU 相同，可节约 5%的质量
4	NF3.5 NF6.0	结长渣煤：全部换热面 其他煤：冷段布置	比 NF6 布置密度加大，换热加强。垂直封闭通道，易吹灰穿透，但不如 DU 换热效果好，用于解决冷段堵塞
5	DNF	全部燃料	高换热、抗堵灰，主要用于烟气加热器设备

由于我国各地煤的性质相差甚远，空气预热器设计中都采用相同的传热元件波形搭配，容易造成一些预热器堵灰严重，或存在较严重的磨损或冷端腐蚀。不同波形的换热元件，其换热效率和吹灰穿透力是不同的，如图 7-3 所示，横坐标为吹灰能力指数，靠右者穿透力强；纵坐标为换热效率指数，靠上者换热能力强。

所有热段和冷段蓄热元件组件均用扁钢、角铁焊接包扎，结构牢固，并可颠倒放置。

如果冷段蓄热元件下缘遭受腐蚀，检修时应取出，清理后颠倒再重新放入转子内使用，直至深度腐蚀。当蓄热元件严重腐蚀并显著影响排烟温度或运行安全（如经常有被腐蚀的残片脱落）时，需将冷段蓄热元件更换。

（三）壳体

预热器壳体呈九边形，由三块主壳体板、两块副壳体板和四块侧壳体板组成，其结构如图7-4所示。主壳体板Ⅰ、Ⅱ与下梁及上梁连接，通过主壳体板上的四个立柱，将预热器的绝大部分重量传递给锅炉构架，主壳体板内侧设有圆弧形的轴向密封装置，外侧有若干个调节点，可对轴向密封装置的位置进行调整。副壳体板沿宽度方向分成三段，中间段可以拆去，是安装时吊入模数仓格的大门。副壳体板上也有四个立柱，可传递小部分预热器重量至锅炉构架。

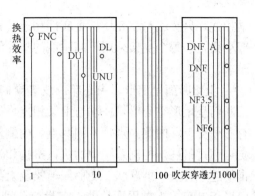

图 7-3 不同波形换热元件的换热效率和吹灰穿透力比较

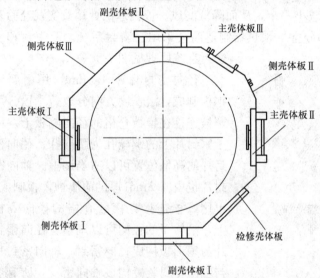

图 7-4 空气预热器壳体的结构示意

侧壳体板布置在45°和25°方位，每台预热器有4块，靠炉后设有一块更换冷段蓄热元件的检修门。每一块侧壳体板上都设有人孔，以便进入预热器对轴向密封及轴向密封装置进行调整和维修。

主壳体板Ⅰ、Ⅱ和副壳体板的立柱下面设有膨胀支座，以适应预热器壳体径向膨胀。膨胀支座采用三层复合自润滑材料的平面摩擦副作为膨胀滑动面。此外，在每对膨胀支座的内侧，还装有挡块，限制预热器的水平位移，并作为壳体径向膨胀的导向块。主、副壳体板立柱下部外侧均设有一个"牛腿"，以供安装时放置千斤顶，调整膨胀支座的垫片。

（四）梁、扇形板及烟风道

上梁、下梁与主壳体板Ⅰ、Ⅱ连接，组成一个封闭的框架，成为支承预热器转动件的主要结构。上梁和下梁分隔了烟气和空气，上部小梁和下部小梁又将空气分隔成一次风和二次风，分别形成烟气和一、二次风进、出口通道。上、下梁及上、下小梁装有扇形板，扇形板与转子径向密封片之间形成了预热器的主要密封——径向密封。扇形板可作少量调整，它与梁之间有固定密封装置，分别设在烟气侧和二次风侧。

下梁断面似在双腹板梁、下梁中心放置推力轴承，支承全部转动重量。梁的两端分别焊接在由主壳体板Ⅰ、Ⅱ立柱延伸的厚钢板上。下梁中心部分设有加强的支承平面，供检修时放置千斤顶用，顶起转子，对推力轴承进行检修。下部小梁断面呈矩形空心梁，一端与下梁相连，另一端与主壳体板Ⅲ底部相连。每块冷端扇形板有三个支点，全部支承在下梁或下部小梁上。每个支架采用不同厚度的垫片组合，可对扇形板的位置略加调整，以适应密封的要求。

上梁断面呈船形，中心部位放置导向轴承。梁的两端坐落在主壳体板的顶端。上部小梁断面呈矩形空心梁，一端与上梁相连，另一端与主壳体板Ⅲ顶部相连。每块热端扇形板也有三个支点，内侧一点，外侧两点，内侧支点是一个滚柱，支承在中心密封筒上。外侧两个支点通过吊杆与控制系统中的执行机构相连，运行时由该系统对热端扇形板进行程序控制，自动适应转子"蘑菇状"变形。上梁及上部小梁也装有防止扇形板水平移动的导向杆，每块扇形板2只。上轴周围的中心密封筒分别与固定密封和上梁构成密封系统。空气密封装置的管道需接至一次风机出口，维持密封装置中的空气压力高于预热器出口的空气压力。上、下部烟道及风道壁上分别设有人孔门。下部烟风道内还设有供检修行走的调节平台。

（五）密封系统

预热器采用先进的径向—轴向、径向—旁路双密封系统，所谓双密封系统就是每块扇形板在转子转动的任何时候至少有两块径向和轴向密封片与它和轴向密封装置相配合，形成两道密封。这样就可以使密封处的压差减小一半，从而降低漏风。根据理论计算及实践经验表明，直接漏风可下降30％左右。有部分空气预热器制造商会采用三密封系统。双密封和三密封系统原理见图7-5。

径向密封片厚1.5mm，用耐腐蚀钢板制成，沿长度方向分成若干段。用螺栓连接在模数仓格的径向隔板上。由于密封片上的螺栓孔为腰形孔，径向密封片的高低位置可以适当调整。轴向密封片也由1.5mm厚的耐腐蚀钢板制成，也用螺栓连接在模数仓格的径向隔板上，沿转子的径向可以调整。径向密封片与扇形板构成径向密封。轴向密封片与轴向密封装置构成轴向密封，所有这些密封结构联合形成了一个连续封闭的密封系统。

此外，在转子外圈上下两端还设有一圈旁路密封装置，防止烟气或空气在转子与壳体之间"短路"，同时它作为轴向密封的第一道防线，也起到了一定的密封作用。旁路密封片为1.2mm厚的耐腐蚀钢板，它与转子外周的"T"型钢圈构成旁路密封，在扇形板处断开，断开处另设旁路密封件，与旁路密封装置相接成一整圈。

容克式空气预热器的转子工作时下

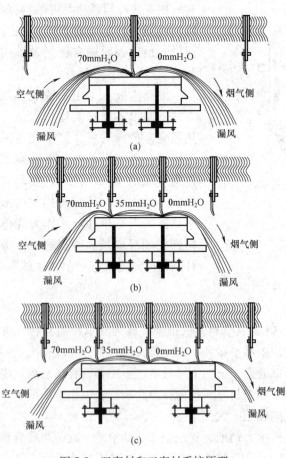

图7-5　双密封和三密封系统原理

(a) 单密封；(b) 双密封；(c) 三密封

部温度低、上部温度高，中间温度高、四周温度低，致使空气预热器转子工作时呈现一种特殊的"蘑菇状"变形。空气预热器密封控制系统通过测探转子位置，使扇形板跟踪转子的热变形，使热段扇形板与转子径向密封片的间隙在运行过程中始终维持在冷态设定值范围内，即将密封间隙从几十毫米降低到安全运行间隙，从而减少泄漏。其控制原理见图 7-6。

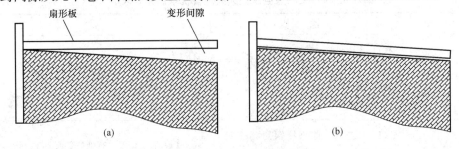

图 7-6　热段扇形板间隙控制原理
(a) 跟踪前；(b) 跟踪后

（六）导向与推力轴承

导向轴承采用进口双列向心球面滚子轴承，内圈固定在上轴套上，外圈固定在导向轴承座上，随着预热器主轴的热膨胀，导向轴承座可在导向轴承外壳内做轴向移动。导向轴承配有空气密封座，可接入密封空气对导向轴承进行密封和冷却，同时还采用 U 形密封环进行第二道密封，彻底解决了导向轴承处的密封问题。轴承外壳支承在上梁中心部分。

轴承采用油浴润滑，润滑油为 150 号极压工业齿轮油，导向轴承座通过四个吊杆螺栓与中心密封筒相连，使其与轴承座同时随主轴膨胀而移动。导向轴承上留有装吸油管及供油管的位置，并设有放油管、热电阻的接口。

推力轴承采用进口推力向心球面滚子轴承，内圈通过同轴定位板与下轴固定，外圈坐落在推力轴承座上，推力轴承座通过合金钢螺栓紧固在下梁底面。轴承采用油浴加循环油润滑，推力轴承座上设有进油口、出油口、放油口、通气孔、油位计以及热电阻的接口。

（七）预热器清洗装置、消防及火灾报警

每台空气预热器在烟气侧的热端和冷端分别设有固定式清洗管。按转子旋转方向，清洗管装在靠近烟气侧的起始边，以便清洗水从烟侧灰斗排出。清洗管上装有一系列不同直径的喷嘴，使预热器转子内不同部位的受热面能获得均匀的水量，从而保证清洗效果。清洗介质为常温工业水，$p=0.59\text{MPa}$，每根清洗管的容量为 400t/h。如果采用 $60\sim70℃$ 温水，清洗效果更好。此清洗管兼作烟气侧消防用。

在一次风侧与二次风侧分别装设有消防管，每根消防管的容量为 200t/h，工地安装时应采用软管与空气预热器的清洗管连接。

预热器火灾报警目前有用红外传感的形式（分摇臂式和轨道式）和热电偶型。优缺点比较如表 7-2 所示。

（八）吹灰装置

每台预热器在烟气侧热端装有一台伸缩式蒸汽吹灰器，吹灰器采用电动机驱动，齿轮—齿条行走机构，吹灰器行程约 1.4m，移动速度 1.44m/min，吹灰器有 4 个喷嘴，喷嘴直径为 $\phi16$。吹灰介质为过热蒸汽，吹灰器压力 $p=1.5\text{MPa}$，$t=350℃$，单台吹灰器蒸汽耗量约

83kg/min。

冷端采用带蒸汽和带在线高压冲洗水系统的双介质吹灰器。蒸汽介质参数与热端所设吹灰器相同，高压水冲洗系统介质为经过高压泵升压至 15MPa 的清洗水。

表 7-2　　　　　　　　　　　红外传感和热电偶型火灾报警优缺点比较表

序号	类型	优　点	缺　点
1	热电偶型	(1) 无运动件，维护简便； (2) 能即时显示各测点流体温度； (3) 误报警率低； (4) 成本低	(1) 对温度反应不如红外探头敏感； (2) 间接反应
2	红外摇臂式	(1) 反应快，能直接探测到非明火高温点； (2) 运动驱动在预热器外部； (3) 运动可靠，不卡阻	(1) 有运动件，有维护要求； (2) 不能显示温度； (3) 不及时维护，易产生低信号报警
3	红外轨道式	(1) 反应快，能直接探测到非明火高温点； (2) 运动驱动在预热器外部	(1) 有运动件，有维护要求； (2) 不能显示温度； (3) 不及时维护，易产生低信号报警； (4) 传动链条维护不良，易运动卡阻

二、风罩回转式空气预热器

风罩回转式空气预热器转子轻、耗功小，由于受热面与烟道一起构成坚固的静子，不易出现因温度分布不均产生受热面的蘑菇状变形，可大量采用强度低、能防腐的陶质受热面。其缺点是结构较为复杂，主要由作为受热面的静子，回转的上、下"8"字形风罩，传动装置，密封装置和固定的烟风道组成，其结构见图 7-7。

静子部分的结构与受热面旋转式空气预热器的转子相似，但扇形仓径向田板分度小，一般为 7.5°，上、下烟道与静子外壳相连接。静子的上、下两端面装有可转动的上下"8"字口相对的风罩，并由穿过中心筒的轴连接为一体。电动机通过传动装置，由轴带动上、下风罩同步旋转。风罩将静子截面分为烟气流通截面（约占 50%～60%）、空气流通截面（35%～40%）和密封区（约占 5%～10%）三部分。烟气在"8"字风罩外被分成两股，自上而下流经静子，加热波形板受热面。冷空气经下部固定的风道进入旋转的下"8"字风罩，把空气分成两股气流。自下而上流经静子时，吸收受热面蓄积的热量被加热，风罩每转一周，静子中的受热面进行两次吸热和放热。因此，风罩旋转式空气预热器的转速要比受热面旋转式慢，一般以 0.75～1.4r/min 的速度旋转。

为减少漏风，在动静部件之间间隙处均装有密封装置。旋转风罩与静子之间的密封装置见图 7-8，主要由密封伸缩节、密封框架和铸铁密封摩擦板等组成。在"8"字风罩口下的径向密封和内外密封摩擦板与中心筒端面接触；径向密封摩擦板在转动中与经过的扇形仓隔板接触，以防空气漏入烟气侧。

上、下回转式风罩与固定风道之间有环向密封，弧形铸铁密封块分成多段装在固定风道上，其端部与转动"8"字风罩"腰部"的连接套管外侧接触，并应压紧弹簧，以防空气漏出。

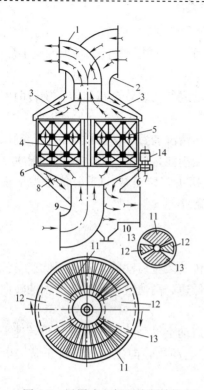

图 7-7　风罩式空气预热器结构

1—上风道；2—上烟道；3—上回转风罩；

4—受热面静子；5—中心轴；6—齿条；

7—齿轮；8—下回转风罩；9—下风道；

10—下烟道；11—烟气流通截面；

12—空气流通截面；13—过渡区；

14—电动机

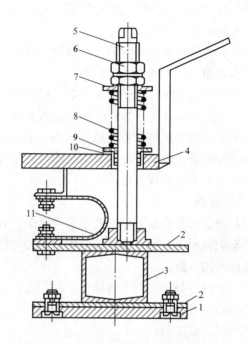

图 7-8　回转风罩与受热面静子间密封装置

1—铸铁密封摩擦板；2—钢板；3—密封框架；

4—8 字形风罩端板；5—吊杆；6—调节螺母；

7—弹簧压板；8—弹簧；9—密封套；

10—石棉垫板；11—U 形膨胀节

第三节　回转式空气预热器启停和维护

一、回转式空气预热器启动

（一）启动前准备

对于安装完毕或大修后的回转式空气预热器，在启动前应进行下列各项检查和准备工作。

（1）空气预热器及其相关的检修工作已结束，工作票已收回，现场清理干净，临时设施已拆除；本体内部杂物清理干净，各烟风道内杂物清理干净，各检查门、人孔门关闭严密。

（2）检查空气预热器主驱动电动机和副驱动电动机接线完整，接线盒安装牢固，电动机外壳接地线完整并接地良好。空气预热器主、副电动机绝缘合格，并已送电。变频器正常并已送电，就地控制箱电源正常，各指示灯显示正常无报警。

（3）空气电动机进气管路过滤器及油雾中油质正常，空气电动机进气管路手动阀门均已开启。

（4）热端径向漏风控制系统完好，有关定值已按规定设定好，电源送上，各扇型密封板在"完全提升"位置。

(5) 减速箱油位正常，油尺油迹在 1/3～2/3 之间。导向轴承、推力轴承油位正常（1/3～2/3），各表计指示正确。

(6) 安装完毕或检修后第一次启动，应采用手动或气动装置盘车使转子旋转两周确认转子能自由转动，且转动声音应正常。

(7) 检查轴承冷却水已投入正常。检查吹灰、水清洗装置、消防设备完好，确保吹灰蒸汽、消防水源供应正常；各清洗和消防阀关闭严密无内漏，外部管道、阀门不漏水。

(8) 检查空气预热器各烟风道压力、温度测量探头安装正常，CRT 信号指示正确，转速测量装置正常，转子停转报警系统投入且信号正确。

(9) 火灾监控装置正常投入。

（二）启动

(1) 如空气预热器装设有气动装置盘车，在主传动装置启动前，先利用低速空气电动机使转子至少转一圈，检查传动装置主电动传动轴及低速、高速空气马达传动轴的转向是否与空预器的转向一致。

(2) 通过变频器启动主电动机，顺控选择低速启动空气预热器，检查转子转速平稳上升至 0.5r/min，就地检查空气预热器运行平稳，确定电动机转向正确、声音正常、电流在正常范围内无大幅波动。

如空气预热器装设有气动装置，启动时首先启动低速空气电动机，待转子达到一定转速时，再启动高速空气马达。如空气预热器 1 号慢速空气马达启动，180s 后启动 2 号高速空气马达。2 号高速空气马达启动后 30s 1 号慢速空气马达停止。2 号高速空气马达启动 120s 后主电动机启动。主电动机启动 10s 后 2 号高速空气马达停止。

(3) 转子停转报警信号消失。

(4) 低速检查正常后切空气预热器高速运行，或者启动高速空气马达，等转子转过一圈以上时启动主电动机，为避免启动主电动机时产生过大电流。

(5) 检查各点有无摩擦及卡涩现象，空气预热器转动应平稳，无异声。检查导向轴承油温不大于 80℃，支承轴承油温不大于 70℃。检查主电动机温度，在正常情况下空气预热器运转 15min 后，电动机温度和轴承温度应保持恒定。检查各部油箱油位不超过最高油位。

二、运行监视及维护

（一）运行监视

控制空气预热器"冷端综合温度（即烟气出口温度＋空气入口温度）"应始终高于最低规定值。如豪顿华公司定义"冷端综合温度"对于燃料含硫量低于 1.2% 的煤，这一温度通常是 148℃。

机组运行中应对空气预热器加强观察的主要参数如下：

(1) 监视空预器电流波动幅度不大于 0.5A，并注意监视烟气和空气进出口温度变化情况，及时检查空预器的运行情况。

(2) 注意检查预热器有无摩擦、碰撞等异常声音，检查空气预热器有无向外漏风、漏烟气。

(3) 检查轴承箱油质应透明，无乳化和杂质。导向轴承及推力轴承油位正常，无漏油现象，轴承油温小于 70℃，轴承箱油位在 1/3～2/3 范围内。油冷却器的冷却水通畅，出口水温低于30℃。

(4) 检查驱动装置，减速箱油位正常，油温正常，无漏油现象，驱动装置各部无异常振动。

(5) 就地检查热变频器控制箱及火灾检测盘正常，无任何报警。

(6) 检查空气预热器运行中电动机外壳温度不超过80℃，空气预热器电动机相应的电缆无过热现象，现场无绝缘烧焦气味，发现异常应立即查找根源进行处理。

(7) 空气预热器运行，监视预热器一次风侧压差、二次风侧压差、烟气侧压差在正常范围内。烟气侧进口和出口温度、空气侧进口和出口温度。

(8) 机组运行中应特别注意：锅炉升负荷时要密切注意空气预热器入口烟温不要升的过快，以防止转子异常变形而卡涩，影响空气预热器的安全运行。

(二) 维护

不同的空气预热器制造商有不同的保养和维护的要求，应以预热器制造商的说明书为工作指导，以下的维护细则仅供参考。

(1) 每三个月检查一次整个驱动装置的运行及连接状态，特别是驱动装置扭矩臂两侧与扭矩臂支座的横向间隙以及扭矩臂支座的连接固定状态。

(2) 每三个月检查一次减速箱各润滑油透气塞。

(3) 每月检查一次减速箱的油位。

(4) 每周必须检查一次顶部和底部轴承箱的油位。

(5) 每隔三年即应按照要求对驱动电动机轴承进行检查和注油。

(6) 每三个月检查一次吹灰器是否漏油以及蒸汽管路的疏水和泄漏情况。

三、回转式空气预热器停用

(一) 锅炉热备用

如果锅炉仅作短期停炉（切断燃料，关闭送引风机）处于热备用状态时，为避免锅炉热损失，通常关闭烟道挡板，这就造成了预热器内热滞留，增加了预热器的着火（二次燃烧）危险性。须按下列程序操作：

(1) 停炉前进行一次吹灰。

(2) 维持空气预热器运转。

(3) 严密监视烟气进口和空气出口处的温度指示，因为一旦预热器内着火，随着热气流上升，装设在预热器上部的温度测点会显示出温度持续上升的趋势。

(4) 为避免不必要的空气泄漏进入预热器，不应打开人孔门。

(二) 正常停炉

如果锅炉要停运较长时间直至冷炉状态，那么应按下述程序操作：

(1) 停炉前对预热器进行一次吹灰，负荷减至60%时再吹一次。

(2) 将扇形密封板控制方式设置为手动控制方式"Manual"，按下"F—UP"（手动强制提升）按钮，扇形密封板向上恢复，同时画面中"F—UP"灯亮。当报警画面的"Top Limit"灯亮时，表示扇形板到达上极限位。

(3) 在燃烧器停运后，维持空气预热器继续运转，直至进口烟道气流温度降至150℃以下，且对应侧引、送风机和一次风机已停止时，方可停转预热器。

(4) 主电动机停止后，有部分空气预热器制造商要求联动辅助电动机或慢动盘车。如空气预热器装设有气动装置，确认主电动机停止后2号高速空气电动机联动。延时120s后，1号慢速空气马达启动，2号高速空气电动机停止。1号慢速空气电动机运行180s后停止。

（5）预热器停转后，确认导向推力轴承油温在45℃以下，方可切断油循环系统及冷却水。

（6）当风机还在运行的时候，应监视烟气和空气的出口温度，当风机停运后，应监视烟气进口和空气出口温度，以防预热器内着火。

（7）如果预热器需要清洗，应在停炉后预热器进口烟道温度降低至200℃以下时方可进行，清洗完毕可以利用锅炉余热来干燥蓄热元件。

（三）紧急停机

（1）如转子失速报警探头均给出报警信号，现场确认两台驱动电动机中无一台在运转，则需尽快关断送、引风机并停用空气预热器。

（2）如主电动机出现故障，应启动备用电动机使转子沿着断电前的旋转方向继续旋转。如总电源系统跳闸，电源断电使得转子停转，转子会产生异常变形，导致转子与密封片、密封板之间发生卡摩，此时应立即停用该空气预热器或停炉处理。电源恢复正常后至少应在30min后方可重新启动电动机。

（3）如发生空预器卡死的紧急情况，严禁用盘车手柄人为强行盘车，以免损坏驱动机构，而应及时关闭空气预热器烟、空气侧挡板，打开热端烟气侧人孔门，适当开启引风机挡板，对空气预热器进行冷却，同时应控制空气预热器烟气、空气侧的温差不得过大，待空气预热器冷却到用手动盘车手柄可以轻松盘动后，方可投入电动机驱动空气预热器，监视空气预热器电流缓慢、平稳增加。

四、回转式空气预热器吹灰

现阶段应用的吹灰器形式主要有气脉冲式、声波式、高压蒸汽伸缩式（或压缩空气）。从效果看，气脉冲式对新预热器效果较好，但对使用一定年限的预热器，很容易损坏元件，降低其使用寿命。声波式吹灰器存在震动盲区，一般用于管式预热器，不适用于回转式空气预热器。对带脱硝装置系统的预热器设计，大多数采用配置双介质（水＋蒸汽）吹灰器。

一般地，每台空气预热器热端和冷端均配有吹灰器，吹灰器为半伸缩式吹枪，使用过热蒸汽作为吹灰介质。停炉前、在锅炉启动过程中及机组低负荷阶段都须加强吹灰，既防止换热元件表面的沉积物在空气预热器转子冷却过程中会导致换热元件的腐蚀，又防止未燃尽的燃油和碳粒沉积于空气预热器换热元件表面，导致二次燃烧而发生火灾。

吹灰的频度取决于蓄热元件的沾污程度（积灰情况），最初可每24h进行一次，连续运行后可视实际情况减少或增加吹灰次数。应强调吹灰管道上的阀门必须关闭严密，以防止泄漏引起预热器受热面局部堵塞。

在燃料种类有较大改变时，以及锅炉启动、停炉或负荷低于50％时，推荐采取以下措施：

（1）尽可能地缩短燃油时间；

（2）加强吹灰，每4～8h一次；

（3）采用蒸汽加热器方法提高进口空气温度，使冷段受热面保持在露点以上。

为了确保有效的吹灰，一方面要严防一切外来水分带入空气预热器，另一方面要求过热蒸汽保持一定压力和温度，以保证提供干的吹扫介质。如豪顿华公司的空预器说明书要求

"吹灰蒸汽至少应有 130℃的过热度"。

五、回转式空气预热器清洗

空气预热器在正常条件下运行且定期吹灰，则无需进行水清洗，吹灰是控制积灰形成速度的一个有效方法。如果附在预热器受热面上的沉积物不管怎样加强吹灰，也不可能除去，而且空预器的阻力超过设计值且小于设计值 130%时（或者烟风阻力已比设计值高出 0.7～1kPa），就需要对预热器进行一次清洗。

（一）清洗程序及方法

清洗可以在停炉后进行，也可以实现在线清洗，不同的预热器制造厂家有不同的推荐清洗方式。以下描述的程序及方法是以停炉后清洗为例的。

(1) 启动待清洗预热器的辅助驱动电动机，使预热器作低速旋转，将热端扇形板置于"紧急提升"位置（上限位置）。

(2) 清洗应在预热器前的烟道气流温度降低到 200℃时进行，同时关闭烟气入口及空气出口挡板。

(3) 将预热器底部灰斗里的积灰撤空，打开排水孔门。

(4) 清洗水最好采用 60～70℃温水，$p=0.59$MPa，无热水源时采用常温水亦可，每根清洗管流量约 4600kg/min。

(5) 若受热面上的沉积物，呈现坚硬结块状态，建议在清洗过程中中断供水半小时，以便使沉积物软化。

(6) 清洗时需要不断地检查排水的 pH 值，当排水中不含有什么灰粒，并且 pH 值到 6～8之间时，可以认为清洗合格。

(7) 清洗后的受热面必须进行彻底的干燥，否则会比不清洗更为有害，一般可将烟道挡板打开，利用锅炉余热进行干燥，干燥至少应进行 4～6h，随后仔细检查干燥状况。

（二）清洗的注意事项

(1) 为防止环境污染，应对清洗排放出来的废水进行处理。

(2) 清洗时间及用水量不能事先确定，需要根据受热面堵塞情况而定。作为估算，大约每恢复 10Pa 压降，需要 1～1.5t 清洗水。

(3) 清洗后的受热面必须进行彻底的干燥。否则，留在元件表面的沉积物在空预器带负荷时将变成硬块，一般来说再次水洗将难清除这些硬块。

(4) 应强调指出，有部分空预器制造厂家推荐如遇酸性沉积物时，可在清洗水中加入苛性钠以提高清洗效果，但豪顿华公司不推荐在燃煤机组的空预器中采用碱水冲洗。

六、预热器常见故障及采取措施

（一）空气预热器着火或二次燃烧

由于锅炉长期低负荷燃油运行、燃烧不稳定等引起受热面积存油垢和未燃尽燃料沉积，而空气预热器吹灰器长期未投运或吹灰效果不良，此时极易造成空预器着火。

着火的主要现象有：预热器出口烟气和出口空气温度不正常升高；预热器进出口空气、烟气压力增大；就地设备不严密处冒火星。

着火的处理：

(1) 立即停止对应侧送、引风机、一次风机运行。

(2) 关闭预热器出入口烟风挡板、二次风联络挡板。

（3）关闭一次风机出口挡板、对应的冷风挡板。

（4）保持预热器驱动装置运行。

（5）投入预热器蒸汽吹灰。

（6）着火严重启动清洗水泵及消防水泵，开启预热器灰斗疏水阀，打开一次风机和送风机出口放水门。

着火的预防：

（1）加强预热器出口烟气、出口空气温度的监视，当预热器出口烟风温度超过时，立即查找原因。

（2）加强油枪燃烧的检查，当油枪雾化、燃烧不好或冒黑烟时立即停止油枪燃烧。

（二）电动机电流异常升高

正常运行时，主驱动电动机电流应稳定在 $50\%\sim75\%$ 额定电流范围内的某一数值，其波动幅度应不超过 $\pm1.0A$ 范围。

如果电流指示突然出现大幅度波动，并伴有撞击、摩擦声，则很可能是异物落入转子端面，或转子中某些零件松脱突出于转子端面，造成与扇形板相擦。

主要的处理措施有：

（1）首先将热段扇形板提升到"紧急提升位置"。

（2）如果电流最大值未超过电动机额定电流，而且波动情况渐趋缓或稳定，可以继续维持预热器的运转或逐步降低负荷至停炉。

（3）如果电流已超过额定值，而且无缓和趋势，则应紧急停炉或单侧运行，关闭故障预热器前烟风挡板，并尽一切可能维持预热器转动，直至预热器前烟气温度低于厂家要求的温度，才停止预热器转动。

（三）空气预热器转子停转

转子停转大致由如下几种情形引起：

（1）转子在热态有相当地变形，易引起运动受阻被卡。

（2）有硬物进入或遗留在转子上，易引起转子受阻被卡，造成驱动电动机过负荷而跳闸，引起空气预热器转子停运。

（3）系统电源有故障或驱动电动机跳闸，引起空气预热器转子停运。

转子停运后，烟气侧的受热面始终受到烟气加热而空气侧始终受到冷却，将使转子产生异常的不可恢复变形。如果空气预热器经抢投不能立即恢复运行，对应侧的送引风机应跳闸，相应的烟风挡板关闭，以减轻空气预热器变形的不均匀。

注意，此时若锅炉在燃油状态应防止空气预热器着火或二次燃烧，若在燃煤密切注意一、二次风温的变化及锅炉的燃烧情况。如果锅炉在低负荷运行时发生空气预热器转子停转的情况，打开人孔门，对其进行冷却，必要时申请故障停炉。

（四）空气预热器堵灰

空气预热器堵灰的危害性有：

（1）空气预热器堵灰后，通流截面减少，风烟系统的阻力都将增加，造成送风机、引风机和一次风机的负荷和电耗增加。

（2）堵灰程度严重会使引风机过载而限制锅炉出力，甚至造成设备损坏而被迫停运。

（3）空气预热器换热面的换热效率降低，造成排烟温度增高，排烟热损失增大。

（4）一次风和二次风换热不充分，空气温升减小，影响煤粉温度降低和入炉风温，甚至影响锅炉燃烧稳定。

（5）空气预热器局部区域流速增加，造成该区域换热面磨损速率增加。

控制空气预热器堵灰手段有：

（1）增加吹灰器投运次数检查吹灰器投运状况，检查汽源质量，疏水状况是否正常。

（2）必要时通过挡板来控制通过空气预热器的烟气或二次风流量，通过均匀流量或提高流速来改善堵灰状况。

（3）对空气预热器进行清洗，清洗可以在停炉后进行，也可以在线清洗。

第四节 回转式空气预热器低温腐蚀和积灰

一、回转式空气预热器低温腐蚀

（一）低温腐蚀产生原因

由于煤粉中含有一定的硫分，在燃烧过程中会生成一定的 SO_2 和 SO_3，当烟气温度低于 200℃时，SO_3 会与水蒸气结合生成硫酸蒸汽。即

$$SO_2（气）+H_2O（气）=\!=\!=H_2SO_3（气） \tag{7-7}$$

$$SO_3（气）+H_2O（气）=\!=\!=H_2SO_4（气） \tag{7-8}$$

由于硫酸蒸汽的凝结温度比水蒸气高得多，因此烟气中只要含有很少量的硫酸蒸汽，烟气露点温度就会明显的升高。当烟气进入低温受热面时，由于烟温降低或在接触到低温受热面时，只要在温度低于露点温度，水蒸气和硫酸蒸汽将会凝结。水蒸气在受热面上的凝结，将会造成金属的氧腐蚀；而硫酸蒸汽在受热面上的凝结，将会使金属产生严重的酸腐蚀。其主要反应如下

$$Fe_2O_3+6H^++3SO_4^{2-}=\!=\!=3H_2O+2Fe^{3+}+3SO_4^{2-} \tag{7-9}$$

$$Fe+2H^++SO_4^{2-}=\!=\!=H_2+Fe^{2+}+SO_4^{2-} \tag{7-10}$$

$$4Fe+8H^++4SO_4^{2-}=\!=\!=4H_2O+FeS+3Fe^{2+}+3SO_4^{2-} \tag{7-11}$$

$$Fe_2O_3+5Fe+8H_2SO_4=\!=\!=H_2+7H_2O+FeS+4FeSO_4+Fe_2(SO_4)_3 \tag{7-12}$$

同时，上述腐蚀产物和凝结产物与飞灰反应，生成酸性结灰，即

$$xCaO \cdot yAl_2O_3 \cdot (x+3y)H_2SO_4=\!=\!=xCaSO_4+yAl_2(SO_4)_3+(x+3y)H_2O \tag{7-13}$$

$$Fe_3O_4+4H_2SO_4=\!=\!=FeSO_4+Fe_2(SO_4)_3+4H_2O \tag{7-14}$$

$$3Fe+4H_2SO_4+2O_2=\!=\!=FeSO_4+Fe_2(SO_4)_3+4H_2O \tag{7-15}$$

酸性黏结灰能使烟气中的飞灰大量黏结沉积，形成不易被吹灰清除的低温黏结灰。由于黏结灰，传热能力降低，受热面壁温降低，引起更严重的低温腐蚀和黏结灰，最终有可能堵塞烟气通道。

（二）用于带脱硝装置机组的预热器技术

带有 SCR 脱硝装置的机组，给空气预热器技术带来了新的课题。SCR 系统脱硝反应未完全耗尽的氨气（NH_3）、烟气中的 SO_3、烟气中的水蒸气，很容易产生下列反应

$$NH_3+SO_3+H_2O \longrightarrow NH_4HSO_4（NH_3：SO_3<2：1时） \tag{7-16}$$

$$2NH_3+SO_3+H_2O \longrightarrow (NH_4)_2SO_4（NH_3：SO_3>2：1时） \tag{7-17}$$

反应产物不论是 NH_4HSO_4 还是 $(NH_4)_2SO_4$，在温度 150～190℃区域，开始凝聚，这

一温度一般位于传统设计的空气预热器的中温段下部和冷端上部，形成传热元件表面的额外吸附层，通常 2～3 周，就吸附大量的灰分导致传热元件内部流通通道堵塞，严重影响风机工作。由于恰好位于分层处，大量的沉积物卡在层间，导致吹灰气流无法清除掉。

NH_4HSO_4 和 $(NH_4)_2SO_4$ 是严重腐蚀物，存在 NH_4HSO_4 或 $(NH_4)_2SO_4$ 的区域，其传热元件腐蚀严重，即使用考登钢，对腐蚀的抵抗也远远不够，有相关的资料表明，燃煤机组用考登钢元件的腐蚀速度比碳钢还要快。

燃料灰分低，由于烟气中吸附物少，反而加剧表面沉积量，腐蚀更加严重。

由于 NH_4HSO_4 或 $(NH_4)_2SO_4$ 的黏性很强，采用松排列的传热元件也不能有效改善堵灰。采用传统流道设计的高换热效率波形（FNC，DU 等），由于烟气流通转弯多，不构成封闭的烟气流道，吹灰气流穿透深度不足，不能有效清除 NH_4HSO_4 或 $(NH_4)_2SO_4$。有些机组往往要每个月水洗一次预热器。

（三）低温腐蚀的危害

强烈的低温腐蚀通常发生在空气预热器的冷端，因为在此处空气及烟气的温度最低。低温腐蚀造成管式空气预热器热面金属的破裂，使大量空气漏进烟气中，使得送风燃烧恶化，锅炉效率降低。对回转式空气预热器也会影响传热效率。同时腐蚀也会加重积灰，使烟风道阻力加大，影响锅炉安全、经济运行。

（1）硫酸蒸汽的凝结量对腐蚀的影响：凝结量越大，腐蚀越严重。

（2）凝结液中硫酸浓度对腐蚀的影响：开始凝结时产生的硫酸对受热面的腐蚀作用很小，而当浓度为 56% 时，腐蚀速度最大。随着浓度继续增大，腐蚀速度也逐渐降低。

（3）受热面壁温对腐蚀的影响：受热面的低温腐蚀速度与金属壁温有一定的关系，实践表明，腐蚀最严重的区域有两个，一个发生在壁温在水露点附近；另一个发生在烟气露点以下 20～45℃区。在两个严重腐蚀区之间有一个腐蚀较轻的区域。空气预热器低温段较少低于水露点，为防止产生严重的低温腐蚀，必须避开烟气露点以下的第二个严重区域。

（四）低温腐蚀的减轻和防止

（1）燃料脱硫。燃料中的黄铁硫可以在燃料进入制粉系统前利用其重力与煤粉不同而分离出来，但不能完全分离出，而且有机硫很难出去。

（2）低氧燃烧。即在燃烧过程中用降低过量空气系数来减少烟气中的剩余氧气，以使 SO_2 转化为 SO_3 的量减小。但是低氧燃烧，必须保证燃烧的安全，否则降低燃烧效率，影响经济性。另外，减少锅炉漏风也是减少烟气中剩余氧气的措施。

（3）采用降低酸露点和抑制腐蚀的添加剂。将添加剂（如粉末状的白云石）混入燃料中，或直接吹入炉膛，或吹入过热器后的烟道中，它会与烟气中的 SO_2 和 H_2SO_4 发生作用而生成 $CaSO_4$ 或 $MgSO_4$，从而能降低烟气中的 SO_2 或 H_2SO_4 的分压力，降低酸露点，减轻腐蚀。

（4）提高空气预热器受热面的壁温，是防止低温腐蚀的最有效的措施，通常可以采用热风再循环或暖风器两种方法。

（5）采用回转式空气预热器本身就是一个减轻腐蚀的措施，因它在相同的烟温和空气温度下，其烟气侧受热面壁温较管式空气预热器高，这对减轻低温腐蚀有好处；同时，回转式空气预热器的传热元件沿高度方向都分为三段，即热段、中间段、冷段，冷段最易受低温腐蚀。从结构上将冷端和不易受腐蚀的热段和中间段分开的目的在于简化传热元件的检修工作，降低维修费用，当冷端的波形板被腐蚀后，只需更换冷端的蓄热板。

为了增加冷端蓄热板的抗腐蚀性，冷端蓄热板常采用耐腐蚀的低合金钢制成，而且较厚，一般在 1.2mm。另外，在回转式空气预热器中，烟气和空气交替冲刷受热面。当烟气流过受热面时，若壁面温度低于烟气露点，受热面上将有硫酸凝结，引起低温腐蚀。但当空气流过受热面时，因空气中没有硫酸蒸汽，且空气中水蒸气的分压力低，则凝结在受热面上的硫酸将蒸发。因此，当空气流经受热面时，硫酸的凝结量不增加，反而减少，从而降低腐蚀。

（6）定期吹灰，利于清除积灰，又利于防止低温腐蚀。

（7）定期水冲洗。如空气预热器冷段积灰，可以用碱性水冲洗受热面清除积灰。冲洗后一般可以恢复至原先的排烟温度，而且腐蚀减轻。

总之，空气预热器的低温腐蚀产生的主要原因是燃料中的硫燃烧生成 SO_2，其中部分氧化形成 SO_3。由于 SO_3 的存在，使烟气的露点升高，即 SO_3 与烟气中的水蒸气化合形成硫酸蒸汽，露点温度大大升高，当遇低温受热面时结露，并腐蚀金属。

二、回转式空气预热器波纹板上积灰

空气预热器积灰的危害性有：

（1）空气预热器积灰后，通流截面减少，风烟系统的阻力都将增加，造成送风机、引风机和一次风机的负荷和电耗增加。

（2）风机的调节范围减小，风机的出力受限制，堵灰程度严重会使引风机过载而限制锅炉出力，甚至造成设备损坏而被迫停运。

（3）空气预热器换热面的换热效率降低，造成排烟温度增高，排烟热损失增大。同时一、二次风的温升减小，入炉风温和煤粉温度降低，降低燃烧效率。

（4）空气预热器局部区域流速增加，造成该区域换热面磨损速率增加。如果左右侧空气预热器堵灰程度不同的话，还会使两侧的风温、烟温产生较大偏差，进而造成漏风增加。

为防止积灰，保证受热面的畅通，特别是在启动期间，空气预热器要投吹灰器。吹灰器汽源有两路，正常运行中吹灰汽源为屏式过热器出口，当机组启停过程中用辅汽蒸汽进行空气预热器吹灰。每台空气预热器均配有两台吹灰器，一台位于烟气入口，另一台位于烟气出口，每台吹灰器上配有过热蒸汽作为吹灰介质的半伸缩式吹灰枪。在吹灰蒸汽进入空气预热器吹灰器之前的管道装有疏水装置，吹灰之前应充分疏水。蒸汽流向为从下向上进入吹灰器，避免运行中有水进入空气预热器。

在锅炉的启动阶段和低负荷运行阶段，一般情况下需要投运油枪或等离子点火装置，此时，由于炉膛温度水平较低，燃料不可能完全燃尽，此部分未燃尽的灰容易积存在空气预热器的受热面上，尤其的未燃尽的油污更容易沉积，空气预热器应投入连续吹灰。除此，在锅炉启动阶段应将锅炉的总风量带的稍微大些，特别是在投运等离子点火而未停运油枪时，利用大风量将未燃尽的煤粒带走。当锅炉转入正常运行后，一般情况下，每 8h 投运一次空气预热器吹灰，如发现空气预热器差压高等情况时，应适当增加空气预热器的吹灰次数。

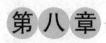

第八章

送、引风机及一次风机

第一节 概 述

锅炉风烟系统是指连续不断地给锅炉燃料燃烧提供所需的空气量，并按燃烧的要求分配风量送到与燃烧相连接的地点，同时使燃烧生成的含尘烟气流经各受热面和烟气净化装置后，最终由烟囱及时排至大气。

风烟系统主要包括一次风机、送风机及引风机等设备，风烟系统按平衡通风设计，系统的平衡点发生在炉膛。因此，所有燃烧空气侧的系统部件设计正压运行，烟气侧所有部件设计负压运行。平衡通风不仅缩小炉膛和风道的漏风量，而且保证了较高的经济性，又能防止炉内高温烟气外冒，对运行人员的安全和环境都是有利的。国内 1000MW 机组锅炉采用风机的主要型号如表 8-1 所示。

表 8-1　　　　　　　国内 1000MW 机组锅炉采用风机的主要参数表

项目	山东邹县电厂	浙江玉环电厂	华能海门电厂	大唐潮州电厂	江苏泰州电厂
引风机	静叶可调轴流式，型号 AN42e6（V13＋4°），设计流量824.6 m³/s，全压升6060Pa，成都电力机械厂	静叶可调轴流式，型号 AN42e6（V19＋4°），设计流量753.6m³/s，全压升5450Pa，成都电力机械厂	静叶可调轴流式，型号 AN42e6（V13＋4°），设计流量820.1m³/s，全压升5741Pa，成都电力机械厂	静叶可调轴流式，型号 AN42e6（V19＋4°），设计流量802.8m³/s，全压升6323Pa，成都电力机械厂	静叶可调轴流式，型号 AN42e6（V19＋4°），设计流量755.5m³/s，全压升5933.2Pa，成都电力机械厂
送风机	动叶可调轴流式，型号 FAF28—14—1，设计流量386.65 m³/s，全压升5726Pa，上海鼓风机厂有限公司	动叶可调轴流式，型号 FAF30—14—1，设计流量378.9m³/s，全压升5050Pa，上海鼓风机厂有限公司	动叶可调轴流式，型号 ASN—3200/1600，设计流量396.3m³/s，全压升5619Pa，沈阳鼓风机（集团）有限公司	动叶可调轴流式，型号 ANN—3120/1600N，设计流量409.6m³/s，全压升5381Pa，豪顿华工程有限公司	动叶可调轴流式，型号 FAF28—14—1，设计流量369m³/s，全压升5164Pa，上海鼓风机厂有限公司
一次风机	动叶可调轴流式，型号 PAF19—12.5—2，设计流量141m³/s，全压升13 291Pa，上海鼓风机厂有限公司	动叶可调轴流式，型号 PAF19—12.5—2，设计流量169.1m³/s，全压升17 729Pa，上海鼓风机厂有限公司	动叶可调轴流式，型号 AST—2170/1400设计流量179.2m³/s，全压升17 606Pa，沈阳鼓风机（集团）有限公司	动叶可调轴流式，型号 ANT2030/1400B，设计流量173.4m³/s，全压升23 173Pa，豪顿华工程有限公司	动叶可调轴流式，型号 PAF20.5—15—2，设计流量117m³/s，全压升21 776Pa，上海鼓风机厂有限公司

一、轴流风机与离心风机的主要特点

（一）离心式风机的工作原理

离心式风机的主要工作部件是叶轮，当原动机带动叶轮旋转时，叶轮中的叶片迫使流体

旋转，即叶片对流体沿它的运动方向做功，从而使流体的压力能和动能增加。与此同时，流体在惯性力的作用下，从中心向叶轮边缘流去，并以很高的速度流出叶轮进入蜗壳，再由排气孔排出，这个过程称为压气过程。同时，由于叶轮中心的流体流向边缘，在叶轮中心形成了低压区，当它具有足够的真空时，在吸入端压力作用下（一般是大气压），流体经吸入管进入叶轮，这个过程称为吸气过程。由于叶轮的连续旋转，流体也就连续地排出、吸入，形成了风机的连续工作。

值得提出的是，流体流经旋转着的叶轮时，能量之所以得以提高是因为叶片对流体沿圆周切线方向做功的结果，而不是离心惯性力作用的结果。

离心式风机虽然具有结构简单、运行可靠、效率高、制造成本低、噪声较低等优点，但在低负荷运行时的效率明显低于轴流式风机，且由于受材料的制约，机体尺寸已达极限值，叶轮材料尽管已采用高强度合金钢，但常因焊接问题引起叶片的断裂损坏。

（二）轴流式风机的工作原理

轴流风机与离心风机一样，都是让气流通过叶轮，在叶轮的作用下，使气体获得动能，所不同的是轴流风机中气流在叶轮内是沿着回转轴作轴向流动，而离心风机中气流在叶轮中是沿着径向流动的。

在轴流风机中，流体沿轴向流入叶片通道，当叶轮在电动机的驱动下旋转时，旋转的叶片给绕流流体一个沿轴向的推力（叶片中的流体绕流叶片时，根据流体力学原理，流体对叶片作用有一个升力，同时由作用力和反作用力相等的原理，叶片也作用给流体一个与升力大小相等、方向相反的力，即推力），此叶片的推力对流体做功，使流体的能量增加并沿轴向排出。叶片连续旋转即形成轴流式风机的连续工作。从外表来看，轴流风机往往成为风道的一个组成部分，它既可以水平布置，也可以垂直布置。

轴流式风机具有流量大、全压低的特点，在大型锅炉机组的使用中，有逐渐取代离心式风机的趋势。目前最大的轴流式风机的动叶外径达5.3m，叶顶圆周速度达162m/s，动叶片的材料为球墨铸铁。我国采用引进技术生产的轴流式风机，已能满足600MW和1000MW发电机组对送、引风机的要求。

（三）轴流风机和离心风机比较

离心风机具有结构简单，运行可靠，效率较高，制造成本较低，噪声较小，抗腐蚀性较好等特点。随着锅炉单机容量的增长，离心风机的容量已经受到叶轮材料强度的限制，轴流风机使用日益广泛。因为锅炉容量增大，烟风流量增大，但所需要的压力没有增大，很明显从风机的效率角度看，采用轴流风机要比离心风机有利。随着轴流风机制造技术的发展，目前新建大机组的六大风机均以采用轴流式风机为多。下面比较两种风机的技术经济性。

1. 风机运行效率

两种类型风机在设计负荷时的效率相差不大，轴流风机效率最高达90%，机翼形叶片离心风机效率为92%。但当机组带低负荷时，动叶可调轴流风机的效率要比具有入口导向装置的离心风机高少许，如图8-1所示离心式与轴流式风机的轴功率对比。

2. 风机对烟风道系统风量、压头变化的适应性

目前烟风道系统的阻力计算还不能做得很精确，尤其是锅炉烟道侧运行后的实际阻力与计算值误差较大。在实际运行中，由于燃料品种的变化引起所需要的风机风量和压头的变化。这时，对于离心式风机来说，在设计时要选择合适的风机来适应上述各种变化是困难

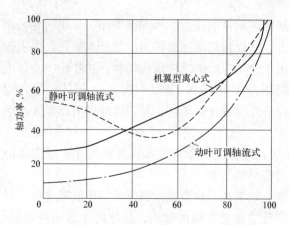

图 8-1　离心式与轴流式风机的轴功率对比

的。如果考虑了上述几种流量和压头变化的可能性，使离心风机的裕量选得过大，会造成在正常运行时风机效率要显著地下降；如果风机的裕量选得过小，一旦情况变化后，可能会使机组达不到额定出力。轴流风机对风量、风压的适应性很大，尤其是采用动叶可调的轴流风机时，可以用关小或开大动叶的角度来适应变化的工况，而对风机的效率影响却很小。

3. 机械特性

轴流风机的总质量约为离心风机质量的 $60\%\sim70\%$。轴流风机有低的飞轮效应值，这是由于轴流风机允许采用较高的转速和较高的流量系数。所以在相同的风量、风压参数下，轴流风机的转子质量较轻，即飞轮效应值较小，使得轴流风机的启动力矩大大低于离心风机的启动力矩。

一般轴流式风机的启动力矩只有离心式风机启动力矩的 $14.2\%\sim27.8\%$，因而可显著地减少电动机功率裕量和对电动机启动特性的要求，降低电动机的造价。轴流风机转子质量较轻，但是在结构上比离心风机转子要复杂得多，会提高风机的造价。

4. 运行可靠性

动叶可调的轴流风机由于转子结构复杂、转速高、转动部件多，对材料和制造精度要求高，其运行可靠性比离心风机稍差一些。但经多年来的改造，可靠性已大为提高。

二、轴流风机作用原理

流体沿轴向流入叶片通道，当叶轮在电动机的驱动下旋转时，旋转的叶片给绕流流体一个沿轴向的推力（叶片中的流体绕流叶片时，根据流体力学可知，流体对叶片作用有一个升力，同时由作用力和反作用力相等的原理，叶片也作用给流体一个与升力大小相等、方向相反的力，即推力），此叶片的推力对流体做功，使流体的能量增加并沿轴向排出。叶片连续旋转即形成轴流式风机的连续工作。

假设一较长的圆柱体静止在气体上，气流自左向右作平行流动，不计气体的黏性，即气体流动的阻力，那么气体会均匀地分上下绕流圆柱体。气流在圆柱体上的速度及压力分布完全对称，流体对柱体的总的作用力为零，如图 8-2 所示，这种流体叫平流绕圆柱体流动。

若圆柱体作顺时针的旋转运动，则圆柱体周围的气体也一起旋转，产生环流运动。这时圆柱体上、下速度及压力分布亦完全对称，流体对柱体的总的作用力为零，如图 8-3 所示，这种运动为环流运动。

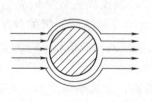

图 8-2　平行绕圆柱体流动

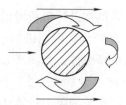

图 8-3　环流运动

若流体作平行运动，圆柱体作顺时针旋转，这两种流动叠加在一起时：圆柱体上部平流与环流方向一致，流速加快；圆柱体下部平流与环流方向相反，流速减慢。根据能量方程原理，圆柱体上部与圆柱体下部的总能量相等，而圆柱体上部动能大，压力小，下部动能小，压力大。于是流体对圆柱体产生一个自下而上的压力差，这个压差就是升力。

机翼上升力产生的原理与圆柱体上升力的原理相同，如图8-4所示。机翼上有一个顺时针方向的环流运动，由于机翼向前运动，流体对于机翼来说是作平流运动。机翼上部平流与环流叠加流速加快，压力降低，机翼下部平流与环流叠加流速减小，压力升高。此时就产生一个升力 p。同时，在流动过程中有流动阻力，机翼也受到阻力。

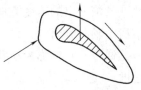

图 8-4　机翼的升力原理

轴流风机的叶轮是由数个相同的机翼形成的一个环型叶栅，若将叶轮上以同一半径展开，如图8-5所示，当叶轮旋转时，叶栅以速度 u 向前运动，气流相对于叶栅产生沿机翼表面的流动，机翼有一个升力 p，而机翼对流体有一个反作用力 R，R 力可以分解为 R_m 和 R_u，力 R_m 使气体获得沿轴向流动的能量，力 R_u 使气体产生旋转运动，所以气流经过叶轮做功后，作绕轴的沿轴向运动。

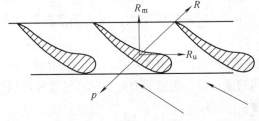

图 8-5　轴流风机作用原理示意

在轴流风机中，流体沿轴向流入叶片通道，当叶轮在电动机的驱动下旋转时，旋转的叶片给绕流流体一个沿轴向的推力，叶片的推力对流体做功，使流体的能量增加并沿轴向排出。叶片连续旋转即形成轴流式风机的连续工作。

三、轴流风机基本类型

轴流风机主要有四种基本类型，如图8-6所示。

（1）在机壳中只有叶轮，而没有导流叶片，如图8-6（a）所示。这是一种最简单的类

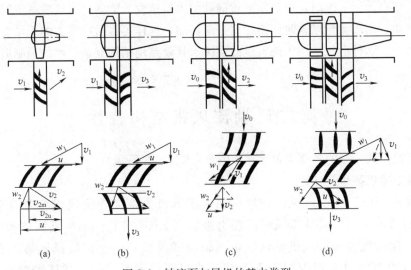

图 8-6　轴流泵与风机的基本类型

（a）a 型；（b）b 型；（c）c 型；（d）d 型

型，目前仅用于低压风机中。由叶栅流出的气流绝对速度 v_2 可分解为轴向分速度 v_{2a} 和圆周分速度 v_{2u}，即 $v_2 = v_{2a} + v_{2u}$，其中 v_{2a} 是沿输出管流出的速度，而 v_{2u} 则形成旋转运动，产生能量损失。因此，这种类型只能适用于低压风机。

（2）在机壳内装有一个叶轮和一个固定的出口导叶，如图 8-6（b）所示。加装导叶可以改变气流流出的速度方向，从而消除 v_{2u} 所造成的旋转运动，并使这部分动能转换为压能，最后沿轴向流出。

通常，叶轮称为动叶，导叶称为静叶。如图 8-6（b）所示的后置静叶型，流体以绝对速度 v_1 进入动叶并以绝对速度 v_2 流出，然后以绝对速度 v_2 进入静叶，并以 v_2 沿轴向流出，即在静叶中使旋转运动变为轴向运动，通过静叶使动能转换为压能。这就避免了由旋转速度 v_2 所造成的损失，因而提高了效率。这种类型的风机应用最普遍，在火力发电厂中用作送、引风机。

（3）在机壳内装有一个叶轮和一个固定的入口导叶，如图 8-6（c）所示。流体轴向进入静叶，流经静叶后产生与叶轮旋转方向相反的旋绕速度（反预旋），此时 $v_{1u} < 0$。在设计工况下流出动叶的速度使轴向的速度，即 $v_{2u} = 0$；在非设计工况下，当流量 Q 减小时，ω_2 减小，而 u 不变，故 v_2 成为非轴向的，使 $v_{2u} \neq 0$。如图 8-6（c）所示。

这种前置叶型，流体进入动叶时的相对速度 ω_1 比后置静叶型大，因此能量损失也大，但这种叶型具有以下优点：

1）在转速和叶轮尺寸相同时，前置静叶因预旋，可使 ω_1 增加，从而使 Δv_u 增加，所以获得的能头比后置静叶型高，如果流体获得相同的能量时，则前置静叶型的叶轮直径可以比后置静叶型小，因而体积小，可以减轻机器的质量。

2）当工况变化时，冲角变动较小，因而效率变化较小。

3）前置静叶如做成可以转动的，则工况变动时，可以转动静叶角度，使其在变工况下仍能保持高效率。

（4）在机壳内装有一个叶轮并有进出口导叶，如图 8-6（d）所示。如前置静叶作成可以转动的，则在设计工况时，可以使前置静叶的出口速度为轴向，当流量减少时，可向动叶旋转方向转动，而当流量增大时则向相反方向转动，这样可以适应很大的流量变化范围，而保持其高效率，这种形式适用于高流量的系统。其缺点是结构复杂，增加了制造、操作、维护等的困难。

第二节　轴流风机结构特性

对于风机，其一般的各部位置示意如图 8-7 和图 8-8 所示。

一、轴流风机型号及参数

以华能海门电厂的引风机、送风机和一次风机为例来介绍风机型号及参数。引风机是静叶调节轴流式，是成都风机厂在引进德国 KKK 公司的 AN 系列技术的基础上制造生产的。送风机和一次风机是动叶可调轴流式风机，由沈阳鼓风机集团有限公司按引进丹麦 NOVENCO 公司 VARIAX 轴流风机专有技术制造的。具体参数见表 8-2～表 8-7。

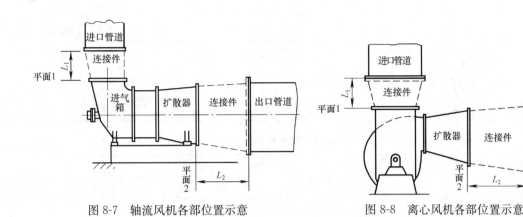

图 8-7 轴流风机各部位置示意   图 8-8 离心风机各部位置示意

表 8-2   引风机性能数据

项 目	TB工况	B—MCR	THA	75%THA
	设计煤种	设计煤种	设计煤种	设计煤种
入口体积流量（m³/h）	2 952 536	2 400 436	2 277 516	1 733 856
风机入口全压（Pa）	−3680	−3680	−3394	−2310
风机出口全压（Pa）	2061	736	631	193
风机全压升（Pa）	5741	4416	4025	2503
风机全压效率（%）	84.9	86.4	85.7	65.8
风机轴功率（kW）	5490	3387	2959	1834

表 8-3   引风机技术数据

项 目	单 位	数 值
风机型号		AN42e6（V13+4°）
风机调节装置型号		A184T
叶轮直径	mm	4250
叶轮级数	级	1
每级叶片数	片	13
叶片调节范围	（°）	−75～30

表 8-4   送风机性能数据

项 目	TB工况	B—MCR工况	THA
	设计煤种	设计煤种	设计煤种
风机入口体积流量（m³/s）	396.393	314.598	297.975
风机入口全压（Pa）	−155	−98	−88
风机出口全压（Pa）	5464	4064	3672
风机全压升（Pa）	5619	4162	3760
风机全压效率（%）	83	86	85.5
风机轴功率（kW）	2663.3	1537.8	1333.5

表 8-5   送风机技术数据

项 目	单 位	数 值
风机型号		ASN−3200/1600
风机调节装置型号		350.2H
叶轮直径	mm	3200
叶轮级数	级	1
每级叶片数	片	26

续表

项　目	单　位	数　值
叶片调节范围	(°)	10～55
液压缸缸径和行程	mm/mm	250/96
转子质量	kg	4500
转子转动惯量	kg·m²	1220

表 8-6　　　　　　　　　　　　　一次风机性能数据

项　目	TB 工况	B—MCR 工况	THA
	设计煤种	设计煤种	设计煤种
风机入口体积流量（m³/s）	179.214	121.305	118.341
风机入口全压（Pa）	−180	−180	−180
风机出口全压（Pa）	17 426	12 861	12 575
风机全压升（Pa）	17 606	13 041	12 755
风机全压效率（%）	85	86	86
风机轴功率（kW）	3472	1787.3	1706.8

表 8-7　　　　　　　　　　　　　一次风机技术数据

项　目	单　位	数　值
风机型号		AST—2170/1400
风机调节装置型号		350.2H
叶轮直径	mm	2170
叶轮级数	级	2
每级叶片数	片	22
叶片调节范围	(°)	10～55
液压缸缸径和行程	mm/mm	250/96
转子质量	kg	5000

二、动叶可调轴流式风机结构

以上海鼓风机厂从德国 TLT 公司引进专利技术而生产的动叶可调轴流式风机为例，轴流风机主要部件由进口烟风道、进气室、机壳、导叶环、转子、主轴承箱、中间轴、联轴器及罩壳与进出口管路连接的膨胀节、液压及润滑联合油站、扩压器及液压调节装置等部件组成，如图 8-9 所示。

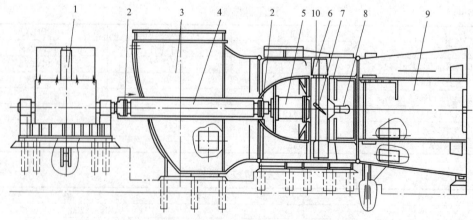

图 8-9　TLT 型轴流风机示意

1—电动机；2—联轴器；3—进气室；4—主轴；5—液压缸；6—叶轮片；
7—机壳；8—传动机构；9—扩压器；10—叶轮外壳

（一）进气室

进气室入口端与风道系统连接，进气室中的中间轴放置于中间轴罩内，电动机一侧的半联轴器，用联轴器罩壳防护，整个进气室与基础固定。为了降低送风机噪声，在进气室进风口加装消音器。

（二）机壳

风机机壳是焊接结构，风机机壳具有水平中分面，上半盖可以拆下，便于叶轮的拆装和检修。支承叶轮的主轴承箱用螺栓同风机机壳下半相连，并通过法兰对中，加厚尺寸的刚性环，将力从叶轮通过风机底脚可靠地传递至基础。机壳出口部分的整流导叶环内焊接固定式整流导叶，整流导叶环与机壳通过垂直法兰用螺钉连接。为了使风机的振动不传递至进气室和扩压器以至风道，风机机壳两端设置挠性连接件，这样可避免风机振动而影响系统，同时也起到膨胀作用，便于转子的检修。

（三）扩压器

扩压器布置在风机机壳的排气一侧，由外锥筒、圆柱形内筒及撑板组成，全部为焊接结构。

（四）叶轮

叶轮是风机的主要组成部件。气体通过叶轮的旋转，才能获得能量，然后使气体排出叶轮作螺旋形沿轴向运动。叶轮由动叶片、轮毂、叶轮盖、叶柄、叶柄轴承、叶柄螺母、平衡盘、调节杆、滑块等组成。动叶片可在静止状态或运行状态用一套液压调节装置进行角度调节，叶轮由一个整体轴承箱支承。

（五）传动组

传动组由主轴承箱和带中间轴的联轴器两部分组成。主轴承箱由主轴、箱体、轴承盖、轴承组成，同心地安装在风机下半机壳中，并用螺栓固定，在主轴的两端各装一个支承轴承，为了承受轴向力在近联轴器端装置一个能承担两个方向轴向力的止推轴承，主要是承担逆气流方向的轴向力。轴承是通过供油装置来不断注入清洁润滑油的。TLT型轴流风机的联轴器为带有可拆卸法兰空心轴的联轴器。风机转子通过风机侧半联轴器、电动机侧半联轴器和中间轴同传动电动机连接。

（六）油系统

每台风机各自配有一套独立的油系统，由风机厂随机配套，供风机主轴润滑和动叶调节用。润滑油和控制用油由同一油系统供应，该系统有两台油泵，正常一台运行，另一台备用。当运行油泵发生故障时，通过系统中的压力开关控制备用油泵自动启动，以确保系统油压的正常。

在不进行叶片调节时，油经恒压调节阀至主轴承，在叶片调节时，由于恒压调节阀的作用，油全部流向液压缸，顺利地进行调节。调节油泵出口安全阀，可以限制油泵的最高油压；调节恒压调节阀，可以限制液压缸最高进油压力；调节主轴承前地安全阀，可以限制主轴承进油压力。

（七）动叶调节机构

动叶调节机构由一套装在转子叶片内部的调节元件和一套液压调节油装置组成。其工作原理是通过伺服机构操纵，使液压油缸调节阀和切口通道发生变化，使一个固定的差动活塞两个侧面的油量油压发生变化，从而推动液压缸缸体轴向移动，带动与液压油缸缸体相连接的转子叶片内部的调节元件，使叶片角度产生变化。

三、静叶可调轴流式风机结构

以成都电力机械厂生产的 AN 型静叶可调轴流式风机为例，风机由进气室、前导叶、集流器、叶轮、后叶轮和扩压器组成，如图 8-10 所示。

工作时烟气进入 AN 风机进气室，经过前导叶的导向，在集流器中加速，再通过叶轮的做功产生静压能和动压能；后导叶将烟气的螺旋运动转化为轴向运动进入扩压器，并在扩压器中将烟气的大部分动能转化为静压能。

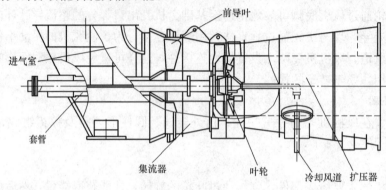

图 8-10　AN 静叶调节引风机结构

轴承套管的作用是减少烟气对轴承的冲刷，保护轴承不受高温烟气的磨损。冷却风机是冷却轴承的，共两台，由成都风机厂生产。在冷却风道内有一油脂管，可以对风机的轴承加润滑油。

引风机的结构简单，转子质量很轻，叶轮的转动惯性也比较小，如 AN42e6（V13＋4°）型引风机，其叶轮直径为 3550mm，但是转子质量仅为 3500kg，转动惯量为 5000kg·m²，相应降低了电动机的拖动负荷，增加了轴承和电动机的寿命。

第三节　轴流风机调节

一、轴流风机性能曲线

轴流风机的效率与输送风量和产生的全压头成正比，与风机的耗功率成反比，图 8-11 是轴流式风机性能曲线图。

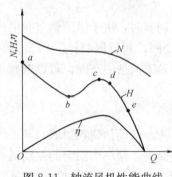

图 8-11　轴流风机性能曲线

轴流风机是在最高效率点进行设计和计算的，在实际运行中风机的工作点经常发生变化，因此就有必要研究风机的性能曲线。如图 8-11 所示，轴流风机的性能曲线具有以下特点：

（1）风压 $H—Q$ 的右侧相当陡峭，而左侧呈马鞍形，c 点的左侧称为不稳定工况区。

（2）当风量减小时，N 反而增大，在 $Q=0$ 时，N 达到最大值。

（3）最高效率点的位置相当接近不稳定工况区的起始

点 c。

轴流风机的这几个性能特点与风机在不同工况下叶轮内部的气流流动状况有着密切的联系，如图 8-12 所示。

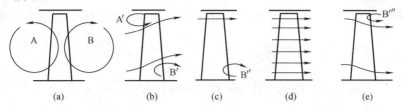

图 8-12　轴流风机在不同工况下叶轮内部的气流流动示意

(a) 风量等于零的情况；(b) 马鞍形最低点 b 点的工况；

(c) c 点的工况；(d) 设计工况；(e) 超负荷运行工况

图 8-12 是不同风量时，叶轮内部的气流流动状况的示意。图 8-12 (d) 相当于性能曲线的最高效率点，即设计工况，从图中可以看出气流沿叶片高度是均匀分布的。

图 8-12 (e) 表示超负荷运行的工况，在叶片顶部附近形成一小股回流 B″，此时气流偏向内侧，使风压下降。

图 8-12 (c) 代表性能曲线 $H—Q$ 中 c 点的工况，c 点为性能曲线的峰顶。此时动叶背部的气流分离形成涡流 B″，并逐个传递给后续的叶片，即所谓"旋转脱流"。

图 8-12 (b) 代表性能曲线 $H—Q$ 中马鞍形的最低点 b 点的工况。此时涡流 B′ 不断扩大，同时又在进口叶顶处形成新的涡流 A′。这些涡流会堵塞气流通道，并迫使气流朝径向偏斜，犹如接近离心风机的工作情况，因此在性能曲线上 b 点的左侧风压 H 有所回升。

图 8-12 (a) 为风量等于零的情况。此时在进口和出口均被涡流 A 和 B 所充满，由于涡流的形成与扩展，使功率 N 曲线上升。

如果风机在不稳定工况区运行，就会出现风量脉动等不正常现象。有时这种脉动现象相当剧烈，风量 Q 和风压 H 大幅度波动，噪声增大，甚至风机和管道也会发生剧烈振动，这种现象称为"喘振"。

二、风道性能曲线

风机在使用中常与管网连接在一起，管网的特性直接影响风机的工作。风机有风压无风量不行，而有风量无足够的风压也不能将风输送到所需要的地方去。因此，风机产生的风压必须能克服管网的阻力，才能将风量顺利地输送。

管网中的风机必须与管网所需的风量和风压匹配，风机的节电与否取决于匹配的程度。当所选风机的风压过多偏离管网总阻力，风机的风量和耗电率将随匹配的偏离程度而急剧增加，要维持管网所需的风量时，就必须将风机的调节风门关得很小，其结果是风机所产生的富裕风压全部损失在调节风门节流上。风门关得越小，节流损失越大，风机耗电量越大，风机运行效率越低。

管网系统是指除风机以外的所有附件、吸入管道、吸入容器、压出管道及压出容器等。

管网的阻力包括管道的入口损失、管道中流动摩擦损失和局部损失、管道附件（各种阀门等）中的损失以及管道的出口损失。

管道上每一个元件的阻力等于该元件前后的全压之差，通常在试验对象的管道上测定每一个元件前后静压、温度以及流量，以确定各元件的阻力。整个管道阻力等于风机后全压与风机导向器前全压之差。管网总阻力 Δh 为沿程损失 Δh_1 与局部损失 Δh_j 之和。

管网特性是指气体流经管网时，风量和阻力之间的关系。当管网的结构、尺寸、气体密度以及流动状态确定以后，其特征参数 l、d_D、ζ、λ 及 ρ 均为定值，则阻力计算公式为

$$\Delta h = \Delta h_1 + \Delta h_j = \lambda \frac{l}{d_D} \frac{\omega^2}{2} \rho + \sum \zeta \frac{\omega^2}{2} \rho \tag{8-1}$$

令 $\left(\lambda \dfrac{l}{d_D} + \sum \zeta \right) \dfrac{\rho}{2} = K$，则阻力计算公式可以简化为

$$\Delta h = KQ^2 \tag{8-2}$$

式中　Δh——管网总阻力，Pa；

　　　K——管网总阻力系数；

　　　Q——管网的风量，m^3/h。

由式（8-2）可知，在管网各部件几何尺寸、管网材料、气体密度以及流动状态不变的情况下，管网总阻力与流经管网的流量平方成正比，如图 8-13 所示的管网特性曲线。

管网特性曲线是一条通过坐标原点的抛物线（如图 8-13 曲线 Ⅰ）。在管网实际运行中，如某一管段阻力改变，就会影响总阻力系数 K 值，从而改变管网的阻力特性。当 K 值增大时，曲线变得陡峭（曲线 Ⅱ）；而当 K 值减少时，曲线变得平坦（曲线 Ⅲ）。

图 8-14 为管网特性和风机特性在同一图上表示。

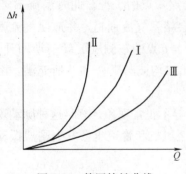

图 8-13　管网特性曲线

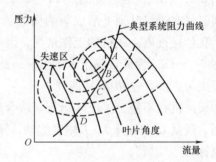

图 8-14　典型动叶调节轴流风机性能曲线

三、轴流风机调节

轴流式风机的运行调节有四种方式，即动叶调节、节流调节、变速调节和进口静叶调节。

动叶调节是通过改变风机叶片的角度，使风机的曲线发生改变，来实现改变风机的运行工作点和调节风量。这种调节由于经济性和安全性较好，而且每一个叶片角度对应一条曲线，且叶片角度的变化几乎和风量呈线性关系。

节流调节与离心风机的原理相似，采用节流调节是最不经济的。

变速调节和进口静叶调节时系统阻力不变，风量随风机特性曲线的改变而改变，风机的工作点易进入不稳定工况区域运行。

动叶调节机构由一套装在转子叶片内部的调节元件和一套液压调节油装置组成。其工作原理是通过伺服机构操纵，使液压油缸调节阀和切口通道发生变化，使一个固定的差动活塞两个侧面的油量油压发生变化，从而推动液压缸缸体轴向移动，带动与液压油缸缸体相连接

的转子叶片内部的调节元件，使叶片角度产生变化。当外部调节臂和调节阀处在一个给定的位置上时，液压缸移动到差动活塞的两个侧面上的液压油作用力相等，液压缸将自动位于没有摆动的平衡状态，这时动叶片的角度就不再变化，如图8-15所示。

从图8-15看，液压调节机构可分为两部分。一为控制头，它不随轴转动；另一部分是油缸及活塞，它们与叶轮一起旋转，但活塞没有轴向位移，叶片装在叶柄的外端。每个叶片用1个螺栓固定在叶柄上，叶柄由叶柄轴承支撑，平衡块与叶片成一规定角度装设，两者位移量不同，平衡块用于平衡离心力，使叶片在运转中成为可调。动叶液压调节机构的工作原理大致如下：

（1）当信号从控制轴输入，要求"＋"向位移时，分配器左移，压力油从进油管经过通路送到活塞左边的油缸中。由于活塞无轴向位移，油缸左侧的油压就上升，使油缸向左移动，带动调节连杆偏移，使动叶"＋"向位移。与此同时，调节杆也随着油缸左移，而齿条将带动控制轴的扇齿轮反时针运动，但分配器带动的齿条却要求控制轴的扇齿轮作顺时针转动，因而调节杆就起到"弹簧"的限位作用，当调节力大时，"弹簧"限不住位置，所以叶片仍向"＋"向位移，即为叶片调节正终端的位置；但由于"弹簧"的牵制作用，在一定时间后油缸的位移自动停止，由此可以避免叶片调节过大，防止小流量时风机进入失速区。

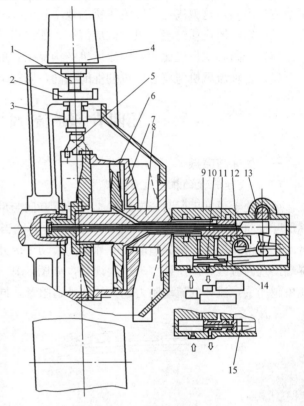

图8-15 动叶调节机构示意

1—叶柄；2—平衡块；3—叶柄轴承；4—叶片；5—调节连杆；6—活塞；7—油缸；8—输入油；9—控制头；10—分配器；11—调节杆；12—控制轴；13—显示轴；14—叶片调节正终端；15—叶片调节负终端

（2）当油缸左移，活塞右侧缸体积变小，油压也将升高，使油从通路经回油管排出。

（3）当信号输入要求叶片"—"向移动时，分配器右移，压力油从进油管经通道送到活塞右边的油缸中，使油缸右移，因油缸左边的体积减小，油从通路经回油管排出，整个过程正好与上述（1）、（2）过程相反。

四、轴流风机主要技术特点

随着锅炉单机容量的增大，离心风机的容量已经受到叶轮材料强度的限制，不能随锅炉容量的增加而相应增大，而轴流式风机可以做得很大，且有结构紧凑、体积小、质量轻、耗电低、低负荷时效率高等优点。

（1）动叶调节轴流风机的变工况性能好，工作范围大。因为动叶片安装角可随着锅炉负荷的改变而改变，既可调节流量又可保持风机在高效区运行。

（2）轴流风机对风道系统风量变化的适应性优于离心风机。由于外界条件变化使所需风机的风量、风压发生变化，离心风机就有可能使机组达不到额定出力，而轴流风机可以通过动叶片动叶关小或开大动叶的角度来适应变化，同时，由于轴流风机调节方式和离心风机的调节方式不同，这就决定了轴流风机的效率较高。

（3）轴流风机质量轻、飞轮效应值小，使得启动力矩大大减小。

（4）与离心式风机比较，轴流风机结构复杂，旋转部件多，制造精度高，材质要求高。

（5）若轴流风机与离心风机的性能相同，则轴流风机噪声强度比离心式风机高。

第四节　轴流风机运行

一、失速与喘振

（一）失速产生的机理过程及现象

风机处于正常工况时，冲角很小（气流方向与叶片叶弦的夹角即为冲角），气流绕过机翼形叶片而保持流线状态，如图 8-16（a）所示。当气流与叶片进口形成正冲角，即 $\alpha > 0$，且此正冲角超过某一临界值时，叶片背面流动工况开始恶化，边界层受到破坏，在叶片背面尾端出现涡流区，即所谓"失速"现象，如图 8-16（b）所示。冲角大于临界值越多，失速现象越严重，流体的流动阻力越大，使叶道阻塞，同时风机风压也随之迅速降低。

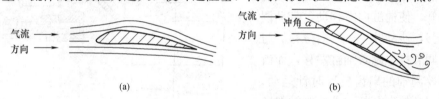

图 8-16　气流流经叶片的流程示意
（a）气流保持流线状态；（b）叶片出现涡流区

风机的叶片在加工及安装过程中由于各种原因使叶片不可能有完全相同的形状和安装角，因此当运行工况变化而使流动方向发生偏离时，在各个叶片进口的冲角就不可能完全相同。如果某一叶片进口处的冲角达到临界值时，就首先在该叶片上发生失速，而不会所有叶片都同时发生失速。

在图 8-17 中，u 是对应叶片上某点的周向速度，w 是气流对叶片的相对速度，α 为冲角。假设叶片 2 和 3 间的叶道 23 首先由于失速出现气流阻塞现象，叶道受堵塞后，通过的流量减少，在该叶道前形成低速停滞区，于是气流分流进入两侧通道 12 和 34，从而改变了原来的气流方向，使流入叶道 12 的气流冲角减小，而流入叶道 34 的冲角增大。可见，分流结果使叶道 12 绕流情况有所改善，失速的可能性减小，甚至消失；而叶道 34 内部却因冲角增大而促使发生失速，从而又形成堵塞，使相邻叶道发生失速。这种现象继续进行下去，使失速所造成的堵塞区沿着与叶轮旋转相反的方向推进，即产生所谓的"旋转失速"现象。风机进入到不稳定工况区运行，叶轮内将产生一个到数个旋转失速区。叶片每经过一次失速区就会受到一次激振力的作用，从而可使叶片产生共振。此时，叶片的动应力增加，致使叶片断裂，造成重大设备损坏事故。

风机失速的特征：

（1）风机运行噪声增大。

（2）接近风机的地方气流发生抖动。

（3）大多数情况下振动等级大于正常运行条件下的振动。但是在机组运行中，发生失速时有时这些特征往往不容易发现并做出正确的判断，运行中往往通过失速探针来判断风机是否发生了失速。

（二）影响冲角大小的因素

大型火电机组的送风机一般是定转速运行的，即叶片周向速度 u 是一定值，这样影响叶片冲角大小的因素就是气流速度与叶片开度角。如图 8-18 所示，可以看出，当叶片开度角 β 一定时，气流速度 c 越小，冲角 α 越大，产生失速的可能性越大。

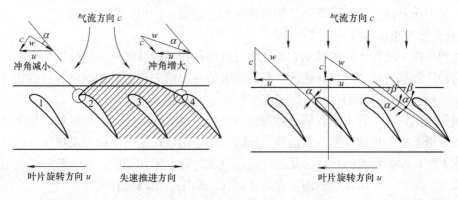

图 8-17 旋转失速　　　　图 8-18 影响冲角大小的因素

从图 8-18 还可以看出，当流速 c 一定时，如果叶片角度 β 减小，则冲角 α 也减小；当流速 c 很小时，只要叶片角度 β 很小，则冲角 α 也很小。因此，当风机刚启动或低负荷运行时，风机失速的可能性大大减小甚至消失。

（三）喘振

轴流风机在不稳定工况区运行时，还可能发生流量、全压和电流大幅度的波动，气流会发生往复流动，风机及管道会产生强烈的振动，噪声显著增高，这种不稳定工况称为喘振。喘振的发生会破坏风机与管道的设备，威胁风机及整个系统的安全性。

图 8-19 为轴流风机 $Q-H$ 性能曲线，若用节流调节方法减少风机的流量，如风机工作点在 K 点右侧，则风机工作是稳定的。当风机的流量 $Q < Q_K$ 时，这时风机所产生的最大压头将随之下降，并小于管路中的压力，因为风道系统容量较大，在这一瞬间风道中的压力仍为 H_K，因此风道中的压力大于风机所产生的压头，使气流开始反方向倒流，由风道倒入风机中，工作点由 K 点迅速移至 C 点。但是气流倒流使风道系统中的风量减小，因而风道中压力迅速下降，工作点沿 CD 线

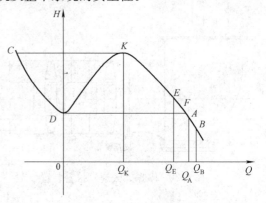

图 8-19 轴流风机的 $Q-H$ 曲线

迅速下降至流量 $Q=0$ 时的 D 点，此时风机供给的风量为零。由于风机在继续运转，所以当

风道中的压力降低到相应的 D 点时，风机又开始输出流量，为了与风道中压力相平衡，工况点又从 D 跳至相应工况点 F。只要外界所需的流量保持小于 Q_K，上述过程又重复出现。如果风机的工作状态按 $FKCDF$ 周而复始地进行，这种循环的频率如与风机系统的振荡频率合拍时，就会引起共振，使风机发生喘振。

风机在喘振区工作时，流量急剧波动，产生气流的撞击，使风机发生强烈振动，噪声增大，而且风压不断晃动，风机的容量与压头越大，则喘振的危害性越大，故风机产生喘振应具备下述条件：

（1）风机的工作点落在具有驼峰形 $Q-H$ 性能曲线的不稳定区域内；

（2）风道系统具有足够大的容积，它与风机组成一个弹性的空气动力系统；

（3）整个循环的频率与系统的气流振荡频率合拍时，产生共振。

（四）失速与喘振的区别

失速和喘振是两种不同的概念，失速是叶片结构特性造成的一种流体动力现象，它的一些基本特性，例如失速区的旋转速度、脱流的起始点、消失点等，都有它自己的规律，不受风机系统容积和形状的影响。

喘振是风机性能与管道装置耦合后振荡特性的一种表现形式，它的振幅、频率等基本特性受风机管道系统容积的支配，其流量、压力、功率的波动是由不稳定工况区造成的。但是试验研究表明，喘振现象的出现总是与叶道内气流的脱流密切相关，而冲角的增大也与流量的减小有关。所以，在出现喘振的不稳定工况区内必定会出现旋转脱流。

旋转脱流与喘振的发生都是在 $Q-H$ 性能曲线左侧的不稳定区域，所以它们是密切相关的，但是旋转脱流与喘振有着本质的区别。旋转脱流发生在如图 8-19 所示的风机 $Q-H$ 性能曲线峰值以左的整个不稳定区域；而喘振只发生在 $Q-H$ 性能曲线向右上方的倾斜部分。旋转脱流的发生只决定叶轮本身叶片结构性能、气流情况等因素，与风道系统的容量、形状等无关。旋转对风机的正常运转影响不如喘振这样严重。

风机在运行时发生喘振，风机的流量、全压和功率产生脉动或大幅度的脉动，同时伴有明显的噪声，有时甚至是高分贝的噪声，其振动有时是很剧烈的，损坏风机与管道系统，所以喘振发生时，风机无法运行。

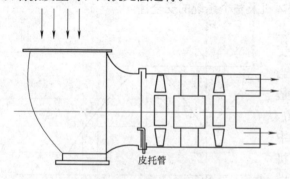

图 8-20 喘振（失速）报警装置

轴流风机在叶轮进口处装设喘振报警装置，该装置是由一根皮托管布置在叶轮的前方，皮托管的开口对着叶轮的旋转方向，如图 8-20 所示，皮托管是将一根直管的端部弯成 90°（将皮托管的开口对着气流方向），用一 U 形管与皮托管相连，则 U 形管（压力表）的读数应为气流的全压。在正常情况下，皮托管所测到的气流压力为负值，因为它测到的是叶轮前的压力。但是，当风机进入喘振区工作时，由于气流压力产生大幅度波动，所以皮托管测到的压力亦是一个波动的值。为了使皮托管发送的脉冲压力能通过压力开关，利用电接触器发出报警信号，故皮托管的报警值是这样规定的：当动叶片处于最小角度位置（−30°），用一 U 形管测得风机叶轮前的压力再加上

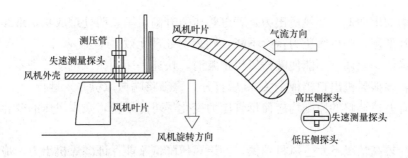

图 8-21　失速（喘振）探头示意

2000Pa，作为喘振报警装置的报警整定值。当运行工况超过喘振极限时，通过皮托管与差压开关，利用声光向控制台发出报警信号，要求运行人员及时处理，使风机返回正常工况运行。失速（喘振）探头示意如图 8-21 所示。

　　为防止轴流风机在运行时工作点落在旋转脱流、喘振区内，在选择轴流风机时应仔细核实风机的经常工作点是否落在稳定区内，同时在选择调节方法时，需注意工作点的变化情况，动叶可调轴流风机由于改变动叶的安装角进行调节，所以当风机减少流量时，小风量使轴向速度降低而造成的气流冲角的改变，恰好由动叶安装角的改变得以补偿，使气流的冲角不至于增大，于是风机不会产生旋转脱流，更不会产生喘振。动叶安装角减小时，风机不稳定区越来越小，这对风机的稳定运行是非常有利的。

二、轴流风机并联运行不稳定工况

（一）风机喘振的原因

　　由于轴流风机固有的运行特性导致了轴流式风机在运行中容易发生喘振现象，特别是一次风机，由于其出口压力高，风量低，一次风系统缓冲容量小，更容易造成一次风机喘振。总体来分析，风机喘振的原因有：

　　（1）两台风机并列运行，出力及调节特性均存在一定差别，调节不当易造成两台风机抢风，出力偏低一侧风机受到排挤造成喘振。

　　（2）锅炉工况变化较大时，尤其低负荷发生磨煤机跳闸时，磨煤机通风量瞬间变化较大，风机母管压力快速升高与风机出口压力接近，加上两台风机的调节特性存在差别，两台风机出现抢风现象时，出力偏低一侧风机受到排挤易造成喘振。

　　（3）当一台风机出口压力不能克服系统阻力时，此台风机出现喘振现象。

　　风机发生喘振立即将风机动叶控制置于手动方式，关小另一台未喘振风机的动叶，适当关小喘振风机的动叶，同时维持炉膛负压在允许范围内。

　　若风机并列操作中发生喘振，应停止并列，尽快关小喘振风机动叶，查明原因消除后，再进行并列操作。

　　若因风烟系统的风门、挡板被误关引起风机喘振，应立即打开，同时调整动叶开度。若风门、挡板故障，应立即降低锅炉负荷，联系检修处理。

　　若为锅炉吹灰引起风机喘振，应立即停止吹灰。

（二）处理喘振的措施

　　（1）如果出现因两台风机出力不一致而发生的轻微抢风，可先适当降低出力高一侧风机出力，同时增加出力低一侧风机出力，若母管压力升高，则表明处理成功，继续调节使两台风机出力达到平衡；若母管压力持续下降，则表明处理无效。

（2）在确认小幅调整不能使喘振风机正常时，快速关闭喘振风机动叶到零，关闭喘振风机出口挡板，喘振风机出口挡板全关 5s 后打开，重新将喘振风机并入运行。

（3）所有上述调整的原则均应使母管压力变化尽可能平稳，减少风压的变化对其他参数造成的影响。

（4）负荷较高情况下发生风机喘振，如果风压降低不能保证磨煤机出力，应果断停止磨煤机直至运行磨煤机一次风通风正常后再进行喘振的处理。

经上述处理喘振消失，则稳定运行工况，进一步查找原因并采取相应的措施后，方可逐步增加风机的负荷；经上述处理后无效或已严重威胁设备的安全时，应立即停止该风机运行。

三、轴流风机启停程序

（一）风机的启动

（1）启动前的检查。检查与风机启动有关的润滑油系统、冷却水系统、液压油系统、一些保护和连锁装置、监测装置投入运行。

（2）风机启动可以采用就地、遥控和程控的方式启动，但是在风机检修后试转时，一般采用就地近控启动，现场有专人检查风机的转向是否符合要求，检查风机的升速和运转情况，以便在异常工况下及时分析处理。同时，监测风机的电流和启动时间，并进行风量的调节。一次风机试转时应确认系统内无积粉，以避免大量的可燃物进入炉膛，以防炉膛爆炸或烟道内可燃物再燃烧。

（3）为保证送风机、一次风机的安全，风机应在最小负载下启动，即风机的动叶角度为"零"，出口挡板关闭。这是因为轴流风机的轴功率 N 是随着风量 Q 的增加而减小的，动叶角度越小，风量越大，风机的轴功率越小。

（4）引风机启动前应确认有一台冷却风机正常运行，前导叶关闭并保持在 $-75°$ 位置，进口隔绝门在关闭位置，出口隔绝门在开启 100% 位。同时，确认空气预热器在运行。检查滚动轴承及其内部空间已充满油脂，油脂无硬化现象，否则需更换油脂。

（5）风机启动后逐渐开启动叶，同时注意避开喘振区。启动正常后应全面检查风机的运行工况，包括电动机及机械部分的振动、轴承温度、电流、风量风压、电动机绕组和铁芯温度、转动部件有无卡涩和金属摩擦声以及各附属设备及系统（润滑油系统、冷却水系统等）的运行情况。

（二）风机的停止

（1）风机的停用应考虑风机连锁的动作范围，并应将机组的负荷减小，开启有关的连通风门。

（2）逐渐关闭需停运送风机的动叶，将需停用风机的负荷逐步转移至另一台风机。

（3）关闭送风机出口挡板。

（4）打开二次风联络门。

（5）停止送风机。

（6）根据情况停止风机油系统。

（三）风机正常运行时的注意事项

（1）调节送风机负荷时，两台风机的负荷偏差不应过大，防止风机进入不稳定工况运行。

（2）风机运行时需监视主轴承的温度，当温度到报警值时，应采取临时措施，使其温度降至正常。此外，还应监视电动机的电流指示正常，到现场检查运行正常，无异常声音。

（3）定期将冷油器切换运行。切换时先对备用冷油器充油放气，结束后开启备用冷油器出油门和冷却水进、出口门，正常后再停运原运行的冷油器。

（4）当油系统滤网差压过大时，及时切换至备用滤网运行，通知维护人员清理。

（5）发现风机各处油位低时，及时联系加油。

（6）风机正常运行监视点。

风机的电流是风机负荷的标志，同时也是一些异常事故的预报。风机的进出口风压既反映了风机的运行工况，又反映了锅炉及所属系统的漏风或受热面的积灰和积渣情况，需要经常分析。运行时需检查风机及电动机的轴承温度、振动、润滑油流量、情况及各系统和转动部分的声音是否正常等。

四、轴流风机故障分析和处理

（一）风机振动大

风机振动大的主要原因：

（1）由于叶轮摩擦、积灰、损坏等使叶轮失去平衡；

（2）联轴器不对中或联轴器损坏，失去平衡；

（3）地脚螺栓松动或机械连接部分松动；

（4）叶轮与外壳摩擦；

（5）轴承间隙不正常；

（6）轴承损坏或磨损；

（7）地基不牢等。

处理方法：将风机切手动，适当降低负荷，并监视振动值，如继续上升至跳闸值，风机自动跳闸，否则手动停运。

（二）轴承温度高

轴承温度高产生的原因：

（1）轴承振动大导致温度高；

（2）轴承损坏；

（3）轴承润滑油过多，散热不及时；

（4）轴承缺油或油质恶化；

（5）轴承冷却水量不足或水温高。

处理方法：如为轴承本身的问题，应停运处理。如为缺油或油质恶化，应调整油位或换油。如为冷却水流量不足，应调整冷却水流量。若继续升高达跳闸值应自动跳闸，否则手动停运。

（三）风机喘振

风机喘振的主要原因：

（1）风机出口挡板或空气预热器二次风挡板或空气预热器一次风挡板或二次风量调节挡板误关；

（2）两台风机并列运行时，负荷分配不均匀，流量小的风机易发生失速；

（3）风机动叶开度过大。

在风机喘振时，CRT 画面上会出现报警信号，风机出口压力升高、流量突降且电动机电流大幅度波动；振动增大；噪声增大。

当风机发生喘振时应立即撤出自动，关小动叶开度。严禁开大动叶角度，此时应相应降低机组负荷以保持合适的风煤比；降低风机出口压力，可适当开大二次风调节挡板，有必要时降低另一台送风机出力。当喘振消失后，检查确认风机运行正常，才允许重新增加动叶开度，恢复风机出力，并尽力避开原来失速的工况；若喘振消失后，检查风机有异常或振动及其他不正常现象时，必须停运该风机运行，联系检修内部检查。

（四）两台风机并联正常运行时一台风机跳闸

正常运行时，两台风机均应保持运行。当一台风机因故障而跳闸时，应确认逻辑联跳相应的设备或风机，且跳闸风机进出口挡板、调节挡板或动叶关闭。检查另一侧运行的引送风机调节挡板或动叶自动开大，注意电流在额定值内。

一组送、引风机跳闸后，炉膛压力的扰动是首当其冲的，一方面是送、引风量不平衡引起的；另一方面如机组高负荷时五台磨煤机运行，则会联跳两台磨煤机，加剧了炉压的扰动。所以一组送、引风机跳闸后，要严密监视炉膛压力，必要时采取手动干预稳定炉压。当确认相应磨煤机已连锁跳闸，应保留三台磨煤机运行，燃料量与负荷指令对应。注意燃烧工况，必要时投入油枪助燃。如果燃烧不好，应立即手动停炉。

一组送、引风机跳闸后，汽温的下降是必然的，如果联跳磨煤机则影响更大。所以在一组送、引风机跳闸后，应立即关闭过热器减温水调节阀，防止汽温下降过快，如有必要，关闭级过热器减温水电动隔离阀，确认再热汽温调节正常。

锅 炉 阀 门

第一节 阀门的一般知识

阀门是锅炉的重要管路附件，主要用来接通或切断流通介质的通路，改变介质的流向，调节介质流量和压力，以保证压力容器和管道的工作压力不超限等。

阀门是一种通用件，其规格、参数一般以"公称直径"、"公称压力"和"工作温度"来表示。

"公称直径"指阀门与管道连接处通道的名义内径值，是阀门的通流直径经系列规范化后的数值，基本上代表了阀门与管道接口处的内径（但不一定是内径的准确数值）。现行国标规定用 DN 表示，单位为 mm。

"公称压力"指阀门在某一温度下的允许工作压力，用 PN 表示，该规定温度是根据阀门的材料来确定的。例如，对于碳钢阀门，其"公称压力"则指 200℃时的允许工作压力。金属材料的强度随着温度升高而降低。因此，当介质温度高于"公称压力"的规定温度时，选择阀门的"公称压力"就必须留有余量，并限定在材料的允许最高温度下工作。

"工作温度"是阀门工作时所允许的介质温度。

以上三个参数是选择阀门时的重要指标。

对各种阀门的一般要求是：有足够的强度，较小的流动阻力；结构简单可靠；体积紧凑；质量轻；操作方便；检修维护容易等。但对于各种用途不同的阀门又有不同的具体要求，例如对于隔绝阀和止回阀，要求关闭严密；对于调节阀要求具有良好的调节特性；对于安全阀要求关闭严密，起跳和回座准确可靠；对于快关阀则要求动作迅速和关闭严密等。

常用阀门类型及其主要特点如下。

一、闸阀

闸阀的阀体内有一平板阀头与流体流动方向垂直，通过加于阀板左右的压力差把阀板压向阀座的一方，而起到遮断流体的作用，平板阀头升起时，阀即开启。

闸阀密封性能较好，流体阻力小。开启关闭的力矩小，可通过阀杆的升降高度得知阀的开度大小（指明杆闸阀）。闸阀结构比较复杂，外形尺寸较大，阀座与阀板间有相对摩擦，易受损伤。

闸阀一般适用于大口径的管道。

二、截止阀

利用装在阀杆下面的阀盘和阀体的突缘部分相配合控制阀门启闭的阀称为截止阀。截止阀结构简单，制造维修方便，因此应用广泛。但它的流动阻力较大，为了防止堵塞与磨损，不适用于带颗粒或密度较大的介质。

三、节流阀

节流阀通过改变通道面积来达到调节压力和流量的目的。由于阀芯的形状为针形或锥形，因而具有较好的调节性能。

四、球阀

球阀是利用阀杆下面的球形阀头与阀体相配合来控制阀门启闭的。

五、蝶阀

蝶阀的开闭件为一圆盘形，绕阀体内一固定轴旋转的阀称为蝶阀。蝶阀结构简单，质量轻，流动阻力小，适用于制造大口径的阀，但由于密封结构及材料的问题，目前用于低压的较多（如灰系统阀门）。

六、旋塞阀

利用阀杆内所插的中央穿孔的锥形栓塞来控制启闭的阀件称旋塞阀。旋塞阀结构简单，外形尺寸小，启闭迅速，操作方便，流动阻力小，可作为分配换向用。旋塞阀只宜于低温低压流体作启闭用。

七、止回阀

止回阀是一种自动启闭的阀件，在系统中的作用是防止流体倒流。

止回阀按结构分为升降式和旋启式。当介质顺流时，升降式止回阀的阀盘升起；而介质倒流时，阀盘则自行关闭，从而防止流体的倒流。这种止回阀密封性较好，结构简单，但流体阻力较大。旋启式止回阀的摇板是围绕密封面作旋转运动的。介质顺流时，摇板打开；介质倒流时，摇板自行关闭，从而防止流体的倒流。这种止回阀一般安装在水平管道上，它的流动阻力小，但密封性能比升降式的要差。

八、减压阀

减压阀是使进口压力减至某一需要的出口压力，并依靠介质本身的能量，使出口压力自动保持稳定的阀门。减压阀的动作主要是通过膜片、弹簧、活塞等敏感元件改变阀瓣和阀座的间隙，使蒸汽、油、空气等达到自动减压的目的。

九、温控阀

温控阀是一种全自动的流体温度和流量控制装置。它的作用是当两个温度不同的流体分别通入阀腔，通过温控阀内件自动调节两者的流量，使出口温度保持恒定，而无需外加驱动和控制装置。作为一种新型阀门，温控阀主要应用于电站发电机组和离心压缩机组等大型的高速回转机组的轴承润滑冷却系统以及其他对流体有温度控制要求的系统中。它具有结构简单、性能可靠和自动化程度高等优点。

十、安全阀

安全阀装在受内压的管道和容器上起保护作用，当被保护系统内介质压力升高超过规定值（即安全阀的启座压力）时，安全阀自动开启，排放部分介质，防止超压。当介质压力降低到规定值（即安全阀的回座压力）时，安全阀自动关闭。

十一、疏水阀

疏水阀的作用是能自动、间歇排除蒸汽管道及蒸汽设备系统中的冷凝水并能防止蒸汽泄出。

第二节 闸 阀

闸阀的结构如图9-1和图9-2所示，主要由阀体（阀壳）、阀座、阀杆、阀芯（阀瓣）、阀盖、密封件、操作机构等组成。闸阀从阀杆与阀壳的连接方式上又可分为压力密封（自密封）式和法兰密封式两种，前者用于高压阀门，后者用于低压阀门。

图9-1为自密封式闸阀的基本结构，阀盖被沉放入阀壳中，阀盖的边缘上有密封环、密封垫圈和四合环。密封环与阀盖的边缘以斜面接触，阀盖被压在压紧圈下，使之压紧密封环和密封垫圈，这一预紧力通过四合环再传到阀壳上。当阀门内部受介质压力时，这一压力由于与螺栓预紧力方向相同而被叠加到阀盖的预紧力上，使密封环受到更大的挤压力，因而产生更牢固的密封作用；内部介质压力越大，这一挤压力也越大，使阀盖更严密，产生自动密封作用，故称为压力密封或自密封。

图9-2为法兰密封式闸阀的基本结构，阀盖与阀壳依靠法兰螺栓的紧力来密封。阀盖与阀壳之间有密封圈，一般用相对较软的材料制作或制成齿形。这种结构的特点是阀内介质的压力与螺栓的紧力方向相反，压力越大，密封性越差，越易泄漏。因此，为了防止泄漏，通常采用较大的螺栓紧力，使之能足以抵消内部介质的压力，因而必须选用较大的螺栓和较厚的法兰，使阀门变得笨重。但由于这种结构比较简单，故可用在低压管道上。

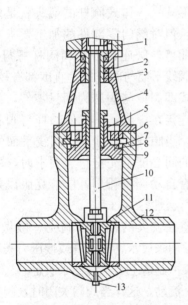

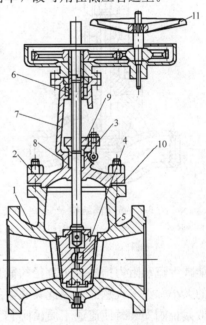

图9-1 自密封式闸阀结构

1—传动装置；2—止推轴承；3—阀杆螺母；4—框架；5—填料；6—四合环；7—密封垫圈；8—密封环；9—阀盖；10—阀杆；11—阀芯；12—阀壳；13—螺塞

图9-2 法兰式闸阀结构

1—阀体；2—阀盖；3—阀杆；4—闸板；5—万向顶；6—阀杆螺母；7—支架；8—填料；9—压盖；10—垫片；11—手轮

闸阀的结构特点是具有两个密封圆盘形成密封面，阀瓣如同一块闸板插在阀座中。工质在闸阀中流过时流向不变，因而流动阻力较小；阀瓣的启闭方向与介质流向垂直，因而启闭力较小。当闸阀全开时，工质不会直接冲刷阀门的密封面，故阀线不易损坏。闸阀只适用于全开或全关，而不适用于调节。

在主蒸汽管和大直径给水管中，闸阀对于减少管路的流动阻力损失具有很大意义，所以在这些管道中普遍采用闸阀作关断之用。但在实际使用中，往往是管道直径小于 100mm 时，一般不用闸阀，而采用截止阀。因为小直径闸阀结构相对较复杂，制造和维修难度较大。

大型闸阀一般采用电动操作。

第三节 截 止 阀

截止阀的结构如图 9-3 所示。截止阀一般用于较小直径的管道上，故通常其阀盖的密封方式采用法兰密封式。截止阀密封面（阀线）的形式基本上有平面式和锥面式阀线两种。

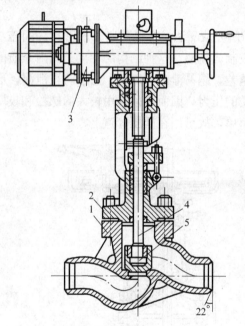

平面式阀线使用中擦伤少，检修时易研磨，但开关用力大，大多用于公称通径较大的截止阀，并采用电动或液动等执行机构。锥形阀线在使用中较易发生擦伤现象，检修时需特别的研磨工具，但结构紧凑，开关用力小，一般用在小通径截止阀中，手动操作。

截止阀的阀杆与阀芯也有一体式和分开式两种形式。一体式阀杆的端头就是阀芯，结构简单，但对阀门零部件的加工要求高，如阀杆的弯曲度，阀座、格兰和阀杆螺母的同心度，以及阀线平面与阀杆的垂直度都有较高的要求。分开式即阀杆与阀芯为两只零件，通过一定的方式连接在一起，一般使阀杆与阀芯采用球面接触，当阀杆的弯曲度，阀线平面的垂直度及阀座的同心度不完全符合要求时，采用这种结构具有自动调整作用，能够克服误差，保持阀线的严密性。

图 9-3 截止阀结构
1—阀体；2—阀盖；3—电动执行机构；
4—阀杆；5—阀瓣

直径较大的截止阀阀壳一般做成流线型，以尽可能减少流动阻力损失。小直径的截止阀通常用来放水、放空气或接压力表等，此时流动阻力的大小并无多大意义，因此其通道的形式仅由制造上力求简便来决定。

一般截止阀安装时使流通工质由阀芯下面往上流动，这样当阀门关闭时，阀杆处的法兰密封填料不致遭受工质压力和温度的作用，并且在阀门关闭严密的情况下，还可进行填料的更换工作。其缺点是阀门的关闭力较大，关闭后阀线的密封性易受介质的压力作用而产生"松动"现象。因此，有时也使介质由阀芯上面向下流动，但这样阀门的开启力较大。

第四节 调 节 阀

调节阀在锅炉机组的运行调整中起重要作用，可以用来调节蒸汽、给水或减温水的流量，也可以调节压力。调节阀的调节作用一般都是靠节流原理来实现的，所以其确切的名称应叫节流调节阀，但通常简称为调节阀。

一、调节阀类型

调节阀有以下三种基本类型。

单级节流调节阀如图 9-4 所示，也称为针形调节阀。单级节流调节阀是一种球形阀，与截止阀非常相似，只是在阀芯上多出了凸出的曲面部分，通过改变阀杆的轴向位置来改变阀线处的通流面积，以达到调整流量或压力的目的。单级节流调节阀的特点是流体介质仅经过一次节流达到调节目的，因而结构简单、紧凑、质量轻、价格便宜，但仅适用于压降较小的管路。

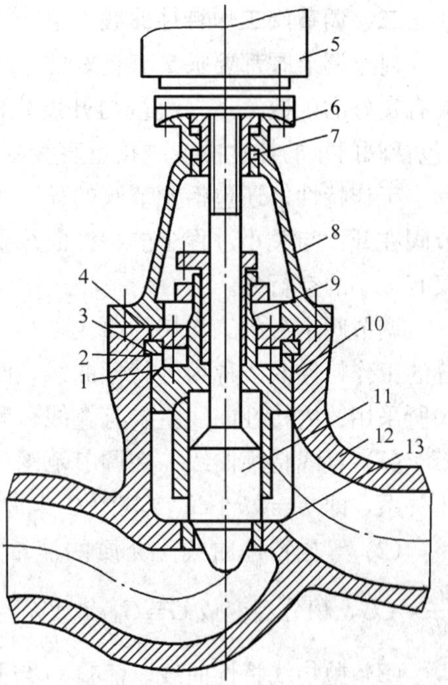

多级节流调节阀如图 9-5 所示。多级节流调节阀的特点是流体介质要经过 2～5 次节流达到调节的目的，在其阀芯和阀座上具有 2～5 对阀线，调节时阀杆作轴向位移。在管道系统中这种调节阀前后介质的压降较大，故调节灵敏度高，适用于较大压降的管路。其缺点是结构复杂。

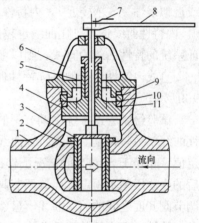

图 9-4 单级节流调节阀（针形调节阀）

1—密封环；2—垫圈；3—四合环；4—压盖；5—传动装置；6—阀杆螺母；7—止推轴承；8—框架；9—填料；10—阀盖；11—阀杆；12—阀壳；13—阀座

回转式窗口节流调节阀如图 9-6 所示。回转式窗口节流调节阀的特点是利用阀芯与阀座的一对同心圆筒上的两对窗口改变相对位置来进行节流调节。当阀芯上的窗口与阀座上的窗口完全错开时，调节阀流量仅有漏流量，当窗口完全吻合时，调节阀流量最大。在调节时，阀杆不作轴向位移，而只作回转运动。这种调节阀以国产为多，结构较为简单，但调节阀关闭时其漏流量大。

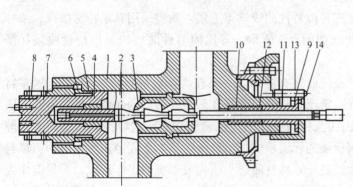

图 9-5 多级节流调节阀

1—阀体；2—阀杆；3—阀座；4—自密封闷头；5—自密封填料圈；6—填料压盖；7—压紧螺栓；8—自密封螺母；9—格兰螺帽；10—导向垫圈；11—格兰压盖；12—填料；13—附加环；14—锁紧螺钉

图 9-6 回转式窗口节流调节阀

1—阀壳；2—阀座；3—阀瓣；4—阀盖；5—填料；6—框架；7—开度指针；8—转臂；9—四合环；10—垫圈；11—密封环

二、调节阀工作特性曲线

对于调节阀都要求具有良好的工作特性，亦即要求调节阀的流量与开度（或行程）之间具有良好的函数关系。流量与开度之间的关系曲线称为调节阀的工作特性曲线。管道系统（包括阀门）的特性曲线越接近直线则说明其工作特性越好，就可给控制过程带来较大的便利。工作特性好还包括调节阀的死区小，死区小说明特性曲线的非线性区小。另外，要求调节阀在开大与关小过程中的特性曲线要相重合或接近重合，这也就要求调节阀没有空行程或仅有很小的空行程。

调节阀本身的工作特性曲线称为内特性曲线，而调节阀所处的管道系统除调节阀之外部分的工作特性曲线称为外特性曲线，两者综合起来才是整个管道系统的工作特性曲线。调节阀所采用的内特性曲线主要有直线、等比（对数）曲线和抛物线三种，分别介绍如下。

（1）直线特性曲线。在调节范围内，能保证介质的质量流量 G 与调节阀的开度 h 成正比关系，即 $G=Ch+G_m$（其中 C 为常数，G_m 为介质的最小流量，以下同）。

（2）等比特性曲线。介质的流量 G 相对于开度 h 的变化率与流量 G 成正比关系，即 $\dfrac{\mathrm{d}G}{\mathrm{d}h}=CG$，积分后变成 $G=G_m e^{Ch}$ 或 $h=\dfrac{1}{C}\ln\left(\dfrac{G}{G_m}\right)$。

（3）抛物线特性曲线。流量 G 与开度 h 为抛物线关系，即 $G=Ch^2+G_m$。

前两种用得较多，后一种很少采用。

要确定采用何种特性曲线的调节阀，先要知道外特性曲线，按外特性曲线才能选出在给定条件下与系统相应的内特性曲线。为此，必须知道调节阀在全开时阀的压降 Δp_V 与整个管道系统（包括阀在内）压降 Δp 的比值 S 为 $S=\dfrac{\Delta p_V}{\Delta p}$。

设系统的压降为常数，当 $S\geqslant 0.8$ 时，调节阀的内特性曲线采用直线，其内、外特性曲线综合的结果仍能保证整个系统的特性曲线基本上为直线；当 $S<0.8$ 时，就不能保证整个系统的线性特性。当 $S\leqslant 0.4$ 时，采用等比内特性曲线反而使内外特性的综合结果成为线性或近似线性。S 越接近 1，内特性曲线选择直线就越能保证整个系统为线性特性；S 越接近 0，内特性曲线选择等比曲线也越能保证整个系统为线性特性。当 $0.4<S<0.8$ 时，如要保证系统的特性曲线为直线，则以上三种内特性曲线均不适用，而应采用其他特殊曲线。

直线内特性曲线的系统特性曲线如图 9-7 所示，等比内特性曲线的系统特性曲线如图 9-8所示。

试验绘制管道系统中调节阀的特性曲线有两种（一般在大修后进行），一种是定压差特性曲线；另一种是变压差特性曲线。定压差特性曲线是在调节阀前后的介质压差维持某一固定值（相当于 $S=1$）的情况下作出的流量与开度的关系曲线。变压差特性曲线是调节阀前后的介质压差不固定，而该调节阀所处的管道系统进出口压差基本上固定，所作出的流量与调节阀开度之间的关系曲线。显然，定压差特性曲线不能代表系统的工作特性，而只能作为参考特性；而变压差特性曲线却基本上代表了整个系统的工作特性。考虑整个管道系统往往涉及面很广，如给水调节阀要考虑到整个给水系统的影响，也即从给水泵出口→高压加热器→给水调节阀→锅炉。再如，过热器减温水调节阀所在系统为：从给水管道开始，经减温水调节阀，直至过热蒸汽减温器。当一只调节阀装入管道系统后，其阻力特性就与所在管道系统（包括各种附件、阀门、设备）的阻力特性相叠加，它们的共同作用才形成系统的阻力特性。这是因为，当调节阀开大时，调节阀本身的阻力（压降）减小，系统流量增大，流速增高，从而导致调节阀外部系统的阻力增大，压降增加。反之，亦然。因此不可能自然维持调节阀本身的压降在某一固定值，除非用旁路阀门配合调节，而只能认为整个管道系统的总压降基本不变。

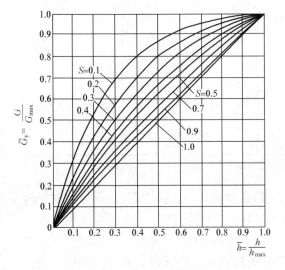

图 9-7　在直线内特性曲线下
系统的工作特性曲线

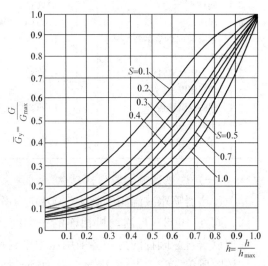

图 9-8　在等比内特性曲线下
系统的工作特性曲线

三、喷水减温调节阀

过热器喷水减温阀用于控制调节主蒸汽温度的减温水的喷水量，是一种蒸汽温度控制阀。例如，某超超临界锅炉在过热器系统布置了两级喷水减温器，作为主蒸汽温度的最后修正手段。Ⅰ级减温器布置在前屏过热器出口联箱与后屏过热器进口联箱之间；Ⅱ级喷水减温器布置在后屏过热器出口联箱与高温过热器进口联箱之间，每级各布置 2 台喷水减温器，每台减温器前各配置一个喷水减温阀。图 9-9 所示为过热器喷水减温阀，它是一种"Z"形阀，型号为 E45—3SV，为多级节流调节阀。图 9-9 中序号部件的名称及材料见表 9-1。

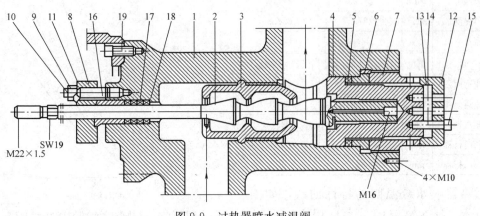

图 9-9　过热器喷水减温阀

表 9-1　　　　　　　　　　　　　过热器喷水减温阀零件及材料

序号	名　称	数量	材　料	序号	名　称	数量	材　料
1	阀体		15M03	10	螺栓 M16—T×65	3	耐热材料
2	阀杆		X19CrMoVNbN111	11	锁紧片 17×45	3	
3	阀座		G-Co65Cr27W613CrMo44	12	端盖		
4	带有导向轴套的压力密封插座		10CrMo910	13	螺钉 M12×45	7	
5	压力密封填料 φ112/88×12		石墨	14	弹簧垫圈 φ13.5/21	7	耐热材料
6	填料挡圈			15	锁紧拉丝 φ1×350		
7	螺纹挡圈压盖		15Mo3	16	密封轴套		
8	密封法兰			17	填料环 φ38/22×8	4	G—Co65Cr27W6
9	螺母 M16	3	耐热材料	18	环		石墨
				19	螺钉 M12×50	8	

（一）过热器喷水减温阀结构

过热器喷水减温阀的阀体（001）为锻造"Z"形通道阀体，选择"Z"形阀体有利于检修。阀杆（002）与油动机相连的一端使用轴套（043）、填料环（044）及密封法兰（027）等加以密封。阀杆的另一端采用压力密封插座（021）、填料（022）及填料挡圈（023）、螺纹挡圈压盖（024）等来密封，压力密封插座上开有阀杆插孔，插孔内装有导向轴套、导向轴套对阀杆具有导向支承作用。另外，在阀杆的这一端开有连通槽，使阀杆插孔内外连通，起到压力平衡作用，有利于阀门的关闭。阀座（003）为两腔室阀座，减温水流经阀座时由于节流而使压力降低。来自高压侧的作用力能够保证阀门的开启。

（二）过热器减温阀技术参数

过热器减温阀的技术数据，如表 9-2 所示。

阀门型号：E45—3SV。

控制系统油动机型号：SMR6.3。

表 9-2　过热器减温阀技术数据

项　目	单位	Ⅰ级喷水减温阀	Ⅱ级喷水减温阀
进口压力	MPa	29.45	29.45
进口温度	℃	287.5	287.5
出口压力	MPa	27.95	27.75
出口温度	℃	287.5	287.5
流量	t/h	54.0	44.0
项　目	单位	Ⅰ级喷水减温阀	Ⅱ级喷水减温阀
额定流通面积	cm²	6.75	5.17
最大流通面积	cm²	10.00	6.30
阀座直径	mm	42	42
额定阀门行程	mm	34.5	40
最大阀门行程	mm	45	12

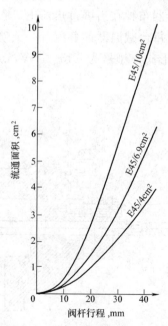

图 9-10　过热器喷水减温阀特性曲线

过热器喷水减温阀的特性曲线，如图 9-10 所示，喷水减温阀最大行程为 45mm，最大流通面积为 10cm² （E45/10cm²）。

（三）过热器喷水减温阀检修

1. 手动拆卸压力密封插座的方法

拧紧盖端螺钉，并将螺纹挡圈压盖拧松两圈；拧紧端盖螺钉直到填料挡圈碰到螺纹挡圈压盖；重复上述操作直到压力密封插座被取出。

2. 阀杆与阀座密封面

检查阀杆与阀座密封面，如果发现已经损坏，那么应在阀座与阀杆的密封面上重新涂一层密封面材料；如果损坏很严重，就必须对它们进行研磨。

3. 填料

如果填料被挤压得太厉害或者已经损坏，那么就应该更换新的填料。

装填新填料环时，先用手拧紧螺母，使密封轴套抵住填料环。再用扳手拧紧螺母，但填料环的压缩量不要超过 8%。为了安全起见，在压紧填料环之后，双头螺栓至少应露出两圈螺纹。

按上述规定拧紧填料环之后，如果仍然发现泄漏，或者发现由于运行磨损而逐步引起的泄漏，都必须重新拧紧填料环。这时可按如下步骤进行：重新拧紧螺母，使填料环压缩 0.4%，等待 3min 检查泄漏。如果没发现泄漏，再一次拧紧螺母，使填料环压缩 0.4%，否则重复上述过程，但填料环总的压缩量不要超过 2%，如果重新拧紧填料环之后还不能密封，那么应该更换所有填料环。

必须注意，过分拧紧填料环会使阀杆摩擦阻力大大增加，而密封性能提高则很小。

4. 调整阀杆

阀门检修后安装时，通常需要校正阀门位置指针与标尺的相对位置，这是通过调整阀杆来实现的，其具体步骤如下。

（1）操作手轮驱动油动机活塞杆，将阀杆推至阀座上。

（2）将油动机倒回至"阀门全开"位置。

（3）在关阀门的方向上，将油动机移动相同数量的行程。

（4）装上联轴器，并拧紧联轴器的螺栓（注意联轴器的螺栓未拧紧之前不要开动油动机，否则阀杆与联轴器的螺纹都要损坏）。

（5）移动标尺，使位置指针指到 0。

（6）将油动机开到"阀门全开"位置，检查指针是否指在相应的行程位置上。

（7）如果位置不对，将油动机移至中间位置，拧下联轴器螺栓，旋转阀杆，调整上述偏差，重新拧紧联轴器螺栓（注意不要在阀座上旋转阀杆，这将会损坏阀座）。

（8）再将油动机移至"阀门全开"和"阀门全关"位置，检查标尺上的行程。

如果仍不符合，再按上述步骤继续调整阀杆。

（四）潮州电厂 1000MW 超超临界锅炉过热器减温水调节阀

潮州电厂超超临界 1000MW 锅炉过热器减温水调节阀包括一级减温水电动调节阀（2×2）、过热器二级减温水电动调节阀（2×2）、过热器三级减温水电动调节阀（2×2）。

过热器减温水调节阀的型号：4″—SIPOS—EHD BWE XXS。

材质：阀体 WCC Carbon STL Cast，阀杆 416SST。

阀门直径 2—7/8″；阀杆直径 3/4″；阀杆行程 1.5″；全开关时间不大于 20s。

推力要求 6300 1bf；阀杆最大允许负荷 7300 1bf。

电动执行器：EMG，DMC120－25－B1－005DCBP＋LE50.1－63。

电源 380VAC/50HZ/3P；额定功率 0.56kW；额定电流 1.7A；启动电流 5.7A。

过热器减温水调节阀的外形结构如图 9-11 所示。

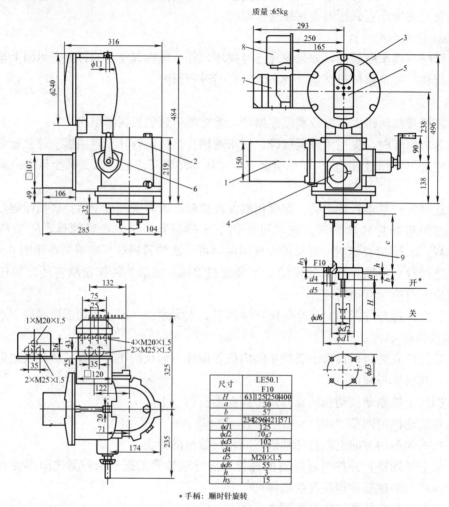

尺寸	LE50.1 F10			
H	63	125	250	400
a	30			
b	57			
c	234	296	421	571
φd1	125			
φd2	70g7			
φd3	102			
d4	11			
d5	M20×1.5			
φd6	55			
h	3			
h3	15			

＊手柄：顺时针旋转

图 9-11　1000MW 锅炉过热器减温水调节阀的外形结构

1—电动机；2—机械传动部分；3—变频智能型控制单元；4—信号齿轮单元；5—就地操
作面板；6—手柄；7—现场总线连接/模拟信号带电隔离时的连接；8—直接连接/圆形插
头连接；9—直线推进装置

（五）潮州电厂1000MW超超临界锅炉再热器减温水调节阀参数

型号：2″—SIPOS—HPS　BWE 160。

材质：阀体 WCC STEEL，阀杆 416SST。

阀门直径 1″；阀杆直径：1/2″；阀杆行程 1.125″；全开关时间不大于 20s。

推力要求 3000 1bf；阀杆最大允许负荷 3500 1bf。

电动执行器：EMG ，DMC59－25－B1－005DCBP＋LE25.1－50。

电源 380VAC/50Hz/3P；额定功率 0.25kW；额定电流 1.1A；启动电流 2.7A。

第五节 电磁泄压阀

一、用途

电磁泄压阀（ELECTRONIC RELIEF VALVE）是防止锅炉蒸汽压力超过规定值的保护装置，在安全阀动作之前开启，排出多余的蒸汽，以保证锅炉在规定压力下正常运行。同时减少安全阀的动作次数，延长安全阀的使用寿命。

二、电磁泄压阀结构及工作原理

在超（超）临界锅炉上使用的电磁泄放阀其内部结构及动作原理和亚临界压力锅炉上的阀门基本相同。电磁泄压阀的结构和动作原理，分别见图 9-12 和图 9-13。

整套电磁泄压阀由主阀、控制阀、电磁线圈、APS 型控制器、PS 型三位控制开关和隔离

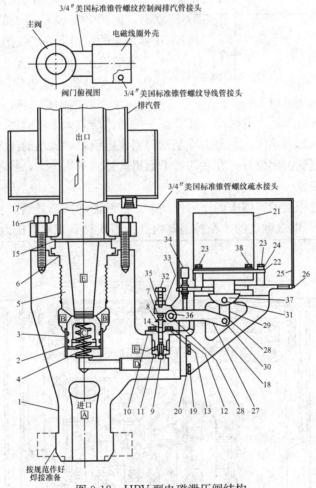

图 9-12　HPV 型电磁泄压阀结构

1—阀体；2—导向套；3—主阀瓣；4—主阀瓣弹簧；5—阀座；6—阀座密封环；7—挡圈；8—控制阀防尘盖；9—控制阀瓣；10—控制阀导向套；11—控制阀密封环；12、16、19、23、38—螺栓；13、20、24—弹簧垫圈；14—控制阀弹簧；15—排汽管法兰密封垫；17—疏水盘；18—电磁线圈支架；21—电磁线圈；22—电磁线圈底座；25—电磁线圈罩壳；26—螺钉；27—杠杆；28、30、31、35、36、37—销子；29—连杆；32—调整螺栓；33—调整螺母；34—微型开关

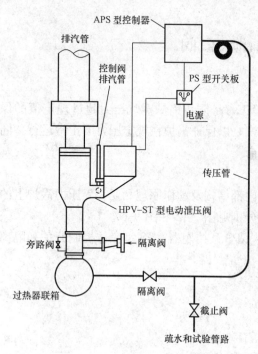

图 9-13　电磁泄压阀动作原理

阀等组成。控制器设有高压和低压 2 个压力开关，并由压力传感元件接受主蒸汽管道的压力信号。当压力达到定值时，高压开关或低压开关动作，接通或断开电磁线圈，使阀门打开或关闭。

三位控制开关带有"自动"、"手动"和"关断"三个位置，阀门可以由控制器接受主蒸汽管道压力信号自动操作，也可以由运行人员在控制室通过三位开关手动操作。

在锅炉正常运行时，来自主蒸汽管道的蒸汽从主阀进口 A 进入 B 室，然后通过主阀瓣 3 和导向套 2 之间的间隙流入 C 室，控制阀阀瓣 9 在弹簧 14 和 C 室蒸汽压力作用下，保持关闭状态，因此 B 室和 C 室内的压力相同，主阀瓣在弹簧 4 的作用下处于关闭状态。

当蒸汽压力上升到整定值时，控制器高压的压力开关动作，电磁线圈通电，电磁铁芯通过杠杆 27 将控制阀打开，蒸汽从 D 室迅速排开，C 室中的蒸汽压力降低，主阀瓣上部 B 室中的蒸汽压力大于主阀瓣下面的弹簧压力，使主阀打开，从而排除部分蒸汽。当压力降至阀门回座定值时，低压的压力开关动作，电磁线圈失电，控制阀回复到关闭位置，在主阀瓣下面再次建立蒸汽压力，将主阀关闭。

三、电气控制装置

控制器是由与之相连的容器中的压力致动的。控制器的构造是通过整定压力的 0.5%～1%压差而接通和断开电气触点的，在控制器内（见图 9-14）有双重压力控制开关。

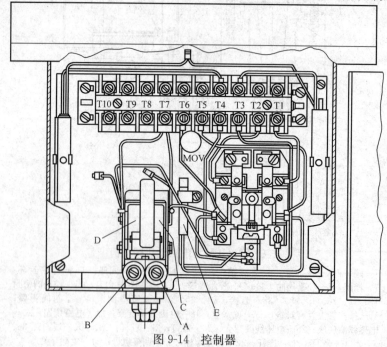

图 9-14　控制器

图 9-14 中调节螺钉 A 和螺钉 B 确定每个开关的操作点，当压力增加到"整定点"时，高压的压力开关 C 动作而形成继电器回路，而此回路使阀门电磁线圈激磁，使电磁泄压阀开启。低压的压力开关 D 向继电控制装置提供一个低于高压压力开关的动作值，因而使电磁泄压阀关闭。这些动作压力可以进行非常灵敏的调节。

控制站是一个可以安装在控制器上的小设备，它包括 1 个开关和 2 个指示灯。控制站与控制器为电气连接，当控制站处于"自动"位置（见图 9-15）时，琥珀色指示灯发亮并保持到阀门打开为止。

当压力达到使阀门打开的预定点时，控制器中形成触点，导致继电器闭合，由此电磁线圈被励磁，阀门打开。这时，控制站中的"红"灯发亮，表明阀门打开。当压力低于调定的阀门关闭点时，继电器去磁，因而使电磁线圈去磁，这样就能关闭阀门。此时，控制站的"红"灯熄灭而"琥珀"色指示灯发亮。

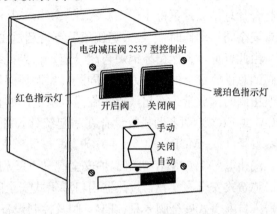

图 9-15 控制站

如果想手动打开阀门，只需将控制站开关置于"手动"位置即可。关闭阀门时，只需将控制站开关置于"关闭"位置。但必须记住：当开关置于"自动"，位置时，阀门会在为其整定的预定压力下打开和关闭。

第六节 安 全 阀

一、用途

安全阀用在锅炉或压力容器上，以防止蒸汽压力超过规定值，确保锅炉安全运行。当锅炉压力超过一定值时，其安全阀能突然起跳至全开，自动对锅炉进行泄压，并且为了减少蒸汽排放的损失，当锅炉压力恢复至正常或稍低的压力后，安全阀将自动关闭。

在超（超）临界压力锅炉上为了避免在煤种变化、运行操作失误或汽轮机甩负荷时锅炉内部的压力超限，必须在锅炉上装设超压保护装置，即安全阀和安全泄放阀。

可以在超（超）临界压力锅炉上使用的安全阀是全开式的弹簧安全阀。由于超（超）临界锅炉的工作压力和温度比起亚临界参数更高，且对安全阀工作可靠性等方面的要求也更严格，目前基本上是国外进口的安全阀。然而，超（超）临界锅炉用安全阀除了在阀体、阀座和阀瓣等材料上必须使用级别更高的耐热钢和特殊合金材料外，它的内部结构及动作原理却与亚临界压力锅炉上使用的全开式弹簧安全阀基本相同。两者的不同在于 ASME 规范的第 I 卷对于 2 种不同水循环方式的动力锅炉在安全阀和安全泄放阀的布置位置、排放量和整定压力等上的规定不同。

按照 ASME 规范第 I 卷的 PG—67.4《锅炉安全阀的要求》的规定，当自然循环锅炉应按除 PG—67.4 外的规定进行设计时，对于直流锅炉"没有固定汽水分界线的强制流动蒸汽锅炉"，则既可以按除 PG—67.4 外的规定进行设计，也可以按 PG—67.4 规定进行设计。

ASME 规范第 I 卷的 PG—67.4 对没有固定汽水分界线的强制流动锅炉上安全阀和安全

泄放阀的选用有着一系列的规定：

（1）对电磁泄压阀个数和排放量的要求：一个及以上，泄压阀的总排放量应为 10%～30%，即便大于 30%也只能按照 30%计入总排放量。

（2）对装设弹簧安全阀和合计总排放量及安全阀最大起座压力的要求：与电动泄压阀在一起合计总排放量不得小于 100% B—MCR，其中电动泄压阀所计入的比例不得大于 30%；所有安全阀均动作时，"最大超压值"不得超过主钢印压力的 20%。

由此可见，自然循环锅炉与超（超）临界机组电厂所用的直流锅炉，在安全阀和安全泄放阀的总排放量上的统计方法不同。自然循环锅炉其安全阀的总排放量的统计，并不计入电动泄压阀的排放量。而超（超）临界机组电厂的直流锅炉，却是必须把安全阀和安全泄放阀（PCV 或 ERV）两者的排放量合在一起统计，并做到使之累计总排放量大于锅炉的最大连续蒸发量（B—MCR）。

潮州电厂 1000MW 机组锅炉安全阀和 ERV 阀采用美国进口 CROSBY 安全阀。过热器入口弹簧式安全阀 6 只；过热器出口弹簧式安全阀 2 只；再热器出口弹簧式安全阀 2 只；再热器入口弹簧式安全阀 8 只；ERV 阀及控制设备 2 套。ERV 阀，配供动力控制站、现场控制箱，留有与 DCS 的接口，并且 ERV 阀的开关可由 DCS 控制。

表 9-3　　　　　　　　　　潮州电厂 1000MW 锅炉安全阀性能参数

安装位置	阀门规格	阀门型号	整定压力	回座比（%）	温度（℃）	排放量（t/h）	超压（%）	推荐的反力 L_b	单重（kg）
SHO ERV1 号	2.5×4	EA9121N7BWRA6P1	27.40	3	605	218	3	26 128	350
SHO ERV2 号	2.5×4	EA9121N7BWRA6P1	27.40	3	605	218	3	26 128	350
过热器出口 ERV 阀总排量：436 t/h									(14.02%)
SHO Safety Valve 1 号	2.5 K26	HCA—118W—C12A—SPL	30.88	7	605	186.84	3	14 138	308
SHO Safety Valve 2 号	2.5 K26	HCA—118W—C12A—SPL	30.88	7	605	186.84	3	14 138	308
过热器出口安全阀总排量：373.68 t/h									(12.02%)
SHI Safety Valve 1 号	3 M 8	HCA—118W	31.03	7	434	385.43	3	20 106	408
SHI Safety Valve 2 号	3 M 8	HCA—118W	31.18	7	434	388.56	3	20 106	408
SHI Safety Valve 3 号	3 M 8	HCA—118W	31.33	7	434	391.69	3	20 106	408
SHI Safety Valve 4 号	3 M 8	HCA—118W	31.48	7	434	394.91	3	20 106	408
SHI Safety Valve 5 号	3 M 8	HCA—118W	31.63	7	434	398.17	3	20 106	408
SHI Safety Valve 6 号	3 M 8	HCA—118W	31.78	7	434	399.63	3	20 106	408
过热器入口安全阀总排量：2357.79 t/h									(75.81%)
过热器出、入口安全阀及 ERV 阀总排量：(Relieving Capacity Through SH ERVs & Safety Valves)							3167.47t/h		(101.85%)

续表

安 装 位 置	阀门规格	阀门型号	整定压力	回座比(%)	温度(℃)	排放量(t/h)	超压(%)	推荐的反力 L_b	单重(kg)
RHO Safety Valve 1 号	6 R 10	HCI—69W—C12A—SPL	6.05	4	603	218.17	3	17 281	483
RHO Safety Valve 2 号	6 R 10	HCI—69W—C12A—SPL	6.05	4	603	218.17	3	17 281	483
再热器出口安全阀总排量：436.34t/h								(17.67%)	
RHI Safety Valve 1 号	6 Q28	HCI—46W	6.30	4	371	213.02	3	14 490	386
RHI Safety Valve 2 号	6 Q28	HCI—46W	6.30	4	371	213.02	3	14 490	386
RHI Safety Valve 3 号	6 Q28	HCI—46W	6.36	4	371	215.02	3	14 490	386
RHI Safety Valve 4 号	6 R 10	HCI—66W	6.36	4	371	280.84	3	18 592	483
RHI Safety Valve 5 号	6 R 10	HCI—66W	6.43	4	371	284.20	3	18 592	483
RHI Safety Valve 6 号	6 R 10	HCI—66W	6.43	4	371	284.20	3	18 592	483
RHI Safety Valve 7 号	6 R 10	HCI—66W	6.49	4	371	287.14	3	18 592	483
RHI Safety Valve 8 号	6 R 10	HCI—66W	6.49	4	371	287.14	3	18 592	483
再热器入口安全阀总排量：2064.56 t/h								(83.61%)	
再热器出、入口安全阀总排量：2500.90 t/h								(101.29%)	

本锅炉设计最大主蒸汽流量为 3110t/h，过热器安全阀（包括 ERV）总排放量为 3167.47t/h，为 102.17%B—MCR，其中过热器入口安全阀 6 只，总排放量为 2357.79t/h，过热器出口安全阀 2 只，总排放量为 373.68t/h，过热器出口 ERV 阀 2 只，总排放量 436t/h。设计最大再热蒸汽流量为 2469t/h，再热器安全阀 10 只，总排放量为 2500.90t/h。安全阀及 ERV 的总排放量符合 ASME 规程的要求。

为了保证在锅炉出现超压时有一定的蒸汽流量流过过热器，所有过热器出口安全阀起座压力均小于过热器入口安全阀最低起座压力。另外，在 A、B 侧过热器安全阀上游主蒸汽管道上还各装有 1 只 CROSBY 公司生产的 ERV 电磁泄压阀，其起座压力小于过热器出口安全阀最低起座压力，总排放量为 436t/h。在锅炉超压时，电磁泄压阀先于安全阀起跳，起到先期警报的作用，同时可有效地减少安全阀起跳次数。潮州电厂 1000MW 锅炉 A 侧过热蒸汽出口管道上的电磁泄压阀没有隔离手动阀。B 侧过热蒸汽出口管道上的电磁泄压阀带有 1 只隔离手动阀。

二、弹簧式安全阀结构与工作原理

潮州电厂 1000MW 锅炉过热器弹簧式安全阀的型号是 HCA—118W，其结构见图 9-16；再热器弹簧式安全阀的型号是 HCI—46、HCI66W。其中，HCI—46W 的结构见图 9-17，HCI—66W 类似。

弹簧式安全阀由阀瓣和阀座组成密封面，阀瓣与阀杆相连，阀杆的总位移量必须满足阀门从关闭到全开的要求。安全阀的起跳压力主要是通过调整螺栓改变弹簧压力来调整的。阀

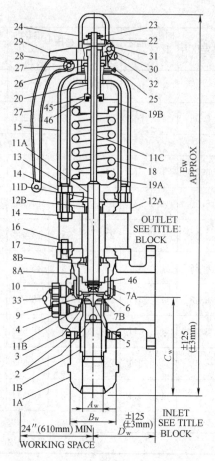

图 9-16 HCA—118W 型安全阀结构

1A—阀体；1B—喷嘴；2—排污螺塞；3—喷嘴环；4—喷嘴环紧定螺钉；5—阀瓣；6—阀瓣套开口销；7A—阀瓣座；7B—阀瓣套；8A—导向组件；8B—导向座；9—导向环；10—导向环定位螺钉；11A、11B、11C、11D—阀杆组件；12A—冷却圈；12B—冷却圈支承座；13—冷却圈支承座螺栓；14—冷却圈支承座螺母；15—阀盖；16—阀盖螺栓；17—阀盖螺母；18—弹簧；19A—底部弹簧垫圈；19B—顶部弹簧垫圈；20—调节螺栓；21—调节螺栓锁紧螺母；22—阀杆螺母；23—阀杆螺母开口销；24—阀帽；25—阀帽锁紧螺钉；26—杠杆；27—杠杆销子；28—杠杆销子定位销；29—叉形杠杆；30—叉形杠杆销子；31—叉形杠杆销子定位销；32—铅封

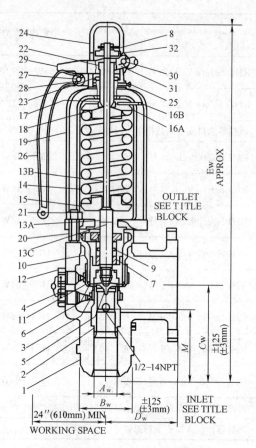

图 9-17 HCI—46W 型安全阀结构

1—阀体；2—喷嘴；3—喷嘴环；4—喷嘴环紧定螺钉；5—阀瓣；6—阀瓣座；7—阀瓣套筒；8—阀杆螺母开口销；9—阀瓣套定位销；10—导向组件；11—导向环；12—导向环定位螺钉；13A、13B、13C—阀杆组件；14—弹簧；15—底部弹簧垫圈；16A—顶部弹簧垫圈；16B—防旋盘；17—支撑圈；18—支承轴；19—阀盖；20—阀盖螺栓；21—阀盖螺母；22—调节螺栓；23—调节螺栓锁紧螺母；24—阀帽；25—阀帽锁紧螺钉；26—杠杆；27—杠杆销子；28—杠杆销子定位销；29—叉形杠杆；30—叉形杠杆销子；31—叉形杠杆销子定位销；32—阀杆螺母

门上部装有杠杆机构，用于在动作试验时手动提升阀杆。阀体内装有上、下两个调节环，调节下部调节环可使阀门获得一个清晰的起跳动作，上调节环用来调节回座压力。回座压力过低，阀门保持开启的时间较长；回座压力太高，将使阀门持续起跳和关闭，产生颤振，导致阀门损坏，而且还会降低阀门的排放量。上部调节环的最佳位置应能使阀门达到全行程。

安全阀还带有临时压紧装置。该装置附加在阀杆上，用压紧螺钉将阀杆压住，以防止阀门开启。当水压试验压力不超过安全阀最低整定试验压力时，阀门只使用临时压紧装置，不用水压试验安全塞。当水压试验压力超过安全阀最低整定压力时，应同时使用水压试验安全塞和临时压紧装置。当整定起跳压力较高的阀门时，可用临时压紧装置，以防止起跳压力较低的阀门开启。

在水压试验和安全阀整定期间，阀杆将受热膨胀，当锅炉压力低于安全阀最低整定压力的 80% 时，压紧螺钉应松开，以允许阀杆随温度变化而自由膨胀；当锅炉压力升到安全阀最低整定压力的 80% 时，只能用手动拧紧压紧螺钉，防止压紧过度引起阀杆弯曲和阀门密封面损坏。

在锅炉正常运行时，绝对不能使用临时压紧装置。

安全阀或电磁泄压阀的排汽管不应与安全阀出口管直接连接，排汽管直径大于出口管直径，排汽管套在出口的外面，两者之间留有足够的间隙，允许排汽时出口管在排汽管内侧自由移动。出口管上装有疏水盘，以承接排汽管的疏水，疏水盘接疏水管引至疏水扩容器。

弹簧式安全阀的工作原理：当安全阀阀瓣下的蒸汽压力超过弹簧的压紧力时，阀瓣就被顶开。阀瓣顶开后，排出蒸汽由于下调节环的反弹而作用在阀瓣夹持圈上，使阀门迅速打开，见图 9-18（a）。随着阀瓣的上移，蒸汽冲击在上调节环上，使排汽方向趋于垂直向下，排汽产生的反作用力推着阀瓣向上，并且在一定的压力范围内使阀瓣保持在足够的提升高度上，见图 9-18（b）。

随着安全阀的打开，蒸汽不断排出，系统内的蒸汽压力逐步降低。此时，弹簧的作用力将克服作用于阀瓣上的蒸汽压力和排汽的反作用力，从而关闭安全阀。

上调节环（导向环）主要作用是控制起闭压差。向右（逆时针方向）移动上调节环，即升高上调节环，会减小对阀瓣座的反作用

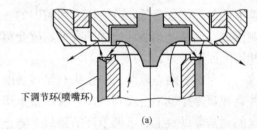

下调节环(喷嘴环)

(a)

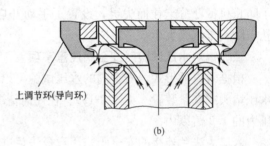

上调节环(导向环)

(b)

图 9-18　调节环的作用

(a) 下调节环（喷嘴环）的作用；
(b) 上调节环（导向环）的作用

力，从而减少安全阀的排汽量，提高安全阀的回座压力，减小起闭压差；向左移动上调节环，即降低上调节环，会增加对阀瓣座的反作用力，从而增加安全阀的排放量，降低安全阀的回座压力，增大起闭压差。

上调节环的调节必须配合下调节环（喷嘴环）的微小调节，才能使安全阀的运行更为可靠、灵敏、正确。

下调节环主要作用是保证起跳动作。向右（逆时针方向）转动下调节环，则升高下调节环，使阀门打开迅速而且强劲有力，同时增加阀门排放量；向左转动下调节环，则降低下调节环，减少蒸汽的排放量。如果下调节环移到太低的位置，阀门将处于连续启闭的状态。

安全阀阀座设计成拉伐尔喷嘴形状，阀座内径 d_j 大于 1.15 倍喉部直径 d_t，安全阀达到全开位置时，阀座口处通流面积 $\left(\dfrac{\pi}{4}d_j^2\right)$ 大于 1.05 倍喉部面积 $\left(\dfrac{\pi}{4}d_t^2\right)$，安全阀进口处通道面

积大于1.7倍喉部面积。根据拉伐尔喷嘴介质流动原理，阀座出口介质流速达到音速，使安全阀排放系数大于0.975，排放量相比于其他安全阀大。

阀座突出在阀体内，避免阀体热应力对阀座密封面的影响。密封件采用阀瓣夹持圈与阀瓣焊接的结构，并与阀瓣套筒用螺纹固定在一起，避免阀瓣套筒和阀瓣的热应力对阀瓣夹持圈（也称热阀瓣）密封的影响，提高了密封性。

阀瓣夹持圈（热阀瓣）用韧性好、强度高、抗冲刷、耐高温的材料制作。这种阀瓣夹持圈结构优点是当密封面有少量蒸汽泄漏时，泄漏的汽经阀瓣夹持圈降压同时降温，使夹持圈下部温度低于上部温度，从而产生弯曲变形，使夹持圈紧接触于阀座上，增加了密封比压，提高了密封能力。

当介质压力升高，介质作用力与弹簧力相平衡时，泄漏量无法避免。泄漏量增加到一定程度时，下调节环上部与阀瓣夹持圈下部形成的压力区域内的内压力将随着泄漏量增加而迅速增加，改变蒸汽对阀瓣的作用力，而使介质有足够压力，克服弹簧力，使安全阀起跳。调整下调节环位置高低，改变压力区域内的压力（或作用于阀瓣的作用力），能得到满意的起跳压力。调整上调节环位置的高低，改变蒸汽对阀瓣的反作用力，能影响安全阀的起跳高度和影响回座压力。

安全阀的阀体以及入口接头有足够强度，结构上保证即使是弹簧折断也不能阻碍排汽，并且弹簧碎片也不会飞到外部，保证整个压力容器设备和人身安全。此外，还装设了调整螺丝的锁紧套以及上、下调节环的铅封，防止了随意改变整定压力和上、下调节环的位置。为了防止机械部分卡住而失灵，设置了手动开启机构，方便检查。在阀体最底部设置了疏水孔，防止排汽管发生水击现象。

三、锅炉水压试验时安全阀注意事项

根据入口的形式，安全阀的水压试验可以采用下列三种方式中的任何一种：盲板法兰、水压堵头或夹紧装置（见图9-19）。在任何情况下，水压试验的压力应限制在阀门铭牌整定压力的1.5倍以内。

入口为法兰连接的安全阀采用盲板法兰进行水压试验，一般不用夹紧装置。但在水压试验后，锅炉投运前盲板法兰必须拆除。如果不用盲板法兰也可采用水压试验堵头（见图9-20）。

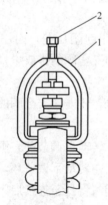

图9-19　阀门夹紧装置

1—阀门夹紧装置；

2—阀门夹紧装置调节螺母

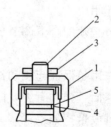

图9-20　水压试验堵头

1—盖帽；2—水压试验堵头；3—堵头销；

4—O形环；5—支持环

入口为焊接连接的安全阀一般采用水压试验堵头进行水压试验。采用水压试验堵头进行水压试验前，必须装上 O 形环和支持环。参照图 9-20 安装好水压试验堵头后，即可进行水压试验。试验开始时，应特别注意堵头是否有漏，及时发现泄漏，旋紧盖帽也于事无补，通常是 O 形环或支持环已经损坏，泄压后予以更换后继续试验。

安全阀夹紧装置（见图 9-19），既可用于入口为焊接连接的安全阀水压试验，又可用于入口为法兰连接的安全阀的水压试验，但试验压力不得超过铭牌整定压力的 10%。压紧操作必须十分小心，以免使阀杆过载或损伤阀座。

四、弹簧式安全阀现场调整试验

安全阀在制造厂已按铭牌上的整定压力和起闭压差调整完毕，上、下调节环、调整螺栓的位置都已调好，并作记录，现场不要随意改变各部件出厂时的相对位置。安全阀在安装前首先检查上、下调节杆铅封是否被破坏，如被破坏应重新检查各部件的位置。新供货的阀门在现场安装后只要进行校验性试验。检修后，安全阀的密封面被研磨或者是更换零件，应重新进行调整试验。

有些现场用液压整定装置整定起跳压力，有些现场用在线定压仪整定，两种装置的原理完全一样，下面以 1000MW 超超临界锅炉过热器安全阀使用液压整定装置为例说明调试方法。

（一）调试前准备

（1）使用的压力表要经过校验、精度在 0.4 级以上，指示准确的压力表，要确认压力表安装位置标高修正后的值。

（2）每只阀门要准备压阀杆的垫块，垫块应加工成中间带有圆孔的零件，中间圆孔直径应比阀杆端部直径大 2～3mm，圆孔深度为阀杆端部直径的 1/3～1/2。

（3）调试现场和通道应清理干净，搭设必要的脚手架，以便发生意外事故时能安全离开现场。

（二）超临界、超超临界锅炉新供货安全阀热态校验

新供货的安全阀，在新机组投运前必须进行热态校验。超临界、超超临界锅炉安全阀热态校验一般在机组带负荷试运阶段进行，调整步骤如下：

（1）一般按照起跳压力由高到低进行逐个调整。

（2）校验过程中，要注意锅炉压力变化，尽量保持锅炉压力稳定。

（3）机组升负荷，随着机组负荷升高，锅炉压力升至整定压力的 80% 附近时（潮州电厂 1000MW 机组负荷带至 800～900MW 之间），先用手拉绳索开启安全阀进行吹扫，每只安全阀要吹扫 20～30s 左右，冲洗阀座周围杂物，同时检查安全阀排放管和其他部位的膨胀量和安装质量。

（4）将待校验的安全阀的罩、手动机构、螺杆螺母拆掉，装上液压整定装置，和阀杆相连固定好。

（5）预先计算出安全阀按整定压力起跳时的液压油压，然后用液压整定装置上的手动油泵使液压整定装置油压缓慢上升，油压上升速度以每秒 0.03～0.04MPa 为宜，当液压整定装置油压升至计算所需油压附近时，油压上升速度更要放慢。

（6）当安全阀开启并可听到声音时，准确读出此开启点的液压整定装置油压和系统蒸汽压力，立即打开液压整定装置卸油阀，使安全阀回座。

(7) 通过起跳时蒸汽压力和实跳油压值计算安全阀起跳压力，并判断其与设计起跳压力的差值是否在整定压力误差范围内，以此判断起跳压力是否合格；如合格，则进行下一个安全阀的整定，如不合格则计算出安全阀需调整的压力，并进一步计算出安全阀压紧螺栓需调整的角度，则起座压力为

$$p_0 = p_B + \frac{p}{K\tan\alpha},\ \text{MPa}$$

其中

$$\tan\alpha = \frac{A_s}{A_j}$$

$$K = 1.07$$

$$A_s = \frac{\pi}{4}d^2$$

式中　　p_B——安全阀安装位置的蒸汽压力，MPa；

　　　　p——液压整定装置油压，MPa；

　　　　A_j——液压整定装置受压有效面积，cm^2；

　　　　A_s——试验阀的受压面积（按阀瓣密封面内径 d 计算）；

　　　　d——尺寸，对每一只安全阀都要准确测量，准确到 2/100mm。

(8) 按计算所得的调整角度对安全阀压紧螺钉进行调整，调整后返回步骤（5），重新校验。可以将校验好的安全阀逐一装上罩、手动机构和螺杆螺母，上、下调节环的定位螺栓铅封，投入使用。

(9) 用上述方法逐只对过热器进口和出口安全阀进行校验。

(10) 当过热器进口和出口安全阀校验完毕后，进行再热器安全阀校验，将再热器压力稳定在 5.0MPa 左右。

(11) 用安全阀液压整定装置逐只对再热器安全阀进行校验，校验方法步骤和注意事项与过热器进口、出口安全阀校验一致。

根据 DL/T 952—2005《电站锅炉安全阀应用导则》8.2.2，首次安全阀在线定压仪调整后的安全阀，应对最低起座值的安全阀进行实际起座复核，经复核，误差值在规定的整定压力偏差以内时，其他使用在线定压仪整定的安全阀可不必做实跳试验。超超临界机组在带负荷校验安全阀完毕后，考虑安全实际起座压力较高，进行实际起座试验存在一定的安全风险，实际起跳还可能带来密封面的损坏，故一般不进行实际起座复核。

（三）检修后安全阀调整方法

检修后的阀门因检修内容不同，如有时要更换部分零件，因此上、下调节环和导向套、调整螺栓的预定位置与检修前不同，现分别说明其调整方法。

(1) 只研磨阀瓣、阀座密封面，没有更换零件时应测出研磨前后阀座密封面到阀体上法兰平面之间的距离和阀瓣长度，可计算出总的研磨掉的尺寸。下调节环预定位置与原来检修前操作牙数相同，弹簧压缩量保持不变。因此，调整螺栓的位置应在检修前位置的基础上再向下移动阀座、阀瓣的研磨量。其余零件按检修前位置装配。

(2) 更换弹簧时，弹簧预紧载荷应与检修前整定载荷相同。

(3) 更换阀瓣时，测量检修前后密封面至阀瓣底部球面之间的距离。该距离增加时则调整螺栓松缓；该距离减少时则调整螺栓拧紧。其移动量为检修前后该距离的差值。下调节环预定位置与原来检修前操作牙数相同。其余零件按修前位置装配。

（4）更换阀杆，更换上、下调节环和导向套，调整螺栓时与检修前的位置相同。

（5）根据 DL/T 952—2005 中 8.3，在役电站锅炉安全阀每年至少校验一次。每个小修周期进行检查，必要时进行校验和排放试验。各类压力容器的安全阀每年至少进行一次排放试验或在线校验。检修后的安全阀在线校验方法和步骤与新供货的阀门校验相同。

（四）上、下调节环和导向套位置表示方法

（1）反时针旋转上调节环，使上调节环上移到上调节环的定位螺纹与导向套定位面相碰，此时上调节环位置称上调节环的零位。

（2）反时针旋转下调节环，使下调节环上移，下调节环的上平面碰上阀瓣时，下调节环的位置称作下调节环的零位。

（3）上、下调节环自零位开始下移的距离，以调节环旋转时移动的牙数来计算。一般调节环的定位螺丝旋转一周，调节环移动两个牙，下移用符号"—"表示。

（4）导向套上、下移动，离开零位的距离，以导向套旋转圈数表示，上移用符号"＋"来表示，下移用符号"—"来表示。顺时针旋转时下移，反时针旋转时上移。

（5）安全阀调整结束后，将上、下调节环，导向套、调整螺栓的位置记录数据保存好，以使下次调整时备查。

五、叠形安全阀简介

宁海电厂 1000MW 超超临界锅炉采用 100％容量高压旁路＋65％低压旁路设计。100％ 容量高压旁路的最大优点是不需另设锅炉高压侧安全阀。低压旁路阀为保护冷凝器，不能像高压旁路阀那样作为锅炉超压的保护设备。因此，锅炉再热器必须由独立的安全阀来进行保护。在再热器的热端另外安装有 Bopp&Reuther 公司生产的 4 只再热器叠形安全阀，安全阀结构和主要参数如图 9-21 和表 9-4 所示。

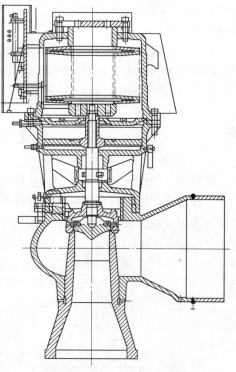

图 9-21　叠形安全阀结构

表 9-4　　　　　　　　　　**再热蒸汽安全阀参数表**

再热器出口安全阀形式	单　位	叠形弹簧安全阀
再热器出口安全阀台数	台	4
再热器出口安全阀公称直径	mm	450
再热器出口安全阀喉部直径	mm	约 235
再热器出口安全阀排汽量（每台）	t/h	约 916
再热器出口安全阀起座压力	MPa	7.53
再热器出口安全阀回座压力	MPa	7.1
再热器出口安全阀制造厂家		Bopp&Reuther
再热器出口安全阀设计制造技术标准		德国 DIN 标准

该安全阀与传统叠形安全阀相比,安全阀的动作压力实时变化,当机组在滑压运行的时候,再热器出口安全阀的动作压力随负荷而改变。

当再热器安全阀作为安全方式运行,热再压力大于 7.53MPa 时,安全阀开启,热再压力小于 7.1MPa 时,安全阀回座。当安全阀作为调压方式时,再热器安全门的起座压力、回座压力根据负荷的变化而相应变化,而且再热器安全阀中 A/D 的起座压力总低于安全阀 B/C 的起座压力,所以当汽轮机和低压旁路都发生故障的时候,再热器安全阀 A/D 先动作。如负荷小于 50% 时,则只有再热器安全阀 A/D 动作;如负荷大于 50% 时,则再热器安全阀 B/C 同时动作。

再热器安全阀采用仪用空气作为其控制和工作压力,仪用气供应经过减压阀将压力降低到 4kg/cm² 后供应给安全阀气缸作为其控制用气和工作用气,带有气压控制系统的安全阀具有以下优点:

(1) 在设定工作压力下可以按照滑压进行运行,起到调压的作用;

(2) 可以在线进行控制系统测试;

(3) 可以在远方快速开启安全阀,这样可以保证安全阀开启时候的人身安全。

第七节 温 控 阀

温控阀(见图 9-22)的初始处于冷流体通道 2 关闭状态,因而热流体首先由通道 1 进入阀腔,使感温介质受热膨胀,推动阀杆及调节套筒向下运动,从而使冷流体通道 2 开启,同时部分关闭热流体通道。冷流体由通道 2 进入,与热流体在阀腔内混合由通道 3 流出。由于温度变化使阀杆和调节套筒不断运动,调节冷热流体的流量,直到达到预定温度。温控阀能够满足多数流体的温度控制要求。它是利用石蜡等感温介质的膨胀性原理,使执行机构通过协调运动来控制通道 3 流体的温度,并且靠调节套筒的开度大小,调节冷热流体的流量增减。调节套筒开度的大小是由感温包通过阀杆的行程控制,所以说感温包既是流体的感温元件,又是阀门的驱动元件。在运动过程中,阀杆通过不断地调整位置来对温度进行精确控制。可靠的、非平坦的结构使得该阀不容易被压力的变化和突然的扰动所影响,确保系统在一个比较宽的操作范围内保持恒定的温度。

感温包是温控阀的核心元件。热流体进入阀腔以后,感温介质受热膨胀产生很大的膨胀力,所以感温包的强度要足够大,才能保证介质膨胀时不被损坏。当流体温度发生变化时,温控阀应能够迅速响应,使调节套

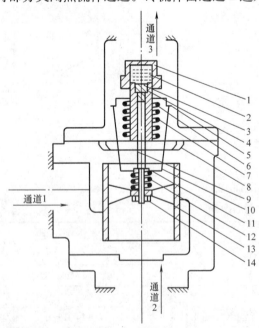

图 9-22 温控阀

1—感温包;2—感温介质;3—隔膜;4—橡胶塞;5—上压板;6—套筒;7—大弹簧组;8—固定盘;9—阀杆;10—拉杆;11—下压板;12—小弹簧组;13—调节套筒;14—螺母

筒产生相应的启闭动作。所以感温包材料大多采用导热性能好的铜合金，而且设计感温包时在结构上作一些考虑，如在其内部加入铜棒，同时在感温介质中加入导热性好的填充物。

隔膜除了起密封感温介质的作用外，还具有力的传递作用。感温介质膨胀使隔膜发生变形，将膨胀力传递到橡胶键，推动阀杆运动。

温控阀内件设有两组螺旋弹簧，其作用是对阀杆提供一个与感温介质膨胀力相反的逆向作用力，以维持调节套筒的平衡位置，并在流体温度发生变化时调整调节套筒的开度。

小弹簧组通过螺母连接并固定阀杆和调节套筒。当调节套筒达到最大开度时，为避免使阀杆遭到破坏，阀杆压缩小弹簧组，可以继续向下运动，此时小弹簧组对阀杆具有缓冲和保护作用。

感温介质膨胀后，阀杆向下运动，大弹簧组被压缩，但在调节套筒达到最大开度以前，小弹簧组受力状态不变。当流体温度降低时，感温介质对阀杆的作用力减小。为了避免更多的冷流体进入阀腔，阀杆需带动调节套筒快速回位。所以弹簧的刚性和弹性要足够大，才能保证随着温度的微小变化，弹簧能快速、及时地调整调节套筒的开度，以满足出口流体的控温要求。

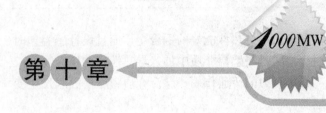

第十章

吹 灰 装 置

第一节 吹灰器布置及系统

一、吹灰器的作用及工作原理

由于煤层的成因和年代不同，原煤中都含有不同程度的灰分。对于煤粉锅炉而言，这部分灰分在燃烧过程中会释放出来，其中 80％以上的灰分会被烟气携带至电除尘器，在高压电场的静电作用下聚积到阳极板，通过气力输灰系统送至灰库。而只有小部分的灰分在高温炉烟作用下，形成融熔状态的灰渣黏附在水冷壁和前屏过热器上，这部分就是结焦。还有一部分烧结性的灰分沉积在对流受热面上，称为烧结性积灰。这些结焦和积灰大部分可以通过吹灰器的吹扫落进炉底的排渣口，一部分高温烧结性积灰与受热面黏结牢靠，不容易吹扫干净，主要是依靠形成前加强吹灰来预防，实在积灰严重时只能停炉冲洗。

锅炉吹灰系统分锅炉本体受热面吹灰和预热器吹灰两部分。目前所有煤粉锅炉都设置有足够数量的炉膛吹灰器和用来吹扫过热器、再热器、省煤器的长（半）伸缩式吹灰器，保持受热面清洁，确保受热面的良好传热效果。

吹灰器种类很多，按结构特征的不同，有简单喷嘴式、固定回转式、伸缩式（又分短伸缩型吹灰器和长伸缩型吹灰器）以及摆动式等。按照吹灰介质的不同，吹灰器可分为水力吹灰器、蒸汽吹灰器、压缩空气吹灰器、声波吹灰器及脉冲吹灰器。按照吹灰装置工作方式进行分类，吹灰器可分为喷射式吹灰器、振动式吹灰器等。

各种吹灰器工作机理基本上是相同的，即都是利用吹灰介质在吹灰器出口处所形成的高速射流，如蒸汽、声波、激波等直接冲刷过热器、再热器、省煤器等受热面上的积灰和结焦，当高速射流的冲击力大于灰粒与灰粒之间，或灰粒（焦渣）与受热面之间的黏着力时，灰粒（或焦粒）便脱落，其中小颗粒被烟气带走，大块渣、灰则沉落至灰斗或烟道。研究表明，在使用声波吹灰器时，还有利于提高燃烧效率。

二、锅炉吹灰器布置及系统

（一）1000MW 超超临界锅炉吹灰器的布置

目前 1000MW 超超临界锅炉的炉膛水冷壁区多选用 V04 型短吹灰器，水平烟道、后竖井、省煤器区域多选用 RL—SL 型长伸缩式吹灰和 RK—SB 型半伸缩式吹灰器，空气预热器多选用 PS—AT 型半伸缩式吹灰器。

平海电厂 2×1000MW 超超临界锅炉布置的吹灰器参数见表 10-1。炉膛部分设有 96 只墙式吹灰器，分四层布置，一层位于燃烧器的下方，其余三层位于主燃烧器与 SOFA 之间，由于墙式吹灰器均布置在水冷壁的螺旋段，为了保证吹灰器的横向对称布置且开孔中心位于扁钢中心，各吹灰器的标高均不相同。

在炉膛上部辐射区域、水平烟道部分及尾部烟道的低温再热器、低温过热器区域布置有56只长伸缩式吹灰器，尾部烟道的省煤器区域布置有20只半伸缩式吹灰器。每台空气预热器布置有2只伸缩式双介质吹灰器（冷、热端各1只）。在炉膛出口左右侧均装有烟温探针，启动时用来控制炉膛出口烟温。在炉膛出口处还装有16个负压测点（左右侧各8点）。

锅炉本体和预热器吹灰蒸汽均由后屏进口集箱接出，蒸汽温度在 B—MCR 工况下为515℃，压力为 28.37MPa（表），经减压装置后压力降到 2MPa，减压站配用减压阀的供汽量可控制蒸汽流量在 16.3t/h 以内，这部分蒸汽直接利用在锅炉本体的吹灰器和长吹灰器上。管路中设有自动疏水点，吹灰实现程序控制，系统设计通常按 2 台长伸缩式、2 台炉膛吹灰器、2 台空气预热器同时投运考虑，长伸缩式和炉膛吹灰器按照相对两侧墙（或前后墙）上各 1 台吹灰器同时投运。该锅炉的吹灰设备、控制设备设计和制造由上海克莱德机械有限公司承担，管路设备的设计和制造由丹阳市电站锅炉配件厂承担。图 10-1 是平海电厂吹灰器布置图，其他百万千瓦机组的布置基本相似。各型号吹灰器主要参数见表 10-1。

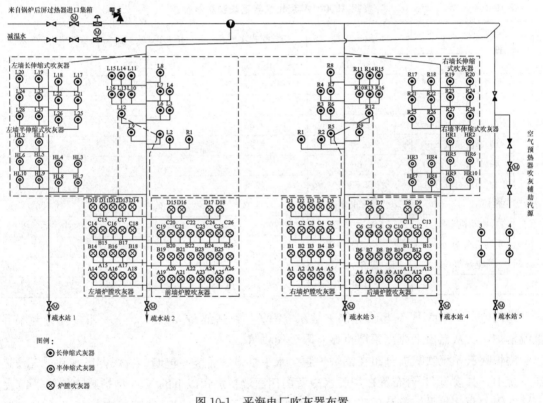

图 10-1　平海电厂吹灰器布置

表 10-1　　　　　　　　　　各型号吹灰器的主要参数

序号	项　目	炉膛吹灰器	长伸缩式吹灰器	半伸缩式吹灰器	空气预热器吹灰器
1	型号	V04	RL—SL	RK—SB	PS—AT
2	行程（mm）	300	17 100	5700	1500
3	吹扫角度（°）	360	360	360	
4	有效吹扫半径（mm）	2000	2000	2000	

续表

序号	项　目	炉膛吹灰器	长伸缩式吹灰器	半伸缩式吹灰器	空气预热器吹灰器
5	行进速度（m/min）	0.51	2.97	0.72	
6	旋转速度（r/min）	6	25	17.5	
7	单台工作时间（min）	1.67	11.5	9.14	
8	汽耗率（kg/min）	45.6	132	110	110
9	电动机型号	M2QA71M4A	M2QA90L4A	M2QA90L6A—J1	YSR—6324 B5
10	电动机功率（kW）	0.25	1.5	1.1	0.55
11	绝缘等级	F（温升 105℃）	F	F	F
12	防护等级	IP55（防喷水防尘）	IP55	IP55	IP55

泰州 1000MW 超超临界锅炉是哈尔滨锅炉厂引进日本三菱重工株式会社专利制造的 HG—2980/26.15—YM2 型超超临界变压运行直流锅炉，共布置有 116 台炉膛吹灰器，46 台长伸缩式吹灰器，10 台半伸缩式吹灰器，各型号吹灰器的主要参数如表 10-2 所示。

表 10-2　　　　　　　　　　　　**泰州 1000MW 超超临界锅炉吹灰器参数**

序号	项　目	炉膛吹灰器	长伸缩式吹灰器	半伸缩式吹灰器	空气预热器吹灰器
1	型号	IR—3D	IK—555	IK—555EL	IK—AH
2	行程（mm）	267	16 000	8000	1500
3	吹扫角度（°）	360	360	360	
4	有效吹扫半径（mm）	2000	2000	2000	
5	行进速度（m/min）	0.51	2.97	0.72	
6	旋转速度（r/min）	6	25	17.5	
7	单台工作时间（min）	2.83	12.8	9.14	
8	汽耗率（kg/min）	约 66	80～240	约 90	约 100
9	电动机型号	YSR—6324B5	Y90L—4B5	Y90L—4B5	YSR—6324B5
10	电动机功率（kW）	0.18	1.5	1.5	0.18
11	绝缘等级	F（温升 105℃）	F	F	F
12	数量	116	46	10	4

海门电厂 1000MW 超超临界锅炉是东方锅炉厂制造的 DG3000/26.15—Ⅱ1 型超超临界直流锅炉，吹灰器由上海克莱德机械有限公司供货。

锅炉吹灰系统吹灰器分布在锅炉炉膛、水平烟道、后竖井包墙、省煤器区域和空气预热器系统中。共设有 82 台布置在炉膛水冷壁的四面墙折焰角以下的 V04 型炉膛吹灰器，40 台布置在锅炉两侧水平烟道及后竖井烟道两侧墙内的 RL—SL 型长伸缩式吹灰器，12 台布置在后竖井烟道前墙的 RK—SB 型半伸缩式吹灰器，4 台安装在空气预热器区域的 PS—AT 型空气预热器吹灰器。对流受热面在炉墙上预留的吹灰器孔数为 14 个。

锅炉本体吹灰器用的汽源取自高温过热器进口（减温后）连接管，空气预热器备用的吹灰汽源取自辅助蒸汽。

为了确保在锅炉启动期间，各受热面不发生超温现象，在炉膛出口窗标高 66 800mm 处的前墙左右侧上各布置 1 只 TZ—0 型特长非冷伸缩式烟温探针，行程约 8000mm。烟温探针为铠装双支热电偶（采用 K 分度），烟温探针可不定期连续或间隙前进，也可停留在任意位置，超温时自动退回，报警烟温为 540℃，退回温度为 580℃。

在锅炉前后墙上分别布置了 2 层炉膛短吹灰器，每层 9 台，在左右侧墙上分别布置了 5 层炉膛短吹灰器，底层 4 台，其余每层 5 台。在左右侧墙上分别布置了 17 台长伸缩式吹灰器，用于屏式过热器、高温过热器、高温再热器、低温再热器及低温过热器区域受热面的吹扫。在尾部烟道左右侧墙上分别布置了 9 台半伸缩式吹灰器，用于省煤器和低温再热器区域受热面的吹扫。2 台三分仓空气预热器烟气侧进出口处分别布置了 1 台半伸缩式吹灰器。各类型吹灰器的详细参数见表 10-3。

表 10-3　　　　　海门电厂 1000MW 超超临界锅炉各类型吹灰器参数

序号	项　目	炉膛吹灰器	长伸缩式吹灰器	半伸缩式吹灰器	空气预热器吹灰器
1	型号	V04	RL—SL	RK—SB	PS—AT
2	行程（mm）	255	17 000	5600	1840
3	吹扫角度（°）	360	360	360	
4	有效吹扫半径（mm）	2500	2500	1200～1500	
5	行进速度（m/min）	0.51	2.975	0.72	
6	旋转速度（r/min）	6	25	17.5	
7	单台工作时间（min）	1.67	11.5	9.14	
8	汽耗率（kg/min）	约 82	约 260	约 110	约 110
9	电动机型号	M2QA71M4B—J	M2QA90L4A	M2QA90L6A—J1	YSR—6324B5
10	电动机功率（kW）	0.25	1.5	1.1	0.55
11	绝缘等级	F（温升 105℃）	F	F	F
12	防护等级	IP55（防喷水防尘）	IP55	IP55	IP55
13	工作压力（MPa）	0.8～1.5	1.4～1.5	1.4～1.5	0.8～1.2
14	工作温度（℃）	≤350	≤350	≤350	≤350
15	台数	82	40	12	4

（二）吹灰管道系统布置

因为水冷壁吹灰器和对流受热面吹灰器的蒸汽都需要较高过热度，所以吹灰器的汽源多来自分隔屏过热器出口管道的高温、高压蒸汽。蒸汽经减压后送往吹灰器，吹灰器采用程序控制。

吹灰管道系统是锅炉吹灰系统的重要组成部分之一，吹灰管道系统的合理设计、布置、安装及正确的控制、运行，对于充分发挥吹灰器的作用，使锅炉安全、经济和长周期连续可靠运行具有重要意义。

吹灰管道系统通常指从锅炉吹灰汽源出口开始至每台吹灰器和管道下部疏水阀之间的全部阀门、设备、管道及附件。通常包括主、辅汽源电动隔离，减压站，安全阀，止回阀，疏水阀，压力、温度、流量测量装置，管道固定、导向、支吊装置等。

吹灰汽源减压站多采用进口设备，能灵活启闭调节吹灰介质的压力和流量，并能保证在吹灰过程中蒸汽总管内的蒸汽压力稳定；为保证吹灰器吹灰管的最小冷却流量，在管路系统中设置流量测量装置和压力控制仪表作为连锁保护及报警信号。

1. 减压站

吹灰器减压站配置一只减压阀、安全阀、压力开关和流量开关，见图 10-2。通常情况下，大型锅炉没有满足吹灰要求的抽汽点，只能选用参数较高的过热器出口汽源，经减压站后作为吹灰介质。空气预热器要求吹灰蒸汽有较高的过热度（一般要求过热度 150℃ 左右），因此锅炉正常运行期间，空气预热器吹灰汽源取自锅炉分隔屏过热器出口，只有在锅炉启停期间由辅汽供汽。

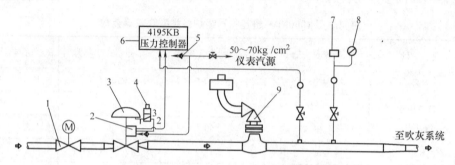

图 10-2　吹灰汽源减压站
1—电动截止阀；2—定位器；3—蒸汽减压阀 & 执行器；4—三通电磁阀；5—空气过滤减压阀；
6—压力控制阀；7—压力开关；8—电接点压力表；9—安全阀

由减压阀及控制装置组成的减压系统是吹灰管道系统的关键设备，通常称为减压站。主要包括减压阀及执行器、压力控制器和三通电磁阀等。压力控制器接受减压阀后的蒸汽压力，经与设定值比较和处理，然后变为控制气压信号输送给定位器。定位器将接受到的气压信号放大，输送给执行器隔膜腔气室以控制阀门的开度。三通电磁阀设置在定位器至执行器隔膜腔之间的气控管路中，当三通电磁阀通电时，定位器至执行器隔膜腔之间的气控管路接通；当电磁阀失电时，执行器隔膜腔的气压经三通阀排气口释放。

减压站系统的工作原理为：当吹灰管道系统减压站运行时，程控首先指令三通电磁阀的线圈得电，则定位器输出口与执行器隔膜腔气室相通（即三通阀 1—2 相通）。此时，压力控制器测量值为零，与设定值之差最大，压力控制器和定位器的输出量亦最大，减压阀全开；程控然后指令开启减压阀前的电动隔离阀，于是，蒸汽便迅速地通过减压阀经减压后到阀后的管道系统，随着减压阀后蒸汽压力升高，压力控制器测量值与设定值之差逐渐变小，输出给执行器隔膜腔气室的气压由大变小，则阀门开度也由大变小，通过减压阀的蒸汽量变小；当测量针与设定针重合时（即测量值等于设定值），则阀后压力达到压力控制器的设定值，于是，压力控制器输出给定位器的信号趋于稳定，阀门的开度稳定在某一位置，通过减压阀的蒸汽量趋于稳定。若阀后系统蒸汽耗量突然变小（或为零），则阀后压力会升高，此时，压力控制器测量值趋于大于设定值，它输出给定位器的信号由稳定状态变小，定位器给执行器的气压随之变小，阀门开度变小（或关闭），则通过减压阀的蒸汽量变小（或为零），直到压力控制器测量针与设定针重合（即测量值等于设定值），阀门又重新稳定在某一开度。当阀后管道系统耗汽量增加时，压力控制器测量值趋于小于设定值，输出给定位器的信号会由稳定变大，阀门开度变大，通过的流量增加，直到测量值与设定值相等，控制系统的输出量和阀门开度又趋于稳定。

当吹灰完毕或系统超压时，程控指令电磁阀的线圈失电，使执行器隔膜腔的气压经三通阀排气口释放（即三通阀1—3相通）减压阀在执行器弹簧力作用下快速关闭，然后关闭减压阀入口前的电动隔离阀。

2. 压力开关

在吹灰管道系统中设置有蒸汽压力低开关，当减压阀后压力低于压力开关设定值，为了保护吹灰器不被烧毁，系统闭锁投运吹灰器。只有当减压阀后压力达到或高于低压开关设定值，才能投吹灰器。吹灰过程中，若出现减压阀后压力低于低压开关设定值，程控指令退回所有吹灰器。

吹灰管道系统中设置压力高开关，当减压阀后压力达到或高于该压力开关设定值，即吹灰蒸汽压力过高时，系统闭锁投运吹灰器，若有正在投运的吹灰器，应退回吹灰器枪管。

3. 安全阀

吹灰管道系统减压站设置安全阀，用于当系统超压时，保护减压站后的管道系统及设备。

4. 流量开关

吹灰管道系统中设置流量开关，见图10-3，当吹灰流量低于流量开关设定值时，反馈程控指令退回吹灰器枪管，防止因流量不足而使吹灰器枪管变形以确保吹灰器运行安全可靠。

流量开关控制吹灰流量的基本原理是：根据吹灰要求，调整好流量开关设定值，当投运吹灰器时，在吹灰器本体

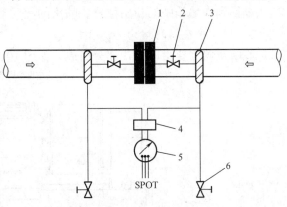

图10-3 蒸汽流量监测系统
1—孔板及法兰；2—截止阀；3—冷凝筒；4—三阀组件；
5—流量开关；6—排污阀

阀门开启5s后，若实际吹灰流量达到该吹灰器枪管最小冷却流量要求时，流量开关触点闭合，吹灰可以继续下去。否则，反馈程控指令紧急退回吹灰器枪管。

5. 疏水

吹灰管路的疏水系统为温控式热力疏水，热力疏水阀由温度控制器自动控制启闭，当管道内的蒸汽温度具有设定的过热度时，疏水阀自动关闭，以保证可靠、经济、有效地排除吹灰蒸汽里的冷凝水或湿蒸汽。

当吹灰系统启动时，程控指令打开电动疏水阀。热力疏水阀的启闭是自动的，当蒸汽具有1~5℃的过热度时，自动关闭。吹灰过程中，因蒸汽滞留、散热会降低蒸汽温度直至变成饱和蒸汽或水，只要系统内有饱和蒸汽或水，热力疏水阀就自动打开排放，这就使得吹灰蒸汽品质能得到保证。当系统停运时，程控指令关闭电动疏水阀。

6. 其他装置

管道系统的结构布置采用各种形式的膨胀节和固定、导向及悬吊装置，以保证管道的热补偿能力和疏水斜度，并具有足够的挠性。

炉膛吹灰器主要布置在燃烧器区及顶层燃尽风附区。主要以蒸汽式炉膛吹灰器为主，目前只有个别电厂锅炉由于燃烧的是极易结焦的煤种，故仍采用部分水力吹灰器。

第二节　吹灰器结构

一、炉膛吹灰器

目前的炉膛吹灰器多选用 V04 型短伸缩式吹灰器，主要用于吹扫锅炉水冷壁上的结灰和结渣。采用单喷嘴前行到位后定点旋转吹灰。吹灰器的吹扫弧度、吹扫圈数、吹灰压力都可进行调整，以期达到最理想的吹灰效果。

（一）炉膛吹灰器原理与设计

炉膛吹灰器是为清洁墙式受热面而设计的，其基本元件是一个装有文丘里喷嘴的喷头。当吹灰器从停用状态启动后，喷头向前运动，到达其在水冷壁管后的吹扫位置同时阀门打开，喷头按所要求的吹扫角度旋转。喷头旋转完规定的圈数后，吹扫介质的供给被切断，同时喷头缩回到在墙箱中的初始位置。喷头的前后和旋转运动是通过螺旋管实现的。

（二）炉膛吹灰器的结构

炉膛吹灰器主要由以下几部分组成，如图 10-4 所示。

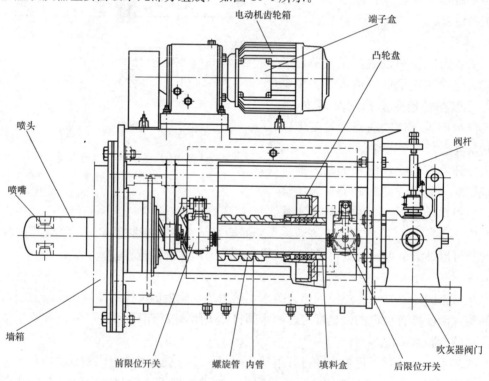

图 10-4　V04 型吹灰器结构

1. 机架

机架由角钢架组成，在前面板上焊有托架。通过托架，吹灰器固定在锅炉上。机架末端是阀门连接板，阀门和内管固定在连接板上。

2. 吹灰器驱动和控制系统

吹灰器由电动机驱动，通过法兰与机架上的齿轮减速箱连接。减速箱采用交流电动机，两个限位开关用端子盒连接，限位开关控制螺旋管的往复运动和吹扫回转。吹灰器驱动装置通过链轮和链条来驱动螺旋管，链轮使机架上的导向螺母旋转，从而迫使螺旋管产生轴向运动（前后运动时，不吹扫）。在吹扫位置时，导向螺母与螺旋管不再相对运动（轴向运动停止）。这时，螺旋管已经完全旋入到螺母中，通过链条、链轮使螺旋管进入旋转状态，可以按要求进行一圈或多圈吹扫。

3. 螺旋管、内管和开阀机构

螺旋管沿固定的内管作前后往复运动。喷头安装在螺旋管的前端，螺旋管后端是填料盒，把螺旋管和内管间的环形空间密封起来，避免吹扫介质泄漏。经研磨的不锈钢内管前端伸在螺旋管内，内管的末端连在阀门固定板上，用固定在填料盒外壳上的凸轮盘来开闭阀门。凸轮盘是按吹灰器安装位置所规定的吹扫角度设计的，如果以后需要变更吹扫角度，凸轮盘还可以调换。

4. 喷头

喷头用耐热不起皮钢制造。通常喷头有两个相对的文丘里喷嘴，可以斜吹墙式受热面。吹灰器停用时，喷头在墙箱内得到保护。

5. 吹灰器阀门

经由一个机械控制的吹灰器阀门向喷嘴供应吹扫介质。

6. 空气阀

为防止腐蚀性烟气侵入喷头，在吹灰器阀门侧面装设了一个空气阀。空气阀在吹灰器停用时打开，干净空气由此进入吹灰器内，这样可以防止烟气侵入吹灰器中吹扫介质流经的零件，如喷头、内管和吹灰器阀门。

7. 负压墙箱

墙箱为喷头进入炉壁的部位提供密封。

（三）炉膛吹灰器的控制

V04 型吹灰器为电动吹灰器，可采用近操、远操和程控的方式进行控制吹灰。吹灰时，按下启动按钮，电源接通，减速传动机构驱动前端大齿轮顺时针方向转动，大齿轮带动喷头、螺纹管及后部的凸轮同方向转动。转动一定角度后，凸轮的导向槽导入后棘爪和导向杆，凸轮、螺纹管及喷头不再转动而沿导向杆前移，喷头及螺纹管伸向炉膛内。

当螺纹管伸到前极限位置即喷嘴中心距水冷壁向火面 38mm 时，凸轮脱开导向杆，拨开前棘爪，带动喷嘴、螺纹管一起再随大齿轮转动。随之，凸轮开启阀门，吹灰开始。吹灰过程由后端的电气控制箱控制。完成预定的吹灰圈数后，控制系统使电动机反转，喷嘴、螺纹管和凸轮同时反转，随之阀门关闭，吹灰停止。凸轮继续转动，当凸轮的导向槽导入前棘爪和导向杆后，喷头、螺纹管和凸轮停止转动而退至后极限位置。然后凸轮脱开导向杆，拨开后棘爪继续作逆时针方向旋转，直至控制系统动作，电源断开，凸轮停在起始位置。至此，吹灰器完成一次吹灰过程。

二、烟道长伸缩型吹灰器

水平烟道和尾部烟道内的对流受热面吹灰系统多选用 RL—SL 型长伸缩式吹灰器、RK—SB 型半伸缩式吹灰器。这两种型号的吹灰器由上海克莱德贝尔格曼机械有限公司制造，该系列吹灰器是以蒸汽作为吹灰介质，吹扫锅炉受热面上的积灰和结渣。

（一）长伸缩型吹灰器的清扫原理

从伸缩旋转的吹灰枪管端部的两个或几个喷嘴中，喷出蒸汽持续冲击、清洗受热面是吹灰器的工作原理。喷嘴的轨迹是一条螺旋线。吹灰器的运行速度、螺旋线导程和吹灰压力等由吹灰要求决定。吹灰器退出时，喷嘴吹扫的螺旋线轨迹与前进时的轨迹错开 1/2 节距。图 10-5 为两个喷嘴、100mm 导程吹灰器的吹灰轨迹示意图。

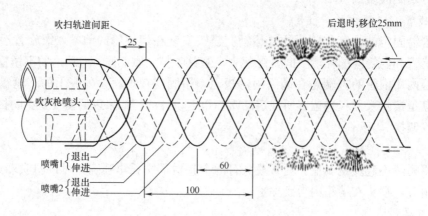

图 10-5 喷嘴吹灰轨迹

（二）长伸缩型吹灰器的结构

长伸缩型吹灰器主要布置在过热器、再热器、省煤器等对流受热面区，由大梁、齿轮箱、行走箱、吹灰管、阀门、开阀机构、前部托轮组及炉墙接口箱等组成，其结构如图10-6所示。

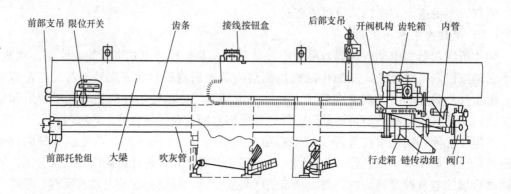

图 10-6 长伸缩型吹灰器的结构

1. 吹灰管导轮的大梁

大梁是用滚压钢板焊接而成的机构框架，大梁两侧墙板上设有吹灰管行走箱托轮的导轨，安装在 U 形导轨上面的两条齿条是与行走箱的两个主动副齿轮相啮合的。在大梁前端部的吹灰管托轮是起吹灰管的支撑和导向作用的。对于行程较大的情况，需要一个下垂校正器，以能补偿吹灰管由于弯曲变形而造成的下垂现象。前端支吊托架焊接在大梁的前部端板上，由它来保证吹灰器与炉墙的安装位置。另一个支吊点设在大梁的后端部。阀的固定板也安置在后端部，用来固定支撑凸缘安装的蒸汽阀和内管。

2. 吹灰器行走箱

吹灰器行走箱由箱体、电动机齿轮箱、吹灰管填料箱组成。行走滚轮固定在箱体上。双出轴齿轮箱由三相电动机驱动，一端出轴上的驱动齿轮与大梁上的齿条啮合，实现行走箱的轴向移动。另一出轴（纵向）通过链轮链条传动使吹灰管实现旋转运动，吹灰管填料箱有两个作用：①转动吹灰管。②引导和容纳填料盒，以实现外管与内管间的密封。限位开关执行器和开阀杠杆也装在齿轮行走箱箱体上，与撞销一起作为开阀机构。

3. 吹灰外管和内管

外管的后端是通过法兰与行走箱上的法兰相连接的，而前端置于前部托轮组中。不吹扫时，带有多个文丘里喷嘴的喷头就留在炉墙接口箱内。

用不锈钢制成的内管的后端固定在连接板组件上，其前端放置在外管中，内管与外管相对移动的对中由行走箱内的导向轴套来实现。

当吹灰器行走箱向前移动时，内管后端的托架装置也被往前推，直到内管的近似中点为止。当吹灰器齿轮行走箱反向运动到停止位置时，内管托架装置也返回到初始位置。

4. 带开阀机构的吹灰器阀门

吹扫介质流经一机械连杆控制的阀门通向喷嘴，阀门与管道间用法兰连接。吹灰器阀体通过一个连接板组件与内管相连接。阀门内件组成一专用阀门。螺纹连接的阀座为平面座。在阀座后装有一个可调的压力控制圈（顺气流方向可看到），用以调节吹灰器阀门中的压力，使之适合于每一个吹灰器。吹灰器阀门是靠齿轮行走箱来动作的，开阀杠杆上的可调撞销与拨叉相啮合，拨叉板由一根连杆与开阀压杆相连。阀门的开启与关闭位置可以由开阀杠杆上的撞销来调节，以使吹扫时不致损坏炉壁。

5. 空气阀

在吹灰器阀体侧面装一个空气阀，以防止腐蚀性的烟气进入外管中。当吹灰过程结束时，空气阀就打开，将空气通入吹灰器中。而吹灰器阀门一打开，它就被吹扫介质的压力关闭。当锅炉负压运行时，炉内外的压差使充足的干净空气流入空气阀中。当烟气压力脉动或正压时，空气阀将接通微正压的密封干净空气管，这样可以防止烟气侵入吹扫介质流通的零部件，如外管、内管和吹灰器阀门等。

6. 电器组件

动力和控制电源与吹灰器端子盒/单独插头连接。控制吹灰器行走箱往复运动的限位开关，通过控制电缆与端子盒/单独插头的接口相连。

7. 炉墙接口箱

带刮灰板的墙箱为穿过炉墙的外管提供密封，并防止烟气经由吹灰管和墙箱内套管间的环形空间泄漏到大气中。刮灰板本身可调，可适应因自身挠度和炉墙热膨胀引起的吹灰管的中心位置变动。由于炉内烟气始终是负压，故有足够的密封空气通过连接管上的开孔进入炉内。即使短时间烟气正压，也可向接口箱提供密封空气。

8. 吹灰器支吊

通过前端板与炉墙接口箱，吹灰器前端被固定在炉墙上；后部支吊装置则连接到吹灰器后端的支吊上。支吊装置的设计应能适应锅炉的水平和垂直膨胀。用户在安装吹灰器时，应考虑到这些膨胀。

（三）长伸缩型吹灰器的吹灰过程

吹扫周期从吹灰枪处在起始位置开始。吹灰器启动后，电动机驱动跑车沿着梁两侧的导轨前移，将吹灰枪匀速旋入锅炉内。喷嘴进入炉内一定距离后，跑车开启阀门，吹灰开始。跑车继续前进，吹灰枪不断旋转、前进吹灰；直至到达前端极限后，电动机反转，跑车退回，吹灰枪管以与前进时不同轨迹后退吹灰。当喷嘴接近炉墙时，关闭供汽弹簧阀门，吹灰停止、跑车继续后退，回到起始位置。

三、水力吹灰器

对于燃用极易结焦煤种的锅炉而言，在炉膛的底部区域可以布置水力吹灰器。水力吹灰器是用来清除燃煤在炉膛水冷壁上形成结焦的设备，它通过水力吹灰器形成一股集中的水柱穿过炉膛达到对侧炉墙，撞击和冷却、裂化结焦，最终使焦块从水冷壁上脱落。水吹灰器采用的介质是工业水。在水吹灰器系统中，布置有两台100％余量的增压泵，以将工业水的压力提升到水吹灰器所必需的吹扫压力。每台水吹灰器可以通过水平和垂直驱动装置来进行水平和垂直方向的旋转，以确保对封闭的炉墙进行完全的吹扫。水力吹灰器（单台）主要包括下列部件：带导轨的吹灰器框架、带旋转接头的软管、万向接头、万向接头罩和密封空气接口的吹灰器连接箱、2台齿轮电机、4个限位开关、控制电缆端子排、齿轮电动机电缆端子排、吹灰管，其结构如图10-7所示，水力吹灰器的详细参数见表10-4。

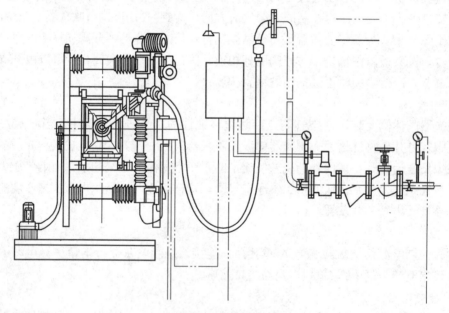

图 10-7　水力吹灰器布置

表 10-4　　　　　　　　　　　　　水力吹灰器参数表

序号	项目	数值	序号	项目	数值
1	型号	WLB90	6	温度（℃）	30
2	烟气压力	负压	7	单台吹灰器运行时间（s）	480
3	吹扫介质	水	8	单台吹灰器吹扫时间（s）	450
4	吹扫压力（MPa）	2	9	喷嘴数量（个）	1
5	设计流量（t/h）	55.8	10	喷嘴直径（mm）	20

四、回转式空气预热器用吹灰器

目前大部分锅炉空气预热器吹灰器都使用的是 PS—AT 型半伸缩式吹灰器。在锅炉启动阶段，因炉内温度低，如果油燃烧器雾化不好，燃料不易完全燃烧，于是从炉膛随烟气带出的未燃油滴和炭黑易沉积在空气预热器的波纹板上，而这些可燃物在一定条件下（一定温度和氧气浓度）会再次燃烧，则称为二次燃烧。

为了保持预热器波纹板表面的洁净，回转式空气预热器都设置了专门的吹灰器和清洗装置，烟气侧冷、热端设有一台伸缩式吹灰器，该型吹灰器系非旋转的伸缩式吹灰器。吹灰器采用电动机驱动，齿轮—齿条行走机构，吹灰器在伸进退出预热器的行程中进行吹灰，当吹灰器退出后进汽阀关闭。吹灰器本体上装有控制箱，除程序控制进行吹灰外，在现场可以电动操作或手动操作吹灰。这种吹灰器采用单电动机推进，步进方式吹灰，在吹灰器的控制箱中装有步进定时器，可以方便地根据需要设定每次步进的距离和吹灰的时间，以达到满意的吹灰效果。由于它是用蒸汽作为吹灰介质的，在蒸汽进入预热器吹灰器前的管道疏水装置应该装在靠近吹灰器向上流动的蒸汽管道上。

每台空气预热器烟气侧的热端和冷端各装一根固定式清洗管，按转子旋转方向，清洗管应该装在靠近烟气侧的起始边，以便清洗后的水可从烟气侧灰斗排出。

清洗管上装有一系列不同直径的喷嘴，使预热器转子内不同部位的受热面能够获得均匀的水量，从而保证清洗效果。清洗介质为常温工业水，水质要求为固体颗粒不大于 $30\mu m$，清水 pH≈7，每台吹灰器的高压水流量约为 100L/min。最小压力为 0.515MPa 左右，如果采用 60～70℃温水清洗效果更好。用水冲洗波纹板，一般是波纹板上积灰严重，预热器空气侧的压力损失大于规定值 7kPa 以上，伸缩式吹灰器已经无法去除波纹板上的灰垢时才使用水冲洗方法。

对空气预热器受热面进行吹灰的频率取决于波纹板沾污程度，最初可每 24h 进行一次吹灰，连续运行后可视实际情况来增加或减少吹灰间隔和次数。预热器的吹灰操作可以单独进行，也可以由锅炉吹灰顺控系统控制，与锅炉其他吹灰器一起进行。按动启动按钮后吹灰器首次前进约 82mm，然后作停留吹扫约 120min 左右，该时间可以由吹灰控制箱内的步进定时器调整，以后每前进 50mm，再作停留吹扫，共前进约 35 次，总工作时间约为 20min。

在进行锅炉受热面吹灰前，应首先吹扫预热器，然后再按照烟气流程顺序对锅炉各受热面进行吹灰，最后再对预热器吹灰一次，在燃料种类有较大变化时，以及启动或负荷低于50%时，对空气预热器应该采用以下措施：

（1）尽可能地缩短燃油时间。

（2）加强吹灰，每 4～8h 吹灰一次。

（3）尤其当前采用等离子点火或少油点火装置的燃烧器，在锅炉启动阶段空气预热器吹灰器一直投入。

（4）采用暖风器或热风再循环的方法提高预热器进口空气温度，应保持冷段受热面的温度在烟气露点温度以上，以防止波纹板上结露导致波纹板低温腐蚀。

（5）吹灰管道上阀门必须关闭严密，以防止蒸汽泄漏而引起预热器受热面上局部堵塞。

第三节　吹灰器运行

一、吹灰器试验及运行

（一）开始调试前的准备

（1）开始调试前，将吹灰器上的灰尘和污物清除，所有紧固零件（如运输安全设备和角钢架等）应拆除。

（2）仔细检查吹灰器有无运输和装配时的损伤，丢失和损坏零件必须更换，特别重要的是检查电气元件。

（3）齿轮箱出厂前已加润滑剂，日后的润滑按维护日程表进行。

（4）所有光制零件（如螺栓、连接件等）必须再次防腐处理（如涂油脂）。

（5）要检查外管在炉墙接口箱内的中心位置，确认可容易地移动刮灰板。

（6）检查空气预热器吹灰器喷嘴管上的喷嘴在预热器内的位置。

（7）检查停用和后退位置限位开关，如有必要，可重新调整。

（8）检查吹灰器电路接线是否正确。

（二）冷态测试

1. 炉膛吹灰器冷态测试

（1）切断电动机电源，将手柄插入电动机后部的第二出轴，摇动手柄，使螺旋管向前移动约 100mm。

（2）为检查电动机旋转方向，电动机电源须接通又马上关闭，以检查螺旋管的转向。

（3）检查停止限位开关，此时螺旋管在末端位置前约 100mm。如果开通电源，当螺旋管向后移动时，如用手压停止限位开关，螺旋管必须停止移动。

（4）检查返回限位开关，按动启动按钮，螺旋管会向前移动。所设定的吹扫回转完毕后，螺旋管必须马上退回到停用位置。如不然，则需检查线路。

2. 长伸缩、半伸缩及 AH 吹灰器冷态测试

（1）切断电动机电源，用手柄或风动工具插在电动机后出轴上，驱动吹灰器齿轮行走箱前进约 0.3m。

（2）为检查电动机通电后的转向，可按动开关又马上关闭，同时观察齿轮行走箱移动方向。齿轮行走箱向后移动，表示电动机旋转方向正确；如反向，则电动机端子盒中两根接线应交换接插位置。

（3）在吹灰器齿轮行走箱离停用位置约 0.3m 时，检查后端限位开关的作用。电气控制接通后，吹灰器齿轮行走箱立即后退。如不对，应切断电源，检查控制装置。手压后限位开关，吹灰器齿轮行走箱必须停止，松开限位开关，吹灰器齿轮行走箱应立即后退至停用位置。

（4）检查前限位开关，吹灰器齿轮行走箱处在后面停用位置，手压限位开关，齿轮行走箱向前移动。走一个短行程后，再次手压限位开关数秒钟，则齿轮行走箱必须后退至停用位置。如果不返回，则切断电源，检查控制装置。

（5）装有程控的吹灰器设备，各项检查完成后，应进行整体自控试运。

（三）吹灰器热态调试

完成冷态启动调试后，吹扫汽压还必须在热态时设定。吹扫压力必须按照以下步骤设定：

（1）确定吹灰器阀门已经关闭，取下阀体左侧或右侧的螺塞，旋入一个带 U 形管或盘管的压力表。

（2）吹灰器必须机动或手动使螺旋管前进，打开阀门。这时可以从压力表上读出吹扫汽压，并与设定值相比较。然后螺旋管须退回到原先位置。

（3）如果吹扫压力需要纠正，必须再次检查吹扫汽源阀门是否已经完全关闭。然后拆下阀体上的锁定螺钉，用螺丝刀或其他工具调节控制盘。控制盘向下移动，吹扫压力降低；反之，压力增加。

（4）锁定螺钉再次旋入之前，需添加耐热润滑剂。旋入时，螺钉对准控制盘的一个槽口。以后才可重新启动吹灰器，再次读取吹扫汽压。

（5）这一过程必须反复进行，直到吹扫气压达到要求值为止。

（6）如可能，调试工作应在吹灰器冷却后进行，因为刚吹扫完毕马上在高温下拧开锁定螺钉是很困难的。

（7）吹灰器必须在锁定螺钉再次旋入后方可启动。

（8）螺旋管在停用位置时试车，才能保证限位开关柄导向滚轮与凸轮盘间作用正确。

（四）吹灰器的运行

吹灰器通常通过开关柜和 DCS 控制表盘来操作。控制系统控制着吹灰程序的进行，包括吹扫介质的压力监视、温度锁定和吹扫时间，这样可保护锅炉和吹灰器。吹扫频率取决于时间和受热面上积灰多少。锅炉首次启动后，必须定时目测吹扫范围内受热面的情况，如清洁效果不佳，就应提高吹扫频率和吹扫压力。若受热面管子表面显得光滑或出现亮点，则吹扫频率和吹扫压力必须降低。经常运行的吹灰器可保持其功能，如果不用或极少使用，则吹灰器应每周动作一次，以使其运动部件，特别是限位开关处于良好的工作状态。喷头在吹扫时必须用吹扫介质来冷却，以防过热。

吹灰器只有在压力达到能够冷却喷头的最小吹扫压力（一般为 1MPa）时方可投运。压力表装在吹灰器管路上，并靠电动压力安全开关来操作。当设定的最小压力还未建立，开关控制吹灰器不能投运。当吹扫压力降到设定的最小压力以下时，吹灰器将立即停止吹扫并返回到停用位置。压力再次回升到正常值后，吹灰器才重新开始工作。

如果吹灰器运行中出现机械故障，吹灰器过电流继电器会切换电动机电源，此时，喷头也会马上退回到停用位置；达到停用位置时，末端限位开关将关闭电动机电源。如果汽压降低到额定值以下，压力控制器动作使吹灰器迅速返回到初始位置。

当吹灰器电气控制失灵或电动机绕组损坏，必须将手柄插入电动机尾部的出轴，手动将吹灰器退回到停用位置。此操作前要确认电动机的电源已关闭，并无法再接通。

（五）防止吹灰器吹损炉管引起泄漏的措施

因吹灰器吹损炉管导致"四管泄漏"、机组停运或炉管大面积受损的事故很多，大多是未按要求安装，在检修中未按照检修要求进行检查，在运行中未根据结焦、积灰情况有针对的投入吹灰器运行。

防止吹灰器吹损炉管引起泄漏的措施主要有以下几点：

（1）对于新安装吹灰器，必须对每台吹灰器进行安装位置的确认，在严格按照厂家要求安装的同时，还要根据现场实际情况进行调整，安装位置不准确将会导致吹灰器与炉管的碰撞和过度吹损等。

（2）对于炉膛吹灰器，吹灰器喷嘴至水冷壁向火面距离必须严格按照厂家要求，在机组大小修期间要进行测量核定，并保证枪头垂直墙管且与套管同心。

（3）对于过热器长伸缩型吹灰器，要特别注意炉墙接口穿墙管，要求伸入到墙管中心处，以避免喷嘴直接吹扫水冷壁外管。

（4）所有蒸汽管道至少有 4/100 的疏水斜度流向排水管，并保证疏水系统畅通，暖管到位，不留死角。

（5）对于长伸缩型或固定式吹灰器，安装时后端略高，疏水斜度约为 0.7%～0.8%，并调整喷嘴在停运时方向呈上下布置。

（6）对于各部位吹灰器，阀后压力要根据厂家提供的压力整定值进行整定，根据运行结焦（灰）情况，适时调整阀后压力。

（7）在不影响结焦、积灰的情况下，减少吹灰次数，并根据不同部位结焦（积灰）情况，适时调整阀后压力。

（8）在吹灰管处炉管加装防磨瓦或防磨喷涂。

（六）吹灰器的连锁保护功能

为了保证吹灰的质量和可靠性，对吹灰器系统都设计了报警和保护逻辑。主要有以下几方面组成。

1. 吹灰蒸汽压力低

当吹灰蒸汽系统暖管结束后，减压阀后的压力信号低于设定值，系统有灯光报警，任何在工作的吹灰器自动退出，不允许进一步操作。程序暂停运行直到汽压恢复正常。1000MW超超临界锅炉的吹灰减压站减压阀出口正常压力一般为 2.5MPa，当炉膛及烟道吹灰减压站的减压阀后压力不大于 1.48MPa 或不小于 3.43MPa 时，将闭锁炉膛和烟道吹灰器的投运；当不大于 1.7MPa 时，发出压力低报警；当不小于 3.5MPa 时，发出压力高报警。当预热器吹灰减压站的减压阀后压力不大于 0.6MPa 或不小于 3.43MPa 时，将闭锁预热器吹灰器的投运。

2. 吹灰器运行超时

吹灰器前进吹灰超过正常时间时，程控装置将使之后退；若后退超时，则自动停止程序并报警，直到故障消除后，运行人员按下消除报警按钮，程序才继续运行。

3. 吹灰器过流

若吹灰器工作电流超出设定值，则电流继电器动作，系统发出声光报警，吹灰器自动返回。只有按一下消除按钮，报警信号才解除。

4. 吹灰器过载

该报警信号由热继电器产生。如果吹灰器过流，则电流继电器动作，试图退出吹灰器，以保护吹灰器枪管；但是，如果过流持续存在，则热继电器就动作，系统发出过载声光报警信号，程序中止运行，驱动回路电源切断，电动机停止运转，以保护电动机。待故障消除后，按一下消除报警按钮，报警信号解除。

万一发生过载故障报警，必须按下程序停止/恢复按钮，并派人去就地手动退出已停车的吹灰器。待故障消除后将该吹灰器所对应的热继电器复位，此时释放程序停止/恢复按钮，程序应该从断点继续运行。

5. 锅炉故障报警

在自动运行过程中，出现炉膛压力高、负荷低于设定值、锅炉跳闸等故障时，运行的吹灰器自动退出，系统将禁止吹灰，且进行声光报警。

6. 吹灰疏水温度异常报警

吹灰疏水温度不大于230℃，发出温度低报警；吹灰减温器出口温度达350℃时，发出温度高报警。

7. 吹灰蒸汽流量异常报警

吹灰器的吹灰管道都是布置在锅炉两侧的，两侧的供汽母管上都安装有流量计，当蒸汽流量小于15t/h，发出流量低报警。

（七）吹灰器常见故障及处理

1. 吹灰程序不执行

吹灰程序不执行的原因主要有两种，一种是属于正常的情况，如锅炉负荷低、锅炉故障、炉膛压力、吹灰蒸汽压力/温度不正常等引起吹灰程序禁止启动或暂停；另一种情况是阀门到位信号、吹灰器后退信号失去等原因而引起，应对各吹灰器的状态进行检查，特别是吹灰器退到位的情况。

2. 启动失败

吹灰器启动失败的主要原因有：吹灰器就地开关断开、后限位开关不通或未及时脱开、吹灰器总电源失去、接触器常开触点不能吸合、热继电器动作等。一般情况下，此时吹灰器未启动前进，只需按下报警消除按钮，程序就可继续运行。但如吹灰器已前进而后限位开关未及时脱开而造成的启动失败，就必须到就地检查吹灰器的状态，以防由于吹灰器长期吹灰而造成管壁吹损。

3. 吹灰器过载

吹灰器过载或过流时间过长，可按下"程序暂停/恢复"按钮，并及时摇回吹灰器，再将已动作的热继电器复位，松开"程序暂停/恢复"按钮，程序可继续运行。吹灰器退回的方法：

（1）手动摇回。

（2）如吹灰器电动机及其三相线路均正常且预计后退时负载不重，可先断开就地开关，将对应的热继电器复位，再合上就地开关将吹灰器退出。

4. 吹灰器过流

吹灰器过流的主要原因有：负载过重如卡涩、电动机缺相运行、电动机短路、线路接地、过流继电器整定值太小等。若吹灰器过流，正常情况下程序会自动退出吹灰器，若后退时持续过流，热继电器应动作。如吹灰器过流但程序并没有让其退出，应按下"紧急返回"按钮，如返回过程中热继电器动作，应手动摇出。

（八）吹灰器使用注意事项

为了保持水冷壁和各受热面的清洁需要投入吹灰器。如果吹灰器不能及时投运会直接影响锅炉性能。另外，在受热面结大量的渣或灰会降低锅炉效率。相反，过于频繁的投入吹灰器将导致受压部件磨损。因此，运行人员要密切注意烟气阻力和温度的变化，从而确定吹灰的顺序和频率。

由于各吹灰器布置在锅炉受热面的不同区域，因此，投运吹灰器会对锅炉的运行造成不同的影响，尤其是对锅炉汽温的影响更为突出。根据吹灰器的布置部位和对锅炉运行的影响情况，我们可以分为水冷壁区域、折焰角区域、分隔屏和屏式过热器区域、末级过热器区域、末级再热器区域和低温再热器区域、一级过热器区域、省煤器区域等。

水冷壁区域的吹灰主要是锅炉的短吹灰器。短吹投运后，由于炉膛水冷壁的清洁程度提高，水冷壁的吸热量增加，而炉膛出口的烟气温度降低，同时，由于水冷壁的吸热量增加，使锅炉的蒸发量增大，为了维持机组的负荷和主蒸汽压力的稳定，必定要减少入炉的煤量及风量，也同时使燃烧所产生的烟气流量减少。在烟气温度和流量减少的双重作用下，使位于烟气下流的过热器、再热器的吸热量减少，锅炉主、再热汽的汽温下降，减温水减少。

由于折焰角由炉膛后墙的水冷壁弯曲而形成，因此，折焰角处吹灰对锅炉汽温的影响类同于炉膛水冷壁的吹灰，但由于折焰角的长吹投运过程时间、行程较长，因此对汽温的影响比短吹明显。

分隔屏和屏式过热器区域的吹灰器投运时，会引起分隔屏和屏式过热器吸热量的增大，使分隔屏和屏式过热器出口的蒸汽温度上升，但在过热器一级减温水投自动的情况下，当分隔屏和屏式过热器出口温度原已达到设定值时，分隔屏和屏式过热器区域的吹灰只能增加减温水的流量，对提高锅炉出口的主汽温度没有多大作用。而当原先屏式过热器出口温度达不到设定值时，该区域的吹灰才能将屏式过热器出口温度提升至接近设定值，从而提高锅炉出口的主汽温度。

分隔屏和屏式过热器区域的吹灰器投运时还会对主汽温产生负面的影响，即吹灰后使分隔屏和屏式过热器的吸热量增加，降低分隔屏和屏式过热器出口烟气的温度，从而使位于下流的末级过热器、末级再热器和一级过热器、低温再热器的吸热量减少，降低了主汽温和二三级减温水的流量。

末级过热器和末级再热器区域的吹灰可以提高末级过热器和末级再热器的吸热量，使流经末级过热器和末级再热器的蒸汽温升提高，但同时也降低了末级过热器和末级再热器出口的烟气温度，使位于尾部烟道内的一级过热器、低温再热器的吸热量减少。由于尾部烟道采用了平行通道的设计，一级过热器和再热器分道而行。再热蒸汽的温度调节主要通过改变尾部烟道烟气调节挡板的开度来调节，烟气调节挡板的开大或关小的主要作用是对流经过热器和再热器侧的烟气进行重新分配。末级过热器和末级再热器区域吹灰后，引起低温再热器的吸热量减少，在再热汽温调节投自动的情况下，再热器侧的烟气调节挡板必定开大，同时过热器的烟气调节挡板关小（在手动调节的情况下，为维持再热汽温的稳定，也采用同样的操作），一级过热器的吸热量就大幅下降。这样，末级过热器处吸热量的增加基本上被一级过热器吸热量的减少抵消。

低温再热器区域的吹灰使低温再热器受热面的吸热量增加，低温再热器出口蒸汽温度上升，使再热器侧的烟气调节挡板开度减少，过热器侧的烟气调节挡板开度增大，流经一级过热器的烟气流量增加，使一级过热器的吸热量增加，一级过热器出口温度升高。

一级过热器区域的吹灰使一级过热器受热面的吸热量增加，一级过热器出口温度升高。

省煤器区域吹灰器的投运，从理论上讲，可以提高省煤器的吸热量，提高进入汽包的给水温度，可以使锅炉的蒸发量增加，从而达到减少入炉的煤量和风量的效果。但实际运行中，该区域吹灰器投运对锅炉汽温的影响较小，而对锅炉空气预热器进口烟气温度的影响却很明显。

二、吹灰器的程序控制

对于吹灰器的控制方式主要有就地 PLC 控制和 DCS 控制两种方式，前者虽然在机组集控室中布置有操作站，但其程序设计隐蔽，控制系统结构复杂，运行外的吹灰器状态无法直接送到 DCS，运行人员无法随时掌握吹灰器的动态，对于电厂热工人员的维护工作以及事故分析造成一定的困难。故目前大容量机组多采用 DCS 控制方式。

吹灰器 DCS 控制系统以吹灰器控制柜为基础，增加一个 I/O 远程控制柜，将前进、后退、过载电流以及保护等信号引入 DCS，通过编写 DCS 组态程序来控制锅炉的所有吹灰器，取代了 PLC 控制，这样简化了控制系统的结构，使系统维护变得简单方便、直观。传统的PLC 编程，吹灰器只能有"正在前进"和"正在后退"的状态显示。当一个吹灰器因启动失败或启动后行程开关卡涩，接点未闭合，画面上仍反应的是停止状态时，整个程控只能靠时间以及过载信号去判断。若过载热继电器没有动作，则运行人员在画面上无法得到正确的指示，热工人员也无法在程序里迅速及时确认是那一只吹灰器出现故障，并迅速展开检查，这对生产运行造成一定的影响。而 DCS 控制方式将所有吹灰器的状态信号全都采集到 DCS，使操作人员一目了然的掌握所有吹灰器的状态，既安全又快捷。

运行人员在 DCS 的控制画面上，可以通过手动或程控方式任意操作一台锅炉上任何一支吹灰器。正常运行的锅炉，一般按烟气流向吹灰，吹灰顺序依次为：空气预热器──炉膛──过热器──再热器──省煤器──空气预热器。对严重的积灰，为了防止从炉膛、过热器吹下的灰大量阻塞在锅炉出口处，特别是空气预热器区域，建议将省煤器、空气预热器的吹灰器与全面的吹灰器交替启动，保证"灰道"畅通。即使一般的积灰，也要求每次吹灰程序的开始和结束都启动空气预热器吹灰器。

图 10-8 是某电厂 1000MW 超超临界锅炉吹灰系统控制画面，画面上显示了吹灰系统供

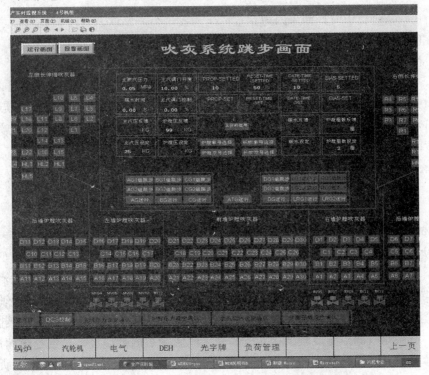

图 10-8　某电厂 1000MW 超超临界锅炉吹灰程控画面

汽阀、疏水阀、调节阀、蒸汽压力、温度及所有吹灰器的状态，吹灰压力和炉膛吹灰器吹扫圈数都可以由操作员手动输入，也可以选择采取手动或程控任何一种吹灰方式。

百万机组的吹灰器被分成3组控制，长、半伸缩式吹灰器为组一，炉膛吹灰器为组二，空气预热器吹灰为组三。启动程控吹灰时，可根据需要选择任意组合。如果3种组合全选时就按照先组三、再组二、再组一、再组三的吹灰顺序进行，每一组内的吹灰器如果出现故障，可以手动切除该吹灰器，程控将照常进行。下面以全选的方式为例，进行程控吹灰操作试验。

（1）选择空气预热器吹灰汽源为主路。

（2）选择组一、组二、组三的吹灰方式。

（3）选择程控吹灰方式。

（4）在运行画面的上方按下"启动程序"按钮。

（5）程序将自动打开减压站的供汽阀和调节阀，管道疏水阀进行暖管，"正在暖管"灯亮。暖管结束后，"正在暖管"灯灭，"条件满足"灯亮。

（6）关闭疏水阀，首先开始空气预热器的吹灰，"吹灰正在进行"灯亮。

（7）按照空气预热器吹灰组（组三）、炉膛吹灰器组（组二）、长半吹灰器组（组一）、再组三的控制顺序进行先后吹灰。

（8）待吹灰全部结束后，"吹灰结束"灯亮。

（9）关闭供汽电动阀和调节阀，打开疏水阀。

（10）在吹灰进行中，如果有"吹灰器过流"等故障信号，则吹灰程序中断，并报"吹灰程序中断"报警。待故障消除后，按"吹灰程序复位"按钮，将继续前面中断的吹灰程序。

（11）在吹灰进行中时，如果因为异常情况需要进行中断吹灰程序时，可按"中断吹灰程序"按钮，运行中的吹灰器将紧急退出，并中断吹灰程序。待故障消除后，按"吹灰程序复位"按钮，继续吹灰程序。

目前，由于等离子和少油点火方式的应用，要求空气预热器吹灰在点火前期必须连续进行，以前PLC控制模式下，只能手动进行一次又一次的重复吹灰操作，现在实现DCS控制，通过DCS组态控制方式可实现多次重复的吹灰操作，只要输入所需的吹灰次数，吹灰程控就可以自动实现连续不间断的空气预热器吹灰，大大减少了人力。

第四节　其他吹灰器介绍

一、声波吹灰器

蒸汽吹灰器由于利用蒸汽直接吹扫受热面，具有非常好的清灰、清渣效果。但是也存在一些问题，所用的介质——蒸汽易凝结成水，吹灰器疏水不畅会造成蒸汽携带水滴。水滴对受热面管束的危害极大，严重时会使管束局部发生龟裂变形或爆破；在锅炉低负荷吹灰频度大，会使尾部受热面积灰板发生尾部堵灰，严重影响锅炉安全；同时，水蒸气使排烟中的含湿量增加，导致烟气露点温度较高；高压蒸汽气流影响炉内燃烧场，导致受热面冲刷磨损，严重时发生爆管；高温高压蒸汽耗能大，除灰范围受限，难以覆盖整个炉体的所有积灰区域，其伸缩、旋转等部件受热易变形、卡涩、损坏，致使该吹灰器运行可靠性差，故障率高。正因为蒸汽吹灰技术存在的问题与缺陷，故相应的开发出了新型吹灰器，如声波吹灰器、脉冲吹灰器等。

声波吹灰器根据声波频率的不同分为次声波吹灰器、声波吹灰器及超声波吹灰器。声波吹灰器主要是通过压缩气体（空气或蒸汽）振动膜片或声波发生器，将压缩气体的能量转变为一定频率的声能，声波进入运行锅炉积灰的空间区域内，由于声波在一密闭空间中振动能量的分布是相当均匀有效的，声波的反射使得声压能量场在平面上几乎处处相等。利用声能使粉尘颗粒与空气分子发生振荡，从而阻止粉尘颗粒在受热面上的沉积以及粉尘颗粒之间的黏结，然后再利用烟气的动力及粉尘颗粒的重力，将其带出锅炉，达到清灰的目的。

1. 声波吹灰器的优点

（1）不需转动设备和电动机，故障率低，维护量小；

（2）清灰彻底、完全不留死角；

（3）可以实现远程控制，操作简单；

（4）声波能强化热传递，提高锅炉效率；

（5）声波具有助燃作用。

2. 声波吹灰器的缺点

低温对流区的受热面采用声波吹灰器具有一定优势，但是在使用过程中也存在着一定的缺点：

（1）声波频率直接影响吹灰效果。

（2）受热面上已烧结积灰无法清除。

（3）作用距离有限，声波吹灰器安装的台数要比传统吹灰器多。

（4）采用扩音结构的声波吹灰器在高温区域的安装受到限制。

（5）吹灰时间间隔短，必须频繁投入才能满足。

（6）由于次声波吹灰器所使用的为饱和压缩空气，过滤器需定期排水，而且冬季频繁出现冻凝导致过滤器破裂；声波吹灰器油雾器需定时加油。空气管如果不配备冷却风或冷却风压力低，会造成压缩空气管腐蚀严重；声波吹灰器如果使用的压缩空气压力达不到要求，吹灰效果变差。

3. 声波吹灰器应用中应注意的问题

（1）共振问题。锅炉烟道很容易引起共振，共振一般发生在频率为 $40 \sim 100 Hz$ 的范围内，并主要发生在燃油或燃气炉中。在煤粉炉中，启动和吹灰期间，烟道也曾出现过振动；炉膛内在燃烧重油或气体燃料时，具有引起炉膛内烟气柱振动的危险；在燃煤时，具有较低的频率，容易激发炉墙的振动。由于声波吹灰器的声波频率与烟道及炉膛的固有频率有较大重叠，因此使用声波吹灰器时，必须注意共振问题，一旦发生共振应及时调整声波频率加以解决。

（2）系统问题。工艺设计时，动力介质若用非净化风，应加过滤器；若用蒸汽吹灰器，须有完善的疏水系统。

二、脉冲吹灰器

20 世纪 70 年代，气体脉冲吹灰器开始在苏联电站锅炉上应用，至 90 年代技术已基本成熟，现正逐步推广。主要由三部分组成，主发生器部分、控制部分和工作部分。主发生器部分包括空气和燃气的混合器、混合器的点火器、层分配器及控制进气和分层的各种控制阀门和压力、流量传感器等；控制部分包括控制柜和上位计算机（选项）；工作部分包括激波发生器和激波喷口。气体脉冲吹灰器主要是利用燃料（乙炔、丙烷、天然气等可燃气体）在装置中燃爆，剧烈燃爆的气体在瞬间升至高压，产生一道冲击激波，激波的传播速度大于声波，一道 4 倍声速的激波所造成的空气参数变动比 140dB 声波引起的空气参数脉动峰值要高 10 000 倍。通过喷口激波辐射至积灰的受热面表面，使积灰在激波的冲击下碎裂，脱离受热面，然后由烟气动力及积灰自身重力作用，将积灰带离锅炉。

激波在空间的扩散能力较强，其吹灰作用的空间范围距离较大，有效克服了蒸汽吹灰器须伸缩进退的问题，其强烈的激波和气流冲击作用又能产生远远优于声波吹灰器的吹灰效果，但也存在明显的问题。

1. 脉冲吹灰器的优点

通过脉冲吹灰器的使用情况看，其吹灰能量大，吹灰效果明显；吹灰速度快，清灰彻底；喷口方向和形状易于调整，可适用于不同形状的受热面；每次吹灰时间间隔比声波吹灰器长；能够将高温烧结的牢固性积灰去除；对燃料消耗量低；可采用编程控制，节省了人力，自动化程度高，操作简便；维护检修费用低。

2. 脉冲吹灰器的缺点

脉冲吹灰器的缺点主要表现在：燃料燃爆产生激波时会产生振动，激波喷口与炉墙连接处密封具有较高要求，尤其是正压锅炉的高温段；燃爆后极易卷吸高温烟气；所使用的燃料为可燃气体，如果燃爆装置设计不合理，容易发生安全事故；系统较为复杂，控制系统要求高；燃料储罐需要定期充装或更换；激波喷口较大，结构紧凑的锅炉不易安装。

除 渣 装 置

第一节 干除渣系统

一、煤粉锅炉除渣方式

在煤粉锅炉的燃烧过程中，炉内灰沉积一般可分为结渣和沾污（积灰）两种类型。结渣是指软化或熔融的灰粒碰撞在水冷壁和主要受热面上生成的熔渣层；沾污则指煤灰中挥发物质在受热面表面凝结并继续黏结灰粒形成的沉积灰层。大部分结渣和积灰都可以通过布置在受热面区的吹灰器吹扫清除，直接落到炉底水冷壁区冷灰斗的排渣口，然后通过除渣系统排到炉外。对于与受热面黏附牢靠的结渣只能在停炉期间人工清理。

目前，按照排渣方式不同，可分为干除渣和湿式除渣两种。如果灼热灰渣落到炉底的灰渣输送钢带上，经炉底的漏风冷却，通过钢带输送机送至渣仓，由汽车运至储渣场的方式称为干除渣。干除渣中还有一种液态排渣方式，是指炉膛内的灰渣以熔融状态从炉膛底部排出。但因液体排渣温度高、排出 NO_x 较多对环境保护不利、对煤种变化敏感、运行可靠性易受影响，而且受排渣口经常结焦堵死被迫停炉等因素限制，现在发展基本停滞。湿式除渣是炉渣通过炉底冷灰斗的排渣口直接落入捞渣机船体内，经船体内的冷却水粒化后，通过专门的刮板式捞渣机输送到渣仓，然后用汽车运至储渣场的方式。这种除渣方式是最普遍使用的。

二、干除渣技术

在 20 世纪 80 年代中期前，国内炉渣的输送均采用湿式除渣，基本上是灰渣混合排放，通过渣浆泵将灰渣水打至高效浓缩机——→脱水仓——→回水泵——→渣浆泵这样的循环系统，但环境污染严重、耗水量大、设备维护量大的弊端仍难以有效解决。20 世纪 90 年代初，国际上出现了大刮板捞渣机和钢带干式输渣机技术，除渣技术逐渐向更高浓度湿式除渣和干式除渣技术领域过渡。20 世纪 90 年代后期，我国成套进口了钢带干式输渣机产品，并在三河电厂 2×350MW 机组上应用。随着拥有我国自主知识产权的干排渣技术的出现，以钢带输渣机为主体设备的干排渣技术逐渐被广大用户所接受并得以迅速推广。

（一）干除渣技术的原理

干式除渣技术的基本原理是锅炉炉膛中下落的热灰渣（850℃左右），通过炉底冷灰斗的排渣口直接落到钢带式输渣机的输送钢带上，随输送钢带低速移动。在锅炉炉内负压作用下，通过钢带式输渣机壳体四周通风孔进入少量的冷空气，使热灰渣在输送钢带上逐渐被冷空气冷却，并再次燃烧，完成冷空气与高温炉渣间的热交换。冷空气受热升温到 300～400℃（相当于二次风的送风温度）进入炉膛，灰渣被冷却到 200℃以下，输送出钢带输渣机。再经碎渣机破碎成粒度在1～15mm间的渣粒,以满足干渣输送条件后,经过二级钢带输渣机进入中间渣仓,由斗式提升机输送到渣仓,经过三级气固分离,过滤后气体先被冷却后经负压罗茨风机排入大气,而炉渣被收集到储渣仓,最后通过汽车运出。以钢带式输渣机为主的干除渣系统与水力除渣系统相比,输送环节少,系统简单,根本无需冲渣污水,可避免渣水浪费和水源的二次污染。干除渣系统的流程见图11-1。

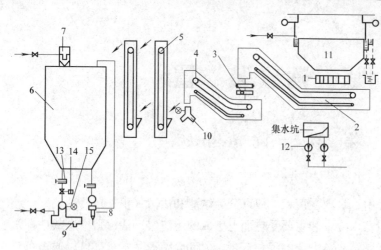

图11-1 干除渣系统

1—炉底排渣装置;2—一级钢带输渣机;3—碎渣机;4—二级钢带输渣机;5—斗式提升机;6—渣仓;7—布袋除尘器;8—干渣装车机;9—加湿搅拌机;10—电动三通;11—渣井;12—排污水泵;13—手动插板门;14—气动阀门;15—电动给料机

（二）干除渣系统组成

干除渣由炉底排渣装置、钢带式输渣机、碎渣机、中间渣仓、电动锁气给料机、负压集中输送系统、储渣仓、汽车散装机、液压系统、电气与控制系统组成。

1. 炉底排渣装置

炉底排渣装置安装在锅炉储渣斗与钢带式输渣机之间。与储渣斗间靠金属膨胀节连接,吸收渣斗的膨胀,可防止较大结焦渣块对输送钢带的冲击,并通过挤压头对其进行预破碎。其格栅可降低炉膛辐射热对输送钢带的影响,减少其热负荷。同时可关断锅炉储渣斗出口,以便后续设备的检修。整个装置的结构类似于关断式闸板门,主要由钢结构支架、箱体、观察窗、隔栅、挤压头、驱动液压缸等部分组成。每套装置有两对挤压头,共由十六个油缸驱动,单缸挤压力为60kN,出料粒度不大于280mm。

2. 钢带式输渣机

钢带式输渣机是干排渣系统的关键设备,安装在炉底排渣装置出口。该机主要由输送钢带组件、拖链刮板(清扫链)组件、箱体结构等组成。钢带输送部分由耐高温输送网带、托辊、托轮、侧向限位轮、驱动机构、张紧机构等部分组成,驱动机构部件安装如图11-2所示,钢带牵引示意如图11-3所示;刮板清扫部分由链条、刮板、托轮、驱动机构、张紧机构等部分组成;箱体外侧布置有可调节的进风口、箱体顶部有

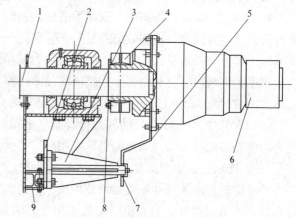

图11-2 驱动机构部件安装示意

1—驱动滚筒轴;2—扭矩臂支撑底板;3—扭力支座;4—锁紧盘;5—扭矩臂;6—SC6004FS型减速机;7—垫片;8—锁紧盘紧固螺钉;9—箱体

2个主进风孔，可根据出渣量进行调节；钢带式输渣机头尾各有1个检修门，用于对钢带及清扫链进行短时间维护。输送带及拖链刮板张紧采用液压张紧方式，压力源和液压破碎机共用一套，并设有蓄能罐。钢带式输渣机功能是连续接受和送出高温炉底渣，并在输送过程中使炉底渣进一步燃烧和冷却。钢带输送速度根据炉底渣量的大小进行调节。

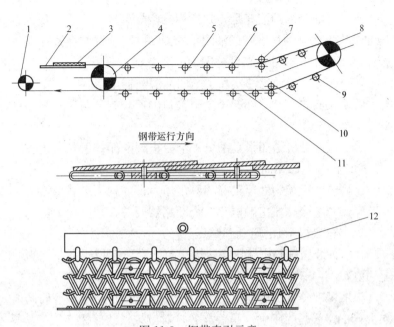

图 11-3　钢带牵引示意

1—卷扬机；2—平台；3—钢带；4—改向滚筒；5—托辊；6—过渡段；
7—压轮；8—驱动滚筒；9—托轮；10—压辊；11—钢丝绳；12—牵引板

（1）液压泵站的首次就地启动。液压系统首次启动前，应做好以下准备工作：

1）液压泵站接入380V三相交流电源，分别点动两台油泵电动机，检查电动机转向是否正确（从电动机尾部看为顺时针转向）。

2）泵站操作盘上的所有电磁换向阀的电磁铁均应断电，使系统进入"低负荷运行工况"。

3）钢带张紧力调节溢流阀、清扫链张紧力调节溢流阀和两个系统压力调节溢流阀均调至"零"位（手柄逆时针旋转至转不动位置）。

4）与三个油压表相连的三个截止阀处于开启状态。

5）泵站后部的6个进出油管的截止阀处于关闭状态。

泵站启动工作时，首先投切1号电动机。电动机启动后，执行"泵预测试工况"，按下系统升压按钮（1CT），顺时针旋转1号系统压力调节溢流阀，若系统压力表有压力显示，并在顺时针旋转手柄时压力上升，逆时针旋转时压力下降，压力在0～13MPa范围内可调，说明1号电动机和液压泵无故障，系统应立即返回"低负荷运行工况"或进行其他工作；如果压力表无压力显示，说明1号电动机或液压泵故障，此时应切断1号电动机，并有报警显示。然后在"低负荷运行工况"下，投切2号电动机，经"泵预测试工况"确认系统压力表有压力显示后即可开始工作。

如果系统长期停机，"低负荷运行工况"需持续15min；一般情况下为1min。系统经"泵预测试工况"和"低负荷运行工况"后，即可进入其他各工况。如果系统不马上进入工作，应返回"低负荷运行工况"等待。

（2）整套液压系统的首次就地启动。

1）开机前的准备工作。

a 所有液压管路全部连接完好。

b 检查油箱内油液充足，如液面在油标刻度以下，应注入经滤清的 L—HM46 型抗磨液压油（决不允许两种牌号的油液混合使用），其过滤精度不低于 $20\mu m$。注油时，液面位置控制在不大于 2/3 油标高度范围内。

c 确认 2 个吸油滤油器和 1 个回油滤油器不堵塞。

d 确认液压泵站后部 6 个进出油口的截止阀和与压力表相连的 3 个截止阀全部处于开启状态。

e 确认钢带机尾部张紧系统 4 个截止阀全部处于开启状态。

f 确认各电磁换向阀均处于断电状态。

g 确认各溢流阀处于正确的调定压力，或均调至最低值（调节手柄逆时针旋转至最松）。

h 闭合 2 个交流接触器和 6 个断路器开关，控制柜上电。

2）液压破碎机的启动和试压。

a 检查液压破碎机挤压头合拢、打开及所有挤压头动作的电磁阀与对应的操作按钮接线是否正确。

b 液压破碎机试运前应检查挤压头合拢和打开电磁换向阀的接线以及每个挤压头上电磁单向阀的接线是否正确，是否与各自对应按钮或旋钮连接。其具体的检查方法就是控制柜控制回路上电，但油泵不启动，系统升压电磁阀不带电，系统压力为"0"的情况下，仅按下挤压头合拢按钮（2CT），如泵站里挤压头合拢电磁阀上的指示灯亮，说明挤压头合拢按钮（2CT）和对应的电磁阀接线正确。同样方法检查挤压头打开按钮（3CT）和对应的电磁阀接线是否正确，检查所有的挤压头动作按钮和对应的电磁单向阀的接线是否正确。

c 检查液压破碎机液压油路是否畅通。液压破碎机在首次启动前，挤压头处于关闭状态。启动油泵，系统升压按钮（1CT）带电，顺时针旋转对应的溢流阀手柄将系统油压力由最低值逐渐缓慢地升高至8～10MPa，在油压缓慢升高过程中应注意观察以下几点：

■ 注意检查所有油管接头和油缸的情况，发现有漏油现象立刻停泵。

■ 泵站油箱油标尺的油位指示会逐渐降低，油液由油箱流入挤压头活塞缸的有杆腔内，挤压头也会随着系统油压的上升从阻力小的小挤压头开始一个个逐渐打开，挤压头动作时，系统油压表的油压指针会有所下降，直至挤压头全部打开，系统油压再逐渐缓慢地升高至8～10MPa。

d 挤压头动作试验。按下挤压头合拢按钮（2CT），将系统油压稳定在 10MPa，通过操作控制柜上挤压头按钮将所有的挤压头一个个合拢。注意，在每个挤压头动作时，系统油压表的油压指针会有所下降，合拢到位，系统压力恢复到 10MPa，将相应的挤压头按钮断电，再操作挤压头打开按钮（3CT）打开下一个挤压头。在操作过程中，注意观察控制柜上的挤压头按钮标注编号是否和实际一致，挤压头合拢过程中油压比打开过程中的油压低。

e 液压系统的耐压试验。全部挤压头在完全闭合状态下，调整系统压力至 18MPa，保压10min，检查各接头、焊缝处有无渗油和泄漏。

注意：

■ 在操作时，严禁挤压头合拢按钮（2CT）和打开按钮（3CT）同时带电。

■ 通往压力变送器的截止阀在保压试验时严禁打开。

（3）钢带机钢带和清扫链的张紧和保压试验。

1）将钢带机尾部的钢带张紧丝杠上定位螺母旋转至最前段，张紧力调节溢流阀手柄逆时针旋转调至压力最低处，启动油泵电动机，系统压力保持在 8MPa 以上，按下钢带张紧按钮（4CT），顺时针旋转钢带张紧力调节溢流阀手柄，若钢带张紧压力表有压力显示，并在顺时针旋转手柄时压力上升，钢带张紧油缸活塞杆伸出，推动尾部滚筒逐渐向后移动，钢带逐渐张紧；而逆时针旋转时，压力下降，尾部滚筒逐渐向前移动，钢带张紧也逐渐放松，压力在 0~6.5MPa 范围内可调，说明钢带张紧工作正常。

2）将钢带机尾部的清扫链张紧丝杠上定位螺母旋转至最前段，张紧力调节溢流阀手柄逆时针旋转调制压力最低处，启动油泵电动机，系统压力保持在 8MPa 以上，按下清扫链张紧按钮（6CT），顺时针旋转其张紧力调节溢流阀手柄，若清扫链张紧压力表有压力显示，并在顺时针旋转手柄时压力上升，清扫链张紧油缸活塞杆伸出，推动尾部改向，链轮逐渐向后移动，清扫链逐渐张紧；而逆时针旋转时，压力下降，尾部改向，链轮逐渐向前移动，清扫链张紧也逐渐放松，压力在 0~4.5MPa 范围内可调，说明清扫链张紧工作正常。

3）将钢带和清扫链各张紧 5min，然后将钢带张紧按钮（4CT）和清扫链张紧按钮（6CT）断电，停油泵，在张紧力降至稳定值后，观察记录在 24h 内是否一直保持稳定。

注意：操作时，严禁钢带和清扫链的张紧和放松按钮同时带电。

（4）钢带机就地试转。

1）就地试转前的准备。

■钢带输渣机及液压系统全部总装、检验、验收完毕。

■各处润滑已满足要求，液压系统设备清洗干净，液压油清洁度满足使用要求。

■各张紧装置移动灵活，输送钢带启动和运行时滚筒均不应打滑。

■各张紧装置在最大张紧状态，已利用的行程不应大于全行程的 50%（钢带不大于 250mm、清扫链不大于 125mm）。

■输送钢带边缘与限位轮母线的距离不小于 10mm。

2）清扫链的启动。

■就地试转前必要的准备工作见表 11-1。

表 11-1　　　　　　　　　　　清扫链就地试车前准备工作检验表

序　号	检　查　项　目
1	检查清扫链运行方向上有无障碍物，有无螺栓、工具等现场遗留物品
2	检查钢带机底板接缝处有无凹凸不平
3	检查所有托链轮转动是否灵活
4	检查清扫链电动机的接线对地绝缘，不得有漏电
5	点动启动清扫链电动机，检查减速机旋转方向
6	检查张紧机构导向板有无卡碍，移动是否灵活
7	检查链条竖环均入槽（含压轮和托轮），刮板间是否平行且与运行方向垂直
8	启动泵站，在 2.0~6.0MPa 范围调整张紧压力，使油缸张紧压力达到 2.5MPa 左右，保证压力不下降
9	安排人员在头部、尾部、过渡段、两侧观察窗处监视运行情况

■空负荷试运 2h，先以 20Hz 频率运行，再逐渐增大，并记录各部件的温度和运行状态。

3）输送钢带机的启动。

■ 调试前必要的准备工作见表 11-2。

表 11-2　　　　　　　　　　钢带试车前准备工作检验表

序号	检 验 项 目
1	检查所有非本设备物品，如螺栓、工具、焊丝等不可遗留在现场
2	检查所有轴承座紧固螺栓、润滑脂和密封情况满足运行要求
3	检查减速机润滑油的牌号和油位
4	检查所有托轮、托辊与输送带接触是否良好，是否转动灵活
5	检查张紧机构导向板和尾部台车是否处于自由状态，移动是否灵活
6	检验钢带的直线度、平面度以及与侧向导轮的间隙
7	检查过渡段输送带压轮受力状态是否良好
8	检查减速机旋转方向是否正确
9	启动泵站，在 3.5～7.5MPa 范围内调整张紧压力
10	在驱动滚筒和改向滚筒上，标记钢带两侧边位置刻线，用于检查跑偏情况

■ 空负荷运转 2h 试验（20Hz），记录好各部件的调试数据。

（5）输送钢带机程控试验。

1）程控远操启动。系统调试前应首先调试好单个设备的程控远操，也就是在控制室通过 PLC 上控机单独启动/停止操作单个设备，如钢带电动机、清扫链电动机和一级碎渣机以及后续的二次输送设备，如斗提机、链斗输送机等。

2）程序自动启动。启动程序应先启动后续输送设备，再启动一级碎渣机、钢带、清扫链、开挤压头或关断门等，程序停止操作时，设备的停止顺序正好相反。

3）连锁保护。如果后续的二次输送设备停止，则上一级的设备连锁跳闸。例如，二次的斗提机、链斗输送机等由于卡阻、打滑和电动机故障引起设备停跳，应连锁停一级碎渣机、钢带输送机、清扫链，同时连锁关液压破碎机或关断门。

清扫链断链、打滑报警，只停清扫链，其他设备不停。

3. 碎渣机

该机为单辊碎渣机，功能是将炉底渣进行破碎，提高冷却效果，最大出料粒度为 15mm。

现以 DGS1200—C 碎渣机为例介绍，其中各个符号所代表的含义如下：

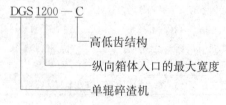

（1）碎渣机的特点。DGS1200—C 型碎渣机适用于高温干渣破碎的设备，其产品的电器保护装置具有可靠保证，在破碎大的高温渣块方面具备以下特点：

1）增大了碎渣机内部的有效容积，提高了单位时间内的碎渣能力。

2）改善了辊齿板和压板齿型以及颚板和辊齿的配合关系，提高了大渣块的破碎能力。

3）颚板与辊齿板的间距在10～35mm内可调，能够较为有效地防止金属异物和硬结焦渣块的卡堵。

4）安装有限力矩液力耦合器，对电动机有保护作用，还安装有卡堵报警装置。

5）采用特殊耐热耐磨合金钢材料，具备较高耐磨性能和高温热强性，并保持一定的金属韧性，使用寿命长。

6）设置筛分、分选装置，粒径小的灰渣直接进入中间渣斗，可减少碎渣机的负荷，延长了碎渣机的使用寿命。

7）整机设计有移动脚轮，与上下法兰连接采用快装结构，整机安装更换时间短。

DGS1200—C碎渣机主要技术参数见表11-3。

表 11-3   **DGS1200—C碎渣机主要技术参数表**

型 号	DGS1200—C
额定出力	43 t/h
密封类型	半孔迷宫密封
齿形	渐开线齿
齿辊材料	高Cr合金钢
砧板材料	高Cr合金钢
关键部件温度	550℃
入口粒径	300mm×300mm
出口粒径	35mm×35mm
转速	31r/min
齿辊、砧板使用寿命	不小于8000h
电动机功率	11kW
电动机电源电压	380V
防护等级	IP54
控制室能监视和得到的信号	卡阻信号、电动机转动信号
整机质量	4t
结构特征	快速处理卡阻、维护结构

（2）碎渣机的本体。碎渣机的本体为钢制，由驱动轴系组成，辊齿板和压板固定在轴上，凸起的齿牙与颚板交错配合形成了一个宽而有效的破碎面，其独特的设计保证了大的渣块在规定时间内被有效破碎。另外，辊齿板和压板的结构成扇型便于安装。

碎渣机的破碎功能是依靠颚板和辊齿板与压板之间的相对滚压实现的，改进后的弧型颚板破碎面的设计能保证其同滚齿板、破碎渣块之间的接触角度垂直而形成最大的切向力，同时增大入口的有效容积并保证破碎较大的渣块。

碎渣机采用联轴传动形式。碎渣机通过电动机和减速机驱动，并通过联轴器将驱动力传递到轴上。电动机和减速机之间安装液力耦合器，同时在电动机支架和联轴器靠近碎渣机侧安装电感式接近开关，采用电、液二级保护的方式保证电动机的安全运行。

碎渣机可以通过脚轮在支撑导轨上移动。

（3）碎渣机的驱动。

电动机型号：Y160M—4，380V，50Hz，11kW；转速1460r/min。

减速机型号：BW15—43摆线针轮减速机；减速比1∶43。

液力耦合器型号：YOXD280双腔限矩型液力耦合器。

联轴器型号：弹性柱销联轴器Φ90×90。

由电动机—液力耦合器—摆线针轮减速机组成的驱动机构，由控制系统子站内的电气柜控制，传动平稳，实现了电—液双级过载保护和自动正反转排障功能。碎渣机若出现卡堵，则电气控制碎渣机交替正反转以便排除卡堵故障。如果正反转3次仍不能排除卡堵，则自动停转电动机并发出警报。一旦电气失灵，则液力耦合器能避免碎渣机卡堵，造成电动机闷车而被烧毁——电动机带动液力耦合器输入端旋转而使耦合器迅速升温至易熔塞熔化（125℃）而卸油卸载。

（4）碎渣机的密封和润滑。如图11-4所示，在碎渣机箱体、主轴和轴承座之间采用半孔迷宫密封形式，该类型密封形式适合于连续排渣作业，设计合理。轴承座和轴承、主轴之间的密封采用含骨架唇形油封的密封形式，能有效地防止飞灰从外部进入轴承内和轴承内部润滑油的泄漏。轴承采用6319圆柱双列滚子轴承，寿命高，维护简单。剖分式的轴承座也便于拆卸辊轴和更换轴承。

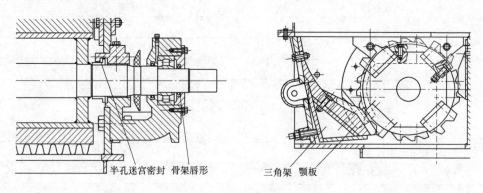

半孔迷宫密封　骨架唇形　　　　　　三角架　颚板

图11-4　DGS1200—C干式碎渣机密封和颚板结构

在碎渣机启动运行前，应按照供货商的要求和说明向减速机和液力耦合器内注入工作油。

在设备启动前，碎渣机轴承内应加注一定的润滑油脂，检查润滑油量，如有必要，补充加注。

（5）首次启动操作。

1）启动前检查。

a 检查减速机箱内注入适量的润滑油到合适油位。

b 检查液力耦合器内注入适量的润滑油到合适油位（80％最佳）。

c 检查碎渣机转动轴承内注入润滑油。

d 清除碎渣机上所有的废料、线头和耐火材料等。

e 检查、核对合同图纸以及电动机铭牌以便接入合适等级的电压。

2）操作检查项目。

a 启动电动机并根据碎渣机上的箭头指示检查电动机的传动方向，如果电动机的传动方向和设计方向相反，则改变电气接线。

b 检查滚齿板、颚板和梳板的空间位置关系，如不合适，调节颚板以控制输出渣块粒径。

c 检查转动传感器的运行情况。

3）运行操作。在向碎渣机内投放灰渣前，应仔细阅读干式输渣系统及其附属设备的使用说明书，熟悉与破碎相关的内容。当操作人员合上碎渣机电源开关后，可以通过电气控制来实现碎渣机的启动和停止。

注意：当碎渣机运行过程中发现异物卡堵后，碎渣机可进行 3 次的正反转运行，一般情况下，可以保证碎渣机恢复正常运行。如仍不能正常运行，可停止碎渣机电气开关，打开碎渣机上部的连接，检查碎渣机内部是否有金属异物，如仍卡堵，可以通过调整螺栓调节颚板，利用卡钳或手工取出异物。整个过程要求在前级设备停止运行的状态下进行。

（6）维护保养和检查。

1）至少每月一次定期检查碎渣机内部颚板、辊齿板、压板的磨损情况以及连接螺栓的破损情况，如发现要及时更换。要求在钢带机停止后更换。

2）每月定期对碎渣机内部的滚动轴承进行润滑。

3）每周定期检查液力耦合器内的油位，定期加油。

4）每周定期检查减速机的油位，定期加油。

5）检查旋转传感器的运行，如信号失灵，应及时更换。

（7）润滑。在碎渣机启动运行前，应按照供货商的要求和说明向减速机和液力耦合器内注入矿物油。

设备启运时，在碎渣机轴承内应加注一定的润滑油脂，检查润滑油量，如有必要，补充加注。

（8）易损件的更换。碎渣机主要是利用滚齿板、压板和颚板之间的相对运动和挤压来实现高温渣块的破碎。因此，滚齿板、压板和颚板都采用耐高温、耐磨、耐热合金钢材料。由于现场工况条件的恶劣，在运转一段时间后这些易损部件还是会产生一定程度的齿型磨损和连接螺栓的断裂等故障。为了保证有效地碎渣粒径，必须定期检查易损件的磨损程度。如果磨损严重，则必须更换。

滚齿板和压板的更换相对比较简单，其主要步骤如下：

1）前级设备停止运行，拆卸碎渣机上下法兰上的连接抱箍。

2）拆除碎渣机的电气接线装置。

3）将碎渣机沿轨道推出。

4）用套筒扳手拆除滚齿板和架板、压板和支板的连接螺栓，取下损坏的零件并更换新的相应的零件。

5）安装更换相应的易磨损件，注意安装后的辊齿板和压板之间的间隙要用楔铁填死，保证碎渣机破碎过程中各部件受力均匀。

6）将碎渣机推回原安装位置，接入电气连线，碎渣机试运转无故障，间隙配置合理，此时采用膨胀节、抱箍和其他设备相连。

7）前级设备恢复运行。

颚板的更换相对繁琐，其主要步骤如下：

1）前级设备停止运行。

2）拆卸碎渣机同钢带机连接的抱箍和膨胀节以及同中间渣仓连接的抱箍。

3）拆除碎渣机的电气接线装置。

4）将碎渣机沿轨道推出。

5）根据设计图纸，按顺序拆掉上连接法兰、左右插板、左右轴承座、主轴系统组件、三脚架组件等。

6）更换三脚架组件中磨损的颚板。

7）按照图纸要求，按顺序安装相应的部件或组件，注意调节滚齿板、压板同颚板、梳型板之间的间隙大小，以保证碎渣粒径。

8）将碎渣机推回原安装位置，接入电气连线，碎渣机试运转无故障，间隙配置合理，采用膨胀节、抱箍和其他设备相连。

9）前级设备恢复运行。

由于颚板的更换比较复杂，如果需要时间太长，一般先将更换备用的碎渣机安装使用，将损坏的整机利用吊车放下平台后，再整机拆卸维修。

（9）常见故障及处理。

1）碎渣机停转。

现象：碎渣机停止运转，控制屏幕语音报警，上位机设备画面闪烁。

原因：硬渣块的卡堵或者炉内金属异物的卡堵。

处理：这是碎渣机最常见的问题。当碎渣机运行过程中发现异物卡堵后，碎渣机可进行3次的正反转运行，一般情况下，可以保证碎渣机的正常运行。如不可以，停止运行前部设备，打开碎渣机上部的连接，检查碎渣机内部是否有金属异物，如仍卡堵，可以通过调整螺栓调节颚板和滚齿板的间距，再利用卡钳或手工取出金属异物；或沿轨道推出碎渣机，将异物直接排出到平台上，调整好颚板和滚齿板的间距后试运行无卡堵现象和碎渣机安装复位后，开启碎渣机和前部设备。整个过程要求在不关闭炉底排渣装置的要求下在较短时间内完成。

2）易损件的磨损及其连接螺栓头掉。

现象：通过观察孔观测滚齿板、压板和颚板磨损严重，或者连接螺栓断裂。

原因：渣量大，有硬的结焦渣块等。

处理：清理故障点，按照前述要求更换损坏的部件。

3）易熔塞高温熔化。

现象：易熔塞内油温度高，易熔合金熔化，电动机空转，碎渣机停止运行。

原因：设备附近温度高，液力耦合器内油量添加不合理，碎渣机卡堵等。

处理：更换易熔塞，添加工作机油到液力耦合器的合适位置。

4. 电动锁气给料机

该机功能是将中间渣仓中的炉底渣均匀地送入负压输送管道，并维持送料过程中的系统负压。

5. 斗式提升机

（1）斗式提升机的用途及特点。斗式提升机是通过挂在链条或胶带上的料斗将进入斗式提升机底部的物料掏取后提升至顶部经离心力从出料口抛出的输送设备。

斗式提升机有胶带式、链条式两大类型。链条式有单排链及双排链之分，胶带式有内斗式及外斗式之分。链式斗式提升机结构简单、密封性好、安装维修方便、使用寿命长。由于其具有良好的密闭性，对改善工人的操作条件和防止环境污染等方面都有较突出的优点。

斗式提升机有 TB、DT、NE 和 TD 两大系列，如表 11-4 所示，斗式提升机部件组成见图 11-5。

表 11-4 　　　　　　　　　　　　　　　　　　斗式提升机规格

系　列	型　号
DT（链式）	DT30、DT45
TD（胶带）	TD16、TD25、TD315
TB（链式）	TB16、TB25、TB315
NE（链式）	NE30、NE50、NE100、NE150

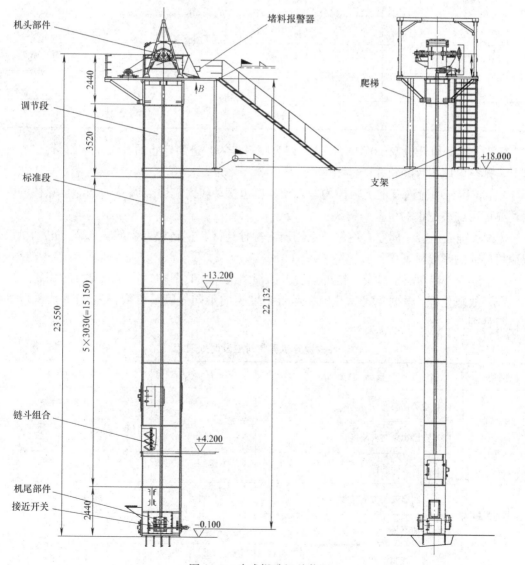

图 11-5　斗式提升机总装图

（2）斗式提升机的调试及维护。

1）试转前准备。设备空载试车前要注意检查以下几方面内容：

a 按使用说明书操作的要求，减速机注足合格的润滑油，多为 40 号机油。

b 电动机减速机转向要正确，减速机的出轴应顺时针转动（确保斗式提升机驱动轴转向符合箭头指向）。由于主轴上有防逆转装置，因此减速机出轴转向不正确将引发事故。有时减速机安装方式可能有变化，为确保安全可靠，最好在试车前将防逆转装置脱开，待确定转向后再将其装好。

c 查壳体内是否有异物，如焊条、边角料。

2）设备的维护。

a 向斗式提升机各部分给油，参考表 11-5 的规定执行，本表为一天按 8h 运转计算。

表 11-5　　　　　　　　　　斗式提升机润滑油更换周期

给油部位	油的种类	给油周期
轴承	PEL1—3 极压锂基脂	每 4h 一次
滚子传动链	2 号钙基润滑脂	最初一月一周 2 次，其后一月 2 次
防逆转装置	PEL1—3 极压锂基脂	6 个月
减速机	40 号机油	3～6 个月（按使用说明书）

b 斗式提升机开机 5min 以后，方允许有物料进入，进料停止后斗提机应继续运转 5min 以上，排空机尾积存物料才能停机。

c 尾轮运行中允许有上下轻微均匀摆动，单边摆动较大应适当调整轴承部位螺柱的松紧度，亦可用调整配重的位置来解决。

d 设备空载运转一周左右应停机紧固所有螺栓连接，重新检查头部轴承座、电动机座及减速机部件的螺栓松紧度。

e 经常检查转动滚子链及斗链的运转及磨损情况，及时调整，发现隐患及时处理。

（3）故障处理。根据斗式提升机在运行中发生的不同故障，可依据表 11-6 所采取的措施进行处理。

表 11-6　　　　　　　　　　斗式提升机异常时应及时处理

问题	推 断 原 因	调查地方	处 理 方 法
物料退回	（1）储灰仓满仓	卸灰槽	停止系统卸灰
	（2）输出物黏在料斗内	料斗	定期除去黏附物
止回器损坏	（1）旋转方向的错误	输出轴	更换配线
	（2）止回器安装方向错误	止回器	重新安装
	（3）给油不足	确定油量	补充
	（4）转矩臂固定部位的松弛	固定部位	旋紧固定螺栓

续表

问题	推断原因	调查地方	处理方法
链条料斗变形	(1) 运送物附着和硬结在尾部箱壳上	尾部壳体	清扫箱壳内部
	(2) 有杂物混入	整个箱体全长	除去杂物，采取防止渗入
	(3) 过量投入	投入方法	定量投入
	(4) 安装螺栓的松弛	安装螺栓	紧固
不能启动	减速机及电动机故障	减速机	修理或更换
脱链	驱动链轮的中心轴线位置不正确	链轮链条	调整
爬链	驱动链轮磨损超过规定	齿形	更换
滚子链下垂超过规定	驱动滚子拉伸	传动滚子链	调整

6. 渣井

（1）渣井的组成。锅炉渣井由水封槽、渣井支架、渣井本体、检修平台、扶梯栏杆、渣井内衬、地基等组成。

水封槽的水封水为外溢流型，正常情况下水封水由溢流母管排走，只有事故状态时（溢流管堵塞或关闭溢流母管阀门时），才会沿水封槽四周边向外溢流（溢流水沿水封槽外边缘均匀流下），流向渣井壁板外表面。渣井耗水量为 6t/h，水源压力为 0.2MPa，水质为常温自来水。喷水管耗水量为 5t/h，水源压力为 0.2MPa，水质为常温自来水。排污管上截止阀为常闭，当检修清污时打开。

（2）渣井的作用。水封槽的作用是无论锅炉处于停机或满负荷运行状态时，都能保证水密封并吸收下联箱三维方向的热膨胀量，使渣井下法兰标高基本不变（不受热膨胀的影响），为下部设备的布置、运行创造条件。

7. 负压气力输送系统

负压气力输送系统主要由负压单元（包括罗茨风机、安全阀、真空控制阀、冷却器等）、输渣管道、负压气力管道、组合式过滤分离器、给料机以及储渣仓等组成。该系统将经过破碎冷却后的炉渣通过负压管路向组合式过滤器输送，进入组合式过滤器后，由于流速突然大幅降低，绝大部分干渣直接沉降至惯性分离器下部的灰罐内，少量较细干渣则被气流携带进入脉冲布袋除尘器。在负压的作用下，空气穿过过滤袋并经管道进入滤筒式过滤器，再经罗茨风机排放；少量较细干渣则被滤袋阻挡在其外表面。最后落到灰罐内的炉渣将被输送到储渣仓，再根据实际需要将灰渣外运。

8. 渣仓

（1）电动锁气给料机。电动锁气给料机一般安装于调湿灰双轴加湿搅拌机上部或电除尘器、省煤器和空气预热器的灰斗下部，用于系统锁气（防止漏风）及卸料系统中均匀定量地给料。

电动锁气给料机主要由机体、叶轮转子和驱动机构组成。工作时驱动机构带动转子转动，物料由上方进料口落入转子格室内，并随转子旋转而落下。通过转子的连续运转而实现连续、均匀、定量地给料。也可通过调速系统，调整电动机转速而实现物料出力的无级调整。在整个工作过程中，始终保持系统的动态密封，达到锁气的目的。

电动锁气给料机的型号都是以 DS—□—□ 的形式给出，DS 代表电动锁气给料机，第一个"□"代表工作出力（t/h），第二个"□"代表电动机的功率（kW）。

（2）布袋除尘器。布袋除尘器由壳体、灰斗、卸灰装置和清灰系统等组成。当含尘气体进入除尘器，粗颗粒粉尘直接落入灰斗，起到预吸尘作用，含尘气体通过内部装有金属骨架的滤袋，粉尘被捕集在滤袋外表面，净化后的气体经清洁室，由风机排出。除尘器的清灰程序是由控制器根据工艺条件调整确定的。除尘器工作时，随着滤袋外表面的积灰逐渐增多，除尘器的阻力也不断增加，当达到设定位时（规定的阻力上限或一定时间间隔），清灰控制器发出清灰指令，将脉冲阀打开，在极短的时间内喷吹 $0.4\sim0.6MPa$ 的高压气体，将滤袋吹胀，变形振动，把滤袋外表面的粉尘清除下来并落入灰斗，清灰工作全部结束，除尘器恢复正常工作。

（三）干除渣控制系统

干除渣系统配备有 PLC 自动控制系统，通过 CRT 操作员站，对钢带输送机、炉底排渣装置及液压泵站、碎渣机、负压输送系统、储渣仓等系统设备进行监测和控制，保证干式排渣系统的安全运行。系统把现场总线技术（PROFIBUS）用于工程师控制站和现场设备间的交换信息的通信系统，把工控的集散控制系统与网络通信技术相结合，只需两根电缆就可以传输全部信息。

（四）干除渣的优点

干除渣技术具有以下特点：

（1）设备少，运行能耗低，可降低电耗。

（2）设备检修维护简单，可节约一定的检修费用。

（3）炉底渣在风冷的同时，可再次燃烧，增加了炉底渣的活性，这些风量因吸收炉渣热量温度升高近 $400℃$，可提高锅炉效率。

（4）可提高炉底渣再利用的价值，炉底渣系干渣，易破碎、活性低，有利于综合利用，可直接用作水泥添加剂。

（5）钢带式输渣机在炉底渣输送过程中，利用锅炉负压吸入外界风对炉渣进行冷却，根本不用水也无水排放，克服了原水力除渣系统环节多、设备多、占地多的缺点。在水资源匮乏的我国，干式排渣机将有着广泛的应有前景。

（6）与水力除渣系统相比，可大幅降低厂用电。

（7）干除渣系统使干渣的排放与输送在一个密闭连续的系统中完成，由程序自动控制，自动化程度较高。

（五）卸料系统运行注意事项

（1）装料操作时，务必把散装头下料管对准罐口，否则会发生溢料事故。

（2）如果装料时，突然发生极大的扬尘，说明排料不畅通，应马上停止下料，千万不要立即提升散装头。

（3）如果散装头已下降，发生钢绳松弛，卷扬机必须停止，以防止钢绳过于松乱发生事故。因此在操作时要注意：如果确认散装头已下降到规定位置（散装头已与料罐口密合后数秒钟），指示灯仍不亮，说明松绳开关已失灵，应立即停止给料，提升散装头，进行检修。

（4）进行装料时，注意料位计是否失灵，装料已到满装时间，料位计仍不发出信号，应立即停止下料，提升散装头，如料已装满，说明料位计控制失灵，应立即进行检修。

（5）在装料过程中，如果发生溢料，应立即停止下料。千万不要在散装头内积满料的情况下，提升散装头，应把吸尘管防尘罩卸下，排去一部分积存物料后，再慢慢把下料管的积料排除，然后再提升散装头。

（6）伸缩下料管伸缩不灵活，通过调整两钢丝绳长短使伸缩自如。

（7）2 台空气炮不能同时放炮。

（8）不要试图通过开启空气炮加大渣仓储渣量，从而引起渣仓超负荷。

（六）广东平海电厂百万机组的干除渣系统

平海电厂 2×1000MW 机组的干除渣系统是由北京国电富通科技发展有限责任公司提供的，每台炉为一单元，按照除渣系统连续运行设计。炉底渣由锅炉渣斗落到炉底排渣装置上，大的渣块待充分燃烧后经预破碎后落到输送钢带上。设计温度为 900℃ 高温炉渣由输渣机输送钢带送出，送出过程中的热渣被冷却成可以直接储存和运输的冷渣，炉渣在输渣机出口进入渣仓储存，然后渣仓内的渣通过卸料设备定期装车外运供综合利用或运至灰场碾压储存。干式排渣系统主要由锅炉渣井、干排渣主设备、机械输送系统、储渣仓、卸料设备、仪表及电气控制设备组成。

每套干式除渣系统出力保证不低于锅炉 MCR 工况下的最大排渣量，并留有约 200％ 的余量。风冷式钢带排渣机与锅炉出渣口用渣斗相连，渣斗独立支撑，渣斗有效容积可满足锅炉 MCR 工况下 4h 以上排渣。渣斗底部设有液压关断门，允许风冷式钢带排渣机故障停运 4h 而不影响锅炉的安全运行。正常出力下连续排渣量 7.5t/h，最大出力 30t/h。

锅炉底渣冷却采用干式排渣机，利用锅炉炉膛的负压将冷却空气吸入干式排渣机将渣冷却，冷却风量能根据锅炉的排渣量自动调节，且不影响锅炉的燃烧，最大冷却空气不超过锅炉燃烧空气量的 1％（包括钢带机本身漏风，风压以炉底为准）。干式排渣机在设计出力下运行时，其排渣温度低于 100℃，最大出力时，排渣温度应低于 150℃；在各种工况下，干式排渣机壳体温度均可保持在 50℃ 以下。

为避免锅炉结焦时，大焦直接掉在干式排渣机上，干式排渣机采用偏离锅炉中心线布置，同时在过渡渣斗（渣井）下部设置大焦拦截及预破碎装置。为保证后续输送系统的安全可靠性，干式排渣系统设碎渣设备，碎渣设备应将底渣破碎至便于输送的粒径，碎渣机出口最大粒径不大于 30mm。

储渣设备采用钢制渣仓，渣仓及卸渣设备为一台炉一套，渣仓容积 200m³，仓体直径 8m。渣仓本体、支架、平台、扶梯采用钢制封闭结构形式，渣仓的有效容积能储存每台炉 MCR 工况下 36h 的渣量。

渣仓设固定高料位指示器及连续料位指示器，当高料位时能发出报警信号。渣仓顶部设有布袋除尘器和压力/真空释放阀，渣仓中部和顶部各设 1 个检修人孔门，下部设有 2 个卸料接口，分别装设出力为 100t/h 的干灰卸料器和双轴搅拌机各一台。5m 层为设备的运转层，渣仓设置仓壁振打装置，渣仓上部封闭，在渣仓顶部设置防雨屋顶，由地面至运转层、检修平台和顶层均设扶梯和护栏，并设置足够的照明设施。

第二节 湿式除渣系统

一、湿式除渣的系统构成

目前应用湿式除渣方式，主要原理就是炉底渣落到捞渣机的水槽内，冷却裂化后，由刮板捞渣机连续地从炉底输出，输送至渣仓储存，然后装车外运。其系统构成的主要设备有水封槽、液压关断门、捞渣机水槽、刮板式捞渣机、碎渣机、灰渣输送机、渣仓等。根据湿式除渣系统构成的不同，大约可分为以下几种方式：

（1）水力喷射器除渣、水力输送至灰场的方式。炉底渣经碎渣机破碎后由水力喷射器送至灰浆池，再通过灰浆泵送至灰场。代表厂有华能石洞口第二发电厂、扬州第二发电厂一期、北仑港发电厂一期二期、平圩发电厂一期二期、哈尔滨第三发电厂二期。

（2）刮板捞渣机除渣、水力输送至灰场的方式。采用这类除渣方式投运的电厂有元宝山发电厂二期三期、广东沙角C厂、神头第二发电厂一期等。

（3）水力除渣、汽车运输至灰场的方式。锅炉底渣采用水力方式输送至脱水仓，渣经脱水仓脱水后用汽车运至用户或渣场。采用这类除渣方式投运的电厂有邹县发电厂三期、盘山发电厂一期二期等。

（4）水力除渣、皮带机运输至灰场的方式。锅炉底渣经螺旋捞渣机捞入碎渣机破碎后，由渣沟流至渣浆泵房前池，再由渣泵送往脱水仓，渣经脱水后上皮带至灰场。采用这类除渣方式投运的电厂有伊敏发电厂一期等。

（5）刮板捞渣机除渣、皮带机运输至灰场的方式。排渣系统为炉底渣由刮板捞渣机捞出送至管带输送机，由管带输送机输送并提升至渣仓，再由汽车运至灰场。采用这类除渣方式投运的电厂有广东珠海电厂等。

（6）刮板捞渣机除渣、汽车运输至灰场的方式。炉底渣由刮板捞渣机直接输送并提升至渣仓，再由汽车运至灰场。采用这类除渣方式投运的电厂有山东德州电厂一期、内蒙古托克托电厂一期二期、广东台山电厂、河北定州电厂等。

二、湿式除渣的优点和不足

湿式除渣方式由于需要大量流动的冷却水来维持捞渣机船体内水温的稳定，同时含有大量灰渣的污水通过渣浆泵送至沉淀池，经过沉淀的水用渣水回用泵再送回捞渣机使用，故这个系统的设备比较多，维护量大，尤其是水力喷射输渣方式用水量大，水资源浪费明显，并且对环境污染严重。

不过，由于湿式除渣系统庞大的水容积和较低的渣水温度，靠炉底的水封槽封住炉底漏风等优点，又使得其应用比较广泛，主要表现在：

（1）骤冷——使炽热的炉渣发生炸裂；

（2）缓冲——减少炉渣下落的冲击力；

（3）炉渣在水中的堆积角小，有助于排渣；

（4）由于水的浮力，有助于渣的流动；

（5）保护渣仓内衬；

（6）水封槽具有良好的密封性能，正常运行时漏风为零，因此提高了锅炉效率，改善了燃烧条件，特别适用于劣质煤锅炉。

三、1000MW 机组湿式除渣系统的主要设备

海门电厂 1000MW 机组湿式除渣系统主要设备的技术参数见表 11-7。

表 11-7　　　　　　　　　　　湿式除渣系统主要设备参数

名称	型号及规范	名称	型号及规范
水浸式刮板捞渣机	型号：GBL—20F 最大出力（以干渣计）：80 t/h 正常出力时刮板速度：1.0 m/min 液压驱动装置：最大功率 55kW，工作压力 30MPa 张紧装置：液压自动张紧 行走电动机功率：11×2.2kW	高效浓缩机	型号：XNS3—15 仓体直径：15m 有效容积：750m³ 电动机功率：0.75kW
渣仓	直径：8m 有效容积：160m³ 控制柜总用电量：5kW 反冲洗耗水量：15m³/h	渣水冷却塔	进水温度：65.0℃ 出水温度：35.0℃ 风量：375 000m³/h 冷却水量：500m³/h 电动机功率：22kW
渣浆泵	型号：150ZJ—I—C42 额定流量：400m³/h 扬程：0.53MPa 电动机功率：132kW	回水泵	型号：GMZ150—75—350 额定流量：350m³/h 扬程：0.70～0.76MPa 电动机功率：185kW
渣浆泵房集水坑排污泵	型号：50ZJL—A20J 额定流量：50m³/h 扬程：0.17MPa 电动机功率：15kW	冷却水泵	型号：GMZ150—58—320 额定流量：350m³/h 扬程：0.52～0.56MPa 电动机功率：132kW
电除尘器下集水坑排污泵	型号：50ZJL—A20J 额定流量：30m³/h 扬程：0.4MPa 电动机功率：18.5kW	排渣泵	型号：80YZ50—20 额定流量：50m³/h 扬程：0.18～0.22MPa 电动机功率：7.5kW
灰库集水坑排污泵	型号：50ZJL—A20J 额定流量：50m³/h 扬程：0.36MPa 电动机功率：22kW	电动全自动冲洗排污过滤器	型号：AF—300I 最大工作压力：1.0MPa 处理流量：130～500m³/h 反冲洗水量：0.1m³/s 每次清洗时间：约145s 功率：0.4kW
扰动机	型号：Y132S—4 扰动量：400～500m³/h 转速：85r/min 电动机功率：7.5kW		

1000MW超超临界火电机组技术丛书

第四篇

锅炉运行

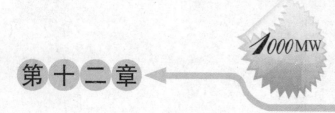
第十二章

1000MW 超超临界锅炉启动

第一节 锅炉启动必备条件

一、锅炉检修后验收与辅机试转

锅炉机组大小修后，为了检查设备大小修后的状况、确保检修后设备正常完好，为锅炉启动作准备，对检修后的设备应按相关验收制度规定的项目进行逐项验收，锅炉辅机还应按规程规定进行试运转工作，以进一步检验设备检修质量，考验设备及系统的工作性能。

锅炉机组大、小修后，所有设备变动，均应有相应的变动程序及报告，以便检修、运行及其他相关工作人员掌握和备查。运行人员应直接参加验收和试转工作。在验收和试运转时，运行人员应依照规程对设备进行详细检查。

（一）锅炉检修后的验收内容

1. 锅炉内部

炉膛及烟、风道内部应无明显焦渣、积灰及其他杂物，所有脚手架均已拆除。炉墙及烟、风道应完整，无裂缝，且无明显的磨损和腐蚀现象。

所有的燃烧器位置正确，设备完好，喷口无焦渣。火焰探测器探头应无积灰及焦渣堵塞。

各受热面管壁无裂缝及明显的超温、变形、腐蚀和磨损减薄现象，各紧固件、管夹、挂钩完整。

吹灰器设备完好，安装位置正确，各风门、挡板设备完整，启闭正常且内部实际位置与外部开度指示相符合。冷灰斗、电除尘灰斗及烟道各灰斗内的灰渣应清除干净。

电除尘器内部积灰已清除并无杂物，电极、极板及振打装置完整良好，电场内各接地装置符合要求。

2. 锅炉外部

为检修工作而采取的临时设施已拆除，设备、系统已恢复原状，临时孔、洞已封堵。

现场整齐、清洁、无杂物堆积。所有栏杆应完整，各平台、通道、楼梯均应完好且畅通无阻。现场照明良好，光线充足。

各看火孔、检查孔、人孔门应完整，开关灵活且关闭后的密封性能良好。锅炉各处保温应完整无脱落现象。制粉设备及系统外部无积粉。锅炉烟风道外观完整，支吊良好。

锅炉钢架、炉顶大梁及吊攀、刚性梁等外观无明显缺陷，所有膨胀指示器完整良好。锅炉各调节门、风门、挡板伺服机构及连杆连接良好。阀门完整，开关灵活，手轮完整。现场设备铭牌齐全，编号正确。

3. 转动机械

回转式空气预热器、风机、磨煤机及相关辅助设备完整，内部无积灰或其他杂物，转动机械及其电动机基础牢固。轴承和油箱的油位正常，油质良好，并有最高、最低及正常油位标志。转动机械的电气设备应正常。轴承油、冷却水畅通，水量充足。

4. 集控室及辅助设备就地控制室

集控室、就地盘、就地控制柜配置齐全、通信及正常照明良好，并有可靠的事故照明和声光报警信号。

5. 锅炉电动、气动、液动执行机构的检验

锅炉各电动门、调节门、气控装置，风机的动叶、静叶和烟风系统各风门及挡板的校验是锅炉机组检修后的验收项目之一。试验注意事项如下：

（1）已经投入运行的系统及承受压力的电动门、调节门都不可进行试验。属于停运的设备没有试转单不可进行试验。与运行系统相连接的设备若无切实可行的隔离措施不可进行试验。

（2）需试验的设备应检查其外观完整，连接正常，符合试转条件后，方可送上其电源、气源。

（3）试验前应确认通信联络设备良好，控制系统已经投运。

（4）有近控、遥控的设备，对近控、遥控均应进行试验。

（5）所有设备试验时，均分别记录其打开、关闭所需的时间。

（6）试验时，集控室及现场设备均应有专人监视动作情况，开关灵活，方向正确，集控室开度指示与实际开度指示一致。试验时应有专门的"挡板、阀门试验卡"。

（7）对多状态设备试验，需要至少选择 5 个不同开度（0%、25%、50%、75%、100%）进行开关试验，远方开度指示与实际开度指示一致。

（8）对于带有中停按钮的设备，应试验其中间停止状况。

（二）锅炉辅机试转

锅炉辅机在完成有关附属设备的试转和校验后，确认系统通道能满足试转需要，然后方可对其进行试转工作。

1. 锅炉辅机试转注意事项及要求

（1）同一母线的两台 6kV 辅机不应同时启动。

（2）辅机所属电动机，在冷态下一般允许启动两次，每次间隔时间不得小于 5min；热状态则允许启动一次。

（3）回转式空气预热器、引风机、送风机、一次风机等检修后的连续试运行时间一般应不少于 4h，其他转动机械的试运行时间应不少于 30min，以验证其工作可靠性。

（4）锅炉各辅机的启动，均应在最小负荷下进行，以保证设备安全。引风机、送风机、一次风机在试运行期间还应试验最大负荷的工况，但应注意电动机电流不超过额定值。

（5）锅炉辅机试转过程中，如果发生故障跳闸，在未查明原因前，不允许再次启动该设备。

2. 锅炉主要辅机试运行

锅炉机组的辅机很多，其中风机和回转式空气预热器是主要辅机。

（1）风机的试转。风机试转前，风机保护试验完成，并对风机进行全面检查，油系统及

冷却水系统确认正常，风机风烟道通畅。风机启动时，就地专人监视，事故按钮旁边有专人负责，发现异常，危及设备、人身安全立即按下事故按钮。集控室应有专人负责监视风机电流及启动时间，若启动时间超过规定，应立即远方停止。启动正常后，应检查并监视风机电流、电动机及风机各轴承温度、电动机绕组及铁芯温度，风压及风量各参数是否正常，并检查风机的升速和转动声音、转向、各轴承温度及振动。同时，应对风烟系统相关测点进行相应检查。

（2）回转式空气预热器的试转。回转式空气预热器试转前先检查确认预热器内部无杂物，然后确认各人孔门关闭；确认电动机电源正常，主电动机、辅电动机及盘车装置转向正确，防止由于转向相反造成密封件损坏。启动预热器时，应先用盘车装置（或启动电动机）将转子盘动至少一圈。检查无碰壳或金属摩擦等异常情况后方可启动主电动机。预热器启动后应检查各风门、挡板联动情况正常，电动机、减速箱及机械部分振动符合负荷要求。电动机电流无明显波动，如果出现不正常，应立即停止空气预热器。

预热器试转时，还应校验主、辅电动机连锁是否正常。

（3）磨煤机的试转。不同磨煤机类型，其试转过程有一定的差异。国内1000MW机组应用磨煤机类型主要有双进双出钢球磨、HP中速磨和MPS中速磨。

对于双进双出钢球磨，其试转步骤如下：完成磨煤机润滑油站、高压油站、喷射油站的试转及连锁试验；完成磨煤机相关保护试验；确认磨煤机电动机试转完毕，转向正确；磨煤机带减速机试转；磨煤机空转大灌；磨煤机分批加钢球试运转。磨煤机加钢球试转一般分三次，每次加球1/3，加球后试转时间不应太长（一般10～30min），每次加球后试转应记录电流，最后应形成磨煤机加球量与电流关系曲线。同时，还应记录磨煤机料位测量系统的初始值、磨煤机振动、轴承及减速箱温度等。

对于HP中速磨，其试转步骤如下：完成磨煤机润滑油站试转及连锁试验；完成磨煤机及其相关保护试验；确认磨煤机电动机试转完毕，转向正确；磨煤机带减速机试转；试转时间2～4h，试转时，记录磨煤机空载电流，为以后运行作参考。同时记录磨煤机振动、轴承及减速箱温度等重要参数。

对于MPS磨，其试转步骤如下：完成磨煤机润滑油站、液压油站试转及连锁试验；完成磨煤机及其相关保护试验；完成磨辊提升、下降及磨煤机变加载试验；确认磨煤机电动机试转完毕，转向正确；提升磨辊，磨煤机带减速机试转；试转时，记录磨煤机空载电流，为以后运行作参考。同时，记录磨煤机振动、轴承及减速箱温度等重要参数。需要注意的是，如果需要试转较长时间，必须作好防止失去液压油磨辊突然下降而造成磨盘损坏的措施。

所有磨煤机试转前，确认磨煤机内部无杂物，人孔门关闭；检查确认润滑油、液压油、冷却水系统正常，油温合适；试转时，现场和集控室均有专人监视，发现危及设备人身安全的异常，立即停机。

二、锅炉连锁保护试验及事故按钮试验

各辅机试转前，应先进行辅机相关连锁保护试验和相关阀门挡板连锁试验；锅炉机组启动前，应先完成锅炉MFT、OFT试验及其动作试验。

（一）辅机远方启、停及事故按钮试验

启动空气预热器、引风机、送风机、一次风机和磨煤机润滑油系统；将设备电源送至试验位；在满足启动条件后，分别在远方进行分闸、合闸试验。试验完毕后，再将设备合闸，就地逐一进行事故按钮试验。

（二）各辅机连锁保护试验

辅机设备试转前，要根据事先准备好的连锁试验卡，与热工人员一起对各辅机进行相关连锁保护试验，确保设备试运行安全，确保各设备之间相关连锁动作正常。

（三）阀门连锁试验

锅炉各系统阀门、挡板等存在相关的连锁关系，能否正确动作连锁，关系到机组设备的安全运行，锅炉机组试运行前，也要根据连锁试验卡与热工人员进行相关连锁试验。

（四）MFT、OFT连锁保护试验

锅炉启动点火前，还应进行燃油泄漏试验和OFT、MFT试验，确保在异常情况下，锅炉保护动作正常，不发生锅炉爆破等重大设备事故。

（五）MFT动作响应试验

MFT首次试验完成后，应对MFT触发后需要联动的设备全部进行模拟动作响应试验。MFT动作有硬接线回路及软逻辑保护回路两个回路，因此MFT响应试验需要分两次进行，进行DCS逻辑软回路响应试验时，要先屏蔽硬接线回路联动通道。进行硬回路响应试验时，需要先屏蔽软回路通道，以确保两个回路能够同时起到保护作用。

三、锅炉启动应具备的条件

（一）检修工作结束

锅炉机组启动前，设备的检修工作应全部结束，热力机械工作票和电气工作票都已终结，锅炉各设备验收合格，各转动机械经过试转正常。锅炉启动前，下列各项校验和试验工作应完成并符合要求：

（1）各煤粉管道阻力调整试验。

（2）炉内空气动力场试验。

（3）电除尘器的电场空载升压试验。

（4）锅炉辅机连锁保护试验。

（5）锅炉MFT、OFT试验。

（6）锅炉下列设备电源均应在工作位：锅炉各辅机及附属设备；所有仪表、仪表盘、电动门、调节门、电磁阀、风机动叶或静叶调节装置，风门和挡板；各自动装置、程控装置、巡测装置、计算机系统、锅炉保护系统、报警系统及锅炉照明。

（二）系统投用

锅炉的汽水系统、减温水系统、疏放水系统，汽轮机旁路系统，直流锅炉的启动旁路系统及化学取样，热工仪表各阀门位置已符合启动前要求。

锅炉燃烧室及风烟道看火孔、人孔门、检查门均已关闭，各吹灰器均在退出位置。

锅炉辅机冷却水系统、压缩空气系统、工业水系统、燃油雾化蒸汽系统已投入运行；电除尘灰斗加热系统、暖风器系统已处于热备用状态。

锅炉燃用的燃油及煤的储量能满足要求；燃油循环已经建立，原煤仓上好满足锅炉燃烧需要的煤种。

除灰系统、除渣系统、轴封水系统及电除尘器、预热器、风机、制粉系统及其附属设备均已具备投用条件。

锅炉各连锁及保护装置应符合启动前要求，DCS、DAS、FSSS、BMS系统投入正常。对应汽轮机、发电机已具备启动条件，燃料化学等有关系统和设备已符合锅炉启动要求。

第二节　1000MW 超超临界锅炉的启动

1000MW 超超临界压力直流锅炉的启动，相对于亚临界参数汽包锅炉有较大的差别。超临界压力直流锅炉启动系统可以分为带再循环泵、不带再循环泵两种，启动系统不同，锅炉的启动也有一定的差异。目前，我国 1000MW 超超临界压力锅炉启动系统基本都带有再循环泵，本节针对某厂 1036MW 超超临界机组带再循环泵启动系统的锅炉启动进行介绍。

一、设备简介

某电厂一期两台 1036MW 燃煤汽轮发电机组的锅炉主设备由东方锅炉（集团）股份有限公司、BHK、BHDB 制造。锅炉型号为 DG3000/26.25—Ⅱ1 型号锅炉。锅炉形式为高效超超临界参数变压直流炉、对冲燃烧方式、固态排渣、采用单炉膛、一次中间再热、平衡通风、露天布置、全钢构架、全悬吊结构 Ⅱ 形锅炉。机组配备 100%B—MCR 的一级大旁路。

锅炉燃烧设计煤种为神府东胜烟煤，校核煤种 1 为 50% 神府东胜烟煤＋50% 澳大利亚蒙托煤，校核煤种 2 为山西晋北烟煤，锅炉除了燃烧设计煤种和校核煤种以外，还能单独燃烧蒙托煤以及蒙托煤与晋北煤各 50% 的混煤。锅炉在 BRL 工况下，使用设计煤种、校核煤种，保证热效率应不小于 93.84%（按低位发热值）。锅炉脱硝装置前 NO_x 排放量不大于 300mg/m³（标况下）。

锅炉带基本负荷并参与调峰，锅炉变压运行时采用定压—滑压—定压的运行方式。锅炉点火采用等离子煤粉装置或油枪（用油为 0 号轻柴油），锅炉在燃用设计煤种时，不投油的最低稳燃负荷不大于 30% B—MCR，并在最低稳燃负荷及以上范围内满足自动化投入率 100% 的要求。锅炉设计最低直流负荷为 25%B—MCR。

采用带再循环泵的内置式启动循环系统，由 2 个汽水分离器、1 个汽水分离器储水罐、1 台再循环泵（BCP）、1 个再循环泵流量调节阀（360 阀）、3 个储水罐水位控制阀（361 阀）等组成。每台锅炉配备 1 台锅炉循环泵。

炉膛四周为全焊接式膜式水冷壁，由下部螺旋上升水冷壁和上部垂直上升水冷壁组成，中间由过渡水冷壁和混合联箱转换连接。

过热器由四部分组成：顶棚、后竖井烟道四壁及后竖井分隔墙过热器，低温过热器，屏式过热器和高温过热器。过热器系统中采用一次左右交叉（屏式过热器出口至高温过热器之间），并布置了两级喷水减温。

再热器系统按蒸汽流程依次分为低温再热器、高温再热器两级。低温再热器布置在后竖井前烟道内，高温再热器布置在水平烟道高温过热器后面。

省煤器位于后竖井后烟道内，低温过热器下方，沿烟道宽度方向顺列布置，由水平段蛇形管和垂直段吊挂管两部分组成。给水由炉前右侧进入，位于尾部竖井后烟道下部的省煤器入口集箱中部两个引入口，水流经水平布置的省煤器蛇形管后，由叉形管引出省煤器吊挂管至顶棚以上的省煤器出口集箱。由省煤器出口集箱两端引出集中下水管进入位于锅炉左右两侧的集中下降管分配头，再通过 36 根下水连接管进入螺旋水冷壁入口集箱。

燃烧器采用 BHK 技术设计的低 NO_x 旋流式煤粉燃烧器（HT—NR3），组成对冲燃烧，满足燃烧稳定、高效、可靠、低 NO_x 的要求。在 HT—NR3 燃烧器中，燃烧的空气被分为直流一次风、中心风、直流二次风和旋流三次风四股。

锅炉配置 48 支点火油枪，雾化方式为机械雾化，用高能点火器点火，每只容量

1.03t/h，其中A层油枪为250kg/h。

锅炉配有烟台龙源DLZ200等离子点火器8套，安装在A磨煤机的8个燃烧器上。

送风机和一次风机将冷空气送往两台空气预热器，冷风在空气预热器中与锅炉尾部烟气换热被加热成热风，热二次风一部分送往喷燃器助燃实现一级燃烧，一部分送往燃尽风喷口保证燃料充分燃尽。热一次风送往磨煤机和冷一次风混合调节实现煤粉的输送、分离和干燥。

空气预热器采用三分仓回转式空气预热器，中心驱动方式，主、辅驱动电动机采用变频调节，并配有辅助气动驱动电动机，作为辅助电动机启动不了的备用，气动电动机与电动电动机之间能自动离合自动切换。空气预热器密封系统采用双密封技术，有径向、轴向和环向密封系统（设计漏风率第一年内小于6%，一年后小于8%）。

机组一共配备6套中速磨制粉系统，磨煤机采用上海重型机械厂生产的HP1203/Dyn中速磨煤机，磨煤机设计煤种的设计最大出力111t/h，计算出力75.12t/h。设计5台磨能带满负荷运行。

二、机组启动状态划分

机组停机后，锅炉及汽轮机金属部件的温度随停机时间增长而逐渐冷却，在没有达到完全冷状态时，如要求重新启动机组，此时与冷态下启动有不同特点，只有充分注意到这一点，掌握好不同状态下的启动特点，才能实现安全、经济地启动机组。

不同的制造厂对机组各种状态下启动的要求是不同的，对各状态的划分也不相同。有的以停机到重新启动的时间间隔长短来划分，也有的以重新启动时汽轮机金属温度的高低来划分。有的把状态划分为四种，即冷态、温态、热态、极热态；也有的仅分为三种状态，即冷态、温态和热态（或是极热态）。尽管划分状态的方式有所不同，但都是以在保证安全的前提下，尽可能地缩短启动时间为原则的。

某电厂由东方电气集团提供三大主机的1000MW机组启动状态划分如下：

（一）汽轮机启动状态规定

以高压缸调节级处内缸壁温T来确定：

冷态：$T<320℃$。

温态：$320℃≤T<420℃$。

热态：$420℃≤T<445℃$。

极热态：$T≥445℃$。

（二）锅炉启动状态规定

冷态启动：停炉时间72h以上。

温态启动：停炉时间10～72h以内。

热态启动：停炉时间1～10h以内。

极热态启动：停炉时间1h以内。

（三）锅炉各种状态下启动时间规定

采用高压缸启动方式，锅炉的启动时间（从点火到机组带满负荷）与汽轮机相匹配：

冷态启动（停机超过72h）：10～11h。

温态启动（停机32h内）：4～5h。

热态启动（停机8h内）：3～3.5h。

极热态启动（停机小于1h）：<3h。

了解启动状态的划分是为了掌握好机组各种状态下的启动特点，一台机组从启动到带满负荷，无论哪种状态，都要经过"辅机启动、锅炉上水、升温升压、汽轮机冲转、升速暖机、并网带负荷"这几个阶段，从其工作内容来说，是基本相同的。所不同的是，在不同状态下其特点不同。如冷态启动时，机组都处于低温状态，为了使其受热均匀，减少热应力，启动速度应缓慢；热态启动时，从锅炉进水到升温升压，为了不使其部件受到冷却，就必须尽快使工作参数达到机组部件的温度水平，此时锅炉进水，燃烧率控制，升速升负荷都应明显加快，启动参数也高。

（四）机组启动曲线

表 12-1 为汽轮机不同启动状态下对冲转参数的要求，表 12-2 是锅炉在各种启动方式下升负荷控制速率及时间，图 12-1 是高压缸冷态启动的曲线，图 12-2 是高压缸温态启动的曲线，图 12-3 是高压缸热态启动的曲线，图 12-4 是高压缸极热态启动的曲线。

表 12-1   **汽轮机冲转的参数要求**

状态	停机时间 （h）	汽轮机金属温度 （°）	冲转时的主汽压力 （MPa）	冲转时的主汽温度 （℃）
冷态	大修后	＜320	9.6	415
温态	32	320～420	9.6	440
热态	8	420～445	9.6	480
极热态	＜1	＞445	9.6	510

表 12-2   **锅炉在各种启动方式下升负荷控制速率及时间表**

负荷 状态	2%ECR （min）	→ （%/min）	5%ECR （min）	→ （%/min）	30%ECR （min）	→ （%/min）	50%ECR （min）	→ （%/min）	总时间 （min）
冷态	58	0.5（8min）	50	0.5（50min）	24	0.75（25min）	10	1.5（40min）	265
温态	0	0.5（6min）	26	0.5（50min）	25	0.75（25min）	8	2.0（30min）	170
热态	0	1.0（4min）	6	1.0（23min）	23	1.0（20min）	6	3.0（23min）	105
极热态	0	1.0（4min）	6	1.0（23min）	23	1.0（20min）	6	3.0（23min）	105

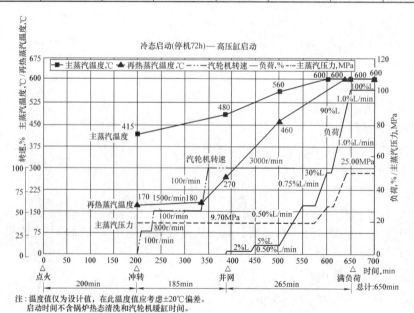

注：温度值仅为设计值，在此温度值应考虑±20℃偏差。
启动时间不含锅炉热态清洗和汽轮机暖缸时间。

图 12-1　高压缸冷态启动曲线

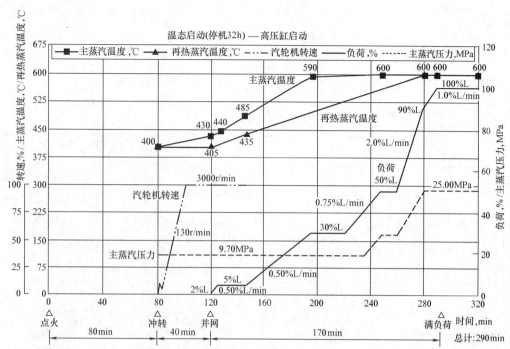

注:温度值仅为设计值,在此温度值应考虑±20℃偏差。
启动时间不含锅炉热态清洗和汽轮机暖缸时间。

图 12-2　高压缸温态启动曲线

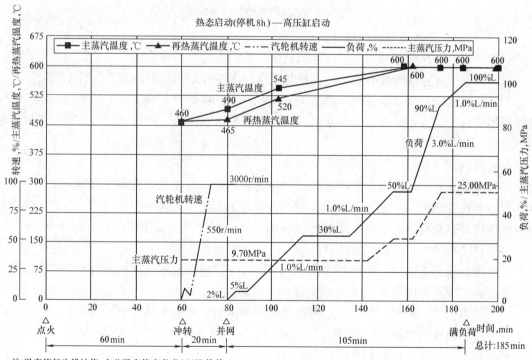

注:温度值仅为设计值,在此温度值应考虑±20℃偏差。
启动时间不含锅炉热态清洗和汽轮机暖缸时间。

图 12-3　高压缸热态启动曲线

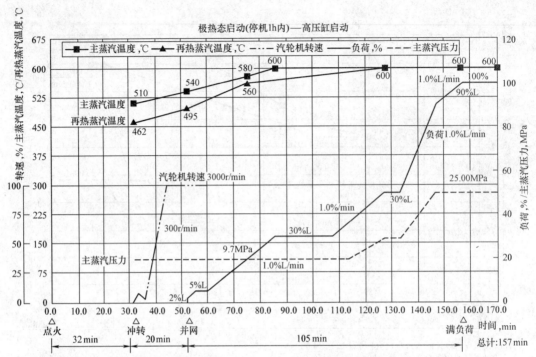

图 12-4　高压缸极热态启动曲线

（五）机组冷、热态启动的操作区别

（1）机组启动时部分辅助系统在运行状态，在机组启动前要全面检查系统运行正常。

（2）如锅炉停止期间没有放水，则锅炉上水时不须开启启动分离器前的排空气门。

（3）机组启动时凝结水系统冲洗、给水系统冲洗、锅炉热态冲洗要正常进行，锅炉冷态冲洗可不进行，但在系统运行后任何情况下都要进行水质监督，发现水质不正常要采取措施进行处理。

（4）凝汽器建立真空后将高压旁路开启。

（5）锅炉上水时，要根据水冷壁和启动分离器内介质温度和金属温度控制上水流量，上水流量控制在 200t/h，当启动分离器前受热面金属温度和水温降温速度不高于 2℃/min，水冷壁范围内受热面金属温度偏差不超过 50℃时，可适当加快上水速度，但不得高于 400t/h。

（6）汽轮机的冲转参数：主蒸汽温度高于调节级金属温度 30～100℃，蒸汽过热度大于50℃。主蒸汽压力由旁路自动控制在 8.7MPa 左右（实际可以根据汽轮机需要调整，但是一般冲转前高压旁路开度大于 30%，以保证足够的蒸汽通流）。

（7）蒸汽温度、蒸汽压力、机组负荷启动控制参数参考机组热（温）态启动曲线。

（8）汽轮机冲转过程中升速率可以达到 200～300r/min，不需要进行 2000r/min 暖机，低负荷暖机时间缩短，机组的升负荷和升温速度加快。

（六）热（温）态启动过程中的注意事项

（1）锅炉点火后，及时投用旁路系统，严格按升温升压率控制主再热蒸汽温度。

（2）机组热态（温态）启动时，点火后再开启机侧蒸汽管道疏水。

（3）热态启动时，为了防止上水对锅炉的冷却冲击，燃烧速率要远高于冷态启动，加快启动速度。一般来说，汽轮机冲转前锅炉应投入两台磨煤机运行，开大旁路，冲转的主、再热蒸汽至少有 50℃以上的过热度。

（4）对于只设有一级大旁路的启动系统，汽轮机冲转前锅炉再热器处于干烧状态，因此热态启动时，在考虑汽轮机冲转参数的同时，必须考虑炉膛出口烟温不超过再热器启动时的允许干烧温度（超超临界机组一般允许 650℃）；冷态启动时由于锅炉燃烧负荷较低，一般炉膛出口烟温不会超过材料允许温度，但是也应该注意。

三、1000MW 超超临界锅炉启动系统操作

直流锅炉启动旁路系统包括汽水分离器、储水箱、疏水扩容器、疏水控制阀、工质回收系统等。从分离器布置方式分，可以分为内置式分离器启动系统和外置式分离器启动系统两种。采用内置式启动分离器系统，结构简单，运行操作方便，适合于机组调峰要求。在锅炉启停及正常运行过程中，汽水分离器均投入运行，在锅炉启停及低负荷运行期间，汽水分离器湿态运行，起汽水分离作用；在锅炉正常运行期间，汽水分离器只作为蒸汽通道。目前，我国超超临界直流锅炉普遍采用该种分离器布置方式的启动系统。

内置式分离器启动系统按疏水回收系统有无再循环泵（BCP）可分为两种：一种是带 BCP 的循环系统，另一种就是不带 BCP 的循环系统。以下以某厂内置式分离器、带 BCP 泵启动系统对超临界锅炉启动旁路系统进行介绍。

（一）启动系统功能

在考虑了炉膛水冷壁的最低质量流量等因素后，锅炉启动系统的设计容量确定为 25％B—MCR。其主要功能是：

（1）完成机组启动时锅炉省煤器和水冷壁的冷态和热态循环清洗，清洗水量为 25％B—MCR，清洗水通过大气扩容器和凝结水箱排入凝汽器（水质合格时）或水处理系统（水质不合格时）。

（2）建立启动压力和启动流量，以确保水冷壁安全运行。

（3）尽可能回收启动过程中的工质和热量，提高机组的运行经济性。

（4）对蒸汽管道系统暖管。

（二）启动系统的组成

带循环泵的启动系统示意如图 12-5 所示。

在锅炉启动处于循环运行方式时，饱和蒸汽经汽水分离器分离后进入顶棚过热器，疏水进入储水罐。来自储水罐的饱和水通过锅炉再循环泵（BCP）和再循环流量调节阀（360阀）回流到省煤器入口，锅炉循环流体在省煤器进口混合。来自储水罐另一部分饱和水通过储水罐水位控制阀（361 阀）分两路排放，当水质达不到回收要求时，经 361 阀排至疏水扩容器，当水质达到回收要求时，361 阀后疏水经过排至凝汽器回收。锅炉再循环流量调节阀（360 阀）控制再循环流量，储水罐水位控制阀（361 阀）控制储水罐的水位。启动系统主要由以下几部分组成。

1. 再循环泵（BCP）及其辅助系统

锅炉再循环泵采用潜水式，电动机形式采用湿定子—鼠笼式，某厂炉水循环泵设备由海伍德—泰勒公司提供，其电动机及循环泵结构见图 12-6，循环泵及其附属系统见图 12-7。

为了满足炉水循环泵电动机腔室的冷却水温度不超过 60℃，就必须有一套可靠的冷却

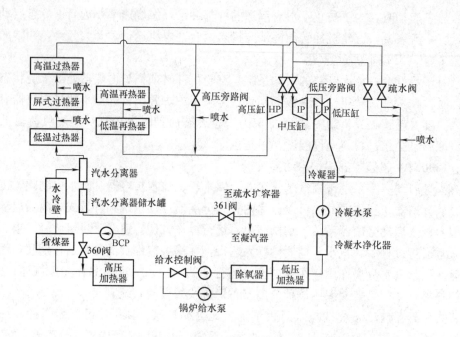

图 12-5　配置循环泵的启动系统

水系统，以消除电动机在运转时绕组发热、转动件的摩擦生热，以及从高温的泵壳侧传来的热量而造成电动机温升的不安全影响。

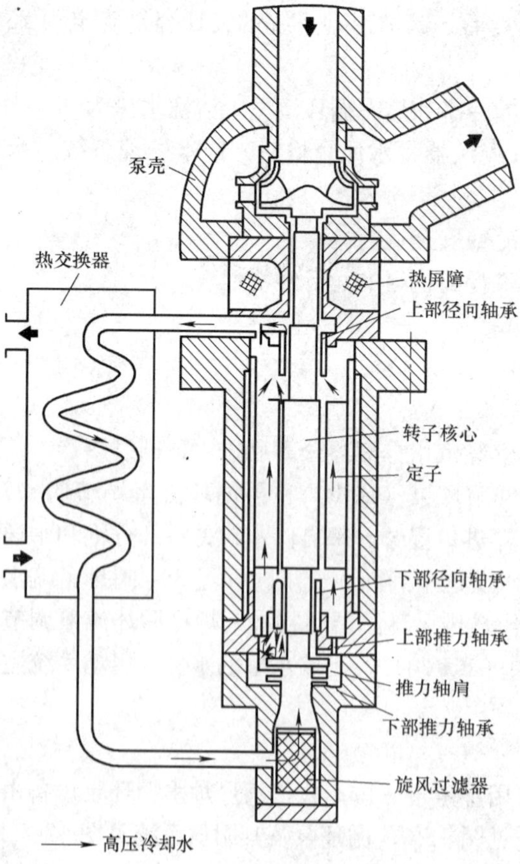

电动机冷却水循环回路为：高压一次冷却水从电动机底部进入，经电动机下端的推力盘带动辅助叶轮，以推进循环的流动，冷却水继而流经电动机的转子和静子绕组以及轴承间隙，从电动机上端的出水口流出，温度升高了的高压一次水经外置的高压冷却器的高压侧将热量传给低压侧的低压二次冷却水，然后被冷却后的高压一次水再进入电动机，形成高压一次水的闭路循环系统。

炉水循环泵冷却水系统由高压管路及低压管路两部分组成。高压管路与电动机相连接，其流通的水按其不同的工作阶段有不同的作用目的，分别称为注水、清洗水和高压冷却水。低压管路中流通的则为低压冷却水。

一次冷却水有分别取自凝泵出口的低压水源和给水母管来的高压水源。低压一次冷却水（凝结水）供管路冲洗和电动机充水、清洗以及炉水循环泵电动机注水用。炉水泵在正常运行时，高压一次水来自给水泵出口

图 12-6　循环泵电动机及泵结构

泵壳

热交换器

热屏障

上部径向轴承

转子核心

定子

下部径向轴承

上部推力轴承

推力轴肩

下部推力轴承

旋风过滤器

→ 高压冷却水

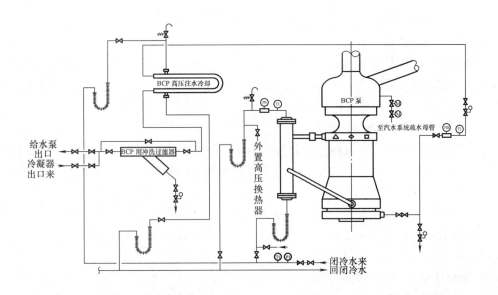

图 12-7　循环泵及其附属系统

的给水，并在电动机及冷却器闭式循环冷却流动，不需要补充水。如果一旦高压冷却水系统中偶有某处泄漏，而使电动机内循环水量不足，导致高温高压的炉水会倒入电动机，导致电动机温度升高，则高压一次冷却水应紧急注入补充，以维持电动机的温度控制值。来自给水泵出口的高压水经过一次冷却器冷却后，使其温度降至 45℃ 以下，开启炉水循环泵注水阀门向炉水循环泵电动机注水（注水时应严格控制注水阀门的开度及注水温度，防止高温给水进入电动机）。

在一次冷却器出口高压冷却水管路上装设了过滤器，这是较粗的过滤器，用来过滤高压给水可能带来的锈蚀杂质。在进入每台电动机的高压冷却水管道入口也装设了过滤器，该过滤器有差压监控装置，当达到确定的差压时需进行清洗或更换过滤芯。

为了保护炉水循环泵电动机，避免过热，在电动机腔出口装有温度计和热电偶以检测高压冷却水的温度。电动机腔室温度在 DCS 设有保护及报警：整定值为 60℃ 报警，65℃ 炉水循环泵跳闸。

在泵壳体上装有热电偶，以测定泵壳与炉水的温差，在炉水循环泵启动时要确保泵体与炉水的温差不得超过规定值，以免泵壳产生过大的热应力。该温度差最大允许温差为 55℃，如果温度差大于 55℃，必须要对炉水循环泵进行暖泵，减少泵壳与炉水之间的温差，以减少泵壳的热应力。在炉水循环泵热态启动时要注意此问题。

在低压冷却水管路中，接有来自泵的冷却器的流量指示器，如果流量低于规定值，则发出报警。低压冷却水流量还是炉水循环泵的启动条件之一。

炉水循环泵有三台差压指示变送器控制箱，这些仪表需与自控系统协调，差压低于规定值就要进行报警。

2. 再循环管路

为保证锅炉在启动和低负荷运行时水冷壁管内流速，设置了再循环管路。管路从储水罐出口引出，通过再循环泵、止回阀、截止阀、流量调节阀（360 阀）和流量计后引至省煤器入口的给水管路。

3. 储水罐疏水管路

为了排放锅炉冷态启动清洗阶段水质不合格的清洗水以及控制机组启动初期于水冷壁的汽水膨胀现象引起的储水罐水位的急剧上升，设置了储水罐疏水管路，该管路还用于防止异常情况引起储水罐水位过高，避免过热器带水。该管路从储水罐出口引出，通过储水罐水位调节阀（361阀）后引至疏水扩容器或凝汽器。

4. 再循环泵最小流量回流管路

为了改善BCP的调节特性，维持循环泵的最小安全流量，设置了再循环泵最小流量回流管路。该管路从再循环泵出口引出，经流量孔板和最小流量调节阀后至储水罐出口。

5. 再循环泵过冷管路

为了防止在快速降负荷时，再循环泵进口循环水发生闪蒸引起循环泵的汽蚀，设置了再循环泵过冷管路。该管路从主给水罐引出，经调节阀和截止阀后引至储水罐出口，管路容量约为2%B—MCR。

6. 再循环泵和361阀加热管路

为了防止再循环泵和361阀受到热冲击，设置了再循环泵的加热管路，该管路从省煤器出口引出热水，经截止阀后分成两路，一路经针形调节阀送至循环泵出口，在泵停运时暖泵水经过循环泵后，从泵入口管道进入储水罐；另一路经针形调节阀送至361阀出口，在361阀停运时，暖阀水经过361阀后，从阀入口的疏水管道进入储水罐。为了防止进入储水罐的暖泵热水和暖阀热水过量后流入过热器和回收热能，在储水罐上设置了加热水排水管路，将加热水通过止回阀引至过热器二级减温水管道。

（三）炉水循环泵的启动

炉水循环泵出厂前需要进行水压试验，炉水循环泵出厂水压试验压力为50MPa，设计工作压力为30MPa，工作温度350℃。

1. 电动机注水

（1）注水管路清洗。炉水循环泵电动机轴承需冷却水润滑，电动机是靠水来冷却的，所以在泵投入前必须对电动机进行充水。水润滑轴承的润滑膜非常薄，容不得任何细小杂质混入，因此在进行电动机充水前应进行充水管路的开放冲洗，待冲洗合格后才能与电动机接通。对电动机充水后也需进一步对电动机冲洗，并将储留在电动机腔内的空气排净为止。因为电动机腔内水中含有空气，轴承与空气接触而得不到水的润滑与冷却，使轴承损坏，所以泵启动前充水排气是非常重要，而且其操作要自下而上缓慢进行，直至把电动机内空气排净为止。

（2）注水水质要求。充水水源取自凝结水泵出口的低压凝结水，其水质浊度小于20×10^{-6}，铁含量小于3.0×10^{-9}，锅炉系统的酸洗应在炉水泵调试完成后进行。酸洗时，要对电动机进行持续注水，注水水质要化验合格，水流约3.8L/min，以保证电动机内不残存空气，并且电动机注水压力应至少大于锅炉压力7个大气压。

（3）电动机注水过程。对电动机的充水和清洗分为两个步骤进行：第一步充水阶段，在锅炉尚未进水前，电动机必须首先进行充水，电动机充水排气，直至泵体排水门（疏水门）排出不含空气的稳定水流。第二步为清洗阶段，连续注水保证清洗水连续地从电动机溢出，待电动机溢出的水流水质合格可停止向电动机充水后，关闭电动机注水双联阀。

2. 炉水循环泵的启动准备

炉水循环泵启动前，需要依次确认以下条件：

（1）确认电动机绝缘合格。

（2）确认炉水泵电动机注水完成。

（3）确认炉水泵冷却水系统正常。

（4）电动机注水完成后，锅炉上水至分离器水位正常。

（5）检查电动机腔室温度报警装置，泵进出口差压测点正常；泵的相关连锁保护完成。

（6）如果锅炉热态重新投入运行，要确认泵入口工质温度与泵壳温差小于55℃。

3. 炉水循环泵的启动操作

首次启动炉水循环泵，操作如下：

（1）保持泵入口门开启，出口门开启，360阀关闭，对泵进行注水，排气正常。

（2）点动炉水泵，5s后停泵；检查电流、差压，确认电动机转向正确（如通电5s后仍不启动，按停机钮）。

（3）等待10min后，第二次点动炉水泵；检查电流、差压。

（4）等待10min，第三次点动，进一步驱赶电动机中残留空气。

（5）等待10min，开始试转。

（6）炉水循环泵正常启动后，逐步调节360阀开度至锅炉循环清洗需要流量，当流量大于泵最小流量后，关闭再循环阀，但要确保泵出口流量大于泵最小流量。

4. 炉水循环泵的停运

炉水循环泵在锅炉转入干态运行后，自动停运，停运后，需要开启泵体及管路暖管系统，以保证锅炉由干态转入湿态运行时，泵入口工质与泵壳温差小于55℃，泵随时具备启动条件，减小热冲击。

从已经投产的百万机组运行经验来看，部分电厂设计暖管管径偏大，阀门全开会影响分离器水位，需要利用管路上的手动门进行节流，根据启动系统的温度调节流量，使其满足热态投运要求。

四、锅炉冷态水冲洗

（一）锅炉上水前检查

（1）检查除氧器水温加至80℃以上，同时检查水冷壁与给水温差合适。

（2）按《电动给水泵启动检查卡》将电动给水泵恢复至启动前状态。

（3）开启给水泵进口电动门向给水泵注水。

（4）开启给水泵再循环门，启动电动给水泵打循环。

（二）锅炉上水操作

（1）361阀出口至凝汽器电动门关闭。

（2）确认所有充氮门已关闭。

（3）开启361阀出口至锅炉排污扩容器电动门。

（4）如果储水罐压力小于686kPa，开启所有锅炉排空气门以保证上水。

（5）通知化学人员投入给水加药。

（6）开启给水旁路调门控制上水流量为5%～10%B—MCR。上水时间为：夏季不少于2h，冬季不少于4h。

（7）锅炉上水后，依次关闭锅炉水冷壁进出口集箱疏水阀、水冷壁混合集箱疏水阀、储水罐下部连接管疏水阀；省煤器出口集箱放气阀、螺旋水冷壁及垂直水冷壁出口混合集箱放气阀见水后依次关闭。

（8）上水至储水罐水位达到 12m 时，关闭锅炉所有排空气门，锅炉上水完成。

（9）完成锅炉上水后，储水罐水位由 361 阀进行控制，通过 361 阀和 361 阀出口至排污扩容器电动门进行排污。

（10）锅炉排污扩容器排污冷却水投入自动。

（11）检查机组排水槽情况，投入排污泵自动。

（三）锅炉冷态冲洗

锅炉清洗主要是清洗沉积在受热面上的杂质、盐分和因腐蚀生成的氧化铁等。锅炉清洗包括冷态清洗和热态清洗，锅炉上水完成后进入锅炉冷态清洗阶段。冷态清洗过程又分为开式清洗（清洗水全部通过 361 阀后排至锅炉排污扩容器进行排污不循环）和循环清洗（锅炉循环泵启动，仅 7％B—MCR 流量的清洗水通过 361 阀排至凝汽器）两个阶段。

冷态清洗锅炉前要满足以下条件

（1）储水罐压力低于 686kPa。

（2）高压管路清洗已完毕（给水系统管道至省煤器前）。

（3）分离器水位正常。

（4）361 阀处于自动状态。

（5）360 阀处于关闭状态。

（6）361 阀出口至锅炉排污扩容器电动门处于自动状态。

（7）锅炉循环泵处于备用状态。

（四）冷态开式清洗阶段

（1）开启 361 阀和 361 阀出口至排污扩容器电动门。

（2）清洗过程中应保证除氧器水温在 80℃左右。

（3）打开高压加热器旁路阀，采用不通过高压加热器的方式上水。

（4）调整上水旁路门，控制上水流量在 25％B—MCR 时开始清洗。

（5）锅炉第一次冷态开式清洗过程中，先不安装 361 阀阀芯，待锅炉冷态开式清洗完成后再装。

（6）锅炉冷态开式清洗过程中，361 阀出口至凝汽器电动门关闭，361 阀出口至排污扩容器电动门开启，排水到排污扩容器，直至储水罐下部出口水质达到下列指标值后，冷态开式清洗结束。

1）水质指标：Fe<500μg/L 或混浊度不大于 3×10^{-6}。

2）油脂不大于 1×10^{-6}，pH≤9.5。

（五）冷态循环清洗阶段

（1）启动锅炉循环泵，检查锅炉循环泵过冷水管路自动投入，并使锅炉循环泵流量为 20％B—MCR，此时 360 阀应全开。

（2）储水罐水位变化时，用 361 阀的调节维持储水罐水位。

（3）开式循环清洗时，保持给水流量 7％B—MCR 进行清洗。

（4）水质合格后，开启 361 阀出口至凝汽器电动门，同时关闭 361 阀出口至排污扩容器电动门，清洗水由排往排污扩容器切换至凝汽器，水质回收。

（5）维持25％B—MCR清洗流量进行循环清洗，直至省煤器入口水质优于下列指标，冷态循环清洗结束。

1）Fe<100μg/L。

2）pH值为9.3～9.5。

3）水的电导率不大于1μS/cm。

五、锅炉点火及启动中的燃烧控制

锅炉冷态清洗结束后，燃烧器点火，提高温度的清洗过程称为热态清洗，在此阶段应注意水质检测，防止受热面内壁结垢。

在锅炉全部启动条件满足后，锅炉点火前必须完成燃油泄漏试验，然后炉膛进行吹扫，吹扫完成后，自动复位MFT，锅炉方可以开始点火。关于燃油泄漏试验及炉膛吹扫在前述已经进行介绍，此处不再说明。

某厂由东方锅炉厂提供的DG3000/26.15·Ⅱ1型锅炉配备6套HP中速磨制粉系统，每套制粉系统对应一层8只旋流煤粉燃烧器，每只燃烧器配备一只启动点火油枪，燃油设计为0号轻柴油。

（一）轻油点火

轻油点火可以单支投入，也可以分/单层投入。油枪点火逻辑在本书前面章节中已经进行介绍，此处不再说明。利用轻油点火要点如下：

（1）确认启动油管路状态，启动通风系统，保证二次风量约30％～40％B—MCR风量。

（2）启动电动锅炉给水泵（BFP），锅炉上水至分离器正常水位。

（3）启动BCP泵。

（4）维持锅炉给水流量（省煤器入口）约25％B—MCR流量。

（5）完成燃油泄漏试验。

（6）炉膛吹扫，复位锅炉主燃料跳闸（MFT）。

（7）当省煤器入口水质达到水的电导率不大于1μS/cm，Fe不大于100×10^{-9}，pH值为9.3～9.5燃烧器点火。

（8）投入空气预热器连续吹灰。

（9）油枪点火时，对应燃烧器旋流风门置燃油位，对应油枪中心风门需要开至50％以上，二次风箱与炉膛差压在350Pa左右。

（10）油枪投入的数量应以控制锅炉升温升压速率为依据。

（二）等离子点火

1. 等离子点火操作

该锅炉也可以选择冷炉之间等离子点燃煤粉。等离子点火要点如下：

（1）锅炉MFT复位；

（2）等离子拉弧；

（3）迅速启动一次风机，启动密封风机，维持一次风压在8.5kPa左右；

（4）投入A磨煤机暖风器；

（5）选择等离子点火模式；

（6）开启A磨煤机热风门，A磨煤机暖磨；

（7）置A层燃烧器旋流风门为煤位；

（8）A 磨煤机出口温度在 70～85℃时，启动 A 给煤机点火；

（9）点火成功后，A 磨煤机置最小煤量，投入空气预热器连续吹灰；

（10）根据升温升压速率调整给煤率。

2. 等离子成功点火要点

（1）提高辅汽压力，尽量提高暖风器出口热风温度，尽量提高磨煤机出口温度。

（2）投煤点火前，除了出口温度达到要求外，还要保证暖磨时间充足，使磨煤机桶体能够充分暖够，在投煤后磨煤机出口温度下降相对缓慢。

（3）投煤前，磨煤机入口风量控制在 110～120t/h，给煤机启动初始煤量相对要大，可以控制在 40t/h 左右，以尽快使得燃烧器出口有足够的煤粉浓度，以利于点火；同时也利于磨煤机布煤，减少磨煤机振动。下煤 1～2min 后，根据点火情况及磨煤机振动情况，煤量降低至最小煤量约 25t/h。

（4）等离子点火初期，煤粉燃烧较差，燃尽率低，因此空气预热器必须投入连续吹灰，输灰系统应正常投入运行，不要在灰斗等地方积累未燃尽颗粒，防止二次燃烧。

六、锅炉升温升压及热态冲洗

锅炉点火后，燃料燃烧放热使得锅炉各部分逐渐加热，锅水温度逐渐升高。由于机组只有一级大旁路，汽轮机冲转前，再热器一直处于"干烧"状态。点火初期，高压旁路未开启时，过热器也只有少量蒸汽通过，故这两个受热面材料限制炉膛出口烟气温度。点火初期，炉膛烟温探针投入，运行中应加强监视该温度。

启动初期，汽水分离器最初无压，随着燃料投入量的增加，在锅炉启动流量维持 25% B—MCR 不变的情况下，水冷壁出口工质温度逐渐上升，进入汽水分离器。当工质温度超过大气压下饱和温度时，分离器开始产生蒸汽并起压。从锅炉点火到汽压升至工作压力，这个过程称为升压过程。

（一）升压过程注意问题

1. 严格控制升压速率

升压过程中，锅炉蒸发受热面所吸收的热量，除了用于加热水至饱和温度并使部分水汽化外，同时使受热面金属本身的温度相应提高。

由于水和蒸汽在饱和状态下，温度和压力之间存在一定的对应关系，所以蒸发受热面的升压即是升温，通常控制升压速度即是控制升温速度。为使受热面温升不至于过快，以免温差大产生较大的热应力而引起设备损坏，故锅炉的升压速度应受到控制。

升压初期，由于燃烧器投入少，燃烧较弱，炉膛火焰充满度差，炉内热负荷不均匀性也较大，所以升压过程的初始阶段，速率应该缓慢。

此外，根据水和蒸汽的饱和温度之间的变化规律可知：压力越低，饱和温度随压力变化越快，压力越高，饱和温度随压力变化越慢。也就是说，同样的升压速度，低压阶段能引起更大的温度变化，产生更大的温差热应力。这也是低压阶段升压速率要控制慢的原因。

2. 启动过程中的汽水膨胀

随启动过程燃料量的增加，工质温度逐步上升，炉内辐射受热面某处最先达到该压力下的饱和温度，工质开始膨胀，大量工质进入汽水分离器。而当出口温度也到达其压力下的饱和温度时，膨胀高峰已过，当该出口工质开始过热时，则工质膨胀结束。

炉内辐射受热面中首先达到饱和温度的"位置",实际上是不可能精确知道的。因为水冷壁中压力、温度的测点不可能沿着受热面连续装设。所以,一般只能近似的以某一辐射区出口温度达到饱和温度来判断膨胀的开始。并且,由于每台锅炉燃烧室结构及其布置的不同,燃烧器投入方式不同,其膨胀开始点也不同。

影响工质膨胀主要有以下几个因素:

(1) 启动分离器的位置。

(2) 启动压力。

(3) 给水温度。

(4) 燃料投入速度,燃烧器投入方式。

在启动过程中,为合理控制工质膨胀,操作中主要是控制燃料投入速度和给水温度。具体是燃料投入速度不宜过快、过大。启动过程中给水温度逐渐上升是正常的,应该尽量避免在膨胀阶段进行引起给水温度突然升高的操作。

3. 升温过程中屏式过热器及再热器积水问题

锅炉启动时,屏式过热器及再热器中可能积水,冷态启动时尤为严重。在启动初期的低压阶段,积水可能会使得管内形成水塞,以至造成设备事故。

一般,屏式过热器及再热器内的积水会随锅炉启动、燃烧加强而加热、汽化。判断积水是否已经汽化的依据是屏式过热器金属温度是否高于当时工质温度40℃。

防止水塞造成设备事故需要注意,过热器、再热器及冷热再疏水管道通畅,疏水正常;控制燃烧速率、控制升温升压速率,使受热面尽量受热均匀。

(二) 锅炉热态清洗

当水冷壁内水的温度和压力逐渐升高时,高温的水又会将残留在系统内的杂质(主要是氧化铁、硅化物等)冲洗出来,使水中杂质增加,到一定的温度参数,炉水中的含铁量将达到一个最高值,在该参数下进行锅炉冲洗,效果最好。直流锅炉一般在该参数下进行热态冲洗。需要说明的是,目前不同厂家提供的锅炉热态冲洗参数不尽相同,如东方电气集团提供的热态冲洗温度在190℃左右;而哈尔滨电气集团1000MW机组锅炉提供的热态冲洗参数在170℃以内。

1. 锅炉热态清洗的要点

(1) 当分离器中产生蒸汽时,汽轮机旁路阀应处于自动操作状态。

(2) 由于水中的沉积物在190℃时达到最大,因此升温至190℃(分离器入口)时应进行水质检查,检测水质时停止锅炉升温升压。

(3) 热态清洗时,清洗水全部排至冷凝器。

(4) 锅炉点火后,应注意出现汽水受热膨胀会导致储水罐水位突然升高,应确保361阀能正常控制储水罐水位。

(5) 热态清洗过程中BCP再循环管路流量维持在20%MCR,360阀全开。

(6) 锅炉点火后,应打开顶棚出口集箱及后包墙下集箱疏水阀进行短时间的排水,以确保该处无积水。

2. 锅炉清洗时间及排放量

锅炉清洗时间及所需水量与受热面管的清洁程度有关,表12-3和表12-4为推荐的参考数据。

表 12-3 新机组首次启动时的清洗时间及排放量

排放时间/排放量	排出系统外	排到冷凝器
冷态清洗	约 8.5h/约 6900t	约 25h/约 8750t
热态清洗	0h/0t	约 49h/约 13100t

表 12-4 锅炉停运时间超过 150h 以上的清洗时间及排放量

排放时间/排放量	排出系统外	排到冷凝器
排放时间	约 5h	约 25h
排放量	约 3900t	约 8750t

七、锅炉干湿态转换

1000MW 等级直流锅炉在湿态工况下运行期间，锅炉类似于控制循环汽包炉，分离器转入干态运行工况时，才真正进入直流工作状态，干湿态转换是直流锅炉独有的而且非常重要的操作。

机组并网带负荷后，随着温度压力上升，锅炉逐步需要转入直流状态运行（分离器由湿态转换为干态）。对于 DG3000/26.15—Ⅱ1 型锅炉，其最低直流负荷为 25%B—MCR，即 750t/h。因此，该锅炉进行干湿态转换时，锅炉蒸发量应该在 750t/h 以上，实际操作中，控制给水流量 780t/h 左右。其汽水分离器由湿态转换干态运行可以按以下操作。

（1）调整给水泵出力，维持省煤器入口流量为 780t/h 左右，尽量稳定；361 阀、360 阀自动；维持分离器水位正常；确认减温水系统已投入运行或者备用。

（2）机组负荷为 250MW 左右，检查各设备运行正常；维持主蒸汽压力稳定在 9.0MPa 左右。

（3）缓慢增加燃料量，分离器水位下降，361 阀逐步自动关闭。

（4）继续增加燃料量，注意中间点温度变化，分离器水位变化，炉水泵运行状态。

（5）正常情况下，分离器水位进一步下降，360 阀自动逐渐关小，当炉水泵出口流量小于 182t/h 时，炉水泵再循环门自动开启，此时要特别注意调整给水泵出力，维持省煤器入口流量稳定在 780t/h 左右，同时继续缓慢增加燃料量，并留意中间点温度变化，严密监视各级受热面壁温情况。

（6）随着分离器水位下降，360 阀逐步关小，当分离器水位不大于 5.7m 时，360 阀全关，当水位不大于 0.5m 时，锅炉 BCP 泵跳闸；继续缓慢增加燃料量，注意中间点温度变化，维持中间点过热度在 10~15℃ 左右；锅炉转入干态运行；记录该状态下锅炉水煤比（如果分离器水位变化趋势与中间点温度情况不相吻合，应以中间点温度判断锅炉是否已转入干态运行，如分离器水位一直大于 0.5m，但是中间点过热度已经大于 5~10℃，可以手动停止炉水泵运行，锅炉转入干态运行）。

此时，锅炉控制不应再受到分离器水位影响，应以水煤比和中间点温度控制调整锅炉负荷。

（7）检查 BCP 泵过冷水阀和最小流量阀联关，投入 BCP 泵，361 阀暖管管路；关闭 361 排水至凝汽器前电动门。

（8）逐步增加给水，增加燃料，维持水煤比及中间点温度稳定；汽轮机按照滑压曲线升负荷。

（9）操作过程中要特别注意以下几点：

1）尽量避免锅炉干态转换湿态与给水旁路切换主路同时进行；维持给水稳定。

2）转换过程中不应进行磨煤机启停及切换；维持燃烧稳定。

3）转换过程燃料增加应该缓慢，切忌大幅度的燃料变化。

4）严密监视中间点温度变化，切忌中间点温度大幅波动。

5）严密监视各级受热面壁温变化情况，特别是水冷壁壁温及屏式过热器壁温。

6）一旦机组转入干态运行，中间点有过热度，则不应受分离器水位干扰给水控制，控制好水煤比稳定，中间点过热度在 10～15℃左右即可。

7）转换过程应及时停运 BCP，确保 BCP 入口不汽化，转换前就地监视 BCP 的运行情况。

8）一般情况下约 3～4t/h 煤对应 10MW 负荷，从转换前至转换结束，共需增加煤量约为 20t/h，同时应配合缓慢增加磨煤机风量。

八、锅炉热应力控制

在机组启停及加减负荷的过程中，机组中所有热部件都将发生变化。这种温度变化如果是不均匀的，或者是急剧的，都将使金属的受热与非受热部分温差过大产生热应力，尤其是一些厚壁部件，影响更大。过大的热应力会使部件产生变形、裂纹，以致损坏。所以，对机组来说，热应力的控制非常重要。

对于超临界及超超临界机组，最应重视的是汽水分离器及末级过热器、再热器出口联箱。后者是处于高温高压下并且温度变化十分敏感的厚壁部件，前者虽然温度不高，但是在锅炉受热部件中，金属壁最厚。

九、高压旁路控制

旁路系统的运行方式与汽轮机冲转方式和启动方式等有关，汽轮机高压旁路阀的利用取决于启动时锅炉出口主蒸汽温度（下称 SOT）和汽轮机入口主蒸汽温度（下称 MST）。汽轮机高压旁路阀控制汽轮机入口和主蒸汽管道中蒸汽量。以下为不同启动方式下推荐的高压旁路阀的运行控制方式。

（1）冷态启动。这时 SOT、MST 温度低，通过锅炉出口蒸汽温度加热主蒸汽管道，通过汽轮机高压旁路阀压力控制以防 MST 温度升高过快。

（2）温态启动。当汽轮机高压旁路阀开度增大时，MST 降低，因为 SOT 在点火以后降低。该对象增加燃料量使 SOT 升高。增加汽轮机高压旁路阀开度加热主蒸汽管道。汽轮机高压旁路阀执行程序控制直到压力达到 9.6MPa，在冷态启动时压力更高。

（3）热态启动。利用再热器冷却系统的特性，增加燃料负荷并测量温度升高，区分暖态启动和冷态启动。

（4）极热态启动。在 SOT 和 MST 非常高的情形下启动，在点火以后同其他启动方式相比温度降低的幅度很大。

（一）冷态、温态和热态启动

如图 12-8 所示，高压旁路阀的控制分为五个阶段。

a 阶段：高压旁路阀全关，锅炉点火后，经过一段指定的时间后进入 b 阶段。

b 阶段：高压旁路阀开度随主蒸汽压力比例变化。

c 阶段：汽轮机冲转前，高压旁路阀控制蒸汽压力为 9.6MPa。

d 阶段：汽轮机冲转后，高压旁路阀开度逐渐减小以控制蒸汽压力为 9.6MPa。

e 阶段：当负荷达到 15%ECR 后，高压旁路阀全关，锅炉由主蒸汽压力控制转为水煤比控制。

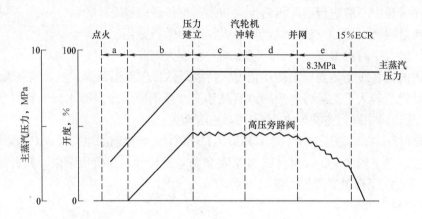

图 12-8　冷态温态和热态启动高压旁路阀控制

（二）极热态启动

如图 12-9 所示，由于极热态启动时，主蒸汽压力已经建立，因此，将高压旁路阀设定值的基准提高＋4.9MPa；锅炉点火后，经过约 10min 后将高压旁路阀的设定压力修改为 9.6MPa，当负荷达到 15%～20%ECR 时，高压旁路阀全关，锅炉由主蒸汽压力控制转为水煤比控制。

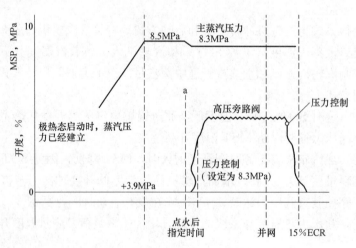

图 12-9　极热态启动高压旁路阀控制

（三）锅炉停炉时高压旁路控制

如图 12-10 所示，锅炉停炉时，汽轮机高压旁路阀动作。高压旁路阀的控制分为四个阶段：在负荷低于 25%ECR 时，停止并过渡到燃料压力控制而不采用 BID 的平行控制，在负荷为 15%ECR 时，通过汽轮机高压旁路阀过渡到压力控制；主燃料跳闸以后，汽轮机高压旁路阀完全关闭，并且锅炉停炉。

(1) 汽轮机高压旁路阀完全关闭。

(2) 汽轮机高压旁路阀慢慢打开（主蒸汽压力控制）。

(3) 汽轮机高压旁路阀主蒸汽压力功率控制。

(4) 主燃料跳闸以后，汽轮机高压旁路阀完全关闭。

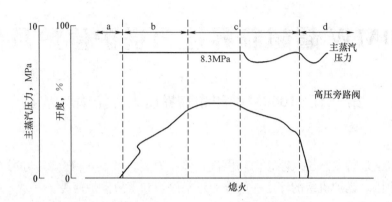

图 12-10 停炉时高压旁路阀控制

（四）汽轮机冲转和并网

当锅炉蒸汽参数达到汽轮机供汽条件后，汽轮机冲转，提高汽轮机转速，至额定转速后并网，具体步骤如下：

(1) 蒸汽条件满足汽轮机供汽条件，316 阀控制主蒸汽压力大于最小要求值。

(2) 汽轮机挂闸。

(3) 汽轮机升速。

(4) 同步调节汽轮机转速至 3000r/nin，然后给汽轮机带初负荷。

(5) 增加燃料。

(6) 升负荷。

1) 当蒸汽量达到 7%MCR 时，关闭 361 阀，启动分离器储水罐水位由 360 阀控制。

2) 启动磨煤机供应煤粉。

3) 在约 15%负荷时，关闭 316 阀。

4) 湿态完全转换到干态后，锅炉进入直流运行。

(7) 常规运行（直流运行）。机组进入直流运行工况后，锅炉整套控制系统投入自动运行，相应的手动控制切换为自动控制，各部分连锁保护投入，机组进行正常运行。

1) 30%负荷以上时，自动滑压运行开始。

2) 根据负荷变化调整燃料量。

3) 机组在 90%及以上负荷时，在定压状态运行。

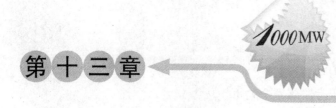

第十三章

1000MW 超超临界压力锅炉停炉及保养

第一节　1000MW 超超临界压力直流锅炉停运

一、概述

锅炉机组从运行状态转入停止向外供汽、停止燃料，并逐步降压冷却的过程称为停炉，根据停炉的原因，锅炉机组的停运一般分为正常停炉和事故停炉两种。

锅炉设备运行的连续性是有条件限制的。当锅炉运行一定时间后，为了恢复或提高机组的运行性能和预防事故的发生，须停止锅炉运行并对其进行有计划的检修工作。另外，当电网负荷减少时，为了满足电网的需要和保证电站锅炉安全经济，必须在一定的时间内停止一部分锅炉运行并将其转入备用状态。上述两种情况的停炉，都属于正常停炉。

无论由于锅炉机组的内部还是外部的原因发生事故，必须停止锅炉运行时，称为事故停炉。根据事故的严重程度，需要立即停止锅炉运行时，称为紧急停炉。若事故不是非常严重，但为了锅炉设备的安全运行又不允许继续长时间运行下去，须在一定的时间内停止其运行，则称为故障停炉。

大型机组多采用单元制运行方式，无论是汽轮机和发电机的停止运行都必定引起锅炉停止运行。锅炉的正常停炉方式有两种：一种是额定参数的停炉，另一种是滑参数停炉。机组停炉一般采用滑参数停炉方式进行，若是机组故障及辅助设备的故障停炉，可视情况作正常停炉或紧急停炉。

与启动过程相似，因直流锅炉没有汽包，降温过程可以快一些，即直流锅炉停运较快。

直流锅炉的正常停炉至冷态，也经历停炉前准备、减负荷、停止燃烧和降压冷却等几个阶段。

与汽包炉相比，主要的不同是，当锅炉燃烧率降低到 30% 左右时，由于水冷壁流量仍必须维持启动流量而不能再减，因此在进一步减少燃料、降负荷过程中，汽水分离器出口工质由微过热蒸汽变成汽水混合物。为了避免前屏过热器过水，启动分离器应转入湿态运行，使进入前屏过热器的仍是干饱和蒸汽，多余的水则疏掉，保证前屏过热器的安全及蒸汽温度的稳定。

二、停炉操作

（一）停炉主要操作事项

（1）减负荷和停炉前进行吹灰。

（2）降负荷之前，应首先点燃要停运磨煤机所对应燃烧器的点火油枪，将磨煤机负荷降至最小后再关闭磨煤机和相应的油枪。

（3）按说明书"锅炉停运时推荐的磨煤机切停方法及步骤"切停磨煤机及相应的燃烧器，点燃启动油枪，逐步降低锅炉负荷。

1）锅炉按规定降负荷率降低锅炉负荷，当负荷降低到80％ECR负荷时，切停第一台磨煤机。

2）当锅炉负荷降低到60％ECR负荷时，切停第二台磨煤机。

3）当负荷降低到50％ECR负荷时，维持10min运行，此时有三台磨煤机投入运行，等离子拉弧，投入等离子模式运行。

4）三台投运的磨煤机带30％ECR负荷维持10min后，逐步降低锅炉负荷，转入湿态运行，当锅炉负荷降至20％ECR时，切停第三台磨煤机，同时切除给煤机自动。

5）继续降低机组负荷，15％ECR逐渐打开旁路，切停第四台磨煤机。

6）逐渐降低给煤量，最后停运给煤机，走空带有等离子的制粉系统。

（4）吹扫空气预热器。

（5）停运最后一台磨煤机后，停运一次风机和磨煤机的密封风机。

（6）停运所有的油燃烧器。

（7）熄火后，保持调风器和炉膛风箱挡板在最终设定位置并维持送、引风机运行至少5min，以吹扫烟道内的可燃物。

（8）只要锅炉机组中有蒸汽产生，就得维持给水系统运行。

（9）锅炉吹扫结束后，可用风机来冷却机组，尽可能均匀地冷却锅炉。

（10）维持空气预热器运转，直到空气预热器入口烟温降到预热器厂家要求的数值以下，然后才可以停转空气预热器。

（11）若停炉时间只有几天或更长一点，应除去锅炉的全部积灰，因为含硫分的积灰吸收水分后会引起腐蚀。如有可能，建议在停炉前进行锅炉吹灰。值得注意的是，熄火后的热炉膛不能进行吹灰。

（二）停炉时BCP再循环泵、361阀的操作

锅炉正常停炉时，当锅炉负荷降到30％B—MCR、压力降至9.7MPa左右时，首先应关闭BCP、361阀暖管管路，开启BCP再循环管路，待储水罐建立正常水位后，启动BCP泵，以后储水罐的水位由360阀控制。负荷进一步下降，360阀全开后水位继续升高，则投入361阀控制储水罐水位，阀后疏水排至冷凝器361阀应投入自动。锅炉熄火后，如果锅炉没有快冷要求，可以停止BCP泵运行。

（三）受热面管内壁氧化物的控制

应定期检查锅炉水冷系统受热面管内部的结垢情况，结垢严重时应对受热面进行化学清洗。为防止屏式过热器、高温过热器、高温再热器等管子内壁奥氏体钢因蒸汽腐蚀产生的剥离物在弯头处的堆积而造成爆管，应定期检查管屏底部弯头区域管材剥离物的堆积情况。根据情况实施清理。

（四）1000MW锅炉停炉后的保养原则

锅炉停炉保养的目的主要是为了防止或减轻锅炉受热面管的腐蚀，主要的原则为：

（1）不让空气进入锅炉的汽水系统。

（2）在金属表面形成具有防腐作用的薄膜，以隔绝空气。

（3）使金属浸泡在含有除氧剂或其他保护剂的水溶液中。

（五）其他的要求

（1）锅炉停炉保养方法的选择应根据锅炉停用时间长短、停用后有无检修工作以及当地的环境条件来确定。

（2）对于冬季的停炉，应充分考虑锅炉防冻的要求。

（3）停炉保养方法的确定应充分考虑人员和环境的要求，不宜采用对人体和环境有害的保养方法。

（4）停炉保养期间，不仅要充分注意管内的防腐，受热面外部的防腐也应充分重视。

（5）锅炉停炉检修时，工作人员只有在确认全部截止阀和挡板已闭锁在关闭位置后，才可进入炉内。

（6）在停炉期间，可能时应对受压件的内外壁进行检查，发现非正常的磨损或结垢，应查找原因并予以消除。

（7）在大修期间，应仔细检查全部燃烧器的烧损情况，校验全部挡板操作是否灵活。

（8）燃烧调节和其他调节设备，如给水调节阀和蒸汽温度调节装置，应一直处于最佳的调整状态，安全有效的运行取决于这些调节设备功能的发挥情况。电厂可根据自己的经验，采取相应的停炉保护、检查方法。

（六）冬季停炉后的防冻

（1）检查并投入有关设备的电加热或汽加热装置，由热工投入热工仪表加热装置。

（2）备用锅炉的人孔门、检查门、挡板等应关闭严密，防止冷风侵入。

（3）锅炉各辅助设备和系统的所有管道，均应保持管内介质流通，对无法流通的部分应将介质彻底放尽，以防冻结。

（4）停炉期间，应将锅炉所属管道内不流动的存水彻底放尽。

第二节　锅炉停运保养

一、防腐方法分类

锅炉停炉保养的方法，原则上可分为湿法保护和干法保护。湿法保护是锅炉停炉后，锅炉汽水系统和外界严密隔绝，用具有保护性的水溶液充满锅炉受热面，防止空气中的氧气进入锅炉内。干法保护是经常使锅炉内表面处于干燥状态，以达到防腐蚀的目的。

湿法保护可分为氨—联氨保护法、氮压保护法等多种方法。

干法保护可分为充氮保护法、余热烘干法、钝化加热炉放水法、干空气吹扫保护法等。

停炉保养方法的选择应充分考虑各种情况后进行选择，锅炉停炉时间的长短，受压件是否在停炉期间需要维修，当地的自然环境、气候条件等均应作为考虑的条件。一般而言，锅炉作为备用，电网一有要求就应立即启动的锅炉可采用湿法保护；而锅炉处于计划停炉，重新启动前有足够的准备时间可采用干法保护。对于超临界本生炉的停炉保养方法，推荐的标准规范见表13-1。

锅炉停运后，若在短时间内不参加运行时，应将锅炉转入冷态作为备用。锅炉机组运行状态转入冷备用状态时的操作过程完全按照正常停炉方式进行。冷备用时的锅炉所有设备保持完好的状态，以便锅炉机组随时可以启动投入运行。

表 13-1 推荐的停炉保养方法

停炉时间 锅炉本体	$T<60h^{**}$	$60h \leqslant T < 2$ 周	$T \geqslant 2$ 周
操 作	保持正常的停运状态	当锅炉压力（表压）低于 60kPa 后，过热器充入氮气	用氮气置换省煤器以及过热器系统，如果锅炉没有充满水，应首先向锅炉注水，如果锅炉停炉后立即充氮，可在锅炉压力（表压）降至 350kPa 时开始置换
省煤器至启动分离器	充满除盐水（pH9.4～pH9.5，25℃）*	充满除盐水（pH9.4～pH9.5，25℃）*	充氮密封［设定压力（表压）30～60kPa］
过热器系统	保压密封	充氮密封［设定压力（表压）30～60kPa］	充氮密封［设定压力（表压）30～60kPa］
再热器系统	保持干态（由冷凝器维持真空）		

* 对于化学清洗后的停炉，推荐用联氨浓度为 100mg N_2H_4/L 的除盐水充满保养。

** 对于停炉时间小于 60h 的停炉保养，推荐使用标准方法，直至锅炉的保养压力不大于 60kPa。

锅炉在冷态备用期间的主要任务是防止腐蚀。实际上，运行中的锅炉也存在腐蚀问题。但是运行实践证明，在相同的时间内，运行中的锅炉比冷备用时锅炉的金属腐蚀程度低得多。因而，必须采用适当措施来保养冷备用状态的锅炉，以防锅炉受热面金属材料发生较快的腐蚀，而使锅炉设备的安全运行和寿命受到影响。考虑到冷备用时应保证随时都能启动，因此，为防止冷备用时锅炉的金属腐蚀，电厂应根据实际情况安排各台锅炉轮换作为备用。锅炉在冷备用期间受到的腐蚀主要是氧化腐蚀（此外还有二氧化碳腐蚀等）。氧的来源，一是溶解在水中的氧，二是大气漏入受热面中的氧气。因此，减少水中和外界漏入的氧，或者减少氧与受热面金属接触的机会，就能减轻腐蚀。对备用锅炉进行保养时所采用的防腐方法，应当简便、有效和经济，并能使锅炉（备用状态）在短时间内投入使用。根据锅炉机组冷备用的不同情况和相关条件，在锅炉停炉期间进行防腐保护。锅炉常用的停炉保养方法有湿式防腐法、干式防腐法和气体防腐法。

二、湿式防腐法

（一）压力法防腐

1. 蒸汽压力法

锅炉如需短期热备用停炉时采用此方法，保持炉内蒸汽压力在 0.5～0.98MPa 范围内，定期检查炉水中的溶解氧，严密关闭各门孔风烟挡板，尽量减少压力下降，如压力低于 0.5MPa，投入邻炉蒸汽加热或重新投油枪升压。实践表明，这种方法不但能保证锅炉不会产生氧腐蚀，而且还比较经济。

2. 给水压力法

此方法适用冷热备用锅炉，停用期限在一周左右，锅炉停用后，待压力降至零，锅炉进满水顶压保持在 0.5～0.98MPa。如果压力下降，应重新启动给水泵顶压。

（二）联氨法防腐

长期备用的锅炉采用联氨防腐效果较好。联氨（N_2H_4）是较强的还原剂；联氨与水中的氧或氧化物反应后，生成不具腐蚀性的化合物；从而达到防腐的目的。

在加联氨的同时还应该加氨水。停炉后，待压力降至零，锅炉进满水顶压，保持压力在 0.98MPa 以上，化学人员将氨—联氨溶液加入炉水中。联氨是剧毒品，配药必须在化学人员的监督下进行，并应做好防护工作。

联氨防护锅炉在转入启动或检修时，锅炉应将联氨排放干净，并进行清洗，只有当蒸汽中氨含量小于 2×10^{-6} 时，方能转入启动或检修。

（三）碱液法防腐

碱液法是采用加碱液的方法，使锅炉中充满 pH 值达到 10 以上的水，常用碱液为氢氧化钠或磷酸三钠。碱液的配制及送入锅炉以现场实际而定，一般可用三种方法：一种是在锅炉加药处理的设备处，安装临时的溶药箱配制碱液，然后用原有的加药泵将锅炉充满碱液。另一种方式是，安装一个溶药箱配制浓碱液，然后利用专用泵将锅炉充满碱液；也可以安装大一些的溶药箱来配制稀碱液，然后用专用泵将碱液送入锅炉。

湿式保养法还可以采用氨液法、磷酸三钠和亚硝酸钠混合溶液法。

无论锅炉采用哪一种湿式防腐方法，都应当注意在冬季不能使锅炉内部温度低于零度，以防止锅炉冻结损坏。

三、干式防腐法

锅炉停炉后，当炉水温度降至 $100\sim120℃$ 时，将锅炉各部分的水彻底放空，并利用余热或利用点火设备点微火烘烤，将金属表面烘干。清除沉积在锅炉汽水系统中的水垢和水渣，然后在锅炉中放入干燥剂并将锅炉上的阀门全部关严，以防外界空气进入。常用干燥剂有无水氯化钙、生石灰或硅胶等。

四、气体防腐法

气体防腐法适用于长期备用的锅炉，常用于防腐的气体是氮和氨。

（一）充氮防腐

在氮气来源比较方便的条件下，可以采用充氮防腐。氮气（N_2）为惰性气体，本身不会与金属发生化学反应。当锅炉内部充满氮气并保持适当压力时，空气就不能进入锅炉内，因而能防止氧气对金属的侵蚀。

充氮的方法是：先将锅炉各系统与外界隔绝，当锅炉压力降到低于氮气母管压力时，开启氮气阀门，将氮气充入锅炉内。充氮时，锅炉可以一面放水一面充氮，称为湿式充氮；也可以将锅炉水放尽，然后充氮，称为干式充氮。

充氮防腐时，氮气的压力维持在 0.3MPa。当氮气的压力降到 0.1MPa 时，要开启氮气阀门再顶压一次。应定期检测氮气纯度，氮气纯度应保持在 99.8% 以上；如氮气纯度降到 98%，应进行排气，并充氮至合格。

（二）充氨防腐

当锅炉放尽水并马上充入一定量氨气后，氨气（NH_3）即溶入金属表面的水珠内，在金属表面形成一层氨水保护层（NH_4OH）。该保护层具有极强烈的碱性反应，可以防止腐蚀。

充氨防腐时，锅炉内应保持的过剩氨气压力约为 1000Pa。

当锅炉需要重新点火启动时，点火以前应先将氨气全部排出，并用水冲洗干净。

锅炉运行调整

第一节 概　　述

一、直流锅炉运行调整的任务

单元制机组是炉—机—电串联构成不可分割的整体，其中任何环节运行状态的变化都将引起其他环节运行状态的改变，因此炉—机—电的运行与调整是相互联系的。在正常运行中，各环节的工作有其不同的特点。如锅炉侧重于调整；汽轮机侧重于监视；电气侧重于与单元机组的其他环节以及外界电网的联系。

锅炉机组运行的状态决定着整个电厂运行的安全性和经济性。为此，必须认真监视各个重要的运行参数，必要时，对自动调节装置的工作进行及时调整。

电站锅炉的产品是过热蒸汽。因此，锅炉运行的任务就是要根据用户的要求，提供用户所需的一定压力和温度的过热蒸汽；同时锅炉机组本身还必须做到安全与经济地运行。

由于汽轮发电机组的运行状态随时都在随着外界负荷的变化而变化，因而锅炉机组也必然随汽轮机组的状态变化相应地进行一系列的调整，使供给锅炉机组的燃料量、空气量、给水量等与外界负荷变化相适应；否则，锅炉的蒸发量和运行参数将难于保证在规定的范围内，严重时将对锅炉机组和电厂的安全与经济产生重大影响，甚至危及设备和人身安全。即使在外界负荷较稳定的时候，锅炉内部因素的改变，也将引起锅炉运行参数的变化，此时，同样要求锅炉进行必要的调整。由此可见，锅炉机组的运行实际上也是处在不断的调整之中，它的稳定只是维持在一定范围内的相对值。所以，考虑到锅炉运行的安全和经济，就必须随时监视其运行情况，并进行及时的正确调整。在正常运行过程中，对锅炉进行监视和调整的内容主要有：

（1）确保锅炉机组的安全运行。

（2）使锅炉的蒸发量适应外界负荷的需要。

（3）均匀地调节给水，确保给水流量与蒸发量匹配。

（4）保持正常的汽压和汽温；均衡给煤、给水，维持正常的水煤比。

（5）保证水和蒸汽品质合格。

（6）保持炉内燃烧工况良好，各受热面清洁，降低排烟温度，减少热损失，提高锅炉效率。

二、直流锅炉的运行特性

直流锅炉中工质的加热、蒸发和过热是一次完成的，各区段之间无固定界限，一种扰动将对各种被调参数起作用。如当给水量变化时，同时引起汽温、汽压及蒸发量变化，要求燃料量及汽轮机进口阀位做相应的调整，锅炉才能在新的工况下稳定运行。因此，在蒸汽参数调节方面，直流锅炉更为复杂。

直流锅炉因无汽包，通常采用较小直径的管子作为受热面，蓄热能力小，仅是同等容量汽包锅炉的 1/4~1/2。因此，在受到相同程度的扰动时，由于直流锅炉允许变压速度大，且变压时吸收或释放附加蒸发量小，蒸汽参数可迅速跟上变工况的需要，故能适应快速增减负荷的要求。

超临界压力锅炉与亚临界压力锅炉相比，其主要区别在于蒸汽参数更高，工质特性有显著的变化，由此带来若干运行上的不同特点。

（一）工质特性变化

水的饱和温度随压力的提高相应升高，而其汽化潜热则相应减少，当压力高于临界点时，汽化潜热等于零。水在 22.12MPa 下被加热至临界温度 374.15℃时，全部从液相转为蒸汽，不存在两相区，即水变成蒸汽是连续的，并以单相形式运行。在超临界压力下，水到蒸汽的变化只经历加热阶段和过热阶段，而无饱和蒸汽区，这就是与亚临界压力锅炉的实质性区别，也决定了在超临界压力下只能采用直流锅炉。

（二）运行特点

超临界压力机组一般采用变压运行或复合变压运行。对变压运行的机组，启动和低负荷运行过程均处于亚临界状态，一般设计成在 75%复合以上进入超临界状态。为此，超临界压力锅炉还必须配置相应的启动系统，以完成机组从湿态到干态的转换。

1. 汽水分离器的干湿态转换

超临界压力锅炉在启动过程中，对启动系统的运行具有特殊的要求。锅炉上水后，汽水分离器中保持一定水位。点火后，进入水冷壁的水受到加热，开始产生蒸汽，此时汽水分离器的作用相当于汽包，处于湿态。汽水分离器分离出来的蒸汽进入过热器进一步加热，水则回收或排放。

随燃烧率的增加，产汽量逐渐增加，分离器内水越来越少，大约到 30%负荷，产汽量与进入省煤器的给水量相等，汽水分离器已无水位，由湿态转变为干态，此过程称为干湿态转换。在启动过程中汽水分离器的水位是自动控制的，当干湿态转换完成后，各水位控制阀均处于关闭位置。

分离器干湿态转换前，与亚临界压力直流锅炉相同，也存在一个汽水膨胀阶段。

2. 负荷与蒸汽温度的调节

与亚临界压力直流锅炉相同，改变给水量才能改变锅炉负荷，过热蒸汽温度也主要取决于燃料量与给水量的比例。用燃料量与给水量的比例来保持过热器中间点温度不变，再用过热器喷水量细调过热器出口温度。

3. 热应力控制

超临界压力机组因压力和温度都很高，尤其是变压运行。因此，将热应力作为机组启动时升速率及并网后负荷变化率的控制依据。

4. 给水品质

与亚临界压力直流锅炉相比，品质要求更高。

（三）汽温和汽压调节

1. 主调节信号的选择

主调节信号，即是被调参数或被调量。在直流锅炉蒸汽参数调节中被调量为汽压和汽温。但是仅仅把锅炉出口的汽温和汽压作为主调节信号，往往使得调节质量很差，不能稳定地保证他们维持在规定的范围。因此，除了把汽压和汽温作为主信号外，还必须选择一些必要的辅助信号。

蒸汽参数调节的主要任务是使燃料输入的热量与蒸汽输出的热量相配合，亦即控制燃水比。这通常又可用蒸汽温度间接判断。理想的情况是希望扰动无延迟地反映到调节但是由于燃水比与蒸汽温度之间是累积关系，每一工况的扰动要经过一段时间之后才显现出来，即扰动后被调参数（蒸汽温度）总有一段延迟时间才开始变化。为了提高调节质量和便于操作人员运行判断，应选择其他测量值作为主调节信号。直流锅炉主调节信号有：

(1) 蒸发量；

(2) 过热器出口压力；

(3) 蒸汽温度；

(4) 水煤比；

(5) 中间点温度。

蒸发量的变化并不一定是由于燃料量变化所引起的。在汽轮机功率变化时，同样也会引起锅炉蒸发量的暂时增大或减小。因此，要正确判断是燃料扰动引起的还是外界负荷变化引起的，就必须再加入过热器出口压力这一主调信号。由此可见，锅炉的蒸发量和过热器出口压力两个主调信号，在锅炉带不同负荷时可以用来调整燃料量；当锅炉负荷变动时，可以用来调节给水量。

对于直流锅炉，给水量和燃料量直接影响汽水管道中工质的温度。反过来，根据这些温度就可以正确地控制给水量和燃料量的比例，尤其是在锅炉负荷变动时，它们能校正两者的比例关系。但是，仅仅依靠这些温度来实现正确的调节过程，在大多数直流锅炉上还是行不通的。因为蒸汽温度的延迟相当大，只有在过热开始截面的工质温度的延迟在30s之内才有可能。因此，直流锅炉的调节过程必须全面使用上述几个主调节信号。

直流锅炉调节的另一个特点是锅炉出口和汽水管路所有中间截面的工质焓值的变化是相互关联的。例如，当给水与燃料的比例发生变化时，引起了汽水分界面的移动，因而首先反映的是蒸发区过热段开始截面处的汽温变化最后导致过热器出口蒸汽温度的变化。因此，直流锅炉的调节质量不仅在于准确地保持给定的蒸发量及额定的汽压和汽温，同时还应该保持住中间工质的截面温度，这样才能稳定锅炉出口温度。所以，在直流锅炉调节中还必须选择适当的中间点温度作为主调节信号。

2. 蒸汽参数的调节原理

锅炉的运行必须保证汽轮机所需要的蒸汽量以及过热蒸汽压力和温度的稳定，锅炉蒸汽参数的稳定取决于汽轮机功率与锅炉蒸发量的平衡，以及燃料量与给水量的平衡。第一个平衡可稳住汽压，第二个平衡则能稳定汽温。但是由于直流锅炉的加热、蒸发和过热这三个过程无固定的分界面，使得锅炉的汽压、汽温和蒸发量之间又是相互依赖、相互关联的，一个调节手段不仅仅只影响一个被调参数，因此实际上汽压和汽温这两个被调参数的调节不能分开，它们是一个调节过程的两个方面。除了被调参数的相关性，还由于直流锅炉的蓄热能力小，运行工况一旦被扰动，蒸汽参数的变化很快，很敏感。

(1) 蒸汽压力的调节。压力调整实际上就是保持锅炉出力和汽轮机所需蒸汽量的相等，只要时刻保持这个平衡，过热蒸汽压力就能稳定在额定数值上。所以压力的变化是汽轮机负荷或锅炉出力的变动引起的，压力的变化反映了这两者之间的不平衡。由于直流锅炉的蒸发量等于进入锅炉的给水量，因而只有当锅炉给水量改变时才会引起锅炉负荷的变化。因此，直流锅炉的出力首先应由给水量来保证，然后相应调整燃料量以保持其他参数稳定。

在带基本负荷的直流锅炉上，如采用自动调节，往往还可采用调节汽轮机阀门的方法来稳定汽压。

(2) 过热蒸汽温度的调节。直流锅炉蒸汽温度的调节主要是调节燃料量与给水量。但是在实际运行中，由于锅炉效率、燃料发热量和给水焓（取决于给水温度）等也会发生变化，因此，在实际锅炉运行中要保证燃水比的精确值是非常不容易的。燃煤锅炉还由于给煤量和燃料量会发生波动而引起蒸汽温度的变化。因此，这就迫使直流锅炉除了采用燃水比作为粗调的调节手段外，还必须采用喷水减温的方法作为细调的调节手段。有些锅炉也有采用烟气再循环、烟道挡板和摆动燃烧器的方法作为辅助调节手段，但国内常用这些方法来调节再热汽温。

在运行中，为维持锅炉出口汽温的稳定，通常在过热区段中间部分取一温度测点，将它固定在相应的数值上，这就是通常所说的中间点温度，我国运行人员总结出一条直流锅炉的操作经验：给水调压，燃料配合给水调温，抓住中间点温度，喷水微调。

(3) 再热汽温的调节。直流锅炉再热汽温的调节不同于过热汽温，不能用燃水比来进行调节。

对于中间再热锅炉，再热汽温偏离额定值同样会影响机组运行的经济性和可靠性。再热汽温过低，将使汽轮机汽耗量增加；再热汽温过高，也可能会造成金属材料的损坏。特别是再热汽温的急剧改变，将会导致汽轮机中压缸与转子间的膨胀差发生显著的变化，引起汽轮机的剧烈振动和事故，威胁汽轮机的安全。因此，运行中也要采取必要的调节措施，使再热汽温保持在规定的范围内。

超临界直流锅炉的再热汽温调节很多采用分隔烟道的烟气挡板和燃烧器摆角作为主调节手段。

(4) 汽温监视与调节中应注意的问题。

1) 运行中要控制好汽温，首先要监视好汽温，并经常根据有关工况的改变分析汽温的变化趋势，尽量使调节工作恰当地做在汽温变化之前。如果等汽温变化以后再采取调节措施，则必然形成较大的汽温波动。应特别注意对过热器中间点汽温的监视，中间点汽温保证了，过热器出口汽温就能稳定。

2) 虽然现代锅炉一般都装有自动调节装置，但运行人员除应对有关表计加强监视外，还需熟悉有关设备的性能，如过热器和再热器的汽温特性，喷水调节门的阀门开度与喷水量之间的关系，过热器和再热器管壁金属的耐温性能等，以便在必要的情况下由自动切换为手动操作时，仍能维持汽温的稳定并确保设备的安全。

3) 在进行汽温调节时，操作应平衡均匀。例如，对于减温水调节门的操作，不可大开大关，以免引起急剧的温度变化，危害设备的安全。

4) 由于蒸汽量不均或者受热不均，过热器和再热器总存在热偏差，在并联工作的蛇形管中总可能有少数蛇形管的汽温比平均壁温高。因此，运行中不能只满足于平均汽温不超温，而应该在调节上力求做到不使火焰偏斜，避免水冷壁或凝渣管发生局部结渣。注意烟道两侧的烟温变化，加强对过热器和再热器受热面壁温的监视等，以确保设备的安全并使汽温符合规定值。

3. 直流锅炉蒸汽参数的手动控制

直流锅炉的蓄热能力小，工况扰动后被调参数变化往往快而剧烈，因此总觉得手动控制是困难的。但是根据实践经验，如果掌握了它的动态特性，手动控制也是可能的。

（1）直流锅炉负荷不变时蒸汽参数的调节。对于带固定负荷的直流锅炉，蒸汽参数调节的主要任务是调节汽温，因而在给水量与燃料量比例确定后，操作中应尽量减少燃料量的改变。

燃料量的调节精度受到燃料种类及其供应系统的限制。为了进一步校正燃料量与给水的比例，可借助于喷水调温。喷水调温的惰性小，可无过调现象。特别是以喷水点后汽温作为调节信号而调节喷水量时，资料指出，从喷水开始变化到该喷水点汽温开始变化只需要 5～10s，所以，它很容易实现细调节。因此，直流锅炉在带不变负荷时，蒸汽参数的调节是借助于喷水调节汽温而尽可能地稳定住燃料量。给水调节只有在喷水量已接近到达它们的限定值时才进行。喷水量不宜过大，因为这意味着喷水点前锅炉的辐射受热面中工质流量的减少，可能使喷水点前温度水平过高。喷水量也不能接近于零，因为这将使工况变动时无法再减少喷水量而失去调节能力。

（2）锅炉变负荷时蒸汽参数的调节。在锅炉作主动变负荷运行时，调节的任务是在新的出力下维持给水量与燃料量之间的相对稳定，以保证锅炉蒸汽参数。在手动控制时，正常的加、减负荷的速度是有限制的，以免调节过程发生振荡。通常每加（减）一次约为 10% 额定蒸发量，每次间隔 5～7min（必要时可稍快一些）。

在变动负荷时，利用喷水量可消除汽温在主调节（粗调节）中所出现的偏差，因而此时喷水的作用非常重要。所以，应在锅炉负荷变动之前使喷水量保持在平均值，以适应加、减两方面的需要。

此外，送、引风机等应调节到与负荷相对应，以得到经济的燃烧工况。

由此可见，直流锅炉蒸汽参数调节的主要手段是调节给水量、燃料量和喷水量，这些手段的操作机构应当有良好的工作特性和使用性能。如给水调节门、喷水调节阀、直吹式制粉系统的给煤机，以及燃油时的油枪出力等都应在事先做好其性能试验，使其工作性能符合要求，使用性能良好。

三、直流锅炉的调整内容

（一）直流锅炉蒸汽压力与负荷的调节

直流锅炉压力调节的实质就是保持锅炉负荷与汽轮机所需的蒸汽量相等。直流锅炉的蒸发量等于进入的给水量，单纯锅炉燃料量的变化，除了在动态过程中蒸发量有所变化外，并不能引起锅炉负荷改变，而只有改变给水量才能改变锅炉负荷。压力调节时，用调节给水量来稳定汽压，再配合调节燃料量及过热器喷水量来保持过热蒸汽出口温度。这一点是与汽包锅炉不同的。

（二）直流锅炉蒸汽温度的调节

直流锅炉的过热蒸汽出口温度主要取决于燃料量与给水量的比例，为了减少检测温度信号的延迟，通常在过热器中间的微过热区段选取一温度测点，称为中间点温度，用燃料量与给水量的比例（即煤水比）来保持过热器中间点温度不变，再用过热器喷水量细调过热器出口温度。如升负荷时，可先增加一点给水量，然后按比例增加燃料量，用过热器喷水量微调过热蒸汽温度，稳定后重复上述过程，直至运行在新的负荷下。减负荷时，可先减少一点燃料量，然后按比例减少给水量，辅以喷水量细调过热蒸汽温度，稳定后重复上述过程，直至稳定在新的负荷工况下。

（三）锅炉金属壁温监测

锅炉的金属一定的温度对应一定的寿命，只有在其许用的温度下工作才能保证锅炉的寿命，锅炉的受热面基本都采用大管径，这样蒸汽的流量偏差都很小，导致金属壁温的超限一般是燃烧侧出现异常或在锅炉干湿态切换时操作不当出现的传热恶化。

当锅炉出现超温的时候，要分析超温的原因，首先应想到刚才有没有进行什么操作，比如进行吹灰、磨煤机投用方式变更等。需要检查炉膛各个受热面的结焦情况，对锅炉的风门挡板进行检查，特别是每个燃烧器上部的偏置风挡板是否异常关闭。在低负荷情况下，要检查燃烧器是否有烧坏的情况，燃烧器烧坏会导致火焰刚度不够，火焰贴壁。

当锅炉出现金属超温的时候，需要按照相关制度对超温的现象、超温时间以及超温的最大值进行记录，有条件的情况下，可以打印出超温金属的趋势图，定期统计锅炉的超温时间，分析锅炉的金属寿命情况，并根据超温的原因归纳出有效的超温处理办法。

（四）燃烧及制粉系统调整

磨煤机是锅炉最重要的辅机，它的运行状况将跟随锅炉负载情况进行变化，直流锅炉的蓄热小，燃料的少许波动都会对主蒸汽温度产生比较大的影响，在锅炉运行中，要保证磨煤机在良好的运行和备用状态。

磨煤机正常运行时需要监视的内容主要有磨煤机风量、混合风温度、磨煤机出口温度、磨煤机本体差压、磨煤机电流、油系统和磨煤机推力瓦温度，就地要监听磨煤机的运行声音、振动和石子煤情况等。

磨煤机工况的变化首先反映在磨煤机的电流和磨煤机本体的差压上，磨煤机最经常出现的问题有磨煤机磨损、磨煤机风环损坏以及磨煤机着火等。磨煤机磨损后，磨制出的煤粉会变粗，首先表现在磨煤机的电流变小，磨煤机本体差压变小，当磨煤机首次投用的时候，应记录磨煤机煤粉细度合格和石子煤量合格情况下的磨煤机各项运行参数，当磨煤机出现异常的时候，可以比较磨煤机的电流和差压首先判断出磨煤机出现故障的原因。

磨煤机启动的时候一定要就地检查石子煤量，磨煤机咬煤出现异常的时候，磨煤机电流会无法提升到加载的最小电流以上，石子煤量会增加许多，就地要及时将石子煤排出，防止磨煤机石子煤腔室内积煤，在磨煤机正常运行的时候，也要经常检查磨煤机是否出现石子煤排出异常情况。

监视磨煤机进口温度是防止磨煤机着火的重要措施，燃煤属于高挥发分煤种时，当磨煤机进口混合风温度偏高时，极易导致磨煤机着火，当磨煤机出现着火的时候，磨煤机出口温度会急剧上升，同时磨煤机本体差压和磨煤机与炉膛差压迅速上升，要按照磨煤机着火处理措施及时进行处理。

对跳闸磨煤机重新投用之前，应采用冷风分部将磨煤机内部的积粉送到炉膛内，在启动冷风之前应先适当调低锅炉的负压，防止煤粉进入炉膛瞬间引起锅炉负压波动。由于该部分煤量没有计入锅炉的总燃料量，需要注意瞬间蒸汽温度的变化。

磨煤机投入的时候，从给煤机启动到煤粉进入炉膛内燃烧之间有一定的过程，也就是在给煤机启动的时候，输入锅炉的煤量会比设定值小，对主参数有一定影响，要注意主参数的变化，在机组负荷比较低的时候，应首先向相反的方向进行调整，以抵消该部分影响。

磨煤机密封风是保证转动部件不进粉和磨煤机煤粉不外漏的重要措施。一般情况下，要保证密封风与一次风差压大于 2kPa 以上，当密封风机入口滤网差压高的时候，应及时隔离备用的磨煤机密封风并启动风机入口滤网清扫程序。当磨煤机磨辊转动轴承内进粉后，磨煤机磨辊内润滑油将会变质，严重时轴承将不转动，磨煤机石子煤量会增加，咬煤异常。

当磨煤机长时间在备用状态的时候，要定期将备用磨煤机进行切换试验，经常备用的磨煤机煤斗内尽量少存煤，防止煤斗内着火。运行的磨煤机尽可能控制在相邻层，且尽可能控制在同一个燃烧器组内。磨煤机运行台数大于 2 台时，应尽快将燃料主控投入自动。在负荷稳定的情况下，及时调整燃料量，使锅炉输入值接近机组负荷需求值。

当锅炉由于各种原因造成燃烧不稳时，应及时投入燃油枪或者等离子来稳定燃烧，并查明原因，及时消除燃烧不稳的因素。但若炉膛已经熄火或局部灭火并濒临全部灭火时，严禁投助燃油，应立即停止向炉膛供给燃料，避免扑火而引起锅炉爆燃。重新点火前必须对锅炉进行充分通风吹扫，以排除炉膛和烟道内的可燃物质。

第二节　1000MW 超超临界压力直流锅炉运行调节

一、制粉系统运行调节

（一）磨煤机风量标定

磨煤机入口风量计算公式为

$$Q = 598.278\ 7 \times f(\Delta p) \times \sqrt{\frac{\Delta p \times (p_a + 101.33)}{t + 273.15}}$$

式中　Δp——测风装置变送器输出差压，kPa；

p_a——磨煤机入口风压，kPa；

t——磨煤机入口风温，℃；

$f(\Delta p)$——修正系数，Δp 的分段函数。

实测出风量 Q 并采集 Δp、p_a、t 后，可计算出修正系数 $f(\Delta p)$。从试验结果来看，各台磨煤机风量误差基本在 8% 以内，表盘风量指示基本准确。由于变送器线性问题，从热态实际运行参数观察，E 磨煤机风量指示偏小。

磨煤机风量热态运行风量与冷态存在偏差是比较普遍的。实际运行中，可在磨煤机出力一定、煤质接近、磨煤机出口温度一定时，对比磨煤机入口温度，判断风量指示是否准确。

（二）一次风管风速均匀性测量以及粉量调平及分配特性

各根粉管风速偏差基本在 10% 以内，满足实际运行要求。分配器只能调整两根支管的粉量偏差，粉量调平后，有利于火焰分布更加均匀，减少管壁局部超温。

（三）各台磨煤机分离器转速特性

B 磨煤机磨制老印尼煤，维持出力 80t/h 左右、风量 140t/h 左右时，分离器转速 800r/min 对应的煤粉细度 R_{90} 为 32.8% 左右；分离器转速 900r/min 对应的煤粉细度 R_{90} 为 29.7% 左右；分离器转速 990r/min 对应的煤粉细度 R_{90} 为 26.4% 左右；分离器转速 1050r/min 左右对应的煤粉细度 R_{90} 为 24.8% 左右。

C 磨煤机磨制老印尼煤维持出力 80t/h 左右、风量 140t/h 左右时，分离器转速 715r/min 对应的煤粉细度 R_{90} 为 36.2% 左右；分离器转速 915r/min 对应的煤粉细度 R_{90} 为 28.4% 左右，进一步提高转速后皮带打滑。

D 磨煤机磨制老印尼煤，维持出力 80t/h 左右、风量 140t/h 左右时，分离器转速 705r/min 对应的煤粉细度 R_{90} 为 39.6% 左右；分离器转速 900r/min 对应的煤粉细度 R_{90} 为 32.5% 左右；分离器转速 1000r/min 对应的煤粉细度 R_{90} 为 27.4% 左右。

E 磨煤机维持出力 80t/h 左右、风量 140t/h 左右时，分离器转速 680r/min 对应的煤粉细度 R_{90} 为 52.6% 左右；分离器转速 880r/min 对应的煤粉细度 R_{90} 为 48.4% 左右；分离器转速 1030r/min 对应的煤粉细度 R_{90} 为 37.4% 左右。

F 磨煤机磨制新、老印尼煤的混煤，维持出力 80t/h 左右、风量 140t/h 左右时，分离器转速 700r/min 对应的煤粉细度 R_{90} 为 40.6% 左右；分离器转速 890r/min 对应的煤粉细度 R_{90} 为 36.1% 左右；分离器转速 1090r/min 对应的煤粉细度 R_{90} 为 23.0% 左右。

由于分离器皮带存在质量问题，目前煤粉细度普遍偏粗，由于炉膛容积热负荷较低（反映为炉膛温度低），为进一步降低飞灰含碳量至 1% 左右，需降低煤粉细度 R_{90} 至 25% 左右。为确保长时间安全稳定运行，目前，磨煤机出力 80t/h 左右时，B、C、D、E、F 分离器转速最高可提至 1000、950、1000、950、1000r/min。

为防止堵磨，建议将磨碗差压上限作修改，实际运行中可显示实际磨碗差压，并密切监视（表盘磨煤机磨碗差压大于 2.625kPa 后均显示为 2.625kPa）。

（四）磨煤机出口温度调整试验

对于 HP 磨煤机的出口温度，DL/T 466—2004《电站制粉系统选型导则》规定如下：

高热值烟煤小于 82℃，低热值烟煤小于 77℃，次烟煤、褐煤小于 66℃。

其中，$Q_{gr,d} > 29.6$MJ/kg 属特高热值烟煤，25.5MJ/kg $< Q_{gr,d} \leq 29.6$MJ/kg 属高热值烟煤，22.41MJ/kg $< Q_{gr,d} \leq 25.5$MJ/kg 属中热值烟煤，16.3MJ/kg $< Q_{gr,d} \leq 22.4$MJ/kg 属低热值烟煤。按照这种划分，电厂目前燃用的印尼煤属于高热值烟煤，但由于水分高而接近褐煤。

一般而言，在一次风量保持不变的前提下，磨煤机出口温度升高 10℃，排烟温度可降低 5~6℃。试验工况将磨煤机出口温度由 60℃ 升高至 70℃，排烟温度降低 7℃ 左右，锅炉效率提高 0.4% 左右。

磨煤机出口温度对排烟温度的影响主要反映在磨煤机入口冷风量的变化上，冷风从一次风机出口引入，未进入空气预热器参与换热。磨煤机出口温度提高时，制粉系统冷风量减小，由于总风量不变，进入空气预热器参与换热的工质流量增加，排烟温度降低。

磨煤机出口温度限制，主要是防止制粉系统发生爆炸。爆炸需同时满足三个条件：

（1）一定的氧；

（2）高温；

（3）高浓度的可燃物。

因此，实际运行过程中，煤粉出于流动状态，只要没有气流死角产生可燃物聚集，发生爆炸的可能性较小。

推荐在实际运行中，对于印尼煤，磨煤机出口温度可控制在 68~70℃ 左右，并保证磨煤机入口风温不超过 270℃。对于神华煤，磨煤机出口温度可控制在 78~80℃ 左右，并保证磨煤机入口风温不超过270℃。启、停磨煤机时适当延长吹扫时间并降低磨煤机出口温度。

磨煤机出口温度提高后，火焰中心下移，过热汽温升高，过热器壁温提高，再热汽温降低。此时需手动提高水煤比，同时手动调节减温水量，维持过热汽温并降低管壁温度。

二、二次风系统调节

(一) 中心风调整试验

B11、F22中心风筒烧损主要是由于制造原因，煤粉漏入中心风筒而中心风又基本全关所致。中心风风量仅占总风量的1%左右，其大小就目前煤质来说，对经济性影响不大。

建议实际运行中，70%以上负荷中心风开度在100%，70%以下负荷中心风开度为50%，停运燃烧器中心风开度为25%。

(二) 氧量调整试验

从试验结果来看，在氧量调整范围内，氧量增加，排烟温度降低，但由于总的烟气量增加，排烟热损失增加；氧量增加，飞灰含碳量降低，未燃碳热损失减小。但由于飞灰总量较小，总体而言，在氧量调整范围内，氧量越小，锅炉效率越高。

氧量变化影响着对流受热面与辐射受热面的吸热比例。当氧量增加时，除排烟损失增加，锅炉效率降低外，炉膛水冷壁吸热减少，造成过热器出口温度降低，屏式过热器出口温度降低；虽然对流过热器吸热量有所增加，但在煤水比不变的情况下，末级过热器出口汽温有所下降，同时管壁温度有所下降。氧量降低时，结果与此相反。若要保持过热汽温不变，则需重新调整煤水比或减温水量。氧量增加，以对流受热面为主的再热器吸热量增加，再热汽温升高；反之则降低。

此外，为防止水冷壁高温腐蚀，减少炉膛结渣的可能性，并降低飞灰可燃物，提高飞灰等级，实现粉煤灰的综合利用，虽氧量降低可提高锅炉效率，但实际运行氧量也不可控制过低，待煤粉细度治理后，运行氧量可适当降低。综合试验结果，推荐实际氧量控制如表14-1所示。

表14-1　　　　　　　　　推荐实际氧量控制

负荷（MW）	1000	750	600	460
氧量（%）	3.0~3.4	4.2~4.5	4.7~5.0	6.4~6.7

(三) 燃尽风量调整试验

燃尽风量的大小就目前的煤质而言，对锅炉经济性影响极小。

对于直流锅炉，在煤水比不变的情况下，火焰中心上移，水冷壁加热段加长，过热段缩短，过热汽温略有下降；反之，过热汽温略有上升。当火焰中心抬高时，炉膛出口温度上升，以对流受热面为主的再热器进口烟温升高，吸热量增加，再热汽温提高；反之，再热器吸热量减少，再热汽温降低。若要保持过热汽温不变，亦需要重新调整煤水比或减温水量。

从试验过程来看，燃尽风开大后，由于火焰中心上移，过热汽温暂时下降，壁温同时降低，待煤水比及减温水调节稳定后，高过壁温开始回升。

对于此特性，实际运行中可将此作为暂时降低壁温的一个手段。待煤水比调节到位后，可关小燃尽风挡板开度至40%左右，低负荷全关。

(四) 燃烧器外二次旋流风调整试验

燃烧器外二次风开度减小，外二次风风量减小，旋流强度增加。

就目前的煤质来说，旋流风对锅炉效率影响较小。

从试验过程看，关小外二次风，虽然旋流强度增加，但主燃烧器风量减小且内二次直流风增加，火焰中心上移，过热汽温降低，为提高过热汽温，需调整煤水比或减温水量，但此时壁温容易超温。

目前，外二次风旋流风位置放在 T—22 位置。

为防止火焰刷墙引起水冷壁结渣，靠近侧墙的外二次风旋流强度不可过大，其开度应保持在 80％以上。试验期间发现中间层燃烧器右墙中心有煤粉刷墙、轻微结焦现象，将 B42 燃烧器开至 90％以后，明显好转。

B11 燃烧器中心风更换后，旋流风位置定位在 0％，需检修处理。

1000MW 超超临界锅炉调试

第一节 锅炉冷态通风及动力场试验

一、概述

在新建机组投入运行、机组大修或小修、燃烧系统改造等环节，为查明燃烧工况，常需要进行锅炉炉膛的冷态空气动力场试验，这对煤粉炉尤其重要。煤粉炉炉膛运行的可靠性和经济性在很大程度上取决于燃烧器及炉膛内的空气动力工况，即空气（包括携带的燃料）和燃烧产物的运行情况。通过冷态空气动力场试验，可以直观的检查炉内气流的分布、扩散、扰动、混合等现象是否良好；当炉内的燃烧工况不正常时，空气动力场试验结果可以帮助分析发现一些问题，从而有助于设备和运行方式的改进。

但是，在锅炉运行时，燃料在炉内产生复杂的物理化学过程，炉内气流工况属于黏性流体不等温的稳定受迫运动，这与炉膛冷态下的等温流动具有明显的不同。因此，炉膛冷态空气动力场试验只能对炉内流动过程提供一些定性的结果。为了使冷态下的流场尽可能地接近真实情况，需要使冷态试验的条件满足一定的模化要求。

二、锅炉冷态模化原理

根据相似原理，炉膛冷态空气动力场试验时应遵守以下的两个原则：

（1）保持气流运动状态进入自模化区。即气流运动状态不随 Re 数的增加而变化，当速度和 Re 数增加时，只有空间各点速度绝对值按比例增加，而其速度场图形不再变化。

（2）边界条件相似，即进入炉内各股气流之间的动量比与热态保持一致。

众所周知，对流动过程起主要作用的因素是雷诺数，即

$$Re = \frac{\rho w L}{\mu} = \frac{w L}{\nu} \tag{15-1}$$

$$L = \frac{2ab}{a+b} \tag{15-2}$$

式中　w——定性速度，对于炉膛，取气流的平均上升速度，m/s；

　　　L——定性尺寸，对于矩形炉膛，取其水力当量直径；

　a，b——炉膛的两边长，m；

　　　ρ——流体的密度，kg/m³；

　　　μ——流体的动力黏度，Pa·s；

　　　ν——流体的运动黏度，m²/s。

雷诺数表明了流体的惯性力和黏性力的比值，作用在流体质点上的这两种力的比值发生

改变时，流体的流动状态即速度场势必发生改变。在等温流动时，它决定了气流运行的阻力特性，通常以欧拉准则 Eu 来表明压力与惯性力的比值，即

$$Eu = \frac{\Delta p}{\rho w^2} = f(Re) \tag{15-3}$$

在截面不变的情况下，阻力系数即为欧拉准则的两倍。当 Re 值大于某一定值后，Eu 值不再与 Re 数有关而保持为一定值，即此时惯性力是决定因素，而黏性力的影响可以忽略不计。此时的流动状态显示出不再随 Re 数的增加而变化的特性，这就是所谓的流动进入自模化区，开始进入自模化区的相应 Re 数称为临界雷诺数。

如果把热态炉膛粗略视为等温的话，则冷态模拟要求炉膛的 Re 数与热态时的平均值相同。由于冷态下气流的运动黏度远小于热态下气流的运动黏度，导致冷态下炉内风速很低，测量比较困难，此时可利用进入自模化区的特点。

当 $Re \geqslant 4.5 \times 10^4$ 时，Eu 接近于常数，表明该炉在此工况下已进入自模化区。各种典型炉子进入自模化区时的临界雷诺数 Re_{cr} 列于表 15-1，在缺乏试验数据时，可参考使用。对于大多数锅炉，$Re \geqslant 10^5$ 时即进入自模化区。

表 15-1　　　　　　　　典型锅炉进入自模化区的临界雷诺数

序号	炉子型号		进入自模区的临界雷诺数 Re_{cr}
1	旋风炉		$(3.1 \sim 4.1) \times 10^4$
2	U 形炉膛		4.5×10^4
3	四角布置燃烧器	一次风	1.48×10^5
		周界风	4.8×10^4
		二次风	7.5×10^4
4	单层四角布置燃烧器炉膛		$(2 \sim 6) \times 10^4$
5	多层四角布置燃烧器炉膛		7.5×10^4
6	前墙布置旋流式燃烧器炉膛		4.4×10^4
7	旋流燃烧器	蜗壳式	0.9×10^5
		叶片式	1.8×10^5

对于一般炉膛，热态运行的平均 Re 数均大于临界雷诺数，处于自模化区。因此，锅炉冷态试验时，只要保证炉膛 Re 数处于自模化区，即可使冷态气流的流动与热态相似，而不必要求 Re 数相等。当然，这种相似只是近似的，因为热态炉膛空间内实际上存在着不可忽视的温度梯度，各点气流的密度和黏度有相当大的差异，这是冷态试验不可能模拟的。

以上是针对炉膛内各股射流混合在一起后流动过程的冷态模拟问题，对于燃烧器出口射流的冷态相似性，还需要结合燃烧器的特点另做考虑。首先，冷态各股射流的 Re 数应与热态相等或已进入自模化区。对于各类燃烧器，进入自模化区的临界雷诺数大致为 10^5，一般燃烧器热态运行参数多在此数值以上。其次，为达到多股射流混合流动的相似，还必须维持冷热态下各股射流的动量比相等，即边界条件相似。

根据上述原则，可以确定冷态试验时所需要的一、二、三次风速。若以角标 O、M 分别代表热态和冷态，角标 1、2、3 分别代表一、二、三次风，f、w、ρ、t、m 分别代表喷口面积、平均流速、密度、温度及喷口质量流量，p 代表煤粉，则热态和冷态的一、二次风

动量比为

$$\frac{m_{1M}w_{1M}}{m_{2M}w_{2M}} = \frac{m_{1O}w_{1O} + m_p w_p}{m_{2O}w_{2O}} = \frac{m_{1O}w_{1O}\left(1 + \dfrac{w_p}{w_{1O}} \times \dfrac{m_p}{m_{1O}}\right)}{m_{2O}w_{2O}} = \frac{m_{1O}w_{1O}(1 + ku)}{m_{2O}w_{2O}} \quad (15\text{-}4)$$

式中　k——考虑煤粉流速与风速不同的系数，可以近似取为 0.8；

　　　u——一次风中的煤粉质量浓度。

在冷态下，$t_{1M} = t_{2M} = t_{3M}$，由此可得冷态时一、二次风速比为

$$\frac{w_{1M}}{w_{2M}} = \frac{w_{1O}}{w_{2O}}\sqrt{\frac{t_{2O} + 273}{t_{1O} + 273}(1 + ku)} \quad (15\text{-}5)$$

同理，可得二、三次风速比的公式为

$$\frac{w_{3M}}{w_{2M}} = \frac{w_{3O}}{w_{2O}}\sqrt{\frac{t_{2O} + 273}{t_{3O} + 273}} \quad (15\text{-}6)$$

一、二、三次风速度的绝对值根据冷态与热态燃烧器出口射流的 Re 数相等或欧拉准则相等计算，并要保证冷态炉膛 Re 数进入自模化区。如对于二次风，根据雷诺数相等得到的冷态二次风速为

$$w_{2M} = w_{2O}\frac{\nu_{2M}}{\nu_{2O}} \quad (15\text{-}7)$$

根据欧拉准则数相等得到的冷态二次风速为

$$w_{2M} = w_{2O}\sqrt{\frac{\rho_{2O}}{\rho_{2M}} \times \frac{\Delta p_{2M}}{\Delta p_{2O}}} \quad (15\text{-}8)$$

假设锅炉热态二次风速 w_{2O} 为 46m/s，二次风温为 350℃，气流运动黏度 ν_{2O} 为 $55.33 \times 10^{-6}\,\mathrm{m^2/s}$，二次风喷口当量直径 0.4m；冷态试验温度为 20℃，气流运动黏度 ν_{2O} 为 $15.13 \times 10^{-6}\,\mathrm{m^2/s}$。

按 Re 数相等的冷态二次风速 w_{2M} 为 12.6m/s，Re 数为 3.3×10^5，已经超过一般锅炉二次风喷口的临界雷诺数 10^5。

按欧拉准则数相等的冷态二次风速 w_{2M} 为 31.5m/s（取 $\Delta p_{2M}/\Delta p_{2O} = 1$），在此风速下的雷诺数为 8.3×10^5，超过热态二次风喷口的雷诺数，由于冷态和热态二次风射流均在自模化区内，因此虽然雷诺数不同，但并不影响冷态和热态流动状态的相似。若取 $\Delta p_{2M}/\Delta p_{2O} = 0.16$，则冷态二次风速为 12.6m/s，冷态和热态的雷诺数相同。

确定了二次风速，根据式（15-5）和式（15-6）可以计算冷态下的一次风速和三次风速，但这只是保证了燃烧器出口射流的相似，还须保证炉膛气流流动的相似，即核算炉膛雷诺数应处于自模化区。

为了确保冷态试验时炉膛内的气流流动状态进入自模化区，冷态风速应尽量选择大一些，这样也可使风速测量更准确，因此冷态试验时风速的绝对值宜按式（15-8）计算，并取 $\Delta p_{2M}/\Delta p_{2O} = 1$，则冷态试验时风速的计算公式为

$$w_{2M} = w_{2O}\sqrt{\frac{\rho_{2O}}{\rho_{2M}}} = w_{2O}\sqrt{\frac{t_{2M} + 273}{t_{2O} + 273}} \quad (15\text{-}9)$$

$$w_{1M} = w_{1O}\sqrt{\frac{t_{1M} + 273}{t_{1O} + 273}}(1 + ku) \qquad (15\text{-}10)$$

$$w_{3M} = w_{3O}\sqrt{\frac{t_{3M} + 273}{t_{3O} + 273}} \qquad (15\text{-}11)$$

若因风机容量限制，使得某股射流无法达到计算的风速，则应按动量比相等的原则根据该射流风速重新计算其他射流风速。

确定了锅炉冷态试验的一、二、三次风风速，则可以进行空气动力场试验。需要指出的是，由于燃料燃烧过程的存在以及炉膛存在的温度梯度，冷态试验并不能完全如实地重现热态的空气动力工况，即难免有某种程度的失真虚假现象，因此冷态试验结果一般只能作为锅炉运行和调整的参考和辅助手段。

三、动力场试验内容

1. 四角切圆和双切圆锅炉动力场试验内容

对于不同的锅炉炉型，冷态空气动力场试验的内容和方法会有所区别，四角切圆锅炉完整的冷态空气动力场试验应包括以下的一些内容：

(1) 锅炉燃烧器安装位置的检查和校验；

(2) 锅炉一次风、二次风和三次风的调平；

(3) 锅炉一、二次风门特性试验；

(4) 锅炉周界风速测量；

(5) 冷态下燃烧切圆的测量；

(6) 炉膛贴壁风速的测量；

(7) 炉膛出口流速分布的测量；

(8) 炉膛空气动力场的示踪。

2. 燃烧器前后墙对冲布置的锅炉动力场试验内容

燃烧器前后墙对冲布置的锅炉完整的冷态空气动力场试验应包括以下一些内容：

(1) 锅炉燃烧器安装位置的检查和校验；

(2) 燃烧器内二次风、外二次风的调平；

(3) 燃尽风旋流风门与直流风门开度调整；

(4) 锅炉二次风门特性试验；

(5) 炉膛贴壁风速的测量；

(6) 炉膛出口流速分布的测量；

(7) 炉膛空气动力场的示踪。

第二节　机组化学清洗

一、适用的化学清洗介质

超临界、超超临界机组化学清洗可以使用的清洗介质有氨化柠檬酸、羟基醋甲酸、氨化EDTA（EDTA钠盐），后两者可以添加二氟化氢铵。

超临界、超超临界机组热力系统及水冷壁系统的水容积和受热面之比与汽包锅炉的相比，比值较大。汽包炉的上述比值一般在 40～60 之间，超临界参数锅炉的上述比值在 90～100 之间。目前新建机组锅炉炉管锈蚀垢量一般在 90～130g/m² 之间。

系统中（炉管表面）的沉积物主要是锈蚀产物，氧化皮一般出现在联箱和主蒸汽、再热蒸汽管中。焊接全部使用氩弧焊打底，焊瘤和焊渣很少。因此，锅炉的清洗温度可以控制在工艺要求的平均温度，这样也考虑了基建炉无论点火还是蒸汽加热，在温度控制上尚处于不稳定阶段的情况。

清洗流速的选择对清洗效果的影响，应综合考虑清洗温度、缓蚀剂品质和清洗时间。清洗流速在钝化阶段应高一些，可以提高钝化质量。

二、炉前酸洗

炉前酸洗的范围一般是主凝结水管道、轴封加热器旁路、低压加热器旁路、除氧器、给水前置泵进水管、高压加热器旁路和主给水管路。清洗的目的主要是为了减少启动冲洗水量，避免和减少试运期间凝结水泵和给水泵滤网的清扫和清扫次数，为今后运行建立良好的表面状态。

清洗的介质宜使用氨化柠檬酸、羟基醋甲酸、复合磷酸等有机和弱无机清洗介质，以避免系统中阀门不严有弱酸液漏入加热器，而对其中合金钢换热管造成腐蚀。

随着制管技术和管道配置技术的进步，管道出厂前质量标准的提高，大部分管道内表面进行了磷酸清洗和钝化。出厂前检测表明状况不好的，在安装前进行喷砂处理，也基本可以获得较好的表面状况。

因此，炉前是否进行酸洗，应根据管道安装前表面内部检查来确定。对于热力系统管道和设备，无论是基建炉还是运行炉，特别是基建炉，应建立基建试运期间管道和设备内部状况记录。内容包括腐蚀垢量、表面状态（照片资料）和清洗钝化表面资料。以建立机组热力系统表面基础资料，为今后运行中出现的问题分析和处理提供有效信息。

如果业主（给水泵前置泵厂家）同意，可以用前置泵作为炉前酸洗动力泵，这样可以使给水主泵的进水管得到清洗。

三、清洗系统的设计

1. 清洗回路

直流锅炉本体清洗回路设计主要考虑以下几点：

（1）清洗系统出口管的管径选择应以流速不大于 4m/s 考虑。

（2）启动分离器系统中的相关管道应得到清洗。

（3）应有过热器反冲洗回路。

（4）考虑锅炉以及临时系统的热膨胀，在清洗泵入口加装膨胀节。

（5）系统应能够实现闭式循环（隔离清洗箱）。

（6）清洗过程中储水罐液位的监视。在储水罐液位计的一个引出管压力表，使用一套临时变送器或投入一套正式液位变送器。

（7）省煤器和水冷壁通流截面有倍数差别时，应考虑省煤器出口分流管路。

（8）清洗泵至清洗箱应有再循环管道。

（9）水冷壁下联箱排放管道内径应大于等于 DN120，最好是 DN150。

（10）系统排放母管应使用 DN200 以上的管子。

（11）主给水管道止回阀芯应拆除。

（12）冲洗水量大于 250t。

2. 清洗泵组的选择

清洗泵的选择要考虑温度和压力损失对流量的影响。流量一般为 20％～30％机组额定流量。清洗泵的选择应考虑：

（1）扬程在 150m 以上，出力为 400～600t/h。

（2）热水泵。

（3）泵壳、密封耐压在 2.0MPa 以上。

（4）密封冷却水使用外接水源。

（5）380V 电压电动机。

3. 超临界、超超临界机组清洗介质选择的依据

超临界、超超临界机组清洗介质的选择应考虑：

（1）清洗系统材质。

（2）新建机组管道参与应力、运行机组晶间腐蚀。

（3）钝化膜的要求。

（4）工期、清洗成本。

4. 清洗介质浓度的确定

清洗介质浓度的确定应考虑：

（1）管样垢量测试。

（2）清洗系统（锅炉）结构特点。

（3）清洗介质工艺要求。

5. 炉前清洗范围的确定

炉前清洗范围的确定应考虑以下几点：

（1）凝汽器汽侧碱洗的必要性。

（2）高压加热器汽侧碱洗的必要性。华能海门电厂1、2号机组、华能玉环电厂1～4号机组高压加热器汽侧均参与了碱洗，机组带负荷后，可以一定程度提高高压加热器汽侧的投运速度。

（3）炉前碱洗介质的选择。

第三节 机组蒸汽管道吹扫

一、前言

较早的直流锅炉通常采用稳压法或熄火降压方式进行蒸汽吹洗。如石洞口二厂和外高桥电厂进口机组，国内独立承担调试的直流锅炉，均采用稳压方式吹洗；日立—巴布科克公司生产的超临界参数锅炉在日本采用熄火降压方式吹洗。主要考虑直流锅炉的水容积较汽包炉小，蓄热少；水冷壁水动力工况的安全性。实践中，大致有两种方式：加大入炉燃料量至转干态运行；维持一定燃料量，控制临冲门开度。加大入炉燃料量时，须投入大量的减温水以控制壁温；调整临冲门开度时，开度可能不大，但蒸汽流量受到限制，很难保证吹洗时吹管系数大于 1.0。

关于燃煤机组吹管，在国内标准中，可以遵循的标准为中华人民共和国电力工业部于1998年3月颁布的《火电机组启动蒸汽吹管导则》，该导则前言部分声明"本导则适用于100MW 及以上采用汽包锅炉的国产机组，其他形式的机组可参照执行"。在该导则中的第3

部分规定了吹管方式和吹管方法，包括降压吹管和稳压吹管，但是没有推荐直流锅炉1000MW直流锅炉采用的吹管方式。

在DL/T 852—2004《锅炉启动调试导则》的"4.3.4.2"中规定：

（1）汽包炉宜采用降压吹管的方式，一般采用燃油或燃气的方式；

（2）直流炉宜采用稳压吹管的方式，一般采用油煤混烧的方式。

因此，针对1000MW超超临界机组的吹管，在国内尚无强制性标准可以遵循，有的工程采用稳压或者稳压与降压相结合的吹管方式，有的工程采用降压吹管。

二、国内1000MW等级超超临界机组吹管方式

目前，国内共有16台1000MW等级机组投运，还有一些1000MW等级机组正在基建期间。已经投产的1000MW等级机组有外高桥三期2台、华能玉环电厂4台、华电邹县电厂2台、国电泰州电厂2台，北仑港电厂2台，华能海门电厂2台，国华宁海电厂2台。在已经投产的机组基建调试过程中，稳压吹管方式与降压吹管方式均有采用。各台机组的吹管方式见表15-2。

表15-2 国内部分1000MW等级电厂吹管方式

序号	电厂名称	机组容量（MW）	吹管方式
1	外高桥二期	2×900	稳压吹管
2	外高桥三期	2×1000	稳压吹管
3	北仑港电厂	2×1000	稳压与降压结合
4	邹县电厂	2×1000	降压吹管
5	江苏泰州电厂	2×1000	稳压与降压结合
6	玉环电厂	4×1000	有稳压，有降压
7	国华宁海电厂	2×1000	稳压
8	华能海门电厂	2×1000	降压吹管
9	潮州三百门电厂	2×1000	降压吹管

三、稳压吹管方式与降压吹管方式的异同分析

1. 降压吹管与稳压吹管的定义

稳压吹管吹洗时，逐渐开启吹管控制门，锅炉升压至吹洗压力。再热器无足够蒸汽冷却时，应控制锅炉炉膛出口烟温不超过制造厂规定数值。在开启吹管控制门的过程中，尽可能控制燃料量与蒸汽量保持平衡，控制门全开后保持吹管压力，吹洗一定时间后，逐步减少燃料量，关小控制门直至全关，一次吹管结束。每次吹管控制门全开持续时间，主要取决于补水量。一次吹管结束后，应降压冷却，相邻两次吹洗宜停留12h间隔以上。

降压吹管时，用点火燃料量升压到吹洗压力，保持点火燃料量，并迅速开启控制门，利用压力下降产生的附加蒸汽吹管。降压吹管一般采用燃油或油煤混燃方式，燃料投入量以再热器干烧不超温为限。每小时吹洗不宜超过4次。在吹洗时，应避免过早地大量补水。每次吹管时因压力、温度变动剧烈，有利于提高吹洗效果。但为防止厚壁元件寿命损耗，吹洗时，分离器压力下降值应严格控制在相应饱和温度下降不大于42℃范围以内。每段吹洗过程中，至少应有一次停炉冷却（时间12h以上），冷却过热器、再热器及其管道，以提高吹洗效果。

2. 稳压吹管的优点

稳压吹管主要有如下优点：

（1）杂物输送时间。杂物输送时间是指在临时控制门开启至关闭的时间，此时间的意义

在于蒸汽已经在流动，且杂物被携带，金属管道及受热面被冲洗。在稳压吹管方式下，每次吹管的有效时间为 30～60min。在降压吹管方式下，每次有效吹管时间为 2min 左右。由于受热面有较多的蛇形管，尤其是竖直段的管子，该处的杂物更需要长时间的输送。若输送时间短，杂物由竖直段底部输送至竖直段顶部又滑落，如此反复，则杂物根本不可能被冲洗，势必影响机组的正常运行。以杂物输送时间论，稳压吹管的输送时间较长，且杂物输送彻底，是更合理的工作方式。

（2）基建工期控制。稳压吹管要求锅炉达到 45%B—MCR 负荷，需要准备 3～4 套制粉系统，配套的输煤系统、除渣系统、输灰系统需要全部完成分部试运调试；同时电泵和汽泵（至少一台）需要具备投运条件，这对锅炉而言，无疑是在进行整套启动；对汽轮机而言需要完成大机盘车、投轴封、抽真空等工作。这样可以有效推进工期的进度。

（3）安全性提高。稳压吹管锅炉需要转入直流状态，投入 3～4 套制粉系统，因此在燃烧设计煤种的前提下，锅炉的飞灰含碳量能够降低到 3% 以下，这样可以有效地防止尾部烟道发生二次燃烧。降压吹管期间一直是投运 1 台磨，并在等离子模式下工作，稳定后飞灰含碳量一般仍在 8% 以上。

（4）提高运行人员的操作水平。稳压吹管方式，锅炉需要进入直流状态，通过 3～4 次的启停炉，运行人员操作熟练程度可以大幅度提高，有利于下一步机组整体试运。

（5）提前检验机组整体性能。稳压吹管可以提前对设备进行检验，可以在机组进入整套启动前暴露更多的问题，并在停机冷却的间隔进行消缺。但是，降压吹管没有这种优势。

（6）不会对炉水泵造成冲击。稳压吹管过程中，转入直流后，炉水泵即停运。但是，降压吹管每次开启临冲门均需要大幅度改变给水流量，储水罐水位控制不好容易引起炉水泵跳闸或者发生炉水泵入口汽蚀。

（7）稳压吹管方式也可以先进行稳压吹管，然后进行降压打靶，即进行 3～4 次有效稳压吹管后降压打靶。

（8）直流锅炉由于没有汽包，蓄热能力比汽包炉小很多，汽包炉每次降压吹管可以持续约 4～5min，而直流锅炉只能持续 2min 左右；稳压吹管可以克服这个缺点，持续进行吹洗。

（9）采用稳压吹管，对于锅炉厚壁元件（如分离器、储水罐、联箱等），温度交变应力扰动小。

3. 降压吹管的优点

降压吹管主要有如下优点：

（1）对汽轮机侧的调试工期要求相对简单：只投 1 套带等离子的制粉系统；一台电泵给锅炉上水即可，不要求吹管前汽泵具备投运条件。

（2）降压吹管每次 2min 左右，每小时开关临冲门 4 次左右，整个系统发生的热胀冷缩次数比较多，对于管路内氧化皮的剥落有促进作用。但是，每次冲管，压力温度急剧变化，构成一次应力循环，造成寿命损耗。

（3）操作简单，仅限于开闭临时吹管门和保持储水箱水位。

（4）锅炉负荷低时，降压吹管只需要投用 1 套制粉系统，燃烧率比较小。

（5）持续用水量小。因为降压吹管间隔排放，吹管工作可以持续进行。而稳压吹管需要连续大流量吹洗，对补水量要求比较高。

四、华能海门电厂锅炉吹管系统图（见图 15-1）

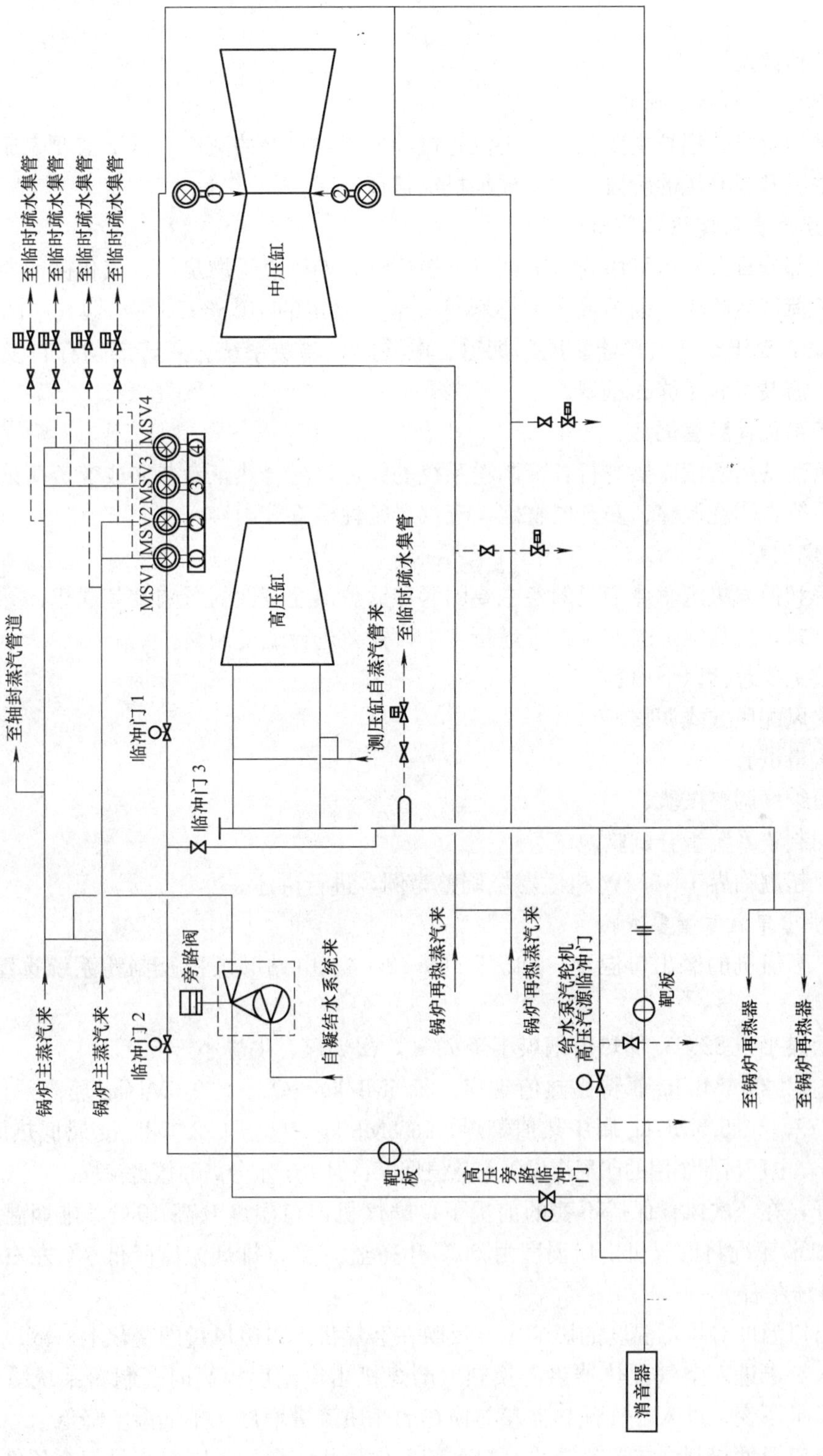

图 15-1 华能海门电厂 2 号机组吹管系统图

第四节　锅炉整套启动试运

一、空负荷试运

（一）锅炉空负荷试运内容

空负荷试运阶段，锅炉主要任务是为汽轮机冲转提供合格的蒸汽，锅炉需要完成冷态冲洗、热态冲洗、升温升压的阶段，并完成辅机空负荷试运。

（二）锅炉空负荷试运容易出现的问题

目前，大部分百万机组采用新型节油点火燃烧器，如等离子燃烧器、汽化微油燃烧器等技术。在空负荷试运阶段，锅炉输入的燃料量一般为额定的 $10\%\sim15\%$，烟气中的飞灰一般均大于 10%，对于空气预热器、尾部烟道、电除尘、输灰系统、灰库等均存在发生二次燃烧的可能，需要引起足够的重视。

二、锅炉带负荷整套试运

锅炉带负荷试运阶段需要进行各套制粉系统的投运，配合热工专业完成变负荷试验和投入协调控制系统，燃烧调整、安全门整定、蒸汽严密性检查等内容。

（一）燃烧调整

为了了解和摸索决定燃烧工况的各主要因素和锅炉热经济性的影响及其规律，寻求锅炉的最佳运行方式，提高锅炉的安全经济运行水平，需要进行燃烧调整。

燃烧调整主要包括以下内容：

（1）二次风配风方式调整；

（2）变氧量试验；

（3）煤粉细度调整试验；

（4）不同制粉系统组合试验。

现以电厂超超临界 1000MW 机组燃烧调整为例，进行讲述。

1. 磨煤机出口温度调整试验

对于 HP 磨煤机的磨出口温度，DL/T 466—2004《电站磨煤机及制粉系统选型导则》规定如下：

高热值烟煤小于 82℃，低热值烟煤小于 77℃，次烟煤、褐煤小于 66℃。

其中，$Q_{gr,d}>29.6MJ/kg$ 属特高热值烟煤，$25.5MJ/kg<Q_{gr,d}<29.6MJ/kg$ 属高热值烟煤，$22.41MJ/kg<Q_{gr,d}<25.5MJ/kg$ 属中热值烟煤，$16.3MJ/kg<Q_{gr,d}<22.4MJ/kg$ 属低热值烟煤。按照这种划分，电厂目前燃用的印尼煤属于高热值烟煤，但由于水分高而接近褐煤。

一般而言，在一次风量保持不变的前提下，磨煤机出口温度升高 10℃，排烟温度可降低 $5\sim6$℃。试验工况将磨煤机出口温度由 60℃ 升高至 70℃，排烟温度降低 7℃左右，锅炉效率提高 0.4%左右。

磨煤机出口温度对排烟温度的影响主要反映在磨煤机入口冷风量的变化上，冷风从一次风机出口引入，未进入空气预热器参与换热。磨煤机出口温度提高时，制粉系统冷风量减小，由于总风量不变，进入空气预热器参与换热的工质流量增加，排烟温度降低。

磨煤机出口温度限制，主要是防止制粉系统发生爆炸。爆炸需同时满足三个条件：

（1）一定的氧；

（2）高温；

（3）高浓度的可燃物。

因此，实际运行过程中，煤粉出于流动状态，只要没有气流死角产生可燃物聚集，发生爆炸的可能性较小。

实际运行中，对于印尼煤，磨煤机出口温度可控制在 63～65℃左右，并保证磨煤机入口风温不超过 250℃。对于神华煤，磨煤机出口温度可控制在 78～80℃左右，并保证磨煤机入口风温不超过 270℃。启、停磨煤机时，适当延长吹扫时间并降低磨煤机出口温度。

磨煤机出口温度提高后，火焰中心下移，过热汽温升高，过热器壁温提高，再热汽温降低。此时需手动提高水煤比，同时手动调节减温水量，维持过热汽温并降低管壁温度。

2. 燃烧器外二次旋流风调整试验

燃烧器外二次风开度减小，外二次风风量减小，旋流强度增加。

对于目前煤质，旋流风对锅炉效率影响较小。

从试验过程看，关小外二次风，虽然旋流强度增加，但主燃烧器风量减小且内二次直流风增加，火焰中心上移，过热汽温降低，为提高过热汽温，需调整煤水比或减温水量，但此时壁温容易超温。

为防止火焰刷墙引起水冷壁结渣，靠近侧墙的外二次风旋流强度不可过大，其开度应保持在 80％以上。试验期间发现中间层燃烧器右墙中心有煤粉刷墙、轻微结焦现象，将 B42 燃烧器开至 90％以后，明显好转。

3. 燃尽风量调整试验

就目前的煤质而言，燃尽风量的大小对锅炉经济性影响极小。

对于直流锅炉，在煤水比不变的情况下，火焰中心上移，水冷壁加热段加长，过热段缩短，过热汽温略有下降；反之，过热汽温略有上升。当火焰中心抬高时，炉膛出口温度上升，以对流受热面为主的再热器进口烟温升高，吸热量增加，再热汽温提高；反之，再热器吸热量减少，再热汽温降低。若要保持过热汽温不变，亦需要重新调整煤水比或减温水量。

从试验过程来看，燃尽风开大后，由于火焰中心上移，过热汽温暂时下降，壁温同时降低，待煤水比及减温水调节稳定后，高温过热器壁温开始回升。

对于此特性，实际运行中可将此作为暂时降低壁温的一个手段。待煤水比调节到位后，可关小燃尽风挡板开度至 40％左右，低负荷全关。

4. 氧量调整试验

从试验结果来看，在氧量调整范围内，氧量增加，排烟温度降低，但由于总的烟气量增加，排烟热损失增加；氧量增加，飞灰含碳量降低，未燃碳热损失减小。但由于飞灰总量较小，总体而言，在氧量调整范围内，氧量越小，锅炉效率越高。

氧量变化影响着对流受热面与辐射受热面的吸热比例。当氧量增加时，除排烟损失增加，锅炉效率降低外，炉膛水冷壁吸热减少，造成过热器出口温度降低，屏式过热器出口温度降低；虽然对流过热器吸热量有所增加，但在煤水比不变的情况下，末级过热器出口汽温有所下降，同时管壁温度有所下降。氧量降低时，结果与此相反。若要保持过热汽温不变，则需重新调整煤水比或减温水量。氧量增加，以对流受热面为主的再热器吸热量增加，再热汽温升高；反之，则降低。

此外，为防止水冷壁高温腐蚀，减少炉膛结渣的可能性，并降低飞灰可燃物，提高飞灰等级，实现粉煤灰的综合利用，虽氧量降低可提高锅炉效率，但实际运行氧量也不可控制得过低，待煤粉细度治理后，运行氧量可适当降低。

（二）安全门整定及蒸汽严密性检查

直流锅炉安全门整定试验与汽包锅炉不同，需要在机组带负荷阶段进行整定，并且要求系统压力达到安全门起座压力的80％以上。一般机组需要达到90％额定负荷，安全门的整定方法与常规安全门的整定方法没有什么区别，也是通过专用的液压油泵进行整定；另外，直流锅炉一次汽系统的安全门是不能实跳的。

再热器安全门的整定可以安排在机组带负荷阶段与过热器安全门一起整定；也可以安排在机组空负荷阶段，利用高、低压旁路来调整再热器系统压力进行安全门整定。

蒸汽严密性检查是锅炉在不同压力下，对整个热力系统进行严密性检查，以及确认系统是否存在膨胀受阻、支吊不合理的地方。

三、168h 满负荷整套试运

机组满负荷 168h 试运主要包括下列工作：

（1）机组按带负荷试运阶段的启动程序，启动投运各类辅机及系统。

（2）按带负荷试运阶段的相应步骤，机组启动、并网、带负荷。

（3）锅炉断油燃烧，投电除尘，汽轮机投高压加热器，CCS 自动投入（协调投入），汽水品质达到要求。

（4）机组负荷达到 1000MW。

（5）机组进入满负荷 168h 连续运行。

（6）168h 满负荷连续试运结束——机组动态移交试生产。

整套启动试运阶段锅炉调试的工作内容：

（1）各分系统投运。

（2）锅炉启动，配合汽轮机和电气进行汽轮机试转和发电机试验。

（3）进行洗硅运行，控制汽水品质。

（4）发电机并入电网后，指导运行人员进行整套机组带负荷、燃烧调整、维持蒸汽参数在要求范围内。

（5）制粉系统热态调试。

（6）燃烧调整试验、空气预热器间隙调整试验。

（7）单侧辅机带出力试验。

（8）配合进行甩负荷试验（50％、100％）。

（9）记录设备缺陷及其处理情况。

（10）配合热工专业投入自动及 RB 试验工作。

（11）试运数据记录统计分析，编制各类试运调试总结报告。

（12）168h 试运行值班。

第五节　1000MW 机组锅炉调试过程中遇到的问题及解决措施

一、东锅制造 1000MW 超超临界锅炉调试过程中遇到的问题及解决措施

（一）炉水泵

1号机组炉水泵在运行过程中，注水管路与双联阀连接的焊口发生泄漏。原因：主要是由于系统的晃动和焊接质量引起的，重新处理后问题得到解决。

（二）燃烧器

（1）机组吹管过程中发现，与燃烧器二次风箱弹簧吊架的大板梁变形超出设计范围。原因：二次风箱的弹簧吊架选型有问题，弹簧没有按设计进行拉伸，导致与二次风箱连接的水冷壁的重力传递到与燃烧器二次风箱弹簧吊架的大板梁，导致大板梁变形。后来每台锅炉大风箱的44个弹簧恒力吊架的弹簧全部更换，问题得到解决。

（2）1号机组运行过程中，由于中心风开度不合理，导致个别燃烧器中心风管烧毁。处理措施：开大中心风门后，中心风管没有再发生烧毁现象。

（3）由于各个粉管煤粉浓度存在偏差，引起炉膛两侧汽温发生偏差，需要调整燃尽风的开度进行消除。

（三）制粉系统

（1）2号炉出现A磨煤机电动机非驱动端轴承振动大，超过0.13mm。处理措施：电动机厂家到现场后解体检查，调整间隙后问题得到解决。

（2）磨煤机投运过程中振动大。处理措施：①动态分离器转速维持在900r/min；②磨碗与磨辊之间的间隙从8mm调整至12mm。

（3）多台动力分离器皮带出现打滑现象。处理措施：定期对动态分离器皮带内侧温度进行测试，发现异常立刻处理。

（4）磨煤机消防蒸汽电动门内漏，导致磨煤机内部进入大量蒸汽。处理措施：多次处理无效后更换阀门。

（四）汽水系统

（1）PCV阀开启时间慢，超过20s（设计为5～8s）。处理措施：①进气和排气管上阀门截流过大，影响阀门开关速度；②增加阀门的公称直径。

（2）PCV阀在低压力下发生误动。原因：厂家就地的量程设置不对，更正后阀门动作值正常。

（3）主给水电动门无法开启。原因：阀门本体的平衡管上的阀门被人误关，打开后电动门开关正常。

（4）1号机组在干—湿态转换过程中出现水冷壁超温现象。原因：储水罐水位显示不准确以及水煤比失调。

（五）烟风系统

（1）引风机振动大跳闸。原因：信号误动。

（2）引风机振动大。原因：安装单位进入引风机工作完毕后，把小铁锤（2～3kg）遗留在风机本体内部。

（3）送风机误发"喘振报警"。原因：探头安装角度有偏差。

（4）两台送风机液压油压力（厂家要求在2～8MPa）偏差比较大，一台5～7MPa，另一台2.1～2.4MPa；尚未影响运行。

（5）火检冷却风机振动。处理措施：厂家更换设备。

（6）空气预热器密封间隙厂家在未征求调试单位的情况下，独自把密封间隙装置投入自动状态，引起空气预热器电流突然增大。处理措施：规范调试期间管理流程。

（六）机组吹管

（1）两台机组均采用降压吹管。吹管过程中主蒸汽温度偏低，达不到 400℃。处理措施：①不吹时，控制储水罐不要满水。②吹管期间保持部分疏水门常开。

（2）临冲门铜套损坏。处理措施：停炉冷却，安装单位处理。

（七）输灰系统

（1）气动阀门的气源管路清洁度不够，阀门调试过程中多次出现卡涩等故障，影响调试进度。处理措施：管路重新吹扫后，阀门可以动作正常。

（2）1 号机组在整套试运过程中，省煤器和一电场均发生堵灰现象，主要是由系统内的铁丝、保温等杂物引起的；2 号机组主要是在省煤器输灰系统发生过堵灰。处理办法：①机组启动前加强清理、各单位联合检查；②每次停炉均要对输灰系统的灰斗进行检查、清理。

（八）除渣系统

（1）2 号机组捞渣机链条液压驱动油站出口压力波动比较大，链条速度不稳定，时快时慢，有时甚至停止转动。原因：由于液压油泵出口伺服阀的电路板发生故障，厂家更换后，系统运行正常。

（2）2 号机组捞渣机冷却水由于管路布置原因，冲洗水会溅落到捞渣机外部。处理措施：经过安装单位整改冲洗喷口位置后，问题解决。

（3）1 号机组整套试运过程中，捞渣机船体检修人口门被炉膛掉落的大渣砸开。处理措施：重新采取加固措施后，问题得到解决。

（九）吹灰系统

（1）吹灰系统减温水调节阀定位器发生故障，影响调节。处理措施：更换定位器后，阀门动作正常。

（2）吹灰本体汽源电动门由于质量问题，不能关严，关闭后阀门有内漏，问题尚未解决。

（3）吹灰汽源压力调节阀经常卡涩，不能正常调节。原因：由于管路内的焊渣卡在阀门内部，后来经过阀门解体，重新吹扫管路后，阀门调节正常。

（十）脱硝系统

（1）A、B 反应器差压测量结果偏小，建议对测量仪表及取样管路进行检查。

（2）脱硝 A6 吹灰器投运不正常，168h 试运期间联系安装单位多次进行处理，但仍不能正常投运，建议联系厂家彻底处理。

（3）进出口 NO_x 测量结果是根据 NO 的折算系数计算得到的，不符合国家标准，建议根据 GB 13223—2003《火电厂大气污染物排放标准》规定，进一步与厂家沟通，更改 NO_x 的折算系数。

（4）脱硝系统 CEMS 测量仪表在吹扫时，建议做成自保持功能，即在测量仪表进行吹扫时，系统自动保持吹扫前的数据不变。

（5）由于氨蒸发器出口至缓冲罐之间采用的是自力式压力调节阀，造成供氨压力波动较大。建议有条件时，将自力式压力调节阀更换为气动或电动调节阀，确保缓冲罐的氨蒸汽压力稳定。

二、哈锅制造 1000MW 超超临界锅炉调试、试生产过程中遇到的问题及解决措施

（一）炉水循环泵系统

1. 炉水循环泵再循环流量调节

试运过程中发现，炉水循环泵出口调节阀的流量特性很差。阀门开度低于 30％时，流量很小；而阀门开度大于 30％时，改变 2％的开度，流量变化为 100t/h 左右。这种特性在湿态调整时应该特别注意，尤其在锅炉储水箱水位发生快速降低，需要紧急关闭炉水循环泵出口调节阀来控制水位，防止炉水循环泵跳闸的同时，应该注意省煤器入口流量的变化趋势，防止省煤器入口流量低于保护动作值。在吹管期间就发生过一起因为储水箱水位低，运行人员着急快速将炉水循环泵出口调整门由 55％关到 45％，而炉水循环泵出口流量一下减少了近 300t/h 的流量，同时锅炉上水未能同步增加，最后导致省煤器入口流量低保护动作。

2. 炉水循环泵电动机腔室温度高

自炉水泵试运以来，炉水泵电动机腔室温度缓慢上升。试运后期，炉水泵电动机腔室温度已达到报警值 60℃。各参建单位共同检查了炉水泵系统，排除了低压冷却水出现问题的可能性。调试单位判断是炉水泵高压冷却水入口滤网堵塞，导致高压冷却水流量下降，电动机腔室内产生的热量无法带出，最终导致电动机腔室温度高。调试单位建议，拆除该滤网进行清理。滤网拆除后，确实堵塞严重，清理后复装回炉水泵。后面的试运表明，炉水泵高压冷却水流量大幅上升，电动机腔室温度大幅下降，在不同炉水泵的出力下，电动机腔室温度始终不高于 33℃。

（二）磨煤机

1. 磨煤机润滑油系统问题

磨煤机润滑油站设计了两台润滑油泵，一用一备，设备冗余度大，但试运期间也暴露一定的问题。由于润滑油泵出口止回阀在设计、制造、安装等方面存在一些问题，所以在磨煤机润滑油系统投入初期几乎所有的磨煤机都存在因为润滑油泵出口止回阀不严导致备用润滑油泵倒转进而引起磨煤机润滑油压降低的问题。经过更换全部的止回阀，磨煤机润滑油泵出口止回阀不严问题已经得到解决，但是随着机组运行时间的增加，这个问题可能还会出现，同时由于 CRT 上无润滑油压及润滑油泵电流等模拟量显示，所以要求在日常巡检中应加强对磨煤机备用油泵的检查，同时也应加强对磨煤机相关参数的监视，如磨煤机推力轴承温度、减速机油池温度的监视，在发现温度有升高的现象时，应加强就地检查。

2. 磨煤机液压油系统问题

磨煤机液压油系统中液压油泵只有一台，在运行过程中没有备用设备。并且发现在变加载状态下，随着加载力逐渐增加或是在定加载状态下，液压油油温升高到报警值 50℃以上时，液压油泵电动机外壳温度较高（最高到过 90℃），影响液压油泵的安全运行，油泵开关热继电器随时都有跳闸的危险。通过试验还发现当液压油泵停止运行后，如在变加载状态下油压很难维持，但将变加载切至定加载油压可以维持一段时间，为紧急的事故处理或启动备用磨煤机提供了宝贵的时间。将液压油泵增加逻辑，液压油泵事故跳闸，变加载连锁切换到定加载。另外，磨煤机投运期间加强就地监视，巡检时用点温枪测量液压油泵电动机温度。

（三）等离子系统

等离子系统运行正常，很少出现断弧等异常现象，但是还存在一定的问题。

1. 等离子辅助系统

由于等离子载体风机为罗茨风机，风压较高，同时八个等离子燃烧器所需的风量比单台载体风机的额定出力小，在各等离子燃烧器载体风门全开的情况下，载体风机出口压力仍然偏高。由于载体风机的特点，在高风压的情况下容易过载，所以在等离子系统投运时，必须通过调整等离子载体风机与等离子冷却风机之间联络门的开度来控制载体风机出口母管的压力不至于过高，保证载体风机不至于过载。而等离子冷却风机为离心式风机，压头较低，这样两个不同压头的风机并在一起，很容易导致冷却风机发生喘振。虽然目前通过适当控制联络门的开度来保证B冷却风机运行时不至于发生喘振，但是A冷却风机运行时仍然会发生喘振，以至于在等离子系统运行时，只能是B冷却风机运行，而A冷却风机不能投入备用。解决办法是将等离子载体风系统和冷却风系统分开，在等离子载体风管路至等离子火检冷却风联络门前增加一路去锅炉二次风箱管路，用该管路对载体风系统进行压力调整，这样将不会影响到等离子火检风机的正常运行。

2. 等离子燃烧稳定性

通过长时间不同煤量燃烧状况的比对发现，当风量保持120t/h而煤量在35t/h以下时，就地着火燃烧状况明显变差，继续增加煤量将风煤比控制在3左右的时候，燃烧状况明显好转。这说明煤粉浓度对于等离子燃烧影响明显，等离子运行煤量不低于35t/h。启动过程中发现随着磨煤机的煤量增加，A磨煤机的火检信号强度并不见好转，有时甚至很差，火检信号开关量均消失，在A磨煤量达到58t/h，火检波动比较剧烈，尤其是4、5号角火检，就地检查发现4、5号角着火比较正常。这种随着磨煤机负荷的增加而火检信号强度不见好转的情况和等离子燃烧形式有关。等离子点火为三级引燃方式，即最初通过高温等离子核点燃少量煤粉，再通过被点燃的少量煤粉去引燃其他煤粉，整个煤粉燃烧过程基本是从燃烧器出来的煤粉一次风射流由内部向外逐渐燃烧的过程，随着磨煤机负荷的增加，各燃烧器煤粉量也增加，等离子燃烧器外层煤粉量也同时增加，这部分煤粉需要离开燃烧器一定距离才能被完全引燃。从就地看火孔就能看出，从等离子燃烧器喷口出来的一次风煤粉射流外层为未燃的煤粉，而通过等离子点燃的煤粉在一次风煤粉射流内部，这样就影响到了火检检测效果。所以火检信号反映出燃烧效果较差，但是这种情况可能与等离子燃烧器火检探头安装位置也有一定关系。从运行调整方面，可以适当提高磨煤机出口温度，从二次风调整方面，通过对辅助风、燃料风进行适当的摸索调整，点火初期应该将A层燃烧器区域二次风门关小。随着磨煤机煤量的增加，根据着火情况可适当增加二次风门的开度。

（四）水冷壁壁温高

当机组转入干态运行后，在中低负荷条件下，容易发生水冷壁壁温若干点高于报警值的情况。产生这一问题的原因在于哈锅水冷壁流量分配特性和热负荷在高度方向上分配特性有很大的耦合关系。

哈锅1000MW超超临界锅炉引进的是三菱技术，而三菱原有的运行说明要求燃烧器的投入顺序是自上而下的。如果首先投入最下层燃烧器，根据辐射换热特性，下部水冷壁吸热量太大，工质焓增太大。由于汽液两相流动的阻力特性，必然加大了不同管束流动偏差，流动偏差和受热偏差重叠，直接结果是受热强的管子内工质流量更小，必然导致金属壁温偏差更大。首先，投入上层燃烧器，是为了使整个炉膛的辐射热负荷均匀，下部水冷壁和上部水冷壁都占有一定比例的吸热量，这样下部水冷壁的受热偏差和流动偏差都较小，并且通过混合联箱的混合，对上部水冷壁壁温偏差影响也很小。

而当前国内的等离子点火技术已经应用非常广泛，对于直流燃烧器这种情况，等离子燃烧器只能安装在最下层燃烧器。如果利用等离子技术，就必须先投入下层燃烧器，这就和原设计的燃烧器投运原则产生了矛盾。

而机组的试运表明，在燃烧器自下而上的投运方式下，仍然可以保证水冷壁的安全。为此，应做到以下几点：

（1）在 500MW 以下干态运行时，应严格控制过热度，不宜高于 15℃，并以水冷壁壁温为依据，调整过热度。

（2）400MW 升负荷前，应启动上层 E 磨煤机或 F 磨煤机，这将有效降低水冷壁壁温偏差。

（3）500MW 以上运行时，应尽量保持高层燃烧器运行，减小 A 磨煤机出力或 A 磨煤机停运。

（五）机组 C 级检修前主要存在的问题

机组在投运 58 天后，转入机组 C 级检修，在停机前主要有以下问题：

（1）磨煤机 1B 电动机温度高，需检查处理。

（2）磨煤机润滑油站 B、E 电源及磨煤机旋转分离器 B、E 电源与相应磨煤机系统不一致，需要改造。

（3）灰库加热器控制柜安装位置不合理，影响检修需改造。

（4）一次风机 A、B 在单台设备突然停运时，由于风机出口挡板门存在泄漏，一次风倒灌入停运风机，发生叶片倒转，设计在冷一次风道上增加挡板门。

（5）四级过热器三过 29 屏第 10 号管超温，需拍片、检修。

（6）磨煤机出口闸板门盘根挡块存在缺陷。

（7）1B 电场堵灰频繁。

（8）灰库灰位达到 50％高度时，灰库汽化风机轴承温度、出口温度均超过风机允许运行温度。汽化板存在堵塞情况。

（9）干灰散装机排气风机堵灰频繁。

（10）二级刮板磨损严重，溢流水排放困难。

（11）一次风机停机后动叶片根部堵塞，叶片角度调节卡涩。

（12）1 号炉 3048 画面二过出口 5 屏 15 点温度 10HAH02CT167 坏。

（13）磨煤机一次风量显示偏小。

（六）在检修过程中金属专业监督发现的主要问题

1. 节流孔的射线检查

（1）本次对二过入口集箱（8 只，每只 6 片，每片 14 个），计 672 个节流孔全部检查，未发现异物。

（2）三过入口集箱（两只，每只 29 屏，每屏 13 个）中两端各 6 屏，计 24 屏，每屏的 3～13 号管，24×11＝264。入口进汽导管下各 2 屏，计 4 屏，4×13＝52。其余 30 屏的 6～11 号，6×30＝180。合计 496 个进行检查，发现其中：1～9、31～8、58～7、58～9 存在异物，均为集箱端部，头两屏最低处管。详见图 15-2。

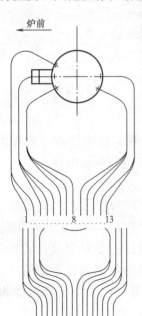

图 15-2　三过入口集箱

421

（3）四过入口集箱（两只，每只47屏，每屏16个）中两端各4屏，计16屏，每屏的3～14号，12×16＝192；入口进汽导管下各2屏，计4屏，4×16＝64；其余74屏的5～12号，74×8＝592；合计848个进行检查，发现其中：1～9、2～7、2～10、46～8、46～0、75～13、93～10、94～9存在异物，除75～13为进汽导管下外，其他均为集箱端部，头两屏最低处管。

（4）检查发现的异物在集箱端部最低处，与预想的一致。异物的种类有眼镜片、水压封头、切割铁水、铁削，但集箱内倒角残留物应该没有，见图15-3。查SIS运行温控记录，四过1～9超温，其他存在10～20℃超温。

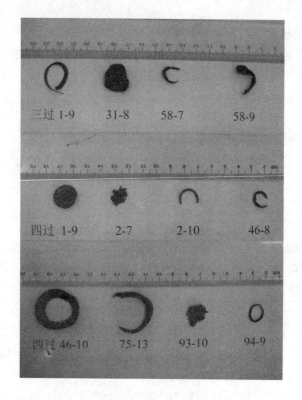

图15-3　节流孔内异物

（5）处理：割口取出异物，焊接时注意工艺控制，做好内穿管风、坡口清洁、防落灰尘，充氩保护好，打底封口时注意电流、送丝速度、摆幅，防止根部内凹与未熔合。

2. 水冷壁鼓包

水冷壁在A层短吹高度，后墙编号202、203，前墙编号200、201、202、204、205有鼓包现象，其中后墙的202、203较为明显。整墙共720根管，200号大约在炉膛左半部近中心位置，右半炉膛对应位置无异常。查管199～202对应55号节流孔、203～206对应56号节流孔，附近节流孔管径相似。鼓包现象可能与燃烧器调整下摆有关，与异物无关。处理方法为更换管子，加测点，焊接时注意控制根部内凸，防止通流面积减少。